普通高等教育"十三五"规划教材

（风景园林/园林）

园林花卉学

（全彩版）

杨利平　和凤美　主编

中国农业大学出版社

·北京·

内 容 简 介

全书分为总论、各论和花卉应用三部分,总论包括绪论、栽培植物的起源与花卉(观赏植物)的分布、花卉的分类、花卉生长发育与环境、花卉的繁殖、花卉的栽培管理、花卉的花期调控、花卉的病虫害防治等 8 章。各论包括一二年生花卉、宿根花卉、球根花卉、水生花卉、木本花卉、室内观叶植物、仙人掌科及多浆植物、兰科花卉、观赏草等 9 章。花卉应用篇包括花卉应用基础、花丛的应用设计与施工、花台的应用设计与施工、花坛的应用设计与施工、花境的应用设计与施工、植物墙的应用设计与施工和专类园的设计与施工等 7 章。

图书在版编目(CIP)数据

园林花卉学/杨利平,和凤美主编. —北京:中国农业大学出版社,2017.6(2023.10 重印)
ISBN 978-7-5655-1800-3

Ⅰ.①园… Ⅱ.①杨… ②和… Ⅲ.①花卉-观赏园艺-高等学校-教材 Ⅳ.①S68

中国版本图书馆 CIP 数据核字(2017)第 084790 号

书 名	园林花卉学		
作 者	杨利平 和凤美 主编		
策划编辑	梁爱荣	**责任编辑**	梁爱荣
封面设计	郑 川 李尘工作室	**责任校对**	王晓凤
出版发行	中国农业大学出版社		
社 址	北京市海淀区圆明园西路 2 号	**邮政编码**	100193
电 话	发行部 010-62818525,8625	**读者服务部**	010-62732336
	编辑部 010-62732617,2618	**出 版 部**	010-62733440
网 址	http://www.cau.edu.cn/caup	**e-mail**	cbsszs @ cau.edu.cn
经 销	新华书店		
印 刷	涿州市星河印刷有限公司		
版 次	2017 年 7 月第 1 版 2023 年 10 月第 2 次印刷		
规 格	889×1194 16 开本 22 印张 580 千字		
定 价	78.00 元		

图书如有质量问题本社发行部负责调换

普通高等教育风景园林/园林系列
"十三五"规划建设教材编写指导委员会

（按姓氏拼音排序）

车震宇　昆明理工大学
陈　娟　西南民族大学
陈其兵　四川农业大学
成玉宁　东南大学
邓　赞　贵州师范大学
董莉莉　重庆交通大学
高俊平　中国农业大学
谷　康　南京林业大学
郭　英　绵阳师范学院
李东微　云南农业大学
李建新　贵州铜仁学院
林开文　西南林业大学
刘永碧　西昌学院
罗言云　四川大学

彭培好　成都理工大学
漆　平　广州大学
唐　岱　西南林业大学
王　春　贵阳学院
王大平　重庆文理学院
王志泰　贵州大学
严贤春　西华师范大学
杨　德　云南师范大学文理学院
杨利平　长江师范学院
银立新　昆明学院
张建林　西南大学
张述林　重庆师范大学
赵　燕　云南农业大学

编写人员

主 编

杨利平（长江师范学院）
和凤美（云南农业大学）

副 主 编

姜贝贝（四川农业大学）
付素静（铜仁学院）
董永义（内蒙古民族大学）

参编人员

孙凌霞（四川农业大学）
郭碧花（西华师范大学）
张青华（云南农业大学）
王玉英（云南农业大学）
杨 玲（重庆三峡学院）
刘雪凝（长江师范学院）
郝喜龙（内蒙古农业大学）

出版说明

进入 21 世纪以来,随着我国城市化快速推进,城乡人居环境建设从内容到形式,都在发生着巨大的变化,风景园林/园林产业在这巨大的变化中得到了迅猛发展,社会对风景园林/园林专业人才的要求越来越高,需求越来越大,这对风景园林/园林高等教育事业的发展起到巨大的促进和推动作用。2011 年风景园林学新增为国家一级学科,标志着我国风景园林学科教育和风景园林事业进入了一个新的发展阶段,也对我国风景园林学科高等教育提出了新的挑战、新的要求,也提供了新的发展机遇。

由于我国风景园林/园林高等教育事业发展的速度很快,办学规模迅速扩大,办学院校学科背景、资源优势、办学特色、培养目标不尽相同,使得各校在专业人才培养质量上存在差异。为此,2013 年由高等学校风景园林学科专业教学指导委员会制定了《高等学校风景园林本科指导性专业规范(2013 年版)》,该规范明确了风景园林本科专业人才所应掌握的专业知识点和技能,同时指出各地区高等院校可依据自身办学特点和地域特征,进行有特色的专业教育。

为实现高等学校风景园林学科专业教学指导委员会制定规范的目标,2015 年 7 月,由中国农业大学出版社邀请西南地区开设风景园林/园林等相关专业的本科专业院校的专家教授齐聚四川农业大学,共同探讨了西南地区风景园林本科人才培养质量和特色等问题。为了促进西南地区院校本科教学质量的提高,满足社会对风景园林本科人才的需求,彰显西南地区风景园林教育特色,在达成广泛共识的基础上决定组织开展园林、风景园林西南地区特色教材建设工作。在专门成立的风景园林/园林西南地区特色教材编审指导委员会统一指导、规划和出版社的精心组织下,经过 2 年多的时间系列教材已经陆续出版。

该系列教材具有以下特点:

(1)以"专业规范"为依据。以风景园林/园林本科教学"专业规范"为依据对应专业知识点的基本要求组织确定教材内容和编写要求,努力体现各门课程教学与专业培养目标的内在联系性和教学要求,教材突出西南地区各学校的风景园林/园林专业培养目标和培养特点。

(2)突出西部地区专业特色。根据西部地区院校学科背景、资源优势、办学特色、培养目标以及文化历史渊源等,在内容要求上对接"专业规范"的基础上,努力体现西部地区风景园林/园林人才需求和培养特色。院校教材名称与课程名称相一致,教材内容、主要知识点与上课学时、教学大纲相适应。

（3）教学内容模块化。以风景园林人才培养的基本规律为主线，在保证教材内容的系统性、科学性、先进性的基础上，专业知识编写板块化，满足不同学校、不同授课学时的需要。

（4）融入现代信息技术。风景园林/园林系列教材采用现代信息技术特别是二维码等数字技术，使得教材内容更加丰富，表现形式更加生动、灵活，教与学的关系更加密切，更加符合"90后"学生学习习惯特点，便于学生学习和接受。

（5）着力处理好4个关系。比较好地处理了理论知识体系与专业技能培养的关系、教学体系传承与创新的关系、教材常规体系与教材特色的关系、知识内容的包容性与突出知识重点的关系。

我们确信这套教材的出版必将为推动西南地区风景园林/园林本科教学起到应有的积极作用。

编写指导委员会

2017.3

前　言

　　党的二十大报告指出:推动绿色发展,促进人与自然和谐共生。展望新时代新征程,风景园林对美丽中国建设的支撑作用日益重要,每一个风景园林教育工作者对美丽中国建设满怀信心和期待。

　　《园林花卉学》为高等院校风景园林、园林、园艺及相关专业的教学用书。教材编写本着贯彻落实《国家中长期教育改革和发展规划纲要(2010—2020年)》《国家中长期人才发展规划纲要(2010—2020年)和《关于深化高等学校创新创业教育改革的实施意见》的精神,以花卉产业发展为背景,以花卉栽培和花卉园林应用为核心,以紧贴生产实际和市场动态为目标,充分反映花卉生产和花卉应用的最高水平。教材力求做到结构完整、内容新颖、重点突出、实用性强。为了更好地促进不同学科背景的编写老师发挥各自优势,参编教师以集中会议和网络讨论的方式多次研讨,认领编写任务,使得参编者能将自己积累的教学成果和实践经验充分融入教材。教材根据专业创新人才培养要求,从学生认知角度构建内容体系,着重介绍了园林花卉在生产生活中的应用以及当前国内外有关园林花卉的新理论和新技术。

　　全书分为总论、各论和花卉应用三部分,由8所院校有多年教学经验的一线专业教师共同编写完成。具体编写分工如下:绪论由杨利平、和凤美、郭碧花编写;第1章由郭碧花编写;第2章由刘雪凝编写;第3章由杨玲编写;第4章由孙凌霞、王玉英、张青华编写;第5章由董永义、郝喜龙编写;第6章由孙凌霞编写;第7章由付素静编写;第8章由和凤美、姜贝贝编写;第9章由姜贝贝编写;第10章由孙凌霞、郭碧花、杨利平编写;第11章由郝喜龙、刘雪凝编写;第12章由付素静编写;第13章由和凤美、郭碧花编写;第14章由张青华编写;第15章由王玉英、和凤美编写;第16章由姜贝贝编写;第17章由杨玲编写;第18章和第19章由杨利平编写;第20章由杨利平、董永义编写;第21章和第22章由杨利平编写;第23章由杨玲编写。每章配有丰富图片或墨线图,以增强教学的直观性。

　　在教材编写过程中,参考了大量相关文献资料,在此向被引用文献资料的作者表示感谢!

　　由于本书内容广泛,加之编者的知识水平所限,虽然在编写过程中反复研究讨论和校对,但错误之处在所难免,恳请广大读者批评指正。

编者

2023年10月

目　录

第 1 部分　总论

第 2 部分　各论

第 3 部分　花卉应用

第 1 部分　总论

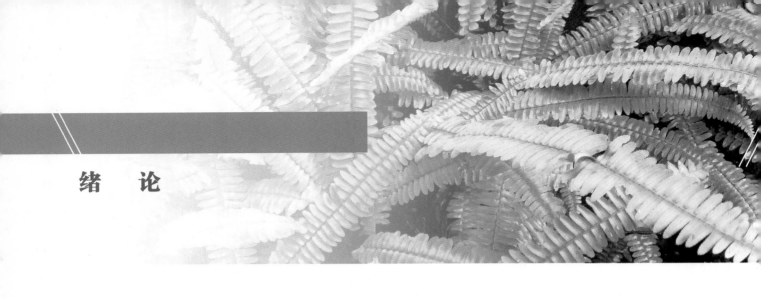

绪　论

0.1　园林花卉学的定义及其范畴

0.1.1　花卉

花卉的概念包括狭义和广义两个方面。狭义的"花卉"(garden flowers, bedding plants)是指所有具观赏价值的草本植物,包括不开花的蕨类植物和观赏草类。如凤仙花、仙客来、菊花、鸟巢蕨、沿阶草等。广义的"花卉"(ornamental plants)是指除了具观赏价值的草本植物之外,还包括具有观赏价值的木本花卉(亚灌木和灌木、乔木、木质藤本、木本地被等)。灌木,如木槿、紫丁香;亚灌木,如月季、香石竹;乔木,如白兰、木犀;藤本,如紫藤、木香;地被,如铺地柏。

考证花卉一词的来历,其定义是与时俱进的,其概念和范畴也是愈加宽泛。《辞海》(1979年版)中指出:"花是指能开花供观赏的植物;卉指草的总称;而花卉一词即指可供观赏的花草"。其定义已明确包含有开花的木本和草本植物,以及可供观赏的草类。《新华词典》(2007年版)解释:"花"是种子植物的有性繁殖器官,引申为有观赏价值的植物;"卉"是草的总称。因此,花卉为"花草的总称"。21世纪以来,随着城市建设的飞速发展,美化环境、保护环境意识的不断增强,人类对大自然环境的渴望以及对各种花卉的需求愈来愈多而强烈,花卉的概念与范畴也随之无限地衍生和扩展,出现许多相应

的名词与概念。如陈俊愉先生在《中国花卉品种分类学》中所列出的相关名词有园林植物、园林花卉、观赏植物、风景植物和环境植物等,这些名词概念虽有差异,但基本含义相同,皆可归入广义的花卉概念中,即除有观赏价值的草本植物(狭义花卉)之外,还包括木本的地被植物、花灌木,观花或观叶、观枝、观果的乔木。也可统称为园林植物,即一切适用于园林(从室内花卉装饰到风景名胜区绿化)的植物材料之统称(《中国花卉品种分类学》)。随着人类生产水平和科学技术的不断进步,以及国际文化艺术的相互交流与渗透,花卉的内涵和外延也在不断扩大。

从社会发展的角度看,花卉在人类生活的最初作用是其实用性,如药用、食用、香料、染料等。人类从众多的植物中,选出具有较高观赏价值的植物,专门用于观赏,使花卉从实用而逐渐上升到观赏地位。随着人类花卉审美活动的发展,花卉被赋予了更深层含义,其在社会精神生活中占有了一定地位,花卉的应用和栽培成为人类文明的一部分,成为一种文化。正是由于人们对花卉实用价值的认识不断提高、对花卉美的欣赏和追求不断提高,促使人类从早期直接欣赏应用野生花卉,逐渐发展到人工栽培野生花卉,进而培育花卉品种,进行生产,使花卉栽培逐步走向生产栽培,形成了具有很高经济价值的花卉产业,以满足人类居住环境的绿化美化需要,满足人们在社会生活中用花卉表达情意的需要。因此,花卉的概念和范畴的延伸已从原

始实用的物质层面推进至精神层面与理念层面,它具有了非凡的文化意义,承载了许多人类美好的愿望。

0.1.2　花卉栽培方式

园林花卉种类繁多,生态习性和生物学特性各不相同,加之栽培目的有异,从而形成了各种不同的栽培方式。目前,根据栽培的目的和性质不同,可将花卉栽培分为三大类栽培方式。

1)观赏栽培

观赏栽培是以观赏为主要目的的花卉栽培。主要在园林系统和城市绿化美化相关部门以及家庭园艺中进行。在公园、城市绿地、各种公共游憩场所、各类庭院等人类生活环境中栽植花卉,营造景观。如秋季各地公园常见的菊展,水仙雕刻后水养——"年花"的促成栽培。

2)生产栽培

生产栽培是以获取经济利益为目的的花卉栽培。一般在各种体制的企业中进行,使用专门的土地和花卉栽培技术和设施。为了追求更高的经济效益,在生产中不断更新种和品种;使用和开发新的栽培技术;使用完善的栽培体系;采用科学的现代化管理;进行专业化生产。在一些发展较好的国家和地区已形成生产、市场、销售及售后服务的完整系统,形成了花卉产业,在国民经济中占一定的地位。相对观赏栽培而言,栽培的种类相对少而集中,但品种丰富。目前主要有几大类产品:切花、盆花、观叶植物、花坛花卉、种子、种球等。如我国云南的各种切花生产,福建漳州和上海崇明的水仙球茎生产。

3)科研栽培

也称标本栽培,是以种质资源收集、科学研究和科普教育为主要目的。主要是在各级植物园、专类园、品种圃、标本植物温室等特定区域进行栽植。栽培的对象比以上两类广泛,包括大量的野生种和栽培种及品种。如我国武汉的梅花资源圃"梅园"。

0.1.3　花卉学

花卉学是以花卉为研究对象,对花卉的分类、

生物学特性、繁殖、栽培管理以及园林应用等进行研究的一门学科。

需要指出的是,为了学习和教学的方便,观赏植物教材的编写常常分为《园林树木学》和《花卉学》。先前人们常将园林树木称为观赏树木,多指长期固定栽培在园林中的木本观赏植物,经一次定植,终身不动;随着技术的发展,园林树木也可以移栽成活,如大树移栽,不仅可以从苗圃移栽到园林中,还可以从园林中移栽到园林他处或者其他园林。因此,花卉和园林树木的范畴有部分交叉,许多园林树木属于广义花卉里面的木本花卉。例如,同为小叶榕,福建树木园的一颗千年古榕树冠面积达 1 300 m²,遮天蔽日,独木成林;而小叶榕也是常用的盆景栽培植物,提根露爪,枝干虬曲,于小小盆钵亦能生长且美观。现在,人们已经走出习惯上只将盆栽和盆景栽培的木本植株称为木本花卉的时代,认为观赏植物均为广义花卉的范畴。因此,随着时代的发展,木本花卉和园林树木已无明显的界限。

0.2　花卉在生活中的地位和作用

0.2.1　绿化美化环境

随着人们物质文化生活的日益丰富,人们的精神生活也有了更高的要求,对生活中美的追求也日益上升。花卉是绿色植物,因其品种多,花色多,花期长,成本低,能够起到绿化美化效果。如今花卉越来越多地出现在人们的生活中,为创造人居美好环境发挥着愈来愈大的作用。城市里的绿化带、马路两边,节假日等都少不了花卉的装饰,美化城市,增添节日气氛。花卉还能给人们创造一个幽美、清新、舒适的工作、生活和休息的环境,给人以美的享受。花卉可以装点庭院、美化居室,让人们的生活更加五彩缤纷,充满乐趣,在房子里摆上几盆盆栽,既可以净化家中空气,又可以在休闲时浇花修剪,在劳累后能给人一种美的享受。花卉也是青春和生命的象征,在热闹喜庆的日子里,美丽鲜艳的花卉更是增添不少气氛,让人们在节日的喜庆里心情

更加美好,对美好的未来充满希望。花卉鲜艳的色彩和沁人肺腑的芬芳,令人赏心悦目、心旷神怡,使人得到高尚的精神享受。很多地区种植了大量的花、草、树,并建立了花园城市、花园小区、花园工厂、花园式学校。

0.2.2　花文化

在花卉漫长的栽培应用历史中,人们从认识野生花卉、栽培应用花卉、欣赏花卉,进而推崇花卉,把花卉视为美好事物的化身,用于抒发内心的情感,表达崇高的理想和美好的祝愿。于是花卉成了一种传情达意的理想馈赠品。花卉变成了有生命的艺术品,中国人赏花、爱花,视花为有灵有情之物,不但重视花卉自然之美与装饰效果,也重视花的内在美,喜欢借花明志,以花传情,常将花寓以多种吉祥美好的象征意义,使花人格化,从中得到启示,激励,陶冶情操,并借以讴歌社会和人生中的真、善、美。

在长期的赏花、送花实践中,人们形成了一些共识,如花的美誉、雅号、花语等。花语,如芭蕉代表自我修养,菊花象征久长,桂花象征富贵,枣树象征快与早,芙蓉象征富荣或美貌或荣誉与显赫,枫叶象征鸿运,水仙象征来年走运,桃象征长寿,牡丹象征富贵与繁荣,梅花象征姑娘的天真纯洁,石榴是多子的象征等。

花的美誉,如园林三宝:树中银杏、花中牡丹、草中兰花;岁寒三友:松、竹、梅;花中四君子:梅、兰、竹、菊;花草四雅:兰、菊、水仙、菖蒲;三大吉祥果:石榴、桃子、佛手。

中国十大传统名花,1987年我国举行了中国名花评选活动,按票数的多少选出,分别是梅花、牡丹、菊花、兰花、月季、杜鹃、山茶、荷花、桂花、水仙。

世界各国也都选出了自己的国花,如中国为牡丹和梅花(未定),日本为樱花,菲律宾为茉莉,印度为莲花,土耳其为郁金香,德国为矢车菊,澳大利亚为金合欢,朝鲜为金达莱(迎红杜鹃)等。我国一些城市也有自己的市花,如洛阳为牡丹,南京为梅花,杭州为桂花,开封为菊花,昆明为山茶,上海为白玉兰,天津为月季,济南为荷花,哈尔滨为丁香,长沙为

杜鹃,汕头为金凤花。花卉与人们生活息息相关,花中蕴含着文化,花中凝聚着中华民族的品德和气节。

0.2.3　生态环境维护

1)调节气候

花卉可以调节空气中的温度和湿度,改善小气候,如夏季有花草的地方可使温度降低3～5 ℃,湿度提高10%～20%。

2)减少污染、净化空气

花卉具有吸附和过滤空气中各种尘埃的功能,如兰花、花叶芋其纤毛能截留住并吸滞空气中的飘浮微粒及烟尘。据测定,有花卉的地方尘埃量可减少56.7%。花卉的绿色叶片晚上吸收二氧化碳,白天进行光合作用释放氧气,一些原产于热带干旱地区的仙人掌和多浆多肉植物,晚上不但能吸收二氧化碳,还能释放氧气,达到净化空气的作用。花卉也能吸收有毒气体,如吊兰、虎尾兰、芦荟、菊花、黛粉叶等,对可能引发白血病的甲醛、氯、苯类化合物具有较强吸收能力;雏菊、万年青等可消除三氟乙烯;一些芳香花卉(玫瑰、桂花、紫罗兰、茉莉、柠檬、蔷薇等)产生的挥发性油类具有杀菌作用,如桂花树能向空气中挥发桂皮醛,能杀灭空气中的结核杆菌、肺炎球菌、葡萄球菌。

3)防止水土流失

有的木本花卉还具有较强的保水固土作用,可有效防止因雨水造成的山体水土流失。

4)对环境具有监测作用

有些花卉遇到某些有毒物质会迅速反应,起到预报预测的作用。如松、杉遇到二氧化硫后叶子会枯黄。丁香、杏、核桃对汽车尾气敏感。杜鹃、芍药、郁金香、樱花、万年青、唐菖蒲在有氮化氢的环境下,叶尖或叶缘呈现紫色或暗褐色的斑点。牵牛花对臭氧敏感。波斯菊对氯气敏感等,对环境起到监测作用。

0.2.4　国民经济生产

1)花卉的药用价值

鲜花含有极丰富的蛋白质、脂肪、淀粉、氨基酸、多种维生素及多种微量元素,同时还含有某些

延迟人体衰老的激素和抗生素等,具有保健与药疗之功效。如菊花能明目养肝,芍药能行血补中气,月季活血消肿,茉莉花长发强肌,梅花养神去痛,梨花润燥化痰等。花卉不但与人们的身体健康有关,还与人的身心健康有关,如花香能使人愉悦、心旷神怡。桂花的香气飘远轻溢,有解郁、清肺、辟秽之功能;兰花的幽香,能解除人的烦闷和忧郁,使人心情爽朗;天竺葵的香气,具有平喘、顺气的功效;郁金香花的香气能疏肝利胆;槐花油可以泻热凉血。目前已发现有几种鲜花的香气,对治疗心血管病、气喘、高血压、肝硬化、神经衰弱和失眠等病有明显的治疗效果。长期用眼用脑的人若经常面对一丛绿色的盆景,顿时会消除心身疲劳。此外,白色花卉令人感到神圣纯洁、宁静消暑。而红、橙、黄诸色则使人精神亢奋热烈、心旷神怡等。

2)花卉食用价值

很多花卉,不仅根、茎、叶、花以及果实可观赏,还可供食用、制药、酿酒和提取香精等。据不完全统计,可食用的花卉约97个科,100多个属,180多种,种类繁多,内容丰富。用鲜花作为食品,不仅健身还能美容。鲜花食品含有氨基酸、铁、锌、碘、硒等微量元素以及14种维生素、80余种蛋白酶、核酸、黄酮类化合物等活性物质。如珠兰的花和根状茎可提取香精油,并可熏茶,有名的"珠兰香茶"就是把黄色的鲜花掺入茶叶中熏制而成,根状茎还可制药;玫瑰干花可制药、做玫瑰酥糖、玫瑰月饼、玫瑰甜羹等,用花瓣熏制"玫瑰红茶",旧社会进贡皇上的"玫瑰贡酒"就是用玫瑰花精制而成,玫瑰花还可提取香精、玫瑰油等;百合地下鳞茎可煮食,也可晾干日后煮粥用;金银花可炒肉片、肉丝或泡茶;菊花中有食用菊、茶用菊、药用菊;桂花可做桂花糕、桂花酒;芦荟可炒吃、炖吃、红烧等。

3)园艺生产价值

园林花卉是园林植物中最主要的部分,能绿化美化环境。花卉种类繁多,形态习性各异,在园林中应用十分广泛,其在园林中的应用形式主要有花丛、花带、花台、花坛、花境、花卉立体应用和专类园等。

切花、盆花、苗木、种子、种球等的大规模商品化生产,是高效创汇的重要途径。在意大利,每公顷水果、蔬菜与鲜切花的产值比为1:1.2:10;在哥伦比亚,每亩花卉最多可创汇4 450美元,可购大米20 000 kg。高效益的花卉业已成为许多国家,不论是发达国家还是发展中国家,争先发展的目标。

切花分为切花、切叶、切枝等,用于制作花束、花篮、花圈、新娘捧花等插花作品。常见的切花有百合、非洲菊、满天星、鹤望兰、郁金香、马蹄莲等,月季、菊花、香石竹、唐菖蒲被称为四大鲜切花;常见的切叶有天门冬、蜈蚣草、苏铁等;切枝有蜡梅与银柳等。鲜切花是花卉产业的重要组成部分,以生产周期短、产量高、效益快为优势。就我国而言,2013年底,鲜切花的种植面积达122.71万 hm²,已跃居世界第一位,销售额达1 288.11亿元人民币,出口创汇6.46亿美元,从业人数达550.57万人,已成为世界最大的花卉生产基地、重要的花卉消费国和花卉进出口贸易国。

盆花是指盆栽形式的花卉,分为露地应用和室内应用两种。露地应用主要有花坛、花境、基础装饰等,室内应用分家庭装饰和商业装饰。盆花是花卉产业第二大组成部分,虽然出口量有限,但国内消费水平日益增长。主要原因是盆花的观赏期较切花长,品种丰富,花姿优美,搬动方便,适宜居家摆设、馈赠,其价格不高,多数家庭都能承受,因而成为花卉市场中的主流商品。

种球是植物地下部分膨大的根或茎,通常是球根类花卉的繁殖器官。荷兰是世界上最大的种球出口国,每年鲜切花、花卉种球、观赏树木和植物出口总值达60亿美元,已成为荷兰主要的出口商品和创汇来源。一、二年生花卉主要以种子繁殖为主,通过杂交育种,可产生大量种子供生产应用。

盆景主要分为树桩盆景和山水盆景。此外,还有微型组合盆景和树石组合盆景两种类型。

干花是室内装饰、橱窗陈列等的美化品,与鲜花相比较,可长久保存,与人造花相比,自然气息更浓郁。干花制品保持了鲜花的真与美,应用广泛,且便于运输、储存和销售,不受季节的限制,不需要特殊的储藏设备,所以干花称得上是物美价廉的装饰品。投资少,见效快,当年投产即可获得收益。最著名的是意大利干花。

0.3　花卉产业的概况

0.3.1　中国花卉产业概况

0.3.1.1　中国花卉栽培简史

中华民族有 5 000 年的文化,花卉栽培历史悠久。从春秋时期(前 495—前 476 年)开始到民国时期(1912—1949 年),有关花卉资源、花卉品种和花卉栽培的记录相当丰富,其中,从宋朝到前清时期花卉栽培发展最为兴盛(表 0-1)。

表 0-1　中国花卉栽培历史

时期	年代	事件、著作等
春秋时期	前 495—前 476 年	吴王夫差(前 495—前 476)在会稽建梧桐园
秦汉时期	前 221—公元 220 年	汉成帝在长安兴建上林苑,据《西京杂记》记载 2 000 余种花木
西晋	304 年	嵇含(304 年)著《南方草木状》,记载两广和越南栽培的园林植物 80 种
东晋	317—420 年	陶渊明诗集中有'九华菊'品种名
隋代	581—618 年	花卉栽培渐盛。据李格非《洛阳名园记》记载,"北有牡丹芍药四株,中有竹百亩"
唐代	618—907 年	王芳庆著《园林草木疏》,李德裕著《平泉山居草木记》等
宋代	960—1299 年	花卉栽培发展兴旺,有代表性的专著如陈景沂《全芳备祖》、范成大《桂海花木志》、《范村梅谱》、《范村菊谱》,欧阳修、周师厚《洛阳牡丹记》,陆游《天彭牡丹谱》,陈思《海棠谱》,王观《芍药谱》,刘蒙、史正志《菊谱》,王贵学《兰谱》,赵时庚《金漳兰谱》等
明代	1368—1644 年	高濂《兰谱》,周履靖《菊谱》,陈继儒《种菊法》,黄省曾《艺菊》,薛凤翔《牡丹八木》,曹璿辑《琼花集》等。综合性著作有周文华《汝南圃史》,王世懋《学圃杂疏》,陈诗教《灌园史》,王象晋《二如亭群芳谱》等
清代	1644—1911 年	花卉园艺兴盛,有代表性的专著如杨钟宝《缸荷谱》,赵学敏《凤仙谱》,计楠《牡丹谱》,陆廷灿《艺菊志》,评花馆主《月季谱》、陈淏子《花镜》等
民国	1912—1949 年	有代表性的专著如陈植《观赏树木》,夏诒彬《种兰花法》、《种蔷薇法》,章君瑜《花卉园艺学》,童玉民《花卉园艺学》,陈俊愉、汪菊渊等《艺园概要》,黄岳渊、黄德邻《花经》等

0.3.1.2　中国花卉资源

我国地域辽阔,从纬度上看既有南部的热带、亚热带,又有中部的温带和北部的寒带;从经度上看既有东部的海洋、平原,又有西部的草原、沙漠;垂直上有数千米的高山、高原,也有低于海平面的盆地。因为地形、地貌、土壤类型多种多样,所以自然地理和气候条件也异常复杂。这些多样化的环境为我国野生花卉资源生长提供了得天独厚的自然条件,使得我国成为世界花卉种质资源宝库之一,在世界上享有"世界园林之母"之美誉。据初步统计,目前世界上已栽培的花卉植物中原产于我国的有 113 科 523 属,达数千种之多。

1)资源种类及其特点

据统计全球观赏植物共约 3 万种,其中较常见的有 6 000 多种。我国原产观赏植物大约 2 万种,常见的有 2 000 多种,可见我国拥有丰富的种质资源,是世界花卉原产地最丰富的国家之一。如具有重要观赏价值的杜鹃,全世界有 800 余种,我国就有 600 多种。我国又是多种名花的起源地,如梅花、牡丹、菊花、百合、月季、玉兰、山茶、珙桐、丁香、石楠和杜鹃等花卉的原产地都在中国。此外,花卉栽培有 2 000 多年的历史,传统名花品种繁多,如牡丹品种就有 900 多个。

植物资源调查统计中发现,秦巴山区有野生观赏植物 85 科 152 属 327 种;冀南太行山区可供观赏植物资源有 53 科 132 种;甘肃小陇山区有观赏植物 327 种;青岛崂山地区可供观赏的植物近 600 种,其中特有种崂山百合、崂山蓟、无萼齿野豌豆、滨旋花及耐冬(山茶)等十分珍贵;舟山群岛地区有野生花卉 539 种,其中包括大量的海岛特有种,如普陀鹅耳枥、普陀樟(天竺桂)、舟山新木姜子、普陀水仙、海滨木槿等;长白山区有野生花卉 200 种以上。我国

各省也对本地区的观赏植物资源进行了调查。如西双版纳有野生花卉资源2 000种,神农架有1 253种,黄山有200种,河北坝上有293种,云南有2 040种,河南有674种,新疆有390种,海南有406种,黑龙江有近300种。专类调查如浙江、湖南、福建、海南、华南、青藏高原、黔西北等对兰科植物资源进行了专项调查,云南西双版纳、河南对石斛属植物资源进行了专项调查,云南、西藏、四川、黄山、湖南、浙江、青海对高山花卉中的杜鹃进行了专项调查,湖南、北京、江苏、福建对观赏蕨类进行了专项调查,贵州对凤仙花科、江苏对荚蒾属、浙江对鸢尾科和石蒜科也作了大量的调查。

中国西南地区生物物种极其丰富,是世界著名的动植物资源的宝库之一。其中,云南境内的野生花卉资源不仅种类繁多,而且包括很多特有种类。这些野生花卉在国内外最具优势的有八大名花系列:①山茶。山茶为山茶科云南特产的花木,其树形和花朵比国内外其他山茶大,且花色多样,是自然界中少见的大花常绿乔木,在国内外素有"云南山茶甲天下"的美誉。②杜鹃。杜鹃属杜鹃科的乔灌木花卉,全国400多种,云南有250多种,尤其以高山常绿杜鹃著称,其树型多样,花色有红、紫、黄、绿黄、白、粉红等色,有"木本花卉之王"的美称。云南是世界杜鹃的起源和分布中心,已建立杜鹃试验研究基地。③报春花。报春花是报春花科的多年生草本花卉,分布在云南省高山地区。全国有300多种,云南省150多种。报春花花朵繁多,色彩富丽。云南的报春花在英国引种成功,并通过杂交育种培育出许多花大色艳的新品种。④木兰。木兰泛指木兰科植物,属乔木或灌木,以花大、芳香闻名。我国有11属100余种,云南有9属60多种,在国内外较名贵的有白玉兰、紫玉兰、朱砂玉兰、荷花玉兰、白兰、黄兰等种类,此外还有引种成功的山玉兰、龙女花、云南含笑、红花木莲、观光木、香木莲、拟单性木兰、合果含笑等。⑤百合。百合系百合科百合属多年生鳞茎类草本花卉,云南百合类观花植物有20多种,花色多样、花大形美,有的还具有芳香气味。⑥兰花。兰花系指兰科植物的总称,分为地生兰和附生兰两大类,云南分布极多。名贵的地生

兰分布在云南省滇西一带的有素心兰、大雪兰、朱砂兰,滇中有朵朵香、春兰、夏惠、豆瓣绿,滇东南有建兰、大朵香、黄花朵香,滇南有剑兰、墨兰等。珍贵的附生兰分布在西双版纳和滇南热带地区的有兜兰、万代兰、蝴蝶兰、卡特兰和石斛等100余种热带兰。云南省不仅拥有全国1/2以上的兰花品种,而且还是世界上唯一兰科新种极品的适生地。⑦龙胆。龙胆是云南著名的龙胆科高山花卉,我国有200多种,云南约130种,主要分布在高海拔的山地。云南龙胆花花色多样,花冠钟状,尤以天蓝色的紫龙胆最为名贵,早在100多年前英国植物园就从云南引种成功。⑧绿绒蒿。绿绒蒿是罂粟科绿绒蒿属草本花卉,全球约45种,中国有38种,云南产17种,多分布在滇西北3 000~4 000 m的高山草甸带。该花夏末秋初开花,花形华丽多姿、花色多样,在100多年前就成功引种于英国。除以上八大名花外,云南还拥有许多珍奇花卉植物,如驰名中外的珙桐(鸽子树)、冬樱、云南樱花,花色奇特的紫牡丹、黄牡丹,沁香四溢的木香、野蔷薇;种类繁多的秋海棠以及花形奇异的飞燕草、乌头、马先篙、角篙等。

对花卉种质资源的研究从简单的记录、观察、形态习性的描述,发展成采用多种方法进行种质资源保存。目前保存方法主要有现地(就地)保存法、田间集中保存法和室内保存法3种,低温和超低温、超干燥种质保存也开始从农作物和蔬菜转而应用在花卉资源上。保存部位有根、枝条、种子及外植体培养等,以种子和外植体保存资源最具潜力。运用层次分析法等建立综合评价模型,科学标准地对野生花卉种质资源进行综合评价,为合理开发利用该地区的观赏植物资源提供了科学依据。

野生花卉资源的开发和利用是在充分保护资源的前提下进行的,包括引种和开发利用2个方面。对于分布广泛、适应性强、栽培容易的观赏植物,可直接应用于城乡园林绿化、香化、美化或室内盆栽、插花等观赏;对于暂时不能直接利用的优良植物资源,应对其进行引种驯化和栽培改良后投放市场。如北京植物园对百合属、绣线菊属的引种;武汉植物园对水生植物的引种;杭州、武汉、南京等地对鸢尾属的引种;中科院和北京植物园对石蒜属植物的

引种;中科院武汉植物研究所对细辛属植物的引种;上海、新疆克拉玛依市对宿根花卉的引种;中科院植物研究所对野生蕨类的引种;深圳仙湖植物园对苏铁科和天南星科植物的引种栽培和繁殖方面的研究等。至今,直接应用或经驯化后应用于园林中的野生花卉种类并不很多,如自然环境良好且经济发达的杭州、上海和广州等城市园林应用的花卉也仅有200～300种。而一些国外城市如伦敦、华盛顿、巴黎、东京等地,则分别配置应用着1 500～3 000种观赏植物。这种差别与我国丰富的花卉资源极不相称,同时也说明我国野生花卉开发应用的潜力十分巨大。

2)花卉资源对世界的贡献

我国原产的花卉为世界花卉事业做出了巨大的贡献。从19世纪初开始大批欧美植物学工作者来华搜集花卉资源,其中,著名的植物学家威尔逊(E. H. Wilson)自1899年起先后5次来华(达18年之久),采集乔灌木1 200余种,还有许多种子和鳞茎。他在1929年出版的《中国,园林之母》(China, Mother of Gardens)一书中有这样的描述"中国确是园林之母,我们花园中从早春开花的连翘、玉兰,夏季的牡丹、蔷薇,到秋天的菊花都是中国贡献给世界园林的珍贵资源"。英国公园的春景是由大量的中国杜鹃、报春和玉兰属植物美化的,街道上的著名行道树——珙桐也来自中国。

以英国丘园引种成功中国园林植物为例,原产华东地区及日本的树种共1 377种,占该园引自全球树木的33.5%;60种墙园植物中有29种来自中国,其中重要的有紫藤、迎春、木香、火棘、连翘、蜡梅、藤绣球等;牡丹芍药园中有11种及变种来自中国,其中5种木本牡丹全部来自中国;槭树园中收集了近50种来自中国的槭树,成为园中优美的秋色树种,如血皮槭(Acer griseum)、青皮槭(A. cappadocium)、青榨槭(A. davidii)、疏花槭(A. laxiflorum)、茶条槭(A. ginnala)、地锦槭(A. mono)、桐状槭(A. platanoides)、红槭(A. rubescens)、鸡爪槭(A. palmatum)等。100多年以来,仅英国爱丁堡皇家植物园栽培的我国原产植物就达1 500种之多。西方栽培的观赏树木,如银杏、水杉、珙桐、玉兰、泡桐以及松柏类,大部来自我国。由于原产我国的花卉广泛栽培在欧美的园林中,有言道"没有中国植物就不能称其为庭园"。此外,北美引种的我国乔、灌木达1 500种以上,德国有50%、荷兰有40%的栽培植物来源于我国。

中国植物为世界园林培育新的杂交种中起到了举足轻重的作用。如现代月季品种多达2万品种,其中许多品种中都含有原产中国的月季(Rosa chinensis)、香水月季(R. odorata)、玫瑰(R. rugosa)、木香花(R. banksiae)、黄刺玫(R. xanthina)和峨眉蔷薇(R. omeiensis)的血统。

0.3.1.3 中国花卉产业的现状与发展前景

花卉产业除包括常见的花卉,如鲜切花、盆栽花卉、观叶植物、绿化苗木、草坪等产品外,还包括花卉种子和种苗、专用花肥、育花基质、园林机械等辅助产业以及花卉产品直接的生产、加工、运输、销售及现代农业观光旅游等行业。由于花卉的生物学特性及其商品性对气候、水源、土地等因素的要求都比其他农作物严格,花卉产品质量要求及市场需要关系也不同于一般的园艺产品,使得花卉产业成为一个具有高风险、高投入、高效益和高科技的产业。

虽然中国有着5 000多年的发展历史,但是花卉产业一直处于低迷时期。如果从改革开放初期算起,花卉产业至今不过30多年的历史。我国花卉产业的发展历程,大体可以划分为3个阶段,即恢复发展阶段(1978—1990年,即"六五"和"七五"时期)、巩固提高阶段(1991—2000年,即"八五"和"九五"时期)和调整转型阶段(2001年至今)。

恢复发展阶段(1978—1990年):70年代末期到80年代初期花卉产业随着农村土地承包制度的推行恢复发展起来。其特征为生产规模小、品种杂、种植分散、产品质量不高;花卉市场规模小、出口量少;花卉产业链条不健全,供需信息不对称,花农盲目跟风炒苗,价格波动较大。据统计当时全国花卉生产面积约1.4万hm²,产值6亿元人民币,出口额近200万美元。到1990年,花卉产业已初具规模,生产面积、销售额和出口额分别为3.3万hm²、18亿元人民币和2 200多万美元,分别增加2.4倍、

3 倍和 11 倍。

巩固提高阶段(1991—2000 年)：随着国内经济的快速发展，城市绿化与美化要求不断提高，人民生活水平不断改善，花卉产品需求旺盛。通常情况下花卉的亩产值在 1 万元人民币以上，而水稻为 800～1 200 元人民币，蔬菜为 6 000～8 000 元人民币，单位土地面积上种植花卉的产值一般可以达到普通作物和果树的 10～50 倍。由于花卉产品庞大的需求市场和高额产值，很多地方政府把花卉产业作为发展"高产、优质、高效"农业的重要途径，促进农民增收、农业增效和农村发展，花卉产业因此迎来了新的发展机遇。这期间花卉生产快速发展，产品质量明显提高，区域化格局初步形成，教育科研发展迅速，对外交流合作日益广泛，花卉业已经成为一项前景广阔的新兴产业。到 2000 年，全国花卉生产面积达 14.8 万 hm²，销售额为 158.2 亿元人民币，花卉出口 2.8 亿美元，分别是 1991 年的 4.5 倍、8.8 倍和 12.7 倍。

调整转型阶段(2001 年至今)：随着世界经济全球化、一体化的形成，花卉生产由高成本的发达国家向低成本的发展中国家进一步转移，特别是在我国社会经济不断发展、花卉需求不断增加的新形势下，花卉生产面积大幅增长。但我国花卉产业存在一系列问题，如品种创新和技术研发能力不强，产品质量和产业效益不高，产业结构单一，从业人员素质低和市场流通体系不健全等。我国的花卉生产起步晚，技术和生产条件落后。多数花卉产品只能是"产品"而不能成为商品。国内常说的"我国资源丰富，劳动力价格低，产品有很好的出口前景"，但不能忘记"资源不等于商品，劳动力价格不代表劳动力的价值"这个基本经济学规律。同时我国花卉生产的基本条件差，不能满足花卉商品生产的需求。2000 年以后花卉产业结构性过剩，最为突出的是绿化观赏苗木比重过大。据国家统计数据显示，2014 年全国绿化观赏苗木种植面积 74.10 万 hm²、133.32 亿株，占我国花卉总面积的 58%；销售额 659.07 亿元人民币，占我国花卉销售额的 51.51%。据专业分析，我国绿化观赏苗木已经普遍过剩，一些常规苗木过剩产能高达 50% 以上。如何消化绿化观赏苗木的庞大库存，是一个难题。处理好速度、结构、质量和效益的关系，调整产业结构，转变产业发展方式，实现产业又好又快发展，成为这一阶段的主题。

从 2001 年开始，我国花卉产业调整转型悄然进行，并取得了初步成果。我国花卉产业规模稳步提升，生产格局基本形成，科技创新得到加强，市场建设初具规模，花文化日趋繁荣，对外合作不断扩大，形成了较为完整的现代花卉产业链。2007 年在中国花卉协会五届二次常务理事会上，首次提出了发展现代花卉产业的战略构想。2013 年国家林业局和中国花卉协会共同发布了《全国花卉产业发展规划(2011—2020 年)》，使发展现代花卉产业的战略构想有了可操作性的构架和具体措施。《规划》以发展现代花卉业为主题，以加快转变花卉产业发展方式、提升花卉产业质量效益为主线，着力构建花卉产业品种创新、技术研发、生产经营、市场流通、社会化服务和花文化等六大体系。2006—2010 年的"十一五"期间，我国花卉产业得到很大发展，花卉产业走区域化发展道路，形成西南有鲜切花、东南生产苗木和盆花、西北冷凉地区发展种球、东北生产加工花卉的区域化生产格局。

"十二五"期间，我国的花卉产业正在由数量扩张型向质量效益型转变，由原来传统单一的花卉种植业不断向花卉生产、加工、服务全方位延伸，形成了较为完整的现代花卉产业链，总结起来有以下 7 大特点。

(1)产业规模稳步发展。2014 年我国花卉种植面积突破 127.02 万 hm²，销售额达 1 280 亿元人民币、出口创汇额达 6.20 亿美元，分别是 10 年前的 2 倍、3 倍和 4.3 倍。我国已成为世界最大的花卉生产基地、重要的花卉消费国和花卉进出口贸易国。目前，全国种植面积在 3 hm² 以上或年营业额在 500 万元人民币以上的大中型花卉企业达 1.5 万家，设施栽培总面积达 13 万 hm²。

(2)产业格局布局完成。形成了以云南、辽宁、广东等省为主的鲜切花产区，以广东、福建、云南等省为主的盆栽植物产区，以江苏、浙江、河南、山东、四川、湖南、安徽等省为主的观赏苗木产区等。洛阳、菏泽的牡丹,大理、楚雄、金华的茶花,长春的君子兰,漳州和上海的水仙,鄢陵、北碚的蜡梅,横县的茉莉花,石家庄和天津的仙客来等特色花卉也得到进一步巩固和发展。

(3)创新能力不断增强。我国花卉栽培设施不断更新换代,种植技术与国外花卉发达国家的差距日益缩小。花卉科研人员选育出梅花、牡丹、百合、月季等一批抗性强的新品种。截至2014年,获得国际登录的牡丹新品种18个,梅花新品种118个,国家林业局新授权的观赏植物新品种有536个,农业部新授权的花卉新品种有114个。

(4)花卉市场体系初步建立。我国的花卉交易市场日趋专业、规范,大型的花卉专业市场、高档花店数量不断增加,花卉超市和网络花店成为服务大众的重要方式。目前,全国建设有花卉市场3 286个。昆明国际花卉拍卖交易中心、广东陈村花卉世界、浙江萧山花木城、江苏夏溪花木市场等已成为全国具有代表性的专业花卉市场和花木集散中心。以北京世纪奥桥园艺中心、浙江虹越园艺等为代表的时尚花卉超市和花园中心不断涌现,连锁花店、网络花店、鲜花速递和花卉租摆等新型零售业态不断出现。

(5)花事活动影响力不断扩大。"十二五"期间,仅由中国花卉协会组织开展的全国性大型花事活动,就有第八届中国花卉博览会,第七届、第八届、第九届、第十届中国花卉产业论坛、第三届中国杯插花花艺大赛、首届中国杯盆景大赛等。每年在北京、上海两市轮流举办中国国际花卉园艺展览会,还有中国(萧山)花木节,中国(夏溪)花木节等。中国花卉协会各分支机构也常年举办了形式多样、内容丰富的花卉主题活动和展览展示活动。

(6)花卉出口持续增长。云南、广东、福建已成为主要出口花卉生产基地,产品销往日本、荷兰、韩国、美国、新加坡及泰国等50多个国家和地区。"十二五"期间,中国的花卉产业进口和出口均呈现强劲增长势头。

(7)对外合作不断扩大。中国花卉协会先后加入国际园艺生产者协会、世界月季协会联盟、国际茶花协会、亚洲花店业协会。我国成功举办了1999年昆明世界园艺博览会、2006年沈阳世界园艺博览会、2011年西安世界园艺博览会、2014年青岛世界园艺博览会及2016年唐山世界园艺博览会等。以具有代表性的云南省和浙江省为例,说明分析以省为单位的花卉产业发展情况。

1)云南省花卉产业发展

云南省是山地省份,由于地理位置、大气环流、海拔纬度的影响,形成了独特的气候环境。而各地区地形地貌复杂,形成兼具低纬度气候、季风气候、山原气候的特点,即年温差小、日温差大、降水充沛、干湿分明,气候的区域差异和垂直变化十分明显。其独特的地理位置和气候有利于花卉植物的生长,是世界上最适宜发展花卉的三大地区之一。目前,云南已成为世界最重要的鲜切花、大花蕙兰、地方特色花卉等观赏花卉主产区,以及加工花卉(含药用、食用、工业用和保鲜花)、旅游花卉重点区域,并发展起了全国驰名、世界知名,两种交易机制共存的花卉市场,花卉科技创新、物流运输、技术培训等配套服务齐全,特点鲜明,亮点凸显,全行业发展喜人,后势强劲。

据云南省花卉产业办公室最新统计,2014年全省花卉种植面积105万亩,综合产值388.5亿元人民币,出口总额2.5亿美元,花卉企业1 770家;从业人员80余万人,花农收入80亿元人民币。除花卉企业下降6.3%外,其他主要统计指标环比不同程度上涨,增幅为2.3%～14.1%,其中总产值增幅最大,花农收入增幅最小。至此,已形成以鲜切花、种用花卉、地方特色花卉、绿化观赏苗木和加工用花卉为主的多元化花卉与旅游、养生、保健、加工等相关产业融合发展的强劲势头。

(1)生产区域布局合理,品种结构更为优化凭借优越的自然气候条件,全省形成了以昆明、玉溪、楚雄、曲靖为主的滇中温带鲜切花片区,以西双版纳、思茅、红河为主的滇南热带花卉及配叶植物片区,以迪庆、昭通、丽江为主的滇西(东)北球根类种球繁育片区,以大理、保山为主的滇西特色花卉片区的合理发展局面,红河、楚雄等地区则逐渐成为鲜切花生产新区;形成了以香石竹、月季、百合等鲜切花为主,地方特色花卉、盆花、观叶植物、园林

绿化植物、干花及种苗种球等共同发展的格局,其中单一品种生产更为科学合理,逐步形成了单一品种规模化生产,基本可以满足国际大市场对同品种、同规格产品批量、稳定供货的要求;在产业配套服务上,花卉市场交易体系、科技服务体系和物流运输体系等都已经初步建立并得到较快发展。尤其值得一提的是,食用玫瑰、三七花等加工用花卉品种种类不断增多,种植区域从滇中局部地区快速覆盖全省各地。2014年油用牡丹在云南滇西、滇东北、滇南的普洱、滇中等地区发展势头强劲,初步统计,一年多时间里,生产从无到有,至今已达5 000多亩,云南有望成牡丹产业重点新区。

(2)科技实力不断加强,研发创新取得突破

全省花卉科技创新实力进一步加强,科研单位、大专院校、花卉企业及国家级品种测试站相互协作共进的研发体系初步形成,品种研发创新与推广、技术研究与应用、运营管理模式创新成效显著。新品种选育方面,2014年全省引进、驯化花卉新品种600余个,累计成功选育具有自主知识产权花卉新品种158个(截至2015年1月1日),部分在国外获得授权。云南已成为全国最大的花卉新品种选育中心,全省自主研发花卉新品种推广种植面积达4 000亩,部分品种还实现了批量出口。生产技术研究方面,已制定各类国家、行业和地方标准60项,种苗快繁、病虫害防治、采后处理等关键环节的技术实力领先全国。在组织方面,借助拍卖市场和重点企业服务平台,形成了不同形式的花农经济合作组织和"公司+基地+科研院校"或"公司+花农(花农经济合作组织)+市场"或"社会组织+示范基地+市场"等各类组合企业管理模式。

(3)产业链不断延长,相关行业令人瞩目　云南花卉产业涉及领域更广,产品种类多样,花卉功能从观赏性延展至观光旅游、养生保健、日化食品等多个方面,花卉产业链由第一产业向第二、三产业延伸,生产存量逐渐得到盘活,产销进入良性运行轨道,信息、营销和科技创新前沿领域和服务产业日益完善走好。花卉产业横向发展的同时,也纵向跨行推进,与旅游、养生等"非花卉"产业叠加,共融发展。随着人们生活水平的提高,市民对旅游花卉、花卉文化产品、美容化妆品、养生保健品、鲜花类食品的需求欲望日益强烈,从而催生了花卉旅游业、花卉文化、花卉健康养生产业的发展,吸引众多社会资本关注。云南作为我国花卉大省,凭借丰富的花卉资源优势和良好的气候条件,花卉旅游发展方兴未艾,涌现出了丽江玫瑰庄园、大理张家花园、无量山樱花谷等众多以花卉为主题的旅游项目和景点(区),花开季节吸引众多省内外游客前往,争相体验各处别具一格的"一日花卉游"。

(4)产业服务日臻完善,花事活动频现云南

云南花卉在国内外的影响力不断提高,成熟的产业基础和产业集聚地吸引了国内外行业内人士关注和社会各界的关心,很多国内外重要的花卉相关活动都相继选择云南举办。2014年8月云南大理州获得"中国茶花之乡"称号,并在大理成立中国野生植物保护协会茶花保育委员会;全国球根花卉研讨会及相关培训多次选择在云南举办。由中国花卉协会盆栽植物分会大花蕙兰产业小组和云南省花卉技术培训推广中心主办的"大花蕙兰订货或暨全国盆花产业发展论坛"连续4年在云南昆明举办,2014年的会议有包括4家上市公司在内的共计80余家国内外盆花产销及相关企业参会,其中不乏国内知名企业和重点龙头企业。

(5)交易模式多样,花卉电商发展欣欣向荣

以鲜切花为代表的云南花卉,形成了传统批发交易与国际先进拍卖机制相配套,两种交易模式共存发展,互为补充的交易格局,带动上千家贸易企业发展壮大,培育了一大批业务精、分工细的专业队伍。随着电商行业突飞猛进发展,一大批年轻人甚至中年白领,其购物习惯悄然改变,作为全国花卉生产重点区域,花卉电商的发展也走在了全国前列。初步统计,目前全省已有几十家花卉电商企业,花卉淘宝店达上千家,每年电商销售总额从2011年的不到1亿元人民币增至2014年的近5亿元人民币,其中年销售额超过3 000万元人民币的企业5家左右。

2)浙江省花卉产业发展

浙江省花卉产业发展迅速,已成为种植业中除粮油、蔬菜外第三大支柱产业。截至2009年,全省

花卉种植面积为112万亩,约占全国种植面积的12%,是1990年的60余倍,年均增幅超过32%。销售收入近71亿元人民币,出口创汇4517万美元,居全国第二。浙江花卉产品在全国的市场占有率超过20%,输出量占全国省际间输出量的30%。浙江省花卉产业的布局,主要汇聚于几个大的区域,杭州、嘉兴、宁波、绍兴、金华这五大产区的种植面积约占全省的85%,各主产区不仅生产规模大,而且各具特色,在20多年的发展中形成了多个国内知名度较高的区域特色花卉品牌,如杭州的桂花,萧山的龙柏、黄杨,奉化的五针松,金华的佛手和茶花,绍兴的兰花,嵊州玉兰,余姚四明山的红枫,海宁鲜切花,普陀的水仙,桐乡的杭白菊等。随着花卉产业结构的调整,设施花卉生产面积不断扩大,设施有高档化的发展趋势,如嘉善县、绍兴县和海宁市在花卉设施建设方面制定了补助政策,有力的促进了当地设施花卉生产的发展,使市场竞争优势明显的蝴蝶兰、凤梨等高档盆花和百合、鹤望兰等高档切花在浙江各地发展迅速。浙江省在规范化运作花卉专业合作社、花卉流通中介组织、花木经纪人参与花卉流通和营销方面积累了许多成功经验,促进花卉经营从分散的小农经济向法人经济转变,形成"行业协会+专业合作组织+专业农户"的产供销一体化经营新机制,推动花卉产业化进程。目前全省拥有花卉研发机构47家,其中民营机构12家,在"十一五"期间取得了100多项花卉科技成果,在新品种选育、种苗生产技术、设施栽培技术、花期调控技术、组培苗工厂化生产技术、无土栽培基质及采后储藏保鲜等方面开展了卓有成效的工作。浙江花卉业特色鲜明,种类丰富,产业结构以传统的绿化观赏苗木为主,种苗、切花、观叶、草花、盆花及花卉配套资材多方面齐头并进。全省花卉栽培品种达2000多个,培育的绿化观赏苗木地域适应性南北兼容,许多品种适合全国大多数地区种植,绿化苗木销售市场几乎覆盖了全国所有省(市、区),杭白菊、浙贝母等食药用花卉是浙江传统优势产品,在全国市场占有率较高,花坛花、盆花和鲜切花等大量销往长三角地区各大城市。

0.3.2 世界花卉产业概况

世界花卉的产销格局基本形成,花卉的主要生产国为荷兰、意大利、丹麦、比利时、加拿大、德国、美国、日本、哥伦比亚、以色列、意大利、肯尼亚和印度;花卉的消费市场则形成了欧盟(以荷兰、德国为核心)、北美(以美国、加拿大为核心)、东南亚(以日本、中国香港为核心)的三大花卉消费中心;四大传统花卉批发市场为荷兰的阿姆斯特丹、美国的迈阿密、哥伦比亚的波哥大、以色列的特拉维夫。

以荷兰为代表的发达国家在当今世界花卉的生产和市场竞争中仍占据主导地位,引导世界花卉产业的发展。荷兰是世界上鲜花出口量最大的国家,又是世界花卉贸易的中心。荷兰花卉占了世界出口总额的55%以上,荷兰的鲜切花生产更是占全世界的58%,其中以郁金香、风信子和唐菖蒲等球根花卉的生产为主;哥伦比亚作为花卉生产新兴国家,从20世纪70年代后期开始花卉生产,发展迅速,现已成为仅次于荷兰的世界第二大鲜花生产和出口国,主要生产月季、玫瑰、香石竹、大丽花等,销往美国,占了美国切花市场的60%,另外也有大量的鲜花出口欧洲市场和日本市场;以色列是世界第三大鲜花出口国,其鲜切花出口占世界鲜切花出口总量的6%,虽然以色列的花卉生产规模相对较小,但因其以国际市场为导向,以科技为动力发展生产,收益相当高,鲜花生产以玫瑰和香石竹为主,年出口花卉及观赏性植物2.11亿美元。

以美国为中心的美洲花卉市场占世界花卉贸易的13%。虽然美国人均花卉消费额只有50美元,但由于人口众多,国民花卉消费水平越来越高,使其成为世界最大的花卉消费市场之一。亚洲的花卉消费以日本、中国香港为中心。国民生活水平的提高及人口的增加,使日本成为重要的花卉消费大国,日本的花卉消费占世界花卉消费的6%。

荷兰花卉产业价值链市场主体涵括了家庭农场(种植者)、拍卖市场、批发商、出口商、零售商、科研机构、中介组织和政府。花卉的生产、销售、科研、推广和培训等各个环节,一般都是由专业的企业承担。种花的不育苗,育苗的不种花,生产者不

参与销售,销售者不从事生产,分工极其明确。

荷兰花卉流通体系包括七大拍卖市场、数以千计的批发企业和上万家零售店。流通体系的核心是拍卖市场,它是一批以龙头企业为成员组建的股份制联合体,也是连接生产者和销售者的桥梁。拍卖市场的主要特征是公平、公开、快捷和高效,目前荷兰花卉出口额的 80% 通过拍卖市场进行。

荷兰花卉产业享有发达的花卉产品物流服务。这种服务不仅降低了交易成本和风险,而且提高了效率。为保持花卉的新鲜,拍卖时只需把各种产品的样品在拍卖市场展示,成交后高速运转的物流体系会直接将产品运抵买主指定的地点。同时,由于拍卖市场对花卉保鲜、包装、检疫、海关、运输、结算等服务环节实现了一体化和一条龙服务,确保成交鲜花在最短时间内(成交当天晚上或第二天)出现在世界各地的花店里。

荷兰花卉中介组织数量多、门类齐全。目前,在荷兰花卉产业价值链的各节点企业,几乎都组建了专门的中介组织。各类中介组织的主要职责是:根据政府授权行使管理职能;协调行业内部成员之间及本行业与其他行业间的利益关系,维护行业权益;为成员单位提供服务指导。各类中介组织在本国的花卉产业发展中发挥了不可替代的管理作用,是荷兰政府与各类花卉企业沟通的桥梁。

荷兰花卉业的科技含量也一直处于世界领先水平。花卉科研机构分为大学的研究所、国家办的研究所和各公司自办的研究所(站)三个层次,各层次分工明确。一、二层次的研究所主要从事基础理论的研究,研究内容具有全局性和方向性。一般由有关专业协会提出,交荷兰农业部会同讨论确定,经费主要由国家和协会提供。第三层次是各大花卉公司自办的研究所,是花卉科研的主力军,主要从事应用型技术和理论研究,如花卉育种、栽培技术、种质资源引进和开发等,研究的成果可立即用于生产。运作机制是"我给钱,你研究,研究成果归我所有"。科研机构自负盈亏的机制使得新技术、新品种、新工艺等成果层出不穷。

现在,荷兰七大拍卖市场已成为流通体系中的龙头和核心。拍卖市场的作用一是保证花卉质量。各种花卉一进入拍卖市场,就处于市场的控制之下,由专业技术人员为产品按质分级。某一产品因质量达不到标准而未拍卖成交,该产品将作为垃圾处理,而且生产企业必须支付垃圾处理费,绝对不允许降价销售。这种严格的质量保证措施,使其花卉产品在全球激烈的市场竞争中始终立于不败之地。二是拍卖市场的高速运转,使花卉市场需求稳定。产品价格波动相对较小,同时,拍卖市场的拍卖价格也成为全球批发市场及零售市场的指导价格,起着风向标的作用。三是生产者和销售者不必采用小而全的生产经营方式来避免市场风险,生产者只关心如何生产高质量的产品,从而使专业化、规模化生产达到了相当高度。

第1章
栽培植物的起源与花卉的分布

1.1 世界栽培植物的起源

目前世界各地的栽培植物都是在过去不同历史年代,在人们对野生植物认识的基础上,经过采集、移栽、驯化、选择、杂交和培育等一系列过程逐渐演变进化而来的。它们的原产地在哪里,原种分布及其种类构成,最初是如何由野生植物经人们驯化成为栽培植物的,这些问题是栽培植物起源研究的基本内容。

1.1.1 世界植物分布特点

大自然中植物资源极其丰富,地球上已被发现的植物数量有50万种之多,它们分布在世界各地,但并不是均匀分布的,而且极不均匀。对于野生植物,其自身的遗传特性以及各地域的气候、地形地貌、土壤类型等自然环境条件以及人类活动等因素决定了它们的分布。因此,地球上不同的气候带生存有不同的植被类型和植物种类,世界各地的植物主要分布于热带和温带,极少部分分布于寒带。

1.1.2 栽培植物的起源

人类关于栽培植物起源的探索和研究,至今已历经多个世纪。在18世纪及其以前的时代,基督教所支持的"特创论"(Theory of Special Creation)占统治地位。该理论认为,地球及其生物都是上帝按一定的计划和目的创造出来的,而且只有几千年的历史。瑞士著名植物分类学家林奈(Linnaeus,1707—1778)是特创论和物种不变论的忠实捍卫者。近代植物地理学家德国的哈姆布特(Humbuldt)也认为栽培植物的原产地和起源年代实在是一个极神秘的问题。19世纪以后,进化论先驱拉马克(J. B. Lamark,1744—1829)和达尔文(C. R. Darwin,1809—1882)的生物进化思想得到普及。人们逐渐认识到:各种生物都有共同的起源,现存的各种生物是在与其生存环境以及自身细胞、组织、器官和个体间相互作用过程中,遗传系统随时间和空间变化而发生的一系列不可逆的改变,以适应其生存环境而演化形成的。1859年达尔文发表的划时代巨著《物种起源》标志着进化论的崛起。进化论认为,现代栽培植物是由先前的野生植物在不同时期经人们驯化、培育和选择之后进化而来的。

17世纪以前,人们对大多数栽培植物的起源不甚明白,加上高寒山脉、辽阔的海洋和广阔沙漠的阻隔,彼此局限在一定的地区活动,在一定的生态条件下,从事原始的农业生产活动,对当地的野生植物进行驯化、培育和有意或无意的选择。经过这样长期的过程,各地逐渐出现了有别于野生植物的物种。适宜在人工栽培条件下生长发育,供人们不同用途的栽培植物,形成了若干栽培植物起源中心。这就是说,现在栽培的园艺植物和其他农作物都是由最初的野生类型通过人工驯化、培育和选择形成的,这是一个从原始农业开始直到现在仍在进行的

过程。根据考古学研究，在土耳其、叙利亚、伊朗、伊拉克，将一粒小麦、二粒小麦、野豌豆和小扁豆驯化成栽培种已有8 000～9 000年的历史，与此同时，秘鲁、墨西哥人已将菜豆、南瓜驯化为栽培植物。

蔬菜类栽培植物绝大多数是一、二年生草本植物，是驯化最早的一类。古代人类除了采食木本野生植物的果实外，还采食草本野生植物的茎、叶、果实、种子、地下茎和肉质根等充饥。在人类定居后，一些无毒、风味好、能佐食、易繁殖的野生蔬菜种类逐步被移植到园圃，便于采食。又经过长期的驯化栽培和选择，形成了许多蔬菜栽培种类和品种。瑞士植物学家德坎道尔(A. de Candolle，1806—1893)认为15世纪以前东半球陆地栽培的蔬菜有4 000年以上的历史，最早栽培的蔬菜有芜菁、甘蓝、洋葱、黄瓜、茄子、西瓜和蚕豆等。中国在新石器时代除采集野菜外，已种植芥菜、大豆、葫芦等；周、秦至汉初，中国黄河下游地区已采食和栽培的蔬菜有瓟(葫芦)、瓜(甜瓜、菜瓜)、葑(芜菁等)、菲(萝卜)、芹(水芹)、杞(枸杞)、荏菽(大豆)、笋、葵(冬寒菜)、韭、葱、藠、芋、薯蓣、姜、蘘荷等。

果树类成为栽培植物比较迟，虽然野生木本植物的果实很早就被人类采食利用。它们一般通过野生→管理野生→栽培驯化这一过程形成。由于多年生木本植物难以集体控制，其栽培起源通常要比一、二年生草本植物晚得多。考古学证据表明，最早起源的果树栽培植物有无花果、葡萄、海枣和油橄榄等。无花果在新石器晚期、葡萄在青铜器早期、海枣和油橄榄在石器与铜器并用的时代开始栽培。这些栽培起源早的果树有一个共同的特点就是容易进行无性繁殖。此后，石榴、香蕉与稍后的芒果、柑橘等也相继被驯化栽培。李属果树可能是通过种子开始栽培的。桃的野生种在中国很丰富，公元前2000年已有栽培，而扁桃则更早，约在公元前3000年开始栽培。仁果类果树的栽培起源依靠嫁接。坚果类果树的栽培起源比较晚，虽然在新石器和青铜器时代的遗迹中曾发现很多坚果，但它们真正被驯化却都比较迟。还有一些果树的栽培起源很晚，如树莓、醋栗最早在欧洲栽培是16世纪，菠萝、草莓是18世纪，而越橘和猕猴桃直到20世纪才开始在新西兰、美国等国家和地区栽培。根据《诗经》《夏小正》《禹贡》《山海经》和《庄子》等古代文献和近代考古发掘的资料，桃、李、梅、杏、梨、栗、枣、榛、橘、柚、龙眼、荔枝、橄榄、枇杷、杨梅等果树植物起源于中国，已有3 000多年的历史。

1.1.3　栽培植物起源学说

自从19世纪以来，许多植物学家开展了广泛的植物调查，并进行了植物地理学、古生物学、生态学、考古学、语言学和历史学等多学科的综合研究，先后总结提出了世界栽培植物起源中心理论。

1.1.3.1　德坎道尔栽培植物起源中心论

德坎道尔是最早研究世界栽培植物起源的学者。他通过植物学、历史学及语言学等方面研究栽培植物的地理起源，出版了《世界植物地理》(1855)、《栽培植物起源》(1882)两部著作。在《栽培植物起源》一书中考证了247种栽培植物，其中起源于旧大陆的199种，占总数的88%以上。他指出栽培植物最早被驯化的地方可能是中国、西南亚和埃及、热带亚洲。

1.1.3.2　瓦维洛夫栽培植物起源中心学说

世界上研究栽培植物起源最著名的是苏联学者瓦维洛夫(Н. И. Вавилов，1887—1943)。1920—1930年间，瓦维洛夫领导的植物资源考察队先后180次考察了亚洲、欧洲、北美、中南美洲60多个国家和地区，搜集了25万份材料，其中包括果树12 650份、蔬菜17 955份、豆类23 636份。他综合前人的学说和方法来研究栽培植物的起源问题，对这些材料进行了综合分析，并做了一系列科学实验，于1926年出版了著名的《栽培植物起源中心》一书，论述了主要栽培植物，包括蔬菜、果树、农作物和其他近缘植物600多个物种的起源地。

瓦维洛夫的栽培植物起源中心学说要点包括以下5个方面：①世界上某些地区集中表现有一些栽培植物的变异。凡是集中分布一个物种大多数变种、类型的地区，就是这个种的起源中心。中心的各个变种中常含有大量显性等位基因；而隐性等位基因则分布在中心的边缘和隔离地区。②有些栽培植物起源于几个地区，有几个起源中心。起源

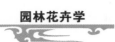
中心可分为原生中心和次生中心。原生中心是指某栽培植物种或变种的原产地,次生中心则是指从其他地区引进后经过变异和杂交又形成了许多类型的地区。这两者可以根据显性基因的多少来区别。在原生中心的周缘可以发展出次生中心,即由隐性等位基因所控制的多样性新区。次生中心内还会发展出栽培植物的特别类型。③栽培植物起源中心集中蕴藏着栽培植物的种和品种。重要的栽培植物开始发展的地带位于北纬20°~45°,它们常和大山脉的总走向一致。栽培植物的起源均在其野生种自然分布区域内,由于沙漠、海洋和高山的阻隔,也由此产生了植物区系和人群的独立发展。两者相互影响又产生了独立的农业文化。④绝大部分栽培植物发源于世界的东方,特别是中国和印度,这两个国家几乎提供了一半的栽培植物。其次为西亚和地中海地区。⑤栽培植物具有品种多样性的地理分布规律。如从喜马拉雅山往西到地中海一线,发现植物种子和果实有逐渐变大的倾向,而生长在阿拉伯也门山区的全部植物都有早熟类型。

瓦维洛夫的世界栽培植物起源中心几经修改后,提出了8个起源中心,其中包括8个大区和3个亚区,分述如下。

1)中国中心

包括中国中部和西部山区及低地,是许多温带、亚热带植物的起源地,也是世界农业最古老的发源地和栽培植物起源的巨大中心。起源的蔬菜主要有大豆、竹笋、山药、草石蚕、东亚大型萝卜、牛蒡、荸荠、莲藕、茭白、蒲菜、慈姑、菱、芋、百合、白菜类、芥蓝、芥菜类、黄花菜、苋菜、韭、葱、薤、莴笋、茼蒿、食用菊花、紫苏等;起源的果树主要有沙梨、秋子梨、沙果、桃、山桃、杏、梅、中国李、红李(杏李)、毛樱桃、中国樱桃、少花樱桃、山楂、贴梗海棠、木瓜、木半夏、枣、拐枣、银杏、核桃、山核桃、中国普通榛、多刺榛、阿富汗榛、东亚板栗、板栗、香榧、果松、香橙、宜昌橙、甜橘、朱橘、乳橘、檬橘、金柑、圆金柑、枳、柿、君迁子、枇杷、黄皮、杨梅、荔枝、龙眼和桃金娘等。本中心还是豇豆、甜瓜、南瓜等蔬菜植物以及甜橙、宽皮橘等果树植物的次生起源中心。

2)印度-缅甸中心

包括印度(不包括其旁遮普以及西北边区)、缅甸和老挝等地,是世界栽培植物第二大起源中心,主要集中在印度。起源的蔬菜主要有茄子、黄瓜、苦瓜、葫芦、有棱丝瓜、蛇瓜、芋、田薯、印度莴苣、红落葵、苋菜、豆薯、胡卢巴、长角萝卜、莳萝、木豆和双花扁豆等;起源的果树主要有芒果、甜橙、椪柑、宽皮橘、柠檬、枸橼、酸橙、酸柠檬、野海枣、印度山竹子、*Mimusops elengi*(山榄科)、*Terminalia bellirica*(使君子科)、印度木苹果、蒲桃、小菠萝蜜、印度枳、三捻橄榄、杨桃、余甘子、九里香、印度桑、六雌蕊山榄、酸豆和假虎刺等。本中心还是芥菜、印度芸薹、黑芥等蔬菜的次生起源中心。

印度-马来西亚中心 包括印度支那、马来半岛、爪哇、加里曼丹、苏门答腊及菲律宾等地,是印度中心的补充。起源的蔬菜主要有姜、冬瓜、黄秋葵、田薯、五叶薯、印度藜豆、巨竹笋等;起源的果树主要有小果苦橙、加拉蒙地橘、柚、毛里塔尼亚苦橙、易变韶子、乌榄、白榄、槟榔、*Erioglossum rubiginosum*(无患子科)、*E. edule*、五月茶、香蕉、面包果、小菠萝蜜、榴莲、兰撒果(楝科)、卡亡果、蓝倍果、罗庚梅(大风子科)、水莲雾、南海蒲桃、番樱桃和韶子等。

3)中亚细亚中心

包括印度西北旁遮普和西北边界、克什米尔、阿富汗、塔吉克斯坦和乌兹别克斯坦以及天山西部等地,也是一个重要的蔬菜起源地。起源的蔬菜有豌豆、蚕豆、绿豆、芥菜、芫荽、胡萝卜、亚洲芜菁、四季萝卜、洋葱、大蒜、菠菜、罗勒、马齿苋和芝麻菜等;起源的果树有阿月浑子(*Pistacia vera*)、杏、洋梨、扁桃、沙枣、枣、欧洲葡萄、核桃、阿富汗榛和苹果等。该中心还是独行菜、甜瓜和葫芦等蔬菜的次生起源中心。

4)近东中心

包括小亚细亚内陆、外高加索、伊朗和土库曼山地。起源的蔬菜有甜瓜、胡萝卜、芫荽、阿纳托利亚甘蓝、莴苣、韭葱、马齿苋、蛇甜瓜和阿纳托利亚黄瓜等;起源的果树有无花果、石榴、苹果、洋梨、榅桲、*Prunus divaricata*(樱桃李的一种)、甜樱桃、扁桃、桂樱、波斯山楂、核桃、欧洲榛、大榛、旁吐斯榛、

阿富汗榛、西格鲁吉亚榛、欧洲板栗、欧洲葡萄、小檗（*Berberis vulgaris*）、欧洲稠李、阿月浑子、沙枣、君迁子、*Cornus mas*（山茱萸科）和 *Crataegus azarolus*（蔷薇科）等。该中心还是豌豆、芸薹、芥菜、芜菁、甜菜、洋葱、香芹菜、独行菜、胡卢巴等蔬菜和枣、杏、酸樱桃等果树的次生起源中心。

5）地中海中心

包括欧洲和非洲北部的地中海沿岸地带，它与中国中心同为世界重要的蔬菜起源地。起源的蔬菜有芸薹、甘蓝、芜菁、黑芥、白芥、芝麻菜、甜菜、香芹菜、朝鲜蓟、冬油菜、马齿苋、韭葱、细香葱、莴苣、石刁柏、芹菜、菊苣、防风、婆罗门参、菊牛蒡、莳萝、食用大黄、酸模、茴香、洋茴香和（大粒）豌豆等；起源的果树有油橄榄、圭洛豆。该中心还是洋葱（大型）、大蒜（大型）、独行菜等蔬菜的次生起源中心。

6）埃塞俄比亚中心

包括埃塞俄比亚和索马里等。起源的蔬菜有豇豆、豌豆、扁豆、西瓜、葫芦、芫荽、甜瓜、胡葱、独行菜和黄秋葵等。此中心无原生果树。

7）中美中心

包括墨西哥南部和安的列斯群岛等。起源的蔬菜有菜豆、多花菜豆、莱豆、刀豆、黑子南瓜、灰子南瓜、南瓜、佛手瓜、甘薯、大豆薯、竹芋、辣椒、树辣椒、番木瓜和樱桃番茄等；起源的果树有仙人掌属果树、牛心果、番荔枝、刺番荔枝、黑头番荔枝、灰番荔枝、伊拉麻、圆滑番荔枝、人心果、人面果、果酱果（山榄科）、绿色果酱果、柳叶蛋果、番木瓜、油梨、番石榴、槟榔青、墨西哥山楂、大托叶山楂、印度乌木、星果和野黑樱等。此中心还可能是秘鲁番荔枝等果树的次生起源中心。

8）南美中心

包括秘鲁、厄瓜多尔和玻利维亚等。起源的蔬菜有马铃薯、秘鲁番茄、树番茄、普通多心室番茄、笋瓜、浆果状辣椒、多毛辣椒、箭头芋、蕉芋等；起源的果树有甜西番莲、山番木瓜、蛋果（*Lucuma obvata*，山榄科）、番石榴、秘鲁番石榴、*Inga feuillei*（含羞草科）、*Matisia cordata*（木棉科）、*Caryocar amygdaliferum*（Caryocaraceae）、光棕枣（*Guilielma speciosa*）、*Marpighia glabra*、*Solanum quitoense*

（茄科）和 *Prunus cauli* 等。该中心还是菜豆、莱豆的次生起源中心。

（1）智利中心 这一中心为普通马铃薯和智利草莓的起源中心。

（2）巴西-巴拉圭中心 这一中心为木薯、花生、巴西蒲桃、乌瓦拉番樱桃、巴西番樱桃、毛番樱桃、树葡萄、菠萝、巴西坚果、腰果和凤榴等果树的起源中心。

瓦维洛夫关于栽培植物起源中心的发现，为现代人们进行栽培植物分类、引种驯化、遗传育种等方面的工作，打下了良好的基础。

1.1.3.3 勃基尔的栽培植物起源观

勃基尔（I. H. Burkill）在《人的习惯与栽培植物的起源》（1951）中系统地考证了植物随人类氏族的活动、习惯和迁徙而驯化的过程，论证了东半球多种栽培植物的起源，认为瓦维洛夫方法学上主要缺点是"全部证据都取自植物而不问栽培植物的人"。他提出影响驯化和栽培植物起源的一些重要观点，如"驯化由自然产地与新产地之间的差别而引起"。对驯化来说，"隔离的价值是绝对重要的。"

1.1.3.4 达林顿的栽培植物起源中心

达林顿（C. D. Darlington）利用细胞学方法从染色体分析栽培植物的起源，并根据许多人的意见，将世界栽培植物的起源中心划为 9 个大区和 4 个亚区，即：西南亚洲；地中海，附欧洲亚区；埃塞俄比亚，附中非亚区；中亚；印度-缅甸；东南亚；中国；墨西哥，附北美（在瓦维洛夫基础上增加的一个中心）及中美亚区；秘鲁，附智利及巴西-巴拉圭亚区。他的划分除了增加欧洲亚区以外，基本上与瓦维洛夫的划分相近。

1.1.3.5 茹考夫斯基的栽培植物大基因中心

茹考夫斯基（Л. М. Жуковский）1970 年提出不同植物物种的地理基因小中心达 100 余处之多，他认为这种小中心的变异种类对植物育种有重要的利用价值。他还将瓦维洛夫确定的 8 个栽培植物起源中心所包括的地区范围加以扩大，并增加了 4 个起源中心，使之能包括所有已发现的栽培植物种类。他称这 12 个起源中心为大基因中心。大基因中心或多样化变异区域都包括作物的原生起源地

和次生起源地。1979年荷兰育种学家泽文(A. C. Zeven)在与茹考夫斯基合编的《栽培植物及其近缘植物中心辞典》中，按12个多样性中心列入167科2 297种栽培植物及其近缘植物。书中认为在此12个起源中心中，东亚(中国–缅甸)、近东和中美三区是农业的摇篮，对栽培植物的起源贡献最大。然而，12个中心覆盖的范围过于广泛，几乎包括地球上除两极以外的全部陆地。

1.1.3.6 哈兰的栽培植物起源分类

哈兰(J. R. Harlan, 1971)认为，在世界上某些地区(如中东、中国北部和中美地区)发生的驯化与瓦维洛夫起源中心模式相符，而在另一些地区(如非洲、东南亚和南美–东印度群岛)发生的驯化则与起源中心模式不符。他根据植物驯化中扩散的特点，把栽培植物分为5类。①土生型植物：在一个地区驯化后，从未扩散到其他地区，如非洲稻、埃塞俄比亚芭蕉等鲜为人知的作物。②半土生型植物：被驯化的植物只在邻近地区扩散，如云南山楂、西藏光核桃等。③单一中心植物：在原产地驯化后迅速传播到广大地区，没有次生中心，如橡胶、咖啡、可可。④有次生中心植物：从一个明确的初生起源中心逐渐向外扩散，在一个或几个地区形成次生起源中心，如葡萄、桃。⑤无中心植物：没有明确的起源中心，如香蕉。

观赏植物来自于先前驯化、培育和选择的蔬菜和果蔬类栽培植物，其起源遵从栽培植物起源的一般规律。但由于观赏植物在生产目标和使用价值等方面具有特殊性，因而也有其自身的栽培起源规律。

我国南京中山植物园张宇和认为观赏植物有以下三个起源中心。①中国中心：中国是世界上野生植物种类最丰富的国家之一，又具有5 000年以上的文明历史，对观赏植物的引种驯化、繁殖栽培、杂交选育由来已久。起源于中国的观赏植物包括梅花、牡丹、芍药、菊花、兰花、月季、玫瑰、杜鹃、山茶、荷花、桂花、蜡梅、扶桑、海棠花、紫薇、木兰、丁香、萱草等。中国中心经过唐、宋的发展达到鼎盛。从明、清开始，观赏植物的起源中心逐渐向日本、欧洲和美国转移，形成了日本次生中心。②西亚中心：西亚是古代巴比伦文明和世界三大宗教的发祥地，起源于此的观赏植物有郁金香、仙客来、风信子、水仙、鸢尾、金鱼草、金盏菊、瓜叶菊、紫罗兰等。西亚中心经过希腊、罗马的发展，逐渐形成了欧洲次生中心，是欧洲花卉发展的肇始。美国也是欧洲次生中心的一部分。③中南美中心：当地古老的玛雅文化，孕育了许多草本花卉，如孤挺花、大丽花、万寿菊、百日草等。与中国中心和西亚中心不同的是，中南美中心至今没有得到足够的发展。

众所周知，从19世纪中叶到20世纪40年代，中国一直是欧洲、美国等发达国家进行植物采集与开发的重要宝库。从20世纪后半叶开始至今，世界花卉资源开发的重点逐步转移到澳大利亚和南非。如原产南非的非洲菊、唐菖蒲、马蹄莲、君子兰等，原产澳大利亚的麦秆菊、红千层、芫花、蜡花等，均成为世界花卉的重要种类。随着人们对新、奇、特花卉种类和品种的不断追求，南非和澳大利亚有可能成为新兴的观赏植物起源中心。

1.2 世界气候型及其主要原产花卉

地球上植物种类繁多，其中接近10万种具有观赏价值，但目前已被人类开发利用的还不到一半。进一步科学地开发地球上这些具有观赏价值的植物，造福于人类，将具有重要意义以及广阔前景。

如此众多的花卉种类，由于其原产地的自然条件相差很大，各类花卉的生长发育特性和生态习性也有很大的差异。在地球上，花卉究竟是如何分布的？它们所生长的环境条件如何？了解和掌握这些问题对于我们有效保护、合理开发利用这些宝贵的植物资源，适地适花的引种驯化、美化及保护环境对人类都有重要现实意义。植物生长的环境因子多种多样，其中最重要的因子是气候条件。温度和水分是形成地球上不同气候带的主要因子，同时也是制约地球上植物生存、发育和分布的重要因素。因此，了解各类花卉在世界的分布状况及其原产地的温度和水分条件，给予相应的栽培条件和技术措施，是栽培成功的关键所在。

Miller和日本塚本氏根据气候和水分状况将世界野生花卉的地理分布按原产地的气候型进行归

纳分区,每个气候型由相似温度和水分条件决定,全球共分为七大类型。按气候型对全球植物分类实为一种粗略的特殊的分类方式,七大气候型的地理分布见图 1-1。

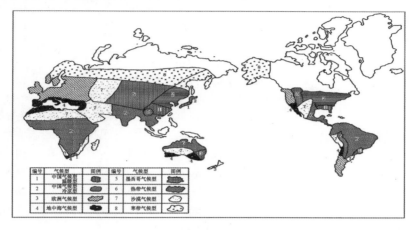

图 1-1　花卉原产地的气候型分布

(引自《花卉学》,王莲英、秦魁杰主编。本图由李登飞制作)

按照花卉原产地进行的七大气候型分类目前被世界广为认可,现分述如下。

1.2.1　中国气候型(大陆东岸气候型)

中国气候型又称大陆东岸气候型。该气候型的主要气候特点:冬季干旱寒冷,夏季湿热,年温差较大。虽名曰"中国气候型",但这一气候型远远不止中国区域,同时也并不包括中国所有区域。属于这一气候型的地区还有日本、北美洲东部、巴西南部、大洋洲东部、非洲东南部等。其中中国与日本地区受季风的影响,夏季雨量较多,这一点与美洲东部不同。中国气候型地域范围广,气候亦有差异,因此根据冬季气候的高低不同,分为温暖型与冷凉型两个亚型。

1)温暖型(低纬度地区)

中国气候型的温暖型所属区域包括中国长江以南(华中、华东及华南),日本西南部,北美洲东南部,巴西南部,大洋洲东部,非洲东南部等地区。在这些同一气候型地区间的气候也有一定差异。原产该区域的主要花卉见表 1-1。

表 1-1　原产中国气候型中温暖型地区的主要花卉

序号	花卉中文名	拉丁学名	原产地
1	水仙	*Narcissus tazetta* var. *chinensis*	中国
2	南天竹	*Nandina domestica*	中国
3	报春花	*Primula malacoides*	中国
4	凤仙花	*Impatiens balsamina*	中国
5	半边莲	*Lobelia chinensis*	中国
6	湖北百合	*Lilium henryi*	中国、日本
7	石蒜	*Lycoris radiata*	中国、日本
8	山茶	*Camellia japonica*	中国、日本
9	杜鹃	*Rhododendron simsii*	中国、日本
10	碧冬茄	*Petunia hybrida*	巴西南部
11	细叶美女樱	*Verbena tenera*	巴西南部
12	大花马齿苋	*Portulaca grandiflora*	巴西南部

园林花卉学

（续）

序号	花卉中文名	拉丁学名	原产地
13	叶子花	*Bougainvillea spectabilis*	巴西南部
14	一串红	*Salvia splendens*	巴西南部
16	待宵草	*Oenothera stricta*	美国南部
17	猩猩草	*Euphorbia cyathophora*	中南美洲
18	小天蓝绣球	*Phlox drummondii*	北美洲东南部
19	宿根天人菊	*Gaillardia aristata*	北美洲东南部
20	马利筋	*Asclepias curassavica*	北美洲东南部
21	堆心菊	*Helenium autumnale*	北美洲东南部
22	花烟草	*Nicotiana alata*	南美洲东南部
20	非洲菊	*Gerbera jamesonii*	非洲东南部
23	美丽日中花	*Mesembryanthemum spectabile*	非洲东南部
24	马蹄莲	*Zantedeschia aethiopica*	非洲南部
25	蜡菊	*Helichrysum bracteatum*	大洋洲

2）冷凉型（高纬度地区）

中国气候型的冷凉型所属区域包括中国华北、东北南部，日本东北部，北美洲东北部等地区，属于高纬度地区，冬季较寒冷，该区域原产花卉以耐寒宿根花卉居多，主要种类见表1-2。

表1-2 原产中国气候型中冷凉型地区的主要花卉

序号	花卉中文名	拉丁学名	原产地
1	玉蝉花	*Iris ensata*	中国、日本东北部
2	燕子花	*Iris laevigata*	中国、日本东北部
3	菊花	*Dendranthema morifolium*	中国
4	芍药	*Paeonia lactiflora*	中国
5	翠菊	*Callistephus chinensis*	中国
6	北乌头	*Aconitum kusnezoffii*	中国
7	侧金盏花	*Adonis amurensis*	中国
8	荷包牡丹	*Dicentra spectabilis*	中国
9	荷兰菊	*Aster novi-belgii*	北美洲东部偏北
10	假龙头花	*Physostegia virginiana*	北美洲东部偏北
11	红花钓钟柳	*Penstemon barbatus*	北美洲东部偏北
12	金光菊	*Rudbeckia laciniata*	北美洲东部偏北
13	翠雀	*Delphinium grandiflorum*	北美洲东部偏北
14	红花铁线莲	*Clematis texensis*	北美洲东部偏北
15	美国紫菀	*Aster novae-angliae*	北美洲东部偏北
16	蛇鞭菊	*Liatris spicata*	北美洲东部偏北

1.2.2 欧洲气候型（大陆西岸气候型）

欧洲气候型又称大陆西岸气候型，所属区域包括欧洲大部分区域、北美洲西海岸中部、南美洲西南部及新西兰南部。该气候型区域的主要气候特点：冬季气候温暖，夏季温度不高，冬夏温差较小，所谓"冬不太冷，夏不太热"，年平均气温15～17 ℃；雨量四季分布，但总体偏少，尤其西海岸地区雨量较少。原产该区域的主要花卉见表1-3。

— 20 —

表 1-3　原产欧洲气候型地区的主要花卉

序号	花卉中文名	拉丁学名	原产地
1	飞燕草	*Consolida ajacis*	欧洲、亚洲西南部
2	三色堇	*Viola tricolor*	欧洲
3	雏菊	*Bellis perennis*	欧洲
4	矢车菊	*Centaurea cyanus*	欧洲、北美洲
5	圆锥石头花	*Gypsophila paniculata*	欧洲、北美洲
6	黄水仙	*Narcissus pseudo narcissus*	欧洲
7	勿忘草	*Myosotis silvatica*	欧洲
8	紫罗兰	*Matthiola incana*	欧洲
9	宿根亚麻	*Linum perenne*	欧洲
10	毛地黄	*Digitalis purpurea*	欧洲
11	欧锦葵	*Malva sylvestris*	欧洲
12	铃兰	*Convallaria majalis*	欧洲、北美洲

1.2.3　地中海气候型

地中海气候型所属区域包括地中海沿岸地区、南非好望角附近、大洋洲东南和西南部、南美洲智利中部及北美洲西南部加利福尼亚等地。该气候型区域的主要气候特点：冬春多雨，自秋季到翌年春末为降雨期，夏季极少降雨，为干燥期。冬季较温暖，最低温度为 6～7 ℃，夏季温度为 20～25 ℃。该区域属于比较温暖地区，但无高温。原产该区域以秋植球根花卉种类居多，以及不耐寒的一、二年生花卉，主要种类见表 1-4。

表 1-4　原产地中海气候型地区的主要花卉

序号	花卉中文名	拉丁学名	原产地
1	风信子	*Hyacinthus orientalis*	地中海地区
2	克氏郁金香	*Tulipa clusiana*	地中海地区
3	水仙类	*Narcissus* spp.	地中海地区
4	仙客来	*Cyclamen persicum*	地中海地区
5	冠状银莲花	*Anemone coronaria*	地中海地区
6	花毛茛	*Ranunculus asiaticus*	地中海地区
7	番红花	*Crocus sativus*	地中海地区
8	香雪兰	*Freesia refracta*	南非
9	肖鸢尾	*Moraea iridioides*	南非
10	龙面花	*Nemesia strumosa*	南非
11	天竺葵	*Pelargonium hortorum*	南非
12	花菱草	*Eschscholtzia californica*	加利福尼亚
13	羽扇豆	*Lupinus micranthus*	地中海地区
14	锦花沟酸浆	*Mimulus luteus*	南美洲
15	赛亚麻	*Nierembergia hippomanica*	南美洲
16	智利喇叭花	*Salpiglossis sinuata*	南美洲
17	唐菖蒲	*Gladiolus gandavensis*	地中海地区及南非和小亚细亚
18	香石竹	*Dianthus caryophyllus*	地中海地区
19	香豌豆	*Lathyrus odoratus*	地中海地区
20	金鱼草	*Antirrhinum majus*	地中海地区

（续）

序号	花卉中文名	拉丁学名	原产地
21	金盏花	*Calendula officinalis*	地中海地区
22	蒲包花	*Calceolaria crenatiflora*	智利中部（南美洲）
23	蛾蝶花	*Schizanthus pinnatus*	智利中部（南美洲）
24	君子兰	*Clivia miniata*	南非
25	鹤望兰	*Strelitzia reginae*	南非
26	网球花	*Haemanthus multiflorus*	南非
27	酸浆草	*Oxalis corniculata*	南非
28	虎眼万年青	*Ornithogalum caudatum*	地中海地区

1.2.4 墨西哥气候型（热带高原气候型）

墨西哥气候型又称热带高原气候型，所属区域包括墨西哥高原地区、南美洲安第斯山脉和非洲中部高山地区及喜马拉雅山北部到中国云南省的山岳地带，为热带及亚热带高山地区。该气候型区域的主要气候特点：年温差小，周年温度 14～17 ℃。降雨量因地区而不同，有的地区降雨量丰富而均匀，有的地区雨量集中在夏季。原产该区域的花卉耐寒性较弱，喜冬暖夏凉，主要种类见表1-5。

表 1-5　原产墨西哥气候型地区的主要花卉

序号	花卉中文名	拉丁学名	原产地
1	大丽花	*Dahlia pinnata*	墨西哥
2	晚香玉	*Polianthes tuberosa*	墨西哥
3	虎皮花	*Tigridia pavonia*	墨西哥、危地马拉
4	百日菊	*Zinnia elegans*	墨西哥
5	秋英	*Cosmos bipinnata*	墨西哥
6	一品红	*Euphorbia pulcherrima*	墨西哥
7	万寿菊	*Tagetes erecta*	墨西哥
8	藿香蓟	*Ageratum conyzoides*	墨西哥
9	球根秋海棠	*Begonia tuberhybrida*	南美洲
10	旱金莲	*Tropaeolum majus*	南美洲
11	藏报春	*Primula sinensis*	中国
12	滇山茶	*Camellia reticulata*	中国
13	常绿糙毛杜鹃	*Rhododendron lepidostylum*	中国
14	香水月季	*Rosa odorata*	中国

1.2.5 热带气候型

热带气候型所属区域又可区分为两个地区：一为亚洲、非洲、大洋洲的热带多雨地区；二为中美洲、南美洲的热带多雨地区。该气候型区域的主要气候特点：周年高温，年温差小，有的地区年温差甚至不到 1 ℃；降雨丰富，常分为雨季和旱季。原产该区域的花卉，以不耐寒一年生花卉居多，主要种类见表1-6。

表 1-6　原产热带气候型地区的主要花卉

序号	花卉中文名	拉丁学名	原产地
1	蝴蝶兰	*Phalaenopsis aphrodite*	亚洲
2	虎尾兰	*Sansevieria trifasciata*	非洲西部
3	彩叶草	*Coleus blumei*	亚洲
4	蝙蝠蕨	*Platyceium bifurcatum*	亚洲

（续）

序号	花卉中文名	拉丁学名	原产地
5	非洲紫罗兰	*Saintpaulia ionantha*	非洲
6	猪笼草	*Nepenthes mirabilis*	亚洲、大洋洲
7	变叶木	*Codiaeum variegatum*	亚洲、大洋洲
8	红桑	*Acalypha wilkesiana*	大洋洲
9	鸡冠花	*Celosia cristata*	亚洲
10	长春花	*Catharanthus roseus*	非洲
11	美人蕉	*Canna indica*	亚洲
12	花烛	*Anthurium andraeanum*	中美洲、南美洲
13	紫茉莉	*Mirabilis jalapa*	中美洲、南美洲
14	大岩桐	*Sinningia speciosa*	中美洲、南美洲
15	原叶椒草	*Peperomia obtusifolia*	中美洲、南美洲
16	竹芋	*Maranta arundinacea*	中美洲、南美洲
17	金铃花	*Abutilon striatum*	南美洲
18	牵牛	*Pharbitis nil*	中美洲、南美洲
19	四季秋海棠	*Begonia semperflorens*	中美洲、南美洲
20	垂花水塔花	*Billbergia nutans*	中美洲、南美洲
21	卡特兰	*Cattleya hybrida*	中美洲、南美洲
22	蝴蝶文心兰	*Psychopsis papilio*	中美洲、南美洲

1.2.6 沙漠气候型

沙漠气候型所属区域包括阿拉伯地区、非洲、黑海东北部、大洋洲中部、墨西哥、秘鲁、阿根廷部分地区、中国海南岛西南部的各地沙漠地区。该气候型区域的主要气候特点：气候干旱，降雨量很少，常为不毛之地。原产该区域的花卉以仙人掌及多浆植物类植物为主，主要种类见表1-7。

表1-7 原产沙漠气候型地区的主要花卉

序号	花卉中文名	拉丁学名	原产地
1	绿玉树	*Euphorbia tirucalli*	非洲
2	点纹十二卷	*Haworthia margaritifera*	南非
3	伽蓝菜	*Kalanchoe laciniata*	南非
4	仙人掌	*Opuntia stricta* var. *dillenii*	墨西哥
5	芦荟	*Aloe vera*	南非
6	龙舌兰	*Agave americana*	美洲热带
7	霸王鞭	*Euphorbia royleana*	中国海南
8	生石花	*Lithops pseudotruncatella*	非洲

1.2.7 寒带气候型

寒带气候型所属区域包括各地高山及高纬度地区，如西伯利亚、北美洲西北部的阿拉斯加地区、欧洲西北部的斯堪地纳维亚地区。该气候型区域的主要气候特点：气候寒冷；冬季漫长而严寒，夏季短促且凉爽；夏季白天长、风大。该区域植物生长期只有2～3个月，往往生长缓慢、植株低矮，原产花卉为耐寒性花卉及高山植物，主要种类见表1-8。

表 1-8　原产寒带气候型地区的主要花卉

序号	花卉中文名	拉丁学名	原产地
1	细叶百合	*Lilium pumilum*	西伯利亚
2	绿绒蒿属	*Meconopsis* spp.	喜马拉雅山
3	斑点龙胆	*Gentiana handeliana*	中国藏西南
4	华丽龙胆	*Gentiana sino-ornata*	中国云南西北部
5	雪莲花	*Saussurea involucrata*	西伯利亚
6	火绒草	*Leontopodium leontopodioides*	阿尔卑斯山、西伯利亚

　　值得一提的是,花卉的原产地并不一定是该种花卉的最适宜分布区,除非它是原产地的优势种。此外,花卉还表现出一定的适应性,许多花卉在原产地以外的地区也可以旺盛生长。如中国气候型和欧洲气候型,二者有很大差异,原产欧洲、北美洲和叙利亚的黄鸢尾(*Iris psedocorus*)在中国华北和华东地区也能露地越冬且生长良好;马蹄莲(*Zantedeschia aethiopica*)原产南非,世界各地引种后出现夏季休眠、冬季休眠和不休眠的不同生态类型,但都能成功栽培。

第2章

花卉的分类

2.1 花卉的名称

2.1.1 国际植物命名法规

　　每种植物都有它自己的名称。因世界之广,语言之异,同一种植物在不同国家或一个国家的不同地区常存在多种名称,如杜鹃又名映山红,碧冬茄又称矮牵牛,叶子花又名三角梅、九重葛等。而不同植物也可能有同一个名称,如卫矛科的大叶黄杨(冬青卫矛)(*Euonymus japonicus*)和黄杨科的大叶黄杨(*Buxus megistophylla*)。为避免上述情况造成的"同名异物"和"同物异名"现象,使各国学者的学术交流更加顺畅,必须按一定规则对植物进行统一命名。第一届国际植物学会议通过了世界上第一部《国际植物命名法规》,以法律的形式规定植物命名的原则,使其在国际范围内取得一致。国际植物学会议每六年举办一次,每次都会对法规进行修订,并推出新版法规,使其日臻完善。自第十八届国际植物学会议后,法规更名为《国际藻类、真菌及植物命名法规》。该法规是各国植物分类学者对植物命名时必须遵循的规章。要点如下:

　　(1)植物命名必须明确其分类地位　植物界共22个分类等级,每种植物的命名必须明确在这个阶层系统中的位置,并且只占一个位置。

　　(2)学名的发表与优先律原则　最初,对于学名的有效发表的规定是必须在出版的印刷品,并可通过出售、交换或赠送,到达公共图书馆或者至少一般植物学家能去的研究机构的图书馆。第十八届国际植物学会议对法规修订后,将在网络上以PDF文档发表且具有国际标准书号(ISBN)或国际标准连续出版物号(ISSN)之出版品亦视为有效发表,同时规定自2012年1月1日起,发表新种时可用拉丁文或英文描述。

　　优先律原则规定,凡符合法规的最早发表的名称为正确的名称。

　　(3)植物命名的模式标本　为使植物的名称与其所指的物种之间有固定的、可查的依据,在给新种命名时,除了要有拉丁文的描述和图解外,还需将研究和确立该种时所用的标本永久保存,以便今后核查,这种标本即模式标本。

　　(4)每种植物只有一个合法的正确学名　其他名称均作为异名或废弃。

　　(5)以双名法作为植物学名的命名法　双名法规定用两个拉丁词或拉丁化的词作为植物的学名。第一个词为属名,首字母应大写,第二个词为种加词,首字母小写(属名、种名在印刷时应为斜体)。同时法规要求双名之后还应附加命名人之名,以示负责。

　　种下级分类群的名称,由种名与种下级名称组合而成,种下级名称前冠以该等级的缩写词,如变种或变型的加词前的缩写词 var.(变种)、f.(变型)(种下级名称在印刷时应为斜体,缩写词需为正体)。例如:百合的学名是 *Lilium brownii* var.

viridulum，表示百合是野百合 *Lilium brownii* 的变种，其中 *viridulum* 为变种加词，又如宫粉梅的学名为 *Prunus mumei* f. *alphandii*，表示宫粉梅是梅的变型，其中 *alphandii* 是变型加词。

2.1.2　国际栽培植物命名法规

《国际植物命名法规》主要针对植物拉丁学名的构成和使用，而《国际栽培植物命名法规》(简称《栽培植物法规》)主要针对附加在拉丁学名后，描述栽培植物生物学、经济学等属性的加词。该法规明确了栽培植物的 3 个分类群——即品种、品种群及嫁接嵌合体的定义、构成和使用。

1)品种的命名

按照《国际栽培植物命名法规》规定，品种是为一专门目的而选择、具有一致而稳定的明显区别特征，而且采用适当的方式繁殖后，这些区别特征仍能保持下来的一个分类单位，是栽培植物的基本分类单位。

加词仅为品种时，采用属名和种名加上用单引号的品种加词构成，如一串红的'玫瑰红双色'品种，其拉丁学名为 *Salvia splendens* 'Rose Bioolor'，其中 *Salvia splendens* 为植物学对应的拉丁学名一串红，'Rose Bioolor'则为中文品种名'玫瑰红双色'(品种加词在印刷时需为正体)。

2)品种群的命名

品种群是指在一个属、种、杂交属、杂交种或其他的命名等级内，两个或者多个相似的已命名的品种的集合。

加词仅为品种群时，为植物所隶属的分类等级的拉丁学名加上品种群加词构成，如：*Osmanthus fragrans* Siji Group，其中 Siji Group 为桂花所属的四季桂品种群。

3)嫁接嵌合体的命名

嫁接嵌合体是由两种或者多种不同植物的组织构成的，通过嫁接得到的植物。当其符合《栽培植物法规》关于品种的定义时，可以给予品种名称。

嫁接嵌合体由一个公式或者一个拉丁形式的植物学名来表示。

嫁接嵌合体的表示公式，是由组成该嵌合体的各分类单位的接受名称按字母顺序排列，并以嫁接

符号"＋"连接构成的，公式中的嫁接符号两侧必须各留一个空格。如：*Abelia* ＋ *Photinia*，表示某嵌合体由六道木属和石楠属两种植物嫁接而来。

当嫁接嵌合体的分类单位属于同一个属，该嫁接嵌合体的名称可由属名加上品种加词组成。如：*Syringa* 'Correlata' 是 *Syringa* × *chinensis* ＋ *S. vulgaris* 嫁接得到的品种的名称。

2.2　花卉的分类

园林花卉种类繁多且习性各异。众多花卉有不同的栽培技术和应用方式。

2.2.1　按花卉生态习性分类

1)一、二年生花卉

(1)一年生花卉　在一个生长季内完成生活史的园林花卉。通常为春季播种，于夏秋开花结实后枯死，又称春播花卉，如鸡冠花、千日红、醉蝶花等。

(2)二年生花卉　在两个生长季内完成生活史的园林花卉。通常为秋季播种，于翌年春季开花结实，又称秋播花卉。此类花卉多喜冷凉，不耐高温，如三色堇、紫罗兰、羽扇豆等。

2)宿根花卉

指个体寿命超过两年，可连续生长，多次开花、结实，且地下根系或地下茎形态正常，不发生变态的多年生草本花卉，如萱草、蔓长春花、翠芦莉等。

3)球根花卉

地下部分具有膨大的变态根或变态茎，以其储藏养分渡过休眠期的多年生花卉。根据其变态器官及器官形态可分为鳞茎类、球茎类、块茎类、根茎类及块根类。

(1)鳞茎类　地下茎短缩呈扁平的鳞茎盘，肉质肥厚的鳞片着生于鳞茎盘上并抱合呈球形。根据其外层有无膜质鳞片包被又分为有皮鳞茎类和无皮鳞茎类。有皮鳞茎类如郁金香、水仙、朱顶红等，无皮鳞茎类如百合属(图 2-1)。

(2)球茎类　地下茎短缩呈球形或扁球形，肉质实心，有膜质外皮，剥去外皮可见顶芽，如唐菖蒲(图 2-2)。

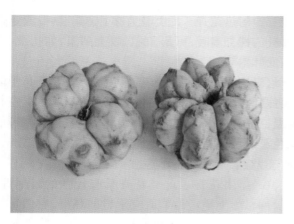

图 2-1　百合鳞茎

图 2-2　唐菖蒲球茎

（3）块茎类　直立生长，顶芽发达，地下茎肉质膨大呈不规则块状，不产生新子球，如仙客来。

（4）根茎类　地下茎变态为根状，在土中横向生长，如美人蕉、鸢尾（图 2-3）。

图 2-3　鸢尾根茎

（5）块根类　地下不定根或侧根膨大呈块状，如大丽花（图 2-4）、花毛茛。

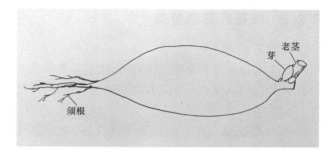

图 2-4　大丽花块根

4）水生花卉

水生花卉指用于美化园林水体及布置水景园的水边、岸边及潮湿地带的观赏植物，包括水生及湿生花卉，如再力花、千屈菜、狐尾藻等。

5）木本花卉

木本花卉指以观花为主的木本植物，本教材所列木本花卉多为可用于矮化盆栽的观花、观果的灌木或小乔木，如杜鹃类、山茶类、八仙花、茉莉、倒挂金钟、朱砂根、叶子花等。

6）室内观叶花卉

室内观叶植物指以叶为主要观赏器官且多以盆栽形式供室内装饰的观赏植物。

此类植物以阴生植物为主，多产于热带亚热带地区，以天南星科、秋海棠科、凤梨科及蕨类植物居多。

7）仙人掌科及多浆植物

多浆植物又称多肉植物，意指具肥厚多汁的肉质茎、叶或根的植物，常见栽培的有仙人掌科、景天科、番杏科、萝藦科、菊科、百合科、龙舌兰科、大戟科的许多属种。因仙人掌科的种类较多，因而栽培上又将其单列为仙人掌科植物，如仙人掌、蟹爪兰、金琥、昙花。其他多浆类植物如芦荟、长寿花、生石花、虎刺梅、露花、龙舌兰、树马齿苋等。

8）兰科花卉

兰科花卉泛指兰科植物中具有观赏价值的种类，如春兰、建兰、寒兰、大花蕙兰、蝴蝶兰等。

9）观赏草类

观赏草指具有极高生态价值和观赏价值的一

类单子叶多年生草本植物,以禾本科植物为主,如蒲苇、狼尾草属、针茅属、羊茅属、芒属等。

2.2.2　按花卉形态分类

1)草本花卉

草本花卉指具有草质茎的花卉,按其生育期长短不同可分为一二年生草本花卉和多年生草本花卉。

2)木本花卉

木本花卉指具有木质化茎干的花卉,根据其生长习性又可分为乔木、灌木和竹类。

2.2.3　按花卉对环境因素的适应性分类

1)对光的要求分类

(1)依对光照强度的要求分类

①喜光花卉。此类花卉必须在全光照条件下生长,长期于荫蔽条件下生长会导致枝叶纤细、花小色淡,最终因生长不良而失去观赏价值。如月季、茉莉、大花马齿苋等。

②喜阴花卉。此类花卉需在适度遮阳的环境下才能正常生长,不能忍受强烈的阳光直射。此类植物多原产于热带雨林或分布于林下,如兰科、苦苣苔科、天南星科等。

③中性花卉。中性花卉对光照的要求介于前两者之间,喜阳光充足,又可忍耐一定程度荫蔽,大部分花卉属于这一类型,如萱草、杜鹃、山茶等。

(2)依光周期的要求分类

①长日照花卉。每天光照时数必须长于一定时数,花芽才能正常分化的花卉,如八仙花、唐菖蒲、瓜叶菊、香豌豆等。

②短日照花卉。每天光照时数短于一定时数,花芽才能正常分化的花卉,如叶子花、一品红、波斯菊等。

③中日照花卉。此类花卉在生长发育过程中对日照时间长短无明确要求,只要其他条件适宜,一年四季都能开花,如月季、茉莉、天竺葵等。

2)对温度的要求分类

(1)耐寒花卉　此类花卉度原产于高纬度地区或高山,具有较强的耐寒性,冬季能忍受−10 ℃或更低的气温而不受害,如萱草、牡丹、郁金香等。

(2)耐热花卉　此类花卉多原产于热带或亚热带地区,性喜温暖,可耐 40 ℃以上高温,如扶桑、米兰、变叶木等。

(3)中温花卉　此类花卉对温度的需求介于前两者之间,多产于暖温带,生长期间可忍耐 0 ℃左右低温。在北方地区需加防寒设施方可安全越冬,如三色堇、金盏菊、紫罗兰等。

3)对水分的要求分类

(1)旱生花卉　此类花卉具有较强的耐旱性,能长期忍耐干旱。为了适应干旱的环境,它们常具有发达的根系,叶片变小或退化成刺状以降低蒸腾作用,如仙人掌类植物。

(2)水生花卉　此类花卉根系必须生活在水中或潮湿土壤中,遇干旱则枯死。根据其对水体涨落的适应性可分为挺水、浮水、漂浮及沉水植物。挺水植物的根着生于水下泥土之中,叶和花朵高挺出水面,如香蒲、菖蒲、再力花等;浮水植物的根也着生于水下泥土中,但叶片漂浮于水面或略高于水面,如睡莲、萍蓬草等;漂浮植物根不入土,全株漂浮于水面,可随水漂移,如凤眼莲、大藻等;沉水植物整个植株全部沉于水中,如金鱼藻、莼菜等。

也有学者将适应浅水的湿生花卉从水生花卉中单独分出来。湿生花卉可生于潮湿或积水较浅的环境中,但不可于深水环境中生存。土壤干燥时生长不良,甚至死亡,如马蹄莲。

(3)中生花卉　大多数花卉属于此类,既不耐干旱,也不耐淹渍。

4)对土壤酸碱度的要求分类

(1)酸性土花卉　此类花卉在 pH 小于 6.5 的土壤中才能正常生长,如山茶、杜鹃、栀子等。

(2)碱性土花卉　此类花卉在 pH 大于 7.5 的土壤中生长良好,如柽柳、石竹、天竺葵等。

(3)中性土花卉　中性土花卉指在 pH 6.5～7.5 的土壤中生长最佳的花卉,大部分花卉属于此类。

2.2.4　按花卉经济用途分类

1)药用花卉

常见药用花卉有芦荟、桔梗、金银花和牡丹等。

2)香料花卉

常见香料花卉有薄荷、薰衣草、玫瑰和桂花等。

3)食用花卉

常见食用花卉有百合、菊花和食用仙人掌等。

4)其他花卉

其他花卉包括可生产纤维、淀粉和油料的花卉等。

2.2.5 按花卉观赏部位分类

1)观花类

以观花为主的花卉,主要欣赏其艳丽的花色或奇异的花形,如月季、牡丹、杜鹃等。

2)观茎类

此类花卉的茎、枝常发生变态,具有独特的观赏价值,如仙人掌类、竹节蓼等。

3)观叶类

此类花卉叶形奇特或带有彩色条纹或斑点等,如龟背竹、秋海棠科、蕨类植物等。

4)观果类

此类花卉的果实具有形态奇特、颜色艳丽、数量巨大、挂果时间长等特征,具有较高的观赏价值,如朱砂根、冬珊瑚、佛手等。

5)观芽类

此类花卉主要观赏其肥大的叶芽或花芽,如银芽柳等。

3.1 花卉生长发育的规律

3.1.1 生长与发育

3.1.1.1 花卉生长发育的规律性

花卉的生长（growth）是指花卉植物体积的增大和重量的增加，是一个不可逆的量变的过程，其结果是由小变大。而花卉的发育（development）则是植物器官和机能经过一系列复杂质变后产生的与其相似个体的现象，是一个有序的质变过程。发育的结果是产生新的器官——花、果实、种子。花卉的生长多指营养生长，如种子萌发、花卉的根茎叶等营养器官的出现和生长。而花卉的发育多指

生殖生长，指花芽分化、开花、结实的过程。

1）生命周期与年生长周期

花卉同其他植物一样，在一生中既有生命周期（life cycle）的变化，又有年生长周期（annual growth cycle）的变化。

生命周期是指花卉个体从萌芽、生长、开花、结果、芽或储藏器官形成和休眠等变化，然后衰老而死亡的过程，简言之从生到死的生长发育全过程。多数花卉的整个个体发育过程经历了种子时期、营养生长时期和生殖生长时期（无性繁殖的种类可以不经过种子时期）。其中种子时期包括胚胎发育期、种子休眠期、发芽期；营养生长时期包括幼苗期、营养生长旺盛期、营养生长休眠期；生殖生长时期包括花芽分化期、开花期和结果期。一般草本花卉的生命周期如下：

种子萌发—幼苗生长—开花—结实 $\begin{cases} 死亡（一、二年生花卉） \\ 休眠（多年生）—芽萌发—生长—开花—结实 \end{cases}$

对于植物个体而言，生长的基本方式是"慢—快—慢"，即初期生长慢，中期生长逐渐加快，当生长达到最高峰后生长逐渐减慢，直到最后停止生长，个体死亡。生长呈现"S"形曲线，这是花卉生长发育固有的规律。花卉种类、品种不同生命周期长短各异。如木本花卉牡丹的生命周期可达300～400年。草本花卉的生命周期短的只有几日（如短命菊），长的有一二年（如金盏菊、羽衣甘蓝）或数年（菊花、鸢尾类）。

年生长周期（annual growth cycle）是指一年内

随着气候变化，花卉表现出有一定规律性的生命活动的过程。在年生长周期中表现最明显的有两个阶段，即生长期和休眠期。生长期是花卉从春季萌发、展叶抽梢、开花结果到秋季落叶或地上部枯死的生长阶段。休眠期，又叫相对休眠期，是指花卉为适应逆境而处于休眠状态，生长暂时停顿，或仅维持微弱的生命活动的时期。

由于花卉种和品种极其繁多，原产地立地条件也极为复杂，因此年生长周期的情况也较多变化，尤其是休眠期的类型和特点有多种多样：一年生花

卉由于春天萌芽后,当年开花结实而后死亡,仅有生长期的各时期变化,因此年生长周期即为生命周期,较短而简单;二年生花卉秋播后,以幼苗状态越冬休眠或半休眠;多年生的宿根花卉和球根花卉则在开花结实后,地上部分枯死,地下储藏器官形成后进入休眠进行越冬,如萱草、芍药、鸢尾;以及春植球根类的唐菖蒲、大丽花、荷花等;或越夏类的秋植球根类花卉,如水仙、郁金香、风信子等。还有许多常绿性多年生花卉,在适宜环境条件下,几乎周年生长保持常绿而无休眠期,如君子兰、万年青等。

2)顺序性与局限性

花卉生长发育的顺序性是指前一阶段完成之后,后一阶段才能出现,不能超越,也不能倒转。花卉生长发育的局限性是指花卉在生长发育过程受诸多因素影响,尤其是温度、水分和光照等环境"限制因素",如果其中一个或多个因子不足,会限制花卉的正常生长发育,甚至死亡。

3.1.1.2　花芽分化

花卉花芽分化(flower bud differentiation)是指叶芽的生理和组织状态向花芽的生理和组织状态转化的过程。花芽分化是花卉发育中最为关键的阶段,是由营养生长向生殖生长转变的生理和形态标志。花芽的多少和质量直接影响观赏效果和花卉种子生产,因此了解花芽分化的机理、规律可确保花芽分化顺利进行,对花卉栽培和生产具有极其重要的意义。

1)花芽分化的阶段

花芽分化的整个过程大致可以分为:生理分化期、形态分化期和性细胞成熟期三个阶段。生理分化期也称为分化初期,是在芽的生长点内进行的生理变化,其特点为生长点先变得圆滑肥大,向上隆起,呈半球形,以后生长点继续伸长增大。形态分化期是花部各器官的发育过程,包括萼片分化和花瓣分化,其特点为在隆起的半球形生长点上分化产生出1～3个突起,即为花蕾原基。随后生长点顶端变得宽而平坦,继而在周围产生突起,形成萼片原基。随着萼片原基的分化和不断发育,在其内侧基部产生突起,即为花瓣原基。性细胞成熟期包括雄蕊分化和雌蕊分化期,在花瓣原基内侧基部相继出

现两轮突起,形成雄蕊原基。在雄蕊原基的内侧基部,花蕾底部中央向上出现突起,形成雌蕊原基。

2)影响花芽分化的因素

花芽分化是一个复杂的形态建成过程,且受诸多因素影响,包括环境因素、碳水化合物、内源激素和多胺等。

(1)环境因素　花芽分化是植物由营养生长向生殖生长转化的过程,环境变化会引起花卉在花芽分化中的反应。环境因素对花芽分化的影响包括温度、光照、养分与水分等,通过影响花卉基因表达或生理代谢而影响成花和开花。温度影响花原基的发生,不同品系花卉对温度高低要求不同。例如二年生及春季开花的许多宿根花卉,如紫罗兰、芍药,必须经过一段时间的低温才能促进花芽形成和花器官发育。这种必须经过低温诱导才能开花的效应称为春化作用(vernalization)。而一些兼性需低温的花卉受低温促进,但没有低温也能开花,还有不需要低温的类型。光照长度、光照强度和光质影响花芽分化,尤其是光照长短可能促进或抑制花芽分化。例如短日照有促进菊花的花芽分化;高强光能够加速天竺葵花的发端和花器官的形成;蓝光光质有利于菊花茎叶生长和侧枝产生,使花期提前。养分在植物的花芽分化过程中起了很大的作用。如N素是花和花序发育所必需的,在一定范围内N素能增加花量,保证植株生长健壮,但要向花芽分化转化,应控施N肥多施P、K肥;Ca水平高时菊花和香石竹花量减少。水分也影响植物的花芽分化和开花,适当干旱有利于花卉向花芽分化阶段转化。

(2)碳水化合物　碳水化合物的积累为花芽分化所必需的。在一定范围内,碳水化合物含量高,有助于促进花卉向花芽分化转化,对花芽形成的质量也有重要作用。但过高含量的碳水化合物会使植株徒长,不利于成花,适宜栽培观叶花卉。

(3)内源激素与花芽分化　目前已知的5大类激素对植物开花都有一定的作用,但最有影响的是赤霉素、细胞分裂素、生长素等。

(4)多胺与花芽分化　多胺作为第二信使物质,对成花基因启动、信使RNA转录、特异蛋白质

翻译有着重要作用。

3.1.1.3　花芽分化机理

影响花芽分化的因素较多,了解花芽分化机制有助于制定合理的栽培和花期调控计划。因此许多研究学者从不同角度和水平上对成花机理做了不同研究,提出了不同看法。主要有 C/N 学说和开花激素学说。

1)C/N(碳-氮比)学说

碳-氮比学说认为花芽分化的物质基础是植物体内糖类的积累,并与体内含氮化合物和含碳化合物的比例有关,C/N 高的,花芽分化得多。否则植物体内碳素含量低的,不能成花或花芽分化少,如花序中的花朵数少、花朵小。

2)开花激素学说

植物花芽分化以花原基的形成为前提,而花原基的形成是由于植物体内各种激素趋于平衡所致。形成花原基以后的生长发育速度也主要受营养和激素所制约。但有关激素的作用机理尚不清楚。

3)遗传基因控制论

遗传基因控制论则认为,所有的细胞有同样的遗传全能性,但不是所有的基因在一个细胞的任何时期都能表现出它们的活性。那些控制花芽分化的基因,要等到外界条件和内部因素的刺激后,就会变得活跃或解除抑制,促进成花,而另一套外界条件和内部因素就不能刺激有关开花的基因的活化,而只能刺激营养生长或休眠等基因的活性。

3.1.1.4　花芽分化的类型

花芽分化的时间及完成花芽分化的全过程所需时间的长短因不同花卉种类、品种及花卉所处地区和气候环境条件而异。

1)夏秋分化类型

花芽分化一年一次,多于高温季节进行,秋末花器官的主要部分已经完成,第二年早春或春天开花,性细胞的形成必须经过低温才能完成。如牡丹、芍药。

2)冬春分化类型

花芽分化时间短并且连续进行,大多在冬春季节低温时进行花芽分化。如三色堇、雏菊等。

3)当年一次分化一次开花类型

当年夏秋开花的种类,在当年枝条的新梢上或花茎顶端形成花芽。如菊花、萱草等。

4)多次分化类型

一年中多次发枝,每次枝条顶端均能形成花芽并开花,此类花卉的营养生长与生殖生长同步进行。如月季、倒挂金钟、茉莉等。

5)不定期分化类型

每年一次花芽分化,但无确定日期,只要营养生长达到一定的程度就能开花。如凤梨科植物、叶子花等花卉。

3.1.2　生长的相关性

1)地上部与地下部的相关性

花卉生长发育同其他植物一样,首先发根,然后生长茎叶,之后地下部分的根系与地上部茎叶等其他器官同时生长。地上部分与地下部分的生长既相互促进又相互抑制。相互促进表现为地上部是靠地下部的根吸收矿质营养和水分而生长的,正所谓"根深才能叶茂"、"壮苗必先壮根";而根的生长则依靠叶生产的同化物质,特别是碳水化合物来维持。相互抑制表现为根系生长不好,会影响地上部的生长;叶片早衰(特别是下部叶片),则向根提供的碳素减少,导致根系早衰。因此,花卉的地上部与地下部必须达到动态平衡才能保证较好的花卉品质。

2)营养生长与生殖生长的相关性

营养生长对生殖生长的影响既促进又抑制。在不徒长的情况下,营养生长旺盛,叶面积大,有助于生殖生长。但如果生长过剩会抑制生殖生长。反过来,生殖生长对营养生长的影响主要是抑制作用,进入生殖生长消耗大量养分会抑制营养生长,受抑制的营养生长反过来又制约生殖生长。花卉的营养生长与生殖生长相互影响的程度因花卉种类不同而异。

3)同化器官与储藏器官的相关性

同化器官主要为叶片,储藏器官则有多种类型,如变态的根、茎、叶,果实、种子等。同化器官生长旺盛,碳水化合物生产多,运输到储藏器官的养

分就越多。相反,储藏器官的生长,在一定程度上也能提高同化器官的效能,使同化器官的光合作用增强,生产更多的光合产物,进一步促进储藏器官的形成。这对指导球根类花卉种球的生产有极其重要的意义。

3.2 环境对花卉的生长发育的影响

3.2.1 温度

生命活动是由酶催化作用下的生物化学反应构成的。生化反应与化学反应一样受温度的控制,特别是酶的活性,因此植物的生长发育与温度有密切的关系。温度既影响花卉地理分布,也影响其生长发育每一个过程。温度通过影响花卉的光合、呼吸、蒸腾、物质吸收及转运等重要生理代谢过程而影响花卉的生存和生长发育。

3.2.1.1 花卉对温度的要求

1)三基点温度

温度是影响花卉生长的关键环境因子。花卉生长发育所需的最低温、最适温和最高温称为温度三基点。分别指花卉开始生长的最低温度、花卉生长既快又好的最适宜生长温度和停止生长的最高温度。

2)不同原产地花卉对温度要求

不同原产地花卉的最适温度各有不同,如瓜叶菊、仙客来最适温度为 10 ℃ 左右,而月季、百合为 13~18 ℃。对此,根据不同原产地花卉对温度要求不同,可将花卉分为三类:

(1)原产热带的花卉 生长的最低温度较高,一般在 18 ℃ 左右开始生长。如热带王莲的种子,需在 30~35 ℃ 的水温下才能萌发。

(2)原产温带的花卉 生长的最低温度较低,一般在 10 ℃ 左右开始生长。如芍药、牡丹在 10 ℃ 左右就能萌芽生长。

(3)原产亚热带的花卉 生长的最低温度介于二者之间,一般在 15~16 ℃ 开始生长。杜鹃、月季等。

3)不同种或品种花卉对温度要求

不同种或不同品种花卉对温度要求不同,对此

可将花卉分为:

(1)耐寒花卉 秋播花卉,耐 −5 ℃ 低温,需要经历低温春化作用。生育最适温度为 20~25 ℃。代表植物有三色堇、玉簪、雏菊等花卉。

(2)不耐寒花卉 不耐寒花卉又称为温室花卉,春播花卉,不耐 0 ℃ 以下低温。生育最适温度为 30~35 ℃。如凤仙花、百日草。

(3)半耐寒花卉 半耐寒花卉一般也为秋播花卉,对温度要求介于前两者之间。

4)同一种或品种花卉不同生长发育阶段对温度要求

同一种或品种的花卉不同生长发育阶段对最适温度要求都可能不同。春播一年生草花,其幼苗的最适宜生长温度比种子发芽时的要低,而营养生长旺盛时又比幼苗期的要高,到了生殖生长期又要求更高的温度。而秋播二年生花卉种子萌芽要求在较低温度下进行,幼苗期温度更低(通过春化作用),旺盛生长期逐渐升高温度利于进行同化作用积累营养,开花结果期相对低温有利于延长花期和种子成熟。如郁金香花芽形成最适温度 20 ℃,茎的生长最适温度为 13 ℃。

此外,栽培温度还应考虑温度的持续时间、昼夜温差和季节温度变化,从而考虑植物适宜的栽培温度。

5)土温与气温的关系

土温(土壤温度)对花卉种子发芽、根系发育及幼苗生长均有很大影响。土温影响根系生长发育,在一定的范围内土温与根系的活力成正比。土温高则微生物活力强、盐类溶解快、有机质分解快,根系吸取营养多,从而促进地上部分长得更茂盛,最终又促使根系苗壮、发育良好。当土温比气温高 3~6 ℃ 时,扦插苗成活率最高。

3.2.1.2 温度对花卉生长发育的影响

温度对花卉生长发育的影响主要包括所在环境的空气温度、土壤温度、叶表温度。主要通过温周期、温度高低变化等影响花卉生长发育的不同阶段。

1)温周期

温周期作用即温度周期性的变化对花卉生长

发育的影响。温度周期性变化包括两个方面,一是温度昼夜变化,即昼夜温差现象,也叫温度日周期性。二是温度季节性变化,即季节温差现象,也叫温度年周期性。昼夜温差影响茎的伸长和开花数量。白天,植物以光合作用为主,高温有利于光合产物的形成;夜晚植物以呼吸作用为主,温度降低可以减少内部物质的消耗,有利于糖分积累,而且在低温下也有利于根的生长,提高根冠比。所以在昼夜温差适宜的条件下,植物生长发育良好。但不同花卉对昼夜温差要求不同(表3-1),一般来讲,热带植物需要昼夜温差是3~6 ℃;温带植物需要昼夜温差5~7 ℃;沙漠植物需要昼夜温差是10 ℃以上。块根、块茎和球茎等球根花卉,在昼夜温差较大的条件下,生长较好,有利于地下储藏器官的形成、膨大,从而提高产量。季节温差主要影响花卉的分布范围。

表3-1　部分花卉对昼夜温度要求　　　　℃

种类	白天适宜温度	夜间适宜温度
金鱼草	14~16	7~9
矮牵牛	27~28	15~17
菊花	18~20	16~17
一品红	24~28	16~17
一串红	16~23	13~18
百日草	25~27	16~20
月季	21~24	13.5~16

2)温度影响花卉的休眠与萌发

休眠是指花卉生长发育暂时停顿的现象,是花卉为抵抗严寒或渡过干热等不良气候条件的最常见的保障。休眠受多因子的影响,但温度是主要的。温度影响种子的休眠与萌发,不同花卉萌发对温度高低及温度范围要求不同。一般来说,低温可使种子处于休眠状态。有些花卉种子需要低温处理打破其休眠,有的需要变温处理。温度也影响球根的休眠与萌发,一般春植球根花卉需要较高的温度才能萌发生长,如大丽花、唐菖蒲。而秋植球根花卉休眠后需要一段低温才能萌发,如郁金香、百合、水仙等。对宿根花卉和木本花卉而言,秋季温度的高低影响芽休眠的早晚,而早春的温度影响芽萌动的时间,从而影响花卉的整个生长节奏。对此

可根据不同花卉休眠与萌发时对温度要求的不同调节温度,调控花期。

3)影响花卉生长

花卉的生长主要指营养生长,包括地下根系生长和地上茎生长,侧芽萌发,节间伸长,叶生长等。不同花卉种类和不同生长阶段,有各自的适宜范围。一般温暖条件下生长快,低温条件下生长慢。地下根系生长所需温度低于地上部分各器官生长所需温度,芽萌发所需温度低于茎伸长和叶生长所需温度。

4)影响花芽分化

不同花卉花芽分化都需要一定温度条件,但因原产地及观赏特性的不同,对温度要求也各异。

(1)低温下进行花芽分化　许多越冬性花卉(二年生和早春开花的宿根花卉)和木本花卉,冬季低温是必需的,即必须经历春化作用。一般冬性越强的植物,花芽分化要求的温度越低,时间也越长。许多原产温带中北部以及各地的高山花卉,其花芽分化多要求在20 ℃以下较凉爽气候条件下进行,如八仙花、石斛属的某些种类在低温13 ℃左右和短日照下促进花芽分化;许多秋播草花如金盏菊、雏菊、三色堇、羽衣甘蓝等也要求在低温下进行花芽分化。

(2)高温下进行花芽分化　许多花卉的花芽分化是在高温下进行的,一般在6—8月的高温条件下进行花芽分化,入秋后植株进入秋眠,经一段低温打破休眠后开花。如一年生花卉、宿根花卉中夏秋开花的种类(如千日红)、球根花卉的大部分种类。球根花卉中的唐菖蒲、美人蕉(春植球根花卉,生长期)、郁金香、风信子(秋植球根花卉,休眠期)等在25 ℃以上进行花芽分化。

5)影响花的发育

花的发育是指花芽分化完成后到成花的过程,即花芽伸长。花芽伸长最适温度与花卉花的发生、花芽分化要求温度差异不大。秋植球根花卉例外。如郁金香花芽分化适温20 ℃,花芽伸长适温为9 ℃;风信子花芽分化适温25~26 ℃,花芽伸长适温为13 ℃。

6)影响花色

大部分花卉颜色不受温度影响,但喜温花卉温

度越高,花色越艳丽;不耐热花卉温度升高,花色反而变浅,称为高温反青现象。如落地生根,高温下(弱光下)开花几乎不着色。粉红月季品种,低温下呈浓红色,高温下呈白色。暖地栽培的大丽花,炎夏一般不开花,即使开花,花色暗淡,秋凉后才鲜艳;寒地栽培,盛夏也可开花。菊花等草花,寒地栽培的均比暖地栽培的花色浓艳。有的花卉随温度的升高而花色变深。如矮牵牛的蓝色和白色的比例随温度而变化,在30～35 ℃开花时花瓣呈蓝或紫色;在15 ℃下时开花时呈白色;在上述两者之间的温度下,就呈蓝和白的复色花。

7)影响花香和花期

温度对花期和花香也有一定影响。较低的温度有利于已经盛开的花卉延长花期;高温会使一些花卉的香味变淡,持续香味的时间缩短,如白兰、菊花、玫瑰。

8)极端温度对花卉的危害

极端低温和高温都会对花卉造成一定伤害,不同花卉对极端温度的抵抗力不同;同一植物在不同的生长发育时期,对极端温度的忍受能力也有很大差别。一般来说,休眠种子的抗寒力最高,休眠植株的抗寒力也较高,而生长中的植株抗寒力明显下降。

极端低温对花卉的伤害主要包括冻害和寒害。冻害是花卉生长期间,0 ℃或<0 ℃时,细胞间隙内结冰,如果气温骤然回升(晚上打霜,白天晴天),细胞来不及吸收蒸发掉的水分,会造成植物脱水而枯干或死亡的现象。寒害是由于寒潮来临,低于花卉生育的最低温度(>0 ℃)引起的植物生理活动障碍,如嫩枝和叶萎蔫。如降温时间短,恢复常温后,加强管理,也可复苏。

当温度超过植物生长的最适温度时,植物生长速度反而下降,如继续升高,则植株生长不良甚至死亡。一般当气温达35～40 ℃时,很多植物生长缓慢甚至停滞,当气温高达45～50 ℃时,除少数原产热带干旱地区的多浆植物外,绝大多数植物会死亡。为防止高温对植物的伤害,应经常保持土壤湿润,以促进蒸腾作用的进行,使植物体温降低。在栽培过程中常采取灌溉、松土、叶面喷水、设置荫棚

等措施以免除或降低高温对植物的伤害。加强花卉的耐热和抗寒能力锻炼也是花卉适应极端温度的有效措施之一。此外,骤然高低温对花卉生长极其不利,应控制好温度的变化,必要时采取保护措施。

3.2.2　光照

光照是花卉制造营养物质的能源,没有光的存在,光合作用就不能进行,花卉的生长发育就会受到严重影响。光照对花卉生长发育的影响主要包括光照强度、光照长度及光质。

3.2.2.1　花卉对光照强度的要求

地球表面光照强度因地理位置(纬度、海拔)、地势高低、坡向、降水量和云量、时间而不同。光照强度随纬度增加而减弱、随海拔升高而增强,一年之中夏季强、冬季弱,一天之中中午强、早晚弱。不同花卉或同种花卉的不同生长发育阶段,不同季节对光照强度要求皆不相同。

1)不同花卉对光照强度的要求

大多数植物只有在充足的光照条件下才能花繁叶茂。不同花卉对光照强度要求是不同的,花谚云:"阴茶花、阳牡丹、半阴半阳四季兰"。按照花卉对光照强度的需要,大体可将花卉分为三类:

(1)阳生花卉(喜光花卉)　除幼苗阶段需要适度遮阳,生长发育阶段喜欢较强光照强度,不耐阴蔽,一般需要70%以上的光强。如果阳光不足,叶色变淡发黄,不易开花或开花不良。但在阳光强烈的夏天正午时应适当遮阳。如大多数一、二年生花卉、彩叶草、变叶木、一品红、月季、多数水生花卉、仙人掌与多肉植物等。

(2)阴生花卉(喜阴花卉)　此类花卉不耐阳光直射,喜欢微阴或半阴环境,一般要求50%～80%的遮光度。如果长期处于强光照射下,会很快变得枝叶枯黄,生长缓慢或停滞,甚至死亡。如室内观叶植物、蕨类植物、天南星科、兰科植物、常春藤、大岩桐、秋海棠、玉簪等。

(3)中生花卉(耐阴花卉)　这类花卉介于上两者之间,喜欢阳光充足但不耐强光,稍能耐阴。如八仙花、耧斗菜、萱草、桔梗等。

2)同种花卉不同生长期对光照强度的要求

同种花卉不同生长期对光照强度的要求也不相同,同时受到不同种和品种影响。一般情况下,大多数花卉种子萌发不需要光照或需求量低,随着幼苗生长逐步增多,部分花卉在开花期适当降低光照可以促使花期延长。

3)不同季节对光照强度的要求

不同花卉观赏特性不同,在不同的季节对光照要求也不尽相同。例如仙客来、君子兰为花叶共赏花卉,夏天不能阳光直射,冬天却需要充足光照,才能保证植株生长良好。

3.2.2.2 光照强度对花卉的影响

1)影响花卉种子萌发

大多数花卉种子发芽对光照无特殊要求,光照下或黑暗中均可发芽,适当黑暗反而有助于种子萌发。但有些花卉种子需要一定的光照刺激才能萌发,称为喜光种子,这类花卉种子在光下比在暗中发芽效果好。如报春花、秋海棠、六倍利等。这类种子播种时不必覆土或稍盖土即可。另有一些种子需在暗条件下发芽,称为嫌光种子。如喜林芋属的花卉。这类种子播种时必须覆土,否则不会发芽。

2)影响花卉的形态建成

光照强度通过影响光合和蒸腾等生理过程从而影响花卉叶片大小、茎的粗细、节间长短、叶肉结构等形态结构的建成。花卉在暗处生长,幼苗形态不正常,主要表现为幼茎的节间充分延伸,形成细而长的茎。而在充足的光照条件下则节间变短,茎变粗。光照过强时,生长发育受抑制,产生灼伤,严重时造成死亡。

3)影响开花时间和开花数量

光照强度影响花卉开花期,一般花卉都在光照下开放,即早晨开放夜间闭合。但有些花要在强光下开放,日落后闭合,阴雨天不易开花,如半枝莲、酢浆草;有些在弱光下开放,月见草、紫茉莉、晚香玉在傍晚时开花;而牵牛花、茑萝在每日的早晨开花,午后闭合;也有的植物只能在无光照的环境下开放,如昙花。此外,光照强度也对部分花卉开花数量有一定影响,例如矮牵牛,夏天光强时开花数量多。

4)影响花色、花香和叶色

光是影响叶绿素形成的主要因素,一般植物在黑暗中不能合成叶绿素,但能合成胡萝卜素,导致叶片发黄,称为黄化现象。光照强度还可通过影响光合作用改变糖分的积累量,进而影响花青素的形成。一般花青素在强光、直射光下易形成,而弱光、散射光下不易形成。所以观花花卉的花色和彩叶花卉的叶色,在光照充足的条件下,色彩更艳丽。蓝色和白色复色的牵牛花,蓝白比例受温度和光照强度,光照持续时间影响。温度升高,蓝色多;光强增加,白色多。光照不足,花色及花的香气不足。

3.2.2.3 光照长度对花卉的影响

同其他植物一样,花卉各部分的生长发育,包括茎部的伸长、根系的发育、休眠、发芽、开花、结果等,不仅受到光照强度的影响,还常常受到光照长度控制。光照长度也叫光周期,光周期是指一天中日出日落的太阳照射时间(即一天的日照长度)或指一天中明暗交替的时数。不同花卉对光照长度要求不同,有些花卉只有在适当条件下受到不超过标准长度的短日照才能开花,而另一些花卉只有在白昼时间超过一个标准日照长度或者在连续光照下才能开花。花卉这种对光照昼夜长短(光周期)的反应称为光周期现象。光照长度对花卉生长发育的影响主要包括以下几方面:

1)影响花卉种类的分布

分布于不同气候带的花卉对光照长度的要求不同。热带和亚热带植物,全年的日照长度均等,花卉属于短日照花卉;温带地区的花卉属于长日照花卉。

2)影响花卉的营养繁殖

在长日照条件下,落地生根属植物叶缘上易产生小植株,而一些球根花卉的块根、块茎,如大丽花、球根秋海棠,易在短日照条件下形成。

3)影响花卉休眠

一般短日照促进休眠,长日照促进营养生长。以储藏器官休眠的花卉,有些在短日照下可促进储藏器官的形成,如唐菖蒲、晚香玉、球根秋海棠、大丽花、美人蕉等;有些则是长日照会促使其进入休眠,如仙客来、水仙、郁金香等。

4)影响花卉成花过程

不同花卉对光周期的反应不同,对此可将花卉大致分为三类:

长日照花卉(long-day plant,LDP):指日照长度必须长于一定时数(临界日长)才能成花的花卉。一般要求每天有14~16 h的光照,可以促进或提早开花。相反,在较短的日照下,便不开花或延迟开花。一般原产于温带地区的花卉属于长日照花卉。二年生花卉和早春开花的多年生花卉多属此类,在冷凉的气候条件下进行营养生长,在春天长日照下迅速开花,如丛生福禄考。唐菖蒲是典型的长日照花卉,当日照长达13 h以上才能进行花芽分化。

短日照花卉(short-day plant,SDP):指日照长度必须短于一定时数(临界日长)才能成花的花卉。在每天日照为8~12 h的短日照条件下才能促进开花,而在较长的光照下便不能开花或延迟开花。一年生花卉和秋天开花的多年生花卉多数为短日照花卉,在夏季长日照条件下生长茎、叶,在秋天短日照下开花。如菊花、一品红是典型的短日照花卉,当日照减少到12 h以下时才能进行花芽分化。

日中性花卉(day-neutral plant,DNP):这类花卉对光周期不敏感,只要其他环境条件和营养适宜,在较长或较短的光照下都能开花。对于光照长短的适应范围较广,在10~16 h光照下均能开花。这类花卉有大丽花、非洲紫罗兰、石竹、非洲菊、扶桑等。

此外,有研究表明,对光周期敏感的花卉主要受黑暗时间长短影响。且随着研究深入发现,花卉成花对光周期的要求比较复杂。例如,以上所述长日照植物和短日照植物也被称为质性(专性)花卉,对光照长度要求只能长于某一临界日长或短于某一临界日长。与之对应的有一类花卉在长日照条件下可促进开花,在短日照条件下也能开花,只是花期稍晚一些,称为量性(兼性)长日照花卉。还有少数花卉开花严格要求12 h日长和12 h黑暗条件,称为中日照花卉。另有花卉必须先在长日照条件下形成花芽和伸长花芽,再在短日照条件下开花,称为长短日照花卉(LD-SD plant),如翠菊;或

必须先经历短日照再经历长日照方能开花,称为短长日照植物(SD-LD plant)。或者要么要求日长时数非常长或者非常短。一些花卉对光周期长短的要求还受温度的影响,例如矮牵牛在13~20 ℃下是长日照花卉,但超过这个温度就是日中性花卉。

3.2.2.4　光质对花卉的影响

光质即光的组成,是指具有不同波长的太阳光谱成分,太阳光的波长范围主要为150~4 000 nm,其中包括可见光(红、橙、黄、绿、蓝、靛、紫),波长为380~760 nm,占全部太阳光辐射的52%,此外,不可见光的红外线占43%,紫外线占5%。植物可以有效吸收380~770 nm的光,主要吸收红光,其次为黄光、蓝紫光。

不同波长的光对植物生长发育的作用不同。经实验证明:红橙光有利于植物碳水化合物的合成,加速长日照植物的发育,延迟短日照植物的发育。蓝紫光加速短日照植物的发育,抑制长日照植物的发育。蓝光有利于蛋白质的合成,而蓝紫光和紫外线能抑制茎的伸长和促进花青素的形成。一般高山上紫外线较多,紫外线能促进花青素的形成,所以高山花卉低矮且色彩比平地的艳丽,热带花卉的花色浓艳也是因为热带地区含紫外线较多之故。其中,直射光中黄、橙光占37%,而散射光中占50%~60%,说明散射光对半阴及阴性花卉效用大于直射光。

3.2.3　水分

水分既是构成花卉的必要成分,又是植物赖以生存的必不可少的生活条件。花卉的光合作用、水解作用、大气中的CO_2、O_2以及土壤中养分的吸收及其在体内的运转和利用等生命活动,都离不开水分。花卉如失水过多,其生理过程将受到抑制而产生萎蔫,甚至死亡。此外,水分和温度影响是花卉分布的直接因子。花卉生长发育受土壤水分和空气湿度共同影响,且对水质有一定要求。

3.2.3.1　花卉对于水分的要求

1)不同花卉需水量要求

不同花卉对水分多少要求不同,一般来说,宿根花卉耐旱力比一、二年生花卉强,球根花卉耐旱

力最差。对此可将花卉分为：

（1）旱生花卉　指生长在干旱环境之中，能长期耐受干旱环境，且能维持水分平衡和正常生长发育的花卉。这类植物能从生理上（景天酸代谢）和形态上（叶厚硬、革质或有角质层等、肉质能贮水、根系发达等）适应干旱环境，水分过多反而易导致这类植物烂根萎蔫甚至死亡。如仙人掌科及景天类植物多属此类。浇水时掌握"宁干勿湿"原则。

（2）中生花卉　指生长在水分条件适中生境中的花卉。大多数露地园林花卉属于此类。它们具有一套完整的保持水分平衡的结构和功能，对干旱、湿涝都有较好的适应性，如月季、大丽花等。这类花卉浇水掌握"见干见湿、干透浇透"原则。

（3）湿生花卉　指生长在潮湿环境中的花卉，不能忍受较长时间的水分不足，抗旱能力弱。原产地环境使其形态上和生理机能上没有防止蒸腾和扩大吸收水分的构造，叶片大都很薄，许多表面无角质层或蜡质层、根系通常不发达，具有发达通气组织，如气生根等。原产热带沼泽地、阴湿森林中植物，如热带兰、蕨类植物等多属这类。为防止这类植物出现缺水性萎蔫，要求较高空气湿度，浇水时必须掌握"宁湿勿干"原则。根据湿生花卉对光照强度的需求不同可分为阳性湿生花卉和阴性湿生花卉。阳性湿生花卉要求生长在阳光充足，土壤水分经常饱和的地区，如水生鸢尾、花菖蒲、马蹄莲、水仙等。阴性湿生花卉要求生长在光线不足，空气湿度较高，土壤潮湿环境中。

（4）水生花卉　生长期间要求有大量的水分存在，通常指在水中或沼泽地、低洼地生长的花卉。这类花卉根或茎一般有发达的通气组织，在水面以上的叶片大，在水中的叶片小。如荷花、睡莲、凤眼莲、王莲等。

2）同种花卉不同生长发育时期需水量要求

同种花卉不同生长发育时期对水分的要求不同。种子萌发期，需要较高的土壤湿度，因为种子发芽需要充足的水分。种子发芽过程是种子吸水膨胀，种皮变软，种子内酶促反应、呼吸作用，胚根、胚芽突破种皮而萌发。幼苗期植株和根系较细弱，吸水能力差，抗旱力弱。因此，应保持表层土适度湿润，下层土壤适当干燥，才有利于幼根下扎。过湿、过干都影响根系下扎。随着幼苗逐渐长大成苗，进入快速生长期，抗旱能力较强。但为满足其旺盛生长需要，需给予充足水分。但要注意，当营养生长到一定阶段，应控制土壤湿度（温度），防止植株徒长，促使花卉进入开花期，称为"扣水"。开花后，土壤含水量过多则花朵会很快完成授粉受精而凋谢、败落。过大的空气湿度也会影响异花授粉类花卉花粉的传播。对于观果类花卉则应在开花后期供应充足的水分，以促进和满足果实生长发育的需要。如若要收集花卉种子，也需要较多的水分，便于养分输送（灌浆）使种子更饱满。种子灌浆后则需要较干燥的土壤湿度和空气湿度，利于种子成熟。

3）花卉对空气湿度要求

花卉的不同生长发育阶段对空气湿度的要求不同，一般来说，在营养生长阶段对湿度要求大，开花期、结实和种子发育期要求低。不同花卉对空气湿度的要求不同。旱生花卉要求空气湿度小，而湿生花卉要求空气湿度大。湿生花卉向温带及山下低海拔处引种时，其成活与否的主导因子就是要保持一定的空气湿度，否则极易死亡。一般花卉要求65%～70%的空气湿度。空气湿度过大对花卉生长发育有不良影响，往往使枝叶徒长，植株柔弱，降低对病虫害的抵抗力，会造成落花落果；还会妨碍花药开放，影响传粉和结实。空气湿度过小，花卉易产生红蜘蛛等病虫害，影响花色，使花色变浓。

4）花卉对水质要求

水中可溶性含盐量和酸碱度对花卉生长发育有影响。含盐量高，影响土壤酸碱度，进而影响土壤养分的有效性和根系营养吸收。一般花卉要求水的 EC（electrical conductivity）值小于 1.0 ms/cm，水的最适 pH 为 6.0～7.0。现在家庭养花多用自来水浇花，对一般自来水可先放置一段时间使 Cl_2 挥发，同时平衡水温，对花卉生长更有利。此外，花卉需要水分的多少还与天气（晴天多，雨天少），花卉年生长周期（生长期多，休眠期少）有关。因此，应根据花卉的种类，花卉生长发育阶段及天气与季节给花卉提供合理的水分量。

3.2.3.2　水分对花卉的影响

1）影响花芽分化

控制水分供给（"扣水"）可以控制一些花卉的营养生长，促进花芽分化，球根花卉尤其明显。球根花卉中，含水量少的，花芽分化早，含水量多的或早掘的球根，花芽分化延迟。如球根鸢尾、水仙、风信子、百合等用 30～35 ℃的高温处理，使其脱水而达到提早花芽分化和促进花芽伸长的目的。例如叶子花，成株后，停止向花盆浇水，使盆土处于干旱状态，诱导花芽分化。当过度干旱时，可向叶面少量喷水，缓解缺水。20 d 可以完成控水促花过程。

2）影响花色

花卉在适当的细胞水分含量下才能呈现出各种应有的色彩。适度的控水，使色素形成较多，花色变浓，叶变深绿，如蔷薇、月季、菊花。大多数花卉花色对土壤水分变化不是很敏感。

3.2.4　空气成分

空气中的各种气体，有的为花卉植物生育所必须，有的则相当有害。随着城市化和工业的不断发展，空气污染也日趋严重。但也有一些花卉具有抵抗污染的能力，污染区应栽植与之相适应的能抵抗污染的花卉。

3.2.4.1　氧气

植物可通过光合作用释放氧气，为大气环境提供充足的氧气供其他生物使用。花卉自身进行呼吸作用时也吸收氧气，放出二氧化碳。大气中氧气的平均含量是 21%，能满足花卉的呼吸作用需求，但土壤中的氧气却不一定。城市中由于人流的践踏和车辆的碾压，导致土壤紧实或板结，从而使得土壤的空隙度减少，通气性下降，气体不能随时交换，根系呼出的二氧化碳大量聚集在土壤中，又造成土壤缺氧。土壤缺氧，根系呼吸作用不能正常进行，新根不能萌发，老根无法生长，厌气性的有害细菌大量滋生，根系就会腐烂，导致花卉植物死亡。此外，土壤给水也会导致土壤缺氧。所以，栽培养护中经常松土，防止土层渍水，保证花卉正常生长发育。

3.2.4.2　二氧化碳

二氧化碳是光合作用的原料，空气中二氧化碳的含量约 0.03%，不能满足花卉的需要。温室中可以通过二氧化碳施肥，提高花卉的光合作用。如月季增施到 0.12%～0.2%可以增收，菊花和香石竹增施二氧化碳大大提高了产品的质量。二氧化碳过量，最高量是 0.5%左右，对植株有危害。如新鲜的厩肥或堆肥过多时，二氧化碳高达 10%左右，对植物产生严重伤害。在温室或温床中，施用过量厩肥，会使土壤中二氧化碳含量增多至 1%～2%，如若持续时间较长，植株易发生病害。可适当提高温度和松土以防止病害发生。

3.2.4.3　有害气体

有毒气体影响花卉的生长发育，严重时导致死亡。而有毒气体对花卉的毒害作用一方面受有毒气体的成分、浓度、作用时间及其当时其他的环境因子影响；另一方面与花卉自身对有毒气体的抗性也有关。

1）二氧化硫

主要是工厂释放出的有害气体。当空气中的二氧化硫量增至 0.001%～0.002%时，便会使花卉受害，浓度愈高，危害愈重。危害症状为叶脉间发生许多褐色斑点，严重时，叶脉变为黄褐色或白色。

2）氟化氢

主要来源于炼铝厂、磷肥厂、搪瓷厂等厂矿地区。它危害植株幼芽和嫩叶，叶片出现褐色斑点和萎蔫。还使植株矮化、早期落叶、落花及不结实。

3）氨气

氨气是由氮肥散发出来的，当其含量达到 0.1%～0.6%时，叶缘开始出现烧伤现象，在 4%浓度下，经 24 h 后，大部分花卉便会中毒死亡。

4）其他有害气体

如乙烯、乙炔、丙烯、硫化氢、氧化硫、一氧化碳、氯、氰化氢等。

3.2.4.4　花卉对空气成分的适应

有些花卉抗性强，还可以净化空气，称为抗性花卉。对二氧化硫抗性强或较强的花卉有美人蕉、金盏菊、百日草、晚香玉、鸡冠花、大丽花、玉簪、凤仙花、地肤、石竹、菊花等。对氯气抗性强或较强的

花卉有杜鹃、万年青、一串红、矮牵牛、扶桑、朱蕉、唐菖蒲、大丽花、栀子等。对氟化氢抗性强或较强的花卉有大丽花、天竺葵、万寿菊、山茶、秋海棠等;抗性弱的有郁金香、唐菖蒲、万年青、杜鹃等。能吸收有害气体的花卉有八仙花、百日草、金盏菊、白兰花、牵牛花、地肤、黄杨、米兰、茉莉、一品红、栀子等。能吸收氯气的花卉有夹竹桃、八仙花、棕榈等。

各种花卉对有害气体的抗性差异很大,有些花卉对有害气体很敏感,作为"报警器"可以监测预报大气污染类型与污染程度,称为监测花卉或指示花卉。空气中的低浓度有毒气体对人体的危害是长期而慢性的过程,不容易及时被察觉,监测花卉常可在人们感觉不到的较低浓度下表现出受害症状,起到及早发现污染,初步检测污染物种类和污染程度的作用。

3.2.5 土壤与养分

3.2.5.1 花卉对土壤的要求

土壤为花卉生长提供养分与水分,并能固定植株。大部分花卉要求土壤土质疏松,土层深厚,富含有机质。但由于其根系状况和生长发育需求不同,对土壤的要求也不同。不同种类的花卉对土壤的要求不同,同种花卉在不同的发育时期对土壤的要求也有差异。

1)露地花卉

一、二年生花卉和球根类花卉:由于根系较浅而细小,在土层中分布于上部,抗旱能力弱、吸肥范围窄,根的扩展能力差,故要求地下水位较高、表土深厚且土质疏松,水分干湿适中,富含有机质。喜排水良好的沙质壤土、壤土及黏质壤土。其中水仙、晚香玉、百合、石蒜、郁金香等以黏质壤土为宜。

多年生宿根类花卉:根系较深,扩展能力强。不但要求表土土质疏松、深厚(40~50 cm),有机质丰富,而且要求下层土壤的有机质含量也较高,故需要改土,增施有机肥。喜排水良好而表土富含腐殖质的黏质壤土。

2)盆栽花卉

由于盆内空间有限,因此盆栽花卉土壤深度与所含养分有限。一般需要特殊的培养土,要求富含腐殖质,土壤松软,通气排水良好,并且能够长期保持土壤湿润,不易干燥。常用腐叶土、园土和沙按一定的比例配制。不同花卉对营养要求和水分要求不同,因此对土壤要求也不相同。一般来说,一、二年生花卉,宿根花卉,球根花卉,木本花卉对养分要求依次增多,可通过加大腐殖土来达到增加土壤养分的目的,同时可使土壤更松软透气、排水保水性能好。

3.2.5.2 土壤对花卉生长发育的影响

土壤对花卉生长发育的影响主要包括土壤中的矿物质、有机质、土壤温度、水分、土壤微生物及土壤酸碱度等(具体详见第5章花卉的栽培管理)。

第4章

花卉的繁殖

花卉繁殖是以自然或人工的方法来扩大群体，产生新的植物后代的过程。花卉繁殖是花卉生产中不可缺少的措施，不仅用于种苗生产，而且在花卉种质资源保存、新品种培育过程中起到非常重要的作用。在长期的自然进化和对环境适应过程中，植物形成了自身特有的繁殖方式。人类在长期的栽培实践过程中，也发现了多种花卉的繁殖方法。依据产生新后代的方式，花卉繁殖主要分为有性繁殖和无性繁殖两大类。

4.1 有性繁殖

有性繁殖也称为种子繁殖，是经过减数分裂形成的雌、雄配子结合后，产生的合子发育成的胚生长发育为新个体的过程。即通过有性生殖这个过程获得种子，再用种子培育出新植株。种子繁殖方法具备下列特性：种子便于储存、包装和运输；获得的实生苗后代根系发达，生长旺盛，适应性强；繁殖系数大，生长速度快，能在短时间内生产大量种苗；种子苗 F_1 因含有双亲各一半的遗传信息，所以有不同程度的性状分离，是新品种培育的常规方法。

园林中大部分种子产量大的一、二年生草花和部分生命周期短的多年生草花都以种子繁殖为主。这些花卉种类的优良品种的种子一般都是 F_1，由具有优良性状的父本和母本杂交获得。

4.1.1 花卉种子的类型

花卉种类繁多，各种植物的种子在形状、大小、色泽和硬度方面都有很大的差异，常作为识别各类种子和鉴定种子质量的依据。对种子分类的目的是为了更精确地识别和使用种子。一般从有无胚乳、粒径大小、表皮、形状及果实形态几个方面分类。

1）按有无胚乳分类

种子可以分为无胚乳种子和有胚乳种子。无胚乳种子只有种皮和胚，子叶肥厚储藏大量营养物质，代替了胚乳的功能，占种子大部分体积，如香豌豆、慈姑等花卉。有胚乳种子由胚、胚乳和种皮三部分构成，胚乳占种子的大部分体积。大多数花卉种子都有胚乳。

2）按粒径大小分类

根据种子长轴的长度来分类，可分为大粒、中粒、小粒和微粒。粒径 5.0 mm 以上的为大粒种子，如牵牛、荷花、牡丹、紫茉莉、金盏菊等（图 4-1，图 4-2）；粒径在 2.0～5.0 mm 的为中粒种子，如紫罗兰、矢车菊、凤仙花、一串红等（图 4-3）；粒径在 1.0～2.0 mm 的为小粒种子，如三色堇、鸡冠花、半枝莲、报春花等（图 4-4）；粒径在 0.9 mm 以下的为微粒种子，如金鱼草、矮牵牛、四季秋海棠、兰科植物等。

3）按种子表皮特性分类

根据种子有无附属物及附属物的不同可分为下面几类：种子无附属物的如半枝莲、凤仙花、紫茉莉、牵牛花等；种子坚硬的即硬实种子如荷花、美人

图 4-1　紫茉莉种子

图 4-2　牡丹种子

图 4-3　一串红种子

图 4-4　半枝莲种子

蕉、牡丹等；种子被毛、翅、钩、刺的如矢车菊（冠毛）、紫罗兰（翅）、含羞草和千日红（毛）。

4）按种子的形状分类

可分为椭圆形（如秋海棠）、卵形（如金鱼草）、倒卵形（如三色堇）、舟形（如金盏菊）、线性（如万寿菊）、球形（如紫茉莉）、肾形（如鸡冠花）。

5）按果实形态分类

可分为干果类和肉质果类。干果是果实成熟时自然干燥、开裂而散出种子，或种子与干燥的果实一同脱落。干果类包括如蒴果、荚果、角果、瘦果、坚果、菁葵果、分果等。大部分花卉种子属于干果类，如三色堇、矮牵牛、金鱼草、报春花等。肉质果成熟时果皮含水量大，一般不开裂，成熟后从母体脱落或逐渐腐烂，常见的有浆果、核果等，如文竹和君子兰（浆果）。

4.1.2　花卉种子的采收

1）种子的成熟

种子成熟有两个方面，一个是形态成熟，一个是生理成熟。形态成熟是种子的大小和形态已不再有变化，呈现出品种的固有色，可以作为收获指标。生理成熟是种子营养物质储藏到一定程度，种胚具有了发芽的能力，可以作为种用价值指标。真正成熟的种子包括两种形态的成熟，成熟指标包括营养物质不再积累，养料运输已经停止，干物质不再增加；种子含水量降低到一定程度；果种皮内含物变硬;种胚具有了萌发能力。

大多数花卉植物的种子都是生理成熟在先,一段时间后达到形态成熟。菊科、十字花科和报春花属的种子生理成熟和形态成熟过程几乎同步,所以在适宜的环境条件下收获的种子可以立即发芽。蔷薇属、苹果属及李属等木本花卉的种子,在达到形态成熟时生理上还未成熟,需要生理后熟。兰科花卉果实成熟时形态和生理均为达到成熟状态,所以种子寿命很短。

2)种子的采收

高品质的花卉种子需要从品种纯正、生长健壮、发育良好、无病虫害的植株上采收。花卉采种要适时采收,一般在种子形态成熟时,果实开裂或自行脱落时采收。

对于大多数干果类型植物,为了防止种子脱落,种子需在果实开裂前,清晨空气湿度大时采收;而有些群体开花结实期长的植物,种子陆续成熟脱落的,如半枝莲、凤仙花和三色堇等,需从陆续开花的植株上分批采集成熟的种子;对于成熟后果实长期不开裂也不脱落的种类,如千日红、桂竹香、矮雪轮、屈曲花等,可以在整株全部成熟时一次性采收。肉果类植物成熟的指标是果皮变软,颜色由绿变成红、黄、紫、黑等,并散发香味,一般能自行脱落或逐渐腐烂。肉果类形态成熟后要及时采收。

3)种子采后处理

干果类种子采集后需在阴凉通风处自然晾干、晒干或低温烘烤。一般含水量低的、果皮比较厚实的可以晒干,而含水量高的一般采用阴干法。如遇高温高湿天气,可以采用低温干燥法烘干种子。种子初步干燥后,再脱粒并去除掉发育不良的种子及杂质,最后再干燥达到安全含水量标准,一般为8%～15%。

肉果类种子因果肉含有很多果胶及糖类,容易滋生病菌,所以果实采收后需及时处理。可以用清水浸泡几天,或自然发酵后去掉外层果肉,然后将种子洗净晾干后再储藏。

不论是干果类还是肉果类种子,一般在净种工作台(图4-5)净种后还要采用风选、筛选及粒选等方法对种子进行分级储藏保存。

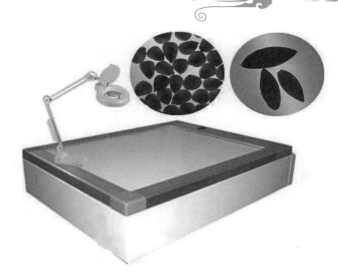

图4-5 净种工作台

4.1.3 种子的寿命与储藏

1)花卉种子的寿命

花卉种子的寿命是指种子的生命力在一定环境条件下能保持活力的期限。生产上,种子的寿命一般通过取样测定群体的发芽率来表示。当一个种子群体的发芽率降低到原发芽率的50%左右时,从种子收获到半数种子存活的这段时间称为种子的半活期,既种子的群体寿命。种子寿命的终结以种子活力丧失为标志。了解花卉种子的寿命,在花卉栽培管理以及种子采收、储藏和种质保存上都有重要的意义。不同种类花卉的种子,其种皮构造及种子的化学成分不同,其寿命差别也很大。在自然条件下,花卉种子的寿命可以分为短寿命种子、中寿命种子和长寿命种子。

短寿命种子(<1年):自然储存条件下,种子寿命仅数月至一年的。常见种类包括高温高湿地区无休眠期的植物如天南星科、兰科、非洲菊、球根秋海棠等,水生植物如睡莲科(荷花除外)、慈姑、灯心草等,种子在早春成熟的如报春花类、紫苑等。

中寿命种子(1～5年):大多数花卉种子属于此类。

长寿命种子(>5年):莲、美人蕉属及锦葵科等植物种子寿命都属于这一类。这类种子一般都含有不透水的硬种皮。

2)影响花卉种子寿命的因素

除了受自身遗传因素外,还受到内在因素如种子的成熟度、种皮的完好程度、种子的含水量及外在储藏条件如温度、湿度、氧气和光照。

(1)种子的成熟度 充分成熟的种子含水量低,种子籽实饱满,种子寿命长。而没有完全成熟的种子含水量高,种皮不紧密,呼吸作用强,容易消耗营养物质,造成种子的寿命缩短。

(2)种子含水量 对大多数种子,种子的含水量在5%~8%时,种子寿命较长。充分干燥的种子,能耐较高和较低的温度。当温度高时,由于种子水分不足也会阻止其生理活动,避免和减少种子营养物质的消耗。但过度干燥也会使种子丧失发芽力。种子储藏的安全含水量,含油脂高的一般不超过9%,含淀粉高的种子不超过13%。

(3)种皮的完好程度 完好的种皮能够阻止氧气和水分的通过,使种子保持完好的休眠状态,延长其寿命。种皮受到损伤的种子,容易滋生病菌,影响种子寿命。

(4)温度 低温可抑制种子呼吸作用,延长其寿命。一般在1~5℃温度下阳光不直射的条件下储存为好。温度高时种子呼吸作用旺盛,营养物质消耗多,种子寿命缩短。

(5)湿度 湿度对于草本花卉种子寿命影响很大,多数种子干燥可以延长寿命,原因是水分不足阻止了生理活动,减少了储藏物质的消耗。少数种子干燥迅速失去发芽力,如芍药、睡莲等。高温多湿种子发芽力降低,在空气相对湿度为20%~25%时,种子储藏寿命最长。

(6)氧气和光照 氧气可以促进种子的呼吸作用,低氧条件下能抑制呼吸作用降低营养物质的消耗,如将种子存储于其他气体中也能延长种子的寿命。多数种子需要避光保存,暴露于光照下会影响种子的发芽率及寿命。

3)种子储藏方法

花卉种子的发芽率在正常储藏条件下多数是以恒定的速度降低的,大多数种子寿命为1~5年。随着储藏时间的延长,发芽率和发芽势降低。种子活力丧失程度与种子的储藏方法有密切关系,通过良好的储藏方法,可以延长种子的寿命。低温、密闭、干燥环境可以最大限度地降低种子的生理活动,减少种子内营养物质消耗,从而延长种子的寿命,但是不同用途的种子采用不同的储藏方法。日常生产和栽培中用到的储藏方法有:

(1)室内常温储藏 将充分干燥的花卉种子装进纸袋中,放置于通风环境中储藏,一般适用于第二年内即将播种的花卉种子。

(2)干燥密封储藏 将充分干燥的种子放入密闭容器中阴凉处储藏,这个方法适用于容易丧失活力的种子的中长期保存。

(3)干燥低温密闭法 将充分干燥的种子放入密闭容器中,放置于1~5℃冷库或冰箱中储存,可以很长时间地保存种子。

(4)湿藏法 在一定的湿度、较低温度和通风条件下,将种子与湿沙分层堆积,利于种子维持一定的含水量。这个方法一般适用于大多数木本花卉种子,尤其是对于一些含水量高、休眠期长又需要催芽的种子,如牡丹和芍药。

(5)水藏法 种子采收后,将植物种子立即储藏于水中。这个方法适用于某些水生花卉的种子储藏,如睡莲和王莲等。

4.1.4 种子检验

为了了解种子的发芽力,确定播种量和幼苗密度,播种前要对种子进行质量检查。种子质量检查包含品种品质和播种品质两方面内容。

1)品种品质

种子的品种品质是指与遗传特性有关的品质,即种子的真实性和品种纯度。真实性是指种子真实可靠的程度,品种纯度用本品种的种子数或植株数占供试样品的百分率表示。纯度的检验以该品种稳定的重要性状为主要依据,与该品种标准对照进行比较,明确其数量性状的差异。

2)播种品质

播种品质是指种子播种后与田间出苗有关的品质,包括净度、千粒重、发芽率、发芽势及种子含水量。净度是完好种子占供检样品重量的百分率来表示。千粒重是1 000粒风干种子的重量,可以代表种子的饱满程度。发芽率是指在足够的时间内,发芽的种子占全部供试种子的百分率。发芽势是指在规定的时间内,发芽种子占供试种子的百分率。发芽力是指种子发芽出苗齐壮的程度,通常用发芽率和发芽势表示,是确定种子使用价值和估算田间出苗率的主要依据。种子含水量是种子水分占整个种子重量的百分率,代表着种子干燥耐藏的程度,是种子储藏期长短的主要内因。

种子检验分为田间检验和室内检验两部分。田间检验是在花卉植物生育期间,在采种田的田间取样分析鉴定,主要包括检验种子真实度和品种纯度,病虫感染率,杂草与异作物混杂程度和生育情况。以品种纯度为主要检验项目。室内检验是在种子收获脱粒以后,从收获场地仓库直至销售播种前抽取样品进行检验。在种子脱粒、储藏运输和播种前,由于种种原因都有可能使种子品质发生变化。因此,必须定期对种子品质进行全面检验。检验内容包括种子真实度、品种纯度、净度、发芽力、千粒重、含水量、病虫害等。

优良种子的标准是品种纯正,各性状指标符合要求;发育充分,成熟饱满,发芽力和生活力高;无病虫害和机械损伤;种子新鲜;种子纯净度高,杂质少。

4.1.5 种子的休眠

具有生活力的种子遇到合适的萌发条件依然不能够萌发的现象称为种子的休眠。种子休眠是对季节和环境变化的适应,如温带和寒带秋季成熟的花卉种子一般进入休眠,是为了避免冬季寒冷对幼苗的伤害。而早春成熟的种子,成熟时环境利于幼苗生长,这类种子播种下去会立即发芽。原产于亚热带和热带高温高湿地区的花卉植物种子也没有休眠期。种子休眠是由下列几个因素引起的:

1)胚的影响

种子采收时形态上已成熟,但是胚仍然未分化完全,生理上还未成熟,不具备发芽能力而呈现休眠状态,如毛茛属、荚蒾属、冬青属、银杏及兰科植物都具备这种特性。如兰科植物的种子,当果实开裂成熟时,胚还未分化,只有种子在土中与某类真菌共生后,或在人工培养基提供的营养上才会分化发育。还有的植物种子采收时胚已经发育完全,但是种子内的内源物质抑制种子的萌发。

2)种皮的影响

主要是由于种皮的构造使水分和氧气不能进入种子内部,从而抑制了种子的萌发,导致种子休眠。如豆科植物种子其种皮具有发达的角质层和栅栏组织而不透水,导致吸水困难,抑制了种子萌发;有些花卉植物种子如海棠的果皮限制了氧气的进入从而阻碍种子萌发;还有些是由于坚硬的种皮阻碍胚芽突破种皮从而抑制萌发,如三叶草。

3)抑制物质的影响

有些种子形态和生理上都达到成熟,但是因种子或果实内含有种子萌发抑制剂如生物碱、脱落酸、酚类等化学物质,从而抑制了种子的萌发,如存在于鸢尾胚乳中的抑制剂,存在于蔷薇属植物种皮中的抑制剂。

4.1.6 播种前处理

播种前进行种子处理可以防止种子携带病菌的危害和土壤中的病虫害,保护种子正常发芽和出苗生长;还能提高种子对不利土壤和气候条件的抗逆能力,增加成苗率。常见的播种前种子处理包括普通种子消毒处理、种子包衣、种子催芽及土壤消毒。

1)种子消毒处理

种子消毒可杀死种子本身所带的病菌,保护种子免受土壤中病虫害的侵害,一般采用化学药剂浸种或拌种和物理方法进行。

(1)浸种消毒 将种子浸入一定浓度的消毒液中一定时间,杀死种子所带的病菌或种子萌发后所受到的病菌或虫害,然后捞出用清水洗净,阴干种子,这个过程称为浸种。常用的消毒剂有甲醛(福尔马林)、多菌灵、高锰酸钾溶液、石灰水溶液、硼酸、托布津、氢氧化钠、磷酸三钠、次氯酸钠等。消毒前先把种子用清水浸泡一段时间,然后浸种。浸种的药剂浓度一般和浸种时间有关,浓度低浸种时间可略长一点,浓度高浸种时间要缩短。浸过的种子要冲洗和晾晒,对药剂忍受力差的种子在浸过后,应按要求用清水冲洗,以免发生药害。

(2)拌种消毒 将种子与混有一定比例的药剂相互掺合在一起,以杀死种子所带病菌同时防止土壤中病虫害危害种子,然后共同施入土壤。常用的药剂有多菌灵、福美双、甲基托布津、粉锈宁、辛硫磷、代森锌、赛力散(过磷酸乙基汞)、敌克松、西力生(氯化乙基汞)等。根据药剂的性质,可以采用干拌法和湿拌法。干拌法要求种子和药粉都必须是干燥的,否则会造成拌种不均匀,产生药害,影响种子的发芽率。药粉用量一般占种子重量的0.2%~0.5%,拌种时药剂和种子都要分成3~4批加入,然后适当旋转拌种容器使之拌和均匀。内吸型杀菌剂一般采用湿拌法即把药粉用少量的水弄湿,然后拌种,或把干的药粉拌在湿的种子上,使药粉粘在种子表面,待播种之后,药剂慢慢溶解并被吸收到植物体内向上传导。

(3)晒种 播前晒种能促进种子的后熟,增加种子酶的活性,同时能降低水分,提高种子发芽势和发芽率。还可以杀虫灭菌,减轻病虫害的发生。一般选择晴天晒种2~3 d即可。

(4)温汤浸种 温汤浸种是根据种子的耐热能力常比病菌耐热能力强的特点,用较高温度杀死种子表面和潜伏在种子内部的病菌,并兼有促进种子萌发的作用。一般在45~55 ℃的热水中浸泡半个小时内。

2)种子包衣

为了适应机械化快速、均匀地播种需要,许多花卉种子采用不同的包衣处理。种子包衣是以种子为载体,种衣剂为原料,包衣剂为手段,集生物、化工、机械等技术于一体,利用黏着剂或成膜剂、杀虫剂、杀菌剂、微肥、植物生长调节剂及着色剂等包裹在种子外面,以使种子成球形或保持原有形状的综合技术。根据所用的包衣剂的不同,将种子包衣方法分为种子包膜和丸粒化处理两种方法。

(1)种子包膜 种子包膜是指在种子外部喷上一层较薄的含有杀菌剂、杀虫剂、植物生长调节剂及荧光颜料的成膜剂,种子在包衣处理后仍保持原有的大小和形状,只是种皮颜色会因包衣剂的颜色而有所改变。包衣处理使种子在播种机上更容易

流动,因涂层含有杀菌剂、杀虫剂和植物生长调节剂,种子萌发率要比没有包衣的种子高,而且不容易受到病害和虫害。因涂层含有荧光颜料,种子是否在穴盘中播种很容易识别。种子包膜一般适用于中粒花卉种子。

(2)丸粒化处理 丸粒化处理是指在种子外部包裹一层带凝固剂的黏土料,还有含杀菌剂、杀虫剂、植物生长调节剂及荧光颜料的包衣剂。丸粒化技术采用多层包衣,里层是能促进种子萌发的植物生长调节剂,中间为肥料,外部为杀虫剂、杀菌剂等。这种包衣处理将种子加工成了大小和形状无明显差异的球形单粒种子,改变了种子形状,增加小粒种子或不规则种子的体积和均匀度,并提高畸形种子在播种机内的流动性。包衣剂中其他物质能促进种子的萌发,免受病虫害的危害。常用丸粒化包衣处理的植物,如矮牵牛、秋海棠、六倍利等小粒种子花卉。

3)种子催芽

有的花卉种子由于胚未成熟或胚发育完全但是种子内存在抑制萌发的物质,导致种子处于休眠期;硬实花卉种子具有坚硬种皮,不能透水透气,从而抑制了种子的萌发。为了播种后能达到出苗迅速、整齐、均匀、健壮的标准,一般在播种前需要进行催芽处理。常用的催芽方式有以下几种。

(1)层积处理 层积处理是将种子和湿润的沙子分层堆放于3~10 ℃的低温库中1~3个月。层积处理能使种子的抑制物质脱落酸下降,还能使促进种子发芽的赤霉素和细胞分裂素含量的增加。这个方法一般适用于种子或果实内存在化学抑制物质的花卉种子,如蔷薇科的木本花卉。

(2)植物生长调节剂处理 赤霉素、细胞分裂素和乙烯等植物生长调节物质都能解除种子休眠,促进种子萌发,其中赤霉素效果最为显著,可以代替层积作用和低温处理。

(3)机械破损 可以用沙子或砂纸与种子摩擦,磨破或去除种皮来促进萌发。适用于有坚硬种皮的种子,如羽扇豆、荷花、美人蕉等。

(4)清水浸种 植物种子经35~40 ℃温水浸种后种皮透性增加能促进种子的萌发,或者将某些种

子放入沸水中短时间处理。主要适用于有坚硬种皮的种子。

(5)化学药剂处理　用化学药剂如硫酸或过氧化氢处理具有坚硬种皮的种子,使其种皮表面产生破损从而促使水分和氧气进入种子,促进种子萌发。

(6)人工组织培养　将没有发育完全的胚放置于人工培养基上使其分化从而促进种子的萌发。主要适用于是兰科花卉的种子。

4.1.7　有性繁殖的方法与技术

1)苗床播种育苗(裸根苗)

苗床播种育苗是先将花卉种子播种于育苗床中,然后经分苗后再培养的方法。这种方法便于幼苗集中养护管理同时节约成本。根据播种地气候条件,可以采用露地苗床或温室内苗床播种。

(1)播前整地　选用土质较好、日光充足、空气流通、排水良好的地方作为播种苗床。为了给种子发芽和幼苗出土创造一个良好的条件,也为了便于幼苗的养护管理,在播种前需要细致整地。整地的要求是苗床平坦,土块细碎,上虚下实,畦埂通直。土壤湿度以手握成团,抛开即散为原则。整地时要施入种肥便于幼苗的萌发。

(2)播种时期　播种时期需要根据不同花卉的遗传特性、耐寒力、越冬温度而定。幼苗萌发后能有一段相当长的适宜气候来完成其营养生长是选择播种时期的主要依据。适时播种能保证种子萌发后苗木的苗壮成长。

一年生花卉耐寒力差,遇霜冻就枯死。一般在春季晚霜过后播种,尽量集中播种,缩短播种期。长江以南地区约在2月上旬到3月上旬播种,长江以北地区要推迟15～45 d。为了能让种苗提前开花,生产上往往在温室苗床或覆盖塑料薄膜露地苗床上育苗。二年生花卉耐寒力强,耐热性差,所以一般在秋季气温降至30 ℃以下时播种。长江以南地区约在9月上旬至10月上旬播种,长江以北约9月上旬播种。

多年生宿根花卉的播种期以其耐寒力的强弱为依据。耐寒性强的落叶宿根花卉,春播、夏播、秋播均可以。但是种子需要低温打破休眠的宿根花卉如芍药、牡丹等,播种时期必须为秋季。不耐寒常绿宿根花卉宜春播。

(3)播种量　播种量是单位面积上播种种子的重量。适宜的播种量可以节约种子成本,同时保证幼苗有足够的空间生长。播种量是根据单位面积上需种植的苗木数量,种子的千粒重,纯净度及发芽率来决定的。播种量(g/m^2)=(每平方米需留苗数×种子的千粒重)/(纯净度×发芽率×1 000)。

(4)播种方法　根据种子粒径的大小可分为撒播、条播和点播。撒播就是将种子均匀地撒于苗床上,为了使细小的种子撒播均匀,一般将种子混入细沙后再撒播,这个方法适用于小粒种子的花卉种类,如一串红和矮牵牛等。条播是按一定的株行距将种子均匀地撒播在苗床上的播种沟内,这个方法适用于中粒种子的花卉种类。点播是将种子按一定的株行距逐粒播于苗床上,这个方法适用于大粒种子,如牡丹的播种。

(5)播种深度　播种深度以种子直径的2～3倍为宜,具体播种深度取决于种子的发芽力、发芽方式和覆土等因素。小粒种子和发芽力弱的种子适宜浅播,大粒种子和发芽力强的种子适宜深播。春夏播种覆土宜薄,秋播覆土宜厚。播种后覆盖的土层最好是过筛的细土,可选用沙土、泥炭土、腐殖质土等,从而起到土壤保温、保湿、通气,利于幼苗萌发。此外,播种深度要一致才能保证幼苗萌发整齐。

(6)播后覆盖　为防止雨水冲刷种子,播后一般覆盖稻草或无纺布,待种子萌发后需撤掉覆盖物。

2)穴盘播种育苗(容器苗)

穴盘播种是以穴盘为容器,选用泥炭土混合蛭石或珍珠岩为基质,采用穴盘播种机自动播种。发芽率高的种子一般每穴1粒,发芽率较低的种子需要每穴放置2～3粒。播种后放置于催芽室内催芽,萌发后放置于温室内培养,因在温室内播种生长,播种时间不受季节的限制(图4-6)。因此,穴盘育苗在花卉育苗上的应用是一种新的发展趋势。

(1)穴盘育苗特点　相对于苗床裸根苗育苗,穴盘育苗的优点是播种后出苗快,幼苗整齐,成苗率高,节省种子量;苗龄短,幼苗素质好;每一株幼苗都拥有独立的空间,水分养分互不竞争,幼苗的根系完整,移植后的成活率接近100%,无缓苗期,收获期提前,移植后的生长发育快速整齐,商品率高;苗床面积小,管理方便,便于运输;不用泥土,基质通过消毒处理,苗期病虫害少;操作简单,节约人力。但是穴盘育苗需要一些专用机械设备如混料机、穴盘填充机、播种机、覆盖机等,对肥水及生长环境要求很高,需要精细管理。

(2)穴盘容器选择 穴盘的穴格及形状与幼苗根系的生长有密切关系。圆锥形穴盘或非倒梯形穴盘,根部容易环绕周围长,不利于根系的生长,透明的穴盘透光率比较高,根系见光后容易死亡,所以一般选择黑色、方口、倒梯形的穴盘。其次穴格体积大,基质容量大,其水分、养分蓄积量大,对供给幼苗水分的调节能力也大;另外,还可以提高通透性,对根系的发育也有利。但穴格越大,穴盘单位面积内的穴格数目越少,影响单位面积的产量,价格或成本会增加。常见的穴盘的规格有288孔、200孔、128孔或50孔,穴盘规格的选择主要视育苗时间的长短、根系深浅和商品苗的规格来确定。对使用过的穴盘,再次使用前必须消毒,常用方法是600倍液多菌灵,800~1 000倍液杀灭尔等杀菌剂洗刷或喷洒,之后用清水冲洗干净。

(3)基质选择 适用于穴盘苗的基质应结构疏松、质地轻、颗粒大、pH 5.5~6.5。基质和水必须有一定的容量,能保持一定的水分;另外还必须有一定的孔隙度,既要保水又要透气,能给苗充足的水分。基质材料必须一致,无菌、无虫卵、无杂物及杂草种子。基质的种类很多,为适应不同花卉育苗的需要,基质的配比也有所区别。一般原则是种子越小,需要的基质越细。基质的主要组成有泥炭土、椰糠、珍珠岩、蛭石等。生产中常将草炭和珍珠岩(或蛭石)以3:1的比例混合,或将泥炭、蛭石和珍珠岩按照1:1:1的比例进行配制,按照每立方米基质添加3 kg复合肥,将育苗基质和肥料混合后装盘。

基质填充时首先要把基质湿润,先喷水,有一定的含水量,要求达到60%,用手一握能成团,但水不能从指头缝滴出来,松手的时候,用手轻轻一捅这个团要能散开。填充时要均匀一致,填的料必须

一样多,这样播完种以后能均匀出苗,好管理。装穴盘可机械操作,也可人工填装。注意尽量使每个穴孔填装均匀,并轻轻镇压,使基质中间略低于四周。播种时力求种子落在穴孔正中。

(4)穴盘播种机 穴盘播种机基本分为针式播种机、滚筒式(鼓式)播种机和盘式(平板式)播种机三种。针式播种机利用一排吸嘴从振动盘上吸附种子,当育苗盘到达播种机下方时,吸嘴将种子释放,种子经下落管和接收杯后落在育苗盘上进行播种,然后吸嘴自动重复上述动作进行播种。播种速度可达2 400行/h(128穴的穴盘最多每小时可播150盘),无级调速,能在各种穴盘、平盘或栽培钵中播种,并可进行每穴单粒、双粒或多粒形式的播种。针式播种机因配有不同直径的吸嘴,是适应范围最广的播种机,从细小的矮牵牛到大粒的美人蕉种子均可使用,适合中小型育苗企业使用。

滚筒式播种机利用带有多排吸孔的滚筒,首先在滚筒内形成真空吸附种子,转动到育苗盘上方时滚筒内形成低压气流释放种子进行播种,然后滚筒内形成高压气流冲洗吸孔,接着滚筒内重新形成真空吸附种子进入下一循环的播种。相对于针式播种机,播种精密度提高,播种速度快,播种速度高达18 000行/h(128穴的穴盘最多每小时可播1 100盘),适合于大中型育苗企业的精密播种。

盘式(平板式)播种机利用带有吸孔的盘播种,首先在盘内形成真空吸附种子,再将盘整体转动到穴盘上方,并在盘内形成正压气流释放种子进行播种,然后盘回到吸种位置重新形成真空吸附种子,进入下一循环的播种。播种方式为间歇步进式整盘播种,播种速度相对于前两者更快,一般为1 000~2 000盘/h,适用于大型专业育苗企业,年育苗量在5 000万株以上。

(5)播后覆盖 多数种子播种后需要用播种基质或其他基质进行覆盖,以保证正常萌发和出苗。如大粒种子三色堇、万寿菊、翠菊等,必需覆盖才能保证种子周围有充足的水分以保证其萌发。有些花卉需避光才能萌发的如仙客来、福禄考、蔓长春花等需要深度覆盖才能使种子萌发。光照抑制幼苗根系的发育,覆盖的另一好处是覆盖后利于种子

根系的发育。覆料厚度以种子的大小为依据,小粒种子覆盖需浅一些,大粒种子覆盖需深一些。还有整个穴盘覆料应厚薄均匀一致,一般通过播种机或人工完成覆料操作。覆盖的基质以疏松透气的基质为主,一般选用播种基质、蛭石、沙子(图4-6)。

图4-6 穴盘播种育苗

3)实生幼苗的管理

(1)露地苗床育苗的苗期养护管理 花卉植物种子发芽之后,到生长旺盛期和开花期之前的这一段时间,称为苗期。苗期生长通常分为两个阶段,即生长初期(幼苗期)和生长旺期(大苗期),不同的生长阶段,有着不同的管理方法。生长初期与生长旺期之间,有一个过渡点,就是离乳期,离乳期通常出现在幼苗5~6片真叶的时候(但因植物种类而有不同)。这个时期,幼苗的子叶或胚乳养分基本消耗完毕,此时真叶数量增多,能自主进行光合作用,生长开始逐步加快。因此,对于苗期的划分,就以这个过渡点为标准。一般苗床播种幼苗的管理主要指幼苗期的管理,包括浇水、间苗和除草。

幼苗期一般指出苗之后到5~6片真叶前。幼苗期植物生长特点是生长缓慢,养分供给全靠子叶或者胚乳,根系浅而少,地上部植株弱小。主要的养护管理措施是浇水、除草。浇水原则以子叶或者第1片(对)真叶展开为依据。子叶展开之前,保持土壤湿润,浇水以喷雾为主,少量多次。当叶子展开之后,根据表层土壤的干旱情况浇水,因幼苗根系仍然不是很发达,浇水原则是见干见湿,即指干燥和湿润要有间隔,需要浇水时则浇透水。为避免

引起肥害,幼苗期一般不施追肥。多数幼苗萌发后,应根据苗的生长情况适当间苗。间苗一个目的是去除混在幼苗中间的杂草,为避免杂草和幼苗竞争空间,另一个目的是去除长势相对较弱的幼苗。以防止幼苗因为过于拥挤而光照不足,进而引发徒长。一般露地苗床幼苗需要在荫棚下生长,真叶长出后,需要足够阳光才能长得健壮,需要去除遮阳网,从而避免徒长,形成弱苗。幼苗长出5~6片真叶后即可移栽到合适的容器中栽培。

(2)穴盘育苗的幼苗养护管理 穴盘育苗的生育期分为4个阶段,主要是因为穴盘苗这4个阶段的生长状态与所需要的温度、湿度、光照和肥料等环境管理条件各有差异。

第一阶段从播种到种子初生根(胚根)突出种皮为止,即所谓的"发芽"期。为提高穴盘苗的萌发率,播种好种子的穴盘浇水后放入发芽室内进行催芽。发芽期最主要的特征是需要较高的温度和湿度。较高的温度是相对于以后三个阶段来说的。种子发芽所需要的温度一般在21~28 ℃,大部分在24~25 ℃为最适温度,喜凉花卉如花毛茛、仙客来、蒲包花等的发芽温度一般为15~18 ℃。持续恒定的温度对种子来说可以促进种子对水分的吸收,解除休眠,激活生命活力。较高的湿度可以满足种子对水分的需要,首先,软化种皮,增加透性,为种胚的发育提供必需的氧气;其次作为种子生化反应的溶剂,促进其生物化学反应的完成。一般催芽室内的加湿措施采用喷雾装置。为防止幼苗在发芽室内徒长,一般50%种苗的胚芽露出基质而叶子尚未展开时,应移出发芽室。

第二阶段种子发芽以后,紧接着是下胚轴伸长,顶芽突破基质,上胚轴伸长,子叶展开,根系、茎干及子叶开始进入发育状态。第二阶段养护管理的重点是下胚轴的矮化及促壮。如果下胚轴伸长过快,就会引起幼苗徒长。要想促壮及矮化幼苗的下胚轴,必须严格控制栽培环境的各个主导因子,如温度、湿度、光照等。第二阶段以后必须见光,结合温度的情况,可以适当遮阳,遮阳程度从40%~60%不等,要根据不同种子的生态特性来决定,大岩桐和四季秋海棠要求的遮阳强一些,一串红、鸡

冠花可完全不遮阳,瓜叶菊遮去 30% 左右的阳光就可以。幼苗子叶展开的下胚轴长度以 0.5 cm 较为理想。下胚轴若太长,当真叶开始伸展时,随着真叶的叶面积增大及叶片数目的增多,其机械支撑力量不足,容易发生倒伏现象。所以下胚轴的矮化及促壮是提高成苗率的关键。

第三阶段主要是真叶的生长和发育。这一阶段的管理重点是水分和肥料。水分的管理重点在于维持生育期间的水分平衡,避免基质忽干忽湿,做到在适当的时候给予适量的水分。在人工浇水的条件下,要先观测基质的干湿程度和蒸发情况,确定浇水的时间和浇水量。在自动喷灌条件下,一天浇水三次,每次给水量约达到基质持水量的 60% 为宜。浇水时间分别为 8 时、11 时及 14～15 时。16 时之后若幼苗无萎蔫现象,则不必浇水。降低夜间湿度,减缓茎节的伸长,矮化幼苗是管理追求的目标。进入第三阶段的幼苗要开始施肥。其施肥的量是从低浓度向高浓度逐渐增加的。以氮肥浓度为标准可从 0.01% 开始,每周增加 0.01%,视花苗的长势和叶色来判断幼苗对肥料的需要量。使用穴盘育苗最好使用液体肥料,这样比较容易控制其浓度,如条件不允许也可以使用缓效控施肥,切忌使用带有挥发性的氮肥,以免对幼苗造成伤害。肥料氮、磷、钾的比例选择氮含量较低的配方(N:P:K＝15:10:30),以减少叶面积的快速生长,降低其蒸腾作用。营养过盛,除了容易造成徒长弱苗之外,基质的电导率增加,根系的正常发育也会受到影响。

第四阶段为幼苗生长到 3～4 片真叶时。此阶段的幼苗准备进行移植或出售。移植前要适当控水施肥,以不发生萎蔫和不影响其正常发育即可。

4.1.8 种子繁殖实例

1)一串红播种繁殖

一串红是多年生亚灌木,作一年生栽培。在中国大部分地区在露地 3—6 月均可播种,播种后 10～14 d 种子萌发,适宜的温度下,生长约 100 d 开花,花期约 2 个月。其他时间可在温室播种。一串红种子较大,每克种子 260～280 粒,播种最适宜

温度为 20～25 ℃,低于 15 ℃ 很难发芽,20 ℃ 以下发芽不整齐。一串红为喜光性的种子,播种后不需要覆盖土,可用轻质蛭石撒放在种子周围,既不影响透光又可起到保湿的作用,提高发芽率和整齐度。

2)瓜叶菊播种繁殖

瓜叶菊是多年生草本作二年生花卉栽培,播种后 5～8 个月开花,分期播种可以在不同时期开花。中国大部分地区露地 8 月中旬播种,可在元旦至春节期间开花。10 月份温室播种,可在"五一"开花。

播种土要求透水、透气性好,肥分低、颗粒细。通常以细沙、腐叶土(或泥炭)按 1:1 比例配制。过筛后加入多菌灵消毒或将基质装进花盆后直接浇 800～1 000 倍的多菌灵溶液。可以用苗床、穴盘播种,播种后覆盖一层播种基质,以不见种子为度(覆盖厚度一般为种子本身的 1.5 倍),发芽期间保持较高的湿度。瓜叶菊发芽的最适温度为 21 ℃,10 d 左右发芽出苗。当小苗长到 4～5 片叶时上盆移栽。

3)虞美人播种繁殖

虞美人是二年生花卉,直根系。虞美人的种子非常细小,每克 8 000 粒左右,穴盘播种采用 288 孔穴盘或 200 孔穴盘,播种基质采用草炭加入 10% 直径 3～5 mm 的大粒珍珠岩,育苗周期为 6～7 周。不用覆盖。

发芽温度为 18～21 ℃,需要 5～7 d,基质要保持中等湿润;第一片真叶长出期间,温度控制在 18～21 ℃,施肥可以一周一次,N:P:K 为 15:0:15 和 20:10:20 交替使用,浓度为 0.005%,需要 7 d,基质保持偏干;第一片真叶到第 4～5 片期间,温度控制在 17～18 ℃,施肥浓度为 0.01%,一周一次肥料,需要 21～28 d;第 4～5 片期到移植前温度控制在 15～17 ℃,需要 7 d,施肥浓度同上一个阶段,之后即可出售幼苗或移栽到 12 cm × 12 cm 的花盆中。这个阶段的浇水原则为见干见湿。

4)仙客来播种繁殖

仙客来属于球根花卉,但是其块茎不能分生子球,一般用种子繁殖。仙客来的种子一般都是人工辅助授粉获得种子,品种内异株间授粉,既保持了品种间的性状,又提高了结实率和种子质量,是目

前最普遍应用的制种方式。仙客来刚收获的种子萌发力强,在4~10 ℃低温下可以保存2~3年。为了缩短发芽期,仙客来种子播种前一般用清水浸种24 h或温水(30 ℃)浸种2~3 h,然后放置于25 ℃的室内2d,种子萌动后再播种。一般在9—10月露地播种,催芽后播种40 d左右即可发芽,次年12月开花。如果温室中12月播种,在冷凉条件下越夏,可于当年8月中下旬开花。目前育种方式多采用穴盘播种,仙客来种子发芽前要求黑暗,所以播种后用播种基质覆盖0.5 cm左右。在18~20 ℃条件下播种后30~40 d即可发芽。

4.2 无性繁殖

无性繁殖(asexual propagation)又称营养繁殖(vegetative propagation),是以植物的营养器官为材料进行的繁殖方式。很多植物的营养器官具有再生性,即细胞全能性。无性繁殖是体细胞经有丝分裂的方式重复分裂,产生和母细胞有完全一致的遗传信息的细胞群发育而成新个体的过程,不经过减数分裂与受精作用,因而保持了亲本的全部特性。

无性繁殖包括扦插繁殖(cutting)、嫁接繁殖(grafting)、分生繁殖(division)、压条繁殖(layering)、组织培养(tissue culture propagation)和孢子繁殖(spore propagation)。其特点为:保持母本所有性状,后代一致性高;后代生长发育没有幼年阶段,开花结实早;繁殖系数小;根系浅,抗逆性差,寿命短(实生苗嫁接者除外);长期无性繁殖的植株,生长势弱,易感染病毒,品质逐渐退化;容易产生花色、花形、叶形、叶色的变异,且发生变异的植株较易发现。

4.2.1 扦插繁殖

4.2.1.1 扦插繁殖的概念和特点

扦插繁殖是利用离体的植物营养器官的再生能力,切取其根、茎、叶、芽的一部分,在一定条件下,插入土、沙或其他基质中,使其生根发芽、经过培育发育成为完整植株的繁育方法。通过扦插繁殖所得的苗木称为扦插苗,扦插繁殖所用的繁育材料(或器官)称为插条(穗)。扦插繁殖除具备营养苗繁育的基本特点外,还具有方法简单、取材容易、成苗迅速、繁育系数大等优点,是花卉营养繁育育苗常用的方法之一。

4.2.1.2 扦插繁殖的类型

根据所选取的营养器官的不同,可以分为三种:叶插、茎插和根插。

1)叶插(leaf cutting)

指以植物的叶为插穗,使之生根长叶,从而成为一个完整的植株。叶片要求具有粗壮的叶柄、叶脉或肥厚的叶片(图4-7)。

图4-7 秋海棠叶插

(1)全叶插 以完整的叶片为插穗。可将叶片平置在基质上,但要保证叶片紧贴在基质上,因此可以用铁钉、竹签或基质固定叶片,如景天科(落地生根等)、秋海棠科(秋海棠、蟆叶秋海棠等)的植物;也可以将叶柄插于基质中,而叶片平铺或直立在基质上,此种方法适于能自叶柄基部产生不定芽的植物,如大岩桐、非洲紫罗兰、豆瓣绿等。

(2)片叶插 将一片完整的叶片分切成若干块分别扦插,每一块叶片上都能形成不定芽。如虎尾兰、大岩桐、椒草及秋海棠科的植物等。

2)茎插(stem cutting)

以花卉的茎(枝条)作插穗的方法(图4-8)。是扦插繁殖中繁殖系数最高,操作最容易,也是应用最多的方法。

硬枝扦插　　　　　软枝扦插　　　　　叶芽插

图 4-8　茎插

（1）硬枝扦插（hardwood cutting）　又称休眠扦插。以生长成熟的休眠枝作插条的繁殖方法，常用于落叶木本花卉，如夹竹桃、石榴、芙蓉、木槿、紫薇等。一般在秋冬季落叶后选取当年生枝条作插条。

（2）软枝扦插（softwood cutting）　以当年生长发育充实的枝条作插穗的方法（图4-9）。常用于草本花卉，如吊竹梅、网纹草、菊花、富贵竹、五色草、绿萝等。在生长期，选取刚停止生长，内部尚未完全成熟的枝条。

图 4-9　菊花的软枝扦插

（3）半硬枝扦插（semi-hardwood cutting）　指用当年生半木质化的枝条进行扦插的方法。常用于木本花卉，如月季、玫瑰、茉莉、山茶、杜鹃等，以常绿、半常绿木本花卉居多。半软枝扦插于生长季节进行，原则上于母株第一次旺盛生长结束，第二次旺盛生长尚未开始时进行，如春梢生长停止而夏梢尚未开始生长的间歇期。

（4）叶芽插（又称短穗扦插）

为充分利用材料，只剪取一叶一芽做短插穗，插穗长度 1～3 cm 为宜。扦插时，将枝条和叶柄插入沙中，叶片完整地留在地面，如桂花等。

3）根插

是以根段作为插条，使其成为独立植株的扦插方法。常用于某些不易生根的植物，但其根部却容易生出不定芽，如贴梗海棠等。

4.2.1.3　扦插繁殖的原理

1）插条的生根类型

植物插条生根，由于没有固定的着生位置，所以称为不定根。扦插成活的关键是不定根的形成，而不定根发源于一些分生组织的细胞群中，这些分生组织的发源部位有很大的差异，随植物种类而异。根据不定根形成的部位可分为三种类型：即皮部生根型、愈伤组织生根型和混合生根型。

（1）皮部生根型　以皮部生根为主，从插条周身皮部的皮孔、节（芽）等处发出很多不定根。皮部生根数量占总根量的 70% 以上，而愈伤组织生根较少，甚至没有，如金银花、柳树。

（2）愈伤组织生根型　以愈伤组织生根为主，从基部愈伤组织，或从愈伤组织相邻近的茎节上发出很多不定根。愈伤组织生根数量占总根量的 70% 以上，皮部根原基较少，甚至没有，如银杏、悬铃木、雪松、水杉。

（3）混合生根型　混合生根型，其愈伤组织生根与皮部生根的数量相差较小，如金边女贞、夹竹桃、石楠等。插条成活后，由上部第一个芽（或第二个芽）萌发而长成新茎，当新茎基部被基质掩埋后，往往能长出不定根，这种根称为新茎根。如杨、柳、

悬铃木、结香、石榴等,可促进新茎生根,以增加根系数量,提高苗木的产量和质量。

2)扦插生根的生理基础

(1)生长素 研究认为植物扦插生根以及愈合组织的形成都是受生长素控制和调节的,细胞分裂素和脱落酸也有一定的关系。枝条本身所合成的生长素可以促进根系的形成,其主要是在枝条幼嫩的芽和叶内合成,然后向基部运输,参与根系的形成。生产实践证明,人们利用植物嫩枝进行扦插繁殖,其内源生长素含量高,细胞分生能力强,扦插容易成活。目前,在生产上使用的有吲哚乙酸、吲哚丁酸(IBA)及广谱生根剂 ABT、HL43 等处理插穗基部后提高了生根率,且缩短了生根时间。

(2)生长抑制剂 是植物体内对生根有抑制作用的物质。相关研究证实,生命周期中老龄树抑制物质含量高,而在树木年周期中休眠期含量最高,硬枝扦插靠近梢部的插穗又比基部的插穗抑制物含量高。因此,生产实际中,可采取相应的措施,如流水洗脱、低温处理、黑暗处理等,消除或减少抑制剂,以利于生根。

(3)营养物质 插条的成活与其体内养分,尤其碳素和氮素的含量及其相对比率有一定的关系。一般来说 C/N 值高,即植物体内碳水化合物含量高,氮化合物含量低,对插条不定根的诱导较有利。插穗营养充分,不仅可以促进根原基的形成,而且对地上部分增长也有促进作用。实践证明,对插条进行碳水化合物和氮的补充,可促进生根。一般在插穗下切口处用糖液浸泡或在插穗上喷洒氮素如尿素,能提高生根率。但外源补充碳水化合物,易引起切口腐烂。

4.2.1.4 影响插条生根的因素

1)内因

(1)遗传因素 花卉种类不同花卉间遗传性也反映在插条生根的难易上,不同科、属、种甚至品种间都会存在差别。如仙人掌、景天科、杨柳科的植物普遍易扦插生根;木犀科的大多数易扦插生根,但流苏树则难生根;山茶属的种间反映不一,山茶、茶梅易,云南山茶难;菊花、月季等品种间差异大。

(2)母株状况与采条部位

①母株的年龄:由于年龄较大的母株发育阶段老,细胞分生能力低,而且随着树龄的增加,枝条内所含的激素和养分发生变化,尤其是抑制物质的含量随着树龄的增长而增加,因此在选条时,应采自年幼的母株,最好选用 1~2 年生实生苗上的枝条。

②插穗的年龄:插穗以当年生枝的再生能力为最强。这是因为嫩枝插穗内源生长素含量高,细胞分生能力旺盛,有利于不定根的形成。根据这个道理,采用半木质化的嫩枝作插穗比较合适。对针叶树种很明显,从树冠下部采的枝条,一般成活率较高,这是由于受到不同程度的荫蔽,阳光照射比较弱,枝条内形成的阻碍生根物质也少。同时,又因上部枝条生长旺盛,消耗的养分较多,影响生根。

③枝条着生部位及发育状况:有些植物树冠上的枝条生根率低,而树根和树干基部萌发条的生根率高。因为母树根颈部位的一年生萌蘖条其发育阶段最年幼,再生能力强,又因萌蘖条生长的部位靠近根系,得到了较多的营养物质,具有较高的可塑性,扦插后易于成活。干基萌发枝生根率虽高,但来源少。所以,做插穗的枝条用采穗圃的枝条比较理想,如无采穗圃,可用插条苗、留根苗和插根苗的苗干,其中以后二者更好。同一枝条的不同部位根原基数量和储存营养物质的数量不同,其插穗生根率、成活率和苗木生长量都有明显的差异。一般来说,常绿植物中上部枝条较好。这主要是中上部枝条生长健壮,代谢旺盛,营养充足,且中上部新生枝光合作用也强,对生根有利。落叶植物硬枝扦插中下部枝条较好。因中下部枝条发育充实,储藏养分多,为生根提供了有利因素。若落叶园艺植物嫩枝扦插,则中上部枝条较好。由于幼嫩的枝条,中上部内源生长素含量最高,而且细胞分生能力旺盛,对生根有利。

2)外因

(1)温度 插穗生根的适宜温度因植物而异。不同种类的花卉,要求不同的扦插温度,多数花卉的软材扦插宜在 20~25 ℃进行,热带植物可在 25~30 ℃扦插,温带花木一般要求 20 ℃左右的温度。土温(包括其他生根基质如沙、泥土、泥炭土等)比气温高 3～6 ℃更可促进根的迅速发生。

（2）湿度　插穗生根过程中，空气的相对湿度、基质湿度以及插穗本身的含水量是扦插成活的关键，尤其是嫩枝扦插，应特别注意保持合适的湿度。空气相对湿度对难生根的花卉植物影响很大。插穗所需的空气相对湿度一般为 90% 左右。嫩枝扦插空气的相对湿度一定要控制在 90% 以上，使枝条蒸腾强度最低，硬枝扦插可稍低一些。生产上多采用喷水、间隔控制喷雾等方法提高空气的相对湿度，使插穗易于生根。插穗最容易失去水分平衡，因此要求基质有适宜的水分。但基质的湿度也不宜过大，否则易导致插床透气性差，不利于插穗进行呼吸作用，使插穗腐烂甚至死亡。一般基质的湿度保持在田间最大持水量的 60%～70% 最有利于扦插成活。

（3）空气　插穗形成愈伤组织和成活的过程，进行着强烈的呼吸作用，这一过程需要足够的氧气。通气情况良好，呼吸作用需要的氧气就能得到充足供应，有利于扦插成活。

（4）光照　充足的光照能提高插床温度和空气相对湿度，也是带叶扦插不可或缺的条件。光合作用所产生的碳水化合物和植物激素对插穗生根具有促进作用，可以缩短生根时间，提高成活率。但扦插过程中，强烈的光照又会使插穗干燥或灼伤，降低成活率。在生产中，可采取喷水降温或适当遮阳等措施来维持插穗水分平衡。夏季扦插时，最好的方法是应用全光照自动间歇喷雾法，既保证了供水又不影响光照。

（5）基质　基质直接影响水分、空气、温度及卫生条件，是扦插的重要环境。理想的扦插基质要求排水、通气良好，保温，卫生及不带病、虫、杂草等有害物质。生产中，花卉常用沙子、蛭石、蛭石与珍珠岩的混合物。

4.2.1.5　促进插穗生根的方法

1）生长素及生根促进剂处理

常用的生长素有萘乙酸、吲哚乙酸、吲哚丁酸、2,4-D 等。常用有两种形式：水剂和粉剂。处理时间与溶液的浓度随花卉和插条种类的不同而异。一般生根难的浓度高，生根易的浓度低；硬枝浓度

高些，嫩枝浓度低些。

生根促进剂目前使用较为广泛的有中国林业科学研究院林业研究所王涛研制的 ABT 生根粉系列；华中农业大学林学系研制的广谱性植物生根剂 HL43；昆明市园林所等研制的 3A 系列促根粉等。它们均能提高多种树木如银杏、桂花、板栗、红枫、樱花、梅、落叶松等的生根率，其生根率可达 90% 以上，且根系发达，吸收根数量增多。

2）洗脱处理

洗脱处理一般有温水处理、流水处理、酒精处理等。洗脱处理不仅能降低枝条内抑制物质的含量，同时还能增加枝条内水分的含量。

温水洗脱处理：将插穗下端放入 30～35 ℃的温水中浸泡几小时或更长时间，具体时间因园林植物而异，如云杉浸泡 2 h，生根率可达 75% 左右。

流水洗脱处理：将插条放入流动的水中，浸泡数小时，具体时间也因园林植物不同而异。多数在 24 h 以内，也有的可达 72 h，甚至有的更长。

酒精洗脱处理：用酒精处理也可有效地降低插穗中的抑制物质，大大提高生根率。一般使用浓度为 1%～3%，或者用 1% 酒精和 1% 乙醚混合液，浸泡时间 6 h 左右，如杜鹃类。

3）营养处理

用维生素、糖类及其他氮素处理插条，也是促进生根的措施之一。如用 5%～10% 蔗糖溶液处理雪松、龙柏、水杉等园林植物的插穗 12～24 h，对促进生根效果很显著。若用糖类与植物生长素并用，则效果更佳。在嫩枝扦插时，在其叶片上喷洒尿素，也是营养处理的一种。

4）化学药剂处理

化学药剂能有效地促进插条生根，如醋酸、磷酸、高锰酸钾、硫酸锰、硫酸镁等。如生产中用 0.1% 醋酸水溶液浸泡卫矛、丁香等插条，能显著地促进生根。再如用高锰酸钾 0.05%～0.1% 溶液浸泡插穗 12 h，除能促进生根外，还能抑制细菌发育，起消毒作用。

5）物理处理

在生长季节，将枝条基部环剥、刻伤或用铁丝、麻绳或尼龙绳等捆扎，阻止枝条上部的碳水化合物

和生长素向下运输,使其储存养分,至休眠期再将枝条从基部剪下进行扦插,能显著地促进生根。

黄化处理:在生长季前用黑色的塑料袋将要作插穗的枝条罩住,使其处在黑暗的条件下生长,形成较幼嫩的组织,待其枝叶长到一定程度后,剪下进行扦插,能为生根创造较有利的条件。

4.2.1.6　扦插繁殖技术

1)扦插基质的准备

选择的基质应满足插穗对基质水分和通气条件的要求,有利于生根。如河沙、蛭石、珍珠岩和碳化稻壳等。对扦插基质要严格消毒,常用消毒方法有物理消毒和化学消毒等(具体详见第5章花卉的栽培管理)。

2)插条的准备

(1)硬枝扦插　在春秋两季,最适宜的时期为春季,在叶芽萌动前进行扦插。秋季扦插在尚未落叶、生长停止前一个月进行。南方常绿树种常在冬季扦插。依扦插成活的原理,应选用优良幼龄母株上发育充实、已充分木质化的一、二年生枝条或萌生条;选择健壮、无病虫害且含营养物质多的枝条。

一般长穗插条15~20 cm长,保证插穗上有2~3个发育充实的芽。剪切时上切口距顶芽1 cm左右,平切。下切口的位置依植物种类而异,一般在节附近,节附近薄壁细胞多,细胞分裂快,营养丰富,易于形成愈伤组织和生根。下切口有平切、斜切、双面切等几种方法。平切口生根呈环状均匀分布,便于机械化截条,对于皮部生根型及生根较快的植物应采用平切口;斜切口与基质的接触面大,可形成面积较大的愈伤组织,利于吸收水分与养分,提高成活率,但根多生于斜口的一端,易形成偏根,同时剪穗也较费工。双面切与基质的接触面更大,在生根较难的植物上应用较多。

(2)半硬枝扦插、软枝扦插　在生长季节进行。采穗的具体时间是关键,原则是应在母株两次旺盛生长期之间的间隙生长期采插条,即最好在春梢完全停止生长而夏梢尚未萌动期间进行。

选取腋芽饱满、叶片发育正常、无病虫害的当年生枝条。选取枝条的中上部分,剪成10~15 cm

的枝段,每段3~5个芽,上剪口在芽上方1 cm左右,下剪口在基部芽下0.3 cm左右,切面平滑。枝条上部保留2~3枚叶片,叶片较大的可适当剪去一半。

(3)叶插　在生长季进行,均用生长成熟的叶片,有几种不同的方式。

整片叶扦插是常用的方法,多用于一些叶片肉质的花卉。许多景天科植物的叶肥厚,但无叶柄或叶柄很短,叶插时只需将叶平放于基质表面,不用埋入土中,不久即从基部生根出芽。另一些花卉,如非洲紫罗兰、草胡椒属等,有较长的叶柄,叶插时需将叶带柄取下,将基部埋入基质中,生根出苗后还可以从苗上方将叶带柄剪下再度扦插成苗。

切段叶插用于叶窄而长的种类,如虎尾兰叶插时可将叶剪切成7~10 cm的几段,再将基部约1/2插入基质中(图4-10)。为避免倒插,常在上端剪一缺口以便识别。网球花、风信子、葡萄水仙等球根花卉也可用叶片切段繁殖,将成熟叶从鞘上方取下,剪成2~3段扦插,2~4周即从基部长出小鳞茎和根。

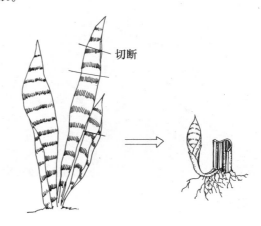

图4-10　虎尾兰叶插

刻伤与切块叶插常用于秋海棠属花卉上。具根茎的种类,如毛叶秋海棠,从叶背面隔一定距离将一些粗大叶脉作切口后将叶正面向上平放于基质表面,不久便从切口上端生根出芽(图4-11)。具纤维根的种类则将叶切割成三角形的小块,每块必须带有一条大脉,叶片边缘脉细、叶薄部分不用,扦插时将大脉基部埋入土中。

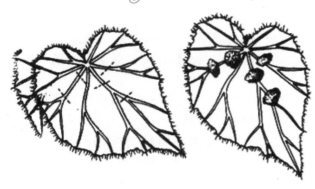

图 4-11　秋海棠叶插

叶柄插用易发根的叶柄作插穗。将带叶的叶柄插入基质中，由叶柄基部发根；也可将半张叶片剪除，将叶柄斜插于基质中；橡皮树叶柄插时，将肥厚叶片卷成筒状，减少水分蒸发；大岩桐叶柄插时，叶柄基部先发生小球茎，再形成新个体。

鳞茎类花卉可以采用鳞片进行扦插，鳞片是叶片的变态，扦插时，取下成熟的鳞片消毒后与轻质基质分层或混合（生产上称为埋片法）（图 4-12）。

图 4-12　百合鳞片扦插

（4）叶芽插　在生长季节，取 2 cm 长、枝上有较成熟芽（带叶片）的枝条作插穗，芽的对面略削去皮层，将插穗的枝条露出基质面，可在茎部表皮破损处愈合生根，腋芽萌发成为新的植株，如橡皮树、天竺葵等。

（5）根插　插条在春季活动生长前挖取，结合分株将粗壮的根剪成 10 cm 左右 1 段，全部埋入插床基质或顶梢露出土面，注意上下方向不可颠倒，如牡丹、芍药、月季、补血草等。某些小草本植物的根，如菩草、宿根福禄考等，可剪成 3～5 cm 的小段，

撒播于床面后覆土即可。

3）插条处理的方法

（1）生长调节剂　插条的生根处理都是在插条剪截后立即于基部进行，浓度依据植物种类、施用方法而异。一般来说草本和生根容易的植物用较低浓度，相反则用高浓度。使用方法分水剂和粉剂两种。一是生根液（水剂），先用少量 95% 酒精溶解生长素，然后配置成不同浓度的药液，低浓度（如 50～200 mg/L）溶液浸泡插穗下端 6～24 h，高浓度（如 500～10 000 mg/L）可进行快速处理（几秒钟到 1 min）；二是将溶解的生长素与滑石粉或木炭粉混合均匀（粉剂），阴干后制成粉剂，用湿插穗下端蘸粉扦插，或将粉剂加水稀释成为糊剂，用插穗下端浸蘸，或做成泥状，包埋插穗下端。

（2）杀菌剂　插条的伤口用杀菌剂处理可以防止生根前受感染而腐烂，常用的杀菌剂为克菌丹、多菌灵和苯那明等。水剂浓度为 2%～3%，粉剂浓度为 4%～6%，与生根剂处理配合。用水剂生根处理的插条可先用水剂杀菌剂处理，或处理后再用粉剂杀菌剂处理，或将二者的水剂按用量混合使用。

4）扦插方法

茎插采用直插、斜插均可，一般情况采用直插。斜插的扦插角度不应该超过 45°。扦插深度为插穗长的 1/2～2/3，露地时深一些，使芽微露于床面。扦插时注意不要碰伤芽眼，插入土壤时不要左右晃动，并用手将周围土壤压实。

5）扦插后管理

（1）湿度控制　为防止插穗失水枯萎，必须在插后马上喷足水。空气相对湿度保持 80%～95% 为宜。一般每天喷水 2～3 次，如果气温过高，每天喷水 3～4 次。每次喷水量不能过大，以达到降低温度，增加湿度而又不使基质过湿为目的。基质中不能积水，否则易使插穗腐烂，因此，大多采用自控定时间歇喷雾或电子叶喷雾装置。

（2）温度控制　嫩枝扦插棚内的温度控制在 18～28 ℃ 为宜。如果温度过高则要采取降温措施，如喷水、遮阳或通风等。应注意，遮阳度不可过大，因为枝上的叶片还要进行光合作用，为生根提供营养物质。

（3）炼苗　插穗生根后，若用塑料棚育苗时，要逐

渐增加通风量和透光度,使扦插苗逐渐适应自然条件。

(4)移植 插穗成活后要及时进行移植,或移于容器中继续培育。在移植的初期,应适当遮阳、喷水,保持一定的湿度,可提高成活率。

4.2.2 嫁接繁殖

嫁接繁殖是将植物优良品种的一个芽或一个枝条(段)转接到另一个植株个体的茎、干或根上,两者(常是不同品种或种)经愈合后形成独立新个体的繁殖方法。嫁接的植株部分称为接穗(scion),承接穗的植株称为砧木(stock),接穗和砧木形成相互依赖的共生关系。嫁接繁殖培育出来的苗,称为嫁接苗。嫁接繁殖常用于播种、分生或扦插繁殖困难以及播种难以保持品种性状的植物。如一些木本花卉山茶、月季、杜鹃、樱花、梅花和桂花等,嫁接也常用于菊花、仙人掌等草本花卉的造型。

4.2.2.1 嫁接繁殖的意义

嫁接繁殖作为生产部分观赏树木、花卉的种苗繁育的主要技术,是现代植物育苗及生产过程中广泛运用的一项基本技术。利用砧木根系对土壤及气候的适应性,提高植株整体对环境的适应性。例如,在果树生产中,利用抗性砧木或本地原产砧木进行嫁接,可以提高植物栽培的风土适应性及抗性。能较好保持接穗的优良品种特性,扩繁系数高,利于优良品种的栽培推广。部分花木生产中,嫁接育苗属于无性繁殖,利用营养器官进行繁殖,变异小,能较好保持接穗优良的品种特性。除砧木外,育成苗木所需接穗繁殖材料少,繁殖系数高,能在短时间内迅速扩大栽培面积。嫁接苗生长迅速,开花结果早,产量高,品质好,经济寿命长。接穗枝芽处于生理成熟期,嫁接成活后,不需要经历幼年期,生长迅速,进入开花结果期早。例如,桃树实生苗需要经历3~4年才能开花结果,但嫁接苗当年即可开花结果。利用某些砧木的特殊性状调节树势,使树木乔化或矮化,利用矮化砧或矮化中间砧可以达到控制树冠发育,使树冠矮小、紧凑,便于管理和采收的目的。嫁接可用于扦插、压条、分株等无性繁殖方法不易繁殖的园林植物苗木繁育中,如云南山茶的繁殖较难,可用腾冲红花油茶或野生红花山茶作为砧木进行嫁接,扩繁较快。还可将亲缘关系较近的几种植物同时嫁接到同一砧木上,形成新植株一树多花的奇特观赏效果,提高观赏价值。

4.2.2.2 嫁接繁殖的基本原理

砧木和接穗亲缘较近,能够亲和。嫁接后砧、穗结合紧密,在一定的温度、湿度条件下,两者的形成层(韧皮部内侧与木质部之间的1~2层很薄的薄壁细胞,这层细胞具有很强的分裂能力,它不断地进行细胞分裂,向外形成次生韧皮部,向内形成次生木质部,引起枝条加粗生长。)部分均产生愈伤组织,保护伤口,愈伤组织进一步增生,充满结合部的空间,把接穗包围固定下来,两者愈伤组织内的薄壁细胞相互连接成一体,完成愈合过程。此后,薄壁细胞进一步分化成新的形成层细胞,向内形成木质部细胞,向外形成韧皮部细胞。使砧、穗双方的木质部的导管、韧皮部的筛管连通,水分和养分得以相互交流,至此嫁接成活,为嫁接苗的生长奠定了基础。

砧木与接穗两形成层间必须有较大面积的紧密接触,才能保证成活,这表明形成层在嫁接愈合过程中的重要作用。嫁接成活的关键是形成层的对齐及紧密接触(图4-13)。

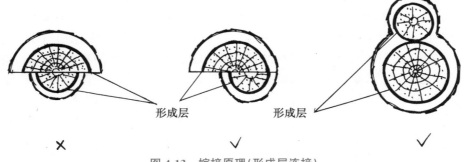

形成层　　　　形成层

图4-13 嫁接原理(形成层连接)

4.2.2.3　影响嫁接成活的因素

1)砧木和接穗的亲和力

亲和力指砧木和接穗经过嫁接后,能否愈合成活及正常生长的能力,是嫁接成活的关键因素和基本条件。具体地说,就是砧木和接穗在内部的组织结构上及生理和遗传性上彼此相同或相近,从而互相结合在一起生长、发育的能力。任何一种植物,不论采用哪种嫁接方法,不管在什么条件下,砧木和接穗之间都必须具备一定的亲和力才能嫁接成活。亲和力高,嫁接成活率也高;亲和力低则嫁接成活率低;不亲和则难以嫁接成活。一般来说,植物分类学上亲缘关系近的亲和力强。同一种内不同类型、不同品种之间互相嫁接大多数亲和良好;同一属内种间嫁接有的有亲和力,有的无亲和力,表现为亲和力差。有些嫁接组合虽然能愈合生长,但经过一段时期或几年甚至更长一段时间就会死去,这种现象叫短期亲和。同科不同属或其他远缘嫁接表现为不亲和。

2)外界环境条件

影响嫁接成活的外界条件主要有温度、湿度、氧气和光照等。

温度是愈伤组织产生和生长的必需条件。一般春季萌芽早的植物愈伤组织形成需要的温度低些,萌芽晚的要求温度高些。愈伤组织生长的适宜温度要比春季发芽的温度高,所以最好在芽萌发前先采接穗储藏在冷窖内,砧木芽萌动后再嫁接,这样成活率高。多数植物生长最适温度为12~32 ℃,也是嫁接适宜的温度。

湿度对愈伤组织的形成影响很大,主要影响砧木的生长势及形成层细胞的生理活性。当接口周围干燥时,伤口大量蒸发水分,使表面干燥不能形成愈伤组织,往往导致嫁接失败。在接口处空气温润,相对湿度保持在95%~100%的情况下,愈伤组织才能很快形成。在嫁接过程中,接口用塑料薄膜包扎,既能很好地保持湿度,又能将砧木和接穗捆紧,使两者密接,操作简便、省工,大大提高了嫁接成活率。

细胞旺盛分裂时呼吸作用加强,需要充足的氧气。生产上常用透气保湿聚乙烯膜包裹嫁接口和接穗,能保证氧的正常供给。

光照条件也是形成愈伤组织不可少的条件,在黑暗的条件下能促进愈伤组织生长,但绿枝嫁接,适度的光照则能促进同化产物的生成,有利加速伤口愈合。

3)砧木、接穗的质量及嫁接技术

由于愈伤组织形成和形成层细胞的分化需要消耗一定的养分,所以凡是砧、穗内部,特别是接穗内部储藏养分较多的,一般嫁接愈合速度快,成活容易。因此,砧木应选择生长健壮,无病虫害,达到一定规格标准的实生苗;接穗应选择生长充实的枝条,同一枝条上宜选用充实部位的芽或枝段进行嫁接。另外,嫁接技术也是影响成活的重要因素。嫁接技术的操作快慢、熟练程度和砧穗处理的质量,直接影响嫁接成活。

4.2.2.4　砧木和接穗的选择

1)砧木的选择

我国砧木资源丰富,种类繁多,各地选用的种类往往各不相同。但优良的砧木须具备以下特点:与接穗品种有良好的亲和力;对接穗的生长、开花、结果有良好影响,如使接穗生长健壮、花大、花美、果型大、品质好、丰产等;砧木根系发达,对栽培地区气候、土壤等环境条件有良好的风土适应性;对主要病虫害有较强的抗性;砧木来源充足,易繁殖;能符合特殊栽培目的要求,如控制树冠生长的矮化砧。

2)接穗的选择

一般选用生长发育健壮、丰产稳定、无检疫病虫害和病毒、品种性状已充分表现的成年植株作母本树。剪取树冠外围生长充实、枝条光洁、芽体饱满的发育枝(生长枝)或结果枝作接穗。春季嫁接多采用一、二年生的枝条,尽量避免使用多年生枝。夏季嫁接选用当年成熟的新梢,也可用储藏一、二年生枝;秋季嫁接则多选用当年生春梢。徒长性枝或过分细弱不充实的枝条都不宜作接穗,枝条以中段为宜,顶端部分芽体发育不充分,储藏养分少。而基部往往芽体不饱满,多为潜伏芽。接穗不足时,可以将接穗先多头高接到大树上,利用其树体强大根系促发大量新梢,并通过及时修剪,促发二次梢,来形成大量枝条,扩大繁殖系数。为经济利

用接穗也可减少接穗节(芽)数。

春季嫁接用的一、二年生枝,宜在休眠期剪取,避免伤流现象的发生。休眠期采穗时,由于枝条较多,应及时在室内阴凉通风处,利用容器或堆湿沙埋藏,保持储藏适宜的基质和环境条件。基质条件同种子层积处理,环境条件要求相对空气湿度80%～90%,4～13 ℃低温的储藏条件较为理想。储藏期间一般7～10 d检查一次,要防止霉烂、干死和芽提早萌发,应及时剔除腐烂枝条。对容易早萌动的枝条,则要降低温度,使储藏温度下降到0 ℃左右,枝条处于休眠状态,防止提早萌动。开春后,即可取出进行嫁接。

夏、秋季嫁接用的接穗,可随采随用。采穗时间最好是在早、晚进行,此时枝条含水量最高。剪去枝条上下两端不充实、芽眼不饱满的枝段,生长期采穗后应立即剪去叶片,只留下小段叶柄,以减少水分损失。将接穗按每50～100支扎成一捆,挂上两张标签,标明品种、采集地点、时间。为防止病虫害传播,应及时对接穗进行消毒。生长期采的枝条,应注意随用随采,随采随接,短时间不用包上湿布保湿。

4.2.2.5　嫁接方式与方法

嫁接方法多种多样,因植物种类、砧穗状况等不同而异。依据砧木和接穗的来源性质不同可分为枝接(grafting)、芽接(budding)、根接(root graft-ing)、靠接(approaching)和插接(cutting grafts)等。花卉繁殖中常用枝接、芽接方法。

1)枝接法

是指以具有一个或几个芽的枝段为接穗的嫁接繁殖方法。其与芽接法相比较,具有嫁接苗成活率高、成活后生长整齐迅速的优点。但接穗使用量较大,嫁接技术复杂,难度大,速度慢,对砧木要求较粗,嫁接适宜时期短。但对较粗砧木的嫁接,如高接换种更换树冠及利用坐地苗建园等,应用效果优于芽接法。生产上常用的方法有:

(1)切接法　常用于砧木、接穗粗细相近的嫁接;砧木宜选用1～2 cm粗细的幼苗,将砧木从距地面5～8 cm处剪断,并将砧木修剪平整,再按接穗的粗细,在砧木比较平滑的一侧,用切接刀略带木质部垂直下切,切面长2.5 cm左右。接穗长5～10 cm,带有两个以上的叶芽。然后切接刀在接穗的基部没有芽的一面起刀,削成一个长2.5 cm左右平滑的长斜面,一般不要削去髓部。稍带木质部较好。在另一面削成长不足1 cm的短斜面,使接穗下端呈扁楔形,削时切接刀要锋利手要稳,保持削面平整、光滑,最好一刀削成。将削好的接穗长的削面向里插入砧木切口中,并将两侧的形成层对齐,接穗削面上端要露出0.2 cm左右,即俗称的"露白"。以利于砧木与接穗愈合生长(图4-14)。

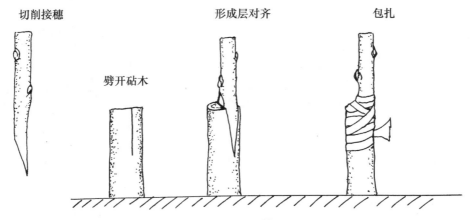

切削接穗　　形成层对齐　　包扎

劈开砧木

图4-14　切接

(2)劈接法　常用于较粗大的砧木或高接换种;砧木顺髓心纵切,剖口长2～3 cm,形成劈口。

接穗留2～3个芽,在下部2～3 cm处两面各削一刀(削面要平整,一气呵成),形成楔形,楔形两面一样厚,注意接穗削面要长而平,但不能削得太薄,接穗切削后形成的角度要和砧木劈口的角度一致,使砧木和接穗形成层生长的愈伤组织从上到下都相连

接。然后用刀片或手指甲将砧木劈口撬开,将接穗插入劈口的一边,使双方的形成层两边对准或至少接穗外侧形成层与砧木形成层对齐(图 4-15)。

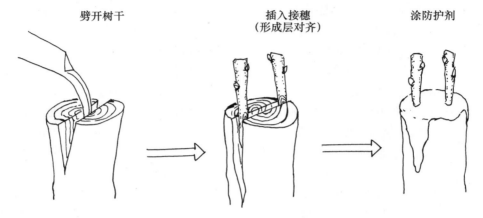

图 4-15　劈接

劈开树干　　　插入接穗(形成层对齐)　　　涂防护剂

(3)舌接法　适用于砧穗都较细且等粗的情况。根据所需要高度,在砧木平直处将枝条锯断,削平锯面,选择皮光滑平直一侧,削去老皮长约 5 cm,深达嫩皮见白。接穗上保留 2 个饱满芽,削面成马耳形,削面平直,长 3～4 cm,再从背后下部轻削一刀,并去掉前端较软部分,以便插入,用手捏开,使木质部和韧皮部分离。再用手捏开砧木的韧皮部,并使其与木质部分离或用嫁接刀将韧皮部撬开口,然后将接穗木质部向内插入砧木的木质部和韧皮部之间,直至微露接穗为止,然后用塑料薄膜绑缚牢固,封紧接口。

(4)楔接和锯缝接　常用于粗大砧木高接。楔接时在砧木上做 2～4 个"V"形切口,再将接穗基部削成能吻合的相应切面,嵌入砧木切口后封扎。锯缝接与楔接相似,先用锯在砧桩上作缝,再用短而厚的刀从上向下将锯缝削成"V"形光滑面,然后嵌入接穗。

(5)皮下接(插皮接)　也适用于粗大的砧木。在砧木上 2～4 cm 处将树皮从木质部剥离,将削面与切接相似的接穗插入、封扎。需在砧木生长期进行,树皮易剥离,但接穗需先采下冷藏(图 4-16)。

图 4-16　皮下接

准备接穗　　　准备根茎　　　涂防护剂

(6)腹接　在砧木的茎上斜着切成朝下的接口,再把接穗的茎也斜着切成朝上的接口,然后把二者接合在一起,用嫁接夹进行固定即可。

(7)靠接　将选作砧木和接穗的两植株置于一处,选取相互靠近而又粗细相当的两枝条,在相靠拢的部位接穗和砧木分别削去长 3～5 cm 的一片,

深略超过木质部,然后两枝相靠,形成层对正,切削面紧密相靠,扎缚即可(图4-17)。

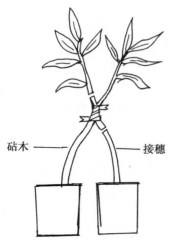

图4-17　靠接

2)芽接法

是指以芽片作为接穗的嫁接育苗方法。其优点有操作简单,速度快;节省繁殖材料;接口伤面小,易绑缚保护,成活率高;嫁接适宜期长;嫁接时砧木不断头,未接活的可以补接,保证出苗率等特点。因此,芽接是应用广泛的嫁接方法。如盆栽梅花、月季、茶花、桂花等。梅花可用山桃、李子作砧木;丁香可用小叶女贞作砧木;桂花用小叶女贞、大叶女贞或桂花实生苗作砧木;新品种茶花可用普通品种的山茶、油茶作砧木。

T形芽接:又称丁字形芽接,是最常用的方法。嫁接时期宜选择在砧木、接穗的皮层较易剥离时。将砧木洗净,用芽接刀横切,再垂直纵切一刀,成T字形。然后用尾端骨片沿垂直口轻轻将树皮撬开,在芽上方0.5 cm处横切一刀,深至木质部,再在芽下1 cm处斜切与前刀口交叉处。将芽取下,用骨片挑除木质部,然后插入T字形切口撬开的皮层内,使芽穗与砧木二者形成层紧贴后绑扎;倒T形芽接的砧木切口为倒T字形;嵌芽接为带木质部芽接,适用于木皮不易分离或枝条有棱角及沟纹的植物。将砧木从上向下削开长约3 cm的切口,将芽嵌入。

贴皮芽接:接穗为不带木质部的小片树皮,将其贴在砧木去皮部位的方法。适用于树皮较厚或砧木太粗的植物。先在接穗上削取个弧形芽片,芽居于芽片的正中。再用同样的方法在砧木上削个弧形削口,大小及形状均与芽片相似,削后立即将芽片贴上去,并使两者形成层对准密接扎紧即可(图4-18)。

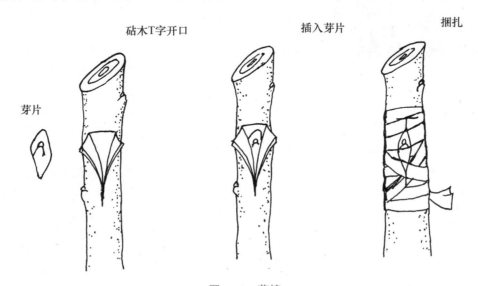

图4-18　芽接

3)根接法

是以根系(段)作为砧木的嫁接育苗方法。多采用劈接、切接或倒腹接等方法进行嫁接,通常在休眠期进行。用作砧木的根,可以是完整的根系,也可以是 1 个根段。如果是露地嫁接,可选生长粗壮的根在平滑处剪断,用劈接、插皮接等方法。也可直径 0.5 cm 以上的根系,截成 8～10 cm 长的根段,移入室内,在冬闲时用劈接、切接、插皮接、腹接等方法嫁接。若根砧比接穗粗,可把接穗削好插入根砧内,若根砧比接穗细,可把根砧插入接穗,接好绑缚后,用湿沙分层沟藏,早春植于苗圃。肉质根的花卉用此方法嫁接。

4)髓心接

接穗和砧木以髓心愈合而成的嫁接方法。多用于仙人掌类花卉植物,形成新植株的奇特观赏效果,提高观赏价值(图 4-19)。

图 4-19　仙人掌嫁接

4.2.2.6　嫁接技术要领

为保证嫁接苗的成活,嫁接操作时,应牢记"平、准、快、洁、紧、严"六字口诀,并按此严格操作,以确保嫁接苗的成活。

(1)平　接穗和砧木的切面要平整光滑,以利于砧、穗的紧密结合,保证伤面愈合。要求刀具要锋利光滑,砧穗处理时应一刀削成,避免多刀削修。

(2)准　切削接穗、砧木的下刀部位准确。接穗和砧木粗细要搭配合适,切面长短应大致相当,接合、绑扎时要对准砧木、接穗的形成层(至少一边对准)。

(3)快　切削、结合和绑缚的操作速度要快,尽量减少砧木、接穗的切面与空气接触的时间,减少水分损失,防止形成隔离层,提高嫁接成活率。

(4)洁　砧木和接穗处理后的切面要保持清洁,不要用手摸,也不要粘上泥土、灰尘,在嫁接过程中要经常用 75%酒精,擦除嫁接工具刃面上汁液及污物,保持刃面清洁。

(5)紧　绑缚时要尽量扎(缚)紧,使砧木和接穗贴合严实,同时,注意用力均匀,不要移动砧木和接穗的位置,造成错位。

(6)严　用塑料薄膜带绑缚时,要扎严封紧。薄膜带要一圈压一圈,相邻两圈应搭接 1/4～1/3 薄膜带宽,不留缝隙。砧穗粗细差异大需变径时,应在变径处绑缚 1～2 圈,薄膜带 2/3 带宽空出,然后旋转薄膜带 180°,将其扎紧。绑缚结扣要结牢,避免失水风干和病虫进入。

4.2.2.7　嫁接后的管理

嫁接后 7～15 d,即可检查成活情况。芽接苗接芽新鲜,叶柄一触即落即为已成活;枝接苗需待接穗萌芽后有一定的生长量时才能确定是否成活。成活的要及时解除绑缚物,未成活的要在其上或其下补接。

(1)剪砧　夏末和秋季芽接的在翌年春季发芽前及时剪去接芽以上砧木,以促进接芽萌发,春季芽接的随即剪砧,夏季芽接的一般 10 d 之后解绑剪砧。剪砧时,修枝剪的刀刃应迎向接芽的一面,在接芽上方 0.3～0.4 cm 处向下斜剪,不宜留桩过长。剪口向芽背面稍微倾斜,有利于剪口愈合和接芽萌发生长,但剪口不可过低,以防伤害接芽。

(2)除萌　剪砧后砧木基部会发生许多萌蘖,须及时除去,以免消耗水分和养分,影响接穗生长。

(3)设立支柱　接穗成活,萌发后,遇有大风易被吹折或吹歪,而影响成活和正常生长。需将接穗用绳捆在立于旁边的支柱上,直至生长牢固为止。一般在新梢长到 5～8 cm 时,紧贴砧木立一支柱,将新梢绑于支柱上,不要过紧或过松。

(4)加强肥水管理、中耕除草及病虫害防治嫁接苗成活 10 d 后,应开始施肥,一般一个月施肥

1～2次,要求勤施薄施。前期以速效性氮肥为主,后期适当控制氮肥,增施磷钾肥。同时,注意水分管理,保持土壤适宜含水量及通气性。应根据水分和杂草生长情况,适时中耕除草,保持苗圃地土壤疏松无杂草,还应做好病虫害防治工作。

4.2.3 分生繁殖

分生繁殖是将植物体自然分生的幼植物体(如根蘖、株芽、吸芽等),或植物营养器官的一部分(如走茎及变态茎等)与母株分割或分离,易地栽植而形成独立生活的新植株的繁殖方法。其特点是简便、容易成活、成苗较快、新植株能保持母株的遗传性状,但繁殖率较低。常用于多年生草本花卉和某些木本花卉。依植株营养体的变异和来源不同分为分株和分球繁殖两种。

4.2.3.1 分株繁殖

分株繁殖是将母株掘起分成数丛,每丛都带有根、茎、叶、芽,另行栽植,培育成独立生活的新植株的方法。适于易从基部产生丛生枝的花卉植物。如宿根花卉芍药、菊花、兰花等及木本花卉牡丹、蜡梅和紫荆等。

依萌发枝的来源不同可分为以下几种:

(1)根蘖 有些植物在根上能发生不定芽并形成根蘖,与母株分离后能成为独立的个体。如泡桐、枣、丁香、蔷薇、牡丹、竹类、石榴和樱桃等的分株繁殖个体。其主根不明显,根系分布浅,生活力较弱,但个体差异较小。

(2)匍匐茎 匍匐茎是一种特殊的茎,其由根颈的叶腋发生,沿地面生长,并在节上基部发根,上部发芽,可在春季萌芽前或秋后将其与母株切离定植,形成一新植株。如虎耳草、吊兰等(图4-20)。

(3)根颈 茎与根交接处产生分枝。草本植物的根颈是植物每年生长新条的部分,如荷兰菊、玉簪和紫萼等;木本植物的根颈产生于根与茎的过渡处,如木绣球、麻叶绣球和紫荆等。

(4)吸芽 某些植物在生长期间,从母株地下茎节上抽生吸芽并发根,待生长一定高度后,切离母株分植,如龙舌兰、春兰、萱草等。多浆植物中如芦荟、景天、石莲花等,常自基部生出吸芽,而下部

图4-20 吊兰匍匐茎繁殖

自然生根,可随时分离栽植,形成一新植株。

4.2.3.2 分球繁殖

分球繁殖是指利用具有储藏作用的地下变态器官(或特化器官)进行繁殖的一种方法。地下变态器官种类很多,依变异来源和性状不同,分为球茎(corms)、鳞茎(bulbs)、块茎(tubers)、根茎(rhizomes)和块根(tuberous roots)等。

(1)球茎 地下变态茎短缩肥厚而呈球状。老球侧芽萌发基部形成新球,新球旁常生子球。繁殖时可直接用新球茎和子球栽植,也可将较大的新球茎分切成数块(每块具芽)栽植。唐菖蒲等可用此法繁殖。

(2)鳞茎 地下变态茎有短缩而扁盘状的鳞茎盘,上面着生肥厚的鳞叶,鳞叶之间发生腋芽,每年可从腋芽中形成一个或数个子鳞茎。生产上可将子鳞茎分出栽种而形成新植株,如水仙、郁金香等。为加速繁殖,还可创造一定条件分生鳞叶促其生根,在百合的繁殖栽培中已广泛应用。

(3)块茎 地下变态茎近于块状。根系自块茎底部发生,块茎顶端通常具几个发芽点,块茎表面也分布一些芽眼,内部着生侧芽,如花叶芋、马蹄莲。这类植物可将块茎直接栽植或分切成块

繁殖。

(4)根茎　地下茎肥大呈粗而长的根状。根茎与地上茎在结构上相似，均具有节、节间、退化鳞叶、顶芽和腋芽。用根茎繁殖时，将其切成段，每段具2～3个芽，节上可形成不定根，并发生侧芽而分枝，继而形成新的株丛。莲、美人蕉等多用此法繁殖。

(5)块根　块根是由侧根或不定根膨大而形成的，通常成簇着生于根茎部，不定芽生于块根与茎的交接处，而块根上没有芽，在分生时应从根茎处进行切割。此法适用于大丽花、花毛茛、豆薯等繁殖。

4.2.3.3　分株繁殖方法

分株繁殖一般在春、秋两季进行。春季开花的植物宜在秋季落叶后进行，秋季开花的植物应在春季萌发前进行，一定要考虑到分株对母树生长开花的影响以及栽培地的气候条件。分株繁殖基本包括切割、分离与栽培培育3个步骤，可分为分株前不起苗的侧分法和分株前起苗的掘分法。侧分法多用于分株不需起出母体植株，如分匍匐茎、某些植物分吸芽等；掘分法一般用于丛生植物的分株，如分根蘖、分根颈及某些植物的分球，分株需全部起出母体植株。

分株繁殖法：选择生长健壮的苗木作为分株繁殖的母株；将植株挖掘出来，抖去泥土；从容易分之处用手劈开，或用刀分割，成为数丛，每丛至少应有2～4苗；将株丛按一定种植规格进行栽植。

分球法：植株茎叶枯黄之后，将母株挖起，分离母株上的新鳞茎球；按新鳞茎大小进行分级进行栽植，大鳞茎种植后当年可开花，中型鳞茎第二年开花，小的鳞茎需经过3年培育后才能开花。

分株繁殖时要注意，根蘖苗一定要有较好的根系，茎蘖苗除了保持较好的根系外，地上部分要根据苗木树种和繁殖的要求，选留适当数量的枝干，可为2～3条或更多。侧分时注意不要对母株根系损伤太大，以免影响其正常生长；掘分时要尽量保留较多的根，剪去太长的根或老朽的病根，以方便栽培和培育健壮的植株。分割要用锋利的刀、铳、剪或斧进行，尽量避免造成较大的创伤。当分株量

较大时，对小分株苗在栽植前按繁殖要求和规格进行分级分类。

4.2.3.4　分株苗的养护管理

花卉分株繁殖时，常对母树进行切根或平茬处理，以促进更多根蘖或茎蘖的发生，提高繁殖效率。相对于扦插苗和嫁接苗来讲，分株苗由于本身具有根系，成活率较高。定植后浇足定根水，并视情况进行适当遮阳或地膜覆盖，适时进行灌水、施肥及病虫害防治。

4.2.4　压条繁殖

4.2.4.1　压条繁殖的原理

压条(layerage)繁殖是在枝条不与母株分离的情况下，将枝梢部分埋于土中，或包裹在能发根的基质中，促进枝梢生根，然后再与母株分离成独立植株的繁殖方法。由于新植株在生根前不与母体脱离，其养分、水分和激素等均可由母株提供，较易生根。但操作费工、繁殖系数低，且生根时间较长，成苗规格不一，难大量生产。花卉中仅有一些温室花木类采用高压繁殖。压条繁殖的原理和扦插繁殖的茎插相似，在茎上产生不定根即可成新植株。不定根的产生原理和植物种类有关。

4.2.4.2　压条繁殖的方法

依据埋条的状态、位置及其操作方法的不同，可分为单枝压条、堆土压条、波状压条及高空压条等。可在休眠期和生长期进行压条繁殖，休眠期压条繁殖一般在秋季落叶后或春季萌芽前，用1～2年生的枝条进行压条。一般普通压条、水平压条、波状压条在此时期进行；生长期压条繁殖在生长季节进行，用当年生的枝条进行压条。一般堆土压条、空中压条在此时期进行。

1)单枝压条

取靠近地面的枝条，作为压条材料，使枝条埋于土中10～15 cm深，将埋入地下枝条部分施行割伤或轮状剥皮，枝条顶端露出地面，以竹钩或铁丝固定，覆土并压紧。经过一个生长季即可生根分离成独立植株。连翘、罗汉松、迎春等常采用此法繁殖(图4-21)。

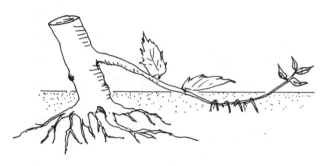

图 4-21　单枝压条繁殖

2）堆土压条

在丛生枝条的根基部覆土，使其生根成为新植株的繁殖方法。此法多用于丛生性花卉，可在头年将地上部剪短，促进侧枝萌发，第二年将各侧枝的基部刻伤堆土，生根后，分别移栽。这种压条方法适用于萌芽性强、丛生性强的植物种类，如八仙花、杜鹃、木兰等均可用此法繁殖。

3）波状压条

将枝条弯曲于地面，在枝条上割伤数处，将割伤处埋入土中，生根后，切开移植，即成新个体。此法用于枝条长而易弯的种类。

4）空中压条

通称高压法。因始于我国古代，故又称中国压条法。适用于树体高大、树冠较高、枝条难以弯曲的木本植物进行压条繁殖。如桂花、山茶、米兰、橡皮树等。高压法在整个生长期都可进行，但以春季和雨季较好。一般在 3—4 月选直立健壮的 2～3 年生枝，也可在春季选用去年生枝，或在夏末部分木质化枝上进行，于基部 5～6 cm 处环剥 2～4 cm，注意刮净皮层、形成层，在环剥处包上保湿的生根材料，如苔藓、椰糠、锯木屑、稻草泥，外用塑料薄膜包扎牢。3～4 个月后，待泥团中有嫩根露出时，剪离母树。为了保持水分平衡，必须剪去大部分枝叶，并用水湿透泥团，再蘸泥浆，置于树根下保湿催根，一周后有更多嫩根长出，即可假植或定植（图 4-22）。一般空中压条绿叶树是在生长缓慢期进行分株移植，落叶树是在休眠期进行分株移植。为防止生根基质松落损伤根系，最好在无光照弥雾装置下过渡几周，再通过锻炼更易成活。空中压条成活率高，但易伤母株，大量应用有困难。

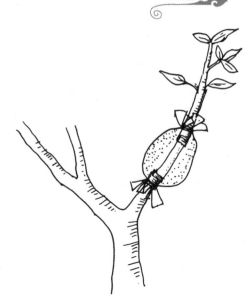

图 4-22　空中压条繁殖

4.2.4.3　压条后的管理

压条后，外界环境因素对压条生根成活有很大影响，应注意保持土壤湿润，适时灌水；保持适宜的土壤通气条件和温度，需及时进行中耕除草；常检查压入土中的枝条是否压稳，有无露出地面，发现有露出地面的要及时重压，如果情况良好则尽量不要触动，以免影响生根。压条留在地面上的部分生长过长时，需及时剪去梢头，有利于营养积累和生根。

分离压条苗的时期，取决于根系生长状况。当被压处生长出大量根系，形成的根群能够与地上枝条部分组成新的植株，能够协调体内水分代谢平衡时，即可分割。一般春季压枝条须经过 3～4 个月的生根时间，待秋凉后才分割移栽。较粗的枝条需分 2～3 次切割，逐渐形成充足的根系后方能全部分离，新分离的植株抗性较弱，需要采取保护措施以提供良好的环境条件，适量的灌水、遮阳以保持地上、地下部的水分平衡，维持恰当的湿度和温度。一般温度为 22～28 ℃，相对空气湿度 80%，温度太高，介质易干燥，长出的不定根会萎缩，温度太低又会抑制发根。冬季采取防寒措施有利压条苗越冬。

4.2.5　组织培养繁殖

4.2.5.1　组织培养的概念和特点

植物组织培养是指将植物体的细胞、组织或器

官的一部分,在无菌条件下接种到人工配制的培养基上,于玻璃容器或其他器皿内在人工控制的环境条件下进行培养,从而获得新植株的方法。组织培养繁殖除具有快速、繁殖系数大的优点外,还通过组织培养以获得无病毒苗。已在许多观花和观叶植物上获得组培繁殖苗,如香石竹、兰花、杜鹃、蕨类、仙人掌及多肉植物等。

4.2.5.2 组织培养的方法

1)材料采集

材料采集非常广泛,可采取根、茎、叶、花、芽、花粉粒、花药及种子等。木本花卉多在一、二年生的枝条上采集;草本植物多采集茎尖。最常用的培养材料是茎尖,通常切块在 0.5 cm 左右,为培养无病毒苗而采用的培养材料通常仅取茎尖的分生组织部分,其长度在 0.1 mm 以下。

2)消毒处理

将材料用流水冲洗干净,最后一遍用蒸馏水冲洗,再用无菌纱布或吸水纸将材料上的水分吸干,并用消毒刀片切成小块;在无菌环境中将材料放入70%酒精中浸泡 30~60 s;再将材料移入漂白粉的饱和液或 0.1%升汞中消毒 10 min;取出后用无菌水冲洗 3~4 次。

3)制备外植体

将已消毒的材料,用无菌刀、剪、镊等,在无菌的环境下,剥去芽的鳞片、嫩枝的外皮和种皮胚乳等,叶片则不需剥皮。然后切成 0.2~0.5 cm 厚的小片。

4)接种

在无菌环境下,将切好的外植体立即接在培养基上,每瓶接种 4~10 个,接种后,瓶、管用无菌药棉或盖封口,培养皿用无菌胶带封口。培养温度大多数植物应保持在(25±2)℃,不同花卉种类及材料部位的不同应区别对待。

5)培养步骤

(1)初代培养 即接种某些外植体后,最初的几代培养。初代培养时,常用诱导或分化培养基,即培养基中含有较多的细胞分裂素和少量的生长素。初代培养建立的无性繁殖系包括:茎梢、芽丛、胚状体和原球茎等。

(2)继代培养 初代培养所获得的芽、苗、胚状体和原球茎等,需进一步增殖,使之数量越来越多,从而达到扩大繁殖的目的。将材料分株或切段转入增殖培养基中,增殖培养基一般在初代培养基上加以改良,以利于增殖率的提高。

(3)生根培养 生根培养是使无根苗生根的过程。当材料增殖到一定数量后,将培养物转到生根培养基上。生根培养可采用 1/2 或者 1/4 MS 培养基,并添加生长素(NAA、IBA 等)。

6)组培苗的炼苗和移栽

试管苗从无菌的光、温、湿稳定的环境进入自然环境,必须进行炼苗。一般移植前,先将培养容器打开,于室内自然光照下放 3 d,然后取出小苗,用自来水把根系上的培养基冲洗干净,再栽入已准备好的基质中,基质使用前最好消毒。移栽后要适当遮阳,加强水分管理,保持较高的空气湿度(相对湿度 98%左右),但基质不宜过湿,以防烂苗。

4.2.6 孢子繁殖

孢子是在孢子囊中经过减数分裂形成的特殊细胞。蕨类植物繁殖时,叶的背面出现成群分布的孢子囊,此类叶称为孢子叶,植株其他叶称为营养叶。孢子成熟后,孢子囊开裂,散出孢子。孢子在适宜的条件下萌发生长为微小的配子体,又称原叶体(prothallium,prothallus),其上的精子器和颈卵器同体或异体而生,大多生于叶状体的腹面。精子借助外界水的帮助,进入颈卵器与卵结合,形成合子。合子发育为胚,胚在颈卵器中直接发育成孢子体,分化出根、茎、叶。

4.2.6.1 孢子繁殖的特点

孢子繁殖在植物界比较广泛,在花卉中仅见于蕨类。蕨类植物的孢子只有在一定的湿度、温度及 pH 下才能萌发成原叶体。原叶体微小、只有假根,不耐干燥与强光,必须在水的条件下才能完成受精作用,发育成胚而再萌发成蕨类的植物体(孢子体)。成熟的孢子体上又产生大量的孢子,但在自然条件下,只有处于适宜条件下的孢子能发育成原叶体,也只有少部分原叶体能继续发育成孢子体。

4.2.6.2　孢子繁殖的方法

1)孢子的收集

当孢子囊群变褐,孢子将散出时,给孢子叶套袋,连叶片一起剪下,在 20 ℃干燥,抖动叶子,帮助孢子从囊壳中散出,收集孢子。

2)基质

以保湿性强又排水良好的人工配制基质最好,常用 2 份泥炭藓和 1 份珍珠岩混合而成。

3)播种和管理

将基质放入浅盆内,稍压实。把孢子均匀撒播在浅盆表面,或用孢子叶直接在播种基质上抖动散播孢子。以浸盆法灌水,保持清洁并盖上玻璃片。将盆置于 20～30 ℃的温室荫庇处,经常喷水保湿,3～4 周"发芽"并产生原叶体(叶状体)。当孢子体长到 1 cm 左右就可移栽。

4)移栽

产生原叶体时进行第一次移植,用镊子钳出一小片原叶体,待产生出具有初生叶和根的微小孢子体植物时再次移植。移栽的器皿可选择穴盘、塑料盆、瓦盆等,移栽的基质要求疏松透水。保持基质湿润,并适当遮阳。快速缓苗后,进行常规管理。

5.1 花卉的露地栽培

露地栽培是指完全在自然气候下,不加任何保护的栽培形式。一般植物的生长周期与露地自然条件的变化周期基本一致。露地栽培具有投入少、设备简单、生产程序简便等特点。

5.1.1 土壤质地

土壤颗粒是指在岩石、矿物的风化过程及土壤成土过程中形成的碎屑物质。土壤中大小不同的土壤颗粒所占比例不同,就形成了不同的土壤质地。不同的土壤质地往往具有明显不同的生产性状,了解土壤的质地类型,对花卉栽培和生产具有重要的指导价值。

1)沙土

土壤颗粒大于 0.05 mm,粒间空隙大,通透性强、排水良好,但保水性差;有机质含量少,保肥能力差,对土壤肥力贡献小;土温易增易降,昼夜温差大。沙土常用作黏土的改良,也常用作扦插的基质和多肉植物的栽培基质。

2)黏土

土壤颗粒小于 0.002 mm,粒间空隙小,通透性差,排水不良,但保水性强;含矿质元素和有机质较多,保肥能力强且肥力也长;土壤昼夜温差小。除适于少数喜黏质土壤的木本和水生花卉外,一般不直接用于栽培花卉。黏土可和其他土类配合使用,

或用于沙土的改良。

3)壤土

壤土类土壤颗粒在 0.002～0.05 mm,粒间空隙居中,土壤性状也介于沙土和黏土之间,通透性好,保水保肥力强,有机质含量多,土温比较稳定。壤土对花卉生长比较有利,适应大多数花卉种类的要求。

5.1.2 土壤性状与花卉的生长

1)土壤结构

土壤结构影响土壤热、水、气、肥的状况,在很大程度上反映了土壤肥力水平。土壤结构有团粒状、块状、核状、柱状、片状、单粒结构等。团粒结构最适宜花卉的生长,是最理想的土壤结构。因为团粒结构是由土壤腐殖质把矿物质颗粒相互黏结成直径为 0.25～10.0 mm 的小团粒而形成的,外表呈球形,表面粗糙,疏松多孔,在湿润状态时手指稍用力就能压碎,放在水中能散成微团聚体。团粒结构是土壤肥料协调供应的调节器,有团粒结构的土壤,其通气、持水、保湿、保肥性能良好,而且土壤疏松多孔利于种子发芽和根系生长。

2)土壤通气性与土壤水分

土壤空气决定于土壤孔隙度和含水量。由于土壤中存在大量活动旺盛的生物,它们的呼吸均需消耗大量氧气,故土壤氧气含量低于大气,在 10%～21%。通常土壤氧含量从 12% 降至 10% 时,根系的正常吸收功能开始下降,氧含量低至一定限

度时(多数植物为 3%~6%)吸收停止,若再降低会导致已积累的矿质离子从根系排出。土壤二氧化碳的含量远高于大气,可达 2%或更高,虽然二氧化碳被根系固定成有机酸后,释放的氢离子可与土壤阳离子进行交换,但高浓度的二氧化碳和碳酸氢根离子对根系呼吸及吸收均会产生毒害,严重时使根系窒息死亡。

土壤水分对植物的生长发育起着至关重要的作用,俗语说"有收无收在于水"。适宜的土壤含水量是花卉健康生长的必备条件。土壤水分过多则通气不良,严重的缺氧及高浓度二氧化碳的毒害,会使根系溃烂、叶片失绿,直至植株萎蔫。尤其在土壤黏重的情况下,再遇夏季暴雨,通气不良加雨后阳光暴晒,会使根系吸水不利而产生生理干旱。适度缺水时,良好的通气反而可使根系发达。

3)土壤酸碱度

土壤酸碱度对花卉的生长有较大的影响,诸如必需元素的可给性、土壤微生物的活动、根部吸水吸肥的能力以及有毒物质对根部的作用等,都与土壤酸碱度有关。多数花卉喜微酸性到中性土,适宜的土壤 pH 为 5.5~5.8。特别喜酸性土的花卉如杜鹃、山茶、八仙花等要求 pH 为 5.5~6.8。三色堇 pH 应为 5.8~6.2,大于 6.5 会导致根系发黑、基叶发黄。土壤酸碱度影响土壤养分的分解和有效性,因而影响花卉的生长发育,如酸性条件下,磷酸可固定游离的铁离子和铝离子,使之成为有效形式;而与钙形成沉淀,使之成为无效形式。因此在 pH 5.5~6.8 的土壤中,磷酸、铁、铝均易被吸收。pH 过高过低均不利于养分吸收。pH 过高使钙、镁形成沉淀,锌、铁、磷的利用率降低;pH 过低铝、锰浓度增高,对植物有毒害。

4)土壤盐浓度

土壤中总盐浓度的高低会影响植物的生长,植物生长所需要的无机盐类都是根系从土壤中吸收而来,所以土壤盐浓度过高,因渗透压高,会引起根部腐烂或叶片尖端枯萎的现象。盐类浓度的高低一般用电导值(EC)表示,单位是 S/cm,EC 值高表示土壤中盐浓度高。每一种花卉都有一个适当的 EC 值,如香石竹为 0.5~1.0 ms/cm,一品红为 1.5~2.0 ms/cm,百合、菊花为 0.5~0.7 ms/cm,月季为 0.4~0.8 ms/cm。EC 值在适宜的数值以下表示需要肥料,EC 值在 2.5 S/cm 以上时,会产生盐类浓度过高的生理障碍,需要大量灌水冲洗以降低 EC 值。

5)土壤温度

土壤温度也影响花卉的生长。早春进行播种繁殖和扦插繁殖时,气温高于地温,一些种子难以发芽;插穗则只萌发而不发根,结果水分养分很快消耗而使插穗枯萎死亡,因此提高土温才能促进种子萌发及插穗生根。

不同的花卉种类及不同生长发育阶段,对土壤性状要求也有所不同。露地一、二年生夏季开花种类忌干燥及地下水位低的沙土,秋播花卉以黏壤土为宜。宿根花卉幼苗期喜腐殖质丰富的沙壤土,而生长到第二年后以黏壤土为好。球根花卉,一般下层砂砾土、表土沙壤土最理想,但水仙、风信子、郁金香、百合、石蒜等,则以黏壤土为宜。

5.1.3　土壤改良

在实际操作中,主要通过混入一定量的沙土使黏土的土质得以改良,或是使用有机肥改良土壤的理化性质;还可以使用微生物肥来改良土壤的理化特性和养分状况。在实际工作中,符合种植花卉要求的理想土壤是很少的。因此,在种植花卉之前,要对土壤质地、土壤养分、pH 等进行检测,必要时需检测 EC 值,为花卉栽培提供可靠的信息。

过沙、过黏、有机质含量低等土壤结构差的土质,可通过客土或加沙或施用有机肥等方法加以改良,起到培育良好结构性的作用。可加入的有机质包括堆肥、厩肥、锯末、腐叶、泥炭等。合理的耕作也可以在一定时期内改善土壤的结构状况。施用土壤结构改良剂可以促进团粒结构的形成,利于花卉的生长发育。

由于花卉对土壤酸碱性要求不同,栽培前应根据花卉种类或品种的要求,对酸碱性不适宜的土壤进行改良。一般碱性土壤,每 10 m² 施用 1.5 kg 的硫酸亚铁后,pH 可相应降低 0.5~1.0,黏性重的碱性土,用量适当增加。当土壤酸性过高不适宜花卉

生长时,应根据土壤情况可用生石灰中和,以提高土壤 pH 值。草木灰是良好的钾肥,也可起到中和酸性的作用。含盐量高的土壤采用淡水洗盐,可降低土壤 EC 值。

5.1.4 水肥管理

5.1.4.1 水分管理

水是花卉的主要组成成分之一。花卉的一切生理活动,都是在水的参与下完成的。各种花卉由于生活在不同的环境条件下,需水量不尽相同;同一种花卉在不同生长发育阶段或在不同季节,其对水分的需求也不一样。灌水需要考虑的问题很多,如土壤的类型、土壤湿度和地形地势(坡度),栽培花卉的种类和品种、气候、季节、光照强度以及地面覆盖物的有无等。

1)花卉的需水特点

不同的花卉,其需水量有极大差别,这与原产地的雨量及其分布状况有关。一般宿根花卉根系强大,并能深入地下,因此需水量较其他花卉少。一、二年生花卉多数容易干旱,灌溉次数应较宿根花卉和木本花卉为多。对于一、二年生花卉,灌水渗入土层的深度达 30～45 cm,草坪应达 30 cm,一般灌木 45 cm,就能满足花卉对水分的需求。

同一花卉不同生长发育阶段对水分的需求量也不相同。种子发芽期,种子发芽时需要较多的水分,以便种子吸水膨胀,促进萌发和出苗。如水分不足播种后种子较难萌发,或即使萌发,但胚轴不能伸长而影响及时出苗。幼苗期,植株叶面积小,蒸腾量也小,需水量不多,但根系分布浅且表层土壤不稳定,易受干旱的影响,必须保持稳定的土壤湿度。营养生长旺盛期和养分积累期,此期是根、茎、叶等同化器官旺盛生长的时期,栽培上应尽量满足其水分需求,但在花开始形成前水分不能供应过多,以抑制其茎叶徒长。开花结果期,开花期对水分要求严格,水分过多会引起落花,不足又容易导致早衰。

花卉在不同季节和气象条件下,对水分的需求也不相同。春秋季干旱时期,应有较多的灌水。晴天、风大时应比阴天、无风时多浇水。

2)土壤状况与灌水

花卉根系从土壤中吸收生长发育所需的营养和水分,只有当土壤理化性质满足花卉生长发育对水、肥、气和温度的要求时,才能获得最佳质量的花卉。

土壤的性质影响灌水质量,壤土较易灌溉。优良的园土持水能力强,多余的水也容易排出。黏土持水量强,但粒间空隙小,水分渗入慢,灌水易引起流失,还会影响花卉根部对氧气的吸收,造成土壤的板结。疏松土质的灌溉次数应比黏重的土质多,所以对黏土应特别注意干湿相间的管理,湿以利开花所需足够的水分,干以利土壤空气含量的增加。沙土颗粒愈大,持水力则愈差,粗略地测算,30 cm 厚沙土持水仅 0.6 cm,沙壤土 2.0 cm,细沙壤土 3.0 cm,而粉沙壤、黏壤、黏土持水达 6.3～7.6 cm。因此,不同的土壤需要不同的灌水量。土壤性质不良或是管理不当,常引起花卉缺水。增加土壤中的有机质,有利于土壤通气与持水力。

灌水量因土质而定,以根区渗透为宜。灌水次数和灌水量过多,花卉根系反而生长不良,以至引起伤害,严重时造成根系腐烂,导致植株死亡。此外,灌水不足,水不能渗入底层,常使根系分布浅,这样就会大大降低花卉对干旱和高温的抗性。因此,掌握两次灌水之间土壤变干所需的时间非常重要。

遇表土浅薄、下层黏土重的情况,每次灌水量宜少,但次数增多;如为土层深厚的沙壤土,应一次灌足水,待见干后再灌。黏土水分渗透慢,灌水时间应适当延长,最好采用间歇方式,留有渗入时间,如灌水 10 min,停灌 10 min,再灌 10 min 等,这是喷灌常用的方式,遇高温干旱时尤为适宜。

3)灌溉方式

(1)漫灌 大面积的表面灌水方式,用水量大,适用于夏季高温地区植物生长密集的大面积花卉或草坪。

(2)畦灌 在田间筑起田埂,将田块分割成许多狭长地块——畦田,水从输水沟或直接从毛渠放入畦中,畦中水流以薄层水流向前移动,边流边渗,润湿土层,这种灌水方法称为畦灌。畦灌用水量大,土地平整的情况下,灌溉才比较均匀。离进水口近的区域灌溉量大,远的区域灌溉量小。

(3)沟灌　适合于宽行距种植的花卉。沟灌是在行间开挖灌水沟,水从输水沟进入灌水沟后,在流动的过程中主要借毛细管作用湿润土壤。较畦灌节水,不会破坏花卉根部附近的土壤结构,可减少灌溉浸湿的表面积,减少土壤蒸发损失。

(4)喷灌　利用喷灌设备系统,使水在高压下通过喷嘴喷至空中,分散成细小的水滴,像降雨一样进行灌溉。喷灌可节水,可定时,灌溉均匀,但投资大。

(5)滴灌　利用低压管道系统将水直接送到每棵植物的根部,使水分缓慢不断地由滴头直接滴在根附近的地表,渗入土壤并浸润花卉根系主要分布区域的灌溉方法。主要缺点是管道系统堵塞问题,严重时不仅滴头堵塞,还可能使滴灌毛管全部废弃。采用硬度较高的水灌溉时,盐分可能在滴头湿润区域周边产生积累,产生危害,利用天然降雨或结合定期大水漫灌可以减轻或避免土壤盐分积累的问题。

(6)渗灌(浸灌)　利用埋在地下的渗水管,水依靠压力通过渗水管管壁上的微孔渗入田间耕作层,从而浸润土壤的灌溉方法。

4)灌水时期

花卉的灌水分为休眠期灌水和生长期灌水。休眠期灌水在植株处于相对休眠状态进行,如北方地区常对园林树木灌"冻水"防寒。

生长期灌水时间因季节而异。夏季灌溉应在清晨和傍晚进行,此时水温与地温接相近,灌水对根系生长活动影响小,傍晚灌水更好,因夜间水分下渗到土层中,可避免日间水分的迅速蒸发。严寒的冬季因早晨温度较低,灌水应在中午前后进行。春秋季以清晨灌水为宜,这时蒸腾较低;傍晚灌水,湿叶过夜,易引起病害。

应特别注意幼苗定植后的水分管理。幼苗移植后的灌溉对其成活关系很大,因幼苗移植后根系尚未与土壤充分接触,移植又使一部分根系受到损伤,吸水力减弱,此时若不及时灌水,幼苗会因干旱而生长受到阻碍,甚至死亡。生产实践中有"灌三

水"的操作。即在移植后随即灌水1次;过3 d后,进行第2次灌水;再过5~6 d,灌第3次水,每次都灌满畦。"灌三水"后,进行正常的松土、灌溉等日常管理。对于根系强大,受伤后容易恢复的花卉,如万寿菊等,灌2次水后,就可进行正常的松土等管理;对于根系较弱、移苗后生长不易恢复的花卉,如一些直根系的花卉,应在第3次水后10 d左右,再灌第4水。

5)灌溉用水

灌溉用水以软水为宜,避免使用硬水,最好使用富含养分、温度高的河水,其次是河塘水和湖水,不含碱质的井水也可使用。城市园林绿地灌溉用水,提倡使用中性水。井水温度低,对植物根系发育不利,如能先一日抽出井水贮于池内,待水温升高后再使用,则比较好。小面积灌溉时,可以使用自来水,但成本较高。

6)排水

土壤水分过多时影响土壤通透性,造成氧气供应不足,从而抑制根系的呼吸作用,降低对水分和矿物质的吸收功能,严重时可导致地上部枯萎、落花、落叶,甚至根系或整个植株死亡。涝害比干旱更能加速植株受害,涝害发生5~10 d就会使一半以上的栽培植物死亡。中国南方降雨繁多,在梅雨季节涝害问题更为突出;北方雨量虽少,但降雨时期集中,7—9月是主要降雨季节,涝害问题也不容忽视。故而,处理好排水问题也是保证花卉正常生长发育的重要内容,在降雨量大、地势低洼、容易积水或排水不良的地段,要在一开始就进行排水工程的规划,建设排水系统,做到及时排水。

积水主要来自雨涝、灌溉不当、上游地区泄洪、地下水位异常上升等方面,目前主要应用的排水方式有沟排水、井排2种。

(1)沟排水　包括明沟排水和暗沟排水两种。明沟排水是国内外大量应用的传统的排水方法,是在地表面挖排水沟,主要排出地表径流。在较大的花圃、苗圃可设主排、干排、支排和毛排渠4级组成网状排水系统,排水效果较好,具有省工、简便的优点。明沟排水工程量大,占地面积大,易塌方堵水、

淤塞和滋生杂草而造成排水不畅,另外养护任务重。

暗沟排水是在种植地按一定距离埋设带有小孔的水泥或陶瓷暗管排水,上面覆土后种植花卉。排水管道的孔径、埋设深度和排水管之间的间距应根据降雨量、地下水位、地势、土壤类型等情况设置。暗沟排水的优点是不占地表,不影响农事作业,排水、排盐效果好,养护负担轻,便于机械施工,在不宜开沟的地区是较好的方法。缺点是管道易被泥沙沉淀所堵塞,植物根系也容易深入管内阻碍水流,成本较高。城市绿化有应用。

(2)井排　井排是在耕作地边上按一定距离开挖深井,通过底边渗漏把水引入深井中,优点是不占地,易与井灌结合,可调节井水水位的高低来维持耕作地一定的地下水位,特别适于容易发生内涝危害的地段,缺点是挖井造价和运转费用较高。此外,机械排水和输水管系统排水是目前比较先进的排水方式,但由于技术要求较高且不完善,所以应用较少。

5.1.4.2　施肥

1)施肥的依据和基本原则

(1)主要营养元素的生理功能　花卉吸收的营养元素来源于土壤和肥料,施肥就是供给植物生长发育所必需的营养元素。因此,明确营养元素的功能是施肥的基础。

(2)施肥的原理　施肥以养分归还(补偿)、最小养分律、同等重要律、不可代替律、肥料效应报酬递减和因子综合作用律为理论依据。

①养分归还(补偿)学说。花卉植株中,有大量的养分来自土壤,但土壤并非一个取之不尽、用之不竭的"养分库"。为保证土壤有足够的养分供应容量和强度,保持土壤养分的输出与输入的平衡,必须通过施肥把花卉吸收的养分"归还"土壤。

②最小养分律。花卉作物生长发育需要吸收各种养分,但严重影响花卉生长、限制产量和品质的是土壤中那种相对含量最小的养分因素,也就是花卉最缺乏的那种养分(最小养分)。如果忽视这个最小养分,即使继续增加其他养分,产量或品质也难再提高。最小养分律也即"木桶原理"。

③同等重要律。对花卉来讲,不论大量还是微量元素,都是同等重要、缺一不可的,即缺少某一种微量元素,尽管它的需要量很少,但仍会影响某种生理功能而导致减产或花卉品质的降低。微量元素与大量元素同等重要,不能因为需要量少而忽略。

④不可代替律。花卉需要的各营养元素,都有其特定的功效,相互之间不能替代,缺什么元素就必须使用含有该元素的肥料进行补充。

⑤肥料效应报酬递减律。从一个土地上获得的产品,随着施肥量的增加而增加,但当施肥量超过一定量后,单位施肥量的获得就会依次递减。故施肥要有限度,超过合理施肥上限就是盲目施肥。

⑥因子综合作用律(或称限制因子律)。花卉品质好坏和花卉产品产量高低是影响作物生长发育各个因子综合作用的结果,包括施肥措施在内,其中必有一个或几个在某一阶段是限制因子。所以,为了充分发挥肥料的作用和提高肥料的效益,一方面施肥措施必须与其他农业技术措施密切配合,另一方面各养分之间的配合作用也是不可忽视的问题。

(3)施肥的依据　花卉施肥主要依据花卉的需肥和吸肥特点、土壤类型和理化性质、气候条件以及配套农业措施等。

①花卉的需肥和吸肥特性。不同类花卉需肥种类和数量不同,同一花卉的不同生育阶段需肥的种类和数量也不同。不同花卉的吸肥能力也不同,对营养元素的种类、数量及其比例都有不同的要求。

一、二年生花卉对氮、钾的要求较高,施肥以基肥为主,生长期可以视生长情况适量施肥,但一、二年生花卉间也有一定的差异。播种一年生花卉,在施足基肥的前提下,出苗后只需保持土壤湿润即可,苗期增施速效性氮肥以利快速生长,花前期加施钾肥、磷肥,有的一年生花卉花期较长,故在开花后期仍需追肥。而二年生花卉,在春季就能旺盛生长开花,故除氮肥外,还需选配适宜的磷、钾肥。宿根花卉对于养分的要求以及施肥技术基本上与一、二年生花卉类似,但需度过冬季不良环境,同时为了保证次年萌发时有足够的养分供应,所以后期应

及时补充肥料，常以速效肥为主，配以一定比例的长效肥。球根花卉对磷、钾肥需求量大，施肥上应该考虑如何使地下球根膨大，除施足基肥外，前期追肥以氮肥为主，在子球膨大时应及时控制氮肥，增施磷、钾肥。

通过分析不同花卉植株养分的含量，有利于了解花卉对不同养分的吸收、利用及分配情况，并以此作为施肥标准的参考。以大花天竺葵(*Pelargonium domesticum*)为例，其不同部位的养分分配比例为：茎和叶72%、根23%、花6%，其中大量元素氮、磷、钾的含量及分配情况如表5-1所示。

表5-1 大花天竺葵植株中氮、磷、钾含量占其干重的百分率

%

营养元素	根	茎	叶	花
N	0.49	0.56	1.82	1.27
P_2O_5	0.49	0.66	0.41	0.70
K_2O	0.77	1.41	1.53	2.05

与大花天竺葵类似，在菊花、香石竹、月季、紫罗兰等切花及仙客来、大岩桐、四季报春等盆花中，必需的大量元素的吸收和分配表现的规律为：氮的含量在叶片中最多，而且对氮、钾吸收较多，对磷的吸收相对较少。但不同种类花卉的养分含量相差悬殊(表5-2)。

表5-2 几种花卉体内营养元素的适宜浓度

元素	杜鹃	香石竹	天竺葵	一品红	月季	菊花
N/%	2.0~3.0	3.5~5.2	3.3~4.8	4.0~6.0	3.0~5.0	4.5~6.0
P/%	0.29~0.5	0.2~0.3	0.4~0.67	0.3~0.7	0.2~0.3	0.26~1.15
K/%	0.8~1.6	2.5~6.0	2.5~6.0	1.5~3.5	1.8~3.0	3.5~10
Ca/%	0.22~1.6	1.0~2.0	0.81~1.2	0.7~2.0	1.0~1.5	0.5~4.6
Mg/%	0.17~1.5	0.24~0.50	0.2~0.52	0.4~1.0	0.25~0.35	0.14~1.5
Mn/(mg/kg)	30~300	100~300	42~174	100~300	30~250	195~260
Fe/(mg/kg)	50~150	50~150	70~268	100~500	50~150	—
Cu/(mg/kg)	6~15	10~30	7~16	6~15	5~15	10
B/(mg/kg)	17~100	30~100	30~280	30~100	30~60	25~200
Zn/(mg/kg)	15~60	25~75	8~40	25~60	10~50	7~26

②土壤类型和理化性质。因不同类型和不同理化性质的土壤中，营养元素的含量和有效性不同，保肥能力不同，土壤类型和性质必然影响肥料的效果，所以施肥必须考虑土壤类型和性质。沙质土保肥能力差，需少量多次施肥；黏质土保肥能力强，可以适当少次多量施肥。

③气候条件。气候条件影响施肥的效果，与施肥方法的关系也很密切。干旱地区或干旱季节，肥料吸收利用率不高，可以结合灌水施肥、叶面施肥等。雨水多的地区和季节，肥料淋溶损失严重，应少量勤施；低温和高温季节，花卉吸肥能力差，应少量勤施。

④栽培条件和农业措施。施肥必须考虑与栽培条件和农业技术措施的配合。例如，瘠薄土壤上施肥，除应考虑花卉需肥外，还应考虑土壤培肥，即施肥量应大于花卉需求量；而肥沃土壤上施肥应根据"养分归还"学说，按需和按吸收量施肥。地膜覆盖的，因不便土壤追肥，应施足基肥，生长期可以叶面追肥。

⑤露地施肥的基本原则。有机肥和无机肥合理施用。有机肥多为迟效性肥料，可以在较长时间内源源不断地供应植物所需的营养物质；无机肥多为速效性肥料，可以满足较短时间内植物对营养物质相对较多的需求。在花卉施肥中，有机肥和无机肥要配合使用，以达到相互补充。增施有机肥、适当减少无机肥，可以改良土壤理化性状，减少环境污染，使土地资源能够真正实现可持续利用，同时也是提高花卉产品品质、减少产品污染，实现无公害安全生产的有效途径。

以基肥为主，及时追肥。基肥施用量一般可占总施肥量的50%~60%。在暴雨频繁，水土流失严重或地下水位偏高的地区，可适当减少基肥的施用量，以免肥效损失。结合不同花卉种类和不同生育时期对肥料的需求特点，要进行及时、合理的追肥。

科学合理施肥。在历年施肥管理经验的基础上，及时"看天、看地、看苗"，结合土壤肥力分析、叶分析等手段，判断花卉需肥和土壤供肥情况，正确选择肥料种类，科学配比，及时有效地施用肥料。

2）施肥时期

按施肥时期划分，施肥可分为是施基肥、施种肥和追肥。

（1）施基肥。播种或移植前结合土壤耕作施用肥料。目的是为了改良土壤和保证整个生长期间能获得充足的养料。基肥一般以有机肥料为主，如堆肥、厩肥、绿肥等，与无机肥料混合使用，效果更好。以无机肥料做基肥时，应注意3种主要肥分的配合（表5-3）。为了调节土壤的酸碱度，改良土壤，施用石灰、硫黄或石膏等间接肥料时也应作基肥。施基肥常在春季进行，但有些露地木本花卉可在秋季施入基肥，以增强树体营养，以利越冬。施基肥的方法一般是普施，施肥深度应该在16 cm左右。

表5-3 花卉基肥施用量　　kg/100 m²

花卉种类	硝酸铵	过磷酸钙	氯化钾
一年生花卉	1.2	2.5	0.9
多年生花卉	2.2	5.0	1.8

（2）施种肥　在播种时同时施入肥料，称为施种肥。一般以速效性磷肥为主，如在播种时同时施入过磷酸钙颗粒肥。容易烧种、烧苗的肥料，不作为种肥。

（3）追肥　追肥是在花卉生长发育期间施用速效性肥料的方法，目的是为了补充基肥的不足，及时供应花卉生长发育旺盛期对养分的需要，加快花卉的生长发育，达到提高产量和品质的目的。追肥可以避免速效肥料作基肥使用时养分被固定或淋失。

一、二年生花卉在幼苗期的追肥，主要目的是促进其茎叶的生长，氮肥成分可稍多一些，但在以后生长期间，磷钾肥料应逐渐增加，生长期长的花卉，追肥次数应较多。宿根和球根花卉追肥次数较少，一般追肥3～4次，第1次在春季开始生长；第2次在开花前；第3次在开花后；秋季叶枯后，应在株旁补以堆肥、厩肥、饼肥等有机肥，行第4次追肥。一些开花期长的花卉，如大丽花、美人蕉等，在开花期也应适当给予追肥。

花卉对肥料需求有两个关键的时期，即养分临界期和最大效率期，掌握不同种类花卉的营养特性，充分利用这两个关键时期，供给花卉适宜的营养，对花卉的生长发育非常重要。植物养分的分配首先是满足生命活动最旺盛的器官，一般生长最快以及器官形成时，也是需肥量最多的时期。施足基肥，以保证在整个生长期间能获得充足的矿质养料。一年中，追肥时期通常在夏季，把速效性肥料分次施入，以保证花卉旺盛生长期对养分的大量需求。

3）施肥方法

土壤施肥的深度和广度，应依根系分布的特点，将肥料施在根系分布范围内或稍远处。这样一方面可以满足花卉的需要，另一方面还可诱导根系扩大生长分布范围，形成更为强大的根系，增加吸收面积，有利于提高花卉的抗逆性。由于各种营养元素在土壤中移动性不同，不同肥料施肥深度也不相同。氮肥在土壤中移动性强，可以浅施；磷、钾肥移动性差，宜深施至根系分布区内，或与其他有机质混合施用效果更好。氮肥多用作追肥，磷、钾肥与有机肥多用作基肥。

（1）普施　是指将肥料均匀撒布在土壤表面，然后通过耕翻等混入土壤中。这种方法多用在作为基肥的有机肥的施用。在平畦状态下，有时也用作化肥的追肥，但要结合灌水。

（2）条施和沟施　条施是在播种或定植后，在行间成条状撒施肥料，行内不施肥。条施后一般要耕翻混入土壤。沟施是指在开好播种沟或定植沟后，将肥料施入沟中再覆土的施肥方法。条施和沟施多用于化肥或肥效较高的有机肥的追肥。在行间较大或宽窄行栽植时应用，操作简单易行。

（3）穴施和环施　穴施是指在定植时，边定植边施入肥料，或者是在栽培期间，于植株根颈附近开穴施入肥料，并埋入土壤的施肥方法。环施是指沿植株周围开环状沟，将肥料施入后随即掩埋的施肥方法。穴施可以实现集中施肥，有利于提高肥效，减少肥料被土壤固定和流失，施肥量、施入深度及距植株的距离可调。但穴施用工量大，适用于单

株较大的花卉种类和密度较低栽培形式。环施是在植株的周边，以植株为圆心，开沟施入肥料，主要应用在单株特别大，根系分布较深的观赏植物，园林中应用多。穴施常用化肥，环施常用有机肥。

（4）随水冲施　是指将肥料浸泡在盛水的桶、盆等容器中，在灌溉的同时将未完全溶解的肥料随灌溉水施入土壤。缺点是施肥的均匀性难以保证。生产中要根据灌溉水流动速度，调整加入肥水混合液的速度，使肥料均匀施入。主要应用在畦灌、沟灌的无机肥的追肥。

（5）根外追肥　或称叶面施肥。这种方法简单易行，节省肥料，效果快，可与土壤施肥相互补充，一般在施肥1～2 d后即可表现出肥料效果，使用复合肥效果更好。叶面施肥仅作为解决临时性问题时的辅助措施，一般需喷施3～4次。常用于根外追肥的肥料种类有尿素、磷酸二氢钾、硫酸钾、硼砂等。根外追肥浓度要适宜，如磷、钾肥以0.1%为宜，尿素以0.2%为宜。喷溶液的时间宜在傍晚，以溶液不滴下为宜。

（6）施肥量　施肥量应根据花卉的种类、品种、栽培条件、生长发育状况、土壤条件、施肥方法、肥料特性等综合考虑。一般植株矮小的可以少施，植株高大、枝繁叶茂、花朵丰硕的花卉宜多施。有些喜肥花卉，如香石竹、月季、菊花、牡丹、一品红等需肥较多；有些耐贫瘠的花卉，如凤梨等需肥较少。缓效肥料可以适当多施，速效肥料适度施用。

要确定准确的施肥量，需经田间试验，结合土壤营养分析和植物体营养分析，根据养分吸收量和肥料利用率来测算。

施肥量的计算公式：

$$施肥量=\frac{花卉吸肥量-土壤供肥量}{肥料中养分含量×肥料当季利用率}$$

根据Aldrich，G. A.的报道，施用N、P、K比例为5:10:5的完全肥，球根类0.05～0.15 kg/m²，花境0.15～0.25 kg/m²，落叶灌木0.15～0.3 kg/m²，常绿灌木0.15～0.3 kg/m²。我国通常每千克土壤施氮肥0.2 g，磷肥（P_2O_5）0.15 g，钾肥（K_2O）0.1 g，折合成硫酸铵1 g或尿素0.4 g，磷酸二氢钙1 g，硫酸钾0.2 g或氯化钾0.18 g，即可供一年生

作物开花结实。由于淋失等原因，实际用量一般远远超过这些数值。通常与植物需求量大的磷、钾、钙一样，土壤中氮含量有限，大多不能满足植物的需要，需通过施肥来大量补充。其他大量元素是否需要补充，视植物要求及其存在于土壤中的数量和有效性决定，并受土壤和水质的影响。通常微量元素除沙质土壤和水培时外，一般在土壤中已有充足供应，不需另外补充。

5.1.5　防寒与降温

1）防寒

对于露地栽培的二年生花卉和耐寒能力差的花卉，必须进行防寒，以免过度低温的危害。由于各地区的气候不同，采用的防寒方法也不尽相同。常用的防寒有以下几种：

（1）覆盖法　在霜冻到来之前，在畦面上覆盖干草、落叶、草苫物，一般可在第二年春季晚霜过后再将畦面清理好，也可视情形灵活掌握去除覆盖物时间。常用于二年生花卉、宿根花卉、可露地越冬的球根花卉和木本植物幼苗的防寒越冬。

（2）培土　冬季地上部枯萎的宿根花卉和进入休眠的花灌木，培土防寒是常用的方法，待春季到来后，萌芽前再将土扒平。

（3）熏烟法　对于露地越冬的二年生花卉，可采用熏烟法以防霜冻。熏烟时，用烟和水汽组成的烟雾，能减少土壤热量的散失，防止土壤温度降低。同时，发烟时烟粒吸收热量使水汽凝成液体而释放出热量，可使地温提高，防止霜冻。但熏烟法只有在温度不低于-2 ℃时才有显著效果。因此，在晴天夜里当温度降低到接近0 ℃时即可开始熏烟。

（4）灌水　冬灌能减少或防止冻害，春灌有保温、增湿的效果。由于水的热容量大，灌水后提高了土壤的导热能力，使深层土壤的热量容易传导上来，从而提高近地表的温度2～2.5 ℃。灌溉还可提高空气中的含水量，空气中的蒸汽凝结成水滴时放热，可以提高气温。灌溉后土壤湿润，热容量加大，能减缓表层土壤温度的降低。

（5）浅耕　进行浅耕，可减低因水分蒸发而发生的冷却作用，同时，耕翻后表土疏松，有利于太阳

辐射的导入。再加镇压后，能增强土壤对热的传导作用并减少已吸收热量的散失，保持土壤下层的温度。

（6）绑扎　一些观赏树木茎干，用草绳等包扎，可防寒。

（7）密植　密植可以增加单位面积茎叶的数目，减低地面热的辐射散失，起到保温的作用。

除以上方法外，还有设立风障、利用冷床（阳畦）、减少氮肥和增施磷钾肥增强花卉抗寒力等方法，都是有效的防寒措施。

2）降温

夏季温度过高，会对花卉产生危害，可通过人工降温保护花木安全越夏。人工降温措施包括叶面喷水、畦间喷水、搭设遮阳网或草帘覆盖等。

5.1.6　杂草防除

杂草防除是除去田间杂草，不使其与花卉争夺水分、养分和光照，杂草往往还是病虫害的寄主。因此一定要彻底清除，以保证花卉的健壮生长。

除草工作应在杂草发生的早期及时进行，在杂草结实之前必须清除干净，不仅要清除栽植地上的杂草，还应把四周的杂草除净，对多年生宿根性杂草应把根系全部挖出，深埋或烧掉。小面积以人工除草为主，大面积可采用机械除草或化学除草。杂草去除，可使用除草剂，根据花卉的种类正确选择适合的除草剂，并根据使用说明书，掌握正确的使用方法、用药浓度及用药量。

除草剂的类型大致分 4 类：灭生性除草剂对所有杂草全部杀死，不加区别。如百草枯。选择性除草剂对杂草做有选择地杀死，对作物的影响也不尽相同。如 2，4-D 丁酯。内吸性除草剂通过杂草的茎、叶或根部吸收到植物体内，起到破坏内部结构、破坏生理平衡的作用，从而使杂草死亡。由茎、叶吸收的，如草甘膦；通过根部吸收的，如西玛津。触杀性除草剂只杀死直接接触的植物部分，对未接触的部分无效。如除草醚。

常见的除草剂有：百草枯、除草醚、五氯酚钠、扑草净、灭草隆、敌草隆、绿麦隆、2，4-D 丁酯、草甘膦、茅草枯、西玛津、盖草能等。2，4-D 丁酯可防除双子叶植物杂草，多用 0.5%～1.0% 的稀释液田间喷洒，每亩用量为 0.05～0.3 kg。

草甘膦能有效防除一、二年生禾本科杂草、莎草、阔叶杂草以及多年生恶性杂草。草甘膦对植物没有选择性，具强内吸性，因此不能将药剂喷到花木叶面上。在杂草生长旺盛时使用，比幼苗期使用效果更好。蜀桧、龙柏、大叶黄杨、紫薇、紫荆、女贞、海桐、金钟花、迎春、南天竹、金橘、木槿、麦冬、鸢尾等花卉草甘膦抗逆性强，桃、梅、红叶李、水杉、酢浆草、无花果、槐、金丝桃等花卉苗木对草甘膦反应极敏感，不宜使用。

盖草能有效去除禾本科杂草，如马唐、牛筋草、狗尾草等。每亩使用 25～35 mL，加水 30 kg 喷雾，在杂草三至五叶期使用较佳；如在杂草旺盛期使用，需加大剂量。

部分草坪杂草和观赏植物的杂草防除剂见表5-4 和表5-5。

表 5-4　草坪杂草防除剂

杂草名称	除草剂	使用有效成分量 /(g/hm²)	时期	注意事项
普通双子叶植物杂草（如蒲公英、车前草和十字花科杂草	2，4-D 胺盐	1 125 或按说明	秋、春	杂草至少生长 60 d，避免飘雾喷洒
车轴草	2，4-D 胺盐	1 125	秋、春	杂草至少生长 60 d，避免飘雾喷洒，每月 1 次
	百草畏 Senvel D.	300～600		对乔灌木根部有害
繁缕	2 甲 4 氯丙酸（MCPP）	1 125～1 425	秋、春（发芽后）	
	百草畏	525～600	生长期	对乔灌木根部有害
婆婆纳属	2 甲 4 氯丙酸	1 125～1 425	生长期	
	草藻灭（Endothal）	1 125	生长期	剪股颖和羊茅可能有害

（续）

杂草名称	除草剂	使用有效成分量（g/hm²）	时期	注意事项
薯属	Trime 或 2,4-D	1 125	常年	
	百草畏	600	生长期	对乔灌木根部有害
蓼属	2,4-D	1 125	种子萌发期	随植株长大药效显著
小酸膜	百草畏	300	生长期	对乔灌木根部有害
早熟禾（一年生）	地散磷（Betasan）	16 875	种子萌发期	2～3 个月内对草坪草有害
苔藓类	亚硫酸铵	450 000	生长期	撒在湿叶上

表 5-5　观赏植物杂草防除剂

花卉类型	除草剂	用量	施用期	注意事项
所有作物通用（土壤消毒）	溴甲烷	450 kg/hm²	种植前	有毒，应用塑料薄膜覆盖，土温保持 10 ℃，播种前一周施用
	威百亩	3 750 L/hm²	种植前	施用后灌水，土温在 10 ℃ 以上，种植前 2～4 周施用
	棉隆	280.5～393 kg/hm²	种植前	混入土中，保持湿润 6～8 周后播种
球根类	草乃敌	4 500～6 750 g/hm²	出土前	土壤无杂草
	西玛三嗪	1 125 g/hm²	长成植物	保持土面湿润
一般观赏植物	莠去津	2 250～4 500 g/hm²	长成植物	无草土壤喷撒
	毒滴混剂	2 250～4 500 g/hm²	种植前，长成植物	杀多年生杂草，勿接触栽培植物
	敌草腈	2 250～4 500 g/hm²	长成植物	无草土壤
		4 500～9 000 g/hm²	长成植物	防多年生杂草
	草乃敌	4 500～6 750 g/hm²	长成植物，移后	无草土壤，耕作后
	草萘胺	4 500～6 750 g/hm²	长成植物，移后	无草土壤，土壤湿润
	敌草索	10 250～13 500 g/hm²	长成植物，移后	无草土壤，土壤湿润
	恶草灵	2 250～4 500 g/hm²	长成植物，移后	无草土壤，土壤湿润
	西玛三嗪	1 125～3 375 g/hm²	成活植物	无草土壤，土壤湿润
	氟乐灵	562.5～1 125 g/hm²	种植前、成活后、移后	与土壤混合应用
	拿草特	1 125～3 375 g/hm²	成活后	10 月至翌年 3 月控制多年生杂草

5.1.7　花卉露地栽培实例

1）百日草的露地栽培

百日草性强健，适应性强，根系较深茎秆不易倒伏。喜阳光，在肥沃和土层深厚的土壤中生长良好。生长适温为 15～20 ℃，适合在我国广泛栽培。

百日草以播种繁殖为主，露地直播在晚霜过后进行。露地播种，宜用沟播，高型百日草的沟距（行距）为 40～50 cm，沟深 1.5～2 cm。种子覆土深度为种子的 2～3 倍，比温室播种要厚。露地直播，时间不可过早，否则出苗后气温降低将会使幼苗停止生长，会造成始终生长不良。

一般播种后 7 d 左右出苗，子叶期就可进行间苗，间苗过迟，会引起苗株拥挤徒长。间苗应选强除弱，同时可结合除草进行。间苗要在土壤湿润的状况下进行，间苗后应进行灌溉。定植后，追施氮肥和钾肥，促进旺盛生长，同时加强日常管理。春播一般 50～60 d 开始开花。百日草的主枝枝顶首先开花，以后逐节抽生侧枝，侧枝枝顶能陆续开花，百日草随着节间的伸长可不断开花。因此，在花期也要加强肥水管理。

盛夏季节，百日草生长衰退，开花停止，这时应停止追肥，但要保持土壤湿润，防止凋萎和死亡；待秋凉后，又可开花。

2)萱草的露地栽培

萱草类花卉适应性强,喜阳光充足、排水良好并富含腐殖质的湿润土壤,耐半阴、耐干旱,对土壤要求不严。

萱草类多采用分株繁殖,在春季和秋季都可以进行。选择定植3年以上的植株,用刀将根切成几块,每块上留有3~5个芽,这样不影响当年的观赏效果。若是秋季栽植,则需减去大部分叶片。

根据种类和品种的特点,选择适宜的株行距(株距20~50 cm,行距65~100 cm)。挖栽植穴或开沟,穴深或沟深均为30 cm,施入基肥后,距土面为15~20 cm,然后进行栽植,踩实后再浇透水。注意栽植不宜过深或过浅。萱草定植后,一般管理简单。为使生长茂盛、花多、花大,最好在春季新芽抽出时施以追肥,花前和花后再各追肥1次。秋季落叶时,可在植株四周施以腐熟的厩肥或堆肥。

3)百合的露地栽培

9月下旬,选取富含腐殖质、土层深厚疏松、土壤潮湿且排水良好的地块,整地、做畦,同时施入腐熟有机肥作基肥。有条件施入骨粉以补充磷肥,用量为基肥量的1/20。若土壤墒情不好,需提前1周左右进行灌溉。

露地栽种百合,确定栽种鳞茎的时间最为关键,以秋季栽种为最好。太早,雨季未过,土壤湿度大,容易造成鳞茎腐烂,太晚则地温低,鳞茎栽植后无法生根(基生根),不利于越冬。在呼和浩特地区,若"十一"过后种植,效果明显不好。百合类也可早春栽种种球,栽种时间因地区而异,呼和浩特地区可在4月初进行栽种。

百合类宜深栽,一般种球顶端到土面的距离为8~15 cm,即覆土厚度为种球高度的2~3倍。种植密度随种系和品种、种球大小等的不同而异。秋种后,一般不用灌水。

翌年春季,当百合地上茎开始出土后(呼和浩特地区为4月中旬),茎生根开始迅速生长并为植株提供大量水分和养分。进入花期后(呼和浩特地区为6月底到7月中旬),增施1~2次过磷酸钙、草木灰等磷钾肥,注意施肥离茎基稍远。蕾期时土壤应适当湿润,花后减少水分灌溉。及时进行中耕除草,

同时设立支撑,防止花枝倒伏。在其生长过程中为了防止光线过强,可适当遮阳,并保持栽植地通风。

5.2 花卉的设施栽培

花卉栽培设施是指人为建造的适宜或保护不同类型花卉正常生长发育的各种建筑及设备,主要包括温室、塑料大棚、冷床与温床、荫棚、风障以及机械化或自动化设备、各种机具和容器等。由于花卉的种类繁多,产地不同,对环境条件的要求差异很大。因此,在花卉栽培中采用以上设施,就可以在不适于某类花卉生态要求的地区和不适于花卉生长的季节进行栽培,使花卉生产不受地区、季节的限制,从而能够集世界各气候带地区和要求不同生态环境的奇花异草于一地,进行周年生产,已满足人们对花卉日益增长的需求。

5.2.1 花卉设施栽培的意义

如何满足花卉不同品种在不同生长阶段对环境条件的要求,生产高品质的花卉产品是花卉设施栽培需要解决的问题,其在花卉生产中的作用主要表现在以下几个方面:

(1)提高繁殖速度 在塑料大棚或温室内进行三色堇、矮牵牛等草花的播种育苗,可以提高种子发芽率和成苗率,提高繁殖速度。在设施栽培的条件下,菊花、香石竹可以周年扦插,其繁殖速度是露地扦插的10~15倍,扦插的成活率提高40%~50%。组培苗的炼苗也多在设施栽培条件下进行,可以根据不同种、品种以及瓶苗的长势进行环境条件的人工控制,有利于提高成苗率,培育壮苗。

(2)进行花卉的花期调控 随着设施栽培技术的发展和花卉生理学研究的深入,满足植株生长发育不同阶段对温度、湿度和光照等环境条件的需求,已经实现了大部分花卉的周年供应。如唐菖蒲、郁金香、百合、风信子等球根花卉种球的低温储藏和打破休眠技术,牡丹的低温春化处理,菊花的光照结合温度处理已经解决了这些花卉的周年供应。

(3)提高花卉的品质 在长江流域普通塑料大棚内,可以进行蝴蝶兰的生产,但开花迟、花径小、

叶色暗、叶片无光泽。在高水平的设施栽培条件下,进行温度、湿度和光照的人工控制,是解决长江流域高品质蝴蝶兰生产的关键。我国广东省地处热带亚热带地区,是我国重要的花卉生产基地之一,但由于缺乏先进的设施,产品的数量和质量得不到保证,在国际市场上缺乏竞争力,如广东产的月季在中国香港批发价只有荷兰的1/2。

(4)提高经济效益　提高花卉对不良环境条件的抵抗能力,提高经济效益。不良环境条件主要有夏季高温、暴雨、台风,冬季霜冻、寒流等,往往给花卉生产带来严重的经济损失。如广东地区1999年的严重霜冻,使陈村花卉世界种植在室外的白兰、米兰、观叶植物等的损失超过60%,而有些公司的钢架结构温室由于有加温设备,各种花卉基本没有损失。

(5)打破花卉生产和流通的地域限制　花卉和其他园艺作物的不同在于观赏上人们追求"新、奇、特"。各种花卉栽培设施在花卉生产、销售各个环节中的运用,使原产南方的花卉如蝴蝶兰、杜鹃、山茶顺利进入北方市场,也使原产于北方的牡丹花开南国。

(6)提高劳动生产率　进行大规模集约化生产,提高劳动生产率。设施栽培的发展,尤其是现代温室环境工程的发展,使花卉生产的专业化、集约化程度大大提高。目前在荷兰等发达国家从花卉的种苗生产到最后的产品分级、包装均可实现机器操作和自动化控制,提高了单位面积的产量和产值,人均劳动生产率大大提高。

5.2.2　花卉设施类型及环境调控特点

花卉栽培比一般农作物栽培要求更加精细,而且要求做到反季节生产,四季有花、周年供应,以便满足花卉市场对商品花的要求。因此,进行花卉栽培和生产,只有圃地是远远不够的,还必须具备一定的设施条件。花卉常用的设施有温室、塑料大棚、荫棚、风障和阳畦等。在设施内进行花卉栽培又称为花卉设施栽培,或保护地栽培。

为了满足花卉生产的需要,在正规的花场里,除应具有与生产量适应的花圃土地外,还应配备温室、荫棚、塑料大棚或小棚、温床、地窖、风障、上下水道、贮水池、水缸、喷壶、花盆、胶管和农具等。在创办花场或花圃时,需全面考虑,统一安排,做到布局合理,使用方便。

5.2.2.1　温室

温室是覆盖着透光材料,并附有防寒、加温设备的特殊建筑,能够提供适宜植物生长发育的环境条件,是北方地区栽培热带、亚热带植物的主要设施。温室对环境因子的调控能力比其他栽培设施(如风障、冷床等)更好,是比较完善的保护地类型。温室有许多不同的类型,对环境的调控能力也不同,在花卉栽培中有不同的用途。

1)温室种类

(1)依应用目的划分

①观赏温室。专供陈列展览花卉之用,一般建于公园及植物园内。温室外形要求美观、高大。有的观赏温室中有地形的变化和空间分割,创造出各种植物景观,供游人游览。

②栽培温室。以花卉生产栽培为主。建筑形式以符合栽培需要和经济实用为原则,不注重外形美观与否。一般建筑低矮,外形简单,室内面积利用经济。如各种日光温室、连栋温室等。

③繁殖温室。这种温室专供大规模繁殖之用。温室建筑多采用半地下式,以便维持较高的湿度和温度。

④人工气候室。过去一般供科学研究用,可根据需要自动调控各项环境指标。现在的大型自动化温室在一定意义上就已经是人工气候室。

(2)依温度分类

①高温温室,又称热温室。室内温度保持在18～30 ℃,专供栽培热带种类或冬季促成栽培之用。

②中温温室,又称暖温室。室内温度一般保持在12～20 ℃,专供栽培热带、亚热带种类之用。

③低温温室,又称冷温室。室内温度一般保持在7～16 ℃,专供亚热带、暖温带种类栽培之用。

④冷室。室内温度保持在0～5 ℃,供亚热带、温带种类越冬之用。

(3)依建筑形式划分　温室的屋顶形状对温室的采光性能有很大影响。出于美观的要求,观赏温室建筑形式很多,有方形、多角形、圆形、半圆形及多种复杂的形式。生产性温室的建筑形式比较简单,基本形式有四类(图5-1)。

单屋面温室

双屋面温室

不等屋面温室

连栋式温室

图 5-1　温室的类型

①单屋面温室。温室屋顶只有一个向南倾斜的透光屋面，其北面为墙体。能充分利用阳光，保温良好，但通风较差，光照不均衡。

②双屋面温室。温室屋顶有两个相等的屋面，通常南北延长，屋面分向东西两方，偶尔也有东西延长的。光照与通风良好，但保温性能差，适于温暖地区使用。

③不等屋面温室。温室屋顶具有 2 个宽度不等的屋面，向南一面较宽，向北一面较窄，二者的比例为 4∶3 或 3∶2。南面为透光面的温室，保温较好，防寒方便，为最常用的一种。

④连栋式温室。由相等的双屋面温室纵向连接起来，相互连通，可以连续搭建，形成室内串通的大型温室。温室屋顶呈均匀的弧形或者三角形。这种温室适合作大面积栽植，保温良好，但通风较差。

由上述若干个双屋面或不等屋面温室，借纵向侧柱或柱网连接起来，相互通连，可以连续搭接，形成室内串通的大型温室，即为连栋温室，现代化温室均为此类。

（4）依建筑材料划分

①土温室。墙壁用泥土筑成，屋顶上面主要材料也为泥土，其他各部分结构为木材，采光面为塑料薄膜。只限于北方冬季无雨季节使用。

②木结构温室。屋架及门窗框等都为木制。木结构温室造价低，但使用几年后，温室密闭度常降低。使用年限一般 15～20 年。

③钢结构温室。柱、屋架、门窗框等结构均用钢材制成，可建筑大型温室。钢材坚固耐久，强度大，用料较细，支撑结构少，遮光面积较小，能充分利用日光。但造价较高，容易生锈，由于热胀冷缩常使玻璃面破碎，一般可用 20～25 年。

④钢木混合结构温室。除中柱、桁条及屋架用钢材外，其他部分都为木制。由于温室主要结构应用钢材，可建较大的温室，使用年限也较久。

⑤铝合金结构温室。结构轻，强度大，门窗及温室的结合部分密闭度高，能建大型温室。使用年限很长，可用 25～30 年，但是造价高。是目前大型现代化温室的主要结构类型之一。

⑥钢铝混合结构温室。柱、屋架等采用钢制异形管材结构，门窗框等与外界接触部分是铝合金构件。这种温室具有钢结构和铝合金结构二者的长处，造价比铝合金结构的低，是大型现代化温室较理想的结构。

（5）依温室覆盖材料划分　用于温室的覆盖材料类型很多，透光率、老化速度、抗碰撞力、成本等都不同（表 5-6），在建造温室时，需要根据具体用途、资金状况、建造地气候条件及温室的结构要求等进行选择。

①玻璃温室。以玻璃为覆盖材料。为了防冰雹，有用钢化玻璃的。玻璃透光度大，使用年限久（图 5-2）。

图 5-2　现代化玻璃温室

②塑料薄膜温室。以各种塑料薄膜为覆盖材料,用于日光温室及其他简易结构的温室,造价低,也便于用作临时性温室。也可用于制造连栋式大型温室。形式多为半圆形或拱形,也有尖顶形的。单层或双层充气膜,后者的保温性能更好,但透光性能较差。常用的塑料薄膜有聚乙烯(PE)膜、多层编织聚乙烯膜、聚氯乙烯(PVC)膜等。

③硬质塑料板温室。多为大型连栋温室。常用的硬质塑料板材主要有丙烯酸塑料(acrylic)板、聚碳酸酯(PC)板、聚酯纤维玻璃(玻璃钢,FRP)、聚氯乙烯(PVC)波浪板。聚碳酸酯板是当前温室制造应用最广泛的覆盖材料。

表5-6 常见温室覆盖材料的特点

覆盖材料		透光率/%	散热率/%	使用寿命/年	优点	缺点
玻璃	加强玻璃	88	3	>25	透光率高,绝热,抗紫外线,抗划伤。热膨胀~收缩系数小	重,易碎,价格高
	低铁玻璃	91~92	<3	>25		
丙烯酸塑料板	单层	93	<5	>20	透光极高,抗紫外线照射,抗老化,不易变黄,质软	易划伤,膨胀收缩系数高,老化后略变脆,造价高,易燃,使用环境温度不能过高
	双层	87	<3	>20		
聚碳酸酯(PC)板	单层板	91~94	<3	10~15	使用温度范围宽,强度大,弹性好,轻,不太易燃	易划伤,收缩系数较高
	双层中空板	83	<3	10~15		
聚酯纤维玻璃(FRP)	单层	90	<3	10~15	成本低,硬度高,安装方便	不抗紫外线照射,易沾染灰尘,随老化变黄,降解后产生污染
	双层	60~80		7~12		
聚氯乙烯(PVC)波浪板	单层	84	<25	>10	坚固耐用,阻燃性好,抗冲击性强	透光率低,延伸性好,随老化逐渐变黄
聚乙烯(PE)膜	标准防紫外线膜	<85	50	3	价格低廉,便于安装	使用寿命短,环境温度不宜过高,有风时不易固定
	无滴膜		50	3		

2)几种温室特点

(1)单屋面温室 仅有一个向南倾斜的透光屋面,构造简单,小面积温室多采用此种结构。一般跨度3~7 m,屋面倾斜角度较大,可充分利用冬季和早春的太阳辐射,温室北墙可以阻挡冬季的西北风,温度容易保持,适宜在北方严寒地区采用。这种温室光线充足,保温良好,结构简单,建筑容易。但由于前部较低,不能种植较高花卉,空间利用率低,不便于机械化操作,且容易造成植物向光弯曲。

(2)双屋面温室 这种温室有两个相等的屋面,因此室内受光均匀,植物没有弯向一边的缺点。通常建筑较为宽大,室内环境稳定性好,但温度过高时有通风不良之弊。由于采光屋面较大,散热较多,必须有完善的加温设备。为利于采光,宜采用东西向建造。

(3)不等面温室 有南北两个不等宽屋面,向南一面较宽。采光面积大于同体量的单屋面温室。由于来自南面的照射较多,室内植物仍有向南弯曲的缺点,但比单屋面温室稍好。北面保温性不及单屋面温室。此类温室在建筑和日常管理上都感不便,一般较少采用。

(4)连栋式温室 连栋温室除结构骨架外,一般所有屋面与四周墙体都为透明材料,如玻璃、塑料薄膜或硬质塑料板,温室内部可根据需要进行空间隔离。在冬季北风较强的地区,为提高温室的保温性,温室的北墙可选用保温性能强的不透明材料。连栋温室的土地利用率高,内部作业空间大,光照充足,自动化程度较高,内部配置齐全,可实现规模化、工厂化生产和自动化管理。

目前中国花卉生产中常用连栋温室主要有以下几类:

①薄膜连栋温室。薄膜连栋温室有单层膜温室和双层充气膜温室两种。单层膜连栋温室有拱顶和尖顶两种。多采用热浸镀锌钢骨架结构装配,防腐防锈,温室内部操作空间大,便于机械化作业,且温室采光面大,新膜透光率可达95%。由于是单层薄膜覆盖,温室造价低,但保温性能不佳,北方冬季运行成本高。双层充气膜通过用充气泵不断地

给两层薄膜间充入空气,维持一定的膨压,使温室内与外界间形成一层空气隔热层。这种温室的保温性能好,适合北方寒冷、光照充足的地方。

②玻璃连栋温室。玻璃温室造价比其他覆盖材料的温室高,但玻璃不会随使用年限的延长而减低透光率,在温室使用超过 20 年时,玻璃温室造价低于其他材料温室。玻璃温室的透光性虽好,但导热系数大,保温性差,适于北方温暖地区用,或者用于生产对光照条件要求高的花卉。在冬季因其采暖负荷大,故运行成本比较高。

③PC 板连栋温室。又称阳光板温室。PC 板于 20 世纪 70 年代在欧洲问世,即被广泛应用于温室建设中,是继玻璃、薄膜之后的第四代温室覆盖材料。PC 板一般为双层或三层透明中空板或单层波浪板。PC 板透过率较高,密封性好,抗冲击力好,保温性好,是目前所有覆盖材料中综合性能最

好的一种。该类温室可以在全国推广使用,不受地区限制,唯一不足的就是价钱较昂贵。

(5)高效节能型日光温室　日光温室大多是以塑料薄膜为采光覆盖材料,以太阳辐射为热源,靠最大限度采光、加厚的墙体和后坡,以及防寒沟、纸被、草帘等一系列保温御寒设备以达到最小限度的散热,从而形成充分利用光热资源、减弱不利气象因子影响的一种我国特有的保护设施。

这种温室主要依赖太阳辐射热并维持室内温度,一般不需要配备加温设备,近年来在花卉栽培中被广泛应用。由于日光温室在北方主要作为冬春季生产应用,建成后少则使用 3～5 年,多则 8～10 年,所以在规划设计建造时,都要在可靠、牢固的基础上实施,达到一定的技术要求。伊犁地区最冷的昭苏县就是率先建造并推广使用日光温室的,节能尤为明显(图 5-3)。现将日光温室的建造参数介绍如下:

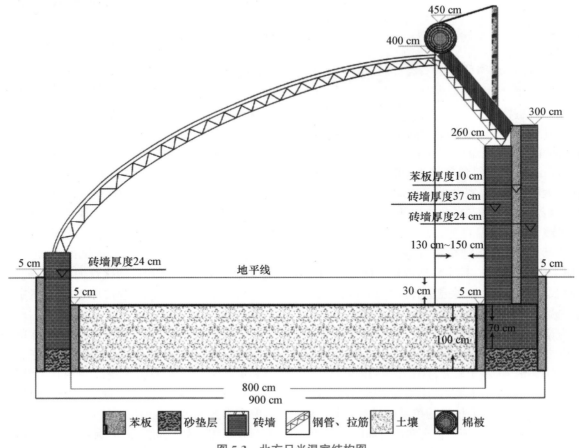

图 5-3　北方日光温室结构图

①角度。包括三方面的内容,即屋面角、后屋面仰角及方位角。屋面角决定了温室采光性能,要使冬春阳光能最大限度地进入棚内,一般为当地地理纬度减少 6.5°左右。如新疆伊犁地区纬度为 44°～48°,平均屋面角度要达到 37.5°～41.5°(其中底脚部分 50°～60°,中段 20°～30°,上段 15°～20°)。后屋面仰角是指后坡内侧与地平面的夹角,要达到 35°～40°,这个角度的加大是要求冬、春季节阳光能射到室内的后墙,使后墙受热后储蓄热量,以便夜间向室内散热。方位角系指一个温室的方向定位,要求温室坐北朝南、东西走向排列,向东或向西偏斜的角度不应大于 7°。走向应当与当地的危害性风向一致,以减小危害。我国不同地区日光温室的屋面角度可参考表 5-7。

表 5-7　我国部分城市日光温室屋面角度设计参考值

城市	北纬	冬至时太阳高度角	合理前屋面角	合理后屋面角
西安	34°15′	32°18′	30°15′	40°
郑州	34°43′	31°49′	30°43′	40°
兰州	36°03′	30°32′	32°03′	38°
西宁	36°35′	29°58′	32°35′	38°
延安	36°36′	29°57′	32°36′	38°
济南	36°41′	29°52′	32°41′	38°
太原	37°47′	28°38′	33°47′	36°30′
榆林	38°14′	28°15′	34°14′	36°
银川	38°29′	28°08′	34°29′	36°
大连	38°54′	27°40′	34°54′	35°30′
北京	39°54′	26°36′	35°54′	34°30′
呼和浩特	40°49′	25°44′	36°49′	34°
沈阳	41°46′	24°47′	37°46′	33°
乌鲁木齐	43°47′	22°46′	39°47′	31°
长春	43°54′	22°41′	39°54′	31°
哈尔滨	45°45′	20°18′	41°45′	29°
齐齐哈尔	47°20′	19°13′	43°20′	27°

②高度。包括矢高和后墙高度。矢高是指地面到脊顶最高处的高度,一般要达到 3 m 左右。由于矢高与跨度有一定的关系,在跨度确定的情况下,高度增加,屋面角度也增加,从而提高了采光效果。6 m 跨度的冬季生产温室,其矢高以 2.5～2.8 m 为宜;7 m 跨度的温室,其矢高以 3.0～3.1 m 为宜,后墙的高度为保证作业方便,以 1.8 m 左右为宜,

过低影响作业,过高时后坡缩短,保温效果下降。

③跨度。是指温室后墙内侧到前屋面南底脚的距离。以 6～7 m 为宜(不宜过大或过小,一般跨度加大 1 m 要相应增加脊高 0.2 m,后坡宽度要增加 0.5 m)。这样的跨度,配之以一定的屋脊高度,既可以保证前屋面有较大的采光角度,又可使作物有较大的生长空间,便于覆盖保温,也便于选择建筑材料。如果加大跨度,虽然栽培空间加大了,但屋面角度变小,导致采光不好,并且前屋面加大,又不利于覆盖保温,保温效果差,建筑材料投资也大,生产效果不好。

④长度。是指温室东西山墙间距离,以 50～60 m 为宜,也就是一栋温室净栽培面积为 350 m^2 左右,利于一个强壮劳力操作。如果太短,不仅单位面积造价提高,而且东西两山墙遮阳面积与整栋温室面积的比例增大,影响产量。若超过 60 m,在管理上会增加许多困难,如产品、生产资料、苗木等搬运十分不便。故在特殊条件下,最短的温室也不能小于 30 m。

⑤厚度。即后墙、后坡、草苫的厚度。后墙的厚度根据地区和用材不同而有不同要求。在北纬 38°～45°的西北、东北地区,后墙厚度应达到 80～150 cm 为好,黄淮地区应达到 80 cm 以上。砖结构的空心异质材料墙体厚度应达到 50～80 cm,才能起到吸热、储热、防寒的作用。纬度越高温差越大,后墙外还应培防寒土、堆填秸秆、稻草等物,以提高保温性能。后坡为草坡的厚度,要达到 40～50 cm,对预制混凝土后坡,要在内侧或外侧加 25～30 cm 厚的保温层。草苫的厚度要达到 6～8 cm,即长 9 m、宽 1.1 m 的稻草苫要有 35 kg 以上,1.5 m 宽的蒲草苫要达到 40 kg 以上。

⑥前后坡比。指前坡和后坡垂直投影宽度的比例。在日光温室中前坡和后坡有着不同的功能。温室的后坡由于有较厚的厚度,起到储热和保温作用;而前坡面覆盖透明覆盖物,白天起着采光的作用,但夜间覆盖物较薄,散失热量也较多,所以,它们的比例直接影响着采光和保温效果。

目前生产上主要有三种情况:第一种是短后坡式,前后坡投影比例为 7:1;第二种是长后坡式,前

后坡投影比例为2:1;第三种没有后坡,除了后墙和山墙外,都是采光面。现建造的日光温室大多用于冬季生产,为了保温必须有后坡,而且后坡长一些能提高保温效果。但是,后坡过长,前坡短,又影响白天采光,且栽培面积小。所以,从保温、采光、方便操作及扩大栽培面积等方面考虑,前后坡投影比例以4.5:1左右为宜,即一个跨度为6~7 m的温室,前屋面投影占5~5.5 m,后屋面投影占1.2~1.5 m。

⑦高跨比。指日光温室的高度与跨度的比例,二者比例的大小决定屋面角的大小,要达到合理的屋面角,高跨比以1:2.2为宜。即跨度为7 m的温室,高度应为3 m以上。

⑧防寒沟。在日光温室南侧挖30~40 cm宽、深40~60 cm的防寒沟,沟上加盖埋好,用空气隔热,效果良好。或者沟内填入稻草、麦秆、稻壳、炉渣等物踩实与地表平压盖,以阻止热向外传导,利于温室保温。

⑨通风口。通风换气是日光温室生产中的一项重要作业,一是为了室内有充足的CO_2,二是放出水蒸气,降低室内空气湿度。一般设两排通风口,一排在近屋脊处,高温高湿时易排出热气。另一排设在南屋面前沿离地1 m高处,主要是换进气体,太高会降低换气效果,太低则易使冷空气放入室内,出现"扫地风",轻则影响作物正常生长,重则出现冷害、冻害。

⑩进出口。通常设在温室山墙一侧,可住人也可堆放杂物、肥料等,由于与温室相通,故应挂上门帘,以防冷空气进入室内。

日光温室主要用作北方地区蔬菜的冬春茬生长季节果菜栽培,还作为春季早熟和秋季延后栽培;花卉生产主要是鲜切花、盆花、观叶植物的栽培;此外还用作浆果类、核果类果树的促成、避雨栽培,以及园艺作物的育苗设施等。

3)温室环境的调控及调控设备

(1)降温系统 温室中常用的降温设施有:自然通风系统(侧通风窗和顶通风窗等)、强制通风系统(排风扇)、遮阳网(内遮阳和外遮阳)、湿帘—风机降温系统、微雾降温系统。一般温室不采用单一

的降温方法,而是根据设备条件、环境条件和温度控制要求采用以上多种方法组合。

①自然通风和强制通风降温。通风除降温作用外,还可降低设施内湿度,补充CO_2气体,排除室内有害气体。

自然通风系统:温室的自然通风主要是靠顶开窗来实现的,让热空气从顶部散出。简易温室和日光温室一般用人工掀起部分塑料薄膜进行通风,而大型温室则设有相应的通风装置,主要有天窗、侧窗、肩窗、谷间窗等。自然通风适于高温、高湿季节的通风及寒冷季节的微弱换气。

强制通风系统:利用排风扇作为换气的主要动力,强制通风降温。由于设备和运行费用较高,主要用于盛夏季节需要蒸发降温,或开窗受到限制、高温季节通风不良的温室。排风扇一般和水帘结合使用,组成水帘-风扇降温系统。当强制通风不能达到降温目的时,水帘开启,启动水帘降温(图5-4)。

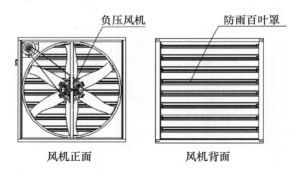

负压风机　　　　　防雨百叶罩

风机正面　　　　　风机背面

图5-4　通风设备

②蒸发降温系统。蒸发降温是利用水蒸发吸热来降温,同时提高空气的湿度。蒸发降温过程中必须保证温室内外空气流动,将温室内高温、高湿的气体排出温室并补充新鲜空气,因此必须采用强制通风的方法。高温高湿的条件下,蒸发降温的效率会降低。目前采用的蒸发降温方法有湿帘—风机降温和喷雾降温。

③湿帘—风机降温。湿帘—风机降温系统由湿帘箱、循环水系统、轴流风机、控制系统4部分组成。降温效率取决于湿帘的性能,湿帘必须有非常大的表面积与流过的空气接触,以便空气和水有充

分的接触时间,使空气达到近水饱和。湿帘的材料要求有强的吸附水的能力、强通风透气性能、多孔性和耐用性。国产湿帘大部分是由压制成蜂窝结构的纸制成的(图5-5)。

图5-5　湿帘风机

④喷雾降温。喷雾降温是直接将水以雾状喷在温室的空中,雾粒直径非常小,只有 $50\sim90\ \mu m$,可在空气中直接汽化,雾滴不落到地面。雾粒汽化时吸收热量,降低温室温度,其降温速度快,蒸发效率高,温度分布均匀,是蒸发降温的最好形式。喷雾降温效果很好,但整个系统比较复杂,对设备的要求很高,造价及运行费用都较高。

⑤遮阳网降温。遮阳网降温是利用遮阳网(具一定透光率)减少进入温室内的太阳辐射,起到降温效果。遮阳网还可以防止夏季强光、高温条件下导致的一些阴生植物叶片灼伤,缓解强光对植物光合作用造成的光抑制。遮阳网遮光率的变化范围为 $25\%\sim75\%$,与网的颜色、网孔大小和纤维线粗细有关。遮阳网的形式多种多样,目前常用的遮阳材料,主要是黑色或银灰色的聚乙烯薄膜编网,对阳光的反射率较低,遮阳率为 $45\%\sim85\%$。欧美一些国家生产的遮阳网形式很多,有内用、外用各种不同遮阳率的遮阳网及具遮阳和保温双重作用的遮阳幕,多为铝条和其他透光材料按比例混编而成,既可遮挡又可反射光线。

⑥温室外遮阳系统。温室外遮阳是在温室外另外安装一个遮阳骨架,将遮阳网安装在骨架上。遮阳网用拉幕机构或卷膜机构带动,自由开闭;驱动装置手动或电动,或与计算机控制系统连接,实现全自动控制。温室外遮阳的降温效果好,它直接将太阳能阻隔在温室外。缺点是需要另建遮阳骨架;同时,因风、雨、冰雹等灾害天气时有出现,对遮阳网的强度要求较高;各种驱动设备在露天使用,要求设备对环境的适应能力较强,机械性能优良。遮阳网的类型和遮光率可根据要求具体选择(图5-6)。

图5-6　遮阳网遮阳

⑦温室内遮阳系统。温室内遮阳系统是将遮阳网安装在温室内部的上部,在温室骨架上拉接金属或塑料网线作为支撑系统;将遮阳网安装在支撑系统上,不用另行制作金属骨架,造价较温室外遮阳系统低。温室内遮阳网因为使用频繁,一般采用电动控制或电动加手动控制,或由温室环境自动控制系统控制。

温室内遮阳与同样遮光率的温室外遮阳相比,效果较差。温室内遮阳的效果主要取决于遮阳网反射阳光的能力,不同材料制成的遮阳网使用效果差别很大,以缀铝条的遮阳网效果最好。

温室内遮阳系统往往还起到保温幕的作用,在夏季的白天用作遮阳网,降低室温;在冬季的夜晚拉开使用,可以将从地面辐射的热能反射回去,降低温室的热能散发,可以节约能耗 20% 以上。

(2)保温和加温系统

①保温设备。一般情况下,温室通过覆盖材料散失的热量损失占总散热量的 70%,通风换气及冷风渗透造成的热量损失占 20%,通过地下传出的热量损失占 10% 以下。因此,提高温室保温性途径主要是增加温室围护结构的热阻,减少通风换气及冷

风渗透。

②室外覆盖保温设备。包括草苫棉被及特制的温室保温被。多用于塑料棚和单屋面温室的保温，一般覆盖在设施透明覆盖材料外表面。傍晚温度下降时覆盖，早晨开始升温时揭开。

③室内保温设备。主要采用保温幕。保温幕一般设在温室透明覆盖材料的下方，白天打开进光，夜间密闭保温。连栋温室一般在温室顶部设置可移动的保温幕（或遮阳/保温幕），人工、机械开启或自动控制开启。保温幕常用材料有无纺布、聚乙烯薄膜、真空镀铝薄膜等，在温室内增设小拱棚后也可提高栽培畦的温度，但光照一般会减弱30%，且不适用于高秆植物，在花卉生产中不常用。

④加温系统。温室的采暖方式主要有热水式采暖、热风式采暖、电热采暖和红外线加温等。

热水加温：热水采暖系统由热水锅炉、供热管道和散热设备3个基本部分组成。热水采暖系统运行稳定可靠，是玻璃温室目前最常用的采暖方式。其优点是温室内温度稳定、均匀，系统热惰性大，温室采暖系统发生紧急故障，临时停止供暖时，2 h内不会对作物造成大的影响。其缺点是系统复杂，设备多，造价高，设备一次性投资较大。

热风加温：热风加温系统由热源、空气换热器、风机和送风管道组成。热风加温系统的热源可以是燃油、燃气、燃煤装置或电加温器，也可以是热水或蒸汽。热源不同，热风加温系统的安装形式也不一样。蒸汽、电热或热水式加温装置的空气换热器安装在温室内，与风机配合直接提供热风。燃油、燃气的加温装置安装在温室内，燃烧后的烟气排放到室外大气中，如果烟气中不含有害成分，可直接排放至温室内。燃煤热风炉一般体积较大，使用中也比较脏，一般都安装在温室外面。为了使热风在温室内均匀分布，由通风机将热空气送入均匀分布在温室中的通风管。通风管由开孔的聚乙烯薄膜或布制成，沿温室长度布置。通风管重量轻，布置灵活且易于安装（图5-7）。

热风加温系统的优点是温度分布比较均匀，热惰性小，易于实现快速温度调节，设备投资少。其

图5-7　温室热风炉加温

缺点是运行费用高，温室较长时，风机单侧送风压力不够，造成温度分布不均匀。

电加温：电加温系统一般用于热风供暖系统。另外一种较常见的电加温方式是将电热线埋在苗床或扦插床下面，用以提高地温，主要用于温室育苗。电能是最清洁、方便的能源，但电能本身比较贵，因此只作为临时加温措施。

中国北方地区的简易温室还常采用烟道加热的方式进行温室加温。

温室采暖方式和设备选择涉及温室投资、运行成本和经济效益，所以需要慎重考虑。温室加温系统的热源从燃烧方式上分为燃油式、燃气式、燃煤式3种。燃气式设备装置最简单，造价最低。燃油式设备造价比较低，占地面积比较小，土建投资也低，设备简单，操作容易，自动化控制程度高，有的可完全实现自动化控制，但燃油设备运行费用比较高，相同的热值比燃煤费用高3倍。燃煤式设备操作比较复杂，设备费用高，占地面积大，土建费用比较高，但设备运行费用在3种设备中最低。从温室加温系统来讲，热水式系统的性能好，造价高，运行费用低；热风式系统性能一般，造价低，运行费用高。在南方地区，温室加温时间短，热负荷低，采用燃油式的设备较好，加温方式以热风式较好。在北方地区，冬季加温时间长，采用燃煤热水锅炉比较保险，虽然一次投资比较大，但可以节约运行费用，长期计算还是合适的。

（3）遮光幕　使用遮光幕的主要目的是通过遮

光缩短日照时间。用完全不透光的材料铺设在设施顶部和四周,或覆盖在植物外围的简易棚架的四周,严密搭接,为植物临时创造一个完全黑暗的环境。常用的遮光幕有黑布、黑色塑料薄膜两种,现在也常使用一种一面白色反光、一面为黑色的双层结构的遮光幕(图 5-8)。

(4)补光设备　补光的目的一是延长光照时间,二是在自然光照强度较弱时,补充一定光强的光照,以促进植物生长发育,提高产量和品质。补光方法主要是用电光源补光(图 5-9)。

图 5-8　温室遮光幕

图 5-9　温室补光灯

用于温室补光的理想人造光源要求有与自然光照相似的光谱成分,或光谱成分近似于植物光合有效辐射的光谱要有一定的强度,能使床面光强达到光补偿点以上和光饱和点以下,一般在 30～50 klx,最大可达 80 klx。补光量依植物种类、生长发育阶段以及补光目的来确定。用于温室补光的光源主要有白炽灯、荧光灯、高压汞灯、金属卤化物灯、高压钠灯。它们的光谱成分不同,使用寿命和成本也有差异。

在短日条件下,给长日照植物进行光周期补光时,按产生光周期效应有效性的强弱,各种电光源排列如下:白炽灯＞高压钠灯＞金属卤化灯＝冷白色荧光灯＝低压钠灯＞汞灯

荧光灯在欧美广泛用于温室种苗生产,很少用于成品花卉生产。金属卤化物灯和高压钠灯在欧美国家广用于花卉和蔬菜的光合补光。

除用电灯补光外,在温室的北墙上涂白或张挂反光板(如铝板、铝箔或聚酯镀铝薄膜)将光线反射到温室中后部,可明显提高温室内侧的光照强度,可有效改善温室内的光照分布。这种方法常用于改善日光温室内的光照条件。适用于花卉栽培的人工光源及其效能(表 5-8)。

表 5-8　适用于花卉栽培的人工光源及其效能

灯型	功率/W	应用范围
白炽灯	50～150	光周期
荧光灯	50～100	光周期、光合作用
小型气体放电灯	25～180	光周期
高压水银灯	50～400	光合作用
金属卤化灯	400	光合作用
高压钠灯	350～400	光合作用

(5)防虫网 温室是一个相对密闭的空间,室外昆虫进入温室的主要入口为温室的顶窗和侧窗,防虫网就设于这些开口处。防虫网可以有效地防止外界植物害虫进入温室,使温室中花卉免受病虫害的侵袭,减少农药的使用。安装防虫网要特别注意防虫网网孔的大小,并选择合适的风扇,保证使风扇能正常运转,同时不降低通风降温效率(图5-10)。

图 5-10　温室防虫网

(6)灌溉系统 灌溉系统是温室生产中的重要设备,目前使用的灌溉方式大致有人工浇灌、漫灌、喷灌(移动式和固定式)、滴灌、渗灌等。前两者为较原始的灌溉方式,无法精确控制灌溉的水量,也无法达到均匀灌溉的目的,常造成水肥的浪费。人工灌溉现在多只用于小规模花卉生产。后几种方式多为机械化或自动化灌溉方式,可用于大规模花卉生产,容易实现自动控制灌溉。典型的滴灌系统由贮水池(槽)、过滤器、水泵、注肥器、输入管道、滴头和控制器等组成。使用滴灌系统时,应注意水的净化,以防滴孔堵塞,一般每盆或每株植物一个滴箭。

固定式喷灌是喷头固定在一个位置,对作物进行灌溉的形式,目前温室中主要采用倒挂式喷头进行固定式喷灌。固定式喷灌还适用于露地花卉生产区及花坛、草坪等各种园林绿地的灌溉。移动式喷灌采用吊挂式安装,双臂双轨运行,从温室的一端运行到另一端,使喷灌机由一栋温室穿行到另一栋温室,而不占用任何种植空间,一般用于育苗温室(图5-11)。

图 5-11　温室灌溉设备

渗灌是将带孔的塑料管埋设在地表下 10～30 cm 处,通过渗水孔将水送到作物根区,借毛细管作用自下而上湿润土壤。渗灌不冲刷土壤、省水、灌水质量高、土表蒸发小,而且降低空气湿度。缺点是土壤表层湿度低,造价高,管孔堵塞时检修困难。

除以上所提及的灌溉方式外,欧美国家的温室花卉生产中还常采用多种其他自动灌溉方式,如湿垫(毛细管)灌溉、潮汐式灌溉系统等。

(7)施肥系统 在设施生产中多利用缓释性肥料和营养液施肥。营养液施肥广泛地应用于无土栽培中,无论采取基质栽培还是无基质栽培,都必须配备施肥系统。施肥系统可分为开放式(对废液不进行回收利用)和循环式(回收废液,进行处理后再行使用)两种。施肥系统一般是由贮液槽、供水泵、浓度控制器、酸碱控制器、管道系统和各种传感器组成。施肥设备的配置与供液方法的确定要根据栽培基质、营养液的循环情况及栽培对象而定。自动施肥机系统可以根据预设程序自动控制营养液中各种母液的配比、营养液的 EC 值和 pH 值、每天的施肥次数及每次施肥的时间,操作者只需要按照配方把营养液的母液及酸液准备好,剩下的工作就由施肥机来进行了,如丹麦生产的 Volmatic 施肥机系统。比例注肥器是一种简单的施肥装置,将注肥器连接在供水管道上,由水流产生的负压将液体肥料吸入混合泵与水按比例混合,供给植物。营养液施肥系统一般与自动灌溉系统(滴灌、喷灌)结合使用(图5-12)。

图5-12　温室施肥系统

CO₂施肥可促进花卉作物的生长和发育进程,增加产量,提高品质,促进扦插生根,促进移栽成活,还可增强花卉对不良环境条件的抗性,已经成为温室生产中的一项重要栽培管理措施,但技术要求较高。现代化的温室生产中一般配备CO₂发生器,结合CO₂浓度检测和反馈控制系统进行CO₂施肥,施肥浓度一般为600~1 500 μL/L,绝不能超过5 000 μL/L,CO₂浓度达到5 000 μL/L时,人会感到乏力,不舒服。目前,中国的蔬菜生产中已经常采用化学反应产生CO₂或CO₂燃烧发生器等方法进行CO₂施肥,但在花卉生产中还很少采用。相信不久的将来,CO₂施肥措施会很快用于中国的花卉生产(图5-13)

图5-13　二氧化碳发生器

5.2.2.2　塑料大棚

1)塑料大棚的特点

覆盖塑料薄膜的建筑称为塑料大棚。塑料大棚是花卉栽培及养护的又一主要设施,可用来代替温床、冷床,甚至可以代替低温温室,而其费用仅为温室的1/10左右。塑料薄膜具有良好的透光性,白天可使地温提高3 ℃左右,夜间气温下降时,又因塑料薄膜具有不透气性,可减少热气的散发起到保温作用。在春季气温回升昼夜温差大时,塑料大棚的增温效果更为明显。如早春月季、唐菖蒲、晚香玉等,在棚内生长比露地可提早15~30 d开花,晚秋时花期又可延长1个月。由于塑料大棚建造简单,耐用,保温,透光,气密性能好,成本低廉,拆装方便,适于大面积生产等特点,近几年来,在花卉生产中已被广泛应用,并取得了良好的经济效益。

塑料大棚以单层塑料薄膜作为覆盖材料,全部依靠日光作为能量来源,冬季不加温。塑料大棚的光照条件比较好,但散热面大,温度变化剧烈。塑料大棚密封性强,棚内空气湿度较高,晴天中午,温度会很高,需要及时通风降温、降湿。塑料大棚在北方只是临时性保护设施,常用于观赏植物的春提前、秋延后生产。大棚还用于播种、扦插及组培苗的过渡培养等,与露地育苗相比具有出苗早、生根快、成活率高、生长快、种苗质量高等优点。

塑料大棚一般南北延长,长30~50 m,跨度6~12 m,脊高1.8~3.2 m,占地面积180~600 m²,主要由骨架和透明覆盖材料组成,棚膜覆盖在大棚骨架上。大棚骨架由立柱、拱杆(架)、拉杆(纵梁)、压杆(压膜绳)等部件组成。棚膜一般采用塑料薄膜,目前生产中常用的有聚氯乙烯(PVC)、聚乙烯(PE)。乙烯-醋酸乙烯共聚物(EVA)膜和氟质塑料也逐步用于设施花卉生产。

2)塑料大棚的类型和结构

(1)根据屋顶的形状分(图5-14):

①拱圆形塑料大棚。这种类型大棚在我国使用很普遍,屋顶呈圆弧形,面积可大可小,可单幢亦可连幢,建造容易,搬迁方便。小型的塑料棚可用竹片做骨架,竹片光滑无刺,易于弯曲造型,成本低。大型的塑料棚常采用钢管架结构,用6~12 mm的圆钢制成各种形式的骨架。

②脊形塑料大棚。采用木材或角钢为骨架的双屋面塑料大棚,多为连幢式,具有屋面平直,压膜

容易,开窗方便,通风良好,密闭性能好的特点,是周年利用的固定式大棚。

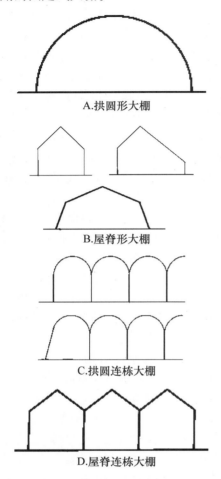

A.拱圆形大棚

B.屋脊形大棚

C.拱圆连栋大棚

D.屋脊连栋大棚

图 5-14 塑料大棚的类型

(2)根据耐久性能分

①固定式塑料大棚。使用固定的骨架结构,在固定的地点安装,可连续使用 2～3 年。这种大棚多采用钢管结构,有单幢或连幢,拱圆形或屋脊形等多种形式,面积常有 667～6 667 m² 以上。多用于栽培菊花、香石竹等的切花,或观叶植物与盆栽花卉等。

②简易式移动塑料棚。用比较轻便的骨架,如竹片、条材或 6～12 mm 的圆钢,曲成半圆形或其他形式,罩上塑料薄膜即成。这种塑料大棚多作为扦插繁殖、花卉的促成栽培、盆花的越冬等使用。露地草花的防霜防寒,也多就地架设这种塑料棚,用

后即可拆除,十分方便。

3)大棚常用的覆盖材料

(1)聚氯乙烯薄膜(PVC) 这种薄膜具有透光性能好,保温性强,耐高温、耐酸,扩张力强,质地软,易于铺盖等特点,是我国园艺生产使用最广泛的一种覆盖材料。厚度以 0.075～0.1 mm 为最标准规格,而大型连栋式的大棚则多采用 0.13 mm 厚度,宽度以 180 cm 为标准规格,也有宽幅为 230～270 cm。其缺点是易吸附尘土。

(2)聚乙烯薄膜(PE) 这种薄膜具有透光性好,新膜透光率达 80％左右,附着尘土少,不易粘连,价格比聚氯乙烯薄膜低等优点。但缺点是夜间保温性能较差,雾滴严重;扩张力、延伸力也不如聚氯乙烯,于直射光下的耐晒性也比聚氯乙烯的 1/2 还低,使用周期 4～5 个月。所以聚乙烯薄膜多用在温室里作双重保温幕,在外面使用时则多用于可短期收获的作物的小棚上。但在欧洲各国主要使用这种塑料薄膜,厚度在 0.2 mm 以上。

(3)聚乙烯长寿膜 以聚乙烯为基础原料,含有一定比例的紫外线吸收剂、防老化剂和抗氧化剂。厚度 0.1～0.12 mm,使用寿命 1.5～2 年。

(4)聚乙烯无滴长寿膜 以聚乙烯为基础原料,含有防老化剂和无滴性添加剂。厚度 0.1～0.12 mm,无结露现象。使用寿命 1.5～2 年以上。

(5)多功能膜 以聚乙烯为基础原料,加入多种添加剂,如无滴剂、保温剂、耐老化剂等。具有无滴、长寿、保温等多种功能。厚度为 0.06～0.08 mm,使用寿命 1 年以上。

5.2.2.3 荫棚

1)荫棚的作用

荫棚是花卉栽培必不可少的设施。它具有避免日光直射、降低温度、增加湿度、减少蒸发等特点。

温室花卉大部分种类属于半阴性植物,不耐夏季温室内之高温,一般均于夏季移出温室,置于荫棚下养护;夏季嫩枝扦插及播种等均需在荫棚下进行;一部分露地栽培的切花花卉如设荫棚保护,可获得比露地栽培更为良好的效果。刚上盆的花苗和老株,有的虽是阳性花卉,也需在荫棚内养护一段时间度过缓苗期。

2）地点的选择

荫棚应建在地势高燥、通风和排水良好的地段,保证雨季棚内不积水,有时还要在棚的四周开小型排水沟。棚内地面应铺设一层炉渣、粗沙或卵石,以利于排出积水。

荫棚的位置应尽量搭在温室附近,这样可以减少春、秋两季搬运盆花时的劳动强度,但不能遮挡温室的阳光。荫棚的北侧应空旷,不要有挡风的建筑物,以免盛夏季节棚内闷热而引起病虫害发生。如果在荫棚的西、南两侧有稀疏的林木,对降温、增湿和防止西晒都非常有利。

3）类型和规格

（1）建造形式　荫棚有临时性和永久性两类。临时性荫棚于每年初夏使用时临时搭设,秋凉时逐渐拆除。主架由木材、竹材等构成。永久性荫棚是固定设备,骨架用水泥柱或铁管构成。

（2）规格和尺寸　荫棚的高度应以本花场内养护的大型阴性盆花的高度为准,一般不应低于2.5 m。立柱之间的距离可按棚顶横担料的尺寸来决定,最好不要小于3 m,否则花木搬运不便,并会减少棚内的使用面积。一般荫棚都采用东西向延长,荫棚的总长度应根据生产量来计算,每隔3 m立柱一根,还要加上棚内步道的占地面积。整个荫棚的南北宽度不要超过8～10 m,太宽则容易通风不畅;太窄,遮阳效果不佳,而且棚内盆花的摆放也不便安排。

如果需将棚顶所盖遮阳材料延垂下来,注意其下缘应距地60 cm左右,以利通风。荫棚中,可视其跨度大小沿东西向留1～2条通道(图5-15)。

图 5-15　荫棚的构造

5.2.2.4　风障

风障是用秸秆和草帘等材料做成的防风设施,我国北方常用的简单保护措施之一,在花卉生产中多于冷床或温床结合使用,可用于耐寒的二年生花卉越冬,一年生花卉提早播种和开花(图5-16)。风障的防风效果极为显著,能使风障前近地表气流稳定,一般能削弱风速的10%～50%,风速越大,防风效果越显著。风障的防风范围为风障高度的8～12倍。在我国北方冬春晴朗多风的地区,风障是一种常用保护地栽培措施,但在冬季光照条件差,多南向风或风向不定的地区不适用。

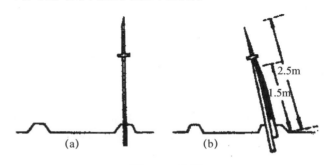

图 5-16　风障

(a)迎风障畦　(b)普通风障畦

5.2.2.5　冷床与温床

冷床与温床是花卉栽培的常用设施。只利用太阳辐射热而不加温的叫冷床;除利用太阳辐射热外,还需人为加温的叫温床。

1）冷床

冷床是不需要人工加温而只利用太阳辐射维持一定温度,使植物安全越冬或提早栽培繁殖的栽植床。它介于温床和露地栽培之间的一种保护地类型,又称阳畦。广泛用于冬春季节日光资源充足而且多风的地区,主要用于二年生花卉的越冬及一、二年生花卉的提前播种,耐寒花卉促成栽培及温室种苗移栽露地前的锻炼(图5-17)。

2）温床

目前常用的是电热温床。选用耐高温的绝缘材料、耗电少、电阻适中的加热线作为热源,发热50～60 ℃。在铺设线路前先垫以10～15 cm厚的煤渣等,再盖以5 cm厚的河沙,加热线以15 cm间隔平行铺设,最后覆土。温度可用控温仪来控制。

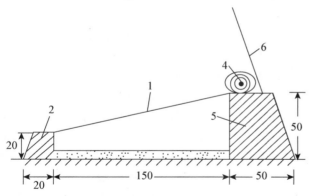

图 5-17　冷床结构示意图(单位:cm)

1.塑料薄膜　2.南框　3.培养土　4.草帘　5.北框　6.风障

3)冷床与温床的功能

(1)提前播种,提早花期　花卉春季露地播种需在晚霜后进行,而利用冷床或温床可在晚霜前30~40 d播种,以提早花期。

(2)促成栽培　秋季在露地播种育苗,冬季移入冷床或温床使之在冬季开花,或在温暖地区冬季播种,使之在春季开花。如球根花卉水仙、百合、风信子、郁金香等常在冬季利用冷床进行促成栽培。

(3)保护越冬　在北方一些二年生花卉不能露地越冬,可在冷床或温床中秋播并越冬,或在露地播种,幼苗于早霜前移入冷床中保护越冬,如三色堇、雏菊等。在长江流域,一些半耐寒性盆花,如天竺葵、小苍兰、万年青、芦荟、天门冬以及盆栽灌木等,常在冷床中保护越冬。

(4)小苗锻炼　在温室或温床育成的小苗,在移入露地前,需先于冷床中进行锻炼,使其逐渐适应露地气候条件,然后移栽露地。

(5)扦插　在炎热的夏季,可利用冷床进行扦插,通常在6—7月进行。

5.2.3　花卉的温室栽培

5.2.3.1　温室地栽

1)灌水与施肥

(1)灌溉　水分管理是一项经常性的工作,在很大程度上决定了地栽花卉的成败。浇水看似简单,其实技术性强,需要不断摸索、积累经验。

①水质要求。水质以清澈的活水为上,如河水、湖水、池水、雨水,避免用死水或含矿物质较多的硬水如井水等。若使用自来水,应注意当地的自来水水质,如酸碱度、含盐量等,并在水池中预置,让氟、氯离子及其他重金属离子等有害物质充分挥发、沉淀后再使用。

②根据不同花卉的特性浇水。掌握不同地栽花卉的需水特性,有针对性地浇水,才能取得良好的效果。如花谚中有"干兰湿菊",说明兰花这种阴生植物需较高的空气湿度,但根际的土壤湿度又不宜太大;而菊花则喜阳,不耐干旱,要求土壤湿润,但又不能过于潮湿、积水。一般来说,大叶、圆叶植株的叶面蒸腾强度大,需水量较多;而针叶、狭叶、毛叶或蜡质叶等叶表面不易失水的花卉种类需水较少。

③根据不同生育期浇水。同一种地栽花卉在各个不同的生长发育阶段对水分的需求量是不同的。通常而言,幼苗期根系较浅,虽然代谢旺盛,但不宜浇水过多,只能少量多次;植株恢复正常营养生长后,生长量大,应增大浇水量;进入开花期后,因根系深,生长量小,应控制水分以利提早开花和提高花卉品质。

④根据不同季节、土质浇水。就全年而言,春、秋两季少浇,夏季多浇,冬季浇水最少。但在大棚栽培中,冬季双层薄膜覆盖下湿度很大,往往给人一种错觉,认为不必浇水。其实只是土壤表层湿润,而中下层比较干,单靠薄膜内汽化形成的雾滴水无法满足根系的需水量,所以也需要适当浇水。

⑤浇水时间。夏季以早、晚浇水为好,秋冬则可在近中午时浇灌。原则就是使水温与土温相近,若水温与土温的温差较大,会影响植株的根系活动,甚至伤根。

(2)施肥　土壤在栽培过程中需不断进行施肥。特别是对那些肥力水平不高、不适宜地栽花卉生长发育的土壤更需要进行改良施肥,使水、肥、气、热条件都适应花卉植物高产、优质的需要。对设施栽培的土壤要特别注意加强施肥,以防止土壤发生退化。

①保护性耕作。种植其他农作物的大田改种

地栽花卉时,对土壤进行保护性耕作,少耕浅耕,轮作换茬,增加土壤中有机物的积累,涵养水分,提高微生物活动能力,以释放更多的土壤养分,满足花卉生长发育的需要。

②增施有机肥。有机肥料分解慢,肥效长,有利于改良土壤结构,故多用于基肥,也可用部分无机肥料与有机肥料缓和作基肥使用,特别是那些易被土壤固定失效的无机肥如过磷酸钙等,与有机肥料混合效果很好。在用有机肥料作基肥时,必须是腐熟的,因为有机肥在发酵和分解时会释放大量的热,容易伤根,而且未经发酵腐熟的有机肥其养分难以吸收,且往往带有许多病原菌和虫卵。基肥中通常氮、磷、钾的总量多于追肥,宿根花卉与球根花卉要求更多的有机肥料作基肥。有机肥料可以结合整地均匀地施入耕作层。常用的有机肥包括厩肥、堆肥、饼肥、骨粉、畜禽、人粪尿等。

③种植绿肥。豆科植物具有固氮作用,采摘可食用部分后将其茎秆还田,尤其是将豌豆、绿豆、蚕豆、田菁等鲜嫩茎叶压青,可增加土壤有机质和氮素含量。

种植夏季绿肥作物,生长快,产量高,对土壤适应性强,耐盐、耐涝、耐瘠,便于管理,根瘤多,固氮能力强,能活化、富集土壤中的磷、钾养分,同时获得大量蛋白质和有机物质,是改土培肥的理想途径。种植前后土壤样品分析结果表明,培肥效果明显。

④合理施用化肥。化肥及无机肥,其特点是含量高、养分单一,多为无机盐类,易溶于水,便于植物吸收,肥效快,同时也易流失,一般多用于追肥。施肥前必须了解分析化肥的性质及各种花卉吸收养分的特性,合理施用。如磷肥的施用,应根据土壤酸碱性选用不同的磷肥品种,在酸性、微酸性土壤中施用钙镁磷肥、磷矿粉等碱性肥料,既可增加有效磷,又可中和土壤的酸性,还增加了土壤中的钙、镁元素;而在石灰性土壤中宜选施过磷酸钙、重过磷酸钙等磷肥,不仅提高磷的有效性,还可用过磷酸钙来改良盐碱土壤。常用的无机肥料还有尿素、硫酸铵、硝酸钾、磷酸氢铵、磷酸二氢钾、硫酸亚铁等。

无机肥料大多含养分单一,长期施用易使土壤板结,并不能满足地栽花卉对各种营养元素的均衡需要,应同时施用几种化学肥料,或无机肥料与有机肥料混合使用。但不是所有的肥料都能混合,若混合不当,易降低肥效甚至产生副作用。

⑤根外追肥。根外追肥一般采用叶面喷施肥料,以花卉急需某种营养元素或补充微量元素时施用最宜。喷施的时间,以清晨、傍晚或阴雨时最适。喷施浓度不能过高,一般掌握在 $0.1\% \sim 0.2\%$。

施肥量及用肥种类依据地栽花卉生育期不同而有差异。幼苗期吸收量较少,茎叶大量生长至开花前吸收量呈上升,一直到开花后才逐渐减少。幼苗生长期、茎叶发育期多施氮肥,能促进营养器官的发育;孕蕾期、开花期则应多施磷、钾肥,以促进开花和延长开花期。通常生长季节每隔 $7 \sim 10$ d 施一次肥(图 5-18)。

图 5-18　幼苗喷施叶面肥

准确施肥还取决于气候、土壤以及管理水平。要掌握少量多次的原则,切忌施浓肥。施肥后要及时浇透水,不要在中午前后或有风时追肥,以免无机肥伤害植株。

2)整形与修剪

整形修剪是地栽花卉生产过程中技术性很强的工作,包括摘心、除芽、除蕾、修剪枝条等。通过整枝可以控制花卉植株的高度,增加分枝数以提高着花率;或除去多余的枝叶,减少其对养分的消耗;也可作为控制花期或使植株二次开花的技术措施。整枝不能孤立进行,必须根据植株的长势与肥水等其他管理措施相结合,才能达到目的。

（1）摘心（pinching）　是指摘除枝梢顶芽，能促使植株的侧芽形成，开花数增多，并能抑制枝条生长，促使植株矮化，还可延长花期。如香石竹每摘心一次，花期延长 30 d 左右，每分枝可增加 3～4 个开花枝。

（2）摘芽（disbud）　摘芽的目的是除去过多的腋芽，以限制枝条增加和过多花蕾发生，可使主茎粗壮挺直，花朵大而美丽。

（3）剥蕾（paring flower bud）　通常是摘除侧蕾、保留主蕾（顶蕾），或除去过早发生的花蕾和过多的花蕾。

（4）修枝（pruning）　是剪除枯枝、病虫枝、位置不正易扰乱株形的枝、开花后的残枝，改进通风透光条件，并减少养分消耗，提高开花质量。

（5）剥叶（paring leaf）　是经常剥去老叶、病叶及多余叶片，可协调植株营养生长与生殖生长的关系，有利于提高开花率和切花品质。

（6）支缚（underlaying）　是用网、竹竿等物支缚住切花植株，保证切花茎秆挺直、不弯曲、不倒伏。例如香石竹、菊花生产上常用尼龙网作为支撑物。

3）杂草防除

中耕除草的作用是疏松表土，通过切断土壤毛细管，减少水分蒸发，来提高土温，使土壤内空气流通，促进有机质分解，为地栽花卉生长和养分吸收创造良好的条件。中耕同时可以除去杂草，但除草不能代替中耕，因此在雨后或灌溉后，即使没有杂草也要进行中耕。

幼苗期中耕应浅，随着苗的生长而逐渐加深。株、行中间处中耕应深，近植株处应浅。当幼苗渐大，根系已扩大于株间时中耕应停止，否则根系易断，造成生长受阻。

除草可以避免杂草与地栽花卉争夺土壤中的水分、养分、阳光，应在杂草发生之初尽早进行，因此时杂草根系较浅，易于清除。多年生杂草必须将其地下部全部掘出，以防翌年再生。除草一般结合中耕进行，在花苗栽植初期，特别是在植株郁闭之前将其除尽。可用地膜覆盖防除杂草，尤以黑膜效果最佳。目前除人工方法外，还可以使用除草剂，但浓度一定要严格掌握。如采用 0.5％～1.0％ 2,4-D 稀释液，可消灭双子叶杂草。

5.2.3.2　容器栽培

将花卉栽植到各类容器中的方式统称为盆栽花卉，简称盆花或盆栽。盆栽便于控制花卉生长的各种栽培条件，控制花卉的营养生长，在适当的水肥管理条件下利于促成和抑制栽培，还便于搬迁，既可陈放于室内，也可布置于庭院。

我国盆栽花卉历史悠久，在河姆渡出土的距今 7 000 年前的陶块上的盆栽图案是最早的关于盆栽的史料。盆栽花卉的栽培历史是与盆景艺术的发展历史分不开的，盆栽先于盆景的出现，盆景艺术的雏形就是盆栽花卉，早在新石器时代就已经有了盆栽花卉的现象。经过千年的栽培技艺的演变，盆栽已经是花卉生产中非常重要的栽培形式之一，而盆花在花卉生产中也占有极其重要的地位。近些年，我国盆花发展非常迅速，2010 年花卉生产总面积为 91.8 万 hm^2，其中盆栽植物面积达 8.3 万 hm^2。每年春节花卉市场上，盆花琳琅满目，供求数量飞速增长。蝴蝶兰、大花蕙兰、凤梨、红掌、仙客来、一品红等盆花都深受人们的青睐。

花卉组合盆栽也备受推崇，组合盆栽又叫盆花艺栽，就是把若干种独立的植物栽种在一起，使它们成为一个组合整体，以欣赏它们的群体美，使之以一种崭新的面貌呈现在人们面前。这种盆花艺栽色彩丰富，花叶并茂，极富自然美和诗情画意，予人以一种清新和谐的感觉，极大地提高了盆花的观赏效果。

1）容器类型与性质

选择适当的花盆对于盆栽很重要。通用的花盆为素烧泥盆或瓦钵，这类花盆通透性好，适于花卉生长，价格便宜，花卉生产中广泛应用。近年塑料盆也大量用于花卉生产，它具有色彩丰富、轻便、不易破碎和保水能力强等优点。此外应用的还有紫砂盆、水泥盆、木桶以及作套盆用的瓷盆等。不同类型花盆的透气性、排水性等差异较大（表 5-9），应根据花卉的种类、植株的高矮和栽培目的选用。

表 5-9 盆栽容器的类别及性能

材质	类别	用途	透气性	排水	花盆特性
土	素烧盆	栽培观赏	良好	良好	质地粗糙,不美观,易破损,使用不太方便
	陶瓷盆	栽培观赏	不透气	居中	观赏价值高,不太易破损
	紫砂盆	栽培观赏	居中	良好	造型美观,形式多样
	套盆	栽培观赏	不透气	不良	盆底无孔洞,不漏水,美观大方
塑胶	硬质	栽培观赏	不透气	居中	不易破损,轻而方便,保水能力强
	软质	育苗	不透气	居中	不会破,使用方便,容易变形
	发泡盆	栽培观赏	不透气	居中	轻而体积大
木	木盆或木桶	栽培观赏	居中	良好	规格较大,盆侧有把手,便于搬运,整体美观
玻璃	玻璃钢花钵、瓶箱	栽培观赏	较差	居中	盆体质轻高强,耐腐蚀,各种造型都极为美观
石	石盆	栽培观赏	较差	居中	盆重不易搬移,适于大型花材的栽植观赏
泥炭	吉惠盆	育苗	良好	不好	易破损,质轻,使用简便,不能重复使用
纸	纸钵	育苗	不一致	良好	易破损,质轻但使用费时,不能重复使用
其他	水养盆、兰盆	栽培观赏			

花盆的形状多种多样,大小不一,样式也越来越丰富,柱状立体栽培容器就是其中一种,它不仅美观、节约空间,而且可以根据需要进行组合,可以向上延伸高度,4～6 个柱状栽培容器组成一组,最高可达 2 m,中心有透气层。保持水分时间也很长,从立柱的最高处浇水,水分可以平均分布到各层,一次浇透可保湿 20～30 d。这种柱状立体栽培容器的应用范围广,既可家庭养花用,也适用于宾馆、饭店大堂的植物立体装饰,节省管理时间,但基质的要求较高。有些花盆盆底留排水孔,排水孔紧贴地面或花架,易堵塞,使用时,应先在地面铺一层粗沙或木屑、谷壳等或将花盆用砖头垫起,以免堵塞花盆的排水孔。塑料盆等盆壁透气性差的容器,可以通过选择空隙大的基质来弥补其缺陷。

2)盆土的配制

容器栽培,盆内容积有限,花卉赖以生存的空间有限,因此要求盆土必须具有良好的物理性状,以保障植物正常生长发育的需要。盆土的物理特性比其所含营养成分更为重要,因为土壤营养状况是可以通过施肥调节的。良好的透气性应是盆土的重要物理性状之一,因为盆壁与盆底都是排水的障碍,气体交换也受影响,且盆底易积水,影响根系呼吸,所以盆栽培养土的透气性要好。培养土还应有较好的持水能力,这是由于盆栽土体积有限,可供利用的水少,而盆壁表面蒸发量相当大,约占全部散失水的

50%,而叶面蒸腾仅占 30%,盆土表面蒸发占 20%。盆土通常由园土、沙、腐叶土、泥炭、松针土、谷糠及蛭石、珍珠岩、腐熟的木屑等材料按一定比例配制而成,培养土的酸碱度和含盐量要适合花卉的需求,同时培养土中不能含有害微生物和其他有毒物质。常见培养土的类型如下:

(1)田园土 园土是果园、菜园、花园等的表层活土,具有较高的肥力及团粒结构,但因其透气性差,干时板结,湿时泥状,故不能直接拿来装盆,必须配合其他透气性强的基质使用。

(2)厩肥土 马、牛、羊、猪等家畜厩肥发酵沤制,其主要成分是腐殖质,质轻、肥沃,呈酸性反应。

(3)沙和细沙土 沙通常指建筑用沙,粒径为 0.1～1 mm;用作扦插基质的沙,粒径应在 1～2 mm 较好,素沙指淘洗干净的粗沙。细沙土又称沙土、黄沙土、面土等,沙的颗粒较粗,排水性较好,但与腐叶土、泥炭土相比较透气、透水性能差,保水持肥能力低,质量重,不宜单独作为培养土。

(4)腐叶土 腐叶土由树木落叶堆积腐熟而成,土质疏松,有机质含量高,是配制培养土最重要的基质之一。以落叶阔叶树最好,其中以山毛榉和各种栎树的落叶形成的腐叶土较好。腐叶土养分丰富,腐殖质含量高,土质疏松,透气透水性能好,一般呈酸性(pH 4.6～5.2),是优良的传统盆栽用土。适合于多种盆栽花卉应用,尤其适用于秋海棠、仙客来、地生兰、蕨

类植物、倒挂金钟、大岩桐等。腐叶土可以人工进行堆制，也可以在天然森林的低洼处或沟内采集。

（5）堆肥土　堆肥土是由植物的残枝落叶、旧盆土、垃圾废物等堆积，经发酵腐熟而成。堆肥土富含腐殖质和矿物质，一般呈中性或碱性（pH 6.5～7.4）。

（6）塘泥和山泥　塘泥是指沉积在池塘底的一层泥土，挖出晒干后，使用时破碎成直径 0.3～1.5 cm 的颗粒。遇水不易破碎，排水和透气性比较好，也比较肥沃，是华南多雨地区盆栽用土，历史悠久。一般使用 2～3 年后颗粒粉碎，土质变黏，不能透水，需要更换新土。山泥是江浙一带等山区出产的天然腐熟土，呈酸性、疏松、肥沃、蓄水，是栽培山茶、兰花、杜鹃、米兰等喜酸性花卉的良好基质。

（7）泥炭　泥炭土分为褐泥炭和黑泥炭。褐泥炭呈浅黄至褐色，富含有机质，呈酸性，pH 6.0～6.5，是酸性植物培养土的重要成分，也可以掺入 1/3 河沙作扦插用土，既有防腐作用，又能刺激插穗生根。黑泥炭炭化年代久远，呈黑色，矿物质较多，有机质较少，pH 6.5～7.4。

（8）松针土　山区松树林下松针腐熟而成，呈强酸性，是栽培山茶、杜鹃等强酸性花卉的主要基质。

（9）草皮土　取草地或牧场上的表土，厚度为 5～8 cm，连草及草根一起掘取，将草根向上堆积起来，经一年腐熟后的土。草皮土含较多的矿物质，腐殖质含量较少，堆积年数越多，质量越好，因土中的矿物质能得到较充分的风化。草皮土呈中性至酸性，pH 6.5～8.0。

（10）沼泽土　沼泽土主要由水中苔藓和水草等腐熟而成，取自沼泽边缘或干涸沼泽表层约 10 cm 的土壤。含较多腐殖质，呈黑色，强酸性 pH 3.5～4.0。我国北方的沼泽土多为水草腐熟而成，一般为中性或微酸性。

盆栽花卉除了以土壤为基础的培养土外，还可用人工配制的无土混合基质，如用珍珠岩、蛭石、砻糠灰、泥炭、木屑或树皮、椰糠、造纸废料、有机废物等一种或几种按一定比例混合使用。由于无土混合基质质地均匀、重量轻、消毒便利、通气透水等优点，在盆栽花卉生产中越来越受重视，尤其是一些规模化、现代化的盆花生产基地，盆栽基质大部分采用无

土基质。而且，我国已经加入世界贸易组织，为促进和加快盆花贸易的发展，无土栽培基质无疑是未来盆栽基质的主流。但是就我国目前的花卉生产现状，培养土仍然是盆栽花卉最重要的栽培基质（表 5-10）。

表 5-10　常用培养土成分及配制比例

培养土成分	比例	适宜的花卉种类
园土、腐叶土、黄沙、骨粉	6:8:6:1	通用
泥炭、黄沙、骨粉	12:8:1	通用
腐叶土、园土、砻糠灰	2:3:1	凤仙花、鸡冠花、一串红等
堆肥土、园土	1:1	一般花木类
堆肥土、园土、草木灰、细沙	2:2:1:1	一般宿根花卉
腐叶土、园土、黄沙	2:1:1	多浆植物
腐叶土加少量黄沙		山茶、杜鹃、秋海棠、地生兰、八仙花等
水苔、椰子纤维或木炭块		气生兰

3）上盆与换盆

（1）上盆　将幼苗移植于花盆中的过程叫上盆。幼苗上盆根际周围应尽量带些土，以减少对根系的伤害。如使用旧盆，无论上盆或是换盆应先浸洗，除去泥土和苔藓，干后再用，如为新盆，应先行浸泡，以溶淋盐类。上盆时首先在盆底排水孔处垫置破盆瓦片或用窗纱以防盆土漏出并方便排水，再加少量盆土，将花卉根部向四周展开轻置土上，加土将根部完全埋没至根颈部，使盆土至盆缘保留 3～5 cm 的距离，以便日后灌水施肥（图 5-19）。

图 5-19　上盆

（2）换盆　多年生花卉长期生长于盆钵内有限土壤中，常感营养不足，加以冗根盈盆，因此随植株长大，需逐渐更换大的花盆，扩大其营养面积，利于植株继续健壮生长，这就是换盆。换盆还有一种情况是原来盆中的土壤物理性质变劣，养分丧失或严重板结，必须进行换盆，而这种换盆仅是为了修整根系和更换新的培养土，用盆大小可以不变，故也可称为翻盆（图5-20）。

图5-20　换盆

换盆的注意事项：①应按照植株的大小逐渐换到较大的盆中，不可换入过大的盆内，因为盆过大给管理带来不便，浇水量不易掌握，常会造成缺水或积水现象，不利花卉的生长。②根据花卉种类确定换盆的时间和次数，过早、过晚对花卉生长发育均不利。当发现有根自排水孔伸出或自边缘向上生长时，说明需要换盆了。多年生盆栽花卉换盆于休眠期进行，生长期最好不换盆，一般每年换一次。一、二年生草花随时均可进行，并依生长情况进行多次，每次花盆加大一号。③换盆后应立即浇水，第一次必须浇透，以后浇水不宜过多，尤其是根部修剪较多时，吸水能力减弱，水分过多易使根系腐烂，待新根长出后再逐渐增加灌水量。为减少叶面蒸发，换盆后应放置阴凉处养护2～3 d，并增加空气湿度，移回阳光下后，应注意保持盆土湿润。

换盆时一只手托住盆将盆倒置，另一只手以拇指通过排水孔下按，土球即可脱落。如花卉生长不良，还可检查原因。遇盆缚现象，用竹签将根散开，同时修剪根系，除去老残冗根，刺激其多发新根。

上盆与换盆的盆土应干湿适度，以捏之成团、触之即散为宜。上足盆土后，沿盆边按实，以防灌水后下漏。

4）水肥管理

水肥管理是盆栽花卉十分重要的环节，盆花栽培中灌水与施肥经常结合进行，依据花卉不同生育阶段，适时调控水肥量的供给，在生长季节中，相隔3～5 d，水中加少量肥料混合施用，效果亦佳。

（1）灌水　盆栽花卉测土湿的方法，是用食指按压盆土，如下陷1 cm说明盆土湿度是适宜的。搬动一下花盆如已变轻，或是用木棒轻敲盆边声音清脆等说明需要灌水了。根据盆栽花卉自身的生物学特性，对不同的花卉应采用不同的浇水方法。将灌溉水直接送入盆内，使根系最先接触和吸收水分，是盆花最常用的浇水方法。盆栽花卉常用的浇水方法为浸盆法、洒水法、喷雾法。

①浸盆法。多用于播种育苗与移栽上盆期。先将盆坐入水中，让水沿盆底孔慢慢地由下而上渗入，直到盆土表面见湿时，再将盆由水中取出。这种方法既能使土壤吸收充足水分，又能防止盆土表层发生板结，也不会因直接浇水而将种子、幼苗冲出。此法可视天气或土壤情况每隔2～3 d进行一次。

②喷水法。喷水法洒水均匀，容易控制水量，能够按照花卉的实际需要有计划给水。用喷壶洒水第一次要浇足，看到盆底孔有水渗出为止。喷水不仅可以降低温度，提高空气相对湿度，还可以清洗叶面上的尘埃，提高植株的光合效率。

③喷雾法。是利用细孔喷壶使水滴变成雾状喷洒在叶面上的方法。这种方法有利于空气湿度的提高，又可清洗叶面上的粉尘，还能防暑降温，对一些扦插苗、新上盆的花卉或树桩都是行之有效的浇水方法。全光自动喷雾技术是大规模育苗给水的重要方式。

盆栽花卉还可以进行一些其他的水分管理方式，如找水、扣水、压清水、放水等。找水是补充浇水，即对个别缺水的花卉单独补浇，不受正常浇水时间和次数的限制。扣水即在花卉植株生育期某一阶段暂停浇水，进行干旱锻炼或适当减少浇水次数和

浇水量,如苗期的"蹲苗",在根系修剪伤口尚未愈合、花芽分化阶段及入温室前后常采用。压清水是在盆栽花卉植株施肥后的浇水,要求水量大且必须浇透,因为只有量大浇透才能使局部过浓的土壤溶液得到稀释,肥分才能够均匀地分布在土壤中,不致因局部肥料过浓而出现"烧根"现象。放水是指生长旺季结合追肥加大浇水量,以满足枝叶生长的需要。

根据花卉种类及不同生育阶段确定浇水次数、浇水时间和浇水量。草本花卉本身含水量大、蒸腾强度也大,所以盆土应经常保持湿润(但也应有干湿的区别),而木本花卉则可掌握干透浇透的原则。蕨类、天南星科、秋海棠类等喜湿花卉要保持较高的空气湿度,多浆植物等旱生花卉要少浇。进入休眠期时,浇水量应依据花卉种类不同而减少或停止,解除休眠进入生长期,浇水量逐渐增加。生长旺盛时期要多浇,开花前和结实期少浇,盛花期适当多浇。有些花卉对水分特别敏感,若浇水不慎会影响生长和开花,甚至导致死亡。如大岩桐、蒲包花、秋海棠的叶片淋水后容易腐烂;仙客来球茎顶部叶芽、非洲菊的花芽等淋水会腐烂而枯萎;兰科花卉、牡丹等分株后,如遇大水也会腐烂。因此,对浇水有特殊要求的种类应和其他花卉分开摆放,以便浇水时区别对待。

不同栽培容器和培养土对水分的需求不同。素烧瓦盆通过蒸发丧失的水分比花卉消耗的多,因此浇水要多些。塑料盆保水力强,一般供给素烧瓦盆水量的1/3就足够了。疏松土壤多浇,黏重土壤少浇。一般腐叶土和沙土适当配合的培养土,保水和通气性能都好,有利于花卉生长。以草炭土为主的培养土,因干燥后不易吸水,所以必须在干透前浇水。

灌水时期。夏季以清晨和傍晚浇水为宜,冬季以10时以后为宜,因为土壤温度直接影响根系的吸水。因此,浇水的温度应于空气的温度和土壤温度相适应,如果土温较高、水温过低,就会影响根系的吸水而使植株萎蔫。

灌水的原则应为不干不浇,干是指盆土含水量达到再不浇水植株就濒临萎蔫的程度。浇水要浇透,如遇土壤过干应间隔10 min分次数灌水,或以浸盆法灌水。为了救活极端缺水的花卉,常将盆花移至阴凉处,先灌少量的水,后逐渐增加,待其恢复生机后再行大量灌水,有时为了抑制花卉的生长,当出现萎蔫时再灌水,这样反复处理数次,破坏其生长点,以促其形成枝矮花繁的观赏效果。

花卉浇水需要掌握气温高、风大多浇水,阴天、天气凉爽少浇水;生长期多浇水,开花期少浇水,防止花朵过早凋谢。此外冬季少浇水,避免把花冻死或浸死。

盆栽花卉对水质的要求。盆栽花卉的根系生长局限在一定的空间,因此对水质的要求比露地花卉高。灌水最好是天然降水,其次是江、河、湖水。以井水浇花应特别注意水质,如含盐量较高,尤其是给喜酸性花卉灌水时,应先将水软化处理。无论是井水或含氯的自来水,均应于贮水池经24 h之后再用,灌水之前,应该测定水分的pH和EC值,根据花卉的需求特性分别进行调整。

(2)施肥 盆栽花卉生活在有限的基质中,因此所需要的营养物质要不断补充。施肥分基肥和追肥,常用基肥主要有饼肥、牛粪、鸡粪等,基肥施入量不要超过盆土总量的20%,与培养土混合均匀施入,可放于盆底或盆土四周。追肥以薄肥勤施为原则,通常以沤制好的饼肥、油渣为主,也可以用化肥或微量元素追施或叶面喷施。叶面追肥时有机液肥的浓度不超过5%,化肥浓度一般不超0.3%,微量元素浓度不超0.05%。根外追肥不要在低温时进行,应在中午前后喷洒。叶子的气孔是背面多于正面,背面吸肥力强,所以喷肥应多在叶背面进行。同时应注意液肥的浓度要控制在较低的范围内。温室或大棚栽培花卉时,还可增施二氧化碳气体。光合作用的效率(二氧化碳含量0.03%~0.3%)随浓度增加而提高。

一、二年生花卉除豆科花卉可较少施用氮肥外,其他均需一定量的氮肥和磷、钾肥。宿根花卉和花木类,根据开花次数进行施肥,一年多次开花的如月季、香石竹等,花前花后应施重肥。喜肥的花卉如大岩桐,每次灌水应酌加少量肥料。生长缓慢的花卉施肥两周一次即可,生长更慢的花卉一个月一次即可。球根花卉如百合类、郁金香等喜肥,特别宜多施钾肥。观叶花卉在生长季中以施氮肥为主,每隔6~15 d追肥一次。

温暖的生长季节,施肥次数多些,天气寒冷而室温不高时可以少施。较高温度的温室,植株生长旺盛,施肥次数可多些。与露地花卉相同,盆栽花卉施肥同样需要了解不同种类花卉的养分含量、需肥特性以及需要的营养元素之间的比例。

盆栽施肥的注意事项:应根据不同种类、观赏目的、不同的生长发育时期灵活掌握。苗期主要是营养生长,需要氮肥较多;花芽分化和孕蕾阶段需要较多的磷肥和钾肥。观叶花卉不能缺氮,观茎花卉不能缺钾,观花和观果花卉不能缺磷。肥料应多种配合施用,避免发生缺素症。有机肥应充分腐熟,以免产生热和有害气体伤苗。肥料浓度不能太高,以少量多次为原则,基肥与培养土的比例不要超过 1:4。无机肥料的酸碱度和 EC 值要适合花卉的要求。

控释肥(controlled released fertilizer)是近年来发展起来的一种新型肥料,指通过各种机制措施预先设定肥料在作物生长季节的释放模式(释放期和释放量),使养分释放规律与作物养分吸收同步,从而达到提高肥效目的的一类肥料。它是将多种化学肥料按一定配方混匀加工,制成小颗粒,在其表面包被一层特殊的由树脂、塑料等材料制成的包衣,能够在整个生长季节,甚至几个生长季节慢慢地释放植物养分的肥料。目前,控释肥已在全球广泛应用于园艺生产。其优点是有效成分均匀释放,肥效期长,并可通过包衣厚度控制肥料的释放量和有效释放期。控释肥克服了普通化肥溶解过快,持续时间短、易淋失等缺点。在施用时,将肥料与土壤或基质混合后,定期施入,可节省化肥用量 40%～60%。

控释肥在花卉上的应用虽然能有效地解决氮、磷、钾淋失的问题,并且能在一定程度上促进花卉的生长、改善花卉的品质,但是具体在某些种或品种的应用上仍然存在一些问题。因此,还应针对花卉的营养特性,研究花卉专用的控释肥,达到肥效释放曲线与花卉的营养吸收曲线相一致。

5)整形与修剪

花卉通过合理的整形与修剪,可以使植株造型优美整齐,层次分明,高低适中,枝叶稀密调配适当,从而提高花卉的观赏价值。不仅如此,通过及时剪去不必要的枝条,可以节省养分,调整树姿,改善通风透光条件,促使花卉提早开花和健壮生长。

(1)整形

①丛生形。生长期间多次进行摘心,促使萌发多数枝条,使植株成低矮丛生状。如矮牵牛、一串红、波斯菊、金鱼草、美女樱、半枝莲及百日草等。

②单干形。保留主干,疏除侧枝,并摘除全部侧蕾,使养分向顶蕾集中。如独本菊等。

③多干形。留主枝数个,能开出较多的花。如菊花留 3、5、9 枝,大丽花留 2～4 枝,其余侧枝去除。

(2)整枝　整枝的形式多种多样,可以分为两种。在确定整枝形式前,必须对花卉的特性有充分的了解,枝条纤细且柔韧性好,可整成镜面形、牌坊形、圆盘形或 S 形等,如常春藤、叶子花、藤本天竺葵、文竹、令箭荷花、结香等。枝条较硬的花卉,宜做成云片形或各种动物造型,如蜡梅、一品红等。整形的花卉应随时修剪,以保持其优美的形态。

①自然式。着重保持花卉自然姿态,仅对交叉、重叠、丛生、徒长枝条加以控制,使其更加完美。

②规则式。依人们的喜爱和情趣,利用花卉的生长习性,经修剪整形做成各种形态,达到寓于自然高于自然的艺术境界。

(3)摘心　是指将植株主枝和侧枝上的顶芽摘除。目的是抑制主枝生长,促使多发侧枝,并使植株矮化、粗壮、株形丰满,增加着花部位和数量,摘心还能推迟花期,或促使其再次开花。需要进行摘心的花卉有:一串红、百日草、翠菊、金鱼草、矮牵牛、倒挂金钟、天竺葵等。

(4)抹芽　是指剥去过多的腋芽或挖掉脚芽。如菊花、牡丹等。目的是限制枝数的增加或过多花朵的发生,使营养相对集中,花朵充实。

(5)折枝捻梢　折枝是将新梢折曲而不断。捻梢是指将梢捻转。折枝和捻梢均可抑制新梢徒长,促进花芽分化。牵牛、茑萝等用此方法修剪。

(6)曲枝　为使枝条生长均衡,将生长势过旺的枝条向侧方压曲,将长势弱的枝条顺直。如大丽花、一品红等。

(7)剥蕾　剥去侧蕾和副蕾。目的是使营养集中主蕾开花,保证花朵质量。如芍药、牡丹、菊花等。

(8)摘叶　是指在植株生长过程中,适当剪除部分叶片。目的是为了促进新陈代谢,促进新芽萌发,减少水分蒸腾,使植株整齐美观。夏、秋之间,红枫、鸡爪槭、石榴等剪掉老叶,使其促发新叶更为清新艳丽,但须在摘叶前施以肥水。

(9)剪除残花　对不需要结种子的花卉,像杜鹃、月季、朱顶红等,花开过后及时摘掉残花,剪除花葶。目的是节省养分,促使花芽分化。

(10)剪根　露地落叶花木移栽前,将损伤根、衰老根和死根全部剪除。盆栽花卉换盆时也应将多余的和卷曲的根适当进行疏剪。目的是促使萌发更多的须根。

(11)修枝　剪除枯枝、病弱枝、交叉枝、过密枝、徒长枝等。分重剪和轻剪。重剪是将枝条由基部剪除或剪去枝条的 2/3 部分,轻剪是将枝条剪去 1/3 部分。目的是通过修枝,分散枝条营养,促使产生多量中短枝条,使其在入冬前充分木质化,形成充实饱满的腋芽和花芽。冬季休眠期时用重剪方法较多,生长期的修剪用轻剪方法较多。

(12)绑扎与支架　盆栽花卉中的茎枝纤细柔长,有的为攀缘植物,有的为了整齐美观,有的为了做成扎景,常设立支架或支柱,同时进行绑扎。花枝细长的小苍兰、百合、菊花、香石竹等常设立支柱或支撑网。攀缘性植物如香豌豆、球兰等常扎成屏风形或圆球形支架,使枝条盘曲其上,以利通风透光和便于观赏。我国传统名花菊花,盆栽中常设立支架或制成扎景,形式多样,引人入胜。支架常用的材料有竹类、芦苇及紫穗槐等。绑扎经常用棕丝或其他具有韧性又耐腐烂的材料。

花卉的修剪时间,因品种和栽培目的不同而异,一般分为生长期修剪和休眠期修剪两种。生长期修剪多在花木生长季节或开花以后进行,通常以摘心、抹芽、摘叶的方式剪除徒长枝、病枝、枯枝、花梗等。休眠期修剪宜在早春树液刚开始流动,芽即将萌动时进行。修剪过早,伤口难以愈合,芽萌发后遇寒流新梢易遭冻害;修剪太迟,新梢已长出,浪费了大量营养。休眠期修剪常用于木本花卉或宿根花卉。

不同的花卉其习性各不相同,开花时间也不一样,修剪时间要根据其习性灵活掌握。如海棠、丁香、蜡梅等植物,它们的花芽着生在一年生枝条上,因而不宜在冬季修剪,只能等到开花之后再进行短截,促使其侧芽萌发成新梢,而对在当年生枝上开花的茉莉、夜来香、扶桑、一品红等花卉,可以在其生长期多次进行摘心,促进其多发新梢并多次开花。对不起作用的萌蘗枝、徒长枝等随时剪去。在当年生枝条上开花的月季、石榴、扶桑、茉莉、金橘等植物可以重剪,以利于养分充分供应到果枝上,促进多开花、多挂果。而早春开花的迎春、梅花、杜鹃等植物,其花芽是在头一年的枝条上形成的,早春发芽前不能修剪,以免影响开花挂果,应在开花后 1~2 周内进行修剪,促使萌发新梢,又可形成来年的新枝。

修剪时萌芽力强的植物应多剪、重剪;萌芽力差的应少剪、轻剪。对盆栽木本花卉,一般对强主枝重剪,弱主枝轻剪。修剪要本着"留外不留内,留直不留横"的原则,剪去病枯枝、细弱枝、徒长枝、交叉枝。对五针松、茶花、白兰等不易发枝的花木,不要随便剪枝。剪口处的芽向外侧生长,剪口不能离芽太近,否则芽易失水干枯。

6)盆栽花卉环境条件的调控

花卉在生长发育过程中总会遇到一些不适宜的气象条件,如高温高湿、强烈日照、极度低温等,需要人为及时调控花卉的生长环境条件。盆栽花卉对逆境的耐受力低于露地花卉,尤其是温室盆花更需要精心管理。温度调控包括加温和降温,常用的加温措施有管道加温、利用采暖设备、太阳能加温等;降温措施有遮阳、通风、喷水等。光照强度可以通过加光和遮阳来调节。通风和喷水可以调节环境湿度。许多调节措施可以同时改变几个环境因素,如通风不仅可以降低温度,也可控制湿度,遮阳对温度和光照条件都有影响。这种相互影响有的对花卉有益,但有的则不利于花卉的生长发育。

(1)遮阳　许多盆花是喜阴或耐阴的花卉,不适宜夏季强烈的太阳辐射,为了避免强光和高温对花卉造成伤害,需要对盆花进行遮阳处理。遮阳不仅可以直接降低花卉接收的太阳辐射强度,也可以有效降低花卉表面和周围环境的温度。遮光材料应具有一定透光率、较高的反射率和较低的吸收率。常用的遮光物有白色涂层(如石灰水、钛白粉等)、草苫、苇帘、无纺布和遮阳网。涂白遮光率为 14%～27%，一般夏季涂上，秋季洗去，管理省工，但是不能随意调节光照度，且早晚室内光照过弱。草苫遮光率一般为 50%～90%，苇帘遮光率为 24%～76%，因厚度和编织方法不同而异，草苫和苇帘不宜做得太大，操作不便，一般用于小型温室。白色无纺布遮光率为 20%～30%。目前遮阳网最为常用，其遮光率的变化范围为 5%～95%，与网的颜色、网孔大小和纤维线粗细有关。遮阳网的形式多种多样，目前普遍使用的一种黑塑料编织网，中间缀以尼龙丝，以提高强度。在欧美一些国家，遮阳网形式更多，其中一种遮阳网是双层，外层为银白色网，具有反光性，内层为黑塑料网，用以遮挡阳光和降温。还有一种遮阳网，不仅减弱光强，而且只透过日光中花卉所需要的光，而将不需要的光滤掉。所有遮光材料均可覆盖温室或大棚的骨架上，或直接将遮光材料置于玻璃或塑料薄膜上构成外遮阳，遮阳网还可以用于温室内构成内遮阳。

（2）通风　通风除具有降温作用外，还有降低设施内湿度、补充二氧化碳气体、排除室内有害气体等作用。通风包括自然通风和强制通风两种。最大的降温效果是使室内温度与室外温度相等。

①自然通风。即开启设施门、窗进行通风换气，适于高温、高湿季节的全面通风及寒冷季节的微弱换气。操作极为方便，设备简单，运行管理费用较低，因此它是温室广泛采用的一种换气措施。智能化温室的通风换气可根据人为设定的温度指标，自动调节窗户的开闭和通风面积的大小。

②强制通风。利用排风扇作为换气的主要动力，其特点是设备和运行费用较高，一般日光温室和塑料大棚不采用。对于盛夏季节需要蒸发降温，开窗受到限制、高温季节通风不良的温室，还有某些有特殊需要的温室才考虑强制通风。常用湿帘风机进行强制通风。

③蒸发降温。利用水分蒸发吸热使室内空气温度下降，实践中常结合强制通风来提高蒸发效率。此法降温效果与温室外空气湿度有关，湿度小时效果好，湿度大时效果差，在南方高湿地区不适用。常用的设施蒸发降温设备有湿垫风机降温系统和弥雾

排风系统等。

现代温室盆栽花卉的环境调节和控制是一个综合管理系统，包括综合环境调控系统、紧急处理系统和数据收集处理系统三大部分。综合环境调控系统利用计算机控制通风、加温、加湿、灌溉、二氧化碳施肥、遮光、补光等设备，使各项指标维持在设定的数值水平上，保持花卉在最佳的环境中生长发育，并最大限度地节约能源消耗，获得高产。紧急处理系统在外界环境异常、控制装置发生故障、停电时向生产者发出警报。数据收集处理系统随时将温室内外各种小气候要素、设备运转状况等打印出来进行处理，供生产者参考。

7）杂草防除

盆栽花卉杂草防除是除去栽培容器中的杂草，不使其与花卉争夺水分、养分和阳光，杂草往往还是病虫害的寄主，要及时彻底清除，以保证花卉的健壮生长。

除草工作应在杂草发生的早期及早进行，在杂草结实之前必须清除干净，不仅要清除花盆内的杂草，还有把四周的杂草除净，对多年生的宿根性杂草应把根系全部挖出，深埋或烧毁。小面积以人工除草为主，大面积可采用化学除草。近年来多施用化学除草剂，若使用得当，可省工、省时，但要注意安全，根据花卉的种类正确选用适合的除草剂，参照使用说明书，掌握正确的使用方法、用药浓度、用药时间和用药量。

5.2.4　花卉的塑料大棚栽培

塑料大棚在花卉栽培上广泛应用，但塑料大棚的保温性能是有限的，据多年的观测，晴朗的白天，棚内升温快，可高于棚外 15～25 ℃；而深夜或清晨，棚内气温只高于棚外 1～3 ℃；连绵的雨雪天气，棚内气温也只高于棚外 2～4 ℃。因此，我们要根据不同类型的花卉，合理使用塑料大棚。

1）需要在冷室越冬的花卉

如盆栽的茶花、杜鹃、棕竹、栀子、含笑、朱顶红等在长江流域只要在低温时稍加保护即可在休眠状态下安全越冬，进棚后，要注意晴天通风降温，不可贪图高温，如果打破了休眠，进入生长状态，抗寒能

力将大大降低,因而受冻。当然,如果以催花为目的,则另当别论。

2)需要在高温温室越冬的花卉

竹芋类、变叶木、仙人掌类、凤梨类、巴西铁、发财树、龙血树、热带兰等喜高温花卉,在长江流域靠单层塑料大棚越冬是不够的,还必须增加其他措施,才能安全越冬。首先,大棚外加保温材料覆盖,阻止夜间热量散失。晴天的夜间此法极为有效。第二,大棚内再套一个简易棚,即双层棚,两层塑料薄膜间距离最好在 10 cm 左右,中间的空气导热系数较小,保温的效果较好,棚内温度较稳定。第三,增温,用电热或锅炉加温,能量消耗较大,代价较高,可结合前两项措施,在特别低温时和雨雪天短时间应用。此类花卉在晴朗的白天,棚内温度达 25 ℃以上也要通风,保持休眠越冬,如有增温条件,需要促成栽培者例外。

3)需要在温室生长,冬季或早春开花的花卉

如瓜叶菊、报春花、蒲包花、仙客来、马蹄莲等,白天气温保持在 15～20 ℃,棚内气温过高应通风,夜间覆盖保温,气温过低还应增温,保持在 5 ℃左右,不要低于 0 ℃。

此外,大棚内空气湿度大,特别注意黑斑病、白粉病等真菌病害的防治工作。为了满足不同花卉的需求,便于管理,塑料大棚内最好是同一品种,如果没有条件也应按对温度的不同要求分类摆放。在一个大棚内,南面光线强,温度高,北面光照弱,温度相对低些,要注意合理安排或轮换。休眠越冬的花卉,要停止施肥,控制浇水,保持半干旱状态,以防烂根死苗,在棚内生长的花卉也要适度控制浇水,见干见湿,经常通风炼苗,保持苗壮生长。

5.2.5 花卉设施栽培实例

5.2.5.1 郁金香设施栽培

郁金香(*Tulipa gesneriana*)百合科,郁金香属(图 5-21)。多年生草本,鳞茎扁圆锥形,具棕褐色皮膜。花单生茎顶,大型直立,有杯形、碗形、百合花形、重瓣等,花色丰富,有白、粉、红、紫、黄、橙、黑色、洒金、浅蓝等,有单色也有复色。自然花期 3—5 月。郁金香栽培历史悠久,品种繁多,达 8 000 余个。由

于品种非常多,至今国际上尚未制定出统一的分类系统。

图 5-21　设施栽培郁金香

郁金香原产地中海沿岸及中亚细亚、伊朗、土耳其、苏联南部以及我国的西藏、新疆等地。喜冬季温暖湿润、夏季凉爽稍干燥、向阳或半阴的环境,耐寒性强,冬季可耐−35 ℃的低温,冬季最低温度为 8 ℃时即可生长,故适应性较广。喜欢富含腐殖质、肥沃而排水良好的沙质壤土。

1)生长发育过程

郁金香的球根秋末开始萌发,早春开花,初夏开始进入休眠。种植后根系首先伸长,其生长适温为 9～13 ℃,5 ℃以下伸长几乎停止。种植后出现第一次生长高峰,翌年年初为第二次高峰,但全部伸长量的 60%～70% 则在当年内进行。开花前 3 周为茎叶生长旺盛时期,最适宜温度 15～18 ℃,至开花期茎叶停止生长。

休眠期进行花芽分化,分化适温以 20～23 ℃为宜。鳞茎寿命 1 年,即新老球每年演替一次,母球在当年开花并形成新球及子球,此后便干枯消失。通常一母球能生成 1～3 个新球及 4～6 个子球,新球个数因品种及栽培条件而不同,栽培条件优越时,子球数增多。

2)繁殖方法

郁金香通常采用分球繁殖,华东地区常在 9—10 月栽植,华北地区宜 9 月下旬至 10 月下旬栽植,暖地可延至 10 月末至 11 月初栽完,过早常因入冬前抽叶而易受冻害,过迟常因秋冬根系生长不充分而降低抗寒力。

郁金香属于需要一定时间的低温处理,并在其茎得到充分生长后才能开花的鳞茎植物。我国大部分地区冬季有充足的低温时间,秋天定植的郁金香在自然气候下可获得足够的低温,在春天生长到一定的高度后就自然开花。露地或盆栽郁金香只要种球质量有保证一般都能栽培成功。要使郁金香在春节之前开花,必须给予鳞茎一定的人工低温处理,处理时间需要几个不同的温度阶段。首先将挖出的鳞茎经过34 ℃的高温处理1周,再置于20 ℃下储藏,促使花芽分化发育完成,然后即可进入低温处理阶段并进行设施内促成栽培。

3)国内促成栽培方法

我国北方一般于10月开始,将干藏的郁金香种球上盆,浇透水后将盆埋放于冷床或阴凉低温处,其上覆盖土壤或各种碎谷糠及草苫,厚度15～20 cm,使环境温度稳定在9 ℃或更低一些,但必须在冰点以上,同时防雨水浸入。经8～10周低温处理,根系充分生长,芽开始萌动。此时根据花期早晚,将花盆移进日光温室,温度保持在17～21 ℃,起初温度可低些,约经3周以上便可开花。

4)荷兰模式化促成栽培技术

荷兰是郁金香生产王国,其对郁金香研究和生产水平居世界领先地位,因利用现代化的生产设施,能够保证郁金香鲜花周年上市。近年来,我国进口的荷兰郁金香种球数量不断增加,占领了我国大部分郁金香种球市场,我国进口的种球主要有三种类型,即春季开花的常规种球和促成栽培用的5 ℃和9 ℃种球。

(1)5 ℃郁金香促成栽培技术　这种方法是干鳞茎在种植前用5 ℃或2 ℃的低温充分处理,处理的时间各品种不同,一般需10～12周。随后直接在温室里种植培养,室温开始控制在9 ℃左右,2周后升高到15～18 ℃,8周左右可以开花。

(2)9 ℃郁金香促成栽培技术　有两种情况,一种是未经冷处理的鳞茎直接种在花盆里,然后接受9 ℃冷处理;另一种是已经接受部分冷处理的鳞茎种植在花盆里,剩余的冷处理至少在6周以上。若种植后的一段时间内土温高于所需的温度那么需要延长冷处理的周数。

5)促成栽培的注意事项

郁金香品种间对温度的反应不同,生育期差异很大,生产上要分别对待。郁金香花的质量除与栽培技术有关外,主要与种球的质量和大小直接相关。一般商品种球有三种规格,其球茎的周长分别为10～11 cm、11～12 cm及12 cm以上,鳞茎越大,植株生长发育越健壮,花的质量也就越好。栽培期间的空气相对湿度很重要,一般60%～80%为宜。土壤含水量不宜过大,以湿润为宜,相对湿度和土壤含水量过大易引起严重的病害。

花盆大小适宜,一般12 cm左右的盆栽1株,15～16 cm盆栽3株,18～20 cm盆栽4～6株。栽培基质疏松,栽植深度以鳞茎顶芽露出为宜,上面最好盖一层粗沙,以防发根时将鳞茎顶出。基肥一次施足后,促成栽培期间可不施肥。5 ℃处理种球种植时最好将鳞茎皮去掉,9 ℃处理不需去皮。郁金香花蕾着色后,需放置低温处(5～10 ℃),以延长花期。选择盆栽品种和茎秆较矮的切花品种。郁金香的病害主要有叶斑病、腐烂病、菌核病等,一旦发现有上述病害,应及时拔除病株烧掉。虫害主要是根虱,可用2 °Bé的石硫合剂洗涤鳞茎或用二硫化碳熏两昼夜杀除。

5.2.5.2　月季设施栽培

月季(Rosa hybrida)为蔷薇科蔷薇属花卉,是切花中的主要种类。

1)切花月季基本特征

(1)花型优美,高心卷边或高心翘角,特别是花朵开放1/3～1/2时,优美大方,含而不露,开放过程较慢。

(2)花瓣质地硬,花朵耐水插,外层花瓣整齐,不易出现碎瓣。花枝和花梗硬挺、直顺,支撑力强,且花枝有足够的长度,株形直立。

(3)花色鲜艳、明快、纯正,而且最好带有绒光,在室内灯光下,不发灰,不发暗。

(4)叶片大小适中,叶面平整,要有光泽。

(5)做冬季促成栽培的品种,要有在较低温度下开花的能力,温室栽培有较强抗白粉病的能力,夏季切花要有适应炎热气候的能力。

(6)要有较高的产花量,具有旺盛的生长能力,发芽力强，耐修剪，产花率高。一般大花型（HT系）年产量 80～100 枝/m²，中花型（FL系）年产量 150 枝/m²。

2）生产类型

根据设施情况，我国切花月季生产有以下三种主要类型：

（1）周年型　适合冬季有加温设备和夏季有降温设备的温室，可以周年产花，但耗能较大，成本较高。

（2）冬季切花型　适合冬季有加温设备的温室和南方广东一带的露地塑料大棚生产。此类生产以冬季为主，花期从9月到翌年6月，是目前切花生产的主要类型。

（3）夏季切花型　适合长江流域露地生产，北方地区大棚生产。产花期4—11月，生产设施简单，成本低，也是目前常见的栽培类型（图5-22）。

图5-22　设施栽培月季

3）主要品种

花大、有长花茎的各色品种都适于做切花。其中最受欢迎的是红色系的品种，以后逐渐发展的粉红、橙色、黄色、白色及杂色等，常见的各色品种中适于做切花的有：

（1）红色系　'Carl Red'、'Samantha'、'Kardibal'、'Americana'等。

（2）粉红色系　'Eiffel Tower'、'First Love'、'Somia、Bridal Pink'等。

（3）黄色系　'Golden Scepter'、'Peace'、'Silva'、'AlsmeerGold'等。

（4）白色系　'White Knight'、'White Swan'、'Core Blanche'等。

（5）其他色系橙色的'Mahina'、蓝月亮（'Blue Moon'）、杂色的'President'等。

4）生长习性及对环境要求

（1）喜阳光充足、相对湿度70%～75%、空气流通的环境。

（2）最适宜的生育温度白天为20～27 ℃，夜间15～22 ℃，在5 ℃左右也能极缓慢地生长开花，能耐35 ℃以上的高温，5 ℃的低温即进入休眠或半休眠状态。休眠时植株叶子脱落，不开花。

（3）喜排水良好、肥沃而湿润的疏松土壤，pH 6～7为宜。

（4）大气污染、烟尘、酸雨、有害气体都会妨碍切花月季的生长发育。

5）繁殖

切花月季繁殖的方法主要有扦插、嫁接与组织培养三种。目前我国保护地切花月季繁殖多以前两种为主。这里重点介绍月季的扦插繁殖方法。

（1）喷雾扦插法　设施用砖砌成宽100～120 cm、长4 m或8 m、深30 cm的畦状插床。床间设供水系统，每隔150～200 cm装1个喷头。用继电器、电磁阀、电子叶组成自动控制系统。先在床底铺垫12～15 cm的煤渣做渗水层，上面再铺15～20 cm的河沙等基质。时间以7—8月盛夏最好。插穗为生长季节植株尚未木质化的嫩茎。剪去部分枝叶，留上面两片叶，也可再剪去复叶的顶叶以减少水分蒸发，插穗一般长5～8 cm，然后密集插于扦插床，进行壮苗培养。

（2）冬季扦插法　时间在10月下旬至11月上旬均可，可结合露地月季冬剪进行。将半木质化和成熟的枝条剪成3～4节一段，上端平剪，下端斜剪，去掉叶片，然后用200 mg/L生根粉溶液浸泡插条下端30 min至1 h。保护地和加温设施可在苗床上铺设电热线（间距10 cm），电热线上铺10 cm黑土与河沙的混合基质，扦插后搭双层塑料薄膜拱棚。营养土配制好后用1% K_2MnO_4拌匀消毒。扦插深度为插条长度的一半，株行距3 cm×3 cm，然后盖单层膜。发芽前管理的关键是增加地温，控制气温，促进生根。白天中午温度高时通风降温，晚上低温时接通电热线加温。使地温在20～25 ℃，气温保持在7～

10 ℃,根据土壤湿度,见干就需浇水。经 20～30 d 后,扦插条生根发芽,此时关键是稳定地温,防止嫩枝芽受冻。晚间盖双层膜保温,白天盖单层膜,地温维持在 20 ℃左右,气温 10 ℃以上。每 10 d 左右浇一次水,每浇两次水施一次液体肥料,2 月底移栽,也可在温室内进行嫩枝扦插育苗。

(3)温室栽培　由于月季栽植后,要生产 4～6 年或更长的时间,因此栽前应深翻土壤最少 30 cm,并施入充足的有机肥以改良土壤,调节土壤 pH 至 6～6.5。每 100 m² 施入的基肥量为堆肥或猪粪 500 kg,牛粪 300 kg,鱼渣 20 kg,羊粪 300 kg,油渣 10 kg,骨粉 35 kg,过磷酸钙 20 kg,草木灰 25 kg。整好的土壤应用蒸汽或化学药品消毒,以杀死病菌、虫卵、杂草种子等。

6)栽植

(1)定植时间　栽植的时间从冬季到初夏均可,但为了节约能源,多在春季种植。因采收切花 4 年以后需要更换新株,以便维持较高产量,温室若轮番依次换栽,每年应有 25%需去旧换新。注意更换品种应相同或对管理要求相似。有些品种可生产切花6～8 年,可有计划地安排新花更替。

(2)定植方式　为了操作(如修剪、采花)方便,一般采用两行式。即每畦两行,行距 30 cm 或35 cm,株距依品种差异采用 20 cm、25 cm 和 30 cm,直立型品种(如'玛丽娜')密度(含通道)10 株/m²,扩张型品种密度 6～8 株/m²。

7)定植后的管理

新栽植株要修剪,留 15 cm 高,尤其是折断的、伤残的枝和根应剪掉。栽植芽接口离地面约 5 cm,上面应覆盖 8 cm 腐叶、木屑之类有机物,刚栽下一段时间,一天要喷雾几次,保持地上枝叶湿润,如已入初夏,要不断用低压喷雾,以助发芽;新植的苗室内温度不可太高,以保持 5 ℃为宜,有利于根系生长,过半个月后可升温至 10～15 ℃,一个月后升至 20 ℃以上,若与原来月季同在一个温室,则按原来月季要求进行温度管理。

(1)修剪　修剪采用逐渐更替法,即第一次采收后,全株留 60 cm 左右,一部分使它再开一次花,一部分短截,等短截的新枝开花后,原来开花的一部分再短截,这样轮流开花,植株不致升高太快,采花的工作也可全年进行。也可以采用一次性短截法,即冬季切花型的温室月季,夏季气温过高,往往让植株休眠,6～7 月采收一批切花后,主枝全部短截成一样高的灌木状。如是第一年新栽植株,留 45 cm,其他留 60 cm,以后进入炎热夏季,停产一段,到 9、10 月再生产新的产品。第二种修剪往往使植株生理失去平衡,造成根系萎缩、主枝枯死等现象,在温室管理中可采用折枝法来避免这种不良后果,此法已在国外温室生产中普遍应用。具体操作即把需要剪除的主枝向一个方向扭折,让上部枝条下垂。

(2)摘心　月季的摘心主要作用是促进侧枝生长,在栽培初期可为全株的树形打好基础,产花期可形成适量的花枝。开花后为了调剂市场上淡季或旺季的需要,可进行不同的摘心。轻度摘心(花茎 5～7 mm 时将顶端掐去)受影响的只是它附近的侧芽,形成的仅是一个枝条,对花期影响不大。重摘心(花茎直径达 10～13 mm 时,摘掉枝顶到第二复叶处)能生出两个侧枝,对花期的促进比前者早3～7 d。

(3)温度的管理和控制　温度直接影响切花的产量和品质。如修剪后出芽的多少、花芽的分化、封顶条的多少、产花的天数、花枝的长度以及花瓣数、花型和花色等。一般品种要求夜温 15.5～16.5 ℃,而'Somia'、'玛丽娜'、'彭彩'等低温品种只要求14～15 ℃,夜温过低是影响产量、延迟花期的一个重要原因,有些栽培者为了节省能源,把夜温调至13 ℃,结果产量减少,采花期延迟了 1～3 周,大大影响了经济效益。一般阴天要求昼温比夜间高 5.5 ℃,晴天要高 8.3 ℃,如温室内人工增加二氧化碳的浓度,温度应适当提高到 27.5～29.5 ℃,才不致损伤花朵。如加钠灯照射的温室,温度应至少在 18.5 ℃以上,以充分利用光照。在夏季高温季节,温度控制在26～27 ℃最好。国外研究认为地温在 13 ℃,气温在17.8 ℃时生长良好。近年来进一步研究证明,在昼温 20 ℃、夜温 16 ℃条件下,生长良好。当地温提高到25 ℃ 时可增产 20%,但若只提高地温,而降低气温,则会生长不良。总之,为了满足月季对温度的要求,应重视设施在冬季的保温和加温,夏季进行必要的降温。

（4）光照的调节　月季是喜光植物,在充足的阳光下,才能得到良好的切花。在温室栽培中,强光伴随着高温,就必须进行遮阳。有些地方3月初就开始遮阳,但遮光度要低,避免植株短时间内在光强度上受到骤然变化,随着天气变暖可增强遮阳,若室内光强低于54 klx,要清除覆盖物上的灰尘,9、10月（根据各地气候情况而定）应去除遮阳。冬季随日照时间短,而且又有防寒保护,使室内光照减少,但一般月季可照常开花。如果用灯光增加光照,可提高月季的产量。

8）切花的采收和处理

一般当花朵心瓣伸长,有1～2枚外瓣反转时（2°）采收,但冬天可适当晚些,在有2～3枚外瓣反转时采收。从品种上看,一般红色品种2°时采收,黄色品种略迟些,白色品种再略晚些。采花应在心瓣伸长3～4枚（3°）,甚至5～6枚（4°）时采收,若装箱运输,则应在萼片反转、花瓣开始明显生长、但外瓣尚未翻转（1°）时采收。采收时注意原花枝剪后应保留2～4片叶,剪时在所留芽的上方1 cm处倾斜剪除,为下次花枝生长准备条件。采后的切花应立即送到分级室中在5～6 ℃下冷藏、分级。不能立即出售的,应放在湿度为98％的冷藏库里,保持0.5～1.5 ℃的低温,可保存数日。

5.3　花卉的无土栽培

除土壤之外还有许多物质可以作为花卉根部生长的基质。凡是利用其他物质代替土壤为根系系统环境来栽培花卉的方法,就是花卉的无土栽培（soilless culture）。无土栽培的历史虽然很古老,但真正的发展始于1929年,美国加利福尼亚大学教授Gericke首次无土栽培番茄获得成功。1950年日本开始用无土栽培种植室内植物。1965年英国Coopen发明了营养膜（NFT）技术,1969年丹麦的Grodan公司开发的岩棉栽培技术,极大地推动了无土栽培在世界范围的发展。1971年新加坡引进无土栽培技术生产花卉,产品远销到欧洲一些国家。沙砾最早被植物营养学家和植物生理学家用来栽培作物,通过浇灌营养液来研究作物的养分吸收、生理代谢以及植物必须营养元素和生理障碍等。因此,沙

砾可以说是最早的栽培基质。近30年来,无土栽培技术发展极其迅速,目前在美国、英国、俄罗斯、法国、加拿大、荷兰等发达国家已广泛应用。美国是世界上最早应用无土栽培技术进行生产的国家,但无土栽培生产的面积并不大。20世纪80年代初,日本的无土栽培发展势头很猛,不过很快就被荷兰等欧洲国家和以色列等农业生产发达的国家超过。我国无土栽培始于1941年,余诚如、陈怀圃合著书《无土种植浅说》,1977年马太和在沙窝苗圃向技术人员介绍无土栽培。1980年全国成立了蔬菜工厂化育苗协作组,目前仍处于开发阶段,实际应用于生产的面积不大。

5.3.1　花卉无土栽培的意义

1）无土栽培的优点

（1）无土栽培不仅可以使花卉得到足够的水分、无机营养和空气,而且这些条件更便于人工调控,有利于栽培技术的现代化。

（2）无土栽培扩大了花卉的种植范围,在沙漠、盐碱地、海岛、荒山、砾石地或荒漠地都可进行,规模可大可小。

（3）无土栽培能加速花卉生长,提高花卉产品产量和品质。如无土栽培的香石竹味浓、花朵大、花期长、产量高、病虫少,盛花期比土壤栽培的提早2个月。又如仙客来,在水培中生长的花丛直径可达50 cm,高达40 cm,一株仙客来平均可开20朵花,一年可达130朵花,同时还易度过夏季高温。无土栽培金盏菊的花序平均直径为8.35 cm,而对照的花序直径只有7.13 cm。

（4）无土栽培节省肥水。土壤栽培由于水分流失严重,其水分消耗量比无土栽培大7倍左右。无土栽培施肥的种类和数量都是根据花卉生长的需要来确定的,且其营养成分直接供给花卉根部,完全避免了土壤的吸收、固定和地下渗漏,可节省一半左右的肥料用量。

（5）无土栽培无杂草,无病虫,卫生清洁。

（6）无土栽培可节省劳动力,减轻劳动强度。

2）无土栽培的缺点

（1）无土栽培一次性投资较大。需要许多设备,

如水培槽、营养液池、循环系统等。

（2）无土栽培风险性大，一旦一个环节出问题，可能导致整个栽培系统瘫痪。

（3）无土栽培对环境条件和营养液的配制都有严格的要求，因此对栽培和管理人员要求较高，要具备一定的专业知识。

5.3.2　花卉无土栽培的类型

5.3.2.1　水培

水培就是将花卉的根系悬浮在装有营养液的栽培容器中，营养液不断循环流动以改善供氧条件。水培方式有如下几种：

1）营养液膜技术

营养液膜技术（NFT）仅有一薄层营养液流经栽培容器的底部，不断供给花卉所需营养、水分和氧气。但因营养液层薄，栽培管理难度大，尤其在遇短期停电时，花卉则面临水分胁迫，甚至有枯死的危险。根据栽培需要，又可分为连续式供液和间歇式供液两种类型。间歇式供液可以节约能源，也可以控制植株的生长发育，其特点是在连续供液系统的基础上加一个定时器装置。间歇供液的程序是在槽底垫有无纺布的条件下，夏季每 1 h 内供液 15 min、停供 45 min，冬季每 2 h 内供液 15 min、停 105 min。这些参数要结合花卉具体长势及天气情况而调整（图 5-23）。

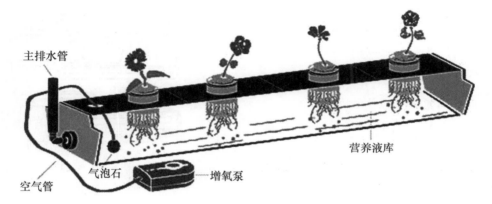

图 5-23　营养液膜技术

2）深液流技术

深液流技术（DFT）是将栽培容器中的水位提高，使营养液由薄薄的一层变为 5～8 cm 深，因容器中的营养液量大，湿度、养分变化不大，即使在短时间停电，也不必担心花卉枯萎死亡，根茎悬挂于营养液的水平面上，营养液循环流动。

通过营养液的流动可以增加溶存氧，消除根表有害代谢产物的局部累积，消除根表与根外营养液的养分浓度差，使养分及时送到根表，并能促进因沉淀而失效的营养液重新溶解，防止缺素症发生。目前的水培方式已多向这一方向发展（图 5-24）。

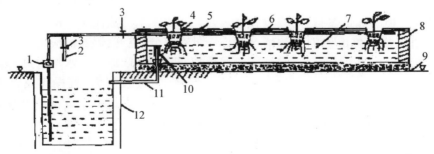

1.水泵　2.增氧及排水管　3.阀门　4.定植杯　5.定植板　6.供液管　7.营养液
8.种植槽　9.地面　10.液面调节装置　11.回流管　12.地下贮液池

图 5-24　深液流技术

3)动态浮根法

动态浮根法（DRF）是指在栽培床内进行营养液灌溉时，花卉的根系随着营养液的液位变化而上下左右波动。灌满 8 cm 的水层后，由栽培床内的自动排液器将营养液排出去，使水位降至 4 cm 的深度。此时上部根系暴露在空气中可以吸氧，下部根系浸在营养液中不断吸收水分和养料，不怕夏季高温使营养液温度上升、氧的溶解度降低，可以满足花卉的需要（图 5-25）。

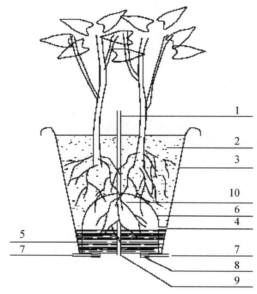

1.上通气管　2.基质　3.外桶　4.溢水口　5.营养液
6.网芯　7.连通管　8.支撑环　9.底通气管　10.空气层

图 5-25　动态浮根法

4)浮板毛管水培法

浮板毛管水培法（FCH）是在深液流法的基础上增加一块厚 2 cm、宽 12 cm 的泡沫塑料板，根系可以在泡沫塑料浮板上生长，便于吸收营养液中的养分和空气中的氧气。根际环境条件稳定，液温变化小，供养充分，不怕因临时停电影响营养液的供给（图 5-26）。

5)鲁 SC 系统

在栽培槽中填入 10 cm 厚的基质，然后又用营养液循环灌溉花卉，因此也称为基质水培法。鲁 SC 系统因有 10 cm 厚的基质，可以比较稳定地供给水分和养分，故栽培效果良好，但一次性投资成本稍高（图 5-27）。

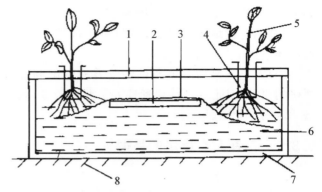

1.定植板　2.浮板　3.无纺布　4.定植杯　5.植株
6.营养液　7.定型聚苯乙烯种植槽　8.地面

图 5-26　浮板毛管水培法

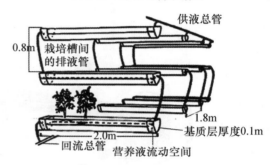

供液总管
0.8m 栽培槽间的排液管
1.8m
基质层厚度0.1m
2.0m
回流总管　营养液流动空间

图 5-27　鲁 SC 系统

6)雾培

雾培（spray cwlture）是将植物的根系悬挂于密闭凹槽的空气中，槽内通入营养液管道，管道上隔一定距离有喷头，使营养液以喷雾形式提供给根系。雾气在根系表面凝结成水膜被根系吸收，根系连续不断地处于营养液滴饱和的环境中。雾培很好地解决了水、养分和氧气供应的问题，对根系生长极为有利，植株生长快，但是对喷雾的要求很高，雾点要细而均匀。雾培也是扦插育苗的最好办法（图 5-28）。

由于水培法使花卉的根系浸于营养液中，花卉处在水分、空气、营养供应的均衡环境之中，故能发挥花卉的增产潜力。水培设施都是循环系统，其生产的一次性投资大，且操作及管理严格，一般不易掌握。水培方式由于设备投入较多，故应用受到一定限制。

5.3.2.2　基质栽培

基质栽培有两个系统，即基质—营养液循环系统和基质—固态肥系统。

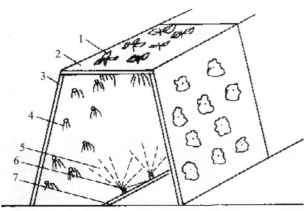

1.植株 2,3.泡沫塑料板 4.根系
5.雾状营养液 6.喷头 7.供液管

图 5-28 梯形雾培种植槽示意图

1)基质—营养液系统

是在一定容器中,以基质固定花卉的根系,根据花卉需要定期浇灌营养液,花卉从中获得营养、水分和氧气的栽培方法。

2)基质—固态肥系统

又称有机生态型无土栽培技术,不用营养液而用固态肥,用清水直接灌溉。该项技术是我国科技人员针对北方地区缺水的具体情况而开发的一种新型无土栽培技术,所用的固态肥是经高温消毒或发酵的有机肥(如消毒鸡粪和发酵油渣)与无机肥按一定比例混合制成的颗粒肥,其施肥方法与土壤施肥相似,定期施肥,平常只浇灌清水。这种栽培方式的优点是一次性运转的成本较低,操作管理简便,排出液对环境无污染,是一种具有中国特色的无土栽培技术。

5.3.3 花卉无土栽培的基质

栽培基质有两大类,即无机基质和有机基质。无机基质如沙、蛭石、岩棉、珍珠岩、泡沫塑料颗粒、陶粒等;有机基质如泥炭、树皮、砻糠灰、锯末、木屑等。目前90%的无土栽培均为基质栽培。由于基质栽培的设施简单,成本较低,且栽培技术与传统的土壤栽培技术相似,易于掌握,故我国大多采用此法。

5.3.3.1 基质选用的标准

(1)要有良好的物理性状,结构和通气性要好。

(2)有较强的吸水和保水能力。

(3)价格低廉,调制和配制简单。

(4)无杂质,无病、虫、菌,无异味和臭味。

(5)有良好的化学性状,具有较好的缓冲能力和适宜的 EC 值。

5.3.3.2 常用的无土栽培基质

1)沙

沙为无土栽培最早应用的基质。其特点是来源丰富,价格低,但容重大,持水力差。沙粒大小应适当,以粒径 0.6～2.0 mm 为好。使用前应过筛洗净,并测定其化学成分,供施肥参考(图 5-29)。

图 5-29 沙子

2)石砾

石砾是河边石子或石矿厂的岩石碎屑,来源不同化学组成差异很大。一般选用的石砾以非石灰性(花岗岩等发育形成)的为好,选用石灰质石砾应用磷酸钙溶液处理。石砾粒径在 1.6～20 mm 的范围内,本身不具有阳离子代换量,通气排水性能好,但持水力差。由于石砾的容重大,日常管理麻烦,在现代无土栽培中已经逐渐被一些轻型基质代替,但是石砾在早期的无土栽培中起过重要的作用,现在用于深液流水培上作为定植填充物还是合适的(图 5-30)。

3)蛭石

蛭石属于云母族次生矿物,含铝、镁、铁、硅等,呈片层状,经 1 093 ℃高温处理,体积平均膨大 15 倍而成。蛭石孔隙度大,质轻(容重为 60～250 kg/m³),通透性良好,持水力强,pH 中性偏酸,含钙、钾较多,具有良好的保温、隔热、通气、保水、保肥作用。因此经过高温锻炼,无菌、无毒,化学稳定性好,为优良无土栽培基质之一(图 5-31)。

图 5-30　石砾

图 5-31　蛭石

4）岩棉

岩棉是 60% 辉绿岩、20% 石灰石和 20% 焦炭经 1 600 ℃高温处理，然后喷成直径 0.5 mm 的纤维，再加压制成供栽培用的岩棉块或岩棉板。岩棉质轻，孔隙度大，通透性好，但持水略差，pH 7.0～8.0，花卉所需有效成分不高。西欧各国应用较多（图 5-32）。

图 5-32　岩棉

5）珍珠岩

珍珠岩由硅质火山岩在 1 200 ℃下燃烧膨胀而成，其容重为 80～180 kg/m³。珍珠岩易于排水、通气，物理和化学性质比较稳定。珍珠岩不适宜单独作为基质使用，因其容重较轻，根系固定效果较差，一般和草炭、蛭石等混合使用（图 5-33）。

图 5-33　珍珠岩

6）泡沫塑料颗粒

泡沫塑料颗粒为人工合成物质，含脲甲醛、聚甲基甲酸酯、基苯乙烯等。泡沫塑料颗粒质轻，孔隙度大，吸水力强。一般多与沙和泥炭等混合使用（图 5-34）。

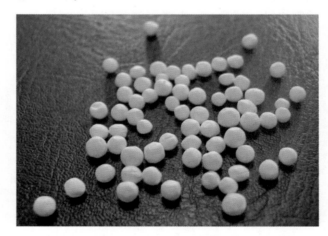

图 5-34　泡沫塑料颗粒

7）砻糠灰

砻糠灰即碳化稻壳。质轻，孔隙度大，通透性好,持水力较强,含钾等多种营养成分,pH 高,使用过程中应注意调整(图 5-35)。

图 5-35　砻糠灰

8)泥炭

泥炭习称草炭,由半分解的植被组成,因植被母质、分解程度、矿质含量而有不同种类。泥炭容重较小,富含有机质,持水保水能力强,偏酸性,含植物所需要的营养成分。一般通透性差,很少单独使用,常与其他基质混合用于花卉栽培。泥炭是一种非常好的无土栽培基质,特别是在工厂化育苗中发挥着重要的作用(图 5-36)。

图 5-36　泥炭

9)树皮

树皮是木材加工过程中的下脚料,是一种很好的栽培基质,价格低廉,易于运输。树皮的化学组成因树种的不同差异很大。大多数树皮含有酚类物质且 C/N 较高,因此新鲜的树皮应堆沤一个月以上再使用。阔叶树树皮较针叶树树皮的 C/N 高。树皮有很多种大小颗粒可供利用,在盆栽中最常用直径为 1.5～6.0 mm 的颗粒。一般树皮的容重接近于泥炭,为 $0.4～0.53\ g/cm^3$。树皮作为基质,在使用过程中会因物质分解而使容重增加,体积变小,结构受到破坏,造成通气不良、易积水,这种结构的劣变需要一年左右(图 5-37)。

图 5-37　树皮

10)锯末与木屑

锯末与木屑为木材加工副产品,在资源丰富的地方多用作基质栽培花卉。以黄杉、铁杉锯末为好,含有毒物质树种的锯末不宜采用。锯末质轻,吸水、保水力强并含一定营养物质,一般多与其他基质混合使用(图 5-38)。

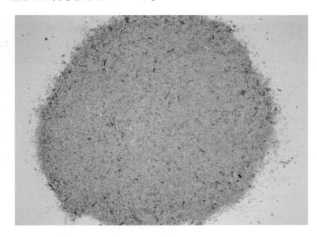

图 5-38　锯末

此外,用作栽培基质的还有陶粒、煤渣、砖块、火山灰、椰子纤维、木炭、蔗渣、苔藓、蕨根等。

5.3.3.3 基质的作用与性质

1)基质的作用

无土栽培基质的基本作用有三个:一是支持固定植物;二是保持水分;三是通气。无土栽培不要求基质一定具有缓冲作用。缓冲作用可以使根系生长的环境比较稳定,即当外来物质或根系本身新陈代谢过程中产生一些有害物质危害根系时,缓冲作用会将这些危害化解。具有物理吸收和化学吸收功能的基质都有缓冲功能,如蛭石、泥炭等,具有这种功能的基质通常称为活性基质。固体基质的作用是由其本身的物理性质与化学性质所决定的,要了解这些作用的大小、好坏,就必须对与有密切关系的物理性质和化学性质有一个比较具体的认识。

2)基质的物理性质

(1)容重　容重是指单位体积基质的重量,用 g/L 或 g/cm³ 来表示。基质的容重反映基质的疏松、紧实程度。容重过大则基质过于紧实,透气透水都较差,对花卉生长不利;容重过小,则基质过于疏松,虽透气性好,利于根系的伸展。但不易固定植株,给管理上增加难度。一般基质容重为 0.1～0.8 g/cm³,花卉生长效果较好。

(2)总孔隙度　总孔隙度是指基质中持水孔隙和通气孔隙的总和,以相当于基质体积的百分数(%)表示。总孔隙度大的基质,其空气和水的容纳空间就大,反之则小。总孔隙度大的基质较轻、疏松,利于植株的生长,但对根系的支撑和固定作用较差,易倒伏,如蛭石、岩棉等的总孔隙度为 90%～95%。总孔隙度小的基质较重,水和空气的总容重少,如沙的总孔隙度为 30%。为了克服单一基质总孔隙度过大或过小所产生的弊病,在实际应用中常将两三种不同颗粒大小的基质混合制成复合基质来使用。

(3)大小孔隙比　大孔隙指基质中空气所能够占据的空间,即通气孔隙。小孔隙是指基质中水分所能够占据的空间,即持水孔隙。通气孔隙与持水孔隙的比值称为大小孔隙比,大小孔隙比能够反映基质中水、气之间的状况。如果大小孔隙比大,则说明通气容积大而持水容积较小,反之则通气容积小而持水容积大。一般而言,大小孔隙比为 1:(1.5～4)花卉都能良好生长。

(4)基质的颗粒大小　基质的颗粒大小直接影响容重、总孔隙度、大小孔隙比。同种基质越粗,容重越大,总孔隙度越小,大小孔隙比越大,颗粒越细则相反。因此,为了使基质既能满足根系吸水的要求,又能满足根系吸收氧气的要求,基质的颗粒不能太粗。颗粒太粗虽然通气性好,但持水性差,种植管理上要增加浇水次数;颗粒太细,虽然有较高的持水性,但通气不良,易使基质内水分过多而影响根系生长。几种常用基质的物理性状如表 5-11 所示。

表 5-11　常用基质的物理性质、化学性质

基质种类	容重/(g/cm³)	总孔隙度/%	大孔隙/(通气容积)/%	小孔隙/(持水容积)/%	大小孔隙比[大孔隙/小孔隙]
沙	1.49	30.5	29.5	1.0	29.50
煤渣	0.70	54.7	21.7	33.0	0.66
蛭石	0.13	95.0	30.0	65.0	0.46
珍珠岩	0.16	93.0	53.0	40.0	1.33
岩棉	0.11	96.0	2.0	94.0	0.02
泥炭	0.21	84.4	7.1	77.3	0.09
木屑	0.19	78.3	34.5	43.8	0.79
砻糠灰	0.15	82.5	57.5	25.0	2.30
蔗渣(堆沤 6 个月)	0.12	90.8	44.5	46.3	0.96

3)基质的化学性质

基质的化学性质是指基质发生化学变化的难易程度。花卉无土栽培中要求基质有很强的化学稳定性,这样可以减少营养液受干扰的机会,保持营养液的化学平衡而方便管理。基质的化学稳定性因化学组成不同而差别很大,由石英、长石、云母等矿物组成的无机基质的化学稳定性最强;由角闪石、辉石等组成的次之;而以石灰石、白云石等碳酸盐矿物组成的最不稳定。有机基质中含木质素、腐殖质较多的基质的化学稳定性最好,如泥炭、经过堆沤腐熟的木屑、树皮、甘蔗渣等。

(1)基质的酸碱性　不同基质其酸碱性各不相同,过酸过碱都会影响营养液的平衡和稳定,使用前必须检测基质的 pH,进而采取相应的措施调节。

(2)阳离子代换量　基质中阳离子代换量会对基质营养液的组成产生很大影响。基质的阳离子代换量既有不利的一面,即影响营养液的平衡,也有有利的一面,即保存养分,减少损失,并对营养液的酸碱反应有缓冲作用。

(3)基质的缓冲能力　基质的缓冲能力是指基质在加入酸碱物质后,本身所具有的缓和酸碱性变换的能力。缓冲能力的大小,主要由阳离子代换量和存在于基质中的弱酸及其盐类的多少而定。一般阳离子代换量高的基质的缓冲能力也强。有机基质都有缓冲能力,而无机基质有些有很强的缓冲能力,如蛭石,但大多数无机基质的缓冲能力都很弱。

(4)基质的导电率　未加入营养液的基质本身原有的电导率,反映了基质含可溶性盐分的多少,将直接影响到营养液的平衡。受海水影响的沙,常含有较多的海盐成分,树皮、砻糠灰等含有较高的盐分。使用基质前应对其电导率了解清楚,以便做适当处理。

5.3.3.4　基质的消毒

任何一种基质使用前均应进行处理,如筛选除杂质、水洗除泥、粉碎浸泡等。有机基质经消毒后才宜应用。基质消毒的方法有三种:

1)化学药剂消毒

(1)福尔马林　福尔马林是良好的消毒剂,一般将原液稀释 50 倍,用喷壶将基质均匀喷湿,覆盖塑料薄膜,经过 24～26 h 后揭膜,再风干 2 周后使用。

(2)溴甲烷　利用溴甲烷进行熏蒸是相当有效的消毒方法,但由于溴甲烷有剧毒,并且是强致癌物质,因而必须严格遵守操作规程,并且须向溴甲烷中加入 2% 的氯化苦以检验是否对周围环境有泄漏。方法是将基质堆起,用塑料管将药剂引入基质中,每立方米基质用药 100～150 g,基质施药后,随即用塑料薄膜盖严,5～7 d 后去掉薄膜,晒 7～10 d 后即可使用。

2)物理消毒

(1)蒸汽消毒　向基质中通入高温蒸汽,可以在密闭的房间或容器中,也可以在室外用塑料薄膜覆盖基质,蒸汽温度保持 60～120 ℃,温度太高,会杀死基质中的有益微生物,蒸汽消毒时间以 30～60 min 为宜。蒸汽消毒比较安全,但成本较高。药剂消毒成本较低。但安全性较差,并且会污染周围环境。

(2)太阳能消毒　是近年来在温室栽培中应用较普遍的一种廉价、安全、简单实用的基质消毒方法。具体方法是,夏季高温季节在温室或大棚中,把基质堆成 20～25 cm 高的堆(长、宽依据情况而定),同时喷湿基质,使其含水量超过 80%,然后用塑料薄膜覆盖基质堆,密闭温室或大棚,暴晒 10～15 d,消毒效果良好。

5.3.3.5　基质的混合及配制

各种基质既可单独使用,也可以按不同的配比混合使用,但就栽培效果而言,混合基质优于单一基质,有机与无机混合基质优于纯有机或纯无机混合基质。基质混合总的要求是降低基质的容重,增加孔隙度,增加水分和空气的含量。基质的混合使用,以 2～3 种混合为宜。比较好的基质应适用于各种作物。育苗和盆栽基质,在混合时应加入矿质养分,以下是一些常用的育苗和盆栽基质配方:

1)常用的混合基质

(1)泥炭:珍珠岩:沙(1:1:1)。

(2)泥炭:珍珠岩(1:1)。

(3)泥炭:沙(1:1)。

(4)泥炭:沙(1:3)。

(5)泥炭:蛭石(1:1)。

(6)泥炭:沙(3:1)。

(7)蛭石:珍珠岩(1:2)。

(8)泥炭:火山岩:沙(2:2:1)。

(9)泥炭:蛭石:珍珠岩(2:1:1)。

(10)泥炭:珠岩:树皮(1:1:1)。

(11)刨花:煤渣(1:1)。

(12)泥炭:珍珠岩(3:1)。

(13)泥炭:树皮:刨花(2:1:1)。

(14)泥炭:树皮(1:1)。

2)美国加利福尼亚大学混合基质

$0.5 m^3$ 细沙(粒径 $0.05\sim0.5$ mm)、$0.5 m^3$ 粉碎泥炭、145 g 硝酸钾、145 g 硫酸钾、4.5 kg 白云石、1.5 kg 钙石灰石、1.5 kg 过磷酸钙(20% P_2O_5)。

3)美国康奈尔大学混合基质

$0.5 m^3$ 粉碎泥炭、$0.5 m^3$ 蛭石或珍珠岩、3.0 kg 石灰石(最好是白云石)、1.2 kg 过磷酸钙(20% P_2O_5)、3.0 kg 三元复合肥(5-10-5)。

4)中国农业科学院蔬菜花卉研究所无土栽培盆栽基质

$0.75 m^3$ 泥炭、$0.13 m^3$ 蛭石、$0.12 m^3$ 珍珠岩、3.0 kg 石灰石、1.0 kg 过磷酸钙(20% P_2O_5)、1.5 kg 三元复合肥(15-15-15)、10.0 kg 消毒干鸡粪。

5)泥炭矿物质混合基质

$0.5 m^3$ 泥炭、$0.5 m^3$ 蛭石、700 g 硝酸铵、700 g 过磷酸钙(20% P_2O_5)、3.5 kg 磨碎的石灰石或白云石。

混合基质中含有泥炭,当植株从育苗钵(盘)中取出时,植株根部的基质就不易散开。当混合基质中泥炭含量小于50%时,植株根部的基质易于脱落,因而在移植时,务必小心,以防损伤根系。如果用其他基质代替泥炭,则混合基质中就不用添加石灰石,因为石灰石主要是用来降低基质的氢离子浓度(提高基质 pH)。

5.3.4 花卉无土栽培营养液的配制

5.3.4.1 常用的无机肥料

1)硝酸钙

硝酸钙[$Ca(NO_3)_2 \cdot 4H_2O$]为白色结晶。易溶于水,吸湿性强,一般含氮 13%~15%,含钙 25%~27%,生理碱性肥。硝酸钙是配制营养液良好的氮源和钙源肥料。

2)硝酸钾

硝酸钾(KNO_3)又称火硝,为白色结晶,易溶于水但不能吸湿,一般含硝态氮 13%,含钾(K_2O) 46%。硝酸钾为优良的氮钾肥,但在高温遇火情况下易引起爆炸。

3)硝酸铵

硝酸铵(NH_4NO_3)为白色结晶,含氮 34%~35%,吸湿性强,易潮解,溶解度大,应注意密闭保存,具助燃性与爆炸性。硝酸铵含铵态氮比重大,故不作配制营养液的主要氮源。

4)硫酸铵

硫酸铵[$(NH_4)_2SO_4$]为标准氮素肥料,含氮 20%~21%,为白色结晶,吸湿性小。硫酸铵为铵态氮肥,用量不宜大,可作补充氮肥施用。

5)磷酸二氢铵

磷酸二氢铵($NH_4H_2PO_4$)为白色结晶体,可由无水氨和磷酸作用而成,在空气中稳定,易溶于水。

6)尿素

尿素[$CO(NH_2)_2$]为酰胺态有机化肥,为白色结晶,含氮 46%,吸湿性不大,易溶于水。尿素是一种高效氮肥,作补充氮源有良好效果,还是根外追肥的优质肥源。

7)过磷酸钙

过磷酸钙[$Ca(H_2PO_4)_2 \cdot H_2O + CaSO_4 \cdot 2H_2O$]为使用较广的水溶性磷肥,一般含磷 7%~10.5%。含钙 19%~22%,含硫 10%~12%,为灰白色粉末,具吸湿性,吸湿后有效磷成分降低。

8)磷酸二氢钾

磷酸二氢钾(KH_2PO_4)为白色结晶,粉状,含磷(P_2O_5)22.8%,钾(K_2O)28.6%,吸湿性小,易溶于水,显微酸性。磷酸二氢钾的有效成分植物吸收利用率高,为无土栽培的优质磷、钾肥。

9)硫酸钾

硫酸钾(K_2SO_4)为白色粉末状,含钾(K_2O)50%～52%,易溶于水,吸湿性小,生理酸性肥。硫酸钾是无土栽培中的良好钾源。

10)氯化钾

氯化钾(KCl)为白色粉末状,含有效钾 50%～60%,含氯 47%,易溶于水,生理酸性肥。氯化钾是无土栽培中的良好钾源。

11)硫酸镁

硫酸镁($MgSO_4 \cdot 7H_2O$)为白色针状结晶,易溶于水,含镁 9.86%,硫 13.01%。硫酸镁为良好的镁源。

12)硫酸亚铁

硫酸亚铁($FeSO_4 \cdot 7H_2O$)又称黑矾,一般含铁 19%～20%,含硫 11.53%,为蓝绿色结晶,性质不稳,易变色。硫酸亚铁为良好的无土栽培铁源。

13)硫酸锰

硫酸锰($MnSO_4 \cdot 3H_2O$)为粉红色结晶,粉状,一般含锰 23.5%。硫酸锰为无土栽培中的锰源。

14)硫酸锌

硫酸锌($ZnSO_4 \cdot 7H_2O$)为无色或白色结晶,粉末状,含锌 23%。硫酸锌为重要锌源。

15)硼酸

硼酸(H_3BO_3)为白色结晶,含硼 17.5%,易溶于水。硼酸为重要的硼源,在酸性条件下可提高硼的有效性,营养液有效成分如果低于 0.5 mg/L,发生缺硼症。

16)磷酸

磷酸(H_3PO_4)在无土栽培中可以作为磷的来源,而且可以调节 pH。

17)硫酸铜

硫酸铜($CuSO_4 \cdot 5H_2O$)为蓝色结晶,含铜 24.45%,硫 12.48%,易溶于水。硫酸铜为良好铜肥,营养液中含量低,为 0.002～0.012 mg/L。

18)钼酸铵

钼酸铵$[(NH_4)_6Mo_{24} \cdot 4H_2O]$为白色或淡黄色结晶,含钼 54.23%,易溶于水。钼酸铵为无土栽培中的钼源,需要量极微。

5.3.4.2　营养液的配制

1)营养液配制的原则

(1)营养液应含有花卉所需的大量元素即氮、钾、磷、镁、硫、钙、铁等和微量元素锰、硼、锌、铜、钼等。在适宜原则下元素齐全、配方组合,选用无机肥料用量宜低不宜高。

(2)肥料在水中有良好溶解性,并易为花卉吸收利用。

(3)水源清洁,不含杂质。

2)营养液对水的要求

(1)水源　自来水、井水、河水、和雨水是配制营养液的主要水源。自来水和井水使用前需对水质做化验,一般要求水质和饮用水相当。收集雨水要考虑当地空气污染程度,污染严重不可使用。一般降水量达到 100 mm 以上,方可作为水源。河水作水源需经处理,达到符合卫生标准的饮用水才可使用。

(2)水质　水质有软水和硬水之分。硬水是水中钙、镁的总离子浓度较高,超过了一定标准。该标准统一以每升水中氧化钙(CaO)的含量表示,1 度＝10 mg/L。硬度划分为:0～4 度为极软水,4～8 度为软水,8～16 度为中硬水,16～30 度为硬水,30 度以上为极硬水。用作营养液的水,硬度不能太高,一般以不超过 10 度为宜。

(3)其他　pH 6.5～8.5,氯化钠(NaCl)含量小于 2 mmol/L,溶氧在使用前应接近饱和。在制备营养液的许多盐类中,以硝酸钙最易和其他化合物起化合作用,如硝酸钙和硫酸盐混合时易产生硫酸钙的沉淀,硝酸钙与磷酸盐混合易产生磷酸钙沉淀。

3)营养液的配制

营养液内各种元素的种类、浓度因不同花卉种类、不同生长期、不同季节以及气候和环境条件而异。营养液配制的总原则是避免难溶性沉淀物质的产生。但任何一种营养液配方都必然潜伏着产生难溶性沉淀物质的可能性,配制时应运用难溶性电解质溶度积法则来配制,以免沉淀产生。生产上配制营养液一般分为浓缩贮备液(母液)和工作营养液(直接应用的栽培营养液)两种。一般将营养

液的浓缩贮备液分成 A、B 两种母液。A 母液以钙盐为中心，凡不与钙作用而产生沉淀的盐都可溶在一起；B 母液以磷酸盐为中心，凡不与磷酸根形成沉淀的盐都可溶在一起。以日本的配方为例，A 母液包括 $Ca(NO_3)_2$ 和 KNO_3，B 母液包括 $NH_4H_2PO_4$ 和 $MgSO_4$、EDTA-Fe 和各种微量元素。

表 5-12　花烛营养液配方　　g/L

A 液		B 液	
化合物	含量	化合物	含量
$Ca(NO_3)_2$	27	KNO_3	11
NH_4NO_3	5.4	KH_2PO_4	13.6
KNO_3	14	K_2SO_4	8.7
EDTA	558	$MgSO_4 \cdot 7H_2O$	24
$FeSO_4 \cdot 7H_2O$	417	H_3BO_3	122
		Na_2MoO_4	12
		$ZnSO_4 \cdot 7H_2O$	87
		$CuSO_4 \cdot 5H_2O$	12

注：A 液用适量 38% 硝酸中和碳酸氢根离子，B 液用适量 59% 磷酸中和碳酸氢根离子。使用时分别取 A、B 母液各 1 L，混合于 98 L 水中，注意不能将未稀释的 A、B 母液直接混合。调节 pH 至 5.6~6.0。

4）营养液 pH 的调整

当营养液的 pH 偏高或是偏低，与栽培花卉要求不相符时，应进行调整校正。pH 偏高时加酸，偏低时加氢氧化钠。多数情况为 pH 偏高，加入的酸类为硫酸、磷酸、硝酸等，加酸时应徐徐加入，并及时检查，使溶液的 pH 达到要求。

在大面积生产时，除了 A、B 两个浓缩贮液罐外，为了调查营养液的 pH，还要有一个专门盛酸的酸液罐，酸液罐一般是稀释到 10% 的浓度，在自动循环营养液栽培中，与营养液的 A、B 罐均用 pH 仪和 EC 仪自动控制。当栽培槽中的营养液浓度下降到标准浓度以下时，浓缩罐会自动将营养液注入营养液槽。此外，当营养液 pH 超过标准时，酸液罐也会自动向营养液槽中注入酸。在非循环系统中，也需要这三个罐，从中取出一定量的母液，按比例进行稀释后灌溉花卉。常见花卉无土栽培营养液的 pH 见表 5-13。

5）几种主要花卉营养液的配方

由于肥源条件、花卉种类、栽培要求以及气候条件不同，花卉无土栽培的营养液配方也不一样。表 5-14 至表 5-21 的配方是指大量元素，微量元素则按常量添加。以上配方可供无土栽培花卉经测试后选用，有些需要另加微量元素，其用量为每千克混合肥料中加 1 g，少量时可以不加。

表 5-13　常见花卉营养液 pH

花卉种类	pH	花卉种类	pH
百合	5.5	唐菖蒲	6.5
鸢尾	6.0	郁金香	6.5
金盏菊	6.0	天竺葵	6.5
紫罗兰	6.0	蒲包花	6.5
水仙	6.0	紫苑	6.5
秋海棠	6.0	虞美人	6.5
月季	6.5	樱草	6.5
菊花	6.8	大丽花	6.5
倒挂金钟	6.0	香豌豆	6.8
仙客来	6.5	香石竹	6.8
楼斗菜	6.5	风信子	7.0

表 5-14　道格拉斯的孟加拉营养液配方　　g/L

成分	化学式	两种配方用量	
		1	2
硝酸钠	$NaNO_3$	0.52	1.74
硫酸铵	$(NH_4)_2SO_4$	0.16	0.12
过磷酸钙	$CaSO_4 \cdot 2H_2O +$ $Ca(H_2PO_4)_2 \cdot H_2O$	0.43	0.93
碳酸钾	K_2CO_3		0.16
硫酸钾	K_2SO_4	0.21	
硫酸镁	$MgSO_4$	0.25	0.53

表 5-15　波斯特的加利福尼亚营养液配方　g/L

成分	化学式	用量
硝酸钙	$Ca(NO_3)_2$	0.74
硝酸钾	KNO_3	0.48
磷酸二氢钾	KH_2PO_4	0.12
硫酸镁	$MgSO_4$	0.37

表 5-16　菊花营养液配方　　g/L

成分	化学式	用量
硫酸铵	$(NH_4)_2SO_4$	0.28
硫酸镁	$MgSO_4$	0.78
硝酸钙	$Ca(NO_3)_2$	1.68
硫酸钾	K_2SO_4	0.62
磷酸二氢钾	KH_2PO_4	0.51

表 5-17　唐菖蒲营养液配方　　　　g/L

成分	化学式	用量
硫酸铵	$(NH_4)_2SO_4$	0.16
硫酸镁	$MgSO_4$	0.55
磷酸氢钙	$CaHPO_4$	0.47
硝酸钙	$Ca(NO_3)_2$	0.62
硫酸钙	$CaSO_4$	0.25
氯化钾	KCl	0.62

表 5-18　非洲紫罗兰营养液配方　　　　g/L

成分	化学式	用量
硫酸铵	$(NH_4)_2SO_4$	0.16
硫酸镁	$MgSO_4$	0.45
硝酸钾	KNO_3	0.70
过磷酸钙	$CaSO_4 \cdot 2H_2O +$ $Ca(H_2PO_4)_2 \cdot H_2O$	1.09
硫酸钙	$CaSO_4$	0.21

表 5-19　月季、山茶、君子兰等观花花卉营养液配方　　　　g/L

成分	化学式	用量	成分	化学式	用量
硝酸钾	KNO_3	0.60	硫酸亚铁	$FeSO_4$	0.015
硝酸钙	$Ca(NO_3)_2$	0.10	硼酸	H_3BO_3	0.006
硫酸镁	$MgSO_4$	0.60	硫酸铜	$CuSO_4$	0.000 2
硫酸钾	K_2SO_4	0.20	硫酸锰	$MnSO_4$	0.004
磷酸二氢铵	$NH_4H_2PO_4$	0.40	硫酸锌	$ZnSO_4$	0.001
磷酸二氢钾	KH_2PO_4	0.20	钼酸铵	$(NH_4)_6Mo_7O_{24}$	0.005
EDTA 二钠	Na_2EDTA	0.10			

表 5-20　观叶植物营养液配方　　　　g/L

成分	化学式	用量	成分	化学式	用量
硝酸钾	KNO_3	0.505	硼酸	H_3BO_3	0.001 24
硝酸铵	NH_4NO_3	0.08	硫酸锰	$MnSO_4$	0.002 23
磷酸二氢钾	KH_2PO_4	0.136	硫酸锌	$ZnSO_4$	0.000 864
硫酸镁	$MgSO_4$	0.246	硫酸铜	$CuSO_4$	0.000 125
氯化钙	$CaCl_2$	0.333	钼酸	H_2MoO_4	0.001 17
EDTA 二钠铁	$Na_2FeEDTA$	0.024			

表 5-21　金橘等观果类花卉营养液配方　　　　g/L

成分	化学式	用量	成分	化学式	用量
硝酸钾	KNO_3	0.70	硫酸铵	$(NH_4)_2SO_4$	0.22
硝酸钙	$Ca(NO_3)_2$	0.70	硫酸铜	$CuSO_4$	0.000 6
过磷酸钙	$CaSO_4 \cdot 2H_2O +$ $Ca(H_2PO_4)_2 \cdot H_2O$	0.80	硼酸	H_3BO_3	0.000 6
			硫酸锰	$MnSO_4$	0.000 6
硫酸亚铁	$FeSO_4$	0.12	硫酸锌	$ZnSO_4$	0.000 6
硫酸镁	$MgSO_4$	0.28	钼酸铵	$(NH_4)_6Mo_7O_{24}$	0.000 6

5.3.5　花卉无土栽培的管理

　　无土栽培可使植株生长迅速、健壮,开花多而早、大而香,且抗寒耐热,病虫害少。一般较易栽培的有龟背竹、米兰、君子兰、茉莉、金橘、万年青、紫罗兰、蝴蝶兰、倒挂金钟、五针松、裂叶喜林芋、橡胶榕、巴西铁、蕨类植物、棕榈科植物等室内外盆栽花卉。盆栽花卉由有土栽培转为无土栽培,可在任何季节进行。其具体操作步骤如下:

　　1)配制营养液

　　将市场上销售的无土栽培营养液用水按规定倍数稀释。也可以用下列配方自己配制营养液:

　　(1)大量元素　KNO_3 3 g,$Ca(NO_3)_2$ 5 g,$MgSO_4$ 3 g,$(NH_4)_3PO_4$ 2 g,K_2SO_4 1 g,KH_2PO_4 1 g。

（2）微量元素　Na_2 EDTA 100 mg，$FeSO_4$ 75 mg，H_3BO_3 30 mg，$MnSO_4$ 20 mg，$ZnSO_4$ 5 mg，$CuSO_4$ 1 mg，$(NH_4)_6Mo_7O_{24}$ 2 mg。

（3）自来水　5 000 mL（即 5 kg）。将大量元素与微量元素分别配成溶液然后混合起来即为营养液。微量元素用量很少，不易称量，可扩大倍数配制，然后按同样倍数缩小抽取其量。例如，可将微量元素扩大 100 倍称重化成溶液，然后提取其中 1‰溶液，即所需之量。营养液无毒、无臭，清洁卫生，可长期存放。

2）栽植过程

（1）脱盆　用手指从盆底孔把根系连土顶出。

（2）洗根　把带土的根系放在和环境温度接近的水中浸泡，将根际泥土洗净。

（3）浸液　将洗净的根放在配好的营养液中浸 10 min，让其充分吸收养分。

（4）装盆和灌液　将花盆洗净，盆底孔放置瓦片或填塞塑料纱，然后在盆里放入少许珍珠岩、蛭石，接着将植株置入盆中扶正，再在根系周围装满珍珠岩、蛭石等轻质矿石，轻摇花盆，使矿石与根系密接。随即浇灌配好的营养液，直到盆底孔有液流出为止。

（5）加固根系　用英石、斧劈石等碎块放在根系上面，加固根系，避免倒伏。同时叶面喷些清水。

3）日常管理

无土栽培的花卉，对光照、温度等条件的要求与有土栽培无异。植株生长期每周浇一次营养液，用量根据植株大小而定，叶面生长慢的花卉用量酌减；冬天或休眠期 15～30 d 浇一次。室内观叶植物，可在弱光条件下生存，应减少营养液用量。营养液也可用于叶面喷施。平时要注意适时浇水。在整个生长发育期，进行病虫害的综合防治。

5.3.6　花卉无土栽培实例

5.3.6.1　蝴蝶兰无土栽培技术

蝴蝶兰又称蝶兰，属于兰科，蝴蝶兰属，是一种多年生附生植物。其花形如彩蝶飞舞，多年常绿草本，单轴分枝。茎短而肥厚，无假鳞茎。叶短而肥厚，多肉。根系发达，成扁平丛状，从节部长出。总状花序腋生，下垂，着花 10 朵左右。花色常见有白色、紫色、粉色等。色彩鲜艳，花期持久，素有"洋兰皇后"的美誉，是观赏价值和经济价值很高的著名盆栽植物（图 5-39）。

图 5-39　蝴蝶兰无土栽培

1）栽培基质的选择

在蝴蝶兰生产中常见的基质有：水草、苔藓、树皮、陶粒。合理地选用栽培基质是无土栽培蝴蝶兰的重中之重。因为蝴蝶兰的根系是气生根，对排水、透气要求较高，所以生产中选择基质以水草、树皮为主。这些基质具有较强的保水性和透气性，且有不易腐烂等优点。基质在使用之前必须用水浸泡 12 h 以上，使其吸足水分。基质的 pH 以 5.5 为宜。

2）浇水

蝴蝶兰原产于亚洲南部热带森林中，雾气较多，湿度较高（相对湿度为 70%～80%）。但在不同的生长时期和不同的生长季节需水量不同。一般春秋季节每 3 d 浇水 1 次；夏季每 2 d 浇水 1 次，冬季可 7 d 浇水 1 次。在浇水过程中，应注意刚出瓶的小苗一般用喷雾的方法补水，对于中苗和大苗用滴灌的方法。浇水一般选择在上午进行，以有少量的水从盆底流出为宜，若水过多则易引起烂根死亡和某些病害的发生。

3）施肥

在兰科花卉中，蝴蝶兰在适宜的条件下生长迅速，需肥量较多，主要以液肥为主，通常施肥和浇水同时进行。保持每周喷施 1 次液肥。蝴蝶兰在不同的生长时期对 N、P、K 的需求量不同，幼苗期和生长盛期应施用含 N 量较高的肥料，而在花芽分化期至开花期应施用含 P、K 较高的肥料。每 7～8 d 施肥 1 次,施肥要严格按照施肥标准进行,若施肥过多会带来不利的影响;例如施 N 过多叶片细长,甚至引起倒伏;施 K 过多会使茎叶过于坚硬;施 P 过多会促进苗早期进入生殖生长阶段。

4)温度

蝴蝶兰原产于亚洲南部的热带森林,处于一种高温、高湿、低海拔的环境条件下生长。但不同大小的苗和不同生长时期对温度的要求不同。在幼苗时期,适宜的温度为 18~30 ℃,中苗时期为 25~28 ℃,大苗时期为 22~30 ℃。白天温度不能高于 32 ℃,夜间温度不能低于 13 ℃,若过高或过低都会迫使蝴蝶兰进入半休眠状态。但是适当的降低温度可延长观赏时间,开花时夜间的温度最好控制在 13~18 ℃,但不能低于 13 ℃。

5)光照

尽管蝴蝶兰较喜阴,但在正常生长的过程中,仍然需要大量的散射光照。并且在不同的生长时期,蝴蝶兰所适宜光照强度不同。一般小苗为 2~15 klx;中苗为 12~15 klx;大苗为 15~20 klx。但光照对温度的控制也有影响,一般低温条件可忍受较强的光照,而高温则必须是低强度的光照。

6)病虫害防治

(1)软腐病　症状为叶基部腐烂,球茎烂,有臭味。防治方法:在发病初期喷洒农用链霉素 4 000~5 000 倍液,每 7 d 喷 1 次,喷 2~3 次。

(2)灰霉病　症状为花梗和叶背有透明的黏液。防治方法:可用 5%百菌清粉剂 1 000~1 500 倍液喷雾防治。

(3)红蜘蛛　高温,干旱,不通风时,此虫害易流行,为害症状为叶面斑状失绿,用 20%三氯杀螨醇 800 倍液喷雾,5 d 喷 1 次,喷 2~3 次。

5.3.6.2　盆栽红掌的养护与管理

红掌又称花烛、安祖花等,是近年来我国引进花卉中比较成功的一种,在我国大部分地区均有栽植。红掌以它特有的绚丽多彩的心形佛焰苞片,配以艳丽的肉质花序组成的花,在浓绿的叶片衬托下,给人以热血、热情、热心的感觉(图 5-40)。

1)红掌对栽培环境的要求

红掌喜湿热、排水通畅的环境。一般用人工合成的基质栽培,常用的栽培基质有泥炭土、甘蔗渣、木屑、核桃壳、火山土、稻壳、椰子壳、树皮、碎石、炭渣、珍珠岩等。这些基质一般不单独使用,应根据透气、保湿等具体要求进行调配。苗床栽培时要用黑网遮光,夏季遮光率应达 75%~80%,冬季遮光率应控制在 60%~65%。终年温度应保持在 18~20 ℃,但不宜超过 35 ℃。当温度高于 35 ℃,应及时向植株及周围喷水,一定程度上,高温情况下湿度也很高时,就不容易造成伤害。

图 5-40　红掌无土栽培

2)栽植前准备

栽培基质的选择:红掌原为附生植物,不适合土壤栽培,所用基质要求有良好的通气性,孔隙度要在 30%以上,腐殖质含量要高。在规范化大面积生产过程中,使用的基质主要以泥炭土为主,加少量珍珠岩、粗河沙混合,并用少量插花泥铺垫盆底。家庭中少量栽培,建议购买配制好的土再加陶粒或干树皮混合(比例 2:1)作基质。配置好的基质一定要进行消毒处理,生产上常用 40%甲醛(又称福尔马林)用水稀释成 2%~2.5%溶液将基质喷湿,混合均匀后用塑料薄膜覆盖 24 h 以上,使用前揭去薄膜让基质风干 2 周左右,以消除残留药物危害。

盆钵或栽植床选择:不同大小的种苗对盆的规格要求不同,一般红掌苗为 6~8 cm 或 10~15 cm,可选择 100 mm×120 mm 或 150 mm×150 mm 的红色塑料盆种植;栽前要对花盆进行彻底消毒处理。上盆时一定使植株心部的生长点露出基质的水平面,同时应尽量避免植株叶面沾染基质。上盆

时先在盆下部填充 6~8 cm 基质,将植株正放于盆中央,使根系充分展开,最后填充基质至盆面 2~3 cm 即可,但应露出植株中心的生长点及基部的小叶。

栽植床可采用低床或高于地面 40 cm 的高床,床宽 60~100 cm、步道 40 cm、深 35 cm,床底铺 10 cm 厚的碎石,上面铺 25 cm 厚的栽培基质,定植前栽植床要严格消毒。

3)管理

(1)温度 红掌生长对温度的要求主要取决于其他气候条件。温度与光照之间的关系非常重要。一般而言,阴天温度需 18~20 ℃,湿度 70%~80%。晴天温度需 20~28 ℃,湿度在 70% 左右。总之,温度应保持在 30 ℃ 以下,湿度要在 50% 以上。在高温季节,光照越强,室内气温越高,这时可通过喷淋系统或雾化系统来增加温室空气相对湿度,但须保证夜间植株不会太湿,减少病害发生;也可通过开启通风设备来降低室内湿度,以避免因高温而造成花芽败育或畸变。在寒冷的冬季,当室内气温低于 15 ℃ 时,要进行加温;以防止冻害发生。

(2)肥料 红掌施肥的原则是"宁稀勿重,少量多次",否则容易造成伤根,影响植株生长并直接造成死亡。基质栽培渗漏性高,施肥应以追肥为主,每 2~3 个月可追施饼肥 1 次。淋水最好是结合淋液肥一起进行,平时多向叶片及周围喷水,以增加栽培环境的湿度。根据荷兰栽培经验,对红掌进行根部施肥比叶面根外追肥效果要好得多。因为红掌的叶片表面有一层蜡质,不能对肥料进行很好地吸收。液肥施用要掌握定期定量的原则,秋季一般 3~4 d 为 1 个周期,如气温高,视盆内基质干湿可 2~3 d 浇肥水 1 次;夏季可 2 d 浇肥水 1 次,气温高时可多浇 1 次水;冬季一般 5~7 d 浇肥水 1 次。温度达到 28 ℃ 以上时,必须使用喷淋系统或雾化系统来增加室内空气相对湿度,以营造红掌高温高湿的生长环境。但在冬季即使温室的气温较高也不宜过多降温保湿,因为夜间植株叶片过湿反而降低其御寒能力,使其容易冻伤,不利于安全越冬。现在市场上还有一种缓效肥,按其说明埋入土中,以后随浇水随溶解,供红掌吸收,一次施用 1~3 g,其肥效可长达 3 个月。这些肥料有一个共同特点:是所需营养元素齐全,不同的生长发育时期,有不同的配方,而且肥效显著、干净卫生。家庭养护中还可以用麻酱渣沤制,如在其中再放些硫酸亚铁,即制成所谓的矾肥水效果会更好。在家庭施肥中应该掌握浓度,亦稀不亦浓,少量多次。

(3)浇水 天然雨水是红掌栽培中最好的水源。如工厂化生产用自来水时,水的 pH 控制在 5.2~6.1 最好。盆栽红掌在不同生长发育阶段对水分要求不同。幼苗期由于植株根系弱小,在基质中分布较浅,不耐干旱,一次性浇透水,经常保持基质湿润,促使其早发新根,并注意盆面基质的干湿度;中、大苗期植株生长快,需水量较多,水分供应必须充足;开花期应适当减少浇水,增施磷、钾肥,以促开花。在浇水过程中一定要干湿交替进行,切忌在植株发生缺水严重的情况下浇水,这样会影响其正常生长发育。

(4)湿度 红掌喜欢湿度较高的环境。这里所指湿度,是指空气中的相对湿度,而不是指栽植介质中的含水量。湿度又是个变量,因为当温度升高、干旱风大(特别是我国北方)时不补充水分,那么湿度就会降低。一般来说,红掌所需湿度应保持在 70%~80% 为好(气温 20~28 ℃),温度的高低能调节湿度,也就是说能调节红掌叶面的蒸腾作用。相对湿度过低,致使其干旱缺水,叶片及佛焰苞片的边缘出现干枯,佛焰苞片不平整。红掌浇水的水温,应保持在 15 ℃ 左右(包括所浇营养液),这一点在严寒、酷暑尤为重要。而介质中的水分不要过湿,因为红掌的根是半肉质的,本身储存着大量水分,介质中水分过多,造成介质缺氧,根系呼吸受阻,长期处于过湿状态,就会造成根系腐烂。以上是说明水分的量化标准。家庭养护红掌,很难达到温室的效果,这也是家庭选购红掌的阻碍。可以通过以下方法创造出适宜红掌生长所需的湿度环境。比如家庭还养有观赏鱼,可以把红掌架在鱼缸上,盆下放托盘,或放置在鱼缸旁。还可以用两个花盆托盘,下面放一个略大的托盘,并将其中注满水,上面用一个小号托盘,反扣在有水的托盘上,再将红掌的盆花架在其上,注意盆底不要接触水面。也可以用废弃的可乐瓶、矿泉水瓶接满自来水经晾置 3～4 d 后灌入喷壶中,喷红掌叶面。夏季在 10～11 时喷 1 次,15:00 以后喷 1 次,但喷水的 pH 要小,不能偏大。所浇的水也要经过如上晾置后再用,一方面自来水中的氯气可以挥发,另一方面经过晾置的水与室温能保持一致。晾置的水不要在阳光下晒,以避免绿藻的生成。如果用凉白开水,也是可行的。

(5)光照　红掌是按照叶—花—叶—花循环生长的。花序在每片叶的叶腋中形成。而花与叶产量的差别最重要的因素是光照。如果光照太少,在光合作用的影响下植株所产生的同化物也很少。当光照过强时,植株的部分叶片就会变暖,有可能造成叶片变色、灼伤或焦枯现象。因此,光照管理的成功与否,直接影响红掌产生同化物的多少和后期的产品质量。为防止花苞变色或灼伤,必须有遮阳保护。温室内红掌光照的获得可通过活动遮阳网来调控。在晴天时遮掉 75% 的光照,温室最理想光照是 20 klx 左右,最大光照强度不可长期超过 30 klx,早晨、傍晚或阴雨天则不用遮光。然而,红掌在不同生长阶段对光照要求各有差异。如营养生长阶段(平时摘去花蕾)对光照要求较高,可适当增加光照,促使其生长。开花期间对光照要求低,可用活动遮光网调至 10～15 klx,以防止花苞变色,影响观赏。因此,要灵活掌握红掌在不同生长阶段对光照的要求,以确保其正常健壮生长。

4)病虫害的防治

红掌对于杀虫剂和杀菌剂极为敏感,因此,一般要求不在高温高光照时喷施,北方地区夏天高温时不要喷施,可在早上或者傍晚喷施;冬天最好是在上午喷施,下午由于温度降低较快,容易引起“温室雾”,反而加快病菌的传播。

(1)传染性病害　红掌对于细菌性病害没有特效药,主要是以预防为主。环境预防包括加强温室的温度控制(细菌理想的繁殖条件是 30 ℃左右)、环境卫生和生产区人员、作业工具的流动等的管理。肥料预防包括在植株生长中尽量不用高 NH_4^+ 态的氮肥,及时去除或隔离病株。药物预防是定期用药物喷施生产区,可以选用的药物有农用链霉素、新植霉素、土霉素、溃枯宁等。由于铜制剂对红掌有毒害作用,要慎用。对于红掌真菌性病害一般的杀菌药都可以解决,如红掌的斑叶病,病原是壳针孢属真菌,表现的主要症状是叶片上有棕色斑点,斑点中心组织死亡,外围是一环黄色的组织。可以用 50%克菌丹、75%百菌清、50%扑海因、64%杀毒矾 M8 定期喷施,可以 1 周左右用药 1 次,连续 4～5 次。红掌的柱盘孢属是一种真菌病害,主要的表现症状是叶片逐渐变干,黄化萎蔫,植株基部变为棕色。防治方法可以用 5%速克灵、50%甲基托布津等。

(2)生理性病害　症状为盲花、花畸形、形成莲状,病因:一是根压过大,二是与植物体本身的遗传性状有关,比如有的品种就是育种商特意选育的品种。处理办法是浇水适量,选择透水透气性好的栽培基质;有些生理性病害表现症状是佛焰苞不开,原因是温室的相对湿度过低,可能也与品种有关。处理的办法就是增加温室的湿度,浇水适度。

(3)虫害　红掌最多发生的虫害是红蜘蛛、线虫、菜青虫、白粉虱、蓟马、蜗牛、介壳虫,其中以红蜘蛛、线虫、菜青虫为主。红掌对杀虫剂敏感,使用时浓度一定要准确,其浓度也通常比其他花卉低。特别注意含铜的农药如乐果、甲胺磷、马拉硫磷、对硫磷等会对红掌产生毒害。

5)总结

红掌经过一段时间的栽培管理,基质会产生生物降解和盐渍化现象,从而使其基质 pH 降低,EC 值增大,进而影响植株根系对肥水的吸收能力。因此,基质的 pH 和 EC 值必须定期预测,并依测定数据来调整各营养元素的比例,以促进植株对肥水的吸收。

大多红掌会在根部自然萌发许多小吸芽,争夺母株营养,而使植株保持幼龄状态,影响株形。摘去吸芽可从早期开始,以减少对母株的伤害,摘去吸芽用手即可,不必用剪刀或小刀。

6.1　花期调控的意义

　　每种花卉都有各自的花期,花期的长短和花开花落的时节伴随着特定的气候条件和季节变化,已形成稳定的生物学特性,但是当外界环境发生变化时,植物的花期也受到影响。在花卉栽培中,采用人为的措施,来控制花卉开花时间的技术,称为花期调控。使植物的花期较自然花期提前的称为促成栽培,使花期比自然花期延后的方式成为抑制栽培。

　　花期调控的主要目的体现在以下几个方面:首先能打破自然花期的限制,根据市场或消费需求来提供花卉产品;其次能丰富不同季节花卉种类,能使鲜切花周年供应,实现花卉的产业化生产,满足特殊节日花卉的供应;再者能使自然花期不在同一时间的亲本同时开花,便于培育新品种;最后将一年开一次花的调控为一年二次开花结实,缩短栽培期,利于花卉种子的生产,也缩短了杂交育种周期。

6.2　花期调控的原理

　　植物开花需要花原基形成、花芽分化与发育。花芽分化是有花植物从营养生长向生殖生长转变的结果,是植物从幼年期向成年期转变的标志,这种转变主要同其遗传特性相关。成花年龄是成花

前营养生长所需要的时间,不同类型的花卉成花年龄有很大的差异。一、二年生草本花卉的成花年龄很短,一般几十天之内;多年生花卉的成花年龄多达几年。外界环境条件对开花的影响主要在植物达到成花年龄后。目前的研究已表明花芽分化与发育主要由植物自身发育信号和环境信号共同起调控作用。

　　目前花期调控一方面是通过对开花机制的了解,调控成花过程中的外部环境因子来控制开花的时间,另一方面是通过对植物休眠机制的研究,调控影响休眠的内外因素从而调控花期。目前研究得比较清楚的影响开花和休眠的因素有温度、光照和植物生长调节剂。

6.2.1　温度对开花的影响

　　温度对开花的影响主要体现在质和量两个方面。质的作用是指温度使植物的发育产生质的变化,只有在一定的温度条件下,植物才能从一个发育阶段到另一个阶段,如诱导和打破休眠、春化作用。量的作用是指温度作用于植物生长和开花的速度,从而使植物提前或延迟开花。温度对开花的质和量的作用在花期调控中密切相关、共同作用。

　　1)打破休眠

　　有些花卉在花芽分化完成后,花芽即进入休眠状态,对其要进行高温或低温处理才能打破休眠。秋植球根类花卉如百合、郁金香等自然花期后进入休眠,需高温处理种球才能打破休眠,而春植球根

类如唐菖蒲、小苍兰等需低温打破休眠。而落叶宿根花卉类如芍药、菊花等需低温打破休眠。

2）春化作用

春化作用是指植物必须经历一段时间的持续低温才能由营养生长阶段转入生殖阶段进行开花结实的现象。需要春化作用才能开花的植物主要原产于温带和寒带的冬性一、二年生和多年生花卉。感受春化作用的器官有种子、花芽、种球、整株植物等。种子萌发时感受低温的部位是胚，营养体时期的感受部位为茎尖。春化作用的温度范围一般在 1～15 ℃，最有效的温度一般在 3～8 ℃。不同花卉要求的低温时间长短也有差异，一般为 2～8 周。当春化处理不充分时，如给予高温或干燥的条件，则春化处理效果被削弱或消失，这种现象称为脱春化。经过充分春化处理后，脱春化就比较困难。

3）花芽分化

花芽分化要求在一定的温度范围内进行。不同的植物花芽分化与发育所需要的温度不同，有的在高温下分化，有的在低温下分化。

高温下进行花芽分化的花卉种类包括：一年生花卉如万寿菊和百日草，当年开花的木本花卉如紫薇、木芙蓉等，秋植球根类花卉如百合和郁金香等，夏季高温下进行花芽分化但球根必须经过低温阶段才能开花；春季开花的木本花卉如樱花和牡丹等，在夏季高温下进行花芽分化后需要低温打破休眠后才能开花。

低温下进行花芽分化的植物类型包括：二年生及多年生宿根花卉如金鱼草和玉簪等需要 0～5 ℃低温诱导花芽分化，木本花卉如绣线菊、绣球花、一品红等在晚上温度 15 ℃以下时进行花芽分化。

4）花芽发育

大部分花卉植物的花芽在诱导花芽分化的温度条件下顺利发育而开花，但是有些植物的花芽需要在特定的温度下才能完成发育进而开花。如芍药和花菖蒲，夏秋季完成花芽分化后，需要一定的低温需求花芽才能完成发育而开花。很多花卉的花芽发育与夜晚温度有密切关系，如瓜叶菊在夜晚温度达 12～15 ℃时花开得才整齐。

6.2.2　光照对开花的影响

1）光周期对开花的影响

光周期是指昼夜周期中光照时间和黑暗时间长短的交替变化。是决定植物能否开花的主要环境因素。每种植物都需要一定的日照长度和黑夜长度的相互交替，才能诱导花芽分化和开花。这种特性与其原产地在生长季节里自然日照的长度有密切的关系，也是植物在系统发育过程中对于所处的生态环境长期适应的结果。根据植物开花对光周期的反应，可以将其分为三大类：长日照植物、短日照植物、日中性植物。

长日照植物是指只有当日照长度超过临界日长（14～17 h），或者说暗期必须短于某一时数才能形成花芽的植物。长日照植物一般原产于纬度超过 60° 的温带或寒带地区。如二年生草本花卉和晚春早夏季开花的多年生花卉一般都是长日照植物，如紫罗兰、鸢尾等。光照时间越长，开花越早。而光照长度小于此临界日长时推迟开花或不能开花。

短日照植物是指只有当日照长度短于其临界日长（少于 12 h，但不少于 8 h）时才能开花的植物。在一定范围内，暗期越长，开花越早，如果在长日照下则只进行营养生长而不能开花。许多热带、亚热带和温带春秋季开花的植物多属短日照植物，如秋菊、一品红等。

日中性植物的开花不受光照时间的影响，只要温度合适，营养充分，任何光照条件下就可以开花，如香石竹、马蹄莲、天竺葵等。

长短日照植物的花芽分化在长日照条件下完成，而开花时要求短日照，如翠菊、长寿花等。

短长日照植物在短日照条件下进行花芽分化，开花时要求长日照，如瓜叶菊和风铃草等。

长日照植物和短日照植物都有质性和量性之分，大部分花卉由于驯化和栽培都是量性长日照或短日照植物。长日照植物的临界日长不一定比短日照植物长，同时短日照植物的临界日长不一定比长日照植物短。

临界夜长是指在光暗周期中短日照植物能开花的最小暗期长度或长日照植物开花的最大暗期

长度。对短日照植物来说，暗期长于临界夜长可以开花，而对于长日照植物，暗期短于临界夜长可以开花。通过对光期和暗期在植物开花上的试验表明了暗期长度在开花上的决定作用，光照主要是通过光合作用提供给植物营养，同时光照能增加开花数量。

光周期反应也受到温度的影响，当夜间温度降低时，长日照植物失去对日照长度的敏感性，而短日照植物可在长日照条件下开花。如一品红夜温在 17～18 ℃表现为短日性，而当温度为 12 ℃时表现为长日性。

2)光周期诱导

花卉植物在达到一定的生理年龄时，经过足够天数的适宜光周期处理，以后即使处于不适宜的光周期条件下，仍然能够开花的现象称为光周期诱导。感受光周期部位的器官是成熟的叶片，经光周期诱导后能产生诱导开花的信号，然后从叶片传递到茎尖分生组织。通过对不同光质的光进行暗期间断试验发现红光间断能促进长日照植物开花，而抑制短日照植物开花，而远红光能逆转这个反应。

6.2.3 植物生长调节剂对开花的影响

植物生长调节剂是调控植物生长发育的物质。一类是在植物体内合成的对生长发育起关键性作用的微量有机物的内源植物激素，对调控花期有作用的主要是赤霉素和细胞分裂素。另一类是人工合成的具有内源植物激素活性的植物生长调节剂，对花期有调控作用的主要有萘乙酸、乙烯利、矮壮素、6-BA、琥珀酰胺酸、多效唑、缩节胺等。植物生长调节剂在花期调控中能够代替日照长度或低温来促进或延迟开花、或打破休眠，但是植物生长调节剂调控植物开花的作用机理目前还没有探索清楚。

1)促进或诱导开花

赤霉素能促进茎的伸长和部分类型长日照植物在短日照条件下开花，如紫罗兰、矮牵牛等。这类植物在短日照下呈莲座状，只有在长日照下才能抽茎开花，而赤霉素的应用能促使它们在短日照下开花。细胞分裂素的应用也能促进植物开花。

2)代替低温，打破休眠

对某些花卉，赤霉素能代替低温打破休眠，如用赤霉素处理休眠期中的桔梗、蛇鞭菊、芍药，可以打破这些植物的休眠。赤霉素处理休眠期中的球根花卉如郁金香鳞茎也可以代替低温打破休眠使其开花。乙烯可以打破小苍兰、荷兰鸢尾等球根植物的休眠促进其开花。

3)延迟开花

某些植物生长调节剂如 B9、萘乙酸、2,4-D 的应用还可以延迟花期。如 B9 喷施杜鹃花蕾，可以延迟杜鹃开花，用萘乙酸或 2,4-D 处理菊花，可以延迟菊花的花期。

6.2.4 花期调控技术依据

花期调控是利用各种措施来控制花卉的花期。在花期调控技术实施之前，要综合考虑花卉植物的生长特性，其生长的环境及所要控制的温室环境，还需要掌握市场供求信息，从而保证花期控制可以按市场需求进行。在花期调控实施前要考虑以下几个因素。

1)选择适宜的花卉种类和品种

根据市场需要确定目标花期后，尽量选择自然花期与目标花期接近、容易开花、不需要太多复杂处理的花卉种类和品种，以简化技术措施、节约处理时间、降低成本。促成栽培适宜选用早花品种，抑制栽培宜选用晚花品种。如不同品种的唐菖蒲，从种球栽植到开花所需的时间为 60～120 d，要使唐菖蒲提前开花，适宜选择早花品种。

2)掌握花卉的生长发育特性

为了制定切实可行的花期调控措施，要彻底了解进行花期调控的花卉植物的营养生长、花芽分化、成花诱导、花芽发育的进程和所需要的环境条件，休眠与打破休眠的条件。如需要光照调节的适用于对日照长度要求严格的菊花、长寿花、唐菖蒲等；温度调节适用于需要特定的温度诱导成花或花芽分化有临界温度的品种如蟹爪兰和蝴蝶兰；如需要休眠特性的种类如大多数多年生宿根花卉或落叶木本花卉可采用打破休眠或延长休眠的措施。除一年生花卉只通过调整播种时间或栽培管理措

施外,其他大部分花卉需要几种技术手段结合使用来完成花期调控。即使是温度处理一项措施,因不同的花卉种类生物学特性不同,也会有处理的温度或持续时间长短不同。

3) 选择成熟的植株

花期调控要选择已度过童期,完成花芽分化、生长健壮的植株或球根,这样保证开花的质量。宿根花卉还要求有足够多的花芽数量,如芍药花期调控前要求 3～5 年生植株,鳞芽饱满充实而且数量在 4～6 个以上。球根花卉一般对开花种球球茎的大小有严格的要求,如风信子的鳞茎的直径要达到 8 cm 以上,唐菖蒲的球茎直径要达到 12 cm 以上。度过童期,完成花芽分化的木本花卉花期调控时还需要有足够枝条、饱满的花芽及充足的花芽数量,如牡丹适宜选用株龄 4～6 年,枝条 7～12 条,每枝具有 1～2 个花芽的植株进行花期调控。为了便于调控措施的实施,进行花期调控的植物,一般都是盆栽方式进行。

4)环境因子和栽培技术

在调控温度和光照等环境因子控制花期时,需要了解其对植物起作用的有效范围及最适范围,分清是起质性还是量性作用,同时要掌握温度、光照和植物生长调节剂之间的替代关系,如低温可以部分代替短日照、生长调节剂可以部分代替低温。花期控制是否能够成功还同栽培技术有密切的关系,要有熟练的栽培技术才能使植物生长健壮,提高开花的数量和质量,提高商品价值,并可以延长观赏期。

花期调控需要加光、遮光、增温和降温等措施,需要配备特殊的控温和控光设备。花期调控一般在控温和控光设备齐全的全智能日光温室进行。花期调控前,需要充分了解温室及其内部设备的性能,才能保证花期调控顺利进行。

5)制定目标和生产计划

制定花期调控的技术措施时,最好进行成本核算,使生产计划切实可行。尽量利用自然季节的环境调节以节约能源及设施,如在市场需求供花时间足够充分的前提下,可利用室外的自然低温满足木本花卉打破休眠所需要的低温,利用高海拔的自然气候提前给予低温、增加温差或达到延迟花期的目的。

6.3　花期调控的技术

人们在长期的花卉生产实践中,根据不同的气候、温度、湿度、花卉植物本身的特性提出了许多花期控制的有效方法。首先要了解每一种花卉植物的生物特性,然后要养护好花卉,只有生长健壮的植株,才能开出高质量的花朵。另外,不同类型花卉植物的花期调控原理虽然相同,但是实际技术都不太相同,而且采用花期调控技术时还受到技术开始使用时的时间、温度、湿度、地理环境、设备等多方面因素的影响。目前花卉生产中主要通过调节栽培管理措施、调节温度、调节光照和施用植物生长调节剂这些主要措施来控制花期。

6.3.1　园艺措施

1)调节播种期、扦插期及栽植期

(1)调节播种期　一、二年生的草本花卉大部分都以播种繁殖为主。一年生草本花卉一般在春季播种,根据播种地区所处的气候条件,可以从 3 月中旬到 7 月上旬陆续在露地播种,其营养生长和开花均在适宜的气候条件下完成。如果想延迟或促进花期,可以根据不同花卉的生长发育规律,计算其在不同气候条件下,自播种到开花所需要的时间,分批分期播种。一般一年生花卉从播种到开花需要 45～90 d。如万寿菊和百日草从播种到开花时间分别为 100 d 和 80 d 左右,如果希望万寿菊和百日草 9 月下旬至 10 月上旬开花,那么分别在 6 月中旬和 7 月上旬播种万寿菊和百日草种子即可。

(2)调节扦插期　多年生花卉繁殖主要依靠扦插,如菊花、香石竹等。可根据不同花卉自扦插至开花所需时间长短及需花日期来确定扦插日期。如香石竹从扦插到开花大约需要 150 d,欲使香石竹在国庆节开花,可以在 5 月上旬左右扦插,给予适宜其生长的环境条件使其按需要的时间开花。

(3)调节栽植期　球根花卉的种球一般低温储藏打破其休眠或完成花芽分化后,大部分都是在冷

库内储存。可以根据种球从栽植到开花所需要的时间长短和需花日期来确定其栽植日期。如低温处理完成花芽分化的郁金香种球从栽植到开花需要 120 d 左右,如果想让其春节左右开花,可以提前 4 个月栽植种球,并给予其生长发育和开花所需要的环境条件使其按时开花。

2)修剪和摘心

对一年可以进行多次花芽分化的花卉种类如月季、天竺葵、茉莉、菊花等,都可以在开花后进行修剪,使其重新抽出新枝和开花。摘心一般适用于易分枝的草本花卉,摘心处理可以使植物多发侧枝,增加营养生长,延迟开花,如菊花一般要在开花前摘心 3～4 次,不仅可以控制花期,还可以使植株健壮和花朵繁多。

3)抹芽和去蕾

抹掉侧芽可以使养分集中,顶芽更健壮,不仅能促进开花,而且使单花健壮,如向日葵生产中一般采用抹芽处理。反之如抹掉顶芽,就能延迟开花。去除侧蕾可以使养分集中,促进主蕾开花;反之如果去除主蕾,则可推迟开花。大丽花常用去蕾的方法控制花期。

4)调节水肥

水、肥在花卉植物的整个生命周期中是必不可少的重要条件。花卉植物只有在适宜的水、肥环境中才能茁壮成长。控水控肥主要是调控营养生长和生殖生长的比例,从而促进和延迟开花。有些木本花卉在干旱条件下为了本身延续后代的需要,它们会在很短的时间内完成开花、结果的整个繁殖后代的过程。如叶子花在完成营养生长后,停止往花盆里浇水,直到梢顶部的小叶转成红色后再浇水,很快就会开花。开花后少浇水(3～4 d 浇一次,土表湿润即可),才能保持延续不断开花。如梅花和榆叶梅等落叶木本花卉,在夏季休眠期进行花芽分化时控水措施可以促进其花芽分化,促进开花。

在球根花卉的种球采取低温处理时,一定要控制湿度,湿度过大易感病、提前抽芽;湿度低有利于种球的储存。种球含水量愈少花芽分化愈早如郁金香、风信子、百合等种球。

在花期控制阶段,适当施用磷、钾肥,尽量少施或不施氮肥,有利于生殖生长,氮肥过多,影响花芽分化,只是抽梢长叶而不开花。

6.3.2　温度调节

在日照条件满足的前提下,温度是影响开花迟早极为有效的促控因素。人为地满足花卉植物花芽分化、花芽成熟和花蕾发育对温度的需求,创造最适宜的开花条件,便可达到控制花期的目的。温度处理要注意以下几个问题:每一种花卉植物都有自己的一个温度范围,营养生长和生殖生长温度范围不同,花芽分化与花芽发育温度也不同,还有温度持续的时间长短也不同;同种花卉不同品种的感温性不同;处理温度依品种原产地或当地培育的气候条件而有差异。一般 20 ℃ 以上为高温,15～20 ℃ 为中温,10 ℃ 以下为低温;处理温度因栽培地的气候条件、采收时期、市场需求时间、植株的成熟程度而不同;处理的时期(休眠期或生长期)因花卉种类和品种特性而不同。生产上一般采用降温和增温的方法进行调节休眠期、成花诱导与花芽形成期、花茎伸长期来实现花期调控。有条件的地方还可以利用夏季冷凉和昼夜温差大的高海拔山区。

1)降温处理

在春季自然气温未回暖前,对处于休眠的植株给予 1～4 ℃ 的人为低温,可延长休眠期,延迟开花。根据需要开花的日期、植物的种类与当时的气候条件,推算出低温后培养至开花所需的天数,从而来决定停止低温处理的日期。这种方法管理方便,开花质量好,延迟花期时间长,适用范围广,大多数越冬休眠的宿根花卉、木本花卉及球根花卉都可以采用低温处理来完成花芽分化或打破休眠。

二年生花卉和宿根花卉,在生长发育中需要一个低温春化过程才能抽茎开花,如毛地黄、菊花、芍药等。许多越夏休眠的秋植球根花卉的种球,在完成营养生长和形成球根发育过程中,花芽分化阶段已经能够完成,但如果这时把球根从土壤里取出晾干不经低温处理再栽种,种球不开花或开花质量会非常差。大多数此种类型的球根在花芽发育阶段必须经过低温处理,才能保证开花的质量。这种低温处理种球的方法,常称为冷藏处理。在进行低温处理时,必须根据各种类的球根花卉与其处理目的,选择最适低温。杜鹃、紫藤可延迟花期7个月以上,而质量不低于春天开的花。某些木本花卉需要经过0 ℃的人为低温,强迫其通过休眠阶段后,才能开花,如桃花等。很多原产于夏季凉爽地区的花卉,在夏季炎热的地区生长不好,也不能开花。对这些花卉要降低温度,使在28 ℃以下,这样植株处于继续活跃的生长状态中,就会继续开花,如仙客来、天竺葵等。为延长开花的观赏期,在花蕾形成、绽蕾或初开时,给予较低温度,可获得延迟开花和延长开花期的效果。

利用低温使花卉植株产生休眠的特性,一般2～4 ℃的低温条件下,大多数的球根花卉的种球可以较为长期储藏,推迟花期,在需要开花前取出进行促成栽培,即可达到目的。在低温的环境条件下,花卉植物生长变缓慢,延长发育期与花芽成熟过程,也就延迟了花期。

2)利用热带高海拔山区调温

除了球根类花卉的种球要用冷库进行冷藏处理外,在南方的高温地区,可以建立高海拔(800～1 200 m或以上高度)的花卉生产基地。利用暖地高海拔地区冷凉气候进行花期调控是一种低成本、易操作,能进行大规模批量生产花卉调控花期的最佳方法。高海拔山地气候不仅能提供植物最适的生长发育温度,而且由于其昼夜温差大,从而使花卉的生长速度加快,有利于花芽的分化及花芽成熟,也抑制了病虫害的发生。这种花期调控方式同冷库相比减少了大量的电能消耗,加强了花卉商品的竞争力。

3)增温处理

冬季温度低,植物生长缓慢不开花,这时如果增加温度可使植株加速生长,提前开花。这种方法适用范围广,包括露地经过春化的宿根花卉,如石竹、桂竹香、三色堇、雏菊、瓜叶菊等;春季开花的低温温室花卉,如天竺葵、仙客来;南方的喜温花卉,如非洲菊以及经过低温休眠的露地木本花卉,如牡丹、杜鹃、桃花等。开始加温日期以植物生长发育至开花所需要的天数而推断。增加的温度是逐渐升高的,一般用15 ℃的夜温,25～28 ℃的日温。

(1)利用南方冬季温度高的气候优势进行提前开花处理　牡丹花在经过北方寒冷冬季的自然低温处理后,运输到南方,利用南方的自然高温,打破牡丹花植株的休眠,经过1个多月的精心管理,牡丹花盛开,这就是典型的利用地区性自然温差促使提前开花的处理方法。

(2)利用温室保温、加温　在秋末、冬天和初春时期,天气较冷,温室内的温度往往较室外高,如果在室内多加一层薄膜,保温的效果会更好。如果温度太低,只能通过电热加温(包括电热器、电热风扇、电炉、红外线加热管、高温灯泡等)对温室进行加热,以达到提高温室温度的目的。

(3)采用发电厂热水加温　有条件的地方,可以利用火力发电厂的水冷却循环系统通过温室内,再循环回电厂,这样可以大大减少能源消耗,降低加温成本,提高花卉产品的竞争力,是一种廉价高值的加温手段。

(4)利用地热加温　有地热条件的地方,可以用管道将热水接到温室里,提高温室的温度,既可以增加温室里的湿度,又可以降低成本,提高经济效益。

6.3.3　光照调节

不同的花卉植物对光照强度、光照时间的需求是不同的,同一植物不同生长发育期对光照的需求也是不同的。但影响花卉花期的光照因素主要是光周期,因此生产中多采用调节光照长度来调控花期。

1)短日照处理

在长日照的季节里(一般是夏季),要使长日照花卉延迟开花,需要遮光;使短日照花卉提前开花也同样需要遮光。长日照花卉的延迟开花和短日照花卉提前开花都需要采取遮光的手段,就是在光照时数达到满足花卉生长时,在日落前开始用黑布或黑色塑料膜将光遮挡住,一直到次日日出后一段时间为止,使它们在花芽分化和花蕾形成过程中人为地满足所需的短日照条件,这样使受处理的花卉植株保持在黑暗中一定的时数。

遮光处理所需要的天数因植物种类不同而有

差异,如菊花和一品红在下午5时至第二天上午8时,置于黑暗中,一品红经40 d以上处理即能开花,而菊花经50~70 d才能开花。采用短日照处理的植株一定要生长健壮,处理前停施氮肥,增施磷、钾肥。在日照反应上,植物对光照强弱的感受程度因植物种类而有差异,上部幼嫩的叶片比下部成熟叶片对光照更敏感,因此遮光的时候上部漏光比下部漏光对花芽的发育影响大。

2)长日照处理

在短日照的季节里(一般是冬季),要使长日照花卉提前开花,使短日照花卉延迟开花,就需要采取人工辅助光照。长日照处理的方法一般可分为3种。

(1)明期延长法 即在日落前或日出前开始补光,延长光照5~6 h。

(2)暗期中断法 即半夜用辅助灯光照明2 h,以中断暗期长度。

(3)终夜照明法 即整夜照明,照明的光照强度需要在100 lx以上,以阻止花芽分化。如菊花是对光照时数非常敏感的短日照花卉,在9月上旬开始用电灯给予光照,在11月上、中旬停止人工辅助光照,在春节前菊花即可开放。

3)颠倒昼夜处理

有些花卉植物的开花时间在夜晚,给人们的观赏带来很大的不便。例如昙花是在晚上开放,从绽开到凋谢至多3~4 h。为了让人们白天欣赏美丽的昙花,可以采取颠倒昼夜的处理方法,具体的处理方法是:把花蕾已长至6~9 cm的植株,白天放在暗室中不见光,晚上7时至次日上午6时用100 W的强光给予充足的光照,一般经过4~5 d的昼夜颠倒处理后,就能够改变昙花夜间开花的习性,使之白天开花,并可以延长开花时间。

4)遮光处理

部分花卉植物不能适应强烈的太阳光照,特别是在含苞待放之时,用遮阳网进行适当的遮光,或者把植株移到光强较弱的地方,均可延长开花时间。如把盛开的比利时杜鹃放到烈日下暴晒几个小时,就会萎蔫;但放在半阴的环境下,每一朵花和整棵植株的开花时间均大大延长。牡丹、月季、香

石竹等适应较强光照的花卉,开花期适当遮光,也可使每朵花的观赏寿命延长1~3 d。

5)光照与温度组合处理

在花卉的促成和抑制栽培中,有时温度和光照中某一个因子对打破休眠、生长、花芽分化及发育和开花都有明显的主导作用。但是有些植物对这两个因子进行合理的组合才可以促进或延迟开花,如秋菊光照处理时,必须给予15 ℃以上的温度,才能完成花芽分化,从而感受光照处理。

6)长日照处理的光源与强度

照明光源主要有白炽灯、荧光灯、高压汞灯、金属卤化物灯、高压钠灯等,不同种类的花卉植物适用的光源也有差异,如菊花等短日照植物多用白炽灯,主要是因为白炽灯含远红外光比荧光灯的多,锥花丝石竹等长日照植物多用荧光灯来调节光照。不同植物种类照明的有效临界光度也有所不同,如紫苑需在10 lx以上,菊花需50 lx以上,一品红需100 lx以上才有抑制成花的长日效应。50~100 lx通常是长日照植物诱导成花的光照强度。

6.3.4 应用植物生长调节剂

植物生长调节剂是人工合成或从生物中提取的对植物生长发育有调控作用的化学物质,包括生长素类(IAA)、赤霉素类(GA_3)、细胞分裂素类(CTK)、脱落酸(ABA)、乙烯(ETH)、植物生长延缓剂及植物生长抑制剂。虽然植物生长调节剂在植物开花调节上已被试验多年,因其在不同植物作用上的复杂性,生产上的应用效果因植物种类及不同发育时期而异。植物生长调节剂的应用具有以下特点:①相同药剂对不同植物种类、施用时期不同而有差异,如赤霉素对花叶万年青有促进成花作用,而抑制菊花的开花;如吲哚乙酸对藜在花芽分化之前使用可以抑制开花,而在花芽分化后使用可以促进开花。②不同植物生长调节剂施用方法不同,易被植物叶片吸收的如GA_3等可以叶面喷施,易被根系吸收的如多效唑,可以土壤浇灌;打破种子和球根休眠可以用浸泡方法。③不同的环境条件明显影响植物生长调节剂施用的效果。有的药剂在低温或高温下有效,有的在长日照或短日照

条件下才能有作用。土壤湿度和空气湿度也影响药剂的效果。

1)赤霉素在花期调控上的应用

（1）打破休眠 很多种类花卉可以应用赤霉素来打破休眠从而促进开花。球根花卉如蛇鞭菊块茎在夏末初休眠期用 GA_3 处理，打破休眠，储藏后分期种植可以分批开花。宿根花卉如桔梗在初休眠期用 GA_3 处理，打破休眠，提高发芽率，可以促进开花。宿根花卉如芍药等和木本花卉杜鹃等一般秋季进入休眠，$5\sim10$ ℃低温能解除休眠，GA_3 的应用能减少低温处理时间来解除休眠从而促进开花。

（2）代替低温促进开花 夏季休眠的球根花卉如百合和郁金香等，花芽形成后需要低温使花茎伸长才能开花。将冷藏过的种球种植后待株高达 $7\sim10$ cm 时赤霉素处理叶丛，可以代替低温促使花茎伸长。小苍兰球茎需要经过低温后才能伸长开花。未经低温处理的小苍兰球茎用 GA_3 浸泡处理，然后冷藏 35 d 后种植，GA_3 处理过的比未处理过的种球能提早 3 周开花。

（3）促进花芽分化 对一些需要低温才能完成春化作用的二年生或宿根花卉可以用赤霉素处理来促进花芽分化。如 9 月下旬起用 GA_3 处理紫罗兰，秋菊 $2\sim3$ 次，则可以代替低温作用来促进花芽分化。

（4）促进茎秆伸长 鲜切花栽培中促使花茎达到一定的商品高度时可以在营养生长期喷施 GA_3 来促进茎秆伸长，如月季、金鱼草、菊花等。标准菊切花生产中可在栽种后 $1\sim3$ 周内喷施赤霉素，重复三次，隔周进行，从而使花茎达到足够高度。对于多花型的切花小菊，可以在短日照诱导开始后用赤霉素喷施花梗部位从而促进小花朵有较长的花梗。

一般赤霉素的使用浓度都是低浓度，一般在 $0.005\%\sim0.01\%$。不同种类的花卉应选择适当的生长发育期才有效果，可以喷施、涂抹或点滴施用，药效时间一般为 $2\sim3$ 周。

2)生长素在花期调控上的应用

生长素类中常用于开花调控的植物生长调节剂主要有 2,4-D,吲哚乙酸(IAA),吲哚丁酸(IBA)及萘乙酸(NAA)。为增加郁金香花茎高度，在通过

低温期后可以用 IAA 或 NAA 喷施植株。用 IBA 喷施落地生根可以延长花期 2 周。秋菊在花芽分化前，用 NAA 处理 50 d，可以延迟开花 2 周左右。

3)细胞分裂素在花期调控上的应用

细胞分裂素类中常用于花期调控的有 6-BA。某些宿根花卉经过夏季高温后生长活力下降，在秋季冷凉气温中容易发生莲座化现象而停止生长，需经过低温处理才能恢复生活力。生产中把即将进入莲座化状态的种苗栽植到 15 ℃ 的长日照条件下，同时喷施 300 mg/L 6-BA 溶液，可以防止植株莲座化，从而保持生活力，提早开花。

4)乙烯在花期调控上的应用

夏季休眠的球根花卉花期过后起球时已进入休眠状态，在休眠期中进行花芽分化，可以用乙烯类生长调节剂代替高温打破休眠，从而促进开花。荷兰鸢尾及多花水仙的鳞茎采用乙烯熏气法，可以打破其休眠促进花芽分化。水仙鳞茎用乙烯气体处理，可以提高开花率。能释放乙烯气体的植物生长调节剂如乙烯利、乙炔、β-羟乙基肼(BOH)还对凤梨科的植物有促进成花的作用。凤梨科植物营养生长期长，一般需要 $2\sim3$ 年营养生长才能开花。果子蔓属、水塔花属、光萼荷属、彩叶凤梨属等的植物，在 $18\sim24$ 月龄时用低于 0.4% 的 BOH 浇灌叶丛中心，在 $4\sim5$ 周内可以诱导这些植物花芽分化，之后在长日照条件下开花。

5)植物生长延缓剂和抑制剂在花期调控上的应用

常用于花期调控的植物生长延缓剂和抑制剂主要有矮壮素(CCC)和丁酰肼(B9)。CCC 叶面喷施可以促进秋海棠、杜鹃和三角梅等植物的花芽分化。CCC 处理还可以使天竺葵开花提前 2 周。在夏季桃树叶面上喷施 B9 可以抑制新稍生长，增加花芽分化数量。用 B9 喷施一年生草花如矮牵牛、波斯菊等可以使其花期提前。

6.4 花期调控实例分析

6.4.1 一串红的花期调控

一串红是多年生亚灌木作一年生栽培，主要是

播种和扦插繁殖。从播种到开花约 150 d;一串红在适宜的环境条件下,扦插约 3 周便可生根,1 个月后即可上盆,再经过约 2 个月的培养即可开花。一串红的花期调控主要通过分期播种、分期扦插和摘心来完成。

1)分期播种

若使一串红在"五一"开花,根据所选品种的生育期,计算最适宜的播种时期,播种后控制适宜的室温温度,"五一"既可将植株栽于花坛,也可以摆盆造型。欲使其在"十一"开花,将一串红于 3—4 月在温室内播种,9 月过后移至室外养护,进行几次摘心,到"十一"即可开花。

2)分期扦插

扦插可缩短苗期,促使提早开花。根据需要开花的时间适时扦插,即可如期开花。如秋季扦插苗,冬季在室内养护,可于翌年早春开花;夏季 6—7 月扦插苗,加强水肥管理,当年即可开花。利用扦插繁殖调节花期时,夏季扦插要注意遮阳,冬季扦插室温需保持在 20～25 ℃,并注意经常保持基质湿润。

3)摘蕾

一串红生长期除摘心外,还可用摘蕾整形的方法,人为地控制花期。一串红的花序生于枝的顶端,在气温 20～25 ℃ 的条件下,摘蕾后 25 d 左右又能孕育新蕾而开花。据此特性,可调控一串红的花期。若需"五一"开花,可在 4 月 5 日摘蕾;要求在"七一"开花,可在 6 月 5 日摘蕾;若需"十一"开花,可在 9 月 5 日摘蕾。此外,一串红花后及时剪去残花,不使其结籽,可以减少养分消耗,防止过早衰老,合理浇水、施肥,给予充足的光照和适宜的生育温度,便可四季花开不断。

6.4.2 报春花的花期调控

报春花属于二年生草本花卉,主要是秋季播种繁殖,次年早春开花。报春花在温度低于 10 ℃ 时,无论长日照或短日照下均可花芽分化,若同时进行短日照处理,便可促进花芽分化,花芽分化后保持 15 ℃ 左右的温度并进行长日照处理,则可以促进花芽发育,提早开花。在温度 16～21 ℃ 时,进行短日照处理,可以促进花芽分化,促使提前开花。当温度升至 30 ℃,不管日照长短,均不花芽分化。

6.4.3 菊花的花期调控

1)菊花花芽分化的特点

菊花展叶 10 片左右,株高 25 cm 以上,顶部约有 7 片尚未展开的叶时,花芽才开始分化。开花时,株高一般 60 cm 以上,植株有 15～17 片叶片。花芽完全分化需要 10～15 d,花芽分化后到开花这一段时间的长短因温度和品种而异,一般为 45～60 d。不同菊花的花芽分化对温度反应不同。夏菊在夜温 10 ℃ 左右可以快速形成花芽;夏秋菊的花芽分化适温一般在 15 ℃ 以上;秋菊和寒菊最低夜温在 15 ℃ 左右才能进行花芽分化。

2)菊花花期调控技术

(1)栽培措施 菊花品种众多,自然花期不同,可在 4 月下旬到 12 月下旬自然开花。可以在不同地区选择适宜栽培的品种,适时种植。如秋菊的自然花期在 9—11 月中旬,季节性栽培可以采用不同时期的扦插苗栽植。5 月中旬定植,9 月开花;6 月中旬定植,10 月开花;6 月下旬至 7 月上旬定植,11 月开花。

(2)光照调控措施 秋菊和寒菊为典型的短日照花卉。在每天日照时数低于 12 h 条件下,开花良好;高于这个日照时数则不能开花。秋菊和寒菊的花芽分化对光周期非常敏感,花芽分化需连续短日照处理 21～28 d;而多花型菊花则需要连续短日照处理 42 d,才能促进花芽分化。

①长日照延迟开花。用 100 W 的白炽灯,每 10 m² 设 1 盏,吊在植株茎顶 1.5 m 处。一般在摘心后的第 2 周开始处理秋菊约 50 d。每天 23 时到次日 2 时补光 2～3 h,可有效延迟开花。

②短日照提前开花。遮光处理主要针对光反应敏感的秋菊和寒菊。正确安排扦插日期,扦插苗生根后即可以栽植。遮光处理的时间从预期开花前 50 d 开始,直到花蕾开始变色止。一天中从下午 6～7 时开始用黑布遮光,到第 2 天上午 8～9 时解除遮光,光照时间控制在 9～10 h。菊花感受短日照的部位是顶端成熟的叶片,顶部一定要完全黑

暗,基部不必要求过严。

（3）菊花定时开花法

①春节开花。8月份剪取嫩枝扦插,9月中旬温室中定植,摘心后2周开始人工补光,12月初停止补光,菊花在自然短日照条件下进行花芽分化,次年2月初即可开花。

②"五一"开花。10月下旬至11月上旬,在温室中培育栽植扦插苗,摘心后的第二周进行人工补光一直到次年1月中旬停止,然后菊花在自然短日照条件下完成花芽分化形成花蕾,于次年4月中下旬开花。

③"七一"开花。1月中旬到2月上旬扦插定植菊花苗,于4月下旬至5月初进行遮光处理,保证每天光照不超过10 h,诱导菊花花芽分化,6月中下旬即可开花。

④"十一"开花。5月下旬至6月上旬定植菊花苗,于7月底进行遮光处理,保证每天光照不超过10 h,诱导花芽分化,9月中下旬即可开花。

6.4.4 芍药的花期调控

芍药早花品种在8月底开始花芽分化,晚花品种则在9月中下旬开始花芽分化。大多数品种从11月中旬起形成花瓣原基,并停止发育,进入休眠,并以此状态越冬。第二年春天萌芽生长,花芽继续发育,4—5月中下旬开花。芍药的花期调控主要依靠温度来调节花芽分化。

1)芍药促成栽培

促成栽培中,于9—10月将3～4年生的健壮植株进行冷藏处理。冷藏室内一般选用埋土冷藏法,即芽子微露在土壤表面即可。人工冷藏植株开始必须在8月下旬或9月下旬花芽分化开始后,只有已开始形态分化的花芽才能有效地接受低温诱导,在人工低温条件下完成花芽分化。冷藏室温度保持在2℃左右。可以根据开花上市时间确定选用芍药品种和冷藏时间。早花品种所需冷藏时间为25～30 d,中晚花品种所需冷藏时间为40～50 d。早花品种于9月上旬选择健壮植株进行冷藏后栽植,在温室中培育,可于60～70 d后开花;晚花品种于10月上旬进行冷藏处理后栽植,可于次年1月到

2月开花。

2)芍药抑制栽培

抑制栽培中,于早春芍药萌动前将植株挖出,储藏在湿润的0℃冷藏库中以抑制其萌芽。如5月中下旬定植,30～50 d后即可以开花。

6.4.5 百合的花期调控

露地条件百合鳞茎通常是9—11月定植,自然花期4—6月,属于秋植球根。百合开花后鳞茎进入休眠期,经过夏季高温即可打破休眠,再经过低温春化诱导形成花芽。打破休眠及低温春化的温度和时间因品种而不同。打破休眠一般需要20～30℃的温度3～4周,低温春化通常需要0～8 ℃的温度4～6周。百合花期调控主要是温度控制,打破其休眠和诱导其花芽分化。打破休眠后,花芽分化完成的种球若提供适宜的温度和光照,开花种球栽植后60～80 d即可开花。

1)百合的促成栽培

百合的促成栽培指使百合在10月至次年4月开花。选择周径12～14 cm的鳞茎,在13～15 ℃处理2周,在3 ℃下再处理4～5周,即可打破休眠,完成花芽分化。冷藏时用潮湿的泥炭或木屑等保水的基质包埋种球放置于塑料箱内,并用薄膜包裹保湿。若欲使百合在国庆节左右开花,7月栽植种球,同时根据其生产地气候调控温室温度,这样可以在10月开花。若欲使百合11月至元旦前后左右开花,取冷藏种球于8月下旬定植,12月后保温或加温,并提供人工光照。若欲使百合春节前后至次年4月左右开花,10—11月下旬定植冷藏种球,温室内加温补光。

2)百合的抑制栽培

百合抑制栽培指使百合在7—9月开花。将3月萌芽前的百合种球继续在冷库中低温冷藏,4月上旬至5月上旬定植,可使其在7—9月开花。

6.4.6 唐菖蒲的花期调控

唐菖蒲种球春季栽植,4～5 ℃开始萌芽,二叶期开始花芽分化,新球茎形成;三叶期花芽分化完成(40～50 d),6叶期花茎伸出,子球形成,老球开

始萎缩,夏季开花,秋季新球增大,子球数量增多,开花后一个月,新球与子球同时进入休眠。

唐菖蒲属于春植球根类花卉。生育最适温度为昼温20～25 ℃,夜温12～18 ℃。唐菖蒲为典型的长日照植物,需要14 h以上的光照进行花芽分化。唐菖蒲的花期调控主要由营养生长期需要长日照光照诱导花芽分化,人工低温打破其休眠来完成。

1)唐菖蒲的促成栽培

唐菖蒲的促成栽培指使其在1—6月开花。将唐菖蒲的种球放置于0～4 ℃的冷库中冷藏30～50 d即可打破休眠;或者采用人工高低温变温处理,即将收获后的种球晾干后,先在35 ℃的高温下经过15～20 d处理,再转入2～3 ℃的冷库中处理20 d左右打破其休眠。打破休眠后的种球,定植后100 d左右后就可以开花。可以根据需要开花的时间,来选择适宜的种球定植时期。12月定植打破休眠的开花大种球,温室内温度保持在15 ℃以上,二叶期保证14 h以上的光照诱导花芽分化,可以使其在"五一"左右开花。

2)唐菖蒲的抑制栽培

唐菖蒲的抑制栽培是指使唐菖蒲在9—12月开花。将打破休眠的种球继续储藏在2～4 ℃冷库中,延迟种植期可以使其晚开花。若5—6月露地栽植,可使其在8—9月开花;9月温室种植,营养生长期需人工补光,可使其12月左右开花。

6.4.7 牡丹的花期调控

牡丹属于落叶木本花卉,植株前3年主要是营养生长,第四年后开始开花,自然花期在4月中下旬左右,花芽分化一般在5月上中旬开始,9月初花芽分化完成,10月中旬后进入落叶期,进入休眠。花期调控的主要措施是依靠人工低温或外源激素等措施打破休眠,从而使其早或晚于自然花期开花。

选用花期调控的牡丹要求4～7年的株龄,2～3年枝龄,总枝条数在5条以上,15 cm以上的枝长,并且具备饱满的花芽。将整株牡丹放置于0～5 ℃的冷库中14～50 d即可解除休眠,温度越低,所需要解除休眠的时间越短,0 ℃处理14 d即可解除休眠。不同的品种需要解除休眠的时间和温度也

不同。

在牡丹的花期调控中,因赤霉素可以打破其休眠,所以在牡丹催花实践中广泛应用,以500～1 000 mg/L GA$_3$处理牡丹植株3～4次,即可打破其休眠,从而促进开花。促成栽培适宜选择易开花,着花率高的早花或中早花品种,如'胡红'、'朱砂垒'、'赵粉'等。抑制栽培适宜选择具有活动休眠花芽、半重瓣的晚花或中晚花品种如'脂红'、'紫绣球'、'紫重楼'等。

冬季温室内牡丹催花,从萌动生长至开花主要包括3个不同的生理时期:早期从萌动至显蕾期约有15 d的发育时间,为茎、叶、花蕾的形态建成期,此期白天应保持7～15 ℃,夜间5～7 ℃;中期从显蕾至圆蕾期约20 d,为植株全面生长期,温度白天控制在15～20 ℃,夜间10～15 ℃;后期从圆蕾至开花过程约有20 d,白天应为18～23 ℃,夜间15～20 ℃。牡丹冬季温室催花期间,温度必须逐渐升高,切忌骤然升温或降温。

6.4.8 月季的花期调控

月季属于落叶灌木或藤本,其花芽在一年生枝条上形成,适宜条件下可以多次开花。月季花调控主要通过整形修剪、生长温度的调控和肥水管理来改善。

1)整形修剪

修剪可以对月季产花日期、单枝的出花数量和出花等级产生重大影响。一般全年应控制在18～25枝/株的产花数量。

月季从发育到开花时间是相对稳定的,但通过修剪,在一定程度上可调整花期。月季从修剪到开花的时间,夏季40～50 d,冬季50～55 d。修剪的时间主要根据品种的有效积温和特性,并参照设施栽培的保温能力来推算。8月整枝修剪后,9—10月开花;10月中旬修剪,元旦左右开花。1—2月整枝修剪后,3月中下旬开始开花。

2)温度控制

为使开花提前,可于10月下旬将植株移入0 ℃左右的低温室内30～40 d,再移入温室。逐步提高室温,当温度达到12～14 ℃时,保持恒温。每株月季留4～7个芽,除去多余的芽。显蕾时,便将室温

增高至 18～19 ℃。待花蕾显色后，便移至气温为 12～15 ℃的露地环境，在 3—4 月间，就可开花。如在盛夏将植株移入 20～25 ℃的冷室，植株便能正常成花与不断开花。

3)肥水管理

在上述各种情况修剪中，要结合植株长势，进行科学肥水管理。当植株修剪后，新一代芽不萌发时，用 0.2％尿素每 5～6 d 叶面喷肥一次，可促进新芽萌发；如植株生长快，新枝迅速生长，超出计划范围时，控制供水可延缓生长。如新枝现蕾比计划晚，此时用 0.2％磷酸二氢钾每 5～6 d 叶面喷肥一次，花蕾迅速生长，可以使开花提前。

7.1 花卉病虫害防治的意义和原则

1)意义

人们利用丰富的花卉资源对环境进行绿化和美化,不仅创造了适宜人类生活的优美环境,而且还能取得较好的经济效益。然而,这些花卉在生长发育过程中,常常遭到各种病虫害的侵袭,导致花草树木生长不良,降低花卉的质量,甚至整株枯死,使其失去了观赏价值,影响景观效果。有些病虫害还会使某些花卉品种逐年退化,最终全部毁灭,从而造成大的经济损失。如月季黑斑病、菊花褐斑病已成为影响花卉生产和出口的严重问题。这些病虫害的防治,若不能抓住有利时机则难以达到理想的效果。所以加强花卉的病虫害防治,是保证花卉正常的生长发育,提高花卉生产经济效益的重要环节之一。

2)原则

花卉病虫害防治的基本方针是"预防为主,综合治理"。从生物、生态、经济三个要素综合考虑,制定有效的防治措施。

7.2 病害的概念、识别及防治

7.2.1 花卉病害的概念

花卉在生长发育过程中需要一定的环境条件,如阳光、温度、水分、营养、空气等。当花卉的生长条件不适宜,或是遭受有害生物的浸染,花卉的新陈代谢受到干扰破坏,超过其自身调节适应能力时,就会引起生理机能、组织形态的改变,使花卉的生长发育受到阻碍,导致植株变色、变态、腐烂,局部或整株病亡。这种现象是花卉生病的表现,称之为花卉病害。花卉病害分为侵染性病害和非侵染性病害两大类。

侵染性病害是由生物性因素引起,其特点是在花卉表面或内部存在病原物,如真菌、细菌、病毒等。非侵染性病害是由非生物因素引起的,其特点是不能发现、分离和传染病原物。

7.2.2 病害发生与环境

1)发生发展过程

侵染性病害一般有明显的发病中心;非侵染性病害无发病中心,以散发为多。

2)与土壤关系

侵染性病害与土壤类型、特性大多无特殊的关系。非侵染性病害与土壤类型、特性有明显的关系,不同肥力的土壤都可发生,但以瘠薄土壤多发。

3)与天气关系

侵染性病害一般以阴霾多湿的天气多发,群体郁蔽时更甚。非侵染性病害与地上部湿度关系不大,但土壤长期干旱或渍水,可促发某些非侵染性病害。

7.2.3 病害侵染特点及其发病规律

病害从前一个生长季节始发病到下一个生长季节再度发病的过程称为侵染循环，又称病害的年份循环。病程是组成侵染循环的基本环节。侵染循环主要包括以下3个方面：

1）病原物的越冬或越夏

病原物度过寄主植物的休眠期，成为下一个生长季节的侵染来源。

2）初侵染和再侵染

经过越冬或越夏的病原物，从越冬或越夏场所出来，进行第一次侵染称为初侵染，一个生长季节内进行重复侵染为再侵染。只有初侵染，没有再侵染，整个侵染循环仅有一个病程的称为单循环病害；在寄主生长季节中重复侵染多次引起发病，其侵染循环包括多个病程的称为多循环病害。

3）病原物的传播

分为主动传播和被动传播。前者如有鞭毛的细菌或真菌的游动孢子在水中游动传播等，其传播的距离和范围有限；后者靠自然和人为因素传播，如气流传播、水流传播、生物传播和人为传播。

7.2.4 花卉常见病害及其防治要点

7.2.4.1 白粉病

由真菌中的白粉菌科（Erysiphacesae）引起的植物病害。多为外寄生性，菌丝体全部或大部暴露在寄主植物的叶、茎、嫩梢、芽、花和果实的表面，并产生大量由菌丝体、分生孢子梗和分生孢子构成的肉眼可见的白色粉状物。白粉病主要危害各种草本及木本花卉的茎、叶、芽、花及果实等部位，使病部蒙上白斑，继而发黄、皱缩，严重削弱植物的生长势，降低植物的观赏性、降低其产量和质量，如凤仙花白粉病（图7-1），其防治方法如下：

1）园艺措施

（1）选择优良品种　不同品种的花卉在抗白粉病方面具有显著差异，选择发病轻或是抗病性强的品种栽植是防治本病最经济有效的方法。

（2）杜绝病源　在购入苗木时要严格剔除染病株，杜绝病源。进行扩繁时，要剪取无病插枝或根蘖作为无性繁殖材料。苗木出圃时，要进行施药防治，严防带病苗木传入新区。

（3）栽培管理　与非寄主花卉轮作2～3年，以减少病源。加强培育管理，晚秋到次年早春越冬期间，彻底清洁苗圃，扫除枯枝落叶，剪去病虫枝集中销毁。生长期间及时摘除染病枝叶，彻底清除落叶，剪去病虫枝和中下部过密枝，集中销毁。不宜种植过密，棚室加强通风换气，以降低湿度。及时排除田间和花盆积水，浇水不宜多，从盆边浇水，不使茎叶淋水，减少病菌传播和发病机会。增施磷钾肥，少施氮肥，使植株生长健壮，多施充分腐熟的有机肥，以增强植株的抗病性。大棚种植前，彻底清除棚内所有植物，清扫棚室，用药物熏烟等手段严格消毒。严防病苗入室，棚内尽量种植单一花木品种，避免混植，以防交叉传染。早春露地花木萌芽前，彻底销毁棚内病株后，才能开棚，以防病菌孢子传播到棚外。

2）化学防治

越冬期用3～5°Bé石硫合剂稀释液喷或涂枝干。注意，瓜叶菊等易受药害的花卉不能施用。地面喷硫磺粉，一般每70 m²使用25～30 g，消灭越冬菌源。生长期在发病前可喷保护剂，发病后宜喷内吸剂，根据发病症状，花木生长和气候情况及农药的特性，间隔5～20 d施药一次，连施2～5次。一季花木，一种内吸剂只能施1～2次。要经常更换农药种类，避免病菌产生抗药性。经常使用的保护剂有50%硫悬浮剂500～800倍液、50%退菌特可湿性粉剂800倍液、75%百菌清500倍液、70%代森锰锌400倍液。内吸剂有50%多菌灵500倍液、75%甲基硫菌灵1 000倍液。病害盛发时，可喷15%粉锈宁1 000倍液。抗生素类有2%抗霉菌素水剂200倍液、10%多抗霉素（宝丽安）1 000～1 500倍液。其他药物还有小苏打500倍液，可在发病初期每3 d喷1次，连喷3～6次。

用酒精含量35%的白酒1 000倍液，每3～6 d喷一次，连续喷3～6次，冲洗叶片到无白粉为止。

图 7-1 凤仙花白粉病

7.2.4.2 叶锈病

由真菌中的锈菌寄生引起的一类植物病害。危害植物的叶、茎和果实。锈菌一般只引起局部侵染,受害部位可因孢子积集而产生不同颜色的小疱点或疱状、杯状、毛状物,有的还可在枝干上引起肿瘤、粗皮、丛枝、曲枝等症状,或造成落叶、焦梢、生长不良等。严重时孢子堆密集成片,植株因体内水分大量蒸发而迅速枯死。锈菌具有形态上的多型性、生理上的专化性和变异性等特点,并有转主寄生、夏孢子远距离传播等现象,其生活史在真菌中是最为复杂的。

锈病分布广且危害性大,多见于禾本科植物、玫瑰、蔷薇和菊花等。具体防治方法:

1)园艺措施

选用抗病品种。合理配植,避免各阶段寄主的近距离混植,切断侵染循环。加强栽培管理,合理施肥,增施磷、钾肥,不偏施氮肥;土壤湿度大,要及时排水;温室内经常开窗通风,降低湿度。注意清洁卫生,发现病叶和病枝及时剪除,集中烧毁。

2)化学防治

发芽前喷施 3～4°Bé 石硫合剂。生长季节喷洒 65%代森铵可湿性粉剂 500 倍液,或 50%多菌灵可湿性粉剂 1 000 倍液,或 25%粉锈宁可湿性粉剂 3 000～4 000 倍液,或敌锈钠 250～300 倍液,或 10%波尔多液,或 50%疫霉净 500 倍液喷雾,效果很好,还可用福美双、可湿性硫等杀菌剂。

7.2.4.3 炭疽病

炭疽病是花卉常见的一大类病害。主要危害叶片,同时也在茎、花、叶柄上发生,降低观赏性,造成经济损失。炭疽病发生时,会在感病部位形成各种形状、大小、颜色的坏死斑,常在叶片上产生界限分明、微微凹陷的圆形斑、轮纹斑或沿叶脉扩展的条形斑,还能在幼枝上引起溃疡造成枯梢。后期在病斑处形成的分生孢子盘呈轮状排列,病斑上会有粉红色的粘孢子团,这是炭疽病的标志。具体防治方法:

1)园艺措施

改进浇水方式,水从盆沿浇入,控制浇水量,不可过多;发现病叶及时摘除销毁,减少侵染来源;各盆间应有适当空间,防止枝叶相碰,保证空气流通。植株间距不可过密,以利于通风透光。及时剪除病枝叶,集中销毁,减少侵染源。

2)化学防治

发病期喷施 70%炭疽福美 500 倍液,70%代森锰锌 600 倍液,或 75%百菌清 700 倍液或 1:200 倍波尔多液,隔 10～15 d 喷 1 次,喷 3～4 次。

7.2.4.4 叶斑病

叶斑病是由半知菌种丝孢纲和腔孢纲及部分子囊菌的病菌所致的斑点病类,是花卉最常见的、最普遍的病害之一。大部分的叶斑病发生在叶部,叶斑的大小、形状、颜色多样,也可危害枝干、花和果实等部位。斑点聚集时会引起叶枯、落叶或穿孔、枝枯、花腐等。根据病斑颜色不同,可分为黑斑病、褐斑病、红斑病等。防治方法:

1)园艺措施

及时除去病变组织,集中烧毁,减少侵染源。适当进行修剪,剪除过长枝、徒长枝和嫩枝,改善通风透光条件,特别是要增强内膛的通风透光;轮作(温室内可换土)。不宜对植株喷浇;增施磷钾肥,增强植株的抗性。

2)化学防治

从发病初期开始喷药,防止病害扩展蔓延。常用药剂有 20%硅唑·咪鲜胺 1 000 倍液,38%恶霜嘧铜菌酯 800～1 000 倍液或 4%氟硅唑 1 000 倍液,50%托布津 1 000 倍液,70%代森锰 500 倍液、80%

代森锰锌 400～600 倍液,50%克菌丹 500 倍液等。注意药剂的交替使用,以免病菌产生抗药性。

3)生物防治

选用哈茨木霉菌 300 倍液,直接喷施于病部叶面,同时配合烟熏制剂进行烟熏可有效防治叶斑病,阴天可以施药,温度湿度对药效影响不大,同时该制剂属于生物制剂,对作物和蜜蜂等绝对安全。

7.2.4.5 灰霉病

灰霉病是花卉常见且比较难防治的一种真菌性病害,属低温高湿型病害,病原菌生长温度为 20～30 ℃,温度 20～25 ℃、湿度持续 90%以上时为病害高发期。灰霉病由灰葡萄孢菌(*Botrytis cinerea*)侵染所致,属真菌病害,花、果、叶、茎均可发病。果实染病,青果受害重,残留的柱头或花瓣多先被侵染,后向果实扩展,致使果皮呈灰白色,并生有厚厚的灰色霉层,呈水腐状,叶片发病从叶尖开始,沿叶脉间成"V"形向内扩展,灰褐色,边有深浅相间的纹状线,交界分明。该病害是一种典型的气传病害,可随空气、水流传播。在实际病害防治过程中,难以采取有效措施彻底切断传染源,在病原菌侵入的情况下,也难以彻底消灭病原菌,如药剂喷施,难以解决空气及露水中的病原菌;而单独熏棚,不能重点解决病叶、病果等病残体上或内部的病原菌。

灰霉病病苗色浅,叶片、叶柄发病呈灰白色,水渍状,组织软化至腐烂,高湿时表面生有灰霉。幼茎多在叶柄基部初生不规则水浸斑,很快变软腐烂,缢缩或折倒,最后病苗腐烂枯萎病死。

灰霉病通常通过以下途径传播:病菌从伤口侵入;底部叶片受肥害后,从叶边缘感染病菌;带菌花粉散落于叶片致使病菌侵入;茎部伤口或病果病叶附着于茎部容易感染;土壤中越冬或残存的病菌从茎基部侵入;灰霉病菌从残留花瓣处侵入;灰霉病菌从未脱落的柱头处侵入;枯死的花瓣、叶片粘贴于果面,致使病菌从果面侵入。防治方法:

1)园艺措施

(1)在育苗下籽前,用臭氧水浸泡种子 40～60 min。

(2)在幼苗移栽前,关闭放风口,用大剂量臭氧气体对空棚进行灭菌处理。

(3)选用抗病良种能提高抗灰霉病的能力。

(4)根据具体情况和品种形态特性,合理密植提高抗性。

(5)定植前要清除温室内残茬及枯枝败叶,然后深耕翻地。发病前期及时摘除病叶、病花、病果和下部黄叶、老叶,带到室外深埋或烧毁,保持温室清洁,减少初侵染源。

(6)降低温室内湿度,变温通风。

(7)灰霉病对果实的初侵染部位主要为残留花瓣及柱头处,然后再向果蒂部及果脐部扩展,最后扩展到果实的其他部位。因此,摘除残留的花瓣和柱头可有效预防果实的灰霉病发生。

2)化学防治

发病前和发病初期,用 1∶200 波尔多液喷洒,每两周一次。发病后及时剪除病叶,并喷洒药剂进行防治。一般使用保护性杀菌剂,如 50%速克灵 2 000 倍液、50%多霉灵 1 000 倍液、50%多菌灵 800 倍液、65%代森锌可湿性粉剂 800 倍液等,通常每隔 7～10 d 喷一次。喷药应细致周到,用药时间最好在上午 9 时以后,并避免高温和阴雨天气用药。宜多种药剂交替使用,防止出现抗药性。

点燃成型的烟剂片或粉状烟剂,利用加热法将药剂有效成分分散成小颗粒,可迅速充满整个种植区,均匀达到所有物体表面,使一些喷洒药液不易达到的地方也能着药,杀灭病菌效果良好。如 10%速克灵烟剂、20%百速烟剂,熏烟 3～4 h 后放风。

3)生物防治

于发病初期使用木霉菌剂 300 喷雾,兑水喷雾,每隔 5～7 d 喷施一次,发病严重时缩短用药间隔,木霉菌使用时常添加米糠或豆粕以增加田间木霉菌增殖的能量也方便木霉菌在田间的分散性,使用量约为木霉菌的 20～40 倍。

7.2.4.6 煤污病

煤污病又称煤烟病,在花木上发生普遍,影响光合、降低观赏价值和经济价值,甚至引起死亡。其症状是在叶面、枝梢上形成黑色小霉斑,后扩大连片,使整个叶面、嫩梢上布满黑霉层。由于煤污病菌种类很多,同一植物上可染上多种病菌,其症状上也略有差异。呈黑色霉层或黑色煤粉层是该

病的重要特征。可以危害紫薇、牡丹、柑橘以及山茶、米兰、桂花、菊花等多种花卉。

煤污病病菌以菌丝体、分生孢子、子囊孢子在病部及病落叶上越冬,翌年孢子由风雨、昆虫等传播。寄生到蚜虫、介壳虫等昆虫的分泌物及排泄物上或植物自身分泌物上或寄生在寄主上发育。高温多湿、通风不良、蚜虫、介壳虫等分泌蜜露害虫发生多,均加重发病。具体防治方法:

1)园艺措施

植株种植不要过密,适当修剪,温室要通风透光良好,以降低湿度,切忌环境湿闷。

2)化学防治

植物休眠期喷施 3～5°Bé 石硫合剂,消灭越冬病源。该病发生与分泌蜜露的昆虫关系密切,喷药防治蚜虫、介壳虫等是减少发病的主要措施。适期喷用 40％氧化乐果 1 000 倍液或 80％敌敌畏 1 500 倍液。防治介壳虫还可用 10～20 倍松脂合剂、石油乳剂等。对于寄生菌引起的煤污病,可喷用代森铵 500～800 倍液,灭菌丹 400 倍液。

7.2.4.7 疫病

疫病主要是指由疫霉属(*Phytophthora*)真菌引起的一类病害,主要引起植物花、果、叶部组织的快速坏死和腐烂。花卉疫病是花卉常见病害之一,在我国各地均有发生,以南方发病较重。花卉各部位都会受害,以根茎部受害为严重。由于病害的潜育期短,侵染后短期内会产生大量孢子,再侵染次数多,在生长季内病菌迅速发展。受害后植株组织很快腐烂。花卉疫病破坏性强、防治难,防治不利会对花卉生产造成严重损失,因此必须给予重视。如百合疫病、长春花疫病、非洲菊疫病等。具体防治方法:

1)园艺措施

(1)实行轮作 最好与水生作物实行 1 年轮作,也可以与非寄主植物实行 2～3 年轮作,以减少土中病原菌。

(2)地势 选择地势高燥,地下水位低,排水良好的地势种植,如地势低洼、排水不良,应开深沟做高畦。

(3)基质消毒 用无病土做盆土和育苗床土,

或进行土壤、基质消毒处理。选用福尔马林消毒时,湿土用 50 倍液,用量为 2 L/m²,干土用 100 倍液,用量为 4 L/m²。也可用硫酸铜 100 倍液喷洒地面。还可用 80％代森锰锌、58％雷多米尔、72％克露、69％安克锰锌、72％霜脲锰锌等,用量为 8～10 g/m²。

(4)加强栽培管理 种植和盆花摆放不宜过密;及时拔除病株,摘去病枝叶;冬季集中清理地面枯枝落叶,处理病残体并销毁;雨后及时排水,采取避雨设施栽培,防止水害;盆花和大棚不宜浇水过多,改喷灌、漫灌为滴灌;用地膜覆盖防止雨水将地面病菌溅到植株上;增施磷钾肥,不偏施氮肥,增强植株抗病性;施用无病原菌、充分腐熟的有机肥。

2)化学防治

在发病初期,可喷施 75％百菌清可湿性粉剂 600 倍液,70％代森锰锌可湿性粉剂 400 倍液,80％喷克可湿性粉剂 800 倍液,77％可杀得可湿性粉剂 800 倍液,12％松脂酸铜(绿乳铜)600 倍液等。发病较重时,可喷施 60％氟吗锰锌 1 000 倍液,60％灭克(氟吗啉)可湿性粉剂 500～800 倍液,69％安克锰锌可湿性粉剂 800 倍液等。将不同农药交替施用,以避免病菌对农药产生抗药性。也可用药液灌根,与喷施轮换进行,灌根可用 98％恶霉灵可湿性粉剂 2 000～2 500 倍液,72％克露可湿性粉剂 300 倍液,50％甲霜铜可湿性粉剂 600 倍液等。

7.2.4.8 病毒病

花卉病毒病害属于系统侵染的病害,先局部发病,全株最后都会出现病变和症状。大多表现为花叶斑驳、碎色花、褪绿和黄化,枝条和果实的畸形等。也有的无任何症状,称为带毒者。具体防治方法:

1)园艺措施

(1)选用耐病和抗病优良品种是防治病毒病的根本途径。

(2)严格挑选无毒繁殖材料,如块根、块茎、种子、幼苗、插条、接穗、砧木等,以减少传染来源。

(3)铲除杂草,注意田园卫生,减少病毒侵染来源。

(4)采用茎尖脱毒组织培养法繁殖无毒苗,是

近年来防治花卉病毒病的一项重要技术,但这种无毒苗栽植后必须注意及时防除传毒昆虫,否则将前功尽弃。

(5)发现病株,及时拔除并烧毁,防止人为的摩擦传毒,接触过病株的手和工具都要及时洗净。

(6)加强栽培管理,注意通风透气,合理施肥与浇水,促进花卉生长健壮,可减轻病毒病的危害。

2)化学防治

及时喷洒40%乐果乳剂1 000～1 500倍液或其他农药,把蚜虫、叶蝉、粉虱等传毒昆虫消灭在传播之前。

3)物理防治

温热处理,如一般种子可用50～55 ℃温汤液浸泡10～15 min,无性繁殖材料在高温条件下搁置一定时间,均可收到治疗效果。

7.2.4.9　线虫病

花卉线虫病主要危害植物的叶片、花苞和花朵,导致叶片黄化、落叶、小叶或叶片畸形。叶片表现出多角形的坏死斑、芽畸形,全株矮化;花苞受害致枯心或空心,在开花时出现花腐;根部症状表现为根部肿大畸形呈鸡爪状,根组织变黑腐烂,有的根上产生球状根结。

花卉线虫病主要在种苗的调运、土壤、灌溉水及施肥等农事活动传播。其中秋季发生线虫害的几率最大,到冬季自动减少。线虫主要为害菊科、报春花科、蔷薇科、凤仙花科、秋海棠科、郁金香、风信子、唐菖蒲、水仙等花卉。此病为害根部、叶、花芽和花。具体防治方法:

1)园艺措施

(1)采用无病壮苗进行种植。

(2)搞好花场苗圃的清洁卫生,清除已枯死的花卉和苗圃内外的杂草、杂树。

(3)采用地下水灌溉,改善排水设施,杜绝外来污染水流入花场苗圃。

(4)抓好种苗和培养介质的消毒工作。

(5)采取离地及硬底化种植方式,可有效预防线虫和其他病虫害的传播与发生。

2)化学防治

(1)对成品花卉消毒。每隔30 d用3%米乐尔颗粒剂(克线磷)防治1次,用药量6～9 g/m²,"品"字形穴施。

(2)种植前可每亩施用35%线克水剂3～4 kg进行地面消毒,然后覆盖黑薄膜3～5个月,防治效果较明显。

7.2.4.10　缺素症

花卉不但需要完全的营养物质,而且还要求各种元素在分量上的合理配合,某些元素过多就是另外的元素相对的减少,对植物也是有害的。优势土壤中并不缺少某些元素,但由于土壤条件不适(pH过高或过低),直接影响了植物根系对营养物质的吸收,从而引起缺素症。

1)缺素症种类。

(1)缺氮　植株生长缓慢,叶色发黄,严重时叶片脱落。缺绿症状总是从老叶上开始,再向新叶上发展。

(2)缺磷　首先表现在老叶上。花卉缺磷时叶片呈不正常的暗绿色,有时出现灰斑或紫斑。

(3)缺钾　缺钾时首先表现在老叶上。双子叶植物缺钾时,叶片出现斑驳的缺绿区,然后沿着叶缘和叶尖产生坏死区,叶片卷曲,后发黑枯焦。单子叶植物缺钾时,叶片顶端和边缘细胞先坏死,以后向下发展。

(4)缺钙　缺钙症状首先表现在新叶上。典型症状是幼嫩叶片的叶尖和叶缘坏死,然后是叶芽坏死,根尖也会停止生长、变色和死亡。植株矮小,有暗色皱叶。

(5)缺镁　缺镁症状通常发生在老叶上。典型症状为叶脉间缺绿,有时会出现红、橙等鲜艳的色泽,严重时出现小面积坏死。

(6)缺硫　缺硫的症状与缺氮的症状相似,如叶片的均匀缺绿和变黄、生长受到抑制等。但缺硫通常是从幼苗开始。

(7)缺铁　缺铁首先表现在幼叶,典型症状是叶脉间产生明显的缺绿症状,严重时变为灼烧状。

(8)缺锌　缺锌的典型症状是节间生长受到抑制,叶片严重畸形。老叶缺绿也是缺锌的常见症状。

(9)缺硼　缺硼的典型症状是叶片变厚和叶色变深,枝条和根的顶端分生组织死亡。

（10）缺锰　缺锰时叶片缺绿，并在叶片上形成小的坏死斑，幼叶和老叶都可发生。注意要和细菌性斑点病、褐斑病等相区别。

2）防治方法

（1）根外追肥，根据症状表现，推断缺乏何种元素，即选用该元素配制成一定浓度的溶液，进行叶面喷洒。

（2）增施腐熟有机肥料，改良土壤理化性质。

（3）使用全元素复合肥。

（4）实行冬耕、晒土，促进土壤风化，发挥土壤潜在肥力。

7.2.5　花卉病害防治实例

7.2.5.1　菊花白粉病

菊花白粉病是花卉中常见的病害之一，在我国南方和北方均有分布。菊花白粉病可导致植株生长不良，叶片枯死，甚至不开花，严重影响了绿化、美化效果和花卉生产。菊花白粉病主要为害瓜叶菊、金盏菊、松果菊、非洲菊、波斯菊、翠菊、大丽花、百日草、玫瑰、月季、凤仙花、美女樱、秋葵、一品红、蜀葵、福禄考、秋海棠、紫藤等。

1）危害症状

菊花白粉病感染初期，叶片上出现黄色透明小白粉斑点，以叶正面居多，主要为害叶片，叶柄和幼嫩的茎叶更易感染。在温湿度适宜时，病斑可迅速扩大，并连接成大面积的白色粉状斑或灰色的粉霉层。严重时，发病的叶片褪绿、黄化，嫩梢卷曲、畸形、早衰，茎秆弯曲，新梢停止生长，花朵少而小，植株矮化不育或不开花，甚至出现死亡现象。

2）病原及发生规律

引起白粉病的病原体属白粉菌真菌，为菊粉孢霉菌，有性段为二孢白粉菌。一般病菌在病株残体内或土中越冬，到第二年春季温湿度适宜时，子囊果开裂，散出子囊孢子，并借气流和风雨进行传播、扩散。白粉病在湿度大、光照弱、通风不良、昼夜温差在 10 ℃以上时易发生，一般 8—10 月为白粉病多发期，9—10 月为其严重发病期。

3）防治方法

（1）在栽培上要注意剪除过密、枯黄的株叶，拔除病株并集中烧毁或深埋病残落叶，这样可大大减少传染源。

（2）栽植不能过密，要控制土壤湿度，增加通风透光性，增施磷、钾肥以增强植株叶片的抗病能力。要避免过多施用氮肥，在浇水时应注意保持叶片干燥。

（3）盆土或苗床、土壤要用药物进行杀菌，用 50％甲基硫菌灵与 50％福美双 1：1 混合药剂 600～700 倍液喷洒盆土或苗床、土壤，即可达到杀菌效果。在发病初期可用 50％加瑞农可湿粉剂或 75％十三吗啉乳剂 1 000 倍液，每隔 10 d 喷 1 次，连喷 3 次即可控制病害的发生和蔓延，也可用 25％敌力脱丙环唑乳油 20 mL 加水 100 kg 喷雾，每隔 10～15 d 喷 1 次，连喷 2～3 次，防治效果较好。在发病期可用 70％甲基硫菌灵可湿粉剂 32～48 g 加水 70 kg 搅匀喷洒，每 7～10 d 喷 1 次，连喷 2～3 次，也可用 15％粉锈宁乳剂 1 500 倍液或 70％甲基托布津可湿粉剂 800～1 000 倍液进行喷雾，每隔 7～10 d 喷 1 次，连喷 3～4 次即可起到良好的防治效果。

7.2.5.2　兰花炭疽病

兰花炭疽病是兰花最常见最普遍的病害。该病为害兰花叶片，常发生在兰花叶片的尖端和边缘部位。主要为害春兰、建兰、蕙兰等多种兰花。发病植株叶片出现大量病斑，影响生长和观赏。

1）危害症状

叶片发病，初期呈圆形或椭圆形黑色小斑，后逐渐扩大，后期病斑中央呈淡褐色或边缘暗褐或黑褐色，病、健部界限清楚。病斑的扩展常受叶脉限制，叶尖上的病斑常呈三角形，从叶尖部位向下扩展蔓延。叶边缘病斑往往呈半圆形，病部质脆，有时纵向破裂。病斑的大小随兰花叶片宽度而不同（图 7-2）。

2）病原及发生规律

病原属真菌中的半知菌类，以菌丝体在寄主残株或土壤中越冬。第二年春产生分生孢子，借风雨飞散传播，从兰花叶部伤口等处侵入，并以同样方式反复传播蔓延。7—9 月间该病盛发。病菌存活在土壤中及植株病残体上，借助浇水、昆虫、气流等传播，可从叶片气孔处、伤口处侵染危害。植株栽

图 7-2　兰花炭疽病

植过密、基质含水量偏大,容易诱发病害。多从生长衰弱的老叶片上开始发病,且病害严重。

3)防治方法

(1)剪除病叶,及时烧毁。

(2)加强栽培管理,保持兰花栽培环境的通风透光,浇水应从花盆边缘注入,避免叶面淋浇。

(3)在发病初期,用 50% 多菌灵可湿性粉剂 500～600 倍液,或 70% 甲基托布津 1 000 倍液,或等量式 100～200 倍波尔多液喷施 2～3 次。

7.2.5.3　芍药褐斑病

芍药褐斑病又称芍药红斑病、芍药及牡丹轮斑病,是芍药栽培品种上最常见的重要病害。该病使芍药叶片早枯,连年发生削弱植株的生长势,植株矮小,花少而小,以致全株枯死,严重影响了切花产量和"白芍"的产量。牡丹也受侵染。

1)危害症状

病菌主要危害叶片,也能侵染枝条、花、果实。发病初期叶背出现针尖大小凹陷的斑点,后逐渐扩大成近圆形或不规则形的病斑,叶缘的病斑多为半圆形。叶片正面的病斑为暗红色或黄褐色,有淡褐色不明显的轮纹。叶背的病斑一般为淡褐色(因品种而异)。严重时病斑连接成片,叶片皱缩、枯焦。湿度大时,叶背的病斑上产生墨绿色的霉层,即为病菌的分生孢子梗和分生孢子。幼茎、枝条、叶柄上的病斑长椭圆形,红褐色。叶柄基部、枝干分叉处的病斑呈黑褐色溃疡斑。病斑在花上表现为紫红

图 7-3　芍药褐斑病

色的小斑点(图 7-3)。

2)病原及发生规律

病菌主要以菌丝体在病部或病株残体上越冬,翌年春天,在潮湿的情况下产生分生孢子,借风雨传播,一般从伤口侵入,也可从表皮细胞直接侵入。潜育期短,一般为 6 d 左右,但病斑上子实体的形成大约在病斑出现后 1.5～2 个月才出现,因此一般在 1 个生长季节只有 1 次再侵染。该病的发生与春天降雨情况、立地条件、种植密度关系密切。春雨早、雨量适中,发病早,危害重;土壤贫瘠、含沙量大、植物生长势弱发病重;种植过密、株丛过大,导致通风不良,加重病害发生。栽培品种之间的抗病性差异很大。

3)防治方法

(1)发现病株、病叶或病残体及时清除。

(2)发病前喷洒 3～5°Bé 石硫合剂,或 50% 多菌灵可湿性粉剂 600 倍液。

(3)展叶后,每 15 d 喷洒 1 次 80% 代森锌可湿性粉剂 500 倍液,共 3～4 次。

(4)加强管理,选用抗病品种。

7.2.5.4　郁金香碎锦病

郁金香碎锦病又名郁金香白条病、郁金香碎色病。该病是一种古老而闻名于全世界的病毒病。

各种郁金香产区都有发生，目前来看上海植物园大多数郁金香由荷兰进口，有的品种郁金香碎锦病高达90%；也有的品种较低，达20%。该病能导致鳞茎退化、花变小、纯一的花色变杂色，发病严重时有毁种的危险。

1）危害症状

发病初期，叶片上呈现淡绿色或者灰白色的条斑，花瓣畸形，由于病毒侵染影响花青素的形成，色彩纯一的红色或者紫色的品种，花瓣可呈现淡黄色、白色大小不等的条纹或者不规则的斑点，所以叫碎锦。在淡色或白色花的品系上，其花瓣碎色症状多数不明显或者不变色，但是也有少数白色花变成粉红色或红色，这主要是由于花瓣本身缺少花色素的缘故，粉红色或浅红色品种花冠色泽变化不大，黑色品种的花冠则由黑色变为灰黑色（图7-4）。

图7-4　郁金香碎锦病（图片来源于环球农业网）

2）病原及发生规律

引起郁金香碎锦病的病原是病毒，属郁金香碎锦病病毒，该病毒有强毒株和弱毒株，强毒株品系能导致叶片和花梗上呈现退绿斑驳。郁金香碎锦病的症状呈现在郁金香的叶片及花冠上；郁金香碎

锦病的症状发展受郁金香品种及病毒株系的影响，并且有的还因病株发病时间的长短，环境条件的变化而出现不同的症状，这种不同的症状主要是呈现在花冠上。郁金香碎锦病能导致病鳞茎退化、变小，植株生长不良、矮化，花变小或者不开花。郁金香碎锦病病毒危害麝香百合时则呈现花色症状或隐色现象。郁金香碎锦病病毒在有病鳞茎内越冬，成为第二年初次侵染源。郁金香碎锦病病毒由蚜虫，主要是桃蚜和其他蚜虫做非持久性传毒，还可以通过汁液传播。郁金香碎锦病病毒寄主范围很广，能为害多种郁金香及很多种百合，同时还可为害好望角万年青等多种花卉；台湾百合和麝香百合是郁金香碎锦病的诊断寄主（很敏感，极易表现最明显症状）。

3）防治方法

（1）目前最有效的办法是建立郁金香无病毒母本园和品种基地，这样可以向全国提供无毒苗，这是最经济有效的措施。

（2）我国从荷兰等国引进的种球，通常带毒率均比较高，所以必须加强入关检疫工作，同时必须采取热处理与茎尖培养等方法，以利控制病害的扩张、蔓延。

（3）凡留种地块的郁金香植株要经常检查，一旦发现有病植株，立即拔除、烧毁，这样可以减少互相传染。

（4）种植郁金香的地块必须与寄主植株百合等种植地块隔离较远，尤其不能混栽，减少互相传染，减轻发病。

（5）对传毒媒介的蚜虫类必须及时喷药防治，可用50%马拉松乳油800倍液，40%乐果乳油1 000倍液，50%灭蚜松乳油1 000倍液，50%敌敌畏乳油1 000倍液，25%溴氰菊酯乳油4 000倍液，20%菊杀乳油2 000倍液。

（6）郁金香碎锦病病毒能通过病株汁液传播，这主要是通过病株与健株叶片接触互相摩擦，或者人工在田间操作时的摩擦，接触而产生轻微伤口，带有病毒的植株汁液从伤口流出，而传入健株，如接触过病株的手、工具等均能间接将病毒传给健株，所以在田间操作时，务必仔细、当心，以减轻病害的发生，这一点非常重要。

7.2.5.5　菊花线虫叶枯病

该病是国内检疫对象,是菊花的严重病害之一。该病使菊花失去商品价值。为害叶片、叶芽、花芽及生长点。

1)危害症状

叶片受害后,发病初期叶缘下部背面出现黄褐色斑点,扩展受主脉及大侧脉限制,病斑多呈三角形,或不规则形,褐色,病重时叶干枯早落。生长点受害则生长发育不良,株矮。叶芽、花芽受害叶小、花小、畸形(图7-5)。

图7-5　菊花线虫叶枯病(来源于中国园林网)

2)病原及发生规律

病原为线虫病害,由芽叶线虫引起。线虫在病株上、病残体上、土壤中或野生寄主上越冬;由风雨、水滴滴溅或主动爬行传播;从气孔侵入。病苗、病切花随运输也可作远距离传播。多雨、温暖(20～25 ℃)或梅雨季节,或植株表面有水膜、病残体多、植株栽种密度大等均利于该病发生。

3)防治方法

(1)非病区不能从病区引种、调运苗木,加强地区间的检疫。

(2)及时摘除田间的病叶及其他部分,彻底清除病残体,均作深埋处理,不从病株上采条繁殖;病土及盆钵消毒处理。夏季进行太阳能热消毒或暴晒数日,使土壤干透可杀死线虫,禁止喷淋式浇水。

(3)采条母株休眠期热处理。50 ℃温水中浸泡10 min,或在44.4 ℃温水中浸泡30 min等可杀死母株所带线虫。

(4)发病后立即防治,常用药剂有克线磷1 000倍液、杀螟松1 500倍液等,每7～10 d喷施1次。

7.3　虫害的概念、识别及防治

7.3.1　花卉虫害的概念

花卉在栽培过程中没有一种不受昆虫危害。人们通常把危害各种花卉的昆虫、螨类及其他小型动物等称为害虫,把由它们引起的各种植物伤害称为虫害。昆虫是动物界中种类最多、分布最广、适应性最强和群体数量最大的一个类群。

7.3.2　虫害识别的基本方法

(1)缺刻或穿孔　是咀嚼式口器害虫蚕食叶片后留下的特征。

(2)斑点　是刺吸性口器害虫为害叶片后留下的特征。如蓟马、叶螨、叶蝉等。

(3)潜道　叶蝇等的幼虫为害叶部,常在叶内留下各种形状的潜道。

(4)畸形　害虫可使叶部形成虫瘿或伪虫瘿。

(5)枯梢　害虫如茎蜂、食叶虫等为害花卉后,可使之形成枯梢。

(6)卷叶或织叶　害虫为害叶部后,使叶片纵卷,或将叶片包卷成各种形状;有吐丝织叶习性的害虫,为害后常由丝状物将数片叶粘连在一起。

(7)爬痕　蜗牛、蛞蝓等害虫爬过的茎叶上,当露水干时,常留下灰白色或银白色的爬痕。

(8)虫粪及排泄物　害虫取食后,会排出虫粪或分泌排泄物。如天牛等蛀食茎秆时排出大量虫粪及木渣,蚜虫分泌的蜜露等。

(9)煤污　蚜虫、介壳虫等的排泄物中含有大量糖分,可诱发煤污病的产生,使植株叶片上分布黑色煤烟状的霉层。

7.3.3　虫害侵害特点及其发病规律

园林害虫大部分为昆虫,主要以吸食汁液、啃

食花卉的嫩茎、芽、叶等为食，或在茎干内蛀道为害。虫害发病规律与昆虫的生长规律一致，春季当防蝶蛾类幼虫食叶，由于尚未形成保护性外骨骼，初春是防治的最佳时期。夏季是昆虫的活动旺盛时期，成虫成熟后进行交配，需在交配产卵前防治。秋冬要进行越冬休眠，是清理越冬场所的最佳时期。

7.3.4 花卉常见害虫及其防治要点

7.3.4.1 刺吸性害虫及螨类

刺吸性害虫是指通过刺吸式口器刺吸树叶、花、果实等部位的汁液的害虫。这些危害可引起植物叶片褪色、扭曲、枯萎等现象。刺吸性害虫个体通常较小，常见的刺吸性害虫有蚜虫、蚧虫、粉虱、蓟马和螨类等害虫。具体防治要点：

(1)园艺措施　加强管理，当害虫初侵染危害时，剪除带虫的芽叶等，予以消灭，清除越冬寄主。

(2)物理防治　利用色板诱杀成虫。

(3)生物防治　注意保护天敌，饲养瓢虫等天敌，控制蚜虫数量。

(4)化学防治　使用40%乐果乳油或三氯杀螨醇类农药喷雾防治，一般每隔一周防治一次，2～3次即可。

7.3.4.2 食叶害虫

食叶害虫是以叶片为食的害虫。主要危害健康植物，以幼虫取食叶片，常咬成缺口或仅留叶脉，甚至全吃光。少数种群潜入叶内，取食叶肉组织，或在叶面形成虫瘿，如黏虫、叶蜂、松毛虫等。由于大部分裸露生活，其数量的消长常受气候与天敌等因素直接制约。这类害虫的成虫多数不需补充营养，寿命也短，幼虫期成为主要摄取养分和造成危害的虫期，一旦发生危害则虫口密度大而集中。又因其成虫能做远距离飞迁，故也是这类害虫经常猖獗为害的主因之一。幼虫也有短距离主动迁移危害的能力。某些种类常呈周期性大发生。

食叶害虫具咀嚼式口器，生有坚硬的上颚，能咬碎花卉组织，以固体食物为食。这类害虫种类多，数量大，包括蛾、蝶类幼虫，金龟甲，叶甲，蝗虫类及叶蜂类等。刺蛾常见的有黄刺蛾、褐刺蛾、绿刺蛾、扁刺蛾等，为害月季、黄刺玫、海棠、牡丹、珍珠梅、栀子、紫薇等。幼虫咬食叶片，造成叶子残缺不全。卷叶蛾常见的有褐卷叶蛾、苹小卷叶蛾、黄斑卷叶蛾等，为害蔷薇、海棠、榆叶梅、樱花、丁香、贴梗海棠、枇杷等。幼虫吐丝卷叶，咬食嫩芽和嫩叶。蓑蛾常见的有大蓑蛾、茶蓑蛾、碧皑蛾、白囊蓑蛾等，为害黄杨、海桐、木兰、蜡梅、荷花、石榴、玫瑰、冬青等。幼虫咬食叶片，呈孔洞或缺刻状，严重时可将叶片吃光。具体防治方法：

(1)园艺措施　人工摘除或通过修剪剪除卵块和集中为害的幼虫，可降低虫口密度。对于蛞蝓和蜗牛等小型食叶动物可以清除种植地的杂草和杂物，秋季深翻土地，杀死部分越冬成贝和幼贝；在被害植株周围撒生石灰粉做保护带。

(2)物理防治　利用成虫趋光性和趋化性，用黑光灯、糖醋酒精等诱杀成虫。

(3)化学防治　幼虫发生期，喷洒90%敌百虫、50%辛硫磷乳油、50%杀螟松乳油、40%乐果乳油1 000～1 500倍液等。

(4)生物防治　利用性外激素诱杀雄成虫。保护和利用天敌，包括鸟类、寄生蜂、寄生蝇及病毒等。喷洒苏云金杆菌乳剂500～800倍液，或白僵菌普通粉剂500～600倍液，或青虫菌或杀螟杆菌600～800倍液。

7.3.4.3 地下害虫

地下害虫，指的是一生或一生中某个阶段生活在土壤中危害植物地下部分、种子、幼苗或近土表主茎的杂食性昆虫。种类很多，主要有蝼蛄、蛴螬、金针虫、地老虎、根蛆、根蝽、根蚜、拟地甲、蟋蟀、根蚧、根叶甲、根天牛、根象甲和白蚁等10多类，共200余种。在中国各地均有分布。

作物等受害后轻者萎蔫，生长迟缓，重的干枯而死，造成缺苗断垄，以致减产。有的种类以幼虫为害，有的种类成虫、幼(若)虫均可为害。为害方式可分为3类：长期生活在土内为害植物的地下部分；昼伏夜出在近土面处为害；地上地下均可为害。

地下害虫的体形多为长形和纺锤形,身体色素退化,某些器官发达或退化,如蝼蛄的前足特化为开掘足,适宜在土中掘土前进。有的种类鞘翅或眼退化。在土中垂直活动的规律表现出明显的季节性,主要是由于地下害虫对土温、土湿的敏感反应。冬、夏表土层温湿度条件不适就向深层移动,春秋则由深层向表土层上移,而这时一般正值作物的苗期阶段,从而为它们提供了充足的食料条件。具体防治方法:

(1)人工捕杀幼虫　在发生量不大,在被害的苗木周围,用手轻扶苗周围的表土,即可找到潜伏的幼虫。

(2)诱杀成虫　3月初至5月底,用黑光灯,糖醋酒液诱杀。引诱糖醋酒的配方:白糖6份、米醋3份、白酒1份、水2份,加少量的敌百虫。天黑前放在地上,天明后收回。

(3)化学防治　施毒土,每公顷用量为2.5%敌百虫粉22.5 kg与337.5 kg细土均匀,撒施在地上。喷洒90%敌百虫800～1 000倍液,或50%辛硫磷1 000倍液。

7.3.5　花卉虫害防治实例

7.3.5.1　菊小长管蚜

同翅目,蚜科。分布在辽宁、河北、山东、北京、河南、江苏、浙江、广东、福建、台湾、四川等地。寄主于白术、菊花、艾、野菊等。常在寄主菊花等的叶和茎上吸汁为害。春天菊花抽芽发叶时,也可群集为害新芽、新叶,致新叶难以展开,茎的伸长和发育受到影响。秋季开花时群集在花梗、花蕾上为害,开花不正常。为害白术时致叶片发黄,植株萎缩,生长不良,且分泌蜜露布满叶面,光合作用受到影响。

无翅孤生雌蚜长1.5 mm,体呈纺锤形,赭褐色至黑褐色,具光泽。触角比体长,除3节色浅外,余黑色。腹管圆筒形,基部宽有瓦状纹,端部渐细具网状纹,腹管、尾片全为黑色。有翅孤雌蚜长1.7 mm,具2对翅。胸、腹部的斑纹比无翅型明显,触角长是体长的1.1倍,尾片上生9～11根毛。

有翅孤生雌蚜体长卵形,触角第三节次生感觉圈为小圆形突起,15～20个,腹管圆筒形,尾片圆锥形(图7-6)。

图7-6　菊小长管蚜(图片来源于Microfot)

年约生10代,南方温暖地区全年为害菊属植物,一般不产生有翅蚜,多以无翅蚜在菊科寄主植物上越冬。翌年4月菊、白术等药用植物成活后,有翅蚜迁到植株上,产生无翅孤雌蚜进行繁殖和为害,4—6月受害重。6月以后气温升高,降雨多,蚜量下降;8月后虫量略有回升;秋季气温下降,开始产生有翅雌蚜,又迁飞到其他菊科植物上越冬。该虫是白术的重要害虫,除直接为害白术外,还可传播病毒病,因此4—6月该虫大发生同时,白术的病毒病也严重起来。天敌有蚜茧蜂、食蚜蝇、瓢虫、草蛉、捕食螨等。具体防治方法:

(1)保护利用天敌昆虫,发挥天敌控制作用。

(2)成株期用40%乐果乳油10倍液涂主茎5 cm长,可收到很好防效。

(3)必要时可喷洒20%吡虫啉可湿性粉剂1 000～1 500倍液、50%灭蚜松乳油1 000～1 500倍液、40%乐果乳油1 000倍液、50%抗蚜威可湿性粉剂1 000～1 500倍液。

(4)盆栽的可用8%氧化乐果微粒剂撒在盆面上,再覆薄土,浇水后即开始内吸杀虫。

7.3.5.2　温室白粉虱

属同翅目,粉虱科。1975年始于北京,现几乎遍布中国。寄主于各种花卉。成虫和若虫吸食植物汁液,被害叶片褪绿、变黄、萎蔫,甚至全株枯死。

此外,由于其繁殖力强,繁殖速度快,种群数量庞大,群聚为害,并分泌大量蜜液,严重污染叶片和果实,往往引起煤污病的大发生,使花卉失去观赏价值。

成虫体长 1~1.5 mm,淡黄色。翅面覆盖白蜡粉,停息时双翅在体上合成屋脊状如蛾类,翅端半圆状遮住。整个腹部,翅脉简单,沿翅外缘有一排小颗粒。卵长约 0.2 mm,侧面观长椭圆形,基部有卵柄,柄长 0.02 mm,从叶背的气孔插入植物组织中(图 7-7)。

图 7-7　温室白粉虱(图片来源于中国农技推广网)

原产于北美西南部,其后传入欧洲,现广布世界各地。在北方,温室一年可生 10 余代,以各虫态在温室越冬并继续为害。成虫有趋嫩性,白粉虱的种群数量,由春至秋持续发展,夏季的高温多雨抑制作用不明显,到秋季数量达高峰,集中危害瓜类、豆类和茄果类蔬菜。在北方由于温室和露地蔬菜生产紧密衔接和相互交替,可使白粉虱周年发生,此虫世代重叠严重。寄主植物包括多种蔬菜、花卉、木本植物等。成、若虫聚集寄主植物叶背刺吸汁液,使叶片退绿变黄,萎蔫以至枯死;成、若虫所排蜜露污染叶片,影响光合作用,且可导致煤污病及传播多种病毒病。除在温室等保护地发生危害外,对露地栽培植物危害也很严重。温室条件下一年发生 10 余代。在自然条件下不同地区的越冬虫态不同,一般以卵或成虫在杂草上越冬。繁殖适温 18~25 ℃,成虫有群集性,对黄色有趋性,有性生殖或孤雌生殖。卵多散产于叶片上。若虫期共 3 龄。各虫态的发育受温度因素的影响较大,抗寒力弱。早春由温室向外扩散,在田间点片发生。具体防治方法:

(1)园艺措施　培育"无虫苗",育苗时把苗床和生产温室分开,育苗前对育苗温室进行熏蒸消毒,消灭残余虫口;清除杂草、残株,通风口增设尼龙纱或防虫网等,以防外来虫源侵入。加强栽培管理,结合整枝打杈,摘除老叶并烧毁或深埋,可减少虫口数量。

(2)生物防治　采用人工释放丽蚜小蜂、中华草蛉和轮枝菌等天敌可防治白粉虱。

(3)物理防治　利用白粉虱强烈的趋黄习性,在发生初期,将黄板涂机油挂于植株行间,诱杀成虫。

(4)化学防治　药剂防治应在虫口密度较低时早期施用,可选用 25% 噻嗪酮(扑虱灵)可湿性粉剂 1 000~1 500 倍液、10% 联苯菊酯(天王星)乳油 2 000 倍液、2.5% 溴氰菊酯(敌杀死)乳油 2 000 倍液、20% 氰戊菊酯(速灭杀丁)乳油 2 000 倍液、2.5% 三氟氯氰菊酯乳油 3 000 倍液、灭扫利乳油 2 000~3 000 倍液等,每隔 7~10 d 喷 1 次,连续防治 3 次。

7.3.5.3　木橑尺蛾

鳞翅目尺蛾总科尺蛾科的一个物种。该虫可为害蔷薇科、榆科、桑科、漆树科等 30 余科 170 多种植物。

成虫体长 18~22 mm,翅展 55~65 mm。体黄白色。雌蛾触角丝状;雄蛾双栉状,栉齿较长并丛生纤毛。头顶灰白色,颜面橙黄色,喙棕褐色,下唇须短小。翅底白色,翅面上有灰色和橙黄色斑点。前、后翅的外线上各有 1 串橙色和深褐色圆斑,但圆斑隐显变异很大,前后翅中室各有 1 个大灰斑。前翅基部有 1 个橙黄色大圆斑,内有褐纹。

老熟幼虫体长 60~80 mm。幼虫的体色与寄生植物的颜色相近似,并散生灰白色斑点。头顶中央有凹陷成深棕色的"∧"形纹。前胸盾具峰状突起。气门椭圆形,两侧各有 1 个白色斑点。臀板中央凹陷,后端尖削(图 7-8)。

图 7-8 木橑尺蛾

（图片来源于红动中国 http://www.redocn.com）

1年发生1代，以蛹在土中越冬。成虫羽化盛期为7月中下旬，幼虫孵化盛期为7月下旬至8月上旬，老熟幼虫于9月为化蛹盛期。

成虫多为夜间羽化，晚间活动，羽化后即行交尾，交尾后1～2 d内产卵。卵多产于寄主植物的皮缝里或石块上，块产，排列不规则并覆盖一层厚的棕黄色绒毛。每雌可产卵1 000～1 500粒，最多达3 000粒。成虫趋光性强，白天静伏在树干、树叶、杂草等处，容易发现。成虫寿命4～12 d。

卵期9～10 d。幼虫孵化后即迅速分散，很活泼，爬行快，稍受惊动，即吐丝下垂，借风力转移为害。初孵幼虫一般在叶尖取食叶肉，留下叶脉，将叶食成网状。2龄幼虫则逐渐开始在叶缘为害，静止时，多在叶尖端或叶缘用臀足攀住叶的边缘，身体向外直立伸出，如小枯枝，不易发现。3龄以后幼虫行动迟缓，通常将一叶食尽后，才转移为害。静止时，一般利用臀足和胸足攀附在两叶或两小枝之间，和寄主构成一个三角形。由于虫体颜色和寄主颜色相似，不仔细观察，很难分辨。幼虫共6龄，幼虫期40 d左右。

幼虫老熟即坠地化蛹，少数有吐丝下垂或顺树干爬行的习性，老熟幼虫入土前先在地面爬行，选择土壤松软、阴暗潮湿的地方化蛹，如石块缝里、乱石堆中、树干周围和杂草中。化蛹入土深度一般在3 cm左右。具体防治方法：

（1）物理防治　灯光诱杀成虫，成虫出现期，可在林缘或林中空地设诱虫灯诱杀成虫。

（2）化学防治　初龄幼虫期，可用80％敌敌畏乳油800～1 000倍液，50％杀螟松乳油1 000～1 500倍液，2.5％溴氰菊酯乳油2 000～3 000倍液喷杀幼虫；幼虫转移树冠为害或成虫期，可用50％杀虫净、50％敌敌畏、50％杀螟松等药剂进行喷雾或喷粉，也可施放烟雾剂熏杀。

7.3.5.4　灰巴蜗牛

软体动物，柄眼目巴蜗牛科。分布在东北、华北、华东、华南、华中、西南、西北等。寄主于黄麻、红麻、苎麻、棉花、豆类、玉米、大麦、小麦、蔬菜、瓜类等，为害麻叶成缺刻，严重时咬断麻苗，造成缺苗断垄。

田螺等大小，壳质稍厚，坚固，呈圆球形。壳高19 mm、宽21 mm，有5.5～6个螺层，顶部几个螺层增长缓慢，略膨胀，体螺层急骤增长，膨大。壳面黄褐色或琥珀色，并具有细致而稠密的生长线和螺纹。壳顶尖。缝合线深。壳口呈椭圆形，口缘完整，略外折，锋利，易碎。轴缘在脐孔处外折，略遮盖脐孔。脐孔狭小，呈缝隙状。个体大小、颜色变异较大。卵圆球形，白色（图7-9）。

图 7-9　灰巴蜗牛（图片来源于搜狗百科）

是中国常见的危害各种农作物及花卉的陆生软体动物之一，各地均有发生。上海、浙江年生1代，11月下旬以成贝和幼贝在田埂土缝、残株落叶、宅前屋后的物体下越冬。翌年3月上中旬开始活动，该蜗牛白天潜伏，傍晚或清晨取食，遇有阴雨天多整天栖息在植株上。4月下旬到5月上中旬成贝开始交配，后不久把卵成堆产在植株根茎部的湿

土中,初产的卵表面具黏液,干燥后把卵粒粘在一起成块状,初孵幼贝多群集在一起取食,长大后分散为害,喜栖息在植株茂密低洼潮湿处。温暖多雨天气及田间潮湿地块受害重;遇有高温干燥条件,蜗牛常把壳口封住,潜伏在潮湿的土缝中或茎叶下,待条件适宜时,如下雨或灌溉后,于傍晚或早晨外出取食。11月中下旬又开始越冬。具体防治方法:

(1)园艺措施 清晨或阴雨天人工捕捉,集中杀灭。

(2)化学防治 用茶子饼粉 3 kg 撒施或用茶子饼粉 1~1.5 kg 加水 100 kg,浸泡 24 h 后,取其滤液喷雾,也可用 50%辛硫磷乳油 1 000 倍液喷雾。每 667 m² 用 8%灭蜗灵颗粒剂 1.5~2 kg,碾碎后拌细土或饼屑 5~7 kg,于天气温暖,土表干燥的傍晚撒在受害株附近根部的行间,2~3 d 后接触药剂的蜗牛分泌大量黏液而死亡,防治适期以蜗牛产卵前为适,田间有小蜗牛时再防 1 次效果更好。

7.3.5.5 美洲斑潜蝇

成虫体形较小,头部黄色,眼后眶黑色;中胸背板黑色光亮,中胸侧板大部分黄色,足黄色,卵白色,半透明,幼虫蛆状,初孵时半透明,后为鲜橙黄色,蛹椭圆形,橙黄色,长 1.3~2.3 mm。

图 7-10 美国斑潜蝇危害叶片

广东 1 年可发生 14~17 代。世代周期随温度变化而变化:15 ℃时,约 54 d;20 ℃时约 16 d;30 ℃时约 12 d。

成虫具有趋光、趋绿和趋化性,对黄色趋性更强。有一定飞行能力。成虫吸取植株叶片汁液;卵产于植物叶片叶肉中;初孵幼虫潜食叶肉,主要取食栅栏组织,并形成隧道,隧道端部略膨大(图 7-10);老龄幼虫咬破隧道的上表皮爬出道外化蛹。主要随寄主植物的叶片、茎蔓、甚至鲜切花的调运而传播。

我国除青海、西藏和黑龙江以外均有不同程度的发生,尤其是我国的热带、亚热带和温带地区。

寄主植物达 110 余种,其中,以葫芦科、茄科和豆科植物受害最重。它对叶片的危害率可达 10%~80%,常造成瓜菜减产、品质下降,严重时甚至绝收。该种不易发现。我国的斑潜蝇近似种多,由于其虫体都很小,往往难以区别。对农药抗性产生快。南北发生差异大。

美洲斑潜蝇和南美斑潜蝇都以幼虫和成虫为害叶片,美洲斑潜蝇以幼虫取食叶片正面叶肉,形成先细后宽的蛇形弯曲或蛇形盘绕虫道,其内有交替排列整齐的黑色虫粪,老虫道后期呈棕色的干斑块区,一般 1 虫 1 道,1 头老熟幼虫 1 d 可潜食 3 cm 左右。南美斑潜蝇的幼虫主要取食背面叶肉,多从主脉基部开始为害,形成弯曲较宽(1.5~2 mm)的虫道,虫道沿叶脉伸展,但不受叶脉限制,可若干虫道连成一片形成取食斑,后期变枯黄。两种斑潜蝇成虫危害基本相似,在叶片正面取食和产卵,刺伤叶片细胞,形成针尖大小的近圆形刺伤"孔",造成危害。"孔"初期呈浅绿色,后变白,肉眼可见。幼虫和成虫的为害可导致幼苗全株死亡,造成缺苗断垄;成株受害,可加速叶片脱落,引起果实日灼,造成减产。幼虫和成虫通过取食还可传播病害,特别是传播某些病毒病,降低花卉观赏价值和叶菜类食用价值。具体防治方法:

(1)园艺措施 适当疏植,增加田间通透性;及时清洁田园,把被斑潜蝇为害作物的残体集中深埋、沤肥或烧毁。在害虫发生高峰时,摘除带虫叶

片并销毁。

（2）物理防治　依据其趋黄习性，利用黄板诱杀。采用灭蝇纸诱杀成虫，在成虫始盛期至盛末期，设置诱杀点。

（3）生物防治　利用寄生蜂防治，在不用药的情况下，寄生蜂天敌寄生率可达 50％以上（姬小蜂、反领茧蜂、潜蝇茧蜂等，这三种寄生蜂对斑潜蝇寄生率较高）。

（4）化学防治　受害作物某叶片有幼虫 5 头时，掌握在幼虫 2 龄前（虫道很小时），喷洒 98％巴丹原粉 1 500～2 000 倍液或 1.8％爱福丁乳油 3 000～4 000 倍液、1％增效 7051 生物杀虫素 2 000 倍液、48％乐斯本乳油 1 000 倍液、25％杀虫双水剂 500 倍液、98％杀虫单可溶性粉剂 800 倍液、50％蝇蛆净粉剂 2 000 倍液、40％绿菜保乳油 1 000～1 500 倍液、1.5％阿巴丁乳油 3 000 倍液、5％抑太保乳油 2 000 倍液、5％卡死克乳油 2 000 倍液。

7.3.5.6　蛴螬

蛴螬是金龟甲的幼虫，别名白土蚕、核桃虫。成虫通称为金龟甲或金龟子。危害多种花卉和蔬菜。按其食性可分为植食性、粪食性、腐食性三类。其中植食性蛴螬食性广泛，危害多种花卉苗木，喜食刚播种的种子、根、块茎以及幼苗，是世界性的地下害虫，危害很大。此外，某些种类的蛴螬可入药，对人类有益。

蛴螬咬食幼苗嫩茎，薯芋类块根被钻成孔眼，当植株枯黄而死时，它又转移到别的植株继续为害。此外，因蛴螬造成的伤口还可诱发病害发生。芋基部被钻成孔眼后，伤口愈合留下的凹穴，极大地影响了芋的质量。

蛴螬体肥大，体型弯曲呈 C 形，多为白色，少数为黄白色。头部褐色，上颚显著，腹部肿胀。体壁较柔软多皱，体表疏生细毛。头大而圆，多为黄褐色，生有左右对称的刚毛，刚毛数量的多少常为分种的特征。如华北大黑鳃金龟的幼虫为 3 对，黄褐丽金龟幼虫为 5 对。蛴螬具胸足 3 对，一般后足较长。腹部 10 节，第 10 节称为臀节，臀节上生有刺毛，其数目的多少和排列方式也是分种的重要特征（图 7-11）。

图 7-11　蛴螬

蛴螬幼虫和成虫在土中越冬，成虫即金龟子，白天藏在土中，晚上 8～9 时进行取食等活动。蛴螬有假死和负趋光性，并对未腐熟的粪肥有趋性。幼虫蛴螬始终在地下活动，与土壤温湿度关系密切。当 10 cm 土温达 5 ℃时开始上升土表，13～18 ℃时活动最盛，23 ℃以上则往深土中移动，至秋季土温下降到其活动适宜范围时，再移向土壤上层。因此蛴螬对果园苗圃、幼苗及其他作物的为害主要是春秋两季最重。土壤潮湿活动加强，尤其是连续阴雨天气，春、秋季在表土层活动，夏季时多在清晨和夜间到表土层。

发生规律：成虫交配后 10～15 d 产卵，产在松软湿润的土壤内，以水浇地最多，每头雌虫可产卵 100 粒左右。蛴螬年生代数因种、因地而异。这是一类生活史较长的昆虫，一般 1 年 1 代，或 2～3 年 1 代，长者 5～6 年 1 代。如大黑鳃金龟 2 年 1 代，暗黑鳃金龟、铜绿丽金龟 1 年 1 代，小云斑鳃金龟在青海 4 年 1 代，大栗鳃金龟在四川甘孜地区则需 5～6 年 1 代。蛴螬共 3 龄，1、2 龄期较短，第 3 龄期最长。

蛴螬种类多，在同一地区同一地块，常为几种蛴螬混合发生，世代重叠，发生和危害时期很不一致，因此只有在普遍掌握虫情的基础上，根据蛴螬和成虫种类、密度、作物播种方式等，因地因时采取相应的综合防治措施，才能收到良好的防治效果。具体防治方法：

（1）园艺措施　实行水、旱轮作；在花卉生长期间适时灌水；不施未腐熟的有机肥料；精耕细作，及时镇压土壤，清除田间杂草；大面积春、秋耕，并跟犁拾虫等。发生严重的地区，秋冬翻地可把越冬幼虫翻到地表使其风干、冻死或被天敌捕食，机械杀伤，防效明显。

（2）物理防治　有条件地区，可设置黑光灯诱杀成虫，减少蛴螬的发生数量。

（3）化学防治　用50%辛硫磷乳油每亩200～250 g，加水10倍喷于25～30 kg细土上拌匀制成毒土，顺垄条施，随即浅锄，或将该毒土撒于种沟或地面，随即耕翻或混入厩肥中施用；每667 m²用2%甲基异柳磷粉2～3 kg拌细土25～30 kg制成毒土；每667 m²用3%甲基异柳磷颗粒剂、3%呋喃丹颗粒剂、5%辛硫磷颗粒剂或5%地亚农颗粒剂，2.5～3 kg处理土壤。

用50%辛硫磷、50%对硫磷或20%异硫磷药剂与水和种子按1∶30∶400的比例拌种；用25%辛硫磷胶囊剂或25%对硫磷胶囊剂等有机磷药剂或用种子重量2%的35 g百威种衣剂包衣，还可兼治其他地下害虫。

每667 m²用25%对硫磷或辛硫磷胶囊剂150～200 g拌谷子等饵料5 kg，或50%对硫磷、50%辛硫磷乳油50～100 g拌饵料3～4 kg，撒于种沟中，亦可收到良好防治效果。

7.3.5.7　根蛆

昆虫纲双翅目（Diptera）花蝇科（Anthomyiidae），种蝇（*Delia platura*）、葱蝇（*D. antigua*）、白菜蝇（*D. floralis*）、小萝卜蝇（*D. pilipyga*）和麦种蝇（*D. conarctata*）等幼虫的统称。

杂食性地下害虫。分布全世界，中国各地均有发生。种蝇是主要种类。体长4～6 mm，灰色或灰黄色。卵长约1.6 mm，长椭圆形，乳白色。幼虫长8～10 mm，乳白略带淡黄色，头部极小，口钩黑色，腹部末端有7对肉质突起，第1、2对位置等高，第5、6对等长，第7对很小。蛹长4～5 mm，宽1.6 mm，圆筒形，黄褐色（图7-12）。主要为害禾本科、豆科、十字花科等。常钻入种子或幼苗茎里为害，或在根茎内由下向上蛀食，使整株死亡，造成缺

苗断垄。在中国北方每年发生3～4代，以蛹在土中越冬；南方各虫态都能越冬。成虫喜食花蜜和腐败物，常在粪肥上产卵，田间施用未经腐熟的粪肥和发酵不好的饼肥时，根蛆常严重发生。成虫还能在湿土、土缝或接近地面作物的叶上产卵，幼虫孵化后钻入土中活动为害，并喜在潮湿的环境生活。老熟后在被害植物附近的土里化蛹。气温超过35 ℃对卵、幼虫、蛹的存活均不利。根蛆主要采取农业措施防治，如及早耕翻土地，不施用未经腐熟的粪肥和饼肥，发生成虫后及时灌水等。化学防治可施用敌百虫、乐果等农药。具体防治方法：

图7-12　根蛆（图片来源于http://www.191.cn）

（1）园艺措施　施肥时要将有机肥料充分腐熟，并深施覆土，或多施草木灰肥（最好施在植株根部周围），以避成虫，减少其产卵的机会。

（2）化学防治　结合播种每亩用5%辛硫磷颗粒剂3～4 kg拌细土30 kg，撒施于播种沟内。选出健康无病的种子进行药剂拌种处理，即50 kg用40%辛硫磷乳油100～150 mL加水25～30 kg，拌种子200～250 kg，随拌随播。幼虫发生期，用90%敌百虫800～1 000倍液、50%辛硫磷乳油1 000倍液、48%乐斯本乳油1 500倍液灌根防治。将喷雾器喷头上的旋水片取出，把药液注入根部土壤中，10 d一次，视虫情防治2～3次。成虫盛发期，用48%乐斯本乳油1 500倍液喷雾防治，每隔7 d一次，连续防治2～3次，以上午9～11时施药效果最好。

第 2 部分　各论

第8章

一、二年生花卉

8.1 概述

8.1.1 一、二年生花卉定义

在当地栽培条件下，一般春季播种，夏秋开花结实，入冬前死亡，当年能完成整个生长发育过程的草本观赏植物称一年生花卉；一般秋天播种，次年春季开花，次年完成整个生长发育过程的草本观赏植物称二年生花卉。由于各地气候及栽培条件不同，二者常无明显的界限，园艺上常将二者通称为一、二年生花卉或简称草花。一些常作一、二年生花卉栽培的多年生花卉也归为其中。

8.1.2 一、二年生花卉特点

一年生花卉一般不耐寒，多为短日性花卉。二年生花卉多数原产于温带或寒冷地区，耐寒性较强，但不耐高温。苗期要求短日照，在0～10 ℃低温下通过春化阶段，成长过程则要求长日照，为长日照花卉。

一、二年生花卉的生长周期短，繁殖容易，多采用种子繁殖，可以大面积使用，见效快，而且一、二年生花卉从播种到开花所需时间短，花期集中。但也存在管理繁琐，以及用工时间比较多的特点。

一、二年生花卉具有色彩艳丽、生长迅速、栽培简易、应用广泛、成本低且销量大、适应性强、组合方便等优点，部分花卉花期长，是布置花坛、花境、园林装饰的良好材料，常栽植于花坛、花境等处，也可与建筑物配合种植于围墙、栏杆四周。部分种类还可用作切花、盆栽观赏，是美化生活不可缺少的花材。

8.2 常见一、二年生花卉

8.2.1 一串红

【科属】唇形科，鼠尾草属

【学名】*Salvia splendens*

【俗名】串红、爆仗红（炮仗红）、撒尔维亚

【原产地】巴西

【基本形态】

多年生直立亚灌木状草本，常作一、二年生栽培。株高20～80 cm，茎钝四棱形，具浅槽，无毛。叶对生，卵圆形或三角状卵圆形，长2.5～7 cm，宽2～4.5 cm，先端渐尖，基部截形或圆形，稀钝，边缘具锯齿，上面绿色，下面较淡，两面无毛，下面具腺点。轮伞状总状花序着生枝顶，唇形花共冠，花冠、花萼同色，花萼宿存。花有红、粉、紫、白等色，花期7—10月。小坚果椭圆形，暗褐色，顶端具不规则极少数的褶皱突起，边缘或棱具狭翅，光滑（图8-1）。

【常见种类和品种】

常见品种有萨尔萨（Salsa）系列，其中双色品种更为著名，'玫瑰红双色'（'Rose Bioolor'）、'橙红双

图 8-1　一串红

色'('Salmon Bicolor'),从播种至开花仅 60~70 d。

赛兹勒(Sizzler)系列,是目前欧洲流行的品种,多次获英国皇家园艺学会品种奖,'橙红双色'('Salmon Bicolor')、'勃艮第'('Burgundy')、'奥奇德'('Orchid')等品种在国际上很流行,具花序丰满、色彩鲜艳、矮生性强、分枝性好、早花等特点。

绝代佳人(Clapatra)系列,株高 30 cm,分枝性好,花色有白、粉、玫瑰红、深红、淡紫等,从株高 10 cm 开始开花。'火焰'('Blazeof Fire'),株高 30~40 cm,早花种,花期长,从播种至开花 55 d 左右。另外,还有'红景'('Red Vista')、'红箭'('Red Arrow')和'长生鸟'('Phoenix')等矮生品种。

【生态习性】

喜温暖和阳光充足环境,耐半阴,不耐寒,生长适温 20~25 ℃,怕积水和碱性土壤。如果光照不足,植株易徒长。表现在节间伸长,花量减少,花色不够鲜艳,叶色淡绿,如遇到长时间弱光,叶片变黄脱落。

【繁殖特点】

生产中常用种子繁殖。一串红种子较大,1 g 种子 260~280 粒。发芽适温为 21~23 ℃,播后 1 周开始发芽,发芽快而整齐,一般发芽率达到 85%~90%,4 片真叶时可以盆苗移栽。生产中少见扦插繁殖,插穗为充实的嫩枝,生根容易,2 周左右即可移植。

【栽培管理特点】

一串红适应性较强,无论盆栽还是地栽都要施足底肥,按着浇水和追肥的基本原则实施管理。注意空气流通,肥水管理要适当,否则植株生长不良,易染病虫害。用高生型品种时,要在幼苗 4 片叶子时,开始摘心,促进植株多分枝,一般摘心 3~4 次,可以有效扩大冠幅、控制株高。

【园林适用范围】

一串红在国内外栽培十分普遍,常以一年生花卉栽培形式作为节日花坛的主体材料,也用作花境。如我国的"五一"和"十一"两大节日中,多以一串红红色品种为主要花材建造花坛,来烘托节日气氛。在我国南方温暖地区偶尔可见一串红多年生栽培应用形式,但叶和花量稀疏、观赏性降低。近年来,在除"五一"和"十一"外,国内的景区、公园和城市绿地一串红红色品种的用量有所减少,随着国外新花色品种的引进,有粉色、紫色和白色品种等替代红色品种的趋势。

8.2.2　碧冬茄(矮牵牛)

【科属】茄科,碧冬茄属

【学名】*Petunia hybrida*

【俗名】毽子花、灵芝牡丹

【原产地】南美洲

【基本形态】

多年生草本,常作一、二年生栽培;株高 15~80 cm,也有丛生和匍匐类型;叶全缘,互生,叶椭圆或卵圆形;播种后当年可开花,花期长达数月,花单生,花冠喇叭状,漏斗状或高脚蝶状;花形有单瓣、重瓣、瓣缘皱褶或呈不规则锯齿等;花色有红、白、粉、紫及各种带斑点、网纹、条纹等;蒴果,种子极小,近球形或卵形,表面布网纹状凹穴(图 8-2)。

【常见种类和品种】

同属常见栽培种或品种:撞羽矮牵牛(*P. violacea*),一年生草本,株高 15~25 cm,原产阿根廷,多在我国华北地区栽培。腋花矮牵牛(*P. axillaris*),一年生草本,株高 30~60 cm,夜间开放,有香气。原产阿根廷。舞春花(*P.* 'Million Bells')又叫百万小玲,是小花矮牵牛的一个品种,它和普通矮牛相比,花和叶子都比较小,花朵数量更多、更密、花期更长久,每朵花开一周左右,满枝的花朵,像瀑布一

图 8-2　矮牵牛

样,小小的花朵非常可爱。

园艺品种极多,按植株性状分有:高性种、矮性种、丛生种、匍匐种、直立种;按花型分有:大花(10～15 cm 及以上)、小花、波状、锯齿状、重瓣、单瓣;按花色分有:紫红、鲜红、桃红、纯白、肉色及多种带条纹品种(红底白条纹、淡蓝底红脉纹、桃红底白斑条等)。商业上常根据花的大小以及重瓣性将矮牵牛分为大花单瓣类、丰花单瓣类、多花单瓣类、大花重瓣类、重瓣丰花类、重瓣多花类和其他类型。

大花重瓣的品种有小瀑布系列,早花种,可提前开花 14～28 d,包括'梅脉'、'随想曲'、'二重唱'等;派克斯系列是矮牵牛中花瓣最多的重瓣种,在温室栽培全年开花,花色丰富,有白、红、粉、蓝、紫和双色等;急转系列花瓣波状,花径 10 cm,紫花白边,包括'奏鸣曲'、'情人'等。

多花重瓣的品种有重瓣果馅饼系列,包括'苹果馅饼'、'樱桃馅饼'、'紫天堂'等。

单瓣大花的品种:阿根廷系列,株高 30 cm,花色多种;云系列,株高 25～30 cm;康特唐系列,株高 7～8 cm,花色多样,花径 7～8 cm,播种后 60 d 开花;盲株系列,花径 10 cm,花瓣具深色脉纹,花色有橙、蓝、粉、紫等色;梦幻系列,株高 18～20 cm,抗病品种;魅力系列,包括'超级美丽'、'黄美丽';花边香石竹系列,双色种,花有红、蓝等色,具白边;呼啦圈系列,株高 30 cm,双色种,早花型,花径 9 cm;'风暴洗礼',抗雨性强;超级系列,早花种,适用于室外栽培,花大,花径 10 cm。

单瓣丰花的品种有名声系列,株高 20～25 cm,花径 8～9 cm,具有脉纹,包括'蓝冰'、'夏冰'。单瓣多花的品种有地毯系列,抗热品种,分枝性强,花紧凑;蜃景系列,多花具脉纹、星状、纯白和双色等;好哇系列,花朵紧密,花色多样,为荷兰的新品种。单瓣密花的品种有幻想曲系列,株高 25～30 cm,花小,属于迷你型,花径 2.5～3 cm,分枝性强;好时系列,是最早的密花种,花有 24 种色彩,包括'脉纹'和'星状';公式系列,为抗病、抗热品种;梅林系列,株高 25 cm,早花种,分枝性强,花色多样,从播种至开花需 80 d,为抗病品种。

【生态习性】

喜温暖和阳光充足的环境。不耐霜冻,怕雨涝。它生长适温为 13～18 ℃,冬季温度在 4 ℃～10 ℃,如低于 4 ℃,植株生长停止。夏季能耐 35 ℃以上的高温。

【繁殖特点】

采用播种繁殖,重瓣花品种和大花品种可采用扦插繁殖。

播种繁殖:春播于 4 月下旬,夏季可开花;用育苗盘播种,在表面覆上一层薄细沙,育苗时间约为 60 d。秋季播种在 10—11 月为好,温度以 20 ℃左右比较利于发芽,约 10 d 后可见幼苗。冬季需移入室内以确保顺利过冬。

扦插繁殖:选健壮无病虫害的重瓣花品种和大花品种枝条,从节基下剪取,长度约为 10 cm,插穗保留 2～3 片叶子,扦插深度约 1.5 cm,以 20～25 ℃的温度为宜,5—6 月和 8—9 月扦插成活率较高。在扦插时注意盆土消毒,以防插穗感染和腐烂。放置在微光处即可,注意喷水保持湿润,约两周生根,30 d 后可进行移植。

【栽培管理特点】

盆栽矮牵牛宜用疏松肥沃和排水良好的沙壤土。夏季生长旺期,需充足水分,特别在夏季高温季节,应在早、晚浇水,保持盆土湿润。但梅雨季节,雨水多,对矮牵牛生长十分不利。长日照植物,生长期要求阳光充足,在正常的光照条件下,从播种至开花约需 100 d。冬季大棚内栽培矮牵牛时,在低温短日照条件下,茎叶生长很茂盛,但着花很难,当春季进入长日照下,很快就从茎叶顶端分化花蕾。

【园林适用范围】

矮牵牛花大而色彩丰富,适于花坛及自然式布置;大花及重瓣品种常供盆栽观赏或作切花;温室栽培,四季开花。

8.2.3　苏丹凤仙花

【科属】凤仙花科,凤仙花属

【学名】*Impatiens wallerana*

【俗名】玻璃翠、非洲凤仙

【原产地】东非洲

【基本形态】

多年生肉质草本,高30～70 cm。茎直立,绿色或淡红色,不分枝或分枝。叶互生或上部螺旋状排列,具柄,叶片宽椭圆形或卵形至长圆状椭圆形。总花梗生于茎、枝上部叶腋,通常具2花,稀具3～5花,或有时具1花;花梗细,基部具苞片;苞片线状披针形或钻形,花大小及颜色多变化,鲜红色、深红、粉红色、紫红色、淡紫色、蓝紫色或有时白色。侧生萼片2,淡绿色或白色,卵状披针形或线状披针形;旗瓣宽倒心形或倒卵形,顶端微凹,背面中肋具窄鸡冠状突起,顶端具短尖;蒴果纺锤形。花期6—10月(图8-3)。

图8-3　苏丹凤仙花

【常见种类和品种】

同属常见栽培的有何氏凤仙花(*I. holstii*),宿根性多年生草花,花型有单瓣或重瓣。单瓣花色有红色、桃红色、紫红色、橙色、橙红色、纯白色或白色斑纹等。花期极长,耐阴。凤仙花(*I. balsamina*),本草纲目中称指甲花、急性子、凤仙透骨草。一年生草本,民间常用其花及叶染指甲。茎及种子入药。我国各地庭园广泛栽培,为常见的观赏花卉。新几内亚凤仙花(*I. hawkeri*),别名五彩凤仙花,花期极长,几乎全年均能见花,但以春、秋、冬三季较盛开。叶色黄绿至深绿色或古铜色,叶脉明显。花单生或成对着生于叶腋,或数朵单花呈聚伞房花序。花色与叶脉颜色或茎色有相关性,有白色、粉色、桃红、朱红、玫红、橘红、深红、古铜等色。

【生态习性】

性喜暖和湿润,有散射光照的环境,忌高温酷暑和低温冷冻,生长适温为15～25 ℃,要求排水通气良好,含腐殖较丰富的肥沃疏松土壤。通常的沙壤土可用于种植。

【繁殖特点】

多用种子繁殖,种子细小(每克约含种子1 700粒左右),具好光性,因此播种后不必覆土。也可扦插繁殖,扦插更适宜小量繁殖及重瓣花繁殖,四季均可进行,剪下长度为6 cm左右的茎段,插入洁净河沙或珍珠岩中,也可将嫩枝泡入水中,易于生根。

【栽培管理特点】

盆土采用泥炭土或轻松培养土,并加入适量的骨粉或过磷酸钙。上盆后每半月施饼肥水一次,花期增施2～3次磷钾肥。浇水要"间干间湿,浇则浇透",以利于根系的生长发育,还要注意通风,湿度不宜过高。非洲凤仙不耐强烈的光照,在稍微遮阳的环境下才生长正常。幼苗期生长适温,白天为20～22 ℃,晚间16～18 ℃,开花期最好控制在30 ℃以下,有利于延长花期,促使花多花大。苗高10 cm时,摘心1次,促使萌发分枝,形成丰满株态,多开花。花后要及时摘除残花,以免影响观赏性,若残花发生霉烂还会阻碍叶片生长。

【园林适用范围】

苏丹凤仙花花色丰富,色泽艳丽欢快,株形丰满圆整,四季开花,花期特长;叶色叶型独特,具备优良的盆花特点,现已成为国际上最常见的盆栽草本花卉之一。盆栽适用于阳台、窗台和庭园点缀。

如群体摆放花坛、花带、花槽和配置景点,铺红展翠,十分耐观。用它装饰吊盆、花球,装饰灯柱、走廊和厅堂,异常别致,妩媚动人。制作花墙、花柱和花伞,典雅豪华,绚丽夺目。

8.2.4 百日草

【科属】菊科,百日草属

【学名】*Zinnia elegans*

【俗名】步步登高、节节高

【原产地】墨西哥

【基本形态】

一年生草本植物,茎直立粗壮,上被短毛,表面粗糙,株高40~120 cm。叶对生无柄,叶基部抱茎。叶形为卵圆形至长椭圆形,叶全缘,上被短刚毛。头状花序单生枝端,梗甚长。花径4~10 cm,大型花径12~15 cm。舌状花多轮花瓣呈倒卵形,有白、绿、黄、粉、红、橙等色,管状花集中在花盘中央,黄橙色,边缘分裂,瘦果广卵形至瓶形,筒状花结出瘦果椭圆形、扁小,花期6—9月,果熟期8—10月。种子千粒重5.9 g,寿命3年(图8-4)。

图8-4 百日草

【常见种类和品种】

同属常见栽培种有小百日菊(*Z. angustifolia*),叶披针形或狭披针形;头状花序径1.5~2 cm;小花全部橙黄色;托片有黑褐色全缘的尖附片。原产墨西哥,我国各地也常栽培。多花百日菊(*Z. peruviana*)头状花序小,直径2.5~3 cm;花序梗在花后中空肥壮;托片无附片,上端圆形,撕裂;管状花瘦果有1~2个长芒。

园艺品种类型很多,有单瓣、重瓣、卷叶、皱叶和各种不同颜色的园艺品种。大花高茎类型,株高90~120 cm,分枝少;中花中茎类型,株高50~60 cm,分枝较多;小花丛生类型,株高仅40 cm,分枝多。按花型常分为大花重瓣型、纽扣型、鸵羽型、大丽花型、斑纹型、低矮型。

【生态习性】

百日草喜温暖向阳,不耐酷暑和严寒,适应性强,耐干旱、耐瘠薄。不择土壤,但在土层深厚、排水良好的沃土中生长最佳。生长期适温15~30 ℃。

【繁殖特点】

百日草繁殖方式为种子繁殖和扦插繁殖。以种子繁殖为主,种子具嫌光性,播种后覆土要严密以提高发芽率,发芽适温20~25 ℃,7~10 d萌发,播后约70 d开花。扦插繁殖一般在6—7月进行,利用百日草侧枝剪取长10 cm,插入沙床,插后15~20 d生根,25 d后可上盆。

【栽培管理特点】

播种苗4~6片叶时上盆,以鸡粪作为基肥为好。幼苗期每半月施肥1次,花蕾形成前增施2次磷钾肥,孕蕾后,每周追施一次稀薄液体肥料。百日草为喜硝态氮的植物,因此最好使用硝酸钾这类氮肥,但要避免施用过多,否则容易造成徒长现象。苗高12 cm进行摘心,促进分枝,反复摘心,促进植株紧凑矮化健壮。花后不留种需及时摘除残花,促使叶腋间萌发新侧枝,再开花。上盆定植后,浇1次透水,以后保持盆土微潮偏干的环境。浇水过多,容易徒长,影响根系生长,开花不良。百日草为阳性植物,最适温度为15~20 ℃,不耐酷暑,在夏季酷热条件下,生长势稍弱,会出现开花稀少、花朵较小的现象。每月松土一次有助于植株根系更好生长,夏秋两季每周除草一次。

【园林适用范围】

百日草花大色艳,开花早,花期长,株形美观,可按高矮分别用于花坛、花境、花带。也常用于盆栽。高秆品种适合做切花生产。

8.2.5 美女樱

【科属】马鞭草科,马鞭草属

【学名】*Verbena hybrida*

【俗名】草五色梅、铺地马鞭草、铺地锦

【原产地】热带至温带美洲

【基本形态】

为多年生草本植物,常作 1～2 年生栽培。茎四棱、横展、匍匐状,低矮粗壮,丛生而铺覆地面,全株具灰色柔毛,长 30～50 cm。叶对生有短柄,长圆形、卵圆形或披针状三角形,边缘具缺刻状粗齿或整齐的圆钝锯齿,叶基部常有裂刻,穗状花序顶生,多数小花密集排列呈伞房状。花萼细长筒状,花冠漏斗状,花色多,有白、粉红、深红、紫、蓝等不同颜色,略具芬芳。花期长,4 月至霜降前开花陆续不断。蒴果,果熟期 9—10 月,种子寿命 2 年(图 8-5)。

图 8-5 美女樱

【常见种类和品种】

同属观赏种有深裂美女樱(V. tenuisecta),其中开淡紫花的'英币星'('Sterling Star')和开蓝紫花的'想象'('Imagination')都有着较好的观赏性。细叶美女樱(V. tenera)很适合草坪边缘自然带状栽植。花期 5—10 月,叶四季常绿,适宜作常绿草本开花地被,也可作盆栽。加拿大美女樱(V. canadensis)多年生,其矮生变种作一年生栽培,花色有粉、红、紫、白色等,原产美国的西南部。

园艺栽培种有横展类型的石英(Quartz)系列,茎叶健壮,成苗率高,抗病,花色有白、玫瑰红、绯红、深红等。传奇(Romance)系列,株高 20～25 cm,早花种,矮生,花色有白、深玫瑰红、鲜红、紫红、粉,具白眼。坦马里(Temari)系列,大花种,宽叶,

分枝性好,花朵紧凑,抗病和耐－10 ℃低温。迷案(ObsessionFormula)系列,是美女樱中开花最早的品种,基部分枝性强,抗病,花期长,有 7 种花色。塔皮恩(Tapien)系列,均为抗病、耐寒品种,其中紫色'塔皮恩'('TapienLavender')花紫红色,耐 －10 ℃低温;粉蓝塔皮恩(Tapien Powder Blue)花浅蓝色,抗病、耐寒品种。另外还有'矮宝石'('Dwarf Jewels')、'蓝泻湖'('Blue Lagoon')、'火焰'('Blaze')和'展时'('Showtime')等品种。

【生态习性】

喜阳光、较耐寒、不耐阴、不耐旱,北方多作一年生草花栽培,在炎热夏季能正常开花。对土壤要求不严,但在疏松肥沃、较湿润的中性土壤生长健壮,开花繁茂。

【繁殖特点】

繁殖主要用扦插、压条,亦可分株或播种。扦插可在气温 15 ℃左右的季节进行,剪取稍硬化的新梢,切成 6 cm 左右的插条,插于温室沙床或露地苗床,15 d 左右发出新根。可用匍枝进行压条,待生根后将节与节连接处切开,分栽成苗。播种繁殖生产上较少使用,发芽率低,发芽不整齐。

【栽培管理特点】

栽培美女樱应选择疏松、肥沃及排水良好的土壤。定植的苗株不要过大,以免横生侧枝脱叶,株距一般 40 cm 左右。早摘心促二次枝。花后剪掉花头,因其根系较浅,夏季应注意浇水,以防干旱。每半月需施薄肥 1 次,使发育良好。养护期间水分不可过多过少,如水分过多,茎枝细弱徒长,开花甚少;若缺少肥水,植株生长发育不良,有提早结籽现象。生长健壮的植株,抗病虫能力较强,很少有病虫害发生。采种采取一次收割株丛晒干脱粒。

【园林适用范围】

美女樱为良好的地被材料,可用于城市道路绿化带、花坛等,混色种植或单色种植,多色混种,显得五彩缤纷,单色种植可形成色块,视觉效果甚佳。还可种于花盆中,于开会或节假日摆设,方式随意,可横排一种颜色,也可间排几种颜色,还可组成不同形状,增加喜庆气氛;可用于吊盆、花台垂悬,增强立体美感;美女樱花色鲜艳,可与其他花卉或绿

篱等配置,作为陪衬或点缀,于假山、水池、草坪边作镶边材料,也可作背景花卉,还可以带状、环状、不规则状植于墙角,具有装饰效果,又有掩蔽作用。

8.2.6 夏堇

【科属】玄参科,蝴蝶草属

【学名】*Torenia fournieri*

【俗名】蓝猪耳、蝴蝶草

【原产地】越南

【基本形态】

株高 15～30 cm,株形整齐而紧密。花腋生或顶生总状花序,花色有紫青色、桃红色、蓝紫、深桃红色及紫色等,种子细小。方茎,分枝多,呈披散状。叶对生,卵形或卵状披针形,边缘有锯齿,叶柄长为叶长之半,秋季叶色变红。花在茎上部顶生或腋生(2～3 朵不成花序),唇形花冠,花萼膨大,萼筒上有 5 条棱状翼。花蓝色,花冠杂色(上唇淡雪青,下唇堇紫色,喉部有黄色)。花果期 6—12 月(图8-6)。

图 8-6　夏堇

【常见种类和品种】

夏堇品种可分为小丑系列和公爵夫人系列。小丑系列,颜色有蓝白色、紫罗兰色、玫瑰色、酒红色、粉红色、混色。公爵夫人系列,颜色有深蓝色、淡蓝色、粉红色、酒红色、蓝白色、混色。

【生态习性】

夏堇属阳性植物,耐高温、高湿、耐半阴,对土壤要求不严。生长强健,需肥量不大,在阳光充足、适度肥沃湿润的土壤上开花繁茂。

【繁殖特点】

春播为主,种子粉末状,因其发芽需要一定的光照,播后不覆土,发芽适温 20～30 ℃,播种后 10～15 d 可发芽。也可以扦插,选择健壮、无病虫害的植株作母本,剪取带顶芽有 3、4 个节的枝条作插穗,再插入基质。

【栽培管理特点】

当播种或扦插小苗长至 6～7 cm 高时,即开始摘心,增多花枝,促使多开花,夏季开花结束前适时修剪,使植株重新萌发新枝,至秋季再次开花。对土壤选择性不严,以肥沃壤土或沙质壤土更好。栽培前应施足有机肥作基肥,生长期可每月追施 1、2 次腐熟饼肥水,夏、秋季增施 1、2 次磷、钾肥,氮肥不可过量,否则植株生长过旺过高,到现蕾时再施一次浓水肥,以后可暂停施肥。夏季应经常保持土壤湿润,一天要浇水 3 次,浇水根据天气的变化来进行。栽培环境要求通风良好,否则易发生根部腐烂或病虫害。

【园林适用范围】

夏堇花朵小巧,花色丰富,花期长,生性强健,花顶生,花色有白、紫红或紫蓝,喉部有黄色斑点,花期极长,为夏季花卉匮乏时期之优美草花;其姿色幽逸柔美,适合花坛或盆栽,花期夏季至秋季,尤其耐高温,适合屋顶、阳台、花台栽培,成熟种子落地,亦能萌芽成长开花,也是优良的吊盆花卉。

8.2.7 万寿菊

【科属】菊科,万寿菊属

【学名】*Tagetes erecta*

【俗名】臭芙蓉

【原产地】墨西哥

【基本形态】

一年生草本,高 50～150 cm,全株具异味。茎直立,粗壮,具纵细条棱,分枝向上平展。叶羽状分裂,沿叶缘有少数腺体。头状花序单生,径 5～8 cm,花序梗顶端棍棒状膨大;总苞杯状,顶端具齿尖;舌状花黄色或暗橙色;舌片倒卵形,基部收缩成长爪,顶端微弯缺;管状花花冠黄色,顶端具 5 齿裂。瘦果线形,基部缩小,黑色或褐色。花期 7—9 月(图8-7)。

图 8-7 万寿菊

【常见种类和品种】

同属的常见栽培种有孔雀草(T. patula),花型有单瓣型、重瓣型、鸡冠型等。品种有'曙光'('Aurora'),花较大,播种后 48 d 开花;'富源'('Bonanza'),早花种,花径 5 cm;'赠品'('Bounty'),株高25~30 cm,花径 5 cm,抗病品种;'迪斯科'('Disco'),株高 30 cm,单瓣花,花径 6 cm,分枝性强;'金门'('Golden gate'),株高 20~24 cm,花大,花径6~8 cm;'英雄'('Hero'),株高 25~30 cm,花径6 cm;'索菲亚'('Sophia'),株高 25~30 cm,花重瓣,银莲型,花径 7~8 cm,其中'皇后'('Queen')棕红花具有黄边;其他还有小花的'杰米'('Jamie')、大花矮生的'小英雄'('Little hero')、矮生的'少年'('Boy')和早花种'远征'('Safari')、'抒情诗人'('Troubadour')。此外,还有细叶万寿菊(T. tenuifolia),一年生草本,株高 30~60 cm,有矮型变种,高 20~30 cm。香叶万寿菊(T. lucida),茎高30~50 cm。

万寿菊的品种根据植株的高低来分类,可分为高茎种:株高为 70~90 cm,花形大;中茎种:株高为50~70 cm;矮生种:株高为 30~40 cm,花形小。依花形来分类,可分为蜂窝型、散展型、卷沟型。

万寿菊常见的盆栽品种有:'印加'('Inca'),株高为 35 cm,花重瓣。'皱瓣'('Crush'),株高为25~30 cm。'安提瓜'('Antigua'),株高为 25~30 cm,花重瓣,播种后 65~70 d 开花。'发现'('Discovery'),株高为 15~20 cm,分枝性强,花重瓣。'大奖章'('Medallion'),株高为 15~22 cm。此外,有特大花型的'江博'('Jumbo')、树篱型的'丰盛'('Galore')、'第一夫人'('Fist lady')等。

【生态习性】

喜阳光充足的环境,对土地要求不严,但以肥沃疏松排水良好的土壤为好。喜温暖湿润和阳光充足的环境,耐寒、耐干旱,在多湿气候下生长不良。生长适宜温度为 15~25 ℃,万寿菊为喜光性植物,充足阳光使万寿菊矮壮,花色艳丽。

【繁殖特点】

用播种繁殖或扦插繁殖。3—4 月播种,发芽适温 15~20 ℃,播后一周出苗,苗具 5~7 片真叶时定植。株距 30~35 cm。扦插宜在 5—6 月进行,很易成活。

【栽培管理特点】

管理较简单,当万寿菊苗茎粗 0.3 cm、株高15~20 cm、出现 3~4 对真叶时即可移栽。以疏松透气富含有机质,向阳背风的地块为宜,结合起垄整地,亩施有机肥 2 t,每亩施二铵 20~30 kg,硫酸钾 10 kg,一次性施足底肥。株距 30~35 cm,种植密度 3 000~3 500 株。按大小苗分行栽植。移栽后要浅锄保墒,当苗高 25~30 cm 时出现少量分枝,从垄沟取土培于植株基部,以促发不定根,防止倒伏。从定植到开花 45~50 d。在株高 20~25 cm 时及时摘心,同时追施尿素 10~20 kg。灌水要适当,保持土壤间干间湿。

【园林适用范围】

万寿菊花大色艳,花期长,管理粗放,是草坪点缀花卉的主要品种之一,主要表现在群体栽植后的整齐性和一致性,也可供人们欣赏其单株艳丽的色彩和丰满的株形。对于矮型品种,分枝性强,花多株密,植株低矮,生长整齐,球形花朵完全重瓣。可根据需要上盆摆放,也可移栽于花坛,拼组图形等。对于花梗较长高型品种,可作鲜切花材料或带状栽植代篱垣,也可作背景材料之用。

8.2.8 鸡冠花

【科属】苋科,青葙属

【学名】*Celosia cristata*

【俗名】鸡髻花、鸡公花、鸡冠头、老来少

【原产地】世界泛热带

【基本形态】

一年生草本,高60~90 cm,全株无毛;茎直立,粗壮。叶卵形、卵状披针形或披针形,长5~13 cm,宽2~6 cm,顶端渐尖,基部渐狭,全缘。花序顶生,扁平鸡冠状,中部以下多花;苞片、小苞片和花被片紫色、黄色或淡红色,干膜质,宿存;雄蕊花丝下部合生成杯状。胞果卵形,长3 mm,盖裂,包裹在宿存花被内(图8-8)。

图8-8 鸡冠花

【常见种类和品种】

根据花序性状不同而分为两类即鸡冠花组和凤尾球组。有四种常见的栽培类型:普通鸡冠,高40~60 cm,很少有分枝,花扁平鸡冠状四环叠皱,花色有紫红、绯红、粉、淡黄、乳白,单或复色。常见高型种80~120 cm以上,矮型种15~30 cm多紫红或殷红色。子母鸡冠,高30~50 cm,多分枝而紧密向上生长,株姿呈广圆锥形。花序呈倒圆锥形叠皱密集,在主花序基部生出若干小花序,侧枝顶部也能着花,多为鲜橘红色,有时略带黄色。叶绿色,略带暗红色晕。圆绒鸡冠,高40~60 cm,具分枝,不开展,肉质花序卵圆形,表面流苏状或绒羽状,紫红

或玫红色,具光泽。凤尾鸡冠,又名芦花鸡冠或扫帚鸡冠,株高60~150 cm或以上,全株多分枝而开展,各枝端着生疏松的火焰状花序,表面似芦花状细穗,花色富变化,有银白、乳黄、橙红、玫红至暗紫,单或复色,园林中常称火炬鸡冠。

【生态习性】

喜高温干燥气候,怕干旱,不耐涝;不耐寒、畏霜冻。栽植要求肥沃疏松、排水良好的沙质壤土。适于作一年生花卉露地栽培,矮生种也可盆栽。

【繁殖特点】

一般采用播种法繁殖,于4—5月间播种,不必覆土。在适宜的温度下约10 d出苗。3~4片真叶时经一次移栽,即可定植。鸡冠花能够通过播种来进行花期的调节,如为了"五一"、"十一"开花,可以分别选择在2月和7月分别进行播种。

【栽培管理特点】

当花苗长出4~6片真叶进行移植,种植时施入草木灰或过磷酸钾作为基肥,追肥周期为15 d施1次,当鸡冠花的花序形成前每隔15 d追施1~2次磷钾肥。当花蕾形成后,保持7~10 d施1次肥。由于鸡冠花是直根系植物,因此进行移栽的时候要带土坨,保证移植后的成活率。对于直立分枝较少的品种要及时去除侧芽,以保证顶部花序的营养充足;对于矮生种多分枝品种,要及时进行摘心,均衡主侧枝花朵的大小、高低,使其达到最佳的观赏效果;对于头状鸡冠花一般在其生长期不进行摘心;对于穗状的鸡冠花来说,在其长到7~8片真叶时进行摘心,以促进多分枝,达到最佳观赏效果。鸡冠花属喜阳花卉,而且是强阳性植物,因此在其整个生长期都需要进行充足的光照。鸡冠花的生长温度控制在20~25 ℃为宜。另外,在开花期适当地降低温度会延长鸡冠花的花期。鸡冠花怕涝,水分管理关键是要做好排水管理,土壤切忌过湿。

【园林适用范围】

鸡冠花因其花序红色、扁平状,形似鸡冠而得名,享有"花中之禽"的美誉。鸡冠花绿化装饰效果强,是园林中著名的露地草本花卉之一,花序顶生、显著,形状色彩多样,鲜艳明快,有较高的观赏价值,是重要的花坛花卉。高型品种用于花境、花坛,

还是很好的切花材料,切花瓶插能保持 10 d 以上。也可制干花,经久不凋。矮型品种盆栽或做边缘种植。

8.2.9　千日红

【科属】苋科,千日红属

【学名】*Gomphrena globosa*

【俗名】火球花、百日红、圆仔花

【原产地】美洲热带

【基本形态】

一年生草本,高 20～60 cm;茎具分枝,有灰色长毛。叶纸质,长椭圆形或矩圆状倒卵形,两面皆有白色长柔毛,边有睫毛;叶柄长 1～1.5 cm。头状花序顶生,基部有 2 片叶状总苞;每花有一干膜质、卵形苞片;小苞片 2,三角状披针形,背棱有显明细锯齿,紫红色;花被片披针形,外面密生白色绵毛;花丝合生成管状。顶端 5 裂。胞果近球形。花色艳丽有光泽,花干后而不凋,经久不变,所以得名千日红。花期 7—10 月(图 8-9)。

图 8-9　千日红

【常见种类和品种】

按花色分有千日红、千日粉、千日白。按高矮分有高秆和矮秆。常见的千日红品种有好兄弟(Buddy)系列、侏儒(Gnome)系列、颜色有紫色、玫红色、白色、玫瑰紫红色、混色等。

【生态习性】

千日红对环境要求不严,性喜阳光,早生,耐干热、耐旱、不耐寒、怕积水,喜疏松肥沃土壤,生长适温为 20～25 ℃,在 35～40 ℃生长也良好,冬季温度低于 10 ℃以下植株生长不良或受冻害。性强健,耐修剪,花后修剪可再萌发新枝,继续开花。

【繁殖特点】

以播种和扦插为主。9—10 月采种,4—5 月播种。因种子满布毛茸,因此出苗迟缓,为促使其快出苗,播种前要进行催芽处理。播后略覆土,温度控制在 20～25 ℃,10～15 d 可以出苗。扦插法,在 6—7 月剪取健壮枝梢,长 3～6 cm,即 3～4 个节为适,将插入土层的节间叶片剪去,以减少叶面水分蒸发。插入沙床,温度控制在 20～25 ℃,插后 18～20 d 可移栽上盆。

【栽培管理特点】

除在定植时用腐熟鸡粪作为基肥外,生长旺盛阶段还应每隔半个月追施 1 次富含磷钾的稀薄液体肥料。千日红喜微潮、偏干的土壤环境,较耐旱。因此当小苗重新长出新叶后,要适当控制浇水;当植株花芽分化后适当增加浇水量,以利花朵正常生长。千日红喜阳光充足的环境,应保证植株每天不少于 4 h 的直射阳光。当苗高 15 cm 时摘心 1 次,以促发分枝。当植株成型后,对枝条摘心可有效地控制花期。花朵开放后,保持盆土微潮,停止追施肥料,保持正常光照。花后应及时修剪,重新抽枝开花。

【园林适用范围】

千日红具有很好的观赏价值,是城市美化、公园还有家庭观赏植物。每到千日红花期,一片紫红色大花簇有绿叶的陪衬,在紫红色花朵上还点缀着白色的茸毛,是夏季非常受欢迎的花卉。植株低矮,花繁色浓,是优良的花坛材料,也适宜于花境、岩石园、花径等应用。球状花主要由膜质苞片组成,干后不凋,是良好的自然干花。采集开放程度不同的千日红,插于瓶中观赏,宛若繁星点点,灿烂多姿,切花水养持久。除用作花坛及盆景外,还可作花圈、花篮等装饰品。

8.2.10　醉蝶花

【科属】白花菜科,醉蝶花属

【学名】*Cleome spinosa*

【俗名】紫龙须、西洋白菜花、凤蝶草、蜘蛛花

【原产地】热带美洲

【基本形态】

一年生草本,高 90～120 cm,有强烈臭味和黏质腺毛。指状复叶;小叶 5～7,矩圆状披针形,长 4～10 cm,宽 1～2 cm,最外侧小叶长 2 cm,宽 5 mm,先端急尖,基部楔形,全缘,两面有腺毛;叶柄有腺毛;托叶变成小钩刺。总状花序顶生,稍有腺毛;苞片单生,几无柄;萼片条状披针形,向外反折;花瓣玫瑰紫色或白色,倒卵形,有长爪;雄蕊 6,较花瓣长 2～3 倍;雌雄蕊柄长 1～2 mm;子房柄长约 4 cm。蒴果圆柱形,长 5～6 cm,具纵纹;种子近平滑(图 8-10)。

图 8-10　醉碟花

【常见种类和品种】

醉蝶花同属植物约有 150 种,主要产在非洲、美洲,我国只有 6 种,常见栽培种有:黄醉蝶花(*C. iutea*),花橘黄色,产于北美;三叶醉蝶花(*C. graveolens*)。栽培品种有'樱桃女王'、'紫女王'、'海伦营铃'、'彩色喷泉'等。

【生态习性】

适应性强。性喜高温,较耐暑热,忌寒冷。喜阳光充足地,半遮阳地亦能生长良好。对土壤要求不苛刻,水肥充足的肥沃地,植株高大;一般肥力中等的土壤,也能生长良好;沙壤土或带黏重的土壤或碱性土生长不良。喜湿润土壤,亦较能耐干旱,忌积水。

【繁殖特点】

播种繁殖为主。春、夏、秋季均能播种。若春季可于 3—4 月,温度为 15～20 ℃时撒播,播种密度宜小,播后覆土厚 0.2 cm,10～15 d 可整齐发芽。

【栽培管理特点】

直根性植物,不耐移植。基肥以厩肥、腐殖质及有机肥料为主。幼苗生长慢,生长期应加强肥水管理。定植初期施薄肥 1 次,以后每半月施肥 1 次。开花时再追肥 1～2 次即可。盆栽除上盆时加适量基肥外,于摘心后施 1 次氮磷钾复合肥,促发分枝和孕蕾,以后施 1 次氮、磷、钾复合肥,以供后期孕蕾和开花。平时浇水以保持半墒状态为好,夏季每天至少浇水 1 次,若遇高温干旱,可移至阴凉处,待盆土稍凉后再补浇水分;秋冬季可减少浇水量,待盆土表面干燥时再浇水。开花以后,应及时将残花摘除,使其不结子以延长花期;如果是用作盆栽,苗期应摘去顶芽,控制施用氮肥;如果是用作切花,栽植可以稍微密集一些,并摘去侧芽,促使顶芽花序发育。

【园林适用范围】

醉蝶花花形比较奇特,似蜘蛛,又如龙须,优美别致,适合作大型花坛材料或花坛背景应用,呈现活灵活现、生动的景观。可作花境、路旁、林缘应用,可丛植树林空隙或独成一景,下置石桌石凳,纳凉赏月,线条清晰,景观效果丰富。种植于林缘、道路两旁,绿伞遮阳,清幽迷人。与草坪、低矮观叶和观花植株巧妙搭配,创造景点。又可作湖畔及隙地的点缀,也是灌木园、专类园中的填补材料。花枝直立可达 50～100 cm,适于成片栽植于庭院墙边、窗前、屋后等作背景或基础种植,如能配以喷泉、假山,可构成一幅和谐庭院之美。在山区景点,因地造型,呈现自然景观。也可作家庭盆栽陈设于窗前、案头美化装饰。也可放置阳台装饰。

8.2.11　波斯菊

【科属】菊科,秋英属

【学名】*Cosmos bipinnatus*

【俗名】秋英、扫帚梅、大波斯菊

【原产地】墨西哥

【基本形态】

一年生或多年生草本,高 1～2 m。根纺锤状,多须根,或近茎基部有不定根。茎无毛或稍被柔毛。叶二次羽状深裂,裂片线形或丝状线形。头状花序单生。总苞片外层披针形或线状披针形,近革质,淡绿色,具深紫色条纹,上端长狭尖,较内层与内层等长,内层椭圆状卵形,膜质。托片平展,上端呈丝状,与瘦果近等长。舌状花紫红色,粉红色或白色;舌片椭圆状倒卵形;管状花黄色,管部短,上部圆柱形,有披针状裂片;花柱具短突尖的附器。瘦果黑紫色。花期 6—8 月,果期 9—10 月(图 8-11)。

图 8-11 波斯菊

【常见种类和品种】

有白花波斯菊、大花波斯菊、紫红花波斯菊,园艺品种分早花型和晚花型两大系统,还有单、重瓣之分。在我国栽培的还有黄秋英(*C. sulphureus*),亦称硫黄菊,又名硫华菊,舌状花,纯黄、橙黄或金黄色。

【生态习性】

喜温暖凉爽的气候,在阳光充足的环境中生长最佳。它不择土壤,抗逆性强,能耐瘠薄和干旱,但不耐暑热和寒冷,对肥力不甚要求。

【繁殖特点】

通常用种子繁殖,在早春可盆播或露地直播。在生长期,也可进行扦插繁殖。扦插时,选择健壮嫩枝,剪取 10～15 cm 做插穗,插于沙壤土内,浇透水,并保持土壤湿润,适当遮阳,5～6 d 后即可生根存活。

【栽培管理特点】

由于波斯菊株高且稠密,以地栽为好,不宜盆栽。波斯菊喜温暖凉爽的气候;不耐寒、怕酷暑,属短日照植物。波斯菊耐干旱贫瘠的土壤,忌积水,在生长期间肥水不宜过多,一般在定植时施上基肥(腐熟的有机肥),以后就不需要再施追肥,否则会引起枝叶徒长而影响开花。波斯菊植株高大,茎梗柔弱细长,容易倒伏或被风折损,所以在栽培过程中要设置支架,或采取措施控制植株高度。

【园林适用范围】

波斯菊株形高大,叶形雅致,花色丰富,有粉、白、深红等色,适于布置花境,在草地边缘,树丛周围及路旁成片栽植美化绿化,颇有野趣。重瓣品种可作切花材料。适合作花境背景材料,也可植于篱边、山石、崖坡、树坛或宅旁。

8.2.12 香彩雀

【科属】玄参科,香彩雀属

【学名】*Angelonia salicariifolia*

【俗名】天使花、天使草、夏季金鱼草

【原产地】美洲

【基本形态】

一年生直立草本,全体被腺毛,高达 80 cm。茎通常有不甚发育的分枝。叶对生或上部的互生,无柄,披针形或条状披针形,长达 7 cm,具尖而向叶顶端弯曲的疏齿。花单生叶腋;花梗细长;花萼长 3 mm,5 裂达基部,裂片披针形,渐尖;花冠蓝紫色,长约 1 cm,花冠筒短,喉部有一对囊,檐部辐状,上唇宽大,2 深裂,下唇 3 裂;雄蕊 4 枚,花丝短。蒴果球形(图 8-12)。

【常见种类和品种】

香彩雀是夏季花卉新品种,具有花色丰富,有白、红、粉红、粉紫、蓝紫等花色。

【生态习性】

喜温暖,耐高温,对空气湿度适应性强,喜光,不耐寒;宜疏松、肥沃且排水良好的土壤。

图 8-12　香彩雀

【繁殖特点】

播种或扦插。播种适合用于大量繁殖，春播或秋播均可，播种基质可选用泥炭或蛭石，将丸粒化的种子撒播于苗床中，种子不需要覆土，保持基质湿润，发芽适宜温度 22～25 ℃，播种后 5～7 d 即可发芽。扦插繁殖，在旺盛生长期选取植株中上部生长健壮的较嫩茎段，在节间处剪断，插条长 10～12 cm，蘸生根粉，插入湿润的沙土或蛭石基质中，7～10 d 即可生根，30 d 后可移栽定植。

【栽培管理特点】

香彩雀适宜种植于全光照或略有遮阳、排水良好的沙质壤土中，在碱性土壤中生长尤其良好。当植株长至 5～8 cm 时可移栽至口径为 8～10 cm 的种植钵中或露天栽培。香彩雀喜肥，盆栽上盆后10～15 d 即可施浇薄肥，以后 15 d 左右施加 1 次。露天栽植前在土壤内施入腐熟的有机肥作为基肥，生长季结合灌水追肥 2～3 次，每次每亩施尿素 5 kg左右，花期追施磷、钾肥 1～2 次。当植株生长至10～15 cm 时对植株进行 1～2 次摘心，促发侧枝，保持 8～10 个开花枝条，形成圆整丰满的株形。香彩雀花期较为一致，在末花期，需要减除枯萎的花枝能够有效延长观赏期。

【园林适用范围】

香彩雀花朵虽小，但花型小巧，花色淡雅，花量大，开花不断，观赏期长，且对炎热高温的气候有极强的适应性，是优秀的草花品种之一，既可地栽，盆栽，又可容器组合栽植。香彩雀可做花坛、花台，因

其耐湿，也有人把它当作水生植物栽培。

8.2.13　大花秋葵

【科属】锦葵科，木槿属

【学名】*Hibiscus grandiflorus*

【俗名】草芙蓉、芙蓉葵

【原产地】美国东部

【基本形态】

大花秋葵为宿根草本，直系根发达，为浅棕黄色，较脆易断。枝干为半木质化草本。总状分枝，株高为 50～100 cm，枝条表皮光滑，深色花枝，枝条新梢部呈紫红色，浅色品种为绿色，略披白粉。分枝力较强。单叶互生，叶柄较长。花极大，各品种的花冠直径在 25～30 cm。花色鲜艳，有深紫红、桃红、粉红、浅粉、白色等，花丝细长，基部联合成雄蕊柱，并与花瓣基部合生。花期 7—10 月。蒴果，每果种子 40～60 粒，种子圆形，棕褐色（图 8-13）。

图 8-13　大花秋葵

【常见种类和品种】

我国引种栽培大花秋葵，其栽培种由与同属植物杂交而来，有白、粉、红、紫等色，单花朝开夕落。

【生态习性】

喜阳、略耐阴，宜温暖湿润气候，忌干旱，耐水湿，在水边的肥沃沙质壤土中生长繁茂。

【繁殖特点】

播种和分株繁殖。分株时间选择在春季地下部分萌芽前。播种时间为 4 月中下旬。播种地选背风和向阳地势平坦处，土壤以沙壤土为佳。播种后

覆土 1 cm,20～25 ℃,3～5 d 出苗。10 d 后可移栽定植。

【栽培管理特点】

大花秋葵栽种易活、管理简单,其生长健壮,适应性强。整个生长季除特别干旱外基本不需灌水,依靠自然降水就能正常生长。成片栽种时株距 60 cm×80 cm 为宜。生长期每个月施 1 次腐熟圈肥,适当补充磷、钾肥。每次开花过后,应及时修剪,把上次开花后的空枝及形成的种子剪除,这样可以增加下一个开花高峰的花量,尤其第 2 高峰过后,更应及时修剪保证下一次花的品质。如任其自然生长,后期花量也相应减少。

【园林适用范围】

大花秋葵植株高大,生长健壮,花大色艳,花期较长,与其他花卉混种时,宜作为花境的背景材料;植于岸边、池边、路旁,则有花灌木和花篱的效果,是良好的夏、秋季观赏花卉。园林绿化中可用大型容器组合栽植,或地栽布置花坛、花境,也可绿地中丛植、群植。

8.2.14　烟草花

【科属】茄科,烟草属

【学名】*Nicotiana alata*

【俗名】美花烟草、烟仔草、花烟草

【原产地】阿根廷和巴西

【基本形态】

多年生草本,高 0.6～1.5 m,全体被粘毛。叶在茎下部铲形或矩圆形,基部稍抱茎或具翅状柄,向上成卵形或卵状矩圆形,近无柄或基部具耳,接近花序即成披针形。花序为假总状式,疏散生几朵花;花萼杯状或钟状,裂片钻状针形,不等长;花冠淡绿色,裂片卵形,短尖,2 枚较其余 3 枚为长;雄蕊不等长,其中 1 枚较短。蒴果卵球状。种子灰褐色(图 8-14)。

【常见种类和品种】

花烟草以植株形态分为 3 种类型。高生型一般分枝较少,高度 45～55 cm,冠幅后期可达 35～40 cm。这类品种在应用时通常用于平面绿化中的背景材料,此类有"Perfume"等系列。中高生型一

图 8-14　烟草花

般分枝也较少,高度较普通型高,可达 25～30 cm,冠幅后期也可达 30～35 cm。这类品种常用于平面造景,此类有"Hummingbird"等系列。普通型一般分枝较多,高度较矮,仅 10～15 cm,这类品种常用于平面造景,紧凑型亦可用作为半立体材料,有"Domino"、"Havana"、"Saratoga"等系列。

【生态习性】

喜温暖、向阳环境,不耐寒,较耐热。喜肥沃、深厚、排水良好的土壤。花期 4—10 月。

【繁殖特点】

用播种或分株繁殖。春、秋季为播种期,以早春播种为佳。育苗基质应选保湿效果好、透气性好的进口草炭为宜,pH 为 5.5～5.8,播种前要求基质湿度饱和。播种可直接播于露地苗床,也可用穴盘播种。目前大部分花卉生产者采用穴盘育苗,成活率高、苗壮。此外,花烟草也可采用分株繁殖,将 1 年生的母株挖起,把地下茎分切成若干株,每株都带新根和新芽,然后盆栽,栽植不宜过深,根芽需露出土面,不带根的新芽难以成活。分株时间春季以 3—4 月,秋季以 9 月为宜。

【栽培管理特点】

花烟草在小苗期长势缓慢,宜于在 1—2 月播种,早春定植于花盆或园地中。开春后多施几次有机肥,不但长势好,也促进开花。及时中耕培土,改善土壤通风透光条件,促进植株根系早发快长,提高其抗逆能力;根据土壤肥力水平,每亩用硝酸钾 3～5 kg 溶解在水中追施,并叶面喷施 0.1％硫酸锌

和 0.01%尿素混合液。

【园林适用范围】

花烟草花色丰富,有浅绿色、深红色、紫色、白色等。植株紧凑、连续开花、花量大,在公园、绿地、路边、居住区、庭院及林带边缘绿化工程中应用较多,或单一颜色片植,或多花色组合片植,或与其他花灌木、观赏草、宿根花卉、绿植构建花坛、花境,其群体与个体表现都较好。矮花品种还能在公园、景区、居住区的开阔绿地内与绿篱、色块进行衔接,实现植物景观自然过渡。高品种是营造花境背景好的观花植物。矮的品种可作为盆栽花卉用于美化居室,也可用于装饰庭院局部小空间,或进行平面造景,也可用于立体绿化材料。

8.2.15　小天蓝绣球(福禄考)

【科属】花葱科,天蓝绣球属

【学名】*Phlox drummondii*

【俗名】金山海棠

【原产地】墨西哥

【基本形态】

一年生草本,茎直立,高 15～45 cm,单一或分枝,被腺毛。下部叶对生,上部叶互生,宽卵形、长圆形和披针形,长 2～7.5 cm,顶端锐尖,基部渐狭或半抱茎,全缘,叶面有柔毛;无叶柄。圆锥状聚伞花序顶生,有短柔毛,花梗很短;花萼筒状,萼裂片披针状钻形,长 2～3 mm,外面有柔毛,结果时开展或外弯;花冠高脚碟状,直径 1～2 cm,淡红、深红、紫、白、淡黄等色,裂片圆形,比花冠管稍短;雄蕊和花柱比花冠短很多。蒴果椭圆形,长约 5 mm,下有宿存花萼。种子长圆形,长约 2 mm,褐色(图 8-15)。

【常见种类和品种】

按花色分类有单色,包括白、鹅黄,各种深浅不同的红紫色、淡紫和深紫。复色,包括内外双色,冠筒和冠边双色,喉部有斑点,冠边有条纹,冠边中间有白五角星状斑等。三色,如玫红而基部白色中有黄心,或紫红有白心蓝点等。

按瓣型分类有圆瓣种(var. *rotundata*):花冠裂

图 8-15　小天蓝绣球(福禄考)

片大而阔,使外形呈圆形。星瓣种(var. *stellaris*,var. *cuspidata*):花冠裂片边缘复有三齿裂,中齿长度 5 倍于两侧齿。须瓣种(var. *fimbriata*):花冠裂片边缘复呈细齿裂。放射种(var. *radiata*):花冠裂片呈披针状矩圆形,先端尖。

其他分类有矮生种(var. *nana*)、大花种(var. *gigantea*)。品种'帕洛娜'('Palona')矮生品种,适合小盆栽培。

【生态习性】

性喜温暖,稍耐寒,忌酷暑。宜排水良好、疏松的壤土,不耐旱,忌涝。

【繁殖特点】

多采用播种法,播种繁殖发芽适温为 15～20 ℃。种子生活力可保持 1～2 年。秋季播种。蒴果成熟期不一,为防种子散落,可在大部分蒴果发黄时将花序剪下,晾干脱粒。多年生植株可用分株法,分株繁殖操作简便,成活迅速,但不适合大量繁殖。也可用压条法,时间可在春、夏、秋季进行。采用堆土压条和普通压条。

【栽培管理特点】

福禄考小苗不耐移植,尽量保持小苗的根系完好,常在出苗后 4 周内移植上盆,用排水良好、疏松透气的盆栽介质。移植上盆的初期最好能保持 18 ℃,一旦根系伸长,可以降至 15 ℃左右生长,这样 9～10 周可以开花。福禄考可以耐 0 ℃左右的低温,但其生育期相对较长。地栽在定植前施足底肥,肥料使用 N、P、K 复合肥为好,高畦栽植,株行距 30 cm×30 cm。定植后,浇水量视土壤情况而定。定植后一个月开始追肥,少量施复合肥,农家肥更佳。当环境条件不理想,喷洒 1～2 次矮壮素可以防止徒长。浇水、施肥应避免沾污叶面,以防枝叶腐烂。整个生长发育期为 10～14 周。

【园林适用范围】

福禄考植株矮小,花色丰富,可作花坛、花境及岩石园的植株材料,亦可作盆栽供室内装饰。植株较高的品种可作切花。

8.2.16 雁来红

【科属】苋科,苋属

【学名】*Amaranthus tricolor*

【俗名】老来少、三色苋、叶鸡冠、老来娇、老少年

【原产地】印度

【基本形态】

一年生草本,高 80～150 cm;茎通常分枝。叶卵状椭圆形至披针形,除绿色外,常呈红色、紫色、黄色或绿紫杂色,无毛;叶柄长 2～6 cm。花单性或杂性,密集成簇,花簇球形,腋生或密生成顶生下垂的穗状花序;苞片和小苞片干膜质,卵状披针形;花被片 3,矩圆形,具芒尖;雄花的雄蕊 3;雌花的花柱 2～3。胞果矩圆形,盖裂(图 8-16)。

图 8-16 雁来红

【常见种类和品种】

按其叶片颜色的不同,可以分为 3 个类型。绿苋:叶片绿色,耐热性强,质地较硬。品种有上海的白米苋、绿苋,广州的柳叶苋及南京的木耳苋等。

红苋:叶片紫红色,耐热性中等,质地较软。红苋品种有重庆的大红袍、广州的红苋及昆明的红苋菜等。彩苋:叶片边缘绿色,叶脉附近紫红色,耐热性较差,质地软。

【生态习性】

喜湿润向阳及通风良好的环境,忌水涝和湿热。对土壤要求不严,适生于排水良好的肥沃土壤中,耐碱性,耐干旱,不耐寒。

【繁殖特点】

播种繁殖,扦插繁殖也可以。播种繁殖春季进行。通常采用露地苗床直播。播种时要遮光。播后保持土壤湿润状态,温度保持在 15～20 ℃,约 7 d 就可以出苗。扦插繁殖的繁殖量较小,因此很少采用。扦插在其生长季节进行,剪取中上部枝条作为插穗,剪成 10～15 cm 长,削口要平,下切口距叶基约 2 mm,插入细沙、蛭石、珍珠岩中均可。

【栽培管理特点】

土质以肥沃的壤土或沙质土壤为佳。施肥每20～30 d 用复合肥或用豆粕、豆饼水 1 次。氮肥需足够,每月施 1 次,始能使叶色鲜艳。可耐旱,避免过湿。容易种植,但需要大量阳光,并需要一定温度保障(幼苗尤其要注意温度)。盆栽用 15～18 cm 径盆,花坛株距 40 cm。由于其种子成熟后自然落地,因此必须及时进行采种。

【园林适用范围】

雁来红是优良的观叶植物,可作花坛背景、篱垣或在路边丛植,也可大片种植于草坪之中,与各色花草组成绚丽的图案,亦可盆栽、切花之用。

8.2.17 三色堇

【科属】堇菜科,堇菜属

【学名】*Viola tricolor*

【俗名】蝴蝶花、猫脸花、鬼脸花

【原产地】欧洲

【基本形态】

多年生草本,作一、二年生栽培。株高 10～30 cm,茎直立或稍倾斜,有棱,多分枝。基生叶卵圆形,具长柄;茎生叶长卵圆形或长圆状披针形,叶

缘有整齐钝锯齿;托叶叶状,羽状深裂。花单生叶腋,下垂,花瓣5,花冠蝴蝶状;花径3.5~6 cm,近代培育的品种花色丰富,有单色和复色。花期3—8月(图8-17)。

图 8-17 三色堇

【常见种类与品种】

园林中常见栽培的同属植物有香堇(V. odorata),株高10~15 cm,被柔毛。叶基生,圆形、肾形或宽卵状心形,叶缘有钝锯齿。花芳香,花色变化较大,有深紫、浅紫、粉红、白,园艺品种多。花期2—4月。角堇(V. cornuta),株高10~30 cm,茎丛生,短而直立。花较小,紫色或淡紫色,微香,品种花色丰富。大花三色堇(Viola × wittrockiana) 为1839年开始逐渐育成的园艺杂交种,亲本有三色堇(V. tricolor)、欧洲堇菜(V. lutea)、阿拉泰堇菜(V. altaica)。园艺品种极多,花色、花型丰富,有单色、复色、大花品种,还有带各式斑点、条纹的品种。花期4—5月。

此外,栽培的F_1代还有三色堇和角堇及大花三色堇和角堇的杂交后代。

【生态习性】

喜凉爽湿润气候,较耐寒而不耐酷暑。南方温暖地区可露地越冬。喜光照充足,略耐半阴。要求疏松肥沃的土壤。

【繁殖特点】

播种繁殖。秋季播种,发芽适温15~20 ℃,10~15 d发芽。播种到开花需14~15周。高温季节,在湿润条件下5~8 ℃低温处理1周有利于种子萌发。

【栽培管理特点】

性强健,栽培管理简单。秋冬季需光照充足,生长温度5~25 ℃,在昼温15~25 ℃、夜温3~5 ℃条件下生长发育良好。生长期保持土壤湿润,宜见干见湿。园林栽植时,应施足基肥,定植株距15~20 cm。种子应及时采收。

【园林适用范围】

三色堇是早春优良的园林花卉,适用于花坛、花境、花池等,也可作地被,还可盆栽观赏。

8.2.18 金盏菊

【科属】菊科,金盏菊属
【学名】*Calendula officinalis*
【俗名】金盏花、长生菊、黄金盏
【原产地】地中海地区和中欧、加纳利群岛至伊朗一带
【基本形态】

多年生草本,作一、二年生草本。株高30~60 cm,全株被软腺毛。叶互生,基生叶长圆状倒卵形或匙形,全缘或具疏细齿,具柄,茎生叶长圆状披针形或长圆状倒卵形,无柄,基部多少抱茎。头状花序单生茎枝端,花径4~5 cm,舌状花平展,黄色或橙黄色,管状花淡黄色或淡褐色。花期2—6月,果期5—7月(图8-18)。

图 8-18 金盏菊

【常见种类与品种】

有重瓣品种,分平瓣型和卷瓣型;有适合作切

花的长花茎品种,有自播种至开花只需10周的极矮品种;有绿色、黑色、棕色'花心'品种;有花径达15 cm的大花品种,以及托桂型品种。

【生态习性】

适应性强,喜凉爽,较耐寒,能耐—9 ℃低温,不耐热。我国长江以南可露地越冬。喜阳光充足,为长日照植物。不择土壤,以疏松肥沃、排水良好的微酸性沙质土壤最好,能自播繁殖。

【繁殖特点】

播种繁殖。秋季或早春温室播种,发芽适温20～22 ℃,7～10 d发芽。常用穴盘育苗或苗床育苗。

【栽培管理特点】

苗具5～6片真叶时定植。定植后7～10 d摘心促进分枝,或喷施1～2次0.4‰ B₉控制植株高度。生长期每半月施肥1次。园林应用时,栽植株距20～30 cm。生长适温15～24 ℃,16～18周开花。留种时应对不同品种进行隔离,选择花大色艳、品种纯正的植株,种子应及时采收。

【园林适用范围】

金盏菊栽培得当可周年开花,是优良的花坛、花境、草坪镶边材料,也可作切花和盆花观赏。

8.2.19 羽衣甘蓝

【科属】十字花科,芸薹属

【学名】*Brassica oleracea* var. *acephala* 'Tricolor'

【俗名】叶牡丹、牡丹菜、花包菜

【原产地】西欧

【基本形态】

二年生草本,植株30～60 cm,被粉霜。叶基生,莲座状,质厚,叶色丰富,有白、乳黄、黄绿、粉红、紫红等色,叶形多变。总状花序顶生,有小花20～40朵,花期4—5月。种子成熟期6月(图8-19)。

【常见种类与品种】

羽衣甘蓝品种丰富,按高度有高型和矮型;按叶形有皱叶型、圆叶型和裂叶型;按叶色,边缘叶有翠绿色、深绿色、灰绿色、黄绿色,中心叶则有纯白、淡黄、肉色、玫瑰红、紫红等。

图8-19 羽衣甘蓝

【生态习性】

喜冷凉气候,极耐寒,可忍受多次短暂的霜冻,耐热性也很强。喜阳光充足,喜疏松肥沃的沙质壤土,耐盐碱。

【繁殖特点】

播种繁殖。秋季播种,常采用疏松、透气、保水的人工基质,保护地播种。发芽适温18～25 ℃,7 d可发芽。

【栽培管理特点】

苗具4～5片真叶时移植,具6～8片叶时可用于园林栽植。园林应用宜选择向阳且排水良好的地段,定植株距30 cm,定植前深翻土壤,施足基肥。生长期对水分需求量大,但不耐涝。若不留种,可将花薹及时剪去,以延长观叶期。

【园林适用范围】

羽衣甘蓝叶色丰富、叶型多变,耐寒性强,观赏期长,适用于花坛、花境,也可作切花及盆栽观赏。

8.2.20 雏菊

【科属】菊科,雏菊属

【学名】*Bellis perennis*

【俗名】春菊、延命菊

【原产地】欧洲和地中海区域

【基本形态】

多年生草本,作一、二年生栽培。株高10～

20 cm,叶基生,匙形,顶端圆钝,基部渐狭成柄,上半部边缘有疏钝齿或波状齿。花葶自叶丛中抽出,头状花序单生,花径 3～5 cm。舌状花白色带粉红色,开展,全缘或有 2～3 齿,管状花多数,黄色。花期暖地 2—3 月,寒地 4—5 月(图 8-20)。

图 8-20　雏菊

【常见种类与品种】

经过多年的栽培与杂交选育,在花型、花期、花色和株高方面已有很大改进,已筛选出许多园艺品种,形成不同系列品种群。有单瓣、重瓣或半重瓣;有大花型和小花型;有舌状花呈管状,上卷或反卷;花色有纯白、鲜红、深红、洒金、紫等。

【生态习性】

喜冷凉气候,忌炎热。喜阳光充足,又耐半阴。较耐寒,地表温度不低于 3～4 ℃条件下可露地越冬。对土壤要求不严格,在湿润肥沃、排水良好的沙质壤土上生长良好,不耐水湿。

【繁殖特点】

播种繁殖,发芽适温 15～20 ℃,5～10 d 出苗。南方多在 8—9 月播种,北方多在春季播种,也可秋播,但冬季需移入温室越冬。夏凉冬暖地区,可通过调节播种期达到周年供花。对实生苗变异大的优良品种,可进行扦插或分株繁殖。

【栽培管理特点】

雏菊较耐移植,2～3 片真叶时可移栽一次,5 片真叶时定植,株距 15～20 cm。生长期要肥水、光照充足。夏季炎热天气会生长不良,甚至枯死。种子应及时采收。

【园林适用范围】

雏菊植株密集矮小,花色丰富,娇小玲珑,为春季花坛常用材料,也可用于花境、草地边缘、岩石园,以及盆栽观赏。

8.2.21　紫罗兰

【科属】十字花科,紫罗兰属

【学名】*Matthiola incana*

【俗名】草桂花、草紫罗兰

【原产地】欧洲地中海沿岸

【基本形态】

多年生草本,作一、二年生栽培。株高 30～60 cm,茎直立,基部稍木质化。全株被灰色星状柔毛。叶互生,长圆形至倒披针形,全缘或微波状。总状花序顶生,花梗粗壮,花瓣 4 枚,紫红、淡红或白色,具芳香。花果期 4—7 月(图 8-21)。

图 8-21　紫罗兰

【常见种类与品种】

园艺品种丰富。依株高分高、中、矮;依花型分单瓣、重瓣;依花期分春、秋、冬;依栽培习性分一年生、二年生;依分枝特性分不分枝系、分枝系;花色有粉红、深红、浅紫、深紫、纯白、淡黄、鲜黄、蓝紫等。

【生态习性】

喜冷凉,忌燥热。喜通风良好的环境,冬季喜温和气候,但也能耐短暂的 −5 ℃的低温。对土壤要求不严,但在排水良好、中性偏碱的土壤中生长较好,忌酸性土壤。喜光照,不耐阴。

【繁殖特点】

以播种繁殖为主,也可扦插。秋播,发芽适温15~22 ℃,7~10 d发芽。也可1—2月在温室内播种。重瓣品种不能结实,利用扦插繁殖。

【栽培管理特点】

紫罗兰为直根性,不耐移植,移植时要多带宿土,少伤根系。在6~7片真叶时定植,定植株距15~30 cm。栽植前施足基肥,定植后浇透水。作花坛布置,应控制水分,使植株低矮紧密;作切花栽培应水分充足,并及时张网防倒伏。

【园林适用范围】

紫罗兰花朵繁茂,色艳香浓,花期长,是春季花坛的重要花卉,也可作花境、花带。其名称神秘而优雅,也是重要的切花和盆花材料。

8.2.22 四季报春

【科属】报春花科,报春花属

【学名】*Primula obconica*

【俗名】四季樱草、鄂报春、球头樱草、仙鹤莲

【原产地】中国西南部

【基本形态】

多年生草本,常作一、二年生栽培。株高20~30 cm,全株被柔毛。叶基生,有长叶柄,椭圆或长圆形,叶缘具浅波状缺刻。伞行花序顶生,花冠5深裂,漏斗状,有红、粉红、黄、橙、蓝、紫、白等色。花萼管钟状。花期2—4月(图8-22)。

图8-22 四季报春

【常见种类与品种】

报春花属植物约500种,多分布于北半球温带和亚热带高山地区,少数产于南半球。中国约390种,主要分布于云南、四川、贵州、西藏南部。

园林中其他常见栽培种有报春花(*P. malacoides*),株高20~40 cm。叶具长柄,叶缘有不整齐缺刻。轮伞花序2~7轮,花冠高脚蝶状,原种雪青色,有香味,栽培品种有白、浅红、深红等色,还有重瓣品种。花期2—5月。耐寒性强,越冬温度5~6 ℃。藏报春(*P. sinensis*),株高15~30 cm,全株被柔毛。叶具柄,卵圆形、椭圆状卵形或近圆形,5~9深裂。伞形花序两层,花萼基部膨大成半球形,花冠高脚蝶状,有大红、粉红、淡青、白等色。花期冬春。耐寒性不如四季报春和报春花。欧报春(*P. acaulis*),株高约20 cm。叶长椭圆形,叶脉深凹,叶缘具不规则锯齿。伞形花序,花葶甚短,品种繁多,花色丰富,有大红、粉红、紫、蓝、黄、橙、白等色,花心一般黄色,有重瓣品种。花期3—6月。小报春(*P. forbesii*),叶片长圆形、椭圆形或卵状椭圆形,通常圆齿状浅裂,裂片具牙齿,上面疏被柔毛,下面沿中脉被毛。花葶高6~13 cm,伞形花序2~4轮,每轮4~8花,花浅红色。花期2—3月。

【生态习性】

四季报春性喜凉爽、湿润气候,喜排水良好、富含腐殖质的微酸性土壤,不耐寒,不耐高温,忌强光直射,需通风良好的环境。日照中性,温度适宜可四季开花。

【繁殖特点】

以播种繁殖为主,也可分株繁殖。四季报春种子寿命短,宜随采随播。从播种到开花约需6个月,可根据需花期确定播种时间。发芽适温15~21 ℃,10~28 d发芽。分株宜秋季进行。

【栽培管理特点】

播种苗具3片真叶时进行移栽,具6片真叶时定植。种植或盆栽基质需选用排水良好的栽培基质,生长期水分宜充足。生长适温昼温16~21 ℃,夜温10~13 ℃,后期稍低的温度有利于形成紧凑的株形,增加花量。

【园林适用范围】

四季报春植株低矮紧凑，花色丰富，花期长，是园林中春季重要的花坛花卉，也可用于花境、花带、地被等，亦可盆栽观赏。

8.2.23 虞美人

【科属】罂粟科，罂粟属

【学名】*Papaver rhoeas*

【俗名】丽春花、赛牡丹

【原产地】欧洲中部及亚洲东北部

【基本形态】

一、二年生草本，全株被刚毛，稀无毛，株高25～90 cm。茎直立，具分枝。叶互生，羽状深裂或全裂，裂片披针形，缘具不规则锯齿。下部叶具柄，上部叶无柄。花单生茎顶，花蕾长椭圆形，下垂，花开后直立；萼片2，宽椭圆形，绿色；花瓣4，紫红色，基部通常具深紫色斑点，有白、粉红、红及复色品种。花果期3—8月（图8-23）。

图 8-23　虞美人

【常见种类与品种】

同属常见栽培种有冰岛罂粟（*P. nudicaule*），株高20～60 cm。茎极缩短，叶基生，叶片卵形至披针形，羽状浅裂、深裂或全裂。花单生，花蕾宽卵形至近球形，密被褐色刚毛；萼片2，舟状椭圆形；花瓣4，边缘具浅波状圆齿，基部具短爪，淡黄色、黄色或橙黄色，稀红色；雄蕊多数，花丝钻形，黄色或黄绿色，花药长圆形，黄白色、黄色或稀带红色，花果期5—9

月。鬼罂粟（*P. orientale*），株高60～90 cm，茎直立，不分枝。叶羽状深裂，小裂片披针形或长圆形，具疏齿或缺刻状齿。花单生，花瓣4～6，红色或深红色，有时在爪上具紫蓝色斑点；雄蕊多数，花丝丝状，深紫色，花药长圆形，紫蓝色；柱头辐射状，紫蓝色。花果期6—7月。

【生态习性】

喜凉爽气候，耐寒，怕暑热。喜阳光充足的环境，喜排水良好、肥沃的沙质壤土。不耐移栽，忌连作与积水。

【繁殖特点】

播种繁殖，移植成活率低，宜直播。秋播一般在9—10月，也可春播。种子细小，宜拌细沙条播或撒播，播后不覆土，可覆盖地膜或草保湿。发芽适温15～20 ℃，7 d发芽。具自播特性。

【栽培管理特点】

播种前深翻土壤，施足基肥。园林中应用常直播，或在营养钵中育苗，连同容器一并定植。出苗后及时进行间苗，株距30 cm左右。一般水肥管理，施肥不宜过多，否则植株过高宜倒伏。种子应及时采收。

【园林适用范围】

虞美人花姿轻盈，花色绚丽，是早春花坛、花境良好材料。

8.2.24 金鱼草

【科属】玄参科，金鱼草属

【学名】*Antirrhinum majus*

【俗名】龙头花、狮子花、龙口花、洋彩雀

【原产地】地中海沿岸及北非

【基本形态】

多年生草本，作一、二年生栽培。株高15～120 cm，茎直立，微有茸毛，基部木质化。叶对生或上部互生，具短柄，披针形至矩圆状披针形，全缘。总状花序顶生，密被腺毛，小花具短梗；花冠筒状唇形，基部膨大成囊状，上唇直立，2半裂，下唇3浅裂，在中部向上唇隆起，封闭喉部。花有紫、红、粉、黄、橙、栗至白色或具复色。花期5—7月（图8-24）。

图 8-24　金鱼草

【常见种类与品种】

金鱼草园艺品种丰富,花型有单瓣和重瓣;花色丰富,除蓝色外,其余各色齐全;株高有高型(90～120 cm)、中型(45～60 cm)、矮型(15～20 cm)和半匍匐型品种。

【生态习性】

喜阳光,也能耐半阴。较耐寒,不耐酷暑。适生于疏松肥沃、排水良好的中性或稍碱性沙质土壤。典型长日照植物,但有些品种的开花不受日长的影响。

【繁殖特点】

以播种繁殖为主,也可扦插繁殖。一般南方温暖地区秋播,北方寒冷地区春播。宜混沙撒播,稍覆土。发芽适温 13～15 ℃,1～2 周出苗。种子 2～5 ℃冷藏几天,可提高发芽率。一些不易结实的品种或重瓣品种,常用嫩枝扦插繁殖。

【栽培管理特点】

苗具 3～4 片真叶时进行移栽,定植株距约 30 cm。定植前深翻土壤,施足基肥。定植后 2 周摘心,可促进分枝,使株形丰满。切花栽培应架设支撑网以防倒伏。园林应用及盆栽观赏时,可通过喷施 B9 使植株矮化。金鱼草易自然杂交,留种母株需隔离采种。

【园林适用范围】

金鱼草花色丰富,花型独特,是优良的花坛、花境材料,也可作切花和盆花。

8.2.25　毛地黄

【科属】玄参科,毛地黄属

【学名】*Digitalis purpurea*

【俗名】洋地黄、吊钟花、自由钟、紫花毛地黄

【原产地】欧洲西部

【基本形态】

多年生草本常作二年生栽培。株高 60～120 cm,全株被灰白色短柔毛和腺毛。茎直立,少分枝。叶卵圆形或卵状披针形,叶面粗糙、皱缩,基生叶莲座状,具长柄,茎生叶无柄或具短柄。顶生总状花序,花冠钟状,紫红色,内有浅白、暗紫色斑点及长毛。花期 6—8 月(图 8-25)。

图 8-25　毛地黄

【常见种类与品种】

同属植物约 25 种。园艺品种有白、粉和深红等色,有重瓣品种及矮型品种。

【生态习性】

性强健,较耐寒、耐旱、耐贫瘠,喜阳光充足,也耐半阴。不耐酷暑。喜中等肥沃、湿润、排水良好的土壤。

【繁殖特点】

播种繁殖。秋季播种,播后不覆土,保持土壤湿润。发芽适温 15～18 ℃,约 10 d 发芽。

【栽培管理特点】

冬季注意幼苗越冬保护,生长适温 12～19 ℃,夜温超过 19 ℃会造成植株徒长、开花稀少。早春苗具 5～6 片真叶时移栽。移栽前一周进行炼苗。梅雨季节注意排水防涝。

【园林适用范围】

毛地黄植株高大，花序挺拔，花冠别致，色彩艳丽，适于园林中作花境、花丛等，也可作切花和盆花。

8.2.26　羽扇豆

【科属】豆科，羽扇豆属

【学名】*Lupinus micranthus*

【俗名】鲁冰花

【原产地】地中海地区

【基本形态】

一年生草本，株高 20～70 cm，全株被棕或锈色硬毛。掌状复叶具小叶 5～8，叶柄远长于小叶。总状花序顶生，花序轴纤细，小花多而密，排成塔形，花梗甚短。花色丰富，有白、黄、橙、桃红、红、紫、蓝以及复色品种。花期 3—5 月，果期 4—7 月（图 8-26）。

图 8-26　羽扇豆

【常见种类与品种】

本属约 200 种，园林中其他栽培种有多叶羽扇豆（*L. polyphyllus*），多年生草本，株高 50～100 cm。茎直立，分枝成丛，全株无毛或上部被稀疏柔毛。掌状复叶，小叶（5）9～15（～18）枚；总状花序远长于复叶，花多而稠密，互生；花梗长 4～10 mm；花冠蓝色至堇青色，无毛。花期 6—8 月，果期 7—10 月。宿根羽扇豆（*L. perenius*），多年生草本，株高 20～60 cm。茎直立，粗壮，多分枝，无毛或多少被柔毛。掌状复叶，小叶 7～11 枚，通常 8 枚。总状花序顶生，直立，长于叶，疏松，具长梗；花互生，花冠蓝色，

偶为白色至淡红色。花期 4—5 月，果期 6—7 月。

【生态习性】

喜凉爽气候，较耐寒（−5 ℃以上），耐旱，忌炎热。喜阳光充足，稍耐阴。喜疏松肥沃、排水良好的微酸性沙质土壤。主根发达，须根少，不耐移植。

【繁殖特点】

播种繁殖。一般秋季播种，也可春播，播种前需温水浸种 24 h。育苗土宜疏松均匀、透气保水。发芽适温 25 ℃左右，5～12 d 发芽。

【栽培管理特点】

待真叶完全展开后移栽。羽扇豆根系发达，移苗时保留原土，以利于缓苗。在定植之前视长势情况应进行 1～2 次换盆。定植株距 40 cm，生长期每半月施肥 1 次，花前增施磷钾肥。华北需保护地越冬。

【园林适用范围】

羽扇豆叶形优美，花序挺拔、丰硕，花色丰富、艳丽，适于作自然式花坛、花境、花带、花丛等，也可作切花和盆栽观赏。

8.2.27　四季秋海棠

【科属】秋海棠科，秋海棠属

【学名】*Begonia semperflorens*

【俗名】四季海棠、秋海棠、玻璃海棠

【原产地】巴西

【基本形态】

多年生草本，常作一年生栽培。株高 15～45 cm。茎直立，稍肉质，无毛，基部多分枝。叶卵形或宽卵形，基部略偏斜，边缘有锯齿和睫毛，两面光亮，绿色或紫红色。花有红、粉红、白色等，数朵聚生于腋生的总花梗上，雄花较大，有花被片 4，雌花稍小，有花被片 5（图 8-27）。

【常见种类与品种】

四季秋海棠园艺品种繁多，根据花色、花径大小、叶色、单瓣或重瓣等大致分为以下类型。矮生品种，植株低矮，花单瓣；花色有粉色、白色、红色等；叶片绿色或褐色。如'洛托'（'Lotto'）、'琳达'（'Linda'）。大花品种，花单瓣，花径较大，可达 5 cm 左右；花色有白色、粉色、红色等色；叶片为绿

图 8-27　四季秋海棠

色。如'翡翠'、'前奏曲'、'聚会'。重瓣品种,花重瓣,不结实;花色有粉色、红色等;叶片有绿色或古铜色。如皇后系列。

目前栽培品种较多的是利用 F_1 种子播种繁殖的品种,如鸡尾酒 F_1 系列、元老 F_1 系列、舞会 F_1 系列、天使 F_1 系列、派司系列等。

【生态习性】

喜阳光,稍耐阴,不耐寒,喜疏松肥沃、排水透气良好的土壤,怕热及水涝,夏天注意遮阳,通风排水。开花不受日照长短的影响,只要温度适宜,可四季开花。

【繁殖特点】

以播种繁殖为主,春播或秋播,温度 20～22 ℃条件下,7 d 发芽。春播,冬天开花,秋播,翌年春天开花。重瓣品种采用扦插繁殖,春、秋季进行,选健壮的顶端嫩枝作插穗。

【栽培管理特点】

栽培用土壤应富含有机质,排水良好。露地应用时,通常于 1 月温室内播种,初夏定植。一般播种后 8～10 周开花,可根据需求花期确定播种时间。夏季不耐阳光直射和雨淋,冬季则喜欢阳光充足。

【园林适用范围】

适用于花坛、花境。

第 **9** 章

宿根花卉

9.1 概述

9.1.1 宿根花卉的定义

宿根花卉(perennial flower)是指地下部器官形态未发生肥大变态的多年生草本花卉。

9.1.2 宿根花卉的类型

宿根花卉依耐寒力及休眠习性不同,分为落叶宿根花卉和常绿宿根花卉两大类。

1)落叶宿根花卉

主要原产于温带的寒冷地区,性耐寒或半耐寒,可露地越冬。此类在冬季地上部茎叶全部枯死,地下部进入休眠,到春季气候转暖时,地下部着生的芽或根蘖再萌发生长、开花。如菊花、芍药、鸢尾等。

2)常绿宿根花卉

主要原产于热带、亚热带及温带的温暖地区,耐寒力弱,在北方寒冷地区不能露地越冬。此类在冬季温度过低或夏季温度过高时停止生长,保持常绿,呈半休眠状态。如君子兰、红掌、鹤望兰等。

9.1.3 宿根花卉的园林应用特点

1)种植一次观赏多年

宿根花卉具有可存活多年的地下部,一次种植后可多年观赏,从而降低了种植成本,这是宿根花卉在园林中广泛应用的主要优点。

2)管理相对粗放

宿根花卉大多数种类对环境要求不苛刻,具有耐寒、耐旱、耐阴、耐贫瘠、耐盐碱、耐水湿等能力,管理养护简单,适于多种环境应用。

3)种类繁多

宿根花卉种类繁多,花色丰富,形态多变,适用于花坛、花境、花丛、花带、地被、垂直绿化及专类园等多种应用方式。

9.2 常见宿根花卉

9.2.1 菊花

【科属】菊科,菊属

【学名】*Chrysanthemum morifolium*

【俗名】黄花、黄华、菊华、九华、节华、鞠等

【原产地】中国

【基本形态】

株高 30~150 cm。茎基部半木质化,茎青绿色至紫褐色,被灰色柔毛。叶互生,卵形至广披针形,长 5~15 cm,羽状浅裂或半裂,叶下面被白色短柔毛,有短柄,托叶有或无。头状花序单生或数朵聚生枝顶,直径 2~30 cm,由舌状花和管状花组成。花序边缘为舌状花,雌性,花色有红、粉、紫、黄、绿、白、复色、间色等色系;中心为管状花,两性,多为黄绿色。花期夏秋至寒冬。瘦果褐色,细小,寿命 3~

5年(图9-1)。

图9-1 菊花

【常见种类与品种】

菊花品种丰富,全世界有2万～2.5万个,我国也有3000多个,常采用以下分类方法。

按开花习性分类包括:①按自然花期分类。有春菊、夏菊、秋菊、寒菊。②按开花对日长的反应分类。欧美栽培的品种一般为质性短日型;根据从短日开始到开花所需的周数划分品种类型,分为6周品种、7周品种……15周品种。③按开花对温度的反应分类。对低夜温敏感的品种,温度在15.5℃以下时开花受抑制;对高夜温敏感的品种,温度在15.5℃以上时开花受抑制,低于10℃时延迟开花;对温度不敏感的品种,10～27℃对开花没有明显抑制,15.5℃时开花最佳。

按栽培和应用方式分类:①盆栽菊。其中包括:独本菊,一株只开一朵花,株高40～60 cm,花朵硕大,又称标本菊或品种菊。案头菊,也是一株只开一朵花,株高仅20 cm左右。多头菊,一株着生多朵花(一般3～11朵),各枝高矮一致,分布均匀,株高30～50 cm。②造型艺菊。包括:大立菊,用生长强健、分枝性强、枝条易整形的大、中型菊花品种培育而成,一株着花数百朵乃至数千朵以上,花朵大小整齐,花期一致。悬崖菊,用分枝多、开花繁密的小菊品种,经人工整枝成悬垂的姿态。塔菊,以白蒿或黄蒿为砧木,嫁接上不同花型、花色的菊花品种,做成塔状。造型菊,用铁丝扎好轮廓,再用菊花砌扎成动物、各种物品等生活原型的菊艺。③盆景

菊。用菊花制作的桩景或菊石盆景。④切花菊。以切花为目的的菊花栽培。多选用花形圆整、花色纯一、花颈短粗、枝长而粗壮、叶肥厚而挺直的品种。切花菊又按整枝方式分为标准菊和射散菊两种类型。标准菊每枝着生一朵花,常用中花型品种;射散菊每枝着生数朵花,常用小花型品种。⑤花坛菊。是布置花坛的菊花,常用植株矮、分枝性强的多头小菊品种。

在花的形态特征分类中李鸿渐先生按花径、瓣型、花型、花色对菊花品种进行了四级分类。以花径大小不同分为小菊(花序直径小于6 cm)、大菊(花序直径6 cm及以上)两系,为第一级;以花瓣种类不同,分为平、匙、管、桂、畸五类,为第二级;再因花序上花瓣组合、伸展姿态构成的形状不同,分为44个花型,为第三级;最后以花色差异,分为黄、白、绿、紫、红、粉红、双色和间色八个色系,为第四级。

【生态习性】

菊花性喜冷凉,较耐寒。喜光,也能耐阴,耐干旱,忌水湿。为短日照植物,在长日照条件下营养生长,花芽分化与花芽发育对日长要求则因不同类型品种而异。适应性强,适宜各种土壤,但以富含腐殖质、疏松肥沃、排水良好、中性偏酸(pH 5.5～6.5)的沙质壤土为好。对多种真菌病害敏感,忌连作。

【繁殖特点】

菊花以营养繁殖为主,也进行播种繁殖,近年来也用组培繁殖进行名贵品种的快繁和保存。生产中以扦插繁殖为主,在春夏季进行;分株繁殖在清明前后进行;培植大立菊、塔菊等造型艺菊时用嫁接繁殖,以青蒿(Artemisia carvifolia)、黄蒿(A. annua)、白蒿(A. sieversiana)为砧木;播种繁殖于2—4月播种,1～2周即可萌芽;组培繁殖常用茎尖、叶片、茎段、花蕾等部位为外植体。

【栽培管理特点】

菊花栽培管理依栽培方式不同而有别。盆栽菊和造型艺菊应及时摘心,以促进分枝,使植株丰满。切花菊生产应严格根据产花期、品种开花特性、整形方式、栽培季节等因素确定定植期,以多品种组合自然花期为基础,或是以单一品种在人工控

制光照长度下,结合设施栽培进行周年生产。

【园林适用范围】

菊花是中国的传统名花,栽培历史悠久,花文化内涵丰富,因其傲霜怒放、不畏寒霜的气节,受到人们的喜爱。适用于园林中花坛、花境、盆花等应用,也是世界重要的切花材料。

9.2.2 鸢尾属

【科属】鸢尾科,鸢尾属

【学名】*Iris*

【原产地】北温带

【基本形态】

地下部分为匍匐根茎、肉质块状根茎或鳞茎。叶多基生,相互套叠,排成 2 列,剑形或线形,长20～50 cm,宽 2.5～3.0 cm。花茎自叶丛中抽出,顶端分枝或不分枝,每枝着花 1 朵或数朵。花较大,蓝紫色、紫色、红紫色、黄色、白色。花被管喇叭形、丝状或甚短而不明显,花被裂片 6,外轮 3 枚大而外弯或下垂,称垂瓣;内轮 3 枚直立或向外倾斜,称旗瓣。雄蕊 3,贴生于外轮花被片基部;雌蕊的花柱单一,上部 3 裂,瓣化,与花被同色。蒴果椭圆形、卵圆形或圆球形,顶端有喙或无,成熟时室背开裂;种子梨形、扁平半圆形或为不规则的多面体,深褐色。花期春、夏(图 9-2)。

图 9-2 鸢尾

【常见种类与品种】

鸢尾属植物除植物学分类外,还有形态分类、园艺分类以及根据对土壤和水分的要求进行分类等方法。

形态分类:主要是依据地下部形态和花被片上须毛的有无。根据地下部形态分为根茎类和非根茎类。根茎类中分为有须毛组(Bearded,Pogon)与无须毛组(Beardless,Apogon)。有须毛组如德国鸢尾(*I. germanica*)、香根鸢尾(*I. pallida*)、矮鸢尾(*I. pumila*)、克里木鸢尾(*I. chamaeiris*)等;无须毛组如蝴蝶花(*I. japonica*)、鸢尾(*I. tectorum*)、燕子花(*I. laevigata*)、黄菖蒲(*I. pseudacorus*)、溪荪(*I. sanguinea*)、马蔺(*I. lactea* var. *chinensis*)、西伯利亚鸢尾(*I. sibirica*)、拟鸢尾(*I. spuria*)等。

园艺分类:主要依据亲本、地理分布及生理习性分为 4 个系统,即德国鸢尾系、路易斯安那鸢尾系、西伯利亚鸢尾系和拟鸢尾系。

根据对土壤和水分的要求进行分类:包括喜肥沃、排水良好、适度湿润的微碱性土壤的德国鸢尾(*I. germanica*)、香根鸢尾(*I. pallida*)、鸢尾(*I. tectorum*)等。喜水湿和酸性土壤的蝴蝶花(*I. japonica*)、花菖蒲(*I. ensata* var. *hortensis*)、燕子花(*I. laevigata*)、黄菖蒲(*I. pseudacorus*)、溪荪(*I. sanguinea*)等。适应性强,极耐干旱,也耐水湿的马蔺(*I. lactea* var. *chinensis*)、拟鸢尾(*I. spuria*)等。

【生态习性】

鸢尾类对环境的适应性因种而异。大多数种类喜阳光充足,有些种类可耐半阴。耐寒性较强,地上部入冬前枯死,有少数种常绿。花芽分化多在秋季 9—10 月,在根茎先端的顶芽进行,翌年春季抽葶开花。在顶芽两侧形成侧芽,侧芽萌发后形成地下茎及新的顶芽。

【繁殖特点】

根茎类鸢尾以分株繁殖为主,也可用种子繁殖。分株于初冬或早春休眠期进行。切割根茎,每段带 2～3 个芽,待切口晾干后栽种。种子繁殖于秋季采种后立即播种,春季萌芽,2～3 年开花。种子冷藏后播种,可打破休眠,10 d 发芽。

【栽培管理特点】

鸢尾类一年中不同季节均可栽种，以早春或晚秋种植为好。应深翻土壤，施足基肥，尤其磷钾肥，株行距 30 cm×50 cm。花前追肥，花后剪除残花，生长季保持土壤水分，每3～4年对母株进行分株复壮。湿生鸢尾可栽植于浅水或池畔，生长季不能缺水。有些种如玉蝉花、燕子花也用于切花栽培，利用设施条件调控温度和光照长度，进行促成和抑制栽培。

【园林适用范围】

鸢尾属植物种类众多，色彩丰富，适应性广，是优良的园林花卉。适用于花坛、花境、花丛、地被及水边绿化，有些种类亦可作切花。

9.2.3　萱草

【科属】百合科，萱草属

【学名】*Hemerocallis fulva*

【俗名】母亲花、忘忧草、黄花菜

【原产地】中国南部、欧洲南部及日本

【基本形态】

根近肉质，中下部有纺锤状膨大，根状茎粗短。叶基生，带状，排成二列。花茎高 90～110 cm，高于叶丛，圆锥花序着花6～12朵。花冠漏斗形，花径约 11 cm，边缘稍微波状，盛开时裂片反卷，橘红至橘黄色。有重瓣变种。花期5—7月。有朝开夕凋的昼开型，夕开昼凋的夜开型以及夕开次日午后凋的夜昼开型（图9-3）。

图 9-3　萱草

【常见种类与品种】

萱草属约 20 种，中国产约 8 种，常见栽培种还有大花萱草（*H. hybridus*）为园艺杂交种。花大，花瓣质地较厚，花茎粗壮，花色、花型、株高等都极其丰富，是目前园林种植的主要类群。品种如'星光'、'紫绒'、'圆满'、'初月'等。黄花菜（*H. citrina*）又名金针菜。叶片较宽长，花茎有分枝，着花多达 30 朵。花淡黄色，傍晚开次日午后凋谢。干花蕾可食用，是作为蔬菜种植的主要种。重瓣萱草（*H. fulva* var. *kwanso*），又名千叶萱草，花大，花被裂片多数，橘红色。

【生态习性】

萱草适应性强，耐寒、耐旱、耐贫瘠，喜光，亦耐半阴。喜排水良好、深厚肥沃的沙质壤土，但对土壤要求不严。

【繁殖特点】

以分株繁殖为主，也可播种繁殖。分株每2～4年进行1次，多在秋季花后进行。将根掘出，用快刀切割，每丛留有3～5个芽。播种一般秋季采种后即播，翌春出苗。亦可沙藏或温水浸种处理后，春季播种。播种苗2～3年开花。

【栽培管理特点】

萱草春秋两季均可栽植，栽前施足基肥，株距 50～60 cm。园林应用时，一般定植3～5年内不需特殊管理，以后分栽更新。秋后除去地上茎叶，在根际培土培肥，可保证翌年生长开花更好。

【园林适用范围】

萱草绿叶成丛、花色艳丽，适应性强，管理粗放，园林中多用于花坛、花境、路旁栽植，也可作疏林地被。

9.2.4　玉簪

【科属】百合科，玉簪属

【学名】*Hosta plantaginea*

【俗名】玉春棒、白玉簪

【原产地】中国

【基本形态】

株高 50～80 cm。根状茎粗大。叶基生，成簇，卵形至心状卵形，具长柄，弧状平行脉。总状花序高出叶丛，花被筒状，下部细小，形似簪，白色，具芳香。花期7—8月。有重瓣、花叶品种（图9-4）。

图9-4 玉簪

【常见种类与品种】

玉簪属约40种，中国有6种，常见栽培种有紫萼（H. ventricosa），叶片质薄，叶柄边缘具狭翅。花淡紫色，较玉簪小。花期6—8月。狭叶玉簪（H. fortunei），叶卵状披针形至长椭圆形，花淡紫色，较小。有叶具白边或花叶的变种。花期7—8月。紫玉簪（H. albo-marginata），叶狭椭圆形或卵状椭圆形，花紫色，花期7—8月。波叶玉簪（H. undulata），叶缘微波状，叶面有乳黄色或白色纵纹，花淡紫色，花期7—8月。

【生态习性】

玉簪性强健，耐寒，喜阴，忌强光直射。喜土层深厚、肥沃湿润、排水良好的沙质土壤。

【繁殖特点】

多采用分株繁殖，也可播种繁殖。近年一些名优品种亦采用组培繁殖。分株一般在春季发芽前或秋季枯黄前进行，将根掘出，晾晒1～2 d后切分，每丛2～3个芽。一般3～5年分株1次。播种繁殖2～3年开花。

【栽培管理特点】

玉簪宜栽植于荫蔽处，定植株距40～50 cm。栽植前施足基肥，发芽前或花前可追施氮、磷肥，生长季保持湿润。

【园林适用范围】

玉簪喜阴，园林中适于作林下地被，或栽植于建筑物周围荫蔽处。

9.2.5 非洲菊

【科属】菊科，大丁草属

【学名】*Gerbera jamesonii*

【俗名】扶郎花、灯盏花

【原产地】南非

【基本形态】

非洲菊为多年生常绿宿根草本。叶基生，具长柄，叶片长椭圆状披针形，羽状浅裂或深裂。全株具茸毛，老叶背面尤为明显。花茎高20～60 cm，头状花序顶生，花序直径8～10 cm。舌状花2轮或多轮，条状披针形，顶端3齿裂，管状花二唇形。有白、黄、橙、粉红、玫红等色，可四季开花，以春、秋为盛（图9-5）。

图9-5 非洲菊

【常见种类与品种】

非洲菊新品种不断涌现，花色越来越丰富，有单瓣，有重瓣，还有具深色花眼、冠毛等特性的品种。目前较流行的品种有：'玛林'，黄花重瓣；'黛尔非'，白花宽瓣；'海力斯'，朱红色宽瓣；'卡门'，深玫红宽瓣；'吉蒂'，玫红色黑心。

【生态习性】

非洲菊喜光，对日照长度不敏感；要求疏松肥沃、排水良好、富含腐殖质的微酸性沙质壤土。生长适温20～25 ℃，温度低于10 ℃或高于30 ℃则进入半休眠状态。华南地区可露地栽培，华东、华中、西南地区覆盖保护越冬,华北需温室栽培。

【繁殖特点】

非洲菊采用播种、组培和分株繁殖。非洲菊种子寿命短,播种繁殖应于采种后即行播种。发芽适温20~25 ℃,10~14 d发芽。分株繁殖一般在4—5月或9—10月花后进行,每丛带2~4片叶,每3年分株1次。非洲菊切花生产多用组培繁殖。

【栽培管理特点】

定植前施足基肥,株距30~40 cm,栽植时不宜过深,以根颈部略露出土面为宜。苗成活后可适当控水蹲苗,促进根系生长。非洲菊喜肥,生长期应及时追肥。叶片生长过旺时,可适当剥叶,既可抑制营养生长,又可增加通风透光,减少病害发生。当心花雄蕊第一轮开始散粉时,进行切花的采收。

【园林适用范围】

非洲菊是重要的切花种类,矮生种亦可盆栽观赏,在华南地区可用于花坛、花境、花丛或装饰草坪边缘。

9.2.6 宿根福禄考

【科属】花荵科,天蓝绣球属

【学名】*Phlox paniculata*

【俗名】天蓝绣球、锥花福禄考

【原产地】北美东部

【基本形态】

株高60~120 cm,茎粗壮直立,通常不分枝或少分枝,基部半木质化。叶交互对生,长圆形或卵状披针形。伞房状圆锥花序顶生,花冠高脚碟状,先端5裂,有淡红、红、白、紫等色,花径2.5~3 cm。花期6—9月(图9-6)。

图9-6 宿根福禄考(来源于园景网)

【常见种类与品种】

宿根福禄考园艺品种众多,有高型品种和矮型品种,花色亦非常丰富。如'红艳',单花径3.5 cm,深粉红色,分枝力强,株高55 cm;'堇紫',单花径2.8 cm,堇紫色,株高55 cm;'胭脂红',单花径2.8 cm,胭脂红色,株高60 cm;'白雪',单花径2.7 cm,白色,株高50 cm。

园林中常用同属栽培种有丛生福禄考(*P. subulata*)又名针叶天蓝绣球,植株丛生,铺散,叶钻状或线形,多而密集,长1~1.5 cm;花有柄,花冠裂片倒心形,冠檐裂片先端凹。花色有白、粉红、粉紫。花期4—6月。

【生态习性】

喜阳光充足,忌酷日。耐寒,忌炎热多雨。喜排水良好的沙质壤土,忌水涝和盐碱。

【繁殖特点】

以分株、扦插繁殖为主,也可播种繁殖。分株于4—5月进行,将母株根部萌蘖掰下,每3~5个芽栽在一起,露地栽植的一般3~5年分株一次。扦插繁殖于春季进行,取3~6 cm新梢作插穗,扦插基质为泥炭土:河沙:珍珠岩＝1:1:1,22~24 ℃下20 d可生根。播种繁殖多用于培育新品种,种子宜秋播,或经沙藏后早春播。

【栽培管理特点】

4—5月定植,株距25 cm,栽前应深翻土壤,施足基肥。生长期保持土壤湿润,夏季多雨地区应注意排水。苗高15 cm左右,进行1~2次摘心可促进分枝。花后尽早剪除花序,适当修剪,加强肥水管理,促进二次开花。

【园林适用范围】

适用于花坛、花境、花丛、点缀草坪,匍匐类可用于岩石园和作毛毡花坛,阳光充足处可丛植作地被。也可作切花栽培。

9.2.7 金鸡菊属

【科属】菊科,金鸡菊属

【学名】*Coreopsis*

【原产地】美洲、非洲南部及夏威夷群岛等地

【基本形态】

茎直立。叶对生或上部叶互生,全缘或一次羽状分裂。头状花序较大,单生或作疏松的伞房状圆锥花序,有长花序梗,舌状花1层,黄、棕或粉色,管状花黄色至褐色(图9-7)。

图9-7 金鸡菊

【常见种类与品种】

园林中常用种类大花金鸡菊(*C. grandiflora*)茎直立,多分枝,稍被毛,株高30~80 cm。基部叶及下部茎生叶披针形、全缘;上部叶或全部茎生叶3~5深裂,裂片披针形至线形。头状花序单生枝端,花序径4~6 cm,具长梗。舌状花通常8枚,舌片宽大,顶端3裂,黄色;管状花黄色。花期5—9月。园艺品种丰富,有金黄色以及花瓣基部有红色花斑品种。剑叶金鸡菊(*C. lanceolata*)又名大金鸡菊,茎直立,上部有分枝,无毛或基部被软毛。基部叶成对簇生,叶匙形或线状倒披针形;茎上部叶较少,全缘或3深裂,裂片长圆形或线状披针形。头状花序单生茎端,径5~6 cm。舌状花黄色,舌片倒卵形或楔形;管状花窄钟形。花期5—9月。园艺品种丰富,有大花、重瓣、半重瓣品种。两色金鸡菊(*C. tinctoria*)又名蛇目菊,一年生草本,无毛。茎上部分枝。叶对生,下部及中部叶二回羽状全裂,裂片线形或线状披针形,全缘,有长柄;上部叶无柄或下延成翅状柄,线形。头状花序多数,有细长花序梗,排成伞房状或疏圆锥状。舌状花黄色,基部红褐色;管状花红褐色。花期5—9月。

【生态习性】

适应性强,喜光,耐寒,耐旱,耐贫瘠,对土壤要求不严格。

【繁殖特点】

播种及分株繁殖,可自播繁衍。播种春、秋均可进行。分株于4—5月进行。

【栽培管理特点】

栽培管理简单。早春定植,株距20 cm。夏季多雨时注意排水,防止倒伏。入冬前剪去地上部。每3~4年分株更新。

【园林适用范围】

适宜布置花坛、花境、花丛,也可作地被、切花。

9.2.8 芍药

【科属】芍药科,芍药属

【学名】*Paeonia lactiflora*

【俗名】殿春、没骨花、绰约

【原产地】中国北部、朝鲜、西欧利亚

【基本形态】

株高60~120 cm。肉质根粗大,茎簇生于根颈。2回3出羽状复叶,小叶狭卵形、椭圆形至披针形,顶端渐尖,全缘微波。花1~3朵生于茎顶或茎上部叶腋,花径13~18 cm,单瓣或重瓣;萼片5枚,宿存;花色有白、绿、黄、粉、紫及混合色;雄蕊多数,金黄色。花期4—5月(图9-8)。

图9-8 芍药

【常见种类与品种】

芍药属植物约 23 种,中国有 11 种。芍药目前有 1 000 余个品种,园艺上常按花型、花色、花期、用途等方式进行分类。

花型分类的主要依据是雌、雄蕊的瓣化程度,花瓣的数量以及重台花叠生的状态等。其中有单瓣类,花瓣 1～3 轮,瓣宽大,雌、雄蕊发育正常。千层类,花瓣多轮,瓣宽大,内、外层花瓣无明显区别,又可分为荷花型,花瓣 3～5 轮,瓣宽大,雌、雄蕊发育正常;菊花型,花瓣 6 轮以上,外轮花瓣宽大,内轮花瓣渐小,雄蕊数减少,雌蕊退化变小;蔷薇型,花瓣数量增加很多,内轮花瓣明显比外轮小,雌蕊或雄蕊消失。楼子类,外轮大型花瓣 1～3 轮,花心由雄蕊瓣化而成,雌蕊部分瓣化或正常,又可分为金蕊型,外瓣正常,花蕊变大,花丝伸长;托桂型,外瓣正常,雄蕊瓣化成细长花瓣,雌蕊正常;金杯型,外瓣正常,接近花心部的雄蕊瓣化,远离花心部的雄蕊未瓣化,形成一个金色的环;皇冠型,外瓣正常,多数雄蕊瓣化成宽大花瓣,内层花瓣高起,并散存着部分未瓣化的雄蕊;绣球型,外瓣正常,雄蕊瓣化程度高,花瓣宽大,内外层花瓣区别不大,全花呈球形。台阁类,全花分上、下两层,中间由退化的雌蕊或雄蕊隔开。

其他分类有按花期可分为早花品种(花期 5 月上旬)、中花品种(花期 5 月中旬)和晚花品种(花期 5 月下旬);按花色分为白色、粉色、红色、紫色、深紫色、雪青色、黄色、复色 8 个色系;按株高分为高型品种(110 cm 以上)、中型品种(90～110 cm)、矮型品种(70～90 cm);按用途可分为切花品种和园林栽培品种。

【生态习性】

适应性强,耐寒,中国各地均可露地越冬。喜阳光充足,也耐半阴。要求土层深厚肥沃、排水良好的沙壤土,忌盐碱和低洼地。

【繁殖特点】

以分株繁殖为主,也可播种和扦插繁殖。分株繁殖常于 9 月初至 10 月下旬进行,此时地温比气温高,有利于伤口的愈合及新根萌生。每株丛带 2～5 个芽,顺其自然纹理切开,稍阴干后栽植。谚语云:"春分分芍药,到老不开花",春季分株严重损伤根系,对开花极为不利。

播种繁殖仅用于培育新品种、药用栽培及繁殖砧木。应随采随播,芍药种子有上胚轴休眠现象,播种后当年秋天生根,翌年春暖后芽出土。实生苗 3～4 年才能开花。

扦插繁殖可用根插或茎插。根插在秋季进行,将根切成 5～10 cm,埋插在深 10～15 cm 的土中。茎插于春季开花前两周进行,取茎中部充实部分剪插穗,每插穗带 2 芽,插于沙床中,遮阳、保湿,30～45 d 生根。

【栽培管理特点】

栽植前深翻耕,施足基肥。株行距视配置要求及保留年限而定,一般 50～80 cm。栽植时根据根系长短、大小挖坑,根部要舒展,覆土以盖上顶芽 4～5 cm 为宜。栽后适当镇压,浇透水,壅土越冬。花前生长旺盛,水肥宜充足;花后为保证翌年新芽的发育,亦应养分充足。夏季应注意排水防涝。

【园林适用范围】

芍药是中国传统名花,在中国古典园林中与山石相配,相得益彰。常与牡丹结合建立专类园,也是配置花坛、花境的良好材料,亦可在林缘、草坪边缘作自然式丛植,也可作切花。

9.2.9 鼠尾草属

【科属】唇形科,鼠尾草属

【学名】*Salvia*

【原产地】美洲

【基本形态】

草本,亚灌木或灌木。单叶或羽状复叶。轮伞花序 2 至多花,组成总状、圆锥状或穗状花序,稀单花腋生。花萼管形或钟形,二唇形,上唇全缘,2～3 齿,下唇 2 齿;花冠二唇形,上唇褶叠、直伸或镰状,全缘或微缺,下唇开展,3 裂,中裂片宽大、全缘、微缺,或流苏状,或裂成 2 小裂片,侧裂片长圆形或圆形,开展或反折(图 9-9)。

【常见种类与品种】

本属约 700 种,生于热带或温带,中国有 78 种,24 变种,8 变型,分布于全国各地,尤以西南为最多。

图 9-9 蓝花鼠尾草

园林中常用种类及品种有蓝花鼠尾草(*S. far-inacea*),又名一串蓝、粉萼鼠尾草。多年生草本,常作一年生栽培,株高 60～90 cm,多分枝,叶对生有时似轮生,基部叶卵形,上部叶披针形,长穗状花序,花量大,蓝紫色。花期 7—10 月。'深蓝'鼠尾草(*S. guaranitica* 'Black and Blue'),多年生草本,株高 80～180 cm,多分枝。叶卵圆形至近菱形,穗状花序修长,花深蓝紫色,花期 6—10 月。天蓝鼠尾草(*S. uliginosa*),多年生草本,常作一、二年生栽培,株高 50～150 cm,叶狭长披针形,长穗状花序,花天蓝色,花期 6—10 月。墨西哥鼠尾草(*S. leu-cantba*),原产于墨西哥和中南美洲,多年生草本,茎直立多分枝,密布银白色茸毛,叶披针形,轮状花序,每轮 7～10 朵,紫色,具天鹅绒表层,花萼钟状,花冠管状,紫色,具纤毛,花期 7—10 月。红花鼠尾草(*S. coccinea*),又名朱唇,原产美洲热带,一年生或多年生亚灌木,株高 60～70 cm,茎直立,分枝细弱,叶三角状卵形,花萼筒状钟形,花冠深红或绯红色,下唇长为上唇的 2 倍,花期 7—10 月。

【生态习性】

喜温暖、湿润和阳光充足环境,耐寒性强,怕炎热、干燥,宜在疏松、肥沃且排水良好的沙壤土中生长。

【繁殖特点】

以播种繁殖为主。结合温室条件,可根据需要随时播种。20～22 ℃条件下,10～14 d 发芽。扦插繁殖在春、秋季均可进行,宜选择枝顶端不太嫩的茎梢做插穗。

【栽培管理特点】

定植后,苗高 10～15 cm 可摘心一次,促进分枝。浇水要见干才浇,浇则浇透。花谢后将残花剪除并补给肥料,能促使花芽产生,持续开花。高温时期忌长期淋雨潮湿,尤其梅雨季节应注意。

【园林适用范围】

适用于花坛、花境,也可点缀岩石旁、林缘空隙地。

9.2.10 耧斗菜属

【科属】毛茛科,耧斗菜属

【学名】*Aquilegia*

【原产地】北温带

【基本形态】

植株松散直立,2～3 回 3 出复叶。花顶生,辐射对称。萼片 5,花瓣状,紫色、堇色、黄绿色或白色。花瓣 5,与萼片同色或异色,瓣片宽倒卵形,基部常向下延长成距;雄蕊多数,雌蕊 5。花期 5—6月(图 9-10)。

图 9-10 耧斗菜

【常见种类与品种】

本属植物约 70 种,中国有 8 种,园林中常用种类及品种有耧斗菜(*A. viridiflora*),原产欧洲至西伯利亚,株高 50～60 cm,茎直立,多分枝。基生叶具长柄,2 回 3 出复叶,茎生叶较小。花序具 3～7花,花茎细柔下垂,距稍内弯。萼片黄绿色,花瓣黄绿色。有众多变种,如大花、白花、重瓣、斑叶,杂交品种花色丰富。花期5—6月。大花楼斗菜(*A. glandulosa*),株高40 cm,茎不分枝或在上部分枝。花序具1～3花。萼片蓝色,花瓣瓣片蓝或白色,距末端向内钩曲。花期6—8月。杂种楼斗菜(*A. hybrida*),为园艺杂交种,主要亲本有 *A. canadensis*,*A. chrysantha*,*A. caerulea* 等。株高90 cm,茎多分枝,花大,侧向开展。为目前园林栽培的主要品系。园艺品种丰富,有黄、红、蓝、紫、粉、白各色及复色,花期5—8月。

【生态习性】

性强健而耐寒,喜凉爽气候,忌夏季高温暴晒,喜半阴,忌干燥。喜肥沃、湿润、排水良好的沙质壤土。华北、华东等地区可露地越冬。

【繁殖特点】

播种或分株繁殖。播种繁殖于春秋季均可进行。2—3月在温室内播种,或4月露地阴处直播,21～24 ℃条件下,1～2周内发芽。实生苗翌年开花。优良杂交品种宜采用分株繁殖,分株在早春发芽前或秋季落叶后进行。

【栽培管理特点】

栽植前应深翻土壤、施足基肥,定植株距10～20 cm,栽后浇透水。花前追肥,夏季注意遮阳、排水防涝。苗高40 cm时可摘心,以控制株高,防倒伏。

【园林适用范围】

可用于花坛、花境、林下地被,亦可片植于草坪边缘。

9.2.11　铁线莲类

【科属】毛茛科,铁线莲属

【学名】*Clematis* spp.

【原产地】北温带

【基本形态】

多年生木质或草质藤本,稀直立灌木或多年生草本。茎常具纵沟。叶对生,单叶或羽状复叶。花序聚伞状,1至多花,有时花单生或簇生。无花瓣,萼片4(6～8),花瓣状。雌雄蕊明显(图9-11)。

图9-11　大花铁线莲

【常见种类与品种】

同属植物约300种,中国约有155种,以华中和西南地区分布居多。园林中常用种类有铁线莲(*C. florida*),别名番莲、铁线牡丹,原产中国,分布在华北、西北。多年生攀缘草质藤本。茎棕色或紫红色,被短柔毛,具纵沟,节膨大。2回3出复叶,小叶窄卵形或披针形,全缘。花单生叶腋,花径5～8 cm,具长花梗,萼片6,白色,雄蕊紫红色,花丝宽线形。花期5—10月。园艺品种丰富,有重瓣,各种花色,如'Duchess of Edinburgh'(白、重瓣)、'Vyvyan Pennell'(粉、重瓣)、'Alba plena'(绿、重瓣)。转子莲(*C. patens*)别名大花铁线莲,原产中国山东崂山、辽宁东部。木质藤本。茎疏被柔毛。3出复叶或羽状复叶具5小叶。单花顶生,萼片8,白色。花期4—5月。园艺品种众多,有重瓣,各种花色,如'Bees Jubilee'(紫粉)、'Mrs N. Thompson'(紫)。毛叶铁线莲(*C. lanuginosa*),原产中国浙江东北部。攀缘藤本。单叶对生,极稀有3出复叶。单花顶生,花梗直而粗壮,密被黄色柔毛。花大,直径7～15 cm;萼片6枚,淡紫色,花期6月。园艺品种花色丰富,四季开花,如'Nelly Moser'(粉)、'The President'(紫)。克曼氏铁线莲(*Clematis* × *Jackmanii*),由原产中国的毛叶铁线莲(*C. lanuginosa*)和原产南欧的南欧铁线莲(*C. viticella*)于1858年在英国的 Jackman & Sons 苗圃育成。

后经与多个野生种反复杂交,育成杰克曼氏铁线莲品种群。多年生攀缘草质藤本。茎高达 3 m,叶对生,三角形。花径可达 18 cm,花期 6—9 月。花色丰富,有单瓣和重瓣品种。如'Ville de Lyon'(紫)、'Hagley hybrid'(粉)。

铁线莲类植物园艺品种众多,除了根据亲本来源进行品种类群的分类,生产中综合了亲本来源、开花时间、花径大小等因素,分为了 14 个类群:早花大花型(Early Large-flowered)、晚花大花型(Late Large-flowered)、葡萄叶型(Vitalba)、意大利型(Viticella)、西藏型(Tangutica)、得克萨斯型(Texensis)、长瓣型(Atragene)、单叶型(Integrifolia)、蒙大拿型(Montana)、佛罗里达型(Florida)、卷须型(Cirrhosa)、华丽杂交型(Flammula)、大叶型(Heracleifolia)、单叶杂交型(Integrifolia)。

【生态习性】

适应性强,喜凉爽、耐寒。植株基部喜半阴,上部喜阳光充足。喜肥沃、排水良好的黏质壤土。大多数种类、品种喜微酸性至中性土壤。忌积水。

【繁殖特点】

播种、扦插、压条、嫁接、分株繁殖均可,生产中常用扦插繁殖。播种繁殖宜秋播,种子成熟后及时采收,随即播种;若春播,种子需沙藏。扦插在 5—8 月进行,取当年生枝条作插穗,一般 3~4 周生根。压条在春季进行,3 个月后可分栽。分株繁殖秋季进行。

【栽培管理特点】

早春或晚秋进行栽植,种植前应深翻土壤、施足基肥,定植株距 60~80 cm。及时设置支架,修剪整形。花前追肥可促进开花。夏季注意排水防涝。

【园林适用范围】

铁线莲花朵色泽艳丽,花型变化多样,栽培品种丰富,因而有"攀缘植物皇后"的美誉,是优良的园林攀缘植物。适于种植在墙边、窗前,或依附于乔、灌木之旁,配植于假山、岩石之间,攀附于花柱、花门、篱笆之上,也可盆栽观赏,少数种类适宜作地被植物。

9.2.12 薰衣草

【科属】唇形科,薰衣草属

【俗名】狭叶薰衣草

【学名】*Lavandula angustifolia*

【原产地】地中海地区

【基本形态】

多年生草本或小矮灌木。丛生,多分枝,被星状绒毛,株高 30~90 cm。叶互生,线形或披针状线形,叶缘反卷。轮伞花序具 6~10 花,多数组成顶生穗状花序,长 15~25 cm;苞片菱状卵圆形,萼的下唇 4 齿短而明显。花冠下部筒状,上部唇形,上唇裂片直立或稍重叠。花有蓝色、深紫色、粉红色、白色等,花期 6—8 月。全株有香味(图 9-12)。

图 9-12 薰衣草

【常见种类与品种】

园林中常用种类有西班牙薰衣草(L. stoechas),原产西班牙南部,小型灌木,花序粗短,顶部着生有色彩鲜明的苞片,有蓝、紫、桃红、粉红、白色与渐层等色,花期 4—10 月。半耐寒,喜光照,忌高温多湿。宽叶薰衣草(L. latifolia),又称穗薰衣草和香辛薰衣草,原产于法国和西班牙南部。亚灌木,叶片较狭叶薰衣草宽且大。花序长 5~10 cm。苞片线形;萼的下唇 4 齿不明显;花冠上唇裂片近成 90°角叉开。花期 6—7 月。齿叶薰衣草(L. dentata),原产西班牙、法国,小灌木,茎短且纤细,株高 30~60 cm。全株密被白色茸毛,叶片绿色狭长形,叶缘圆锯齿状。花紫红色。不耐寒,比较耐热。花期 6—7 月。羽叶薰衣草(L. pinnata),原产非洲北部、地中海南岸,开展灌木,植株高 30~100 cm。叶片二回羽状深裂,灰绿色,花序 10 cm,深紫色。四季开花。

【生态习性】

喜阳光、耐热、耐旱、极耐寒、耐瘠薄、抗盐碱,栽培的场所需日照充足,通风良好。要求排水良好、微碱性或中性的沙质土。

【繁殖特点】

可播种、扦插、分株繁殖,生产上多采用扦插。播种一般春季进行,播前进行浸种处理有助于发芽,发芽适温 18～24 ℃,14～21 d 发芽。扦插在春、秋季进行,取一年生半木质化枝条为插穗,20～24 ℃条件下,40 d 左右生根。分株繁殖春、秋季均可进行。

【栽培管理特点】

露地栽培时要注意土壤的排水,可将土堆高成畦后再种植。栽植前深翻土壤,施足基肥。定植时间以秋季为好,株距 20～30 cm。花后进行修剪,可使株形紧凑。

【园林适用范围】

适用于花坛、花境,也适于作专类园。

9.2.13　花烛属

【科属】天南星科,花烛属

【学名】*Anthurium*

【原产地】美洲热带

【基本形态】

多年生常绿草本。植株直立,稀蔓生。叶革质,全缘或浅裂、深裂或掌状分裂。佛焰苞披针形、卵形或椭圆形,革质有光泽,绿色、紫色、白色或绯红色,基部常下延。肉穗花序无梗或具短梗,圆柱形、圆锥形或有时成尾状,绿色、青紫色,稀白色、黄色或绯红色(图 9-13)。

【常见种类与品种】

常见栽培的主要种类有花烛(*A. andraeanum*),别名红掌、安祖花,原产哥伦比亚。株高 50～80 cm,因品种而异。具肉质根,无茎,叶从根茎抽出,具长柄,单生,心形,鲜绿色,叶脉凹陷。花腋生,佛焰苞蜡质,正圆形至卵圆形,鲜红色、橙红肉色、白色,肉穗花序,圆柱状,直立。四季开花。火

图 9-13　花烛

鹤花(*A. scherzerianum*),别名红鹤芋、席氏花烛,原产中美洲的危地马拉、哥斯达黎加。植株直立,叶深绿。佛焰苞火红色,肉穗花序呈螺旋状扭曲。水晶花烛(*A. crystallinum*),原产哥伦比亚。茎叶密生。叶阔心形,暗绿色,有绒光,叶脉银白色,叶背淡紫色。花茎高出叶面,佛焰苞窄,褐色。是以观叶为主的种类。

【生态习性】

性喜温热多湿而又排水良好的环境,怕干旱和强光暴晒。其适宜生长昼温为 26～32 ℃,夜温为 21～32 ℃。所能忍受的最高温为 35 ℃,可忍受的低温为 14 ℃。喜半阴,光强以 16 000～20 000 lx 为宜,空气相对湿度以 70%～80% 为佳。环境条件适宜可周年开花。

【繁殖特点】

主要采用播种、分株和组培繁殖。种子应随采随播,发芽适温 25 ℃,2～3 周发芽,3～4 年开花。分株繁殖是对根颈部的蘖芽进行分割。目前花烛规模化生产主要应用组培繁殖,以叶片或幼嫩叶柄为外植体,20～30 d 形成愈伤组织,30～60 d 愈伤组织分化出芽。组培苗种植 3 年可开花。

【栽培管理特点】

花烛切花和盆花栽培需在温室内进行。浇水以滴灌为主,结合叶面喷灌。生长季节应薄肥勤施,对氮肥、钾肥的需求较大。生长期应注意温度、

湿度和光照调节。夏季高温期应遮阳、喷雾、通风、降温，遮光率 75%～80%；冬季保持 20～22 ℃室温，遮光率 60%～65%。

【园林适用范围】

花烛属花卉，四季常绿，花色丰富，苞美叶秀，花叶共赏，是世界重要名贵切花和盆花。较耐阴，可作林荫下地被栽植。

9.2.14　天竺葵

【科属】牻牛儿苗科，天竺葵属

【学名】*Pelargonium hortorum*

【俗名】洋绣球、石蜡红

【原产地】南非

【基本形态】

多年生草本，株高 30～60 cm。茎直立，基部木质化，通体密被柔毛，具鱼腥味。叶互生，圆形或肾形，边缘波状浅裂，叶面通常有暗红色马蹄形环纹。伞形花序腋生，花瓣 5 枚，下面 3 枚常较大，花红、橙红、粉红或白色，有半重瓣、重瓣和四倍体品种。花期 5—7 月（图 9-14）。

图 9-14　天竺葵

【常见种类与品种】

同属有 250 种，常见栽培的其他种类有大花天竺葵（*P. domesticum*），又名蝴蝶天竺葵、洋蝴蝶、家天竺葵，原产非洲南部。多年生草本，高 30～40 cm，茎直立，基部木质化，被开展的长柔毛。叶互生，边缘具不规则的锐锯齿，有时 3～5 浅裂。叶上无蹄纹。伞形花序与叶对生或腋生，花冠粉红、淡红、深红或白色，上面 2 片花瓣较宽大，具黑紫色条纹。花期 7—8 月。香叶天竺葵（*P. graveolens*），多年生草本或灌木状，高可达 1 m。茎直立，基部木质化，密被柔毛，有香味。叶掌状 5～7 裂达中部或近基部，裂片长圆形或披针形，小裂片具不规则齿裂或锯齿。伞形花序与叶对生，具 5～12 花。花瓣玫瑰色或粉红色，上面 2 片花瓣较大。花期 5—7 月。盾叶天竺葵（*P. peltatum*），多年生攀缘或缠绕草本，长达 1 m。茎具棱角，多分枝，无毛或近无毛。叶盾形，五角状浅裂或近全缘。伞房花序腋生，有花数朵，花有洋红、粉、白、紫等色，上面 2 瓣具深色条纹，下面 3 瓣分离。花期 5—7 月。马蹄纹天竺葵（*P. zonale*），多年生草本，亚灌木状。株高 30～40 cm，茎直立，圆柱形，肉质。叶倒卵形，叶面有深褐色马蹄状斑纹，叶缘具钝锯齿。花瓣同色，上面 2 瓣较短，有深红至白等色。花期夏季。

【生态习性】

喜阳光充足，怕高温。喜凉爽，不耐寒。喜干燥，忌水湿。宜疏松肥沃、排水良好的沙质壤土。

【繁殖特点】

可采用扦插和播种繁殖。扦插于春、秋进行，选一年生健壮嫩枝剪取插穗，切口经晾干后再行扦插。土温 10～12 ℃，1～2 周生根。播种繁殖春、秋均可进行，发芽适温 20～25 ℃，7～10 d 发芽。

【栽培管理特点】

盆栽时，选用腐叶土、河沙和园土混合的培养土。适宜生长温度 16～24 ℃，冬季白天温度保持在 15 ℃，夜间不低于 5 ℃，保持光照充足，可开花不绝。生长期要加强肥水管理，浇水应掌握不干不浇、浇则浇透的原则。

南方用于园林地栽时，应选择排水良好、不易积水的地段，土壤应是富含腐殖质、排水透气性良好的沙质壤土。栽前深翻土壤、施足基肥。可通过整形修剪，使植株冠形丰满紧凑。花后或秋后适当进行短截疏枝，有利于翌年生长开花。

【园林适用范围】

天竺葵是重要的盆栽花卉，园林中常用作春夏花坛材料。冬暖夏凉地区可露地栽植，作花坛、花境等。

9.2.15　鹤望兰

【科属】旅人蕉科,鹤望兰属

【学名】*Strelitzia reginae*

【俗名】极乐鸟花、天堂鸟

【原产地】南非

【基本形态】

多年生常绿草本。株高 1～2 m,茎极短而不明显。叶两侧排列,革质,长圆状披针形,长 25～45 cm,宽约 10 cm。叶柄长为叶长的 2～3 倍。花数朵生于一约与叶柄等长或略短的总花梗上,下托一佛焰苞;佛焰苞舟状,绿色,边紫红,萼片披针形,橙黄色,箭头状花瓣基部具耳状裂片,和萼片近等长,暗蓝色。花期 4～9 月。小花由下向上依次开放,好似仙鹤翘首远望,故名鹤望兰(图 9-15)。

图 9-15　鹤望兰

【常见种类与品种】

常见栽培种和品种有尼可拉鹤望兰(*S. nicolai*),茎高达 8 m,木质。叶长圆形,基部圆并偏斜;叶柄长 1.8 m。花序腋生,常有 2 枚大型佛焰苞,花序轴较叶柄短;佛焰苞绿色或深紫色。萼片白色,下方的 1 枚背生龙骨状脊突;箭头状花瓣天蓝色,中央花瓣极小。大鹤望兰(*S. augusta*),又称大白鹤望兰,是本属中最大的种,株高 10 m,茎干木质化,

叶柄长 60～120 cm。花序大,呈船形,有短柄,总苞淡紫色,萼片白色,花瓣纯白色。花期 10—11 月。棒叶鹤望兰(*S. juncea*),又称无叶鹤望兰、小叶鹤望兰,株高 60～100 cm。叶非常小,棒状,生于高得像茎的叶柄上。苞片绿色,边缘红色,萼片黄色或橙红色,花瓣蓝色。花期秋冬。邱园鹤望兰(*S. kewensis*),是白花鹤望兰和鹤望兰的杂交种。株高 1.5 m,叶大柄长。花大、花萼和花瓣均为淡黄色,具淡紫色斑点。花期春夏季。金色鹤望兰(*S. golden*),株高 1.8 m,花大,花萼、花瓣均为金黄色。

【生态习性】

喜温暖湿润气候,不耐寒。喜阳光充足,忌夏季强光直射。生长适温 23～25 ℃,0 ℃以下易受冻害,30 ℃以上会导致休眠。要求富含腐殖质、排水良好的土壤。

【繁殖特点】

以分株繁殖为主,也可播种繁殖。分株宜在 4—5 月进行,用利刀从根颈处将株丛切开,每株保留 2～3 个蘖芽,切口涂草木灰,阴凉处放半日后栽种。鹤望兰是鸟媒植物,需人工辅助授粉才能结实。种子宜随采随播,发芽适温 25～30 ℃,20～30 d 生根,40～50 d 发芽,3～5 年后开花。

【栽培管理特点】

鹤望兰在广东、广西、海南等暖热地区可露地栽培,长江以南的温暖地区可在双层膜覆盖下越冬,北方则需要温室栽培。鹤望兰为直根系,盆栽需用高盆。盆土用疏松肥沃的园土、草炭土、河沙混合而成的配成土。生长旺盛期水肥供应要充足,夏季应适当遮阳。

【园林适用范围】

鹤望兰花型奇特、叶大姿美,观赏价值极高,又名天堂鸟,名称优美。是大型高端盆栽花卉,也是高档切花材料。华南地区可用于庭院种植或花境。

9.2.16　柳叶马鞭草

【科属】马鞭草科,马鞭草属

【学名】*Verbena bonariensis*

【俗名】南美马鞭草、长茎马鞭草

【原产地】南美洲

【基本形态】

多年生草本，株高 100～150 cm。茎四方形，全株有纤毛。叶十字对生，初期叶为椭圆形，花茎抽高后叶转为细长形如柳叶状。聚伞花序，小筒状花着生于花茎顶部，花冠 5 裂，紫红色或淡紫色。花期5—9月（图 9-16）。

图 9-16　柳叶马鞭草

【常见种类与品种】

马鞭草（V. officinalis），多年生草本，高 30～120 cm。茎四方形，近基部可为圆形，节和棱上有硬毛。叶片卵圆形至倒卵形或长圆状披针形。穗状花序顶生或腋生，细弱。花冠淡紫至蓝色。花期 6—8 月。

【生态习性】

柳叶马鞭草喜温暖气候，生长适温为 20～30 ℃，不耐寒，10 ℃以下生长较迟缓，在全日照的环境下生长为佳。对土壤要求不严，排水良好即可，耐旱能力强，需水量中等。

【繁殖特点】

可用播种、扦插及分株繁殖。生产中以播种繁殖为主，春季播种，发芽适温 20～25 ℃，播后 10～15 d 发芽，从播种到开花需要 3～4 个月。扦插一般在春、夏两季进行，以顶芽为插穗，扦插后约 4 周即可成苗。分株繁殖是在春季对母本根系进行切割分株。

【栽培管理特点】

定植前要确保土壤条件良好，翻耕除草、施足基肥。定植株距 40～60 cm，定植后浇透水，保证土面下 20 cm 的土层保持湿润状态。柳叶马鞭草非常

耐旱，养护过程中要"间干间湿"，不可过湿。在最低温度 0 ℃以上的地区可安全越冬，长江以北地区一般用作一年生栽培。

【园林适用范围】

柳叶马鞭草在园林布置中应用很广，由于其片植效果极其壮观，常常被用于疏林下、植物园和别墅区的景观布置，开花季节犹如一片粉紫色的云霞，令人震撼。

9.2.17　蓝目菊

【科属】菊科，蓝目菊属

【学名】*Osteospermum ecklonis*

【俗名】南非万寿菊、非洲雏菊

【原产地】南非

【基本形态】

多年生宿根草本，株高 20～60 cm。基生叶丛生，茎生叶互生，羽裂。顶生头状花序，总苞有绒毛，舌状花单轮，有白色、紫色、淡色、橘色等，管状花蓝紫色，花径 5～6 cm。花期夏、秋（图 9-17）。

图 9-17　蓝目菊

【生态习性】

喜温暖、湿润环境，喜阳光充足，中等耐寒，可忍耐−5～−3 ℃的低温。耐干旱。喜疏松肥沃、排水良好的沙质壤土。气候温和地区可全年生长。

【繁殖特点】

播种或扦插繁殖。春、秋均可播种，发芽适温 18～21 ℃，7～10 d 发芽，播后 3～4 个月开花。扦插繁殖南方地区一般在春、秋均可，北方在春季进行，约 15 d 生根。

【栽培管理特点】

盆栽基质宜选用通透性好、富含有机质的培养土。移栽后摘心,可促进分枝。盆土应保持见干见湿。苗期多施氮肥,生长后期多施磷钾肥。露地种植应选择光照充足的地方,夏季应注意排水防涝。

【园林适用范围】

适于作花坛、花境,也可盆栽观赏。

9.2.18　'特丽莎'香茶菜

【科属】唇形科,延命草属

【学名】*Plectranthus ecklonii* 'Mona Lavender'

【俗名】莫纳薰衣草、'艾氏'香茶菜、莫娜紫

【原产地】南非

【基本形态】

多年生草本,株高 75 cm。叶对生,被茸毛,叶缘有锯齿,深绿有光泽,叶背浓紫色。轮伞花序聚合成穗状花序,顶生或腋生。花淡紫色,花冠筒细长,先端二唇形,带有紫色斑纹。花期四季(图 9-18)。

图 9-18　'特丽莎'香茶菜

【生态习性】

性喜温暖湿润,略耐寒。喜阳光充足,也耐半阴。喜肥沃疏松,排水良好的土壤。生长适温 16～27 ℃。四季可开花,短日照条件下有利开花。

【繁殖特点】

可播种、扦插、分株繁殖。生产中多用扦插繁殖,春、秋两季均可进行。

【栽培管理特点】

生长期应保持盆土湿润。该植物喜肥,生长期应肥力充足,每次花谢后,可每隔 2 周施一次复合液

肥。秋后短截可促进分枝使株形丰满紧密。可以耐 0 ℃的低温,长江以南地区可露地种植。

【园林适用范围】

适用于花坛、花境,也可盆栽观赏。

9.2.19　山桃草

【科属】柳叶菜科,山桃草属

【学名】*Gaura lindheimeri*

【俗名】千鸟花、白桃花、白蝶花

【原产地】北美

【基本形态】

多年生草本,株高 60～100 cm。茎直立,多丛生,入秋变红色,被长柔毛。叶无柄,椭圆状披针形或倒披针形,边缘有细齿或呈波状。花序长穗状,顶生,不分枝或有少数分枝,直立,长 20～60 cm;花蕾白色略带粉红,初花白色,谢花时浅粉红。有紫叶和花叶品种。花期 5—8 月(图 9-19)。

图 9-19　山桃草

【生态习性】

性耐寒,喜凉爽及半湿润环境。要求阳光充足、疏松肥沃、排水良好的沙质壤土。喜阳光充足,耐半阴。耐干旱,忌涝。

【繁殖特点】

以播种繁殖为主,也可分株繁殖。秋季播种,发芽适温 15～20 ℃,12～20 d 发芽。山桃草不耐移植,宜直播。

【栽培管理特点】

栽植地点需光照充足,土壤疏松肥沃,排水良好。株距 15 cm。春季株高 15 cm 左右时可摘心,

促进分枝使株形紧凑,防倒伏。

【园林适用范围】

山桃草花多而繁茂,植株婀娜轻盈,可用于花坛、花境,或做地被植物群栽,与柳树配植或用于点缀草坪效果甚好。

9.2.20 翠芦莉

【科属】爵床科,单药花属

【学名】*Aphelandra simplex*

【俗名】蓝花草、兰花草

【原产地】墨西哥

【基本形态】

多年生草本,株高20~60 cm,高性品种可1 m。茎略呈方形,红褐色。叶对生,线状披针形,全缘或疏锯齿。花腋生,花径3~5 cm。花冠漏斗状,5裂,具放射状条纹,多蓝紫色,少数粉色或白色。花期3—10月(图9-20)。

图9-20 翠芦莉

【生态习性】

性强健,适应性广,对环境条件要求不严。耐旱和耐湿力均较强。喜高温,耐酷暑,生长适温22~30 ℃。不择土壤,耐贫瘠力强,耐轻度盐碱。对光照要求不严,全日照或半日照均可。

【繁殖特点】

可用播种、扦插或分株等方法繁殖,春、夏、秋三季均可进行。种子宜随采随播,也可常温贮藏。宜用通透性好、富含养分的土壤作为播种基质,发芽适温20~25 ℃,5~8 d发芽。扦插选取生长健壮的嫩稍为插穗,20~30 ℃的条件下15~20 d可生根移栽。分株在春季新芽未萌发前进行。

【栽培管理特点】

宜选择阴天或傍晚进行栽植,移栽后浇透水。生长期间适量浇水,土壤保持湿润即可。为保持株形美观,需定期修剪或摘心,以控制株高。植株老化时需强剪,促使新枝萌发,株形丰满。

【园林适用范围】

翠芦莉具有适应性强、花色优雅、花姿美丽、养护简单的特点,尤其是耐高温能力强,适用于花坛、花境,矮生品种也可作地被。因其抗旱、抗贫瘠和抗盐碱能力强,可与岩石、墙垣或砾石相配,形成独具特色的岩石园景观。

10.1 概述

10.1.1 球根花卉的定义

球根花卉(flowering bulbs)是指具有由地下茎或根变态形成的膨大部分的多年生草本花卉,也包含少数地上茎或叶发生变态膨大者。

10.1.2 球根花卉的类型

全世界栽培的球根花卉有数百种,其中属单子叶植物的约 10 个科;属双子叶植物的约 8 个科。按地下部分的器官形态,可分为下列种类:鳞茎类、球茎类、块茎类、根茎类和块根类。

10.2 常见球根花卉

10.2.1 风信子

【科属】百合科,风信子属
【学名】*Hyacinthus orientalis*
【俗名】洋水仙、五色水仙
【原产地】南欧地中海东部沿岸、小亚细亚半岛
【基本形态】

多年生秋植球根花卉;鳞茎球形或扁球形,具带光泽的鳞茎皮。株高 20～30 cm。叶基生,4～6 枚,带状披针形,质感肥厚,有光泽。总状花序顶生,小花密生于花茎,着花 6～12 朵或 10～20 朵;花钟状,斜伸或下垂,花冠 6,裂片端部向外反卷,整个花序看起来充实而丰盈;常见栽培红、粉、白、蓝、紫、黄、橘黄等各色品种,多数园艺品种具香气;花期 3—4 月。蒴果黄褐色,果期 5 月(图 10-1)。

图 10-1 风信子

【常见种类和品种】

栽培品种极多,目前世界上荷兰最多,为其重要的外贸商品,中国各地亦有栽培。常见单瓣品种:早花种粉色花的'Anna Marie'、'Pink Pearl',中花种'Lady Derby',晚花种'Marconi'。重瓣品种国内基本无栽培,常见有:粉色花的'Rosette'、

'Rose of Naples'、'Pink Royale'、红色花的'Holly-hock'。

【生态习性】

喜冬季温暖、空气湿润、夏季凉爽稍干燥的环境。较耐寒,在冬季较温暖地区秋季生根早春新芽出土,6月上旬地上部分枯萎而进入休眠。在休眠期进行花芽分化,分化适温25 ℃左右,分化时间1个月左右。花芽分化后至伸长生长之前要有2个月左右的低温阶段,气温不能超过13 ℃。喜肥,宜在排水良好、肥沃的沙壤土中生长,在黏重地生长极差。

【繁殖特点】

风信子是重要的秋植球根花卉,生产中以分球繁殖为主。母球栽植1年后分生子球,秋季栽植前将母球周围自然分生的子球分离,另行栽植,子球栽培需3年开花。为培育新品种,亦可以播种繁殖,种子采收后即播,翌年2月才发芽,培养4~5年后能开花。

【栽培管理特点】

栽培时,要施足基肥,冬季及开花前后,还要各施追肥1次。采收后不宜立即分球,种植时再分,以免分离后留下的伤口于夏季储藏时腐烂,干燥保存;鳞茎的储藏温度为20~28 ℃,最适为25 ℃,对花芽分化最为理想。风信子在生长过程中鳞茎在2~6 ℃低温时根系生长最好,芽萌动适温为5~10 ℃,叶片生长适温为5~12 ℃,现蕾开花期15~18 ℃ 最有利;可耐受短时霜冻。

【园林适用范围】

可用作花坛、花境、盆栽、水养、切花。风信子植株低矮而整齐,花期早,花色艳丽,是春季布置花境、花坛的优良材料;也可以在草地边缘种植成丛成片的风信子,增加色彩;还可以盆栽欣赏或像水仙一样用水养,将其球茎置于小口的锥形玻璃瓶上,让它的根刚好触及水面,既可以欣赏开花后的丰姿,还可以观察根的动态。高型品种可作切花用。

10.2.2 郁金香

【科属】百合科,郁金香属

【学名】*Tulipa gesneriana*

【俗名】洋荷花、草麝香

【原产地】地中海沿岸、中亚细亚、土耳其山区、中国新疆等地

【基本形态】

多年生秋植球根花卉,鳞茎扁圆锥形,皮膜棕褐色,纸质。株高20~90 cm。叶3~5枚,光滑被白粉,条状披针形至卵状披针形,全缘并呈波状,常有毛。花单朵顶生,大型而艳丽;花被片6,离生,长5~7 cm,宽2~4 cm;花色有白、粉、红、紫、褐、黄、橙等各单色或复色,并有条纹及重瓣品种;花期3~5月,花白天开放,傍晚或阴雨天闭合。蒴果,种子扁平(图10-2)。

图10-2 郁金香

【常见种类和品种】

郁金香的栽培已有2 000多年的历史。现在世界各国栽培的郁金香是高度杂交的园艺杂种,其花色、花形是春季球根花卉中最丰富的,品种达8 000个之多,包括早花类、中花类、晚花类、原种及杂种。重要原种包括克氏郁金香(*T. clusiana*)、福斯特郁金香(*T. fosteriana*)、郁金香(*T. gesneriana*)、香郁金香(*T. suaveolens*)、格里吉郁金香(*T. greigii*)、考夫曼郁金香(*T. kaufmanniana*)等。

【生态习性】

耐寒性强,冬季鳞茎可耐−35 ℃低温,不耐夏季炎热气候;喜光照充足;喜排水好的肥沃土壤,pH 6~7.8均可正常生长,但在中性或微碱性土壤中生长最好。种植后根系首先伸长,生长温度5~22 ℃,最适温度15~18 ℃。茎叶必须经过低温春

花,花芽分化适温 20 ℃,花茎伸长适温 9 ℃。高温季节以后茎叶变黄枯萎,开始进入休眠状态。

【繁殖特点】

以球根繁殖为主。鳞茎寿命 1 年,新老鳞茎每年演替一次,母球在当年开花并分生新球及子球后,便干枯死亡,同时形成多个子球,不同品种郁金香的子球数量差异大;适宜切花栽培的郁金香种球一般围径在 12 cm 以上,且发育丰满健壮;其根系再生力弱,断折后难以继续生长。

【栽培管理特点】

秋植,要深耕整地,施足基肥,栽植前一个月进行土壤消毒;开沟 20 cm 深筑成高畦。种球栽植前去除皮膜,注意勿伤根盘,然后用 3‰高锰酸钾溶液或 500 倍的多菌灵液浸泡 20~30 min;覆土厚度为球高的 2 倍,过深易烂球。一般株距 5~8 cm,行距 15~20 cm。栽后需适当灌水,促使生根。

【园林适用范围】

郁金香象征胜利和美好,是最重要的春季开花的球根花卉。郁金香花形高雅独特,花色丰富,开花非常整齐,令人陶醉,是优秀的花坛或花境花卉;丛植于草坪、林缘、灌木间、小溪边、岩石旁都很美丽,也是适宜种植钵的美丽花卉,还是切花的优良材料及早春重要的盆花。

10.2.3 百合

【科属】百合科,百合属

【学名】*Lilium* spp.

【俗名】散莲花

【原产地】北温带、亚热带

【基本形态】

多年生草本,株高 40~150 cm,地下鳞茎扁球形或阔卵状球形,外无皮膜,由多数肥厚肉质鳞片重叠抱合而成;根分为基生根和茎生根。地上茎直立,圆柱形,不分枝或少数种类有分枝。叶螺旋状散生,少有轮生,叶线形、披针形至椭圆形。花单生、簇生或成总状花序排成伞房状;花朵大形,直立、平伸或下垂;花被片 6 枚,基部具蜜腺,离生,排成 2 轮,常组合成漏斗形、喇叭形、钟形、碗形和杯形等各种花型。有些种类的花被片向外反卷,有的在

花被片中下部散生紫红色斑点。雄蕊 6 枚,花药呈"丁"字形着生,不同品种花药颜色不同。雌蕊位于花中央,花柱较长,柱头膨大,3 裂。蒴果,种子扁平、多数(图 10-3)。

图 10-3 东方百合

【常见种类与品种】

全世界百合属植物大约 100 种,我国 40 余种。常见的种类有兰州百合(甜百合)(*L. davidii* var. *unicolor*)、卷丹(药百合、宜兴百合)(*L. lancifolium*)和百合(龙牙百合)(*L. brownii* var. *viridulum*)和山丹(细叶百合)(*L. pumilum*)等。

目前,作为花卉应用的原种不多,更多的是栽培品种,常见栽培的品种类群有亚洲杂种品种群(Asiatic Hybrids),包括以中国卷丹与荷兰杂种百合 *L.* ×*hollandicum*(有毛百合与渥丹的种质)杂交育成的著名切花系统"中世纪杂种"Mid-Century Hybrids 和以中国的川百合、毛百合作亲本育成的各杂种类型。麝香百合杂种品种群(Logiflorum Hybrids),其中包括原产中国台湾的台湾百合与麝香百合杂交育成的新铁炮百合杂种。东方杂种品种群(Oriental Hybrids),含以湖北百合杂交育成的各种类型以及日本的天香百合 *L. auratum*、鹿子百合 *L. speciosum*、日本百合 *L. japonicum*、红花百合 *L. rubellum* 育成的杂种类型。

【生态习性】

百合性喜凉爽、湿润的半阴环境,较耐寒。喜干旱,怕水涝,忌连作。生长于肥沃、深厚的沙质土

壤,一般要求 pH 5.5～6.5。生长适温为 20～25 ℃,夜温 15～17 ℃最为理想,低于 10 ℃或高于 30 ℃均生长不良。促成栽培的鳞茎必须通过 3～5 ℃低温储藏 4～6 周。

【繁殖特点】

以分球和扦插繁殖为主,也可播种及组培繁殖。花后休眠期,将鳞茎挖掘出,剥离鳞茎周围的小球,另行栽植。分栽的大鳞茎秋植,第二年即可开花,较小的鳞茎需经 2～3 年才能开花。扦插繁殖(埋片繁殖),通常将健康百合种球上的鳞片掰下,消毒,与潮湿的草炭混合后装入打孔的塑料袋中,在黑暗、温暖条件下培养,注意定时翻动和调节塑料袋口,控制袋内湿度,经过 6～8 周鳞片即可长出小鳞茎,小鳞茎定植露地,需要 3～5 年才能开花。也可露地直接播种鳞片,开花要比扦插晚一些。播种繁殖不常见,只是在杂交育种中用得较多。为了获得百合的无毒苗,常采用组培脱毒、快速繁殖。

【栽培管理特点】

露地栽培一般秋后植球。定植前施足基肥,做高床(高畦),根据气候、土质和种球大小等实际情况,一般选择株行距为 10 cm×15 cm 或 12 cm×20 cm 为佳,种植深度为种球的 2～3 倍,通常每亩栽 1.5 万株左右,一般百合产量与投种(栽培用鳞茎)为 1∶34。通常温室栽培可周年生产,根据供花时间来确定栽植时间。盆栽土壤以腐叶土、培养土和粗沙的混合土为宜。

【园林适用范围】

百合是世界花卉市场上著名的五大鲜切花之一,同时矮生品种也用于盆栽和地被。其中,东方杂种品种群中的'西伯利亚'('Siberia')和'索邦'('Sorbonne')在我国百合鲜切花中栽培面积最大。我国的兰州百合、卷丹和百合是常见的保健蔬菜,而卷丹、百合和山丹是中药中的常用药材。

10.2.4 葱莲

【科属】石蒜科,葱莲属

【学名】*Zephyranthes candida*

【俗名】葱兰、玉帘、菖蒲莲

【原产地】原产南美洲

【基本形态】

多年生常绿球根草本,丛生状。鳞茎狭卵形,具明显的颈部。株高 10～20 cm。叶基生,狭线形,肥厚,亮绿色,长 20～30 cm,宽 2～4 mm。花茎中空;花单生于花茎顶端,下有红褐色膜质苞片,苞片顶端 2 裂;花梗长约 1 cm;花白色,几无花被管,花被片 6,长 3～5 cm;花期 7—10 月。蒴果近球形,3 瓣开裂,种子黑色,扁平(图 10-4)。

图 10-4 葱莲

【常见种类和品种】

黄花葱莲(*Z. citrina*),花单生,腋生,长 15～20 cm,花漏斗状,金黄色。

【生态习性】

喜光照充足、温暖、湿润环境;抗性强,半阴处也生长良好。有一定耐寒性。生长强健,耐旱,耐高温,生长适温 22～30 ℃。要求排水良好、富含腐殖质的稍黏质壤土。

【繁殖特点】

常分球繁殖,多春植。葱莲鳞茎分生能力强,成熟的鳞茎可以从基盘上分生 10 多个小鳞茎。也可播种繁殖。

【栽培管理特点】

一般在秋季老叶枯萎后或春季新叶萌发前掘起老株,将小鳞茎连同须根分开栽种,每穴种 3～5 个,栽种深度以鳞茎顶稍露土为度;一次分球后可隔 2～3 年再行分球。发芽前控制水分,在生长旺期应视苗势酌情追肥、浇水。葱莲性强健,养护管理粗放。

【园林适用范围】

葱莲植株低矮,叶丛碧绿,开花后密集的花朵覆盖整个株丛,色彩或浓艳或淡雅,观赏价值高。最适合作花坛、花径、草地镶边栽植,亦可作半阴处地被花卉。配以可爱的粉红色花卉,散植于素雅的葱莲绿茵之中,是引人注目的夏季缀花草坪。也可盆栽观赏。

10.2.5　六出花

【科属】石蒜科,六出花属

【学名】*Alstroemeria hybrida*

【俗名】智利百合、秘鲁百合

【原产地】南美洲

【基本形态】

多年生草本花卉。根茎肉质肥厚,横卧。株高45~60 cm,茎直立,不分枝。叶互生,披针形,呈螺旋状排列。伞形花序,花多,3~8束,每束着花2~3朵;小花具梗,花被片倒卵形,6枚,无筒;内轮花瓣具深色条纹或斑点;花期夏季(图10-5)。

图 10-5　六出花

【常见种类和品种】

常见品种有'金黄'六出花('Aurea'),花金黄色;'纯黄'六出花('Lutea'),花黄色;'橙色多佛尔'('Dover Orange'),花深橙色。

适合盆栽的新品种有'英卡·科利克兴'('Inca

Collection'),株高15~40 cm,花淡橙色,具红褐色条纹斑点,耐寒;'小伊伦尔'('Little Elanor'),花黄色;'达沃斯'('Davos'),花蝴蝶形,白色,具淡粉晕;'卢纳'('Luna'),花黄色,具紫绿色斑块和褐红色条纹斑点;'托卢卡'('Toluca'),花玫瑰红色有白色斑块,具褐红色条纹斑点;'黄梦'('Yellow Dream'),花黄色,有红褐色条纹斑点。

【生态习性】

六出花喜温暖,较耐寒;生长适温为15~25 ℃,最佳花芽分化温度为20~22 ℃。喜光,耐半阴;属长日照植物,生长期日照在60%~70%最佳,可适当遮阳。土壤以疏松、肥沃、排水良好、pH 6.5左右的沙质壤土为宜。

【繁殖特点】

可分株繁殖,六出花有横卧地下的根茎,其上着生许多隐芽,将根茎分段切开栽培,可萌发为新株。也常播种繁殖。还可以组培繁殖。

【栽培管理特点】

分株繁殖于花后10月进行,如作切花栽培,株行距一般为40 cm×50 cm。秋冬季播种,经过1个月0~5 ℃的低温,种子逐渐萌动;发芽后温度维持在10~20 ℃,生长迅速;当幼苗长至4~5 cm时,及时移植。

在生长旺盛季节应有充足的水分供应和较高的空气湿度,相对湿度控制在80%~85%较为适宜;冬季温度较低时应注意控制水分。花期适宜半阴环境。休眠期保持干燥。

【园林适用范围】

六出花花色丰富,花形奇特美丽,是优良的新颖切花。近年来,已开始盆栽。还可配置花坛、花境。

10.2.6　朱顶红

【科属】石蒜科,朱顶红属

【学名】*Hippeastrum rutilum*

【俗名】百枝莲、华胄兰

【原产地】巴西

【基本形态】

多年生球根草本。鳞茎近球形,株高30~60 cm。叶4~8枚,二列状着生,鲜绿色,带形,长

约 30 cm。花茎自叶丛外侧抽出,粗壮而中空,扁圆柱形,高约 40 cm,宽约 2 cm,具白粉;伞形花序,花 3～6 朵,花梗纤细;花大型,漏斗状,红色;佛焰苞状总苞片披针形,长约 3.5 cm;花被管绿色,圆筒状,长约 2 cm;花被裂片长圆形,顶端尖。花期夏季(图 10-6)。

图 10-6 朱顶红

【常见种类和品种】

杂交种很多。其花色繁多,有白、粉、红、暗朱红、深红、白花红边等,十分艳丽。

【生态习性】

喜温暖、湿润、阳光不过于强烈的环境,稍耐寒。生长适温 18～25 ℃;冬季休眠期要求冷凉干燥,气温 10～13 ℃,越冬温度不可低于 5 ℃。在中国云南地区可全年露地栽培,华东地区稍加覆盖便可越冬,而华北地区仅作温室盆栽。要求富含腐殖质、疏松肥沃而排水良好的沙质壤土。

【繁殖特点】

可进行分球繁殖,春季 3—4 月将大球周围着生的小鳞茎剥下另行栽种;亦可进行种子繁殖。

【栽培管理特点】

球根分栽时要注意浅栽,将小鳞茎的顶部露出地面为宜;勿伤小鳞茎的根。初栽浇水量宜少,以后逐渐加量;生长期需给予充分的水肥;随叶片伸长,逐渐追肥;花后也需要追肥,促进鳞茎生长。种子繁殖,需采后即播;种子采收后,不可干燥,应立即播种;约 1 周后发芽,出芽率高。

【园林适用范围】

花境、丛植、切花、盆栽。

10.2.7 中国水仙

【科属】石蒜科,水仙属

【学名】*Narcissus tazetta* var. *chinensis*

【俗名】凌波仙子、金盏银台、玉玲珑、天蒜、雅蒜

【原产地】亚洲东部

【基本形态】

多年生秋植球根花卉。鳞茎卵球形,多汁液,含有石蒜碱、多花水仙碱等多种生物碱,有毒。叶宽线形,扁平,长 20～40 cm,宽 8～15 mm,钝头,全缘,粉绿色。花茎与叶近等长;伞形花序着花 4～8 朵;佛焰苞状总苞片膜质;花梗长短不一;花被管细,灰绿色,近三棱形,长约 2 cm;花被裂片 6,卵圆形至阔椭圆形,顶端具短尖头,白色;副冠浅杯状,淡黄色,长不及花被的一半。花芳香,花期春季。蒴果开裂(图 10-7)。

图 10-7 中国水仙

【常见种类和品种】

中国水仙是栽培广泛的 *N. tazetta* 的重要变种之一,主要集中于中国东南沿海。常见品种有'金盏银台',单瓣,具黄色浅杯状副冠,香味浓。'玉玲珑',重瓣,副冠瓣化,并有皱褶,黄白相间,香味浓。

【生态习性】

水仙喜光、喜水、喜肥,适于温暖、湿润及阳光充足的地方,耐微阴;多数种类耐寒,在中国华北地

区不需保护即可露地越冬。但尤以冬无严寒、夏无酷暑、春、秋季多雨的环境最为适宜。如栽植于背风向阳处,生长开花更好。对土壤要求不严格,但以土层深厚肥沃、湿润而排水良好的黏质壤土为最好,以中性和微酸性土壤为宜,pH 5～7.5 均宜生长。

【繁殖特点】

以分球繁殖为主,水仙鳞茎自然分生力强。

【栽培管理特点】

秋季分球繁殖,将母球上自然分生的小鳞茎(俗称脚芽)掰下来作种球,另行栽植。覆土为球高2 倍,覆土过浅、小球发生多,影响球根花芽质量。水仙喜肥,除要求有充足的基肥外,生育期还应多施追肥。水仙可水养,旱地栽培宜多浇水。盆栽水仙时,白天要将花盆放置在阳光充足处,才可以使水仙花叶片宽厚、挺拔、叶色鲜绿,花香扑鼻;否则叶片高瘦、叶色枯黄,甚至不开花。

【园林适用范围】

花境、花坛、片植、地被、切花、水养。

10.2.8　大丽花

【科属】菊科,大丽花属

【学名】*Dahlia pinnata*

【俗名】大理花、天竺牡丹、地瓜花、大丽菊

【原产地】墨西哥热带高原

【基本形态】

多年生草本,株高 40～150 cm。地下具粗大纺锤状肉质块根。茎中空,直立或横卧,多分枝。叶对生,1 至 3 回羽状全裂,上部叶有时不裂,边缘具粗钝锯齿。头状花序顶生,径 5～35 cm,具总长梗。总苞片 2 轮,外层叶质,内层膜质。舌状花颜色丰富,一般中性或雌性,管状花黄色,两性,有时栽培种无管状花。瘦果黑色、扁、长椭圆形。花期夏秋(图 10-8)。

【常见种类与品种】

大丽花属约有 30 种,栽培种和品种极为繁多,重要的原种有红大丽花(*D. coccinea*)、大丽花(*D. pinnata*)、卷瓣大丽花(*D. juarezii*)、树状大丽花(*D. imperialis*)、麦氏大丽花(*D. merckii*)。

图 10-8　大丽花

品种分类有多种方法,依花型分类有单瓣型、领饰型、托桂型、芍药型、装饰型、仙人掌型、球型、蜂窝型、睡莲型、兰花型、披散型等。依花色分类有红、橙、黄、白、粉、淡红、紫红以及复色。依株高分类可分为高型(1.5～2 m)、中型(1～1.5 m)、矮型(0.6～0.9 m)、极矮型(20～40 cm)。依花朵大小分类分为巨型(大于 25 cm)、大型(20～25 cm)、中型(15～20 cm)、小型(10～15 cm)、迷你型(5～10 cm)、可爱型(小于 5 cm)。

【生态习性】

喜凉爽怕炎热,喜阳光怕荫蔽,喜湿润又怕涝。生育适温 10～25 ℃,秋季经轻霜即枯萎。以富含腐殖质、排水良好的中性或微酸性沙质壤土为宜。开花对光周期无严格要求,但短日照条件(日长 10～12 h)能促进花芽分化。

【繁殖特点】

以分根和扦插繁殖为主,也可用播种、嫁接和组培繁殖。

分根繁殖:大丽花的块根是由根颈部发生的不定根膨大而成,仅于根颈部发生新芽,因此在分割块根时必须带有根颈部 1～2 个芽眼,否则不能萌发新株。为了便于识别,常采用预先埋根法进行催芽,待根颈上的不定芽萌发后再分割栽植。分根法通常春季进行,操作简便,成活率高,苗壮,但繁殖系数低。

扦插繁殖:四季均可进行,但以早春最好。插穗取自根颈部发生的脚芽,春插苗经夏秋充分生长,当年即可开花。秋季取植株顶梢或侧梢为插穗。

播种繁殖：花坛或盆栽用的矮生系列品种以及育种时用播种繁殖。春季播种，20 ℃左右，5～10 d发芽，当年开花。大丽花为异花授粉植物，重瓣品种不易获得种子，须进行人工授粉。

【栽培管理特点】

选择排水良好的沙质壤土，深翻土壤，施足基肥。露地定植宜在4月初进行，种植深度以根颈的芽眼低于土面6～10 cm为宜。定植后充分灌水，地温保持在10 ℃以上。对分枝性差的品种，一般在3～4节处摘心，促进分株。切花栽培需搭架拉网。大丽花喜肥，孕蕾前、初花期、盛花期需追肥。土壤需保持湿润，雨季注意排水防涝。

【园林适用范围】

大丽花花型丰富，品种繁多，花大色艳，是作花坛、花境的良好材料，也是重要的盆栽花卉，还可用作切花。

10.2.9 水鬼蕉

【科属】石蒜科，水鬼蕉属

【学名】*Hymenocallis littoralis*

【俗名】美洲水鬼蕉、蜘蛛兰、蜘蛛百合

【原产地】美洲热带地区

【基本形态】

多年生草本，地下部具鳞茎。叶基生，剑形，深绿色，多脉，无柄。花茎扁平，高30～80 cm，顶生伞形花序，着花3～8朵。花白色，花被管纤细，长短不等，长者可达10 cm以上，花被裂片线形，通常短于花被管。花期夏秋（图10-9）。

图10-9　水鬼蕉

【常见种类与品种】

水鬼蕉属约40种，常见栽培种还有美丽水鬼蕉（*H. speciosa*），又名美丽蜘蛛兰，叶宽带形或椭圆形，基部有纵沟。伞形花序着花10～15朵，花雪白色，有香子兰的香气，花被裂片线形，为花被筒长的2倍。花期夏秋。蓝花水鬼蕉（*H. calathina*），又名秘鲁水鬼蕉，叶基生，带状，半直立。花茎二棱形，伞形花序着花2～5朵，无花梗。花喇叭形，白色，浓香，裂片与花筒等长。花期6—8月。

【生态习性】

喜光照充足、温暖湿润环境，不耐寒，畏烈日。夏秋季开花，秋季叶黄进入休眠期，翌年春季重新萌发。花芽在休眠期分化，秋季高温、干燥有利于花芽形成。在东南、华南和西南部分地区水鬼蕉露地栽培多表现为常绿或半常绿。

【繁殖特点】

以分球繁殖为主，也可播种繁殖。

【栽培管理特点】

选择光照充足、富含腐殖质的沙质壤土处进行栽植。栽前深翻土壤，施足基肥。定植前将鳞茎放于温室内光照充足的温暖处，促使根部活动。于4—5月下球，覆土2～3 cm，株距15～20 cm。秋末采收鳞茎，晾干后放8 ℃左右储藏。南方地区可不必挖起，稍加覆盖即可越冬。

【园林适用范围】

水鬼蕉花型奇特，花叶共赏，适宜布置花坛、花境，或用于林缘、草地周围，也可盆栽观赏。

10.2.10 紫娇花

【科属】石蒜科，紫娇花属

【学名】*Tulbaghia violacea*

【俗名】野蒜、非洲小百合、洋韭菜

【原产地】南非

【基本形态】

多年生草本。鳞茎肥厚，呈球形，具白色膜质叶鞘。叶光滑，多为半圆柱形，中央稍空。花茎直立，高30～60 cm，伞形花序球形，具多数花，径2～5 cm，花被粉红色。植株丛生，茎叶均含有韭味。花期5—7月（图10-10）。

图 10-10　紫娇花

图 10-11　雄黄兰

【生态习性】

喜光照充足,喜高温,生育适温 24～30 ℃。耐贫瘠,忌涝。

【繁殖特点】

可用播种、分株或鳞茎繁殖。

【栽培管理特点】

宜选择阳光充足、富含腐殖质、排水良好的沙质壤土地段栽植。栽种深度一般为鳞茎直径的 2～3 倍。对肥料要求不是很高,通常在春季生长开始及开花初期酌施肥料。土壤保持湿润,忌涝。

【园林适用范围】

紫娇花花型清新秀雅,俏丽可爱,且四季常绿,适合作花坛、花境,或用于林缘、草地周围,也可作切花和盆栽观赏。

10.2.11　雄黄兰

【科属】鸢尾科,雄黄兰属

【学名】*Crocosmia crocosmiflora*

【俗名】火星花、标竿花、倒挂金钩、黄大蒜

【原产地】非洲南部

【基本形态】

多年生草本。球茎扁球形,外有纤维质膜包被。叶多基生,剑形,中脉明显。花茎高 50～100 cm,有 2～4 分枝;多花组成疏散穗状花序。花橙黄色,径 3.5～4 cm,花被筒稍弯曲,花被裂片 6,披针形或倒卵形。花期 7—8 月(图 10-11)。

【生态习性】

喜阳光充足,耐寒。在长江中下游地区球茎能露地越冬。适宜生长于排水良好、疏松肥沃的沙壤土,生育期要求土壤有充足水分。

【繁殖特点】

分球繁殖。

【栽培管理特点】

于春季新芽萌发前挖起球茎,分球栽植,株距 10～20 cm,深度约球茎直径的 3 倍。栽种前土壤充分翻耕,并施入腐熟基肥,整成高畦。生育期要注意灌水,保持土壤湿润。萌发后、孕蕾期和花凋后各施追肥 1 次。一般球茎在当年 6—8 月开花,小的球茎翌年才能开花。

【园林适用范围】

雄黄兰有红、橙、黄 3 种花色,耐酷暑,仲夏季节花开不绝,是布置花境、花坛和作切花的好材料。

10.2.12　马蹄莲

【科属】天南星科,马蹄莲属

【学名】*Zantedeschia aethiopica*

【俗名】水芋、观音莲

【原产地】南非、埃及

【基本形态】

多年生草本,株高 60～70 cm,地下块茎肥厚肉质。叶基生,叶片较厚,绿色,心状箭形或箭形,全缘。佛焰苞长 10～25 cm,开张呈马蹄形,管部短,

黄色;檐部略后仰,锐尖或渐尖,亮白色,有时带绿色。肉穗花序圆柱形、黄色,雄花着生在上部,雌花着生在下部。花有香气,花期10月至翌年5月,盛花期4—5月(图10-12)。

图 10-12　马蹄莲

【常见种类与品种】

同属常见的栽培种有黄花马蹄莲(*Z. elliottiana*)、红马蹄莲(*Z. rehmannii*)、银星马蹄莲(*Z. albomaculata*)。

目前常见栽培的品种类型有白柄种:块茎较小,生长较慢,植株较矮小。但开花早,着花多,产量高。花梗白色,佛焰苞大而圆。红柄种:叶柄基部稍带红晕,植株较高大,开花稍晚于白柄种,佛焰苞较圆。青柄种:块茎肥大,植株高大,生长旺盛,开花迟。叶柄基部绿色,花梗粗壮,略呈三角形。佛焰苞长大于宽,端尖且向后翻卷,基部有明显的皱褶,黄白色,花较小。

【生态习性】

性强健,喜温暖、湿润气候,不耐寒,不耐干旱,较耐水湿。生长适温为20℃左右,越冬应在5℃以上。冬季需充足的日照,光照不足着花少,稍耐阴。夏季阳光过于强烈灼热时适当进行遮阳。喜疏松肥沃、腐殖质丰富的黏壤土。其休眠期随地区不同而异。在中国长江流域及北方栽培,冬季宜移入温室,冬春开花,夏季因高温干旱而休眠;而在冬季不冷、夏季不干热的亚热带地区全年不休眠。

【繁殖特点】

以分球繁殖为主,也可播种及组培繁殖。花后

或夏季休眠期,将块茎挖掘出,剥离块茎周围的小球,另行栽植。分栽的大块茎经1年培育即可成为开花球,较小的块茎需经2～3年才能开花。播种繁殖,宜随采随播,播前用70℃左右热水浸种催芽,可提高发芽率。彩色马蹄莲多采用组培繁殖。

【栽培管理特点】

春、秋下球均可,一般秋后植球。定植前施足基肥,覆土约5 cm。生长期需肥水充足,肥水不得浇入叶柄,否则易造成块茎腐烂。秋、冬、春三季需阳光充足,夏季高温期需遮荫。以15°～25°最为适宜,冬季若要开花需保持夜温10℃以上。自定植后第2年开始摘芽,每株带10个球左右,其余摘除,以保证营养生长和生殖生长间的平衡以及株间通风。植株过密时可摘除部分老叶,以促进花梗抽生。

【园林适用范围】

马蹄莲花型独特,宛如马蹄,是重要的切花材料,也常作盆栽观赏。

10.2.13　花毛茛

【科属】毛茛科,毛茛属

【学名】*Ranunculus asiaticus*

【俗名】芹菜花、波斯毛茛、陆莲花

【原产地】亚洲西南部至欧洲东南部

【基本形态】

多年生草本,株高20～40 cm。地下具纺锤形小块根,顶端簇生叶片。茎自叶丛中抽生,中空,具毛,单生或稀分枝。基生叶阔卵形至椭圆形,叶缘有齿,具长柄;茎生叶2～3回羽状深裂,无柄。花单生枝顶或数朵着生长梗上。花径2.5～4 cm,花瓣具光泽,花色丰富,有白、黄、橙、桃红、大红、雪青、紫及复色。花期4—6月(图10-13)。

【常见种类与品种】

园艺品种较多,主要有4个品系:波斯花毛茛(Persian Ranunculus),由花毛茛原种改良而来,花大,色彩丰富,有重瓣、半重瓣。生长稍弱,花期稍晚。法国花毛茛(Franch Ranunculus),花毛茛的变种(var. *superbissimus*),植株高大,花大,半重瓣,花心有黑色色斑。土耳其花毛茛(Turban Ranunculus),花毛茛的变种(var. *africanus*),叶宽大,边

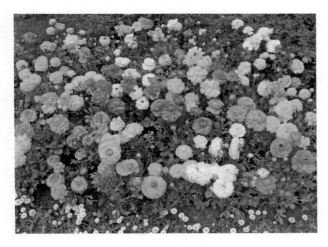

图 10-13　花毛茛

缘缺刻浅,花瓣波状并内曲抱心,重瓣。牡丹型花毛茛(Peony-flowered Ranunculus),杂交种,有重瓣、半重瓣,植株最高,花特大。

【生态习性】

喜凉爽气候,忌炎热,稍耐寒,喜阳光充足,耐半阴。喜湿润,不耐旱,忌积水。夏季休眠。要求富含腐殖质,排水良好的沙质或略黏质壤土,pH 以中性或微碱性为宜。

【繁殖特点】

分球或播种繁殖。分球繁殖春秋均可,通常秋季进行。每个块根都需带有根茎,否则不能发芽。秋季播种,适温 10 ℃左右约 3 周出苗,第二年即可开花。

【栽培管理特点】

秋季温度在 20 ℃以下后定植,冷凉地区在 9 月下旬,温暖地区 10 月中旬。定植前施足基肥,株距15～25 cm,定植后浇透水。追肥以磷肥为主,若花量大需增补钾肥。氮肥过剩会导致花茎中空而弯曲或折断。冬季保持昼温 15～20 ℃,夜温 5～8 ℃。土壤要保持湿润。

【园林适用范围】

花毛茛花型优美,花色绚丽,是十分优良的切花和盆花材料,也可用于花坛、花境或林缘、草坪四周。

10.2.14　仙客来

【科属】报春花科,仙客来属

【学名】*Cyclamen persicum*

【俗名】兔耳花、兔子花、萝卜海棠

【原产地】地中海一带

【基本形态】

多年生草本,株高 20～30 cm。块茎扁球形,表皮木栓化、棕褐色。叶和花葶同时自块茎顶部抽出,叶片心状卵圆形,边缘有细圆齿,质地稍厚,上面深绿色,常有浅色的斑纹。花单生,下垂,花梗细长。花冠 5 深裂,基部连成短筒,花冠裂片向上翻卷、扭曲,形如兔耳,有白、玫红、绯红、紫红、大红等色。花期冬春(图 10-14)。

图 10-14　仙客来

【常见种类与品种】

园艺栽培品种繁多,按花朵大小分有大、中、小型,按花型分有大花型、平瓣型、洛可可型、皱边型、重瓣型和小花型,按花色分有纯色与复色,按染色体倍数分有二倍体和四倍体,还有杂种 F_1 代品种。

【生态习性】

喜凉爽、湿润及阳光充足的环境,不耐寒,也不耐高温。生长和花芽分化的适温为 15～25 ℃,湿度70%～75%。冬季花期温度不得低于 10 ℃,否则花色暗淡,且易凋落。夏季温度若达到 28～30 ℃,则植株休眠,若达到 35 ℃以上,则块茎易于腐烂。幼苗较老株耐热性稍强。要求疏松、肥沃、富含腐殖质,排水良好的微酸性沙质壤土。

【繁殖特点】

以播种繁殖为主。需人工辅助授粉以获得种

子。辅助授粉于开花前 2～3 d 内完成,受精成功,花梗仍继续伸长并向下弯曲,经 2～3 个月后种子成熟。种子随采随播,一般在 9—10 月播种,播种前用清水浸种 24 h 或温水浸种 2～3 h,后置于 25 ℃ 条件下 2 d,待种子萌动后播种,40 d 左右可发芽。从播种到开花一般需要 14 个月。也可采用分割块茎和组织培养法繁殖。

【栽培管理特点】

播种苗长出一片真叶时进行移苗,翌年 1—2 月小苗长至 3～5 片叶时上盆。定植时块茎顶端应稍露出土面,盆土不必压实。仙客来需避雨栽培,浇水最好采用滴灌,以防烂球。生长期加强肥水管理,4 月底开始中午遮阳。夏季高温期停肥,注意通风、遮阳,可移至室外荫棚,也可移至海拔 600 m 以上的高山上越夏。10 月下旬再移入室内养护,现蕾期需阳光充足,温度保持在 10 ℃ 以上。

在人工控制环境条件的温室中,可周年播种、周年开花。苗期和花芽形成期适当降低温度可延缓生长,延迟开花。花芽分化后提高温度至 20 ℃,开花前 45d 降低温度到 13～16 ℃,可促进开花。

【园林适用范围】

仙客来花形别致,似兔子耳朵,娇艳夺目,烂漫多姿,花期适逢圣诞节、元旦、春节等传统节日,为冬季重要的盆栽花卉。

10.2.15 美人蕉

【科属】美人蕉科,美人蕉属

【学名】*Canna indica*

【俗名】红艳蕉、小花美人蕉、小芭蕉

【原产地】美洲热带、非洲

【基本形态】

多年生草本,株高可达 100～150 cm。根茎粗壮肉质,上有节及鳞片状的皮膜。地上茎直立,不分枝,茎叶具白粉。叶互生,宽大,长椭圆形。单歧聚伞花序排列成总状或穗状,具宽大叶状总苞。萼片 3 枚呈苞状,花瓣 3 枚呈萼片状,雄蕊 5 枚瓣化成花瓣。花色有乳白、鲜黄、橙黄、橘红、粉红、大红、紫红、复色斑点等。花期 6 月至霜降,8—10 月盛花(图 10-15)。

图 10-15　美人蕉

【常见种类与品种】

美人蕉属有 51 种,常见栽培种有:柔瓣美人蕉(C. flaccida),又名黄花美人蕉,植株高大,根茎极大。苞片极小,花极大,少而疏,质柔软,黄色。兰花美人蕉(C. orchioides),又名意大利美人蕉,株高 1.5 m 以上,叶绿色或紫铜色。花大,径 10～15 cm,黄色,具红色条纹或斑点。花开后花瓣反卷。紫叶美人蕉(C. warscewiezii),又名红叶美人蕉,株高 1～1.5 m,茎、叶紫或紫褐色,粗壮。苞片紫色,花深红色。粉美人蕉(C. glauca),又名白粉美人蕉。株高 1.5～2 m,根茎长而有匍匐枝,茎叶具白粉。花序单生或有分枝,着花少,花黄色,较小,无斑点。有粉红色品种。大花美人蕉(C. generalis),又名法国美人蕉,由原种美人蕉杂交改良而来。株高 1.5 m,茎、叶和花序均被白粉。花序长 15～30 cm;花大,较密集,每一苞片内有 1～2 花,花瓣直立不反卷,花有红、橘红、淡黄、白色。

【生态习性】

适应性强,对土壤要求不严,在疏松肥沃、排水良好的沙壤土中生长最佳。喜温暖、炎热气候,喜阳光充足,不耐寒,可耐短期水涝。在中国大部分地区霜冻后地上部枯萎,翌年春天再萌发,在海南、西双版纳等地无休眠期。生育适温 25～30 ℃,为春植球根花卉,闭花授粉植物。

【繁殖特点】

播种或分株繁殖。3—4 月播种,其种皮坚硬,

播前应将种皮刻伤或温水浸泡。发芽适温 25 ℃,经 2～3 周发芽。分株繁殖是切割根茎,一般春季进行,每丛带 2～3 个芽眼。根茎不能越冬的地区,于秋季茎叶枯萎后,将根茎挖出,晾干后沙藏,翌年春季切割栽植。

【栽培管理特点】

一般春季栽植,株距 50 cm。应栽植在阳光充足的地方,栽前施足基肥。美人蕉适应性强,栽培管理简单。寒冷地区冬季需将根茎挖出,沙藏于室内越冬。暖地冬季不必采收,但经 2～3 年后需挖出,进行分株复壮。

【园林适用范围】

美人蕉性强健,栽培管理简单,花期长,花大色艳,适合作花坛、花境或大片的自然栽植。低矮品种可盆栽观赏。

10.2.16 唐菖蒲

【科属】鸢尾科,唐菖蒲属

【学名】*Gladiolus hybridus*

【俗名】十样锦、剑兰、菖兰、十三太保

【原产地】非洲热带和地中海地区

【基本形态】

多年生草本,球茎扁球形,外被棕黄色膜质鳞片。株高 70～100 cm,叶基生或在花茎基部互生,剑形,嵌叠为 2 列。穗状花序顶生,着花 8～20 朵。花无梗,漏斗状,色彩丰富,有黄、红、白或粉红色,径 7～18 cm。花期 7—9 月(图 10-16)。

【常见种类与品种】

现代唐菖蒲品种有上万个,形态、性状多样。

按生态习性分类有:①春花类。植株矮小,球茎亦小,茎叶纤细,花小型,有香气。耐寒性较强,在温暖地区秋植春花。主要由欧亚原种杂交选育而成。②夏花类。植株高大,花多数,大而美丽。花型、花色、花径、香气、花期等均富于变化。耐寒力弱,春植夏花。多数由南非的印度洋沿岸原种杂交选育而成。

按花型分类有:①大花型。花大,排列紧凑,花期较晚,新球、子球发育较缓慢。②小蝶型。花稍小,花瓣有褶皱,常有彩斑。③报春花型。花形

图 10-16 唐菖蒲(来自于 PPBC)

似报春,花少,排列稀疏。④鸢尾型。花序短,花少而密集,花冠向上开展,辐射对称。子球增殖能力强。

按生育期长短分类有:①早花类。种球种植后 60～65 d,有 6～7 片叶时即可开花。②中花类。种球种植后 70～75 d 后即可开花。③晚花类。生长期较长,80～90 d,需 8～9 片叶时才能开花。

唐菖蒲品种的花色十分丰富又极富变化,大致可以分为 10 个色系:白色系、粉色系、黄色系、橙色系、红色系、浅紫色系、蓝色系、紫色系、烟色系及复色系。

【生态习性】

唐菖蒲为喜光性长日照植物,对光照强度、光周期要求高。生育最适温度昼温 20～25 ℃,夜温 12～18 ℃。不耐热,夏季喜凉爽气候,也不耐寒。以土层深厚、疏松肥沃、富含有机质、排水良好的微酸性沙质壤土最为适宜。生长期要求水分充足,忌旱、忌涝。

【繁殖特点】

一般采用分球法繁殖。秋季植株枯萎后,挖掘出球茎,将子球分离,储存在 5～11 ℃通风干燥的室内。翌年春天,选择冷凉地或海拔 500 m 以上的山地播种子球,进行田间培养。子球经栽种 1～2 年后可长成开花种球。还可采用分切球茎法繁殖。将能开花的球茎纵切成 2～3 块,每块带有一个以上的芽眼和部分根盘。也可采用组培繁殖。

【栽培管理特点】

露地栽培北方需待晚霜过后,南方可周年种植。通常用高畦或垄栽,种植深度 5～10 cm,深栽不易倒伏。唐菖蒲喜肥,栽前应施足有机肥,并于二叶期或三叶期、孕穗期各追肥一次。生育期要求水分充足,风大的地区需拉网防倒伏。就地销售的切花在基部 2～3 朵小花半开时剪采,远途运输或储藏的在基部 1～2 朵小花花蕾显色时剪采。

【园林适用范围】

唐菖蒲花序挺直,花色丰富,花期长,为世界著名的四大鲜切花之一,也可用于花坛、花境。

第 **11** 章

水生花卉

11.1 概述

11.1.1 水生花卉的定义

水生花卉(flowering marsh plants)是指生长在水体中、沼泽地、湿地及岸边的具有一定观赏价值的花卉。

11.1.2 水生花卉的类型

挺水花卉:根生长在泥土中,茎叶挺出水面。

浮水花卉:根生长在泥土中,叶片漂浮在水面上。

漂浮花卉:根生长在水中,植物体漂浮在水面上。

沉水花卉:根生长在泥土中,整个植物体沉在水面下。

11.1.3 水生花卉的园林应用特点

水生花卉是水体及周围植物造景的主要花卉,水生专类园的主要材料。

11.2 常见水生花卉

11.2.1 莲(荷花)

【科属】睡莲科,莲属

【学名】*Nelumbo nucifera*

【俗名】芙蓉、芙蕖、藕

【原产地】亚洲热带和温带地区

【基本形态】

多年生水生草本。根状茎(藕)横生,肥厚,节间膨大,内有多数纵行通气孔道,节部缢缩,下生须状不定根。叶圆形,盾状,直径25～90 cm,全缘稍呈波状;叶柄粗壮,圆柱形,长1～2 m,中空,外面散生小刺。花梗和叶柄等长或稍长,也散生小刺;花直径10～20 cm,美丽,芳香;花瓣红色、粉红色或白色,矩圆状椭圆形至倒卵形,花托(莲蓬)直径5～10 cm。坚果椭圆形或卵形,种子(莲子)卵形或椭圆形。花期6—8月,果期8—10月(图11-1)。

图 11-1 莲(荷花)

【常见种类和品种】

莲(荷花)栽培品种很多,依用途不同可分为藕莲、子莲和花莲三大系统。根据《中国荷花品种图志》的分类标准共分为 3 系、5 群、13 类及 28 组。3 系为中国莲系、美国莲系、中美杂种莲系。中国莲系:大中花群中有单瓣类、复瓣类、重瓣类、重台类、千瓣类;小花群中有单瓣类、复瓣类、重瓣类。美国莲系:大中花群有单瓣类。中美杂种莲系:大中花群中有单瓣类、复瓣类,小花群中有单瓣类、复瓣类。

常见品种有:①单瓣类荷花。如'红莲'、'白莲'、'湘莲'、'粉川台'、'大粉莲'、'大紫莲'、'单洒锦'、'红孩'莲、'白孩'莲等。②半重瓣类荷花。如'大碧绿'、'白千叶'、'红万万'、'赛玫瑰'。③重瓣类荷花。如'红霞'、'红千叶'、'红台'莲、'千瓣'莲等。④碗莲类荷花。

【生态习性】

莲(荷花)喜湿怕干,喜相对稳定的静水,不爱涨落悬殊的流水。最适温为 20～30 ℃,冬季气温降至 0 ℃以下,盆栽种藕易受冻。荷花对土壤要求不严,以富含有机质的肥沃黏土为宜。适宜的 pH 为 6.5。

【繁殖特点】

播种繁殖:适温为 17～24 ℃,莲壳紧密坚硬,必须经过破头处理,然后清水浸泡 3 日,每日换水,然后撒播在水深 10～15 cm 的池塘湖泥中。1 周后可萌发新根嫩叶,1 个月后浮叶出水。

分藕繁殖:若植于池塘,一般采用整枝主藕作种藕。缸、盆栽时,可用子藕。清明前后,气温上升至 15 ℃以上时,是分藕繁殖的佳期。在池塘栽植时,先将池水放干,池泥翻整耙平,施足底肥,然后栽藕,栽时应将顶芽朝上。盆、缸栽荷,其操作方法基本同塘栽。

【栽培管理特点】

移栽初期,水不宜多,浅水可提高土温,对莲苗早期生长有利,以后逐渐提高水位,但池塘最深处的水位不得超过 1.5 m。秋末冬初进入休眠期,盆缸内只需保持浅水即可,在北方,则应移入室内过冬。

湖塘植莲,若塘泥肥沃,一般不施追肥,盆栽者也不必追肥,尤其是碗莲,肥多易腐。如必须施肥,则应掌握薄肥轻施的原则。

【园林适用范围】

荷花出淤泥而不染之品格恒为世人称颂,是中国十大名花之一,是印度、泰国和越南的国花。荷花造景可作专类园,如武汉东湖磨山的园林植物园,园中开辟一处以观赏、研究荷花为主的大型水生花卉区;南京莫愁湖,杭州新"曲院风荷"这类是以荷花欣赏为主的大型公园;再就是以野趣为主,旅游结合生产的荷花民俗旅游资源景区,如广东三水的荷花世界,湖南岳阳的团湖风景区。也可在山水园林中作为主题水景植物,如江南一带名园,多设有欣赏荷花风景的建筑,扬州的瘦西湖在堤上建有"荷花桥",岳阳金鹗公园的荷香坊临水而建,与曲栏遥相贯通,香蒲熏风,雨中赏荷,深受群众喜爱。除此以外,还可盆栽欣赏或做插花。

11.2.2 睡莲

【科属】睡莲科,睡莲属

【学名】_Nymphaea tetragona_

【俗名】子午莲、矮睡莲、侏儒睡莲

【原产地】北非和东南亚热带地区,少数产于南非、欧洲和亚洲的温带和寒带地区

【基本形态】

多年生水生草本,根状茎肥厚。叶柄圆柱形,细长。叶椭圆形,浮生于水面,全缘,叶基心形,叶表面浓绿,背面暗紫。叶二型,浮水叶圆形或卵形,基部具弯缺,心形或箭形;沉水叶薄膜质,脆弱。花单生,大形、美丽,浮在或高出水面,白天开花夜间闭合,浮于或挺出水面;花萼 4 枚,绿色;花瓣通常 8 片,白色、蓝色、黄色或粉红色,成多轮,有时内轮渐变成雄蕊。果实倒卵形(图 11-2)。

【常见种类和品种】

睡莲的品种很多,通常依据耐寒性将其分为两大类型:不耐寒型睡莲和耐寒型睡莲。不耐旱型睡莲均原产于热带,在我国大部分地区需要在温室内栽培,如蓝睡莲(_N. caerulea_)、埃及白睡莲(_N. lotus_)、红花睡莲(_N. rubra_)、墨西哥黄睡莲(_N. mexicana_)等。耐寒型睡莲,耐寒性强,我国露地栽培的睡莲多属于该类,白天开花,如矮生睡莲(_N._

图 11-2　睡莲

tetragona)、香睡莲(*N. odorata*)、欧洲睡莲(*N. alba*)、块茎睡莲(*N. tuberosa*)等。

【生态习性】

睡莲喜阳光,通风良好,所以白天开花的热带和耐寒睡莲在晚上花朵会闭合,到早上又会张开。在岸边有树荫的池塘,虽能开花,但生长较弱。3—4 月萌发长叶,5—8 月陆续开花,每朵花开 2～5 d。花后结实。10—11 月茎叶枯萎,进入休眠期。翌年春季又重新萌发。

【繁殖特点】

睡莲主要采取分株繁殖。耐寒种通常在早春发芽前 3—4 月进行分株,不耐寒种对气温和水温的要求高,因此要到 5 月中旬前后才能进行分株。栽好后,稍晒太阳,方可注入浅水,以利于保持水温,灌水不宜过深,否则会影响发芽。也可采用播种繁殖,种子采收后,仍须在水中储存,如干藏将失去发芽能力。3—4 月进行播种,盆土用肥沃的黏质壤土,播入种子后覆土 1 cm,压紧浸入水中,水面高出盆土 3～4 cm,盆土上加盖玻璃,放在向阳温暖处,播种温度在 25～30 ℃为宜,经半个月左右发芽,第二年开花。

【栽培管理特点】

睡莲对土质要求不严,pH 6～8,均可正常生长,最适水深 25～30 cm,不超过 80 cm。喜富含有机质的壤土。睡莲池塘栽培,选择土壤肥沃的池塘,池底至少有 30 cm 深泥土,繁殖体可直接栽入泥土中,水位开始要浅,控制在 2～3 cm,便于升温,随着生长逐渐增高水位。根据地区不同入冬前池内加深水位,使根茎在冰层以下即可越冬。追肥时间一般在盛花期前 15 d,以后每隔 15 d 追肥 1 次,以保障开花量,但追肥不宜过多,过多容易加大营养生长。可用有韧性、吸水性好的纸将肥料包好,并在包上扎几个小孔,以便肥分释放,施入距中心 15～20 cm 的位置,深度在 10 cm 以下。也可缸栽或盆栽沉水。

【园林适用范围】

睡莲是埃及、泰国、孟加拉国等国的国花,通常和荷花一起种植,是布置园林水景的重要花卉。在公园、风景区常用来点缀湖塘水面,起到小型净水水面的美化和空间分隔作用。在城市水体中,睡莲不仅起到了美化作用,还可以吸收水体里的有毒物质,如汞、铅等,起到净化水质的作用。如在圆明园内大大小小的池溏里,随处可见漂浮着的形状各异的睡莲岛,红的、粉红的、白的、黄的睡莲花竞相盛开,在初夏的一池碧水中,宛如冰肌玉骨的女子,显得清丽脱俗,素洁高雅;在颐和园耕织图景区水操学堂院内,展出荷花、睡莲及碗莲 50 多个品种 300 余盆,谐趣园内荷花、睡莲,随曲岸分布,恰如其分,可赏荷趣、鱼趣、禽趣;北京的莲花池公园、景山公园和北京植物园等地都有较好的睡莲欣赏地。

11.2.3　王莲

【科属】睡莲科,王莲属

【学名】*Victoria regia*

【原产地】南美热带地区

【基本形态】

王莲是水生有花植物中叶片最大的植物,到 11 片叶后叶缘上翘呈盘状,叶缘直立,叶片圆形,像圆盘浮在水面,直径可达 2 m 以上,叶面光滑,绿色略带微红,有皱褶,背面紫红色,叶柄绿色,长 2～4 m,叶子背面和叶柄有许多坚硬的刺,叶脉为放射网状。花单生,硕大,每朵直径达 25～35 cm,花瓣多数,雄蕊多枚。花开 3 d,第一天傍晚时分初开为白色;第二天中午关闭,晚上第二次开放,转为粉红或紫红色;第三天深红色的花朵在中午前凋谢并沉入

水中。花期为夏或秋季,芳香,花期 3 d。9 月结果,浆果呈球形,种子黑色,种子数量多的可达 700 颗(图 11-3)。

图 11-3　王莲

【常见种类和品种】

亚马逊王莲(*V. amazonica*),花萼布满刺,叶缘微翘或几近水平,叶片微红,叶脉红铜色。叶片较大,直径 2.0～2.5 m,耐寒性差。

克鲁兹王莲(*V. cruziana*),为多年生或一年生大型浮叶草本植物。其形态基本同亚马逊王莲,不同之处是,叶在整个生长期内保持绿色,叶直径大于亚马逊王莲,叶的叶缘上翘,直立的边缘比亚马逊王莲高近 1 倍,而花色也淡于亚马逊王莲。花、果期 7—9 月(在温室可延续至 12 月)。

【生态习性】

王莲为典型的热带植物,喜高温高湿,耐寒力极差,气温下降到 20 ℃时,生长停滞。气温下降到 14 ℃左右时有冷害,气温下降到 8 ℃左右,受寒死亡。在西双版纳的正常年份,可在露地越冬并能结出种子,所结种子可以繁殖后代,但特寒年份有冻害。王莲的花具有雌性先熟的特征,通过这种机制,王莲巧妙地避免了自花授粉。需要充足的直射阳光才能正常生长。如果光线不足,或是把它放在庇荫的环境下养护,则叶片会长得薄、黄、枝条或叶柄纤瘦、节间伸长,处于徒长状态,花瓣小,花色淡甚至开不出花。

【繁殖特点】

王莲主要靠分株和分球繁殖。分株最好是在早春(2、3 月份)进行,把分割下来的小株在百菌清 1 500 倍液中浸泡 5 min 后取出凉干,即可上盆。也可在上盆后马上用百菌清灌根。分株装盆后灌根或浇一次透水。在分株后的 3～4 周内要节制浇水,以免烂根,每天需要给叶面喷雾 1～3 次(温度高多喷,温度低少喷或不喷)。这段时间也不要浇肥。分株后,还要注意太阳光过强,要放在遮阳棚内养护。

【栽培管理特点】

王莲喜肥沃深厚的污泥,但不喜过深的水,栽培水池内的污泥,需深 50 cm 以上,水深以不超出 1 m 较为适宜。种植时施足厩肥或饼肥,发叶开花期,施追肥 1～2 次,入秋后即应停止施肥。王莲喜光,栽培水面应有充足阳光。人工栽培的关键技术是越冬防寒。在池内应经常清除缠绕王莲叶花的水中植物,如青苔、水绵、浮萍等。随时剪去植株上衰烂的老叶,保持池水清洁,并空出水面让新叶生长。

【园林适用范围】

王莲叶片巨大肥厚,花形奇特,花大、香,色美,漂浮在水面,十分壮观,具很高的观赏价值,又能美化水体,惹人喜爱,被世界各大植物园、公园的温室引种栽培。种子含丰富淀粉,可供食用。该属植物均是热带著名水生庭园观赏植物,家庭中的小型水池同样可以配植观赏。

11.2.4　再力花

【科属】竹芋科,再力花属

【学名】*Thalia dealbata*

【俗名】水竹芋、水莲蕉、塔利亚

【原产地】美国南部和墨西哥的热带地区

【基本形态】

多年生挺水草本植物。植株高 100～250 cm,叶基生,4～6 片,卵状披针形,浅灰蓝色,长 50 cm,宽 25 cm,平行叶脉。叶柄较长,40～80 cm,下部鞘状,基部略膨大。复总状花序,花小,紫堇色。全株附有白粉。细长的花茎可高达 1.5 m,茎端开出紫色花朵,像系在钓竿上的鱼饵,形状非常特殊。再力花具块状根茎,根系发达,根茎上密布不定根,根上有侧根,上层根侧根尤其发达。再力花地下根和根茎的空间体量巨大,与地上部分相当(图11-4)。

图 11-4　再力花

【生态习性】

再力花从水深 0.6 m 浅水水域直到岸边均生长良好。再力花喜温暖水湿、阳光充足环境,不耐寒冷和干旱,耐半阴,在微碱性的土壤中生长良好。再力花繁殖系数大、生长速度快,水肥吸收能力强,植株相对高大等特性,对其他水生植物有强烈郁闭和侵扰作用,极易形成再力花单一优势群落。

【繁殖特点】

再力花主要通过分株和播种繁殖。将生长过密的株丛挖出,掰开根部,选择健壮株丛分别栽植;或者以根茎分株繁殖。初春从母株上割下带 1～2 个芽的根茎,栽入盆内,施足底肥,放进水池养护,待长出新株,移植于池中生长。再力花种子成熟后即采即播,一般以春播为主,播后保持湿润,发芽温度 16～21 ℃,约 15 d 后发芽。

【栽培管理特点】

再力花生长季节吸收和消耗营养物质多,所以,除了栽植地施足基肥外,追肥是很重要的一项工作,以三元复合肥为主,也可追施有机肥,施肥原则是"薄肥勤施",灌水要掌握"浅-深-浅"的原则,即春季浅,夏季深,秋季浅,以利于植物生长。再力花植株被蜡质,抗性较强,一般病虫害很少发生。

【园林适用范围】

再力花叶、花有很高的观赏价值,植株一年有 2/3 以上的时间翠绿而充满生机,花期长,花和花茎形态优雅飘逸,是水景绿化中的上品花卉。除供观赏外,再力花还有净化水质的作用,常成片种植于水池或湿地,也可盆栽观赏或种植于庭院水体景观中。

11.2.5　千屈菜

【科属】千屈菜科,千屈菜属

【学名】*Lythrum salicaria*

【俗名】水枝柳、水柳、对叶莲

【原产地】亚洲、欧洲、非洲的阿尔及利亚、北美和澳大利亚东南部

【基本形态】

多年生草本,根茎横卧于地下,粗壮;茎直立,多分枝,全株青绿色,略被粗毛或密被绒毛,枝通常具 4 棱。叶对生或三叶轮生,披针形或阔披针形,顶端钝形或短尖,基部圆形或心形,有时略抱茎,全缘,无柄。花组成小聚伞花序,簇生,花枝似一大型穗状花序(图11-5)。

图 11-5　千屈菜

【生态习性】

生于河岸、湖畔、溪沟边和潮湿草地。喜强光,耐寒性强,喜水湿,对土壤要求不严,在深厚、富含腐殖质的土壤上生长更好。

【繁殖特点】

千屈菜分株繁殖为主,也可播种或扦插繁殖。

种子繁殖:春播于 3—4 月,播前将种子与细土拌匀,然后撒播于苗床上,覆土,最后盖草浇水。播后 10~15 d 出苗,立即揭草,苗高 25 cm 时移栽。扦插繁殖:于春季选健壮枝条,截成 30 cm 左右长,去掉叶片,斜插入土中深度为插穗 1/2,压紧,浇水保湿,待生根长叶后移栽。分株繁殖:春季 4—5 月将根丛挖起,切分数芽为一丛,栽于施足基肥的湿地。

【栽培管理特点】

对土壤要求不严,耐寒,喜光、喜潮湿。栽培以肥沃土壤为佳。可一次栽培,多年观赏。定植后至封行前,每年中耕除草 3~4 次。春、夏季各施 1 次氮肥或复合肥,秋后追施 1 次堆肥或厩肥,经常保持土壤潮湿,是种好千屈菜最关键的措施。

【园林适用范围】

本种常栽培于水边或作盆栽,供观赏。株丛整齐,耸立而清秀,花朵繁茂,花序长,花期长,是水景中优良的竖线条材料。最宜在浅水岸边丛植或池中栽植。也可作花境材料及切花。

11.2.6　梭鱼草

【科属】雨久花科,梭鱼草属

【学名】*Pontederia cordata*

【俗名】北美梭鱼草、海寿花

【原产地】南北美洲

【基本形态】

多年生挺水或湿生草本植物,株高 80~150 cm,地茎叶丛生,圆筒形叶柄呈绿色,叶片较大,深绿色,表面光滑,叶形多变,但多为倒卵状披针形。花葶直立,通常高出叶面,穗状花序顶生,长 5~20 cm,每条穗上密密地簇拥着几十至上百朵蓝紫色圆形小花,单花约 1 cm 大小,上方两花瓣各有两个黄绿色斑点,质地半透明,在阳光的照耀下,晶莹剔透,宛若精灵。花期 5—10 月(图 11-6)。

【生态习性】

喜温、喜阳、喜肥、喜湿,怕风不耐寒,静水及水流缓慢的水域中均可生长,适宜在 20 cm 以下的浅水中生长,适温 15~30 ℃,越冬温度不宜低于 5 ℃,梭鱼草生长迅速,繁殖能力强,条件适宜的前提下,可在短时间内覆盖大片水域。

图 11-6　梭鱼草

【繁殖特点】

采用分株法和种子繁殖,分株可在春夏两季进行,自植株基部切开即可。种子繁殖一般在春季进行,种子发芽温度需保持在 25 ℃ 左右。

【栽培管理特点】

梭鱼草可直接栽植于浅水中,或先植于花缸内,再放入水池,栽培基质以肥沃为好,对水质没有特别的要求,但尽量没有污染,可在春秋两季各施一次腐熟的有机肥。肥料需埋土中,以免扩散到水域从而影响肥效。

【园林适用范围】

梭鱼草叶色翠绿,花色迷人,花期较长,串串紫花在翠绿叶片的映衬下,别有一番情趣。梭鱼草可用于家庭盆栽、池栽,也可广泛用于园林美化,栽植于河道两侧、池塘四周、人工湿地,与千屈菜、花叶芦竹、水葱、再力花等相间种植,造景效果良好。

11.2.7　香蒲

【科属】香蒲科,香蒲属

【学名】*Typha orientalis*

【俗名】东方香蒲

【原产地】亚洲、欧洲及北美洲

【基本形态】

多年生水生或沼生草本。根状茎乳白色。地上茎粗壮,向上渐细,高 1.3~2 m。叶片条形,长 40~70 cm,宽 0.4~0.9 cm,光滑无毛,上部扁平,下部腹面微凹,背面逐渐隆起呈凸形,横切面呈半圆形,细胞间隙大,海绵状;叶鞘抱茎。穗状花序蜡烛状,雌雄花序紧密连接,雄花序在上,雌花序在下,中间有间隔,露出花序轴。小坚果椭圆形至长椭圆形;果皮具长形褐色斑点。种子褐色,微弯。花果期 5—8 月(图 11-7)。

图 11-7　香蒲

【常见种类和品种】

宽叶香蒲(*T. latifolia*),植株高 1～2.5 m。叶条形,光滑无毛,上部扁平,背面中部以下逐渐隆起;下部横切面近新月形,细胞间隙较大,呈海绵状;叶鞘抱茎。小坚果披针形,长 1～1.2 mm,褐色,果皮通常无斑点。种子褐色,椭圆形,长不足 1 mm。花果期 5—8 月。

花叶香蒲(*T. latifolia* 'Variegata'),宽叶香蒲的栽培品种,植株高 80～120 cm,叶剑状、直立、墨绿、花黄色,花序棍棒状,粗壮,叶片带银白条纹。喜生于浅水中。特点:花美,剑状叶更美,是水生花卉中的娇子。花单生,雌雄同株,构成顶生的蜡烛状顶生花序,花期 5—8 月。

【生态习性】

香蒲喜高温多湿气候,生长适温为 15～30 ℃,其最适水深 20～60 cm,亦能耐 70～80 cm 的深水。长江流域 6—7 月抽薹开花。对土壤要求不严,在黏土和沙壤土上均能生长,但以有机质丰富、淤泥层深厚肥沃的壤土为宜。

【繁殖特点】

香蒲生长健壮,繁殖方法简单,生产中多采用分株法或播种法。分株繁殖于 4—6 月进行。将香蒲地下的根状茎挖出,用利刀截成每丛带有 6～7 个芽的新株,分别定植即可。播种繁殖多于春季进行。播后不覆土,注意保持苗床湿润,夏季小苗成形后再分栽。

【栽培管理特点】

宜选择土壤淤泥层深厚的沼泽或河湖沿边滩地种植。水深过深或易于干旱,水下土壤过沙、过黏,均不易选用。春季气温回升至 15～20 ℃,选苗栽植。香蒲要求水层深浅适中,前期保持 15～20 cm 浅水,以提高土温,但要严防干旱,以免抑制营养生长,引起大量抽序开花;以后随着植株长高,水深逐渐加深到 60～80 cm,最深不宜超过 120 cm。一般栽植后 1 个月左右,追施 1 次腐熟的粪肥或厩肥,以后每年春季视植株生长情况追肥 1～2 次。

【园林适用范围】

香蒲常用于点缀园林水池、湖畔,构筑水景,宜做花境、水景背景材料,也可盆栽布置庭院,因为香蒲一般成丛、成片生长在潮湿多水环境,所以,通常以植物配景材料运用在水体景观设计中。香蒲与其他水生植物按照它们的观赏功能和生态功能进行合理搭配设计,能充分创造出一个优美的水生自然群落景观。另外,香蒲与其他一些野生水生植物还可用在模拟大自然的溪涧、喷泉、跌水、瀑布等园林水景造景中,使景观野趣横生,别有风味。

11.2.8　水生鸢尾

【科属】鸢尾科,鸢尾属

【学名】*Iris* spp.

【俗名】常绿水生鸢尾

【原产地】欧洲、北美、东亚

【基本形态】

多年生宿根挺水型水生花卉,几乎均为无髯鸢尾。根状茎粗壮,叶基生或茎生,线形,花 1～2 朵,旗瓣(内瓣)3 枚,垂瓣(外瓣)3 枚,雌蕊瓣化。花蓝紫色、红色、白色、粉色等,颜色丰富。蒴果卵状圆柱形、长圆形或六棱形。花期 4—7 月,果熟期 6—9 月(图 11-8)。

图 11-8　水生鸢尾

【常见种类和品种】

包括西伯利亚鸢尾（Siberian Irises，SIB）、日本鸢尾（Japanese Irises，JI）、路易斯安那鸢尾（Louisiana Irises，LA）、燕子花系及中间杂交种等。西伯利亚鸢尾是西伯利亚鸢尾系（Seris Sibiricae）种和品种的总称，以株形优美、花型雅致著称。西伯利亚鸢尾系原种总计 11 个，原产中欧和亚洲，适应性广、抗病虫害能力强。优良品种包括 'Active Duty'、'Banish Misfortune'、'Carmen Jeanne'、'Ever A-gain'、'Jewelled Crown' 等。日本鸢尾指原产于日本，与玉蝉花杂交选育所获得的类群，常被称为花菖蒲，包括 I. ensata 'Aappare'、'Aone'、'Double First'、'Gensanmi'、'Koushin' 等。路易斯安那鸢尾是无髯鸢尾亚属路易斯安那鸢尾系杂交品种的统称，包括 'Ada Morgan'、'Great White Hope'、'Hush Money'、'shy Royal'、'Bigola' 等。

【生态习性】

喜光照充足的环境，能常年生长在 20 cm 水位以上的浅水中，3 月中旬前后，露地栽培植株，具 4～5 基生叶的单株，顶芽完成花芽分化。4 月拔节、抽出花序。5 月上、中旬开花。入秋发生分蘖，花茎基部侧芽发育成数条肥大的根状茎。根茎顶端发育良好的芽第二年孕花。夏季高温期间停止生长，略显黄绿色，在 35 ℃以上进入半休眠状态，抗高温能力较弱。入冬生长停滞，叶片保持鲜绿。

【繁殖特点】

可以通过播种、分株、茎段育苗、组织培养等多种方式育苗。播种育苗：种子没有自然休眠期，可以随收随播，9—10 月秋播有利当年成苗。分株繁殖：秋季会发生许多萌蘖，分株可以在 10 月或春季 2—3 月进行。茎段育苗：根茎每节都有芽，当顶端优势受阻，中下部芽都会萌发。茎段育苗可在 10 月或早春，将根茎切断，每段保留 3～6 节，排于苗床。组培育苗：是常规繁殖的补充，主要用于急需扩繁的一些品种与自主杂交新种。

【栽培管理特点】

水生鸢尾栽植期以春、秋两季为主。秋季 10—11 月种植，有利第二年春天开花。栽植后水深一般控制在 20～40 cm。夏季水栽有利抗软腐病，冬季放水有利抗寒。河滩种植，生泥地应深挖栽植穴，施基肥。生长期要保持一定水位或土壤湿度，夏季干旱会迫使休眠。秋冬缺水，叶片早枯，植株转黄。春、秋各进行一次追肥，尽量利用低水位时补肥。

【园林适用范围】

常绿水生鸢尾可作为高档的水景材料应用于别墅、写字楼的水景，或在水景工程的节点处使用，也可植于池塘的浅水区域作不等边 S 形片植或点缀于石旁。可与其他层次的水景材料配植，如在水深处栽植睡莲、萍蓬草等浮叶植物，水陆交界处栽植常绿水生鸢尾，上游处种芦竹或水葱等，再适当点缀几大丛蒲苇等，这样就组成了高低错落、相互交融的水上花境。在湿地中，常绿水生鸢尾可与耐水湿的金边阔叶麦冬、萱草、玉带草和较为高大的姜花、醉鱼草等构成湿地花境系列。也可利用不同品种的花期不同进行综合配植，使湿地景观的花期从 4 月延续到 6 月中旬前后。

11.2.9　狐尾藻

【科属】小二仙草科，狐尾藻属

【学名】Myriophyllum verticillatum

【俗名】轮叶狐尾藻、布拉狐尾、粉绿狐尾藻、凤凰草、绿羽毛、水松等

【原产地】亚洲西部、欧洲北部及非洲

【基本形态】

多年生粗壮沉水草本。根状茎发达，在水底泥中蔓延，节部生根。茎圆柱形，多分枝。水上叶互

生,披针形,较强壮,鲜绿色,裂片较宽。秋季于叶腋中生出棍棒状冬芽而越冬。苞片羽状篦齿状分裂。花单性,雌雄同株或杂性、单生于水上叶腋内,花无柄,比叶片短。雌花生于水上茎下部叶腋中,淡黄色,花丝丝状,开花后伸出花冠外。果实广卵形,具4条浅槽,顶端具残存的萼片及花柱(图11-9)。

图11-9　狐尾藻

【常见种类和品种】

常见相近种有穗状狐尾藻、乌苏里狐尾藻等。

穗状狐尾藻(*M. spicatum*),茎圆柱形,叶柄极短或不存在。花两性,单性或杂性,雌雄同株,单生于苞片状叶腋内,由多数花排成近裸颓的顶生或腋生的穗状花序,柱头羽毛状,向外反转。花期从春到秋陆续开放,4—9月陆续结果。

乌苏里狐尾藻(*M. propinquum*),也叫三裂狐尾藻、乌苏里金鱼藻,茎圆柱形,常单一不分枝,羽状深裂,裂片短,对生,线形,全缘;花单生于叶腋,雌雄异株,无花梗。雄花,萼钟状;花瓣4,倒卵状长圆形,果圆卵形,表面具细疣,心皮之间的沟槽明显。花期5—6月,果期6—8月。

【生态习性】

狐尾藻在微碱性的土壤中生长良好。好温暖水湿、阳光充足的气候环境,不耐寒,入冬后地上部分逐渐枯死。以根茎在泥中越冬。中国南北各地池塘、河沟、沼泽中常有生长,常与穗状狐尾藻混在一起。夏季生长旺盛。冬季生长慢,能耐低温,一

年四季可采收。

【繁殖特点】

扦插是该种的主要繁殖方式,多在每年4—8月进行。在操作时最好选择长度7~9 cm的茎尖作为插穗,亦可采用分株法进行育苗。可在硬度适中的淡水中进行栽培,所用水的盐度不宜过高,水体的pH最好控制在7.0~8.0。种植水体最好有一定的流动性。其种子具休眠期,干燥条件下可保存数年,翌春休眠解除。种子萌发最适温度达20~25 ℃,黑暗及长光照中均能发芽,发芽幼苗能飘浮水面,可随水传播。

【栽培管理特点】

狐尾藻根状茎生于泥中,节部生多数须根,秋季于叶腋生出冬芽越冬。狐尾藻对扦插用的基质要求不高,除最常见的园土外,其他基质也都可选用,如草炭土、珍珠岩、沙等常用的固态基质,另外生产上还有用水插,而且扦插效果也较为理想。

【园林适用范围】

狐尾藻作为室内观赏水族养殖过程中的布景材料应用比较多见。在浅水中挺水生长,形态可爱,适合一些小型的水塘、溪流,欣赏群体景观。狐尾藻对某些重金属和有机物可脱毒后被储存于其体内或在其体内被降解,也可对水体的富营养化进行净化,所以是湖泊等生态修复工程中作为净水工具种和植被恢复先锋物种。全草可为养猪、养鸭的饲料。在鱼、虾、蟹塘养殖业过程中作为饵料、避难和产卵场所。

11.2.10　慈姑

【科属】泽泻科,慈姑属

【学名】*Sagittaria sagittifolia*

【俗名】剪刀草、燕尾草

【原产地】中国

【基本形态】

植株高约1 m。叶戟形,长25~40 cm,宽10~20 cm,为根出叶,具长柄。短缩茎,秋季从各叶腋间向地下四面斜下方抽生匍匐茎,长40~60 cm,粗1 cm,每株10多枝。顶端着生膨大的球茎,呈球形或卵形,具2~3环节,可食用。顶芽尖嘴状。成长

植株从叶腋抽生花梗1～2枝。总状花序,雌雄异花。花萼、花瓣各3枚,雄蕊多数,雌花心皮多数,集成球形。瘦果。花果期5—11月(图11-10)。

图11-10 慈姑

【常见种类和品种】

园林中常见的种有矮慈姑(S. pygmaea),一年生草本,高10～20 cm。具地下横走根茎,先端膨大成球状块茎。叶基生,条形或条状披针形,顶端钝,基部渐狭,稍厚,网脉明显。花葶直立。花序圆锥状伞形,简单;花少数,轮生,有2～3轮,单性,雌花生于下部,通常1朵,无梗;雄花生于上部,2～5朵,有细长梗;苞片长椭圆形;萼片3片,倒卵形,花瓣3片,白色;心皮多数,集成圆球形。瘦果宽倒卵形,扁平,两侧具狭翅,翅缘有不整齐锯齿。

【生态习性】

有很强的适应性,在陆地上各种水面的浅水区均能生长,但要求光照充足,气候温和、较背风的环境下生长,要求土壤肥沃但土层不太深的黏土上生长。风、雨易造成叶茎折断,球茎生长受阻。

【繁殖特点】

以分株繁殖为主,多在每年3—5月进行。亦可采用播种进行育苗。地栽宜选用腐质的塘泥,亦可将其种植在腐质的黏质壤土中。将其种植在水位稳定的岸边,水深不宜超过10 cm。矮慈姑对肥料的需求量中等,生长旺盛阶段可根据情况以每2～3周的间隔进行追肥。

【栽培管理特点】

栽种慈姑宜选低洼地或肥沃稻田,要充分耙耢,施足有机肥作基肥。立秋后,球茎开始形成,可追施磷、钾肥。栽植规格,应考虑品种特点和定植期。一般以每亩栽4 000多株为宜。慈姑幼苗需除去老根老叶,留几条新根和3～4片嫩叶,定植后易发根成活。慈姑对水分要求较高,各生长期水层深浅的调节:一般在定植后浅水(3 cm),旺盛生长期水层8～10 cm,球茎形成期水层3 cm。慈姑叶面积系数以1.5为宜。发生匍匐茎和球茎形成期间,对叶片生长要促、控结合,除去老叶、黄叶,保留5～8片绿叶,注意通风透光,提高光合作用效能,减少植株养分消耗及病虫害发生。

【园林适用范围】

可地栽于湖畔溪边,用于浅水水体造景;也可进行盆栽,作为庭院装饰植物。水浅时也可作挺水植物状,群体景观效果好,特别白花盛开时尤胜。植株矮小,叶色宜人,无论是地栽还是盆栽,均能够给环境增添野趣,带来绿意。

11.2.11 星光草

【科属】莎草科,刺子莞属

【学名】*Rhynchospora colorata*

【俗名】星光莎草、白鹭草、白鹭莞、希望之光、希望之星

【原产地】美洲中部

【基本形态】

多年生挺水或湿生草本植物,高15～30 cm。叶丛生,线形。花序顶生。苞片5～8枚,包裹花序。苞片基部及花序白色。瘦果。花期6—10月,果期8—11月。名称多变,因为其花苞片会向外扩展下垂,远看颇像天上的星芒,故有"星光草"之称;亦有人认为其扩展的雪白苞片仿佛白鹭展翅而称它"白鹭莞",充满浪漫遐想。星光草植株形态非常纤细,瘦长的茎高度20～30 cm,狭披针形的白色叶片,轮生在茎顶上,米黄色花序聚集在中间,整体看起来就像仙女棒的火花,是新兴水生植物最受欢迎的一种(图11-11)。

图 11-11　星光草

【生态习性】

生长在沼泽或潮湿的地方。

【繁殖特点】

宜用播种或分株法,春至秋季为适期。分株,将密生成丛的植株,从茎基部分掰开取出,再另行种植在湿泥中即可。

【栽培管理特点】

栽培土质以潮湿的壤土为佳。光照要充足。盆栽需长期浸水保湿,水池栽培以植株基部浸水为宜,也可直接把植株种在湿地。生长期间少量施肥。性喜温暖,耐高温,生长适温为 20～28 ℃。

【园林适用范围】

叶状苞片基部白色,极鲜艳,远望如天上繁星,观赏价值高。适宜盆栽、丛植或片植,可用于庭园及园林水景营造。

11.2.12　灯心草

【科属】灯心草科,灯心草属

【学名】*Juncus effusus*

【俗名】秧草、水灯心、野席草

【原产地】中国、韩国、日本、北美

【基本形态】

多年生草本,高 25～65 cm;根状茎短而横走,具黄褐色稍粗的须根。茎丛生,直立,圆柱形,有较深而明显的纵沟,直径 1～1.5 mm,茎内充满白色髓心。叶全部为低出叶,呈鞘状或鳞片状,包围在茎的基部,长 1～9.5 cm,基部红褐色至棕褐色;叶片退化为刺芒状。聚伞花序假侧生;花多朵排列紧密或疏散;花小,淡绿色;蒴果通常卵形,比花被片长,顶端钝,成熟时黄褐色至棕褐色。种子斜倒卵形,棕褐色。花期 5—7 月,果期 6—9 月(图 11-12)。

图 11-12　灯心草

【常见种类和品种】

矮灯心草(*J. minimus*),低矮草本,簇生,高 3～5 cm。叶基生或茎生,条状披针形,顶端稍钝。头状花序顶生,褐色,有 1 枚叶状苞片,其余苞片较小。蒴果 3 棱状卵形,褐色,有光泽。

螺旋灯心草也称旋叶灯心草(*J. effuses* 'Spiralis'),因叶子螺旋生长而得名,其形态奇特,四季常绿,是一种趣味性很强的观赏草,可盆栽或地栽布置庭院和池畔、溪旁等水景以及家庭的阳台、窗台等处。

【生态习性】

喜温湿。在肥沃壤土及黏质壤土中生长良好,常栽于肥沃浅水田中。

【繁殖特点】

繁殖以分株为主。

【栽培管理特点】

选择容易排灌的水田,先把田犁翻、耙沤、耙平,施足底肥。一般是春种。挖取根茎分成 8～10根一丛,像栽水稻一样,按行株距各 30～45 cm 栽在田里。第一次在 3—4 月,这时已发新苗,用脚把所栽的根茎踩到泥里,第二次除草在 6 月。追肥和除草同时进行,每年 2 次,肥料以畜粪水为主,亦可适当施一些化肥,苗期要常保持浅水,以利生长,这样

可连续收获 3~4 年。

【园林适用范围】

在园林中可作沼泽园布置，与山石配植，别有一番野趣。也可用于水体与陆地接壤处的绿化，也可用于盆栽观赏。

11.2.13 水葱

【科属】莎草科，蔗草属

【学名】*Scirpus validus*

【俗名】葱蒲、莞草、蒲苹、水丈葱、冲天草

【原产地】中国

【基本形态】

匍匐根状茎粗壮，具许多须根。秆高大，圆柱状，最上面一个叶鞘具叶片。叶片线形。苞片 1 枚，为秆的延长，直立，钻状，常短于花序，极少数稍长于花序；长侧枝聚伞花序简单或复出，假侧生；小穗单生或 2~3 个簇生于辐射枝顶端，卵形或长圆形，顶端急尖或钝圆，具多数花；鳞片椭圆形或宽卵形，顶端稍凹，具短尖，膜质；雄蕊 3，花药线形，药隔突出；花柱中等长，柱头 2，罕 3，长于花柱。小坚果倒卵形或椭圆形，双凸状，少有三棱形，长约 2 mm。花果期 6—9 月(图 11-13)。

图 11-13 水葱

【常见种类和品种】

花叶水葱('Zebrinus')，株丛挺立，色泽美丽奇特，飘洒俊逸，观赏价值尤胜于绿叶水葱。株高 1~1.2 m，茎秆直立，圆柱形，有白色环状带。最适宜作湖、池水景点缀。花叶水葱不仅是上好的水景

花卉，而且可以盆栽观赏。剪取茎秆可用作插花材料。

【生态习性】

喜凉爽，耐寒，喜光而耐阴。需通风良好，喜生于浅水或湿地。对土壤要求不严，但以在肥沃土壤中生长茂盛。生长适温为 15~25 ℃，10 ℃以下停止生长。能耐低温，北方大部分地区可露地越冬。

【繁殖特点】

播种繁殖：常于 3—4 月在室内播种。将培养土上盆整平压实，其上撒播种子，筛上一层细土覆盖种子，使盆土经常保持湿透。室温控制在 20~25 ℃，20 d 左右既可发芽生根。分株繁殖：早春天气渐暖时，把越冬苗从地下挖起，抖掉部分泥土，用枝剪或铁锹将地下茎分成若干丛，每丛带 5~8 个茎秆；栽到无泄水孔的花盆内，并保持盆土一定的湿度或浅水，10~20 d 即可发芽。如作露地栽培，挖穴丛植，每丛保持 8~12 个芽为宜。

【栽培管理特点】

4—5 月可移苗定植，为便于管理，最好分级栽植。定植时用尖圆柱形木棒插孔，栽植深度以露心为宜。水葱对肥水要求较多，要求遵循"淡肥勤施、量少次多、营养齐全"和"间干间湿，干要干透，不干不浇，浇就浇透"的两个施肥(水)原则，并且在施肥过后，晚上要保持叶片和花朵干燥。

【园林适用范围】

水葱株丛挺立，色泽淡雅，培植池边清新可爱，形成垂直线条的群丛，很有田园气息。

11.2.14 凤眼莲

【科属】雨久花科，凤眼莲属

【学名】*Eichhornia crassipes*

【俗名】水葫芦、水浮莲、水葫芦苗、布袋莲、浮水莲花

【原产地】巴西

【基本形态】

浮水草本。须根发达，棕黑色。茎极短，匍匐枝淡绿色。叶在基部丛生，莲座状排列；叶片圆形，表面深绿色；叶柄长短不等，内有许多多边形柱状

细胞组成的气室,维管束散布其间,黄绿色至绿色;叶柄基部有鞘状黄绿色苞片;花葶多棱;穗状花序通常具 9～12 朵花;花瓣紫蓝色,花冠略两侧对称,四周淡紫红色,中间蓝色,在蓝色的中央有 1 黄色圆斑。蒴果卵形。花期 7—10 月,果期 8—11 月(图 11-14)。

图 11-14　凤眼莲

【生态习性】

喜欢温暖湿润、阳光充足的环境,适应性很强。适宜水温 18～23 ℃,超过 35 ℃也可生长,气温低于 10 ℃停止生长;具有一定耐寒性。喜欢生于浅水中,在流速不大的水体中也能够生长,随水漂流。繁殖迅速。开花后,花茎弯入水中生长,子房在水中发育膨大。

【繁殖特点】

种子繁殖:2 月下旬至 3 月初将饱满且呈黄褐色的种子放在 25～30 ℃水中浸种 10 d,然后播在水面上,并保持 30 ℃左右和湿度状态,1～2 周萌发。待幼苗长出 5～6 片叶时,幼苗分枝后即可移植。立夏以后,平均气温升至 20 ℃左右,可移至内塘的水面养殖。

分生繁殖:凤眼莲腋芽较多,能发育成为新的植株,匍匐枝较长,嫩脆易断,断离后亦成为独立的新株,具有很强的无性繁殖能力。

【栽培管理特点】

在中国北方地区凤眼莲不能自然越冬,需采取措施越冬保种。一般要求水温在 5 ℃以上,才能保证苗种安全越冬。凤眼莲从清明至立夏、小满期间植株生长缓慢,植株对杂草的抵抗力弱。立夏、小满至秋分、寒露时,植株生长旺盛,分株迅速,是形成鲜草产量的主要时期,要求水位以 60～100 cm 为宜。秋分、寒露以后,植株停止生长。春季可施用部分基肥,生长旺盛期以追肥为主,追肥可以用腐熟的堆厩肥,分数次应用。施肥后,杂草生长旺盛,而凤眼莲初期生长较慢,易受杂草为害,要及时去除水中杂草。

【园林适用范围】

凤眼莲是浮水草本植物,须根发达,茎极短,花为浅蓝色,呈多棱喇叭状,上方的花瓣较大;花瓣中心生有一明显的鲜黄色斑点,形如凤眼,也像孔雀羽翎尾端的花点,非常养眼、靓丽,常作为园林水景中的造景材料。植于小池一隅,以竹框之,野趣幽然。因为凤眼莲具有较好的水质净化作用,故此可以植于水质较差的河流及水池中作净化材料。也可作水族箱或室内水池的装饰材料。

但是由于凤眼莲繁殖迅速,又几乎没有竞争对手和天敌,在我国南方江河湖泊中发展迅速,成为我国淡水水体中主要的外来入侵物种之一。

第12章

木本花卉

12.1 概述

12.1.1 木本花卉的定义

木本花卉(woody flower)是指植株的茎木质化程度较高,且花、叶、果或树形有较高观赏价值的一类花卉。

12.1.2 木本花卉的类型

木本花卉依形态不同,有乔木、灌木和藤本之分。

乔木类花卉:地上部有明显直立主干的木本花卉。如紫叶碧桃、樱花和桂花等。

灌木类花卉:地上部无明显主干,由植株基部产生若干分枝的木本花卉。如栀子、红花檵木和红叶石楠等。

藤本花卉:茎需要借助他物才能直立生长的木本花卉。如凌霄、紫藤和络石等。

依秋冬是否落叶,可分为常绿木本花卉和落叶木本花卉。常绿木本花卉:多产于热带、亚热带及温带的温暖地区,此类植物的叶片在一年四季均保持常绿。如桂花、乐昌含笑和荷花玉兰等。

落叶木本花卉:多产于温带的寒冷地区,此类植物叶片于深秋凋落,翌年枝芽重新萌发。如樱花、观赏桃和贴梗海棠等。

12.1.3 木本花卉的园林应用

木本花卉种类繁多,形态多样,同一种植物亦可因为栽植方式和修剪手法的不同产生多种形态或造型,因此广泛用于各种园林绿地,其中乔木花卉更被称为园林绿地的骨架,在植物配置时具有不可替代的地位。木本花卉不仅可以独立成景,亦可和各种地形或建筑物配合成景,使应用形式更加多样,部分植物可盆栽或制作盆景,于室内摆放,使满室春意盎然。

12.2 常见木本花卉

12.2.1 杜鹃花类

【科属】杜鹃花科,杜鹃花属

【学名】*Rhododendron* spp.

【俗名】映山红、山踯躅

【原产地】中国长江流域

【基本形态】

灌木或乔木,有时矮小成垫状。叶互生,全缘,稀有不明显的小齿。总状花序,稀单花,常顶生,稀腋生;花萼宿存;花冠漏斗状、钟状或管状。蒴果,种子多数,细小,纺锤形,具膜质薄翅、鳍状翅或两端具附属物(图12-1)。

【常见种类和品种】

杜鹃花种类繁多,根据其形态、产地、花期等特

图 12-1　杜鹃

征可分为西鹃、东鹃、春鹃和夏鹃。

西鹃(西洋杜鹃),主要从荷兰和比利时引进,其株形紧凑,叶片厚,颜色深绿,叶片上毛比较少。花朵艳丽,花色丰富。

东鹃,从日本引入,植株低矮,枝条细软,生长散乱。叶卵形,叶片薄、颜色浅、毛少且有光泽。花小且密,多由单瓣形成筒瓣,偶见重瓣,花色多变。

春鹃,植株高大,幼枝、叶多毛,枝叶稀疏。花少而大,花冠宽喇叭状,多单瓣,稀重瓣,花冠筒长 4～5 cm,喉部有深色斑点,颜色多为红、白、粉、紫和复色。春鹃可分大叶种和小叶种,毛鹃属春鹃大叶种,因叶大又叫"大叶杜鹃",大部分东鹃属于春鹃小叶种。

夏鹃,植株低矮,枝干纤细,发枝力强,枝叶密集,能形成丰满的树冠。叶互生,叶片狭小,质厚、色深。花单瓣、重瓣,花瓣形态和花色多变。

【生态习性】

杜鹃花种类多,习性差异大,多喜凉爽、湿润气候,忌酷热干燥和烈日直射。适生于肥沃、疏松、湿润的微酸性土壤。部分种类适应性较强。杜鹃花多耐修剪,可借此控制树形。

【繁殖特点】

以扦插、嫁接繁殖为主,也可行播种、压条和分株繁殖。

扦插法:选当年生半木质化枝条作插穗,插后设棚遮阳,在 25 ℃左右的条件下,1 个月即可生根。西鹃生根较慢,需 60～70 d。

嫁接法:西鹃多采用此法繁殖,以 2 年生毛鹃作为砧木,用劈接法嫁接,成活率可达 90％以上。

【栽培管理特点】

杜鹃花生长适宜温度为 15～25 ℃,最高温度 32 ℃,盛夏栽培需注意遮阳,避免强阳光直射。从 3 月开始,逐渐加大浇水量,保持盆土湿润,但勿积水,9 月以后减少浇水,冬季则应盆土干透再浇。杜鹃喜肥,但忌浓肥,可于春秋生长旺季每 10 d 施 1 次稀薄的液肥,入秋后增施磷钾肥。为使花大色艳,可在春、秋季将交叉枝、过密枝、重叠枝、病弱枝剪除,并及时摘除残花。

【园林适用范围】

杜鹃花是中国十大名花之一,种类丰富,花色多变,可孤植、丛植、群植于道路和花坛等各类园林绿地,亦可修剪成绿篱。杜鹃花也是人们家庭盆栽的首选花卉之一。

12.2.2　山茶类

【科属】山茶科,山茶属

【学名】*Camellia* spp.

【俗名】茶花

【原产地】中国

【基本形态】

灌木或乔木。叶革质,有锯齿。花单生,两性,顶生或腋生;花冠白色或红色,有时黄色;花瓣 5～12 片,栽培种常为重瓣,覆瓦状排列;雄蕊多数,排成 2～6 轮,外轮花丝基部连合成花丝管,并与花瓣基部合生。蒴果,种子圆形(图 12-2)。

图 12-2　山茶

【常见种类和品种】

本属中常用于观赏栽培种,主要有滇山茶(*C. reticulata*),嫩枝无毛,叶边缘具细锯齿,叶柄无毛。花顶生,红色;子房有黄白色长毛,蒴果扁球形。茶梅(*C. sasanqua*),嫩枝有毛。叶革质,叶柄稍被残毛。苞片及萼片6~7,被柔毛;花瓣6~7片,红色。蒴果球形。金花茶(*C. nitidissima*),嫩枝无毛。叶长圆形或披针形,有黑腺点,叶面叶脉凹陷,叶背突起。花黄色,单生叶腋。蒴果扁三角球形。

【生态习性】

喜温暖、湿润的半阴环境。怕高温,忌烈日,宜于散射光下生长,生长适温为18~25 ℃,夏季超过35 ℃即停止生长。山茶喜湿润,忌积水,盛夏时节每天早晚需对叶片喷水。栽培应选择土层深厚、疏松、排水性好的酸性土壤。

【繁殖特点】

山茶常用扦插、嫁接、压条等方法繁殖。通常以扦插为主。

扦插多在夏秋季进行,梅雨季扦插最宜。剪取当年生半木质化的枝条为插穗,每个插穗留2~3节。苗床选择pH 5~6.5的酸性红黄壤为培养土,其中掺入适量腐殖土、蛭石和腐熟有机肥。插后遮阳,浇足定植水,亦可加盖一层地膜,提高保湿效果。

嫁接适用于扦插生根困难或繁殖材料少的品种。以5—6月、新梢已半质化时进行嫁接成活率最高。

【栽培管理特点】

山茶喜肥,上盆时应施足基肥。为保证花芽分化,从5月起每15~20 d施1次稀薄液肥,9月现蕾至开花期,增施1~2次磷钾肥。盆栽山茶,每年春季花后或9—10月换盆,剪去徒长枝或枯枝,换新土。山茶根系脆弱,换盆和移栽应避免伤根。

【园林适用范围】

山茶叶色翠绿,花大艳丽,开花于冬末春初万花凋谢之时,尤为难得。园林造景中可孤植、丛植,亦可作为盆栽于室内摆放。

12.2.3 月季

【科属】蔷薇科,蔷薇属

【学名】*Rosa chinensis*

【俗名】月月红

【原产地】原产中国

【基本形态】

直立灌木,高1~2 m;小枝有短粗的钩状皮刺。羽状复叶小叶3~5,稀7,边缘有锐锯齿,上面暗绿色,常带光泽;托叶多贴生于叶柄,仅顶端分离,边缘常有腺毛。花簇生,稀单生,萼片卵形,先端尾状渐尖;花色多,花瓣先端微凹。果卵球形或梨形,红色(图12-3)。

图12-3　月季

【常见种类和品种】

月季品种类群较多,主要有:

(1)藤本月季。攀缘生长,四季开花,花色有白、红、粉、黄、橙黄和复色等。造型多变,可修剪成形成花球、花柱、花墙、花海、花瀑布、拱门形、走廊形等景观。

(2)大花香水月季。是现代月季的主体,其植株健壮,花朵大,花型高雅优美,花色众多,气味芳香,观赏性强。

(3)丰花月季。树形扩张,花径小且多花聚生,适应性极强。广泛用于城市环境绿化、布置园林花坛、高速公路等。

(4)微型月季。株形矮小,呈球状,花头众多,因其品性独特又称为"钻石月季"。主要作盆栽观赏、点缀草坪和布置花色图案。

(5)树状月季。通过2次以上嫁接形成。观赏效果好、造型多样、适应性强。

(6)壮花月季。植株健壮、高大,花形大,多重瓣,花色多。

(7)灌木月季。与古典月季形态相似,可形成大的灌丛。

(8)地被月季。匍匐生长、分枝开张、高度不超过20 cm的月季种类。其开花群体性强,四季花不断。

【生态习性】

月季喜温暖湿润、光照充足的环境,大多数品种最适温度白天为15～26 ℃,晚上为10～15 ℃。冬季气温低于5 ℃或夏季温度持续30 ℃以上即进入休眠。

【繁殖特点】

可采用播种、扦插、嫁接、压条等方法繁殖,生产上多用扦插和嫁接繁殖。

扦插法多早春或晚秋休眠季节进行,选取当年生半木质化嫩枝为对象,每个插穗保留3～4个芽。扦插后适当遮阳,并保持苗床湿润。一般30 d即可生根,成活率70%～80%。

嫁接法适用于切花生产,但成本较高。嫁接多以野蔷薇作砧木,可芽接或枝接。芽接成活率较高,一般于8—9月进行,嫁接部位要尽量靠近地面。

【栽培管理特点】

选择地势较高,阳光充足,土壤微酸性的环境栽培。栽培前深翻土地,并施入有机肥料做基肥。盆栽月季的培养土可按园土∶腐叶土∶砻糠灰＝5∶3∶2的比例配成,在每年春天新芽萌动前翻盆、修根、换土。生长季每天至少要有6 h以上的光照,否则开花不良。月季喜肥,处于生长旺季的盆栽月季每10 d施一次淡肥水。

【园林适用范围】

月季花期长,花色多,观赏价值高,可用于布置花坛、花境、制作盆景,也可作切花、花篮、花束等。攀缘性强的月季种类可用于垂直绿化。

12.2.4 牡丹

【科属】芍药科,芍药属

【学名】*Paeonia suffruticosa*

【原产地】中国

【基本形态】

落叶灌木,分枝短而粗。叶通常为二回三出复叶;顶生小叶宽卵形,3裂至中部,裂片不裂或2～3浅裂,背面有时具白粉;侧生小叶近无柄。单花,顶生,直径10～17 cm;苞片5,长椭圆形;萼片5,绿色;花瓣5,或重瓣,紫红色至白色,顶端波状;心皮5,密生柔毛。蓇葖果,密生黄褐色硬毛。花期4—5月,果期6—9月(图12-4)。

图 12-4 牡丹

【常见种类和品种】

本属常见种有矮牡丹(*P. suffruticosa* var. *spontanea*),叶背与叶轴均生短柔毛,顶生小叶宽卵圆形或近圆形,长4～6 cm,宽3.5～4.5 cm,裂片再浅裂。紫斑牡丹(*P. suffruticosa* var. *papaveracea*),二至三回羽状复叶,小叶不分裂,稀不等2～4浅裂。花大,花瓣白色,花瓣内面基部具深紫色斑块。四川牡丹(*P. szechuanica*),树皮片状脱落。三至四回三出复叶,无毛。苞片3～5;萼片3～5,绿色,顶端骤尖;花瓣9～12,玫瑰色、红色;花盘包住心皮1/2～2/3。花期4月下旬至6月上旬。

名贵品种主要有'魏紫'('Weizi'),枝较粗壮,花紫红色,荷花形或皇冠形,花期长,花量大,花朵丰满,观赏性极强。'姚黄'('Yaohuang'),株形直立,枝条细硬,分枝短而粗。花淡黄色,单生枝顶,花朵皇冠形,开花整齐,花形丰满。'赵粉'('Zhaofen'),枝软而弯曲。花粉色,重瓣,花朵皇冠形,芳香浓郁。

【生态习性】

性喜温暖和阳光充足的环境,忌夏季暴晒。开花适温为 17～20 ℃,北方寒冷地带冬季栽培需采取适当的防寒措施,以免受冻。耐干旱,忌积水,适生于疏松、深厚、肥沃、排水良好的沙质壤土。

【繁殖特点】

繁殖方法有分株、嫁接、播种等,但以分株和嫁接为主。

分株繁殖:每年秋分到霜降期间,将生长良好、枝叶繁茂的牡丹整株掘起,从根系纹理交接处分开。一般将 3～4 枝有较完整根系的植株分为 1 株。

嫁接繁殖:可选用野生牡丹或芍药根为砧木,于每年 9 月下旬至 10 月上旬进行嫁接。

【栽培管理特点】

依牡丹"宜凉畏热,喜燥恶湿"的生长习性,栽植应选择在背风向阳、土质疏松、土层深厚、肥沃且排水良好的地点。多在 9 月下旬至 10 月上旬栽植,栽植深度以根、茎交接处齐土面为宜。栽植当年,多行平茬,待春季萌发后,留 3～5 枝,并将其余萌蘖抹除,以利于集中营养,使第 2 年花大色艳。

【园林适用范围】

中国十大名花之一,品种繁多,花大而色彩丰富,群体观赏效果好,适于成片栽植或建立牡丹专类园。

12.2.5　八仙花

【科属】虎耳草科,绣球属

【学名】_Hydrangea macrophylla_

【俗名】绣球

【原产地】中国华北、华东、华南、西南等地,日本、朝鲜有分布

【基本形态】

灌木,高 1～4 m;枝粗壮,无毛。单叶对生,纸质或近革质,先端具短尖头,边缘有粗锯齿;叶柄粗壮,无毛。聚伞花序顶生,花密集,多数不育;不育花萼片 4,花瓣状;可孕花少数,位于花序内轮;花色易变。花期 6—8 月(图 12-5)。

【常见种类和品种】

常见品种有'银边'八仙花('Maculata'),叶缘

图 12-5　八仙花

为白色。'红帽'('ChaperonRouge'),叶小、深绿色,花淡玫瑰红至洋红色。'奥塔克萨'('Otaksa'),矮生品种,花粉红或蓝色。

【生态习性】

喜温暖、湿润和半阴环境,忌阳光暴晒,生长适温为 18～28 ℃,冬季温度不低于 5 ℃。栽植时应保持盆土湿润,但浇水不宜过多,防止烂根。八仙花为短日照植物,每天暗处理 10 h 以上,45～50 d 形成花芽。适生于肥沃、疏松和排水良好的沙质壤土。土壤 pH 的变化会引起花色变化。

【繁殖特点】

常用扦插繁殖。梅雨季节在嫩枝顶端剪取长 20 cm 左右的插穗,摘除下部叶片后扦插,约 15 d 后生根。

【栽培管理特点】

春季翻盆换土,新土按腐叶土:园土:沙土=4:4:2比例配制,再加入适量腐熟饼肥作基肥,并对植株进行修剪,换盆后可施以 1～2 次以氮肥为主的稀薄液肥。夏秋季应置于半阴处,防止烈日暴晒导致叶片泛黄。为促进开花,应在植株长至 10～15 cm 时摘心,促使下部腋芽萌发,随后选定 4 个中上部新枝,将其余腋芽全部摘除。待新枝长至 8～10 cm 时,再次摘心。八仙花多于 2 年生壮枝开花,花后应将老枝剪短,保留 2～3 个芽即可,从而避免植株长得过高,并促生新梢。秋后剪去新梢顶部,使枝条停长,以利越冬。

【园林适用范围】

八仙花花大,且颜色多变,是优良的观赏植物。

可植于疏林下或修剪成花篱,亦可作为切花瓶插于室内。

12.2.6 茉莉

【科属】木犀科,素馨属

【学名】*Jasminum sambac*

【原产地】印度

【基本形态】

直立或攀缘灌木。小枝疏被柔毛。单叶对生,纸质;叶柄被短柔毛,具关节。聚伞花序顶生;花极芳香;花萼裂片线形;花冠白色。果球形,呈紫黑色。花期 5～8 月,果期 7—9 月(图 12-6)。

图 12-6 茉莉

【常见种类和品种】

常见品种有单瓣茉莉('Unifoliatum'),植株较矮,茎枝细,叶纸质,全缘。花冠单层,花瓣 7～11 片。双瓣茉莉('Bifoliatum'),直立丛生灌木,多分枝。叶全缘。花瓣较多,排列成两轮,内轮 4～8 片,外轮 7～10 片。花香较浓。多瓣茉莉('Trifoliatum'),枝条有明显疣状突起。叶片浓绿,花蕾圆而短小,顶部略呈凹口。花瓣小而厚。

【生态习性】

茉莉喜温暖、湿润、光照充足的环境,生长适温为 25～35 ℃,冬季气温低于 0 ℃会导致新枝表皮开裂,甚至整株死亡。适生于肥沃、疏松排水良好的微酸性沙质土壤。

【繁殖特点】

可采用扦插、分株、压条繁殖,生产上多用扦插繁殖,春、夏、秋季均可进行,其中以春季最适宜。选取生长健壮、无病虫害、2～3 年生枝条为插穗,每根插穗保留 2～3 个芽。3～5 个月即可出圃。

【栽培管理特点】

茉莉根系浅,且不耐旱,栽培土壤不能过干,盛夏时节每天要早、晚浇水,如空气干燥,还需补充喷水。冬季处于休眠期,需控制浇水量,如盆土过湿,会引起烂根或落叶。茉莉生长周期长、年生长量大且反复抽枝开花,因此肥料需求量大。施肥以腐熟的有机肥为主,以磷酸二氢钾等无机肥为辅,生长旺季每周施肥 1 次。茉莉喜光,光照充足则枝繁叶茂花朵多,低温遮阳则叶薄花稀枝条细,故生长旺季应将其置于全光照下,以防徒长。每年入冬前、春季萌发前和每次花后分别修剪 1 次,以保证枝条疏密得当,营养集中。

【园林适用范围】

茉莉花叶色青翠欲滴,花朵洁白如玉,香气清幽馥郁,为常见庭园及盆栽观赏植物。

12.2.7 倒挂金钟

【科属】柳叶菜科,倒挂金钟属

【学名】*Fuchsia hybrida*

【俗名】吊钟海棠

【原产地】秘鲁、智利、墨西哥等

【基本形态】

常绿小灌木,茎直立,多分枝,被短柔毛与腺毛,老时渐变无毛,幼枝带红色。叶对生,卵形,先端渐尖,基部浅心形或钝圆,侧脉 6～11 对,常带红色,在近边缘环结;叶柄常带红色,被短柔毛与腺毛;托叶早落。花两性,下垂;花梗纤细,淡绿色或带红色;萼筒红色,被短柔毛;萼片 4,红色,开放时反折;花瓣色多变,紫红色、红色、粉红、白色,覆瓦状排列,先端微凹;雄蕊 8,外轮的较长,花丝红色,花药紫红色;子房倒卵状长圆形,疏被柔毛与腺毛;花柱红色,长 4～5 cm;柱头棍棒状,褐色,顶端 4 浅裂。果紫红色,倒卵状长圆形,长约 1 cm。花期 4—12 月(图 12-7)。

【常见种类和品种】

本属常见种有白萼倒挂金钟(*F. alba-coccinea*),茎、枝、叶均为草绿色;萼筒白色,较长,裂片

图 12-7　倒挂金钟

反折,花瓣红色。长筒倒挂金钟(*F. fulgens*),植株疏生柔毛,枝条带红色;叶较长,长 10～20 cm,宽 5～12 cm;萼筒长管状,基部细长,鲜红色,长 5～7.5 cm;花瓣短,深绯红色。短筒倒挂金钟(*F. magellanica*),形态与倒挂金钟相似,萼筒短,仅及萼裂片的 1/3,其下变种有球形短筒倒挂金钟(*F. magellanica* var. *globosa*),枝条无毛下垂,叶脉红色,花梗长,萼片绯红色;花瓣鲜青堇色,长度约为萼裂片的 1/2。

本属常见品种有'布思比女士'(*F.* 'Lady Boothby'),该品种相对较小,萼筒深红色,花瓣紫色。其生长旺盛,需不断进行摘心以控制其生长。'粉色棉花糖'(*F.* 'Pink Marshmallow'),枝叶松散;叶片具大锯齿;花大,重瓣,萼筒粉色,长管状,裂片反折,花瓣白色。

【生态习性】

喜温暖、湿润的半阴环境,生长适温为 15～20 ℃,忌高温和阳光直射。适生于肥沃、疏松、排水良好的沙质土壤。

【繁殖特点】

以扦插繁殖为主,在春秋季进行为宜。将生长良好的一年生枝条剪成 8～10 cm 的插穗,插穗上留 2 片叶,剪口蘸生根粉扦插,插后 1～2 周即可生根。

【栽培管理特点】

栽培盆土以沙性园土、腐殖土、腐熟农家肥按 1:1:1 混合配制。每年春天进入生长旺季以前换盆换土。倒挂金钟花量大,开花次数多,生长旺季在保持盆土湿润的同时,每 10 d 施 1 次氮磷配合的稀薄液肥。冬季和夏季休眠期需控水并停止施肥,以防烂根。

【园林适用范围】

我国常见的盆栽花卉,其花形奇特,花期长,观赏性强,亦被视为吉祥的象征,为广东一带传统的年宵花卉。气候适宜地区可地栽用于布置花坛。

12.2.8　朱砂根

【科属】紫金牛科,紫金牛属

【学名】*Ardisia crenata*

【俗名】八爪金龙

【原产地】中国

【基本形态】

常绿小灌木,高 1～2 m;茎粗壮,无毛。叶革质,椭圆形至倒披针形,边缘皱波状或具波状齿,有明显的边缘腺点,两面无毛,有时背面具极小的鳞片。伞形花序或聚伞花序,顶生于侧出花枝;花梗长 7～10 mm;花长 4～6 mm,花萼绿色,基部连合,具腺点;花瓣白色,开时反卷,顶端急尖,具腺点;雄蕊较花瓣短;雌蕊与花瓣近等长或略长。果球形,直径 6～8 mm,鲜红色,具腺点。花期 5—6 月,果期 10—12 月(图 12-8)。

图 12-8　朱砂根

【常见种类和品种】

常见相似种有红凉伞(*A. crenata* var. *bicol-*

or),本变种与前者的主要区别是,叶背、花梗、花萼及花瓣均带紫红色,有的植株叶两面均为紫红色。

【生态习性】

喜温暖、湿润、通风良好的半阴环境,生长适温为 16～28 ℃,越冬温度不宜低于 5 ℃,否则需采取防冻措施。不耐旱,亦不耐水湿。对土壤要求不严,但以疏松、排水良好且富含腐殖质的酸性或微酸性的沙质壤土为宜。

【繁殖特点】

朱砂根可采用播种繁殖、扦插或嫁接繁殖。播种繁殖宜选用当年采收、籽粒饱满无病虫害的种子,在深秋至翌年早春播种后,待幼苗长出 3 片或 3 片以上的真叶后即可移栽。扦插繁殖可采用嫩枝扦插和硬枝扦插,插穗生根的最适温度为 20～30 ℃。

【栽培管理特点】

朱砂根要求生长环境的空气相对湿度在 50%～70%,空气相对湿度过低会导致下部叶片黄化、脱落,上部叶片无光泽。因其结果量大,对肥料需求较多,在生长旺季应注意追肥。

【园林适用范围】

朱砂根株形美观,果实颜色鲜艳,数量大且挂果期长,果期恰逢春节,是优良的室内观果盆栽植物。其耐阴性强,亦可用于庭园树荫下或城市立交桥下绿化。

12.2.9　一品红

【科属】大戟科,大戟属

【学名】*Euphorbia pulcherrima*

【俗名】猩猩木

【原产地】中美洲

【基本形态】

灌木,具白色乳汁。茎直立,无毛。单叶互生,卵状椭圆形至披针形,全缘或浅裂,叶背被柔毛;无托叶;苞叶 5～7 枚,狭椭圆形,常全缘,朱红色。花序顶生,聚伞排列;总苞坛状,淡绿色,边缘齿状5 裂;腺体 1 枚,黄色。雄花多数,常伸出总苞之外;苞片丝状,具柔毛;雌花 1 枚,子房柄明显伸出总苞之外,无毛;子房光滑;花柱 3,中部以下合生;柱头

2 深裂。蒴果,三棱状圆形,长 1.5～2.0 cm,直径约 1.5 cm,无毛。种子卵状,灰色或淡灰色,近平滑;无种阜。花果期 10 月至次年 4 月(图 12-9)。

图 12-9　一品红

【常见种类和品种】

一品红品种繁多,常见品种有'一品白'('Ecke's White'),苞叶乳白色;'一品黄'('Lutea'),苞叶黄色;'橙红利洛'('Orange Red Lilo'),苞叶大,橙红色;一品粉('Rosea'),苞叶粉红色等。

【生态习性】

一品红为短日照植物,喜温暖、湿润和阳光充足的环境。其耐寒性差,10 ℃以下即停止生长。忌积水,土壤过湿易引起根部腐烂和落叶,忌强光直射或光照不足。

【繁殖特点】

一品红以扦插繁殖为主,可采用枝条和老根进行扦插。以枝条插穗主要有半硬枝扦插、嫩枝扦插两种方式。插穗在清晨剪取为宜,因为此时插穗的水分含量较高。剪插穗时,剪口最好在芽下 0.5 cm处,剪口平滑,成平口或斜面,并剪去劈裂的表皮和木质部,以免积水导致插穗腐烂。最后用清水将剪口流出的白色乳液清洗干净,并涂上草木灰或者蘸生根粉,以促其生根,也可将插穗基部浸于浓度为0.1%高锰酸钾溶液中 10 min 左右,以提高存活率。扦插时,插穗插入基质的深度一般不超过 2.5 cm,太深易导致剪口腐烂。扦插的株行距以 4 cm×4 cm为宜。

老根扦插多在3、4月对一品红进行翻盆换土时进行,可将换土时剪下的直径0.5 cm以上的老根剪成10 cm左右的根段,再在剪口蘸上草木灰,待其稍干后扦插于培养土中(根段上如带有少许根须者则更易萌发新芽)。扦插时,根段露出土面1 cm,约1个月,即可繁殖出新植株。当新植株长至10 cm左右时,可移栽上盆。

【栽培管理特点】

一品红喜疏松、排水良好的土壤,其栽培基质可用菜园土、腐殖土、腐叶土和腐熟的饼肥按3∶3∶3∶1的比例混合,亦可掺入少量炉渣。除上盆、换盆时可施有机肥作基肥外,在生长开花季节应及时追肥。入秋后,还可每周施一次复合肥,以促进苞片变色及花芽分化。一品红不耐旱,又不耐水湿,浇水以保持盆土湿润又不积水为度,但在开花后要减少浇水。浇水要注意均匀,防止过干过湿导致植株下部叶片发黄脱落,或枝条生长不均匀。

【园林适用范围】

一品红苞叶大且颜色鲜艳,其花期长,且正值圣诞、元旦、春节期间,在室内摆放或布置花坛均可增加喜庆气氛,也可用于布置会场。

12.2.10　叶子花

【科属】紫茉莉科,叶子花属

【学名】*Bougainvillea spectabilis*

【俗名】簕杜鹃、三角花、三角梅、毛宝巾、九重葛

【原产地】原产巴西、秘鲁、玻利维亚和阿根廷

【基本形态】

常绿藤状灌木。枝、叶密生柔毛。枝刺腋生、下弯,长5 cm。叶片椭圆形或卵形,基部圆形,有柄。花序腋生或顶生;苞片椭圆状卵形,基部圆形至心形,长2.5～6.5 cm,宽1.5～4 cm,暗红色或淡紫红色,端锐尖;花被管狭筒形,长1.6～2.4 cm,一般短于苞片,绿色,密被柔毛,顶端5～6裂,裂片开展,黄色,长3.5～5 mm;雄蕊通常8;子房具柄。果实长1～1.5 cm,密生毛。华南多于冬春间开花,而长江流域常于6—12月开花(图12-10)。

【常见种类和品种】

本属另外2个原种也常栽培。

图12-10　叶子花

光叶子花(小叶九重葛,*B. glabra*),叶椭圆,绿色或斑叶,光滑无毛;苞片大小形状不一,通常为三角状,紫色或洋红色,也有白色;花期为3—12月。与前种的区别在于:刺短,头略弯,长1 cm;叶无毛或疏生柔毛,苞片长圆形或椭圆形,小,长成时与花几乎等长,端钝圆;花被管疏生柔毛。

秘鲁叶子花(*B. peruviana*),枝干绿色;刺短,不弯;叶互生,狭长卵状,无毛,全缘;苞片圆形,略皱,洋红色或粉色;花黄色。一年多次开花。

各原种种内杂交品种繁多。叶子花,就花之苞片颜色而言就有'砖红'('Lateritia');'托马斯'('Thomasii',花粉红);此外还有'红花重瓣'('Rubra Plena')、'白花重瓣'('Alba Plena')、'斑叶'('Variegata')等品种。光叶子花种内杂交品种也较丰富,如'斑叶'('Variegata')、'金叶'('Aurea')、'卵黄'('Salmonea',花黄色)、'雪白'('Snow White',花白色)、'巴西'('Brazil',花茄色)、'亚历桑德拉'('Alexandra',花玫红)等。

种间杂种有红宝巾(*B. ×buttiana*),是光叶子花与秘鲁叶子花的人工杂交种。叶广卵形或心形,两面略有毛;苞片圆形,3～6枚,亮紫红色;花奶白(黄)色,有粉晕。刺短,直而不弯。一年多次开花。枝条扩张性强,在诸多杂交种中,本杂交种栽培最为普遍。品种有:'晚霞'叶子花('Afterglow'),黄色或橙色纸质苞片。*B. ×spectoperuviana*,是叶子花与秘鲁叶子花的杂交种。叶大,广卵形,深绿色,通常无毛;苞片初为暗橙红或深红色,渐变为洋红

色或深粉色,色彩丰富。花奶白(黄)色。刺直,不弯。本杂交种栽培也普遍。强健,攀缘性强。一年多次开花。品种有'二色'叶子花('Mary Palmer'),花的苞片有紫、白二色。B. ×spectoglabra 是叶子花与光叶子花的杂交种,叶小,深绿色,通常无毛;苞片淡紫或紫色。花白色。刺多,弯曲。枝多而密。一年多次开花。

【生态习性】

喜光,全光照条件下生长良好,光照不足开花少且易引起苞片脱落。喜温暖,不耐寒,不择土壤,以酸性土壤为好(pH 5.5～6.0)。耐旱、耐盐。

【繁殖特点】

花后少结实,多用扦插法繁殖。选用 1 年生已木质化的健壮枝,截成 15 cm 的段,以沙或泥炭为基质进行扦插,成苗率 70%。扦插适温为 25 ℃左右,3—8 月均可扦插,以 3—4 月为好,扦插后 30 d 左右生根。扦插苗翌年或第 3 年就可开花。对不易生根的品种,采用嫁接和压条法进行繁殖。

【栽培管理特点】

定植时,施入定植穴有机肥做基肥较好,同时施足缓效性的化肥,增加磷肥的施入量。追肥时,氮磷钾比率以 1∶1∶1 或 2∶1∶2 为宜,过量施肥可导致徒长花少,故仅在肥力差的土壤追肥,而一般土壤则可不施肥。每年施用 2 次微肥,补充铁等微量元素,促进叶绿花艳。两次浇水之间不允许土壤干透,但过量灌溉根系生长受阻。叶子花易发生徒长枝,修剪徒长枝和盘卷,是管理中的重要工作,同时修剪、抹芽等措施可促进侧枝生长,促进开花。修剪可在花后进行。盆栽时,更应早修剪,矮化植株。

【园林适用范围】

叶子花是优美的园林观花树种。华南及西南地区多植于庭园、宅旁,设立棚架或令其攀缘山石、园墙、廊柱而上,十分美丽;也可培养成独干类型供观赏。长江流域及其以北地区多于温室盆栽。也可制作盆景。若"十一"用花,可提前 40～50 d 进行短日照处理。

12.2.11　迷迭香

【科属】唇形科,迷迭香属

【学名】*Rosmarinus officinalis*

【俗名】迷蝶香、油安草

【原产地】原产于地中海沿岸的欧洲、北非和亚洲地区

【基本形态】

灌木,高 1.5 m。茎及老枝圆柱形,幼枝四棱形,密被白色星状细绒毛。叶常丛生,长 1～2.5 cm,宽 1～2 mm,线形,全缘,反卷,革质,叶面稍具光泽,近无毛,叶背密被绒毛。花近无梗,对生,少数聚集在短枝的顶端成总状花序。花萼卵状钟形,外面密被绒毛及腺体,2 唇形。花冠长不及 1 cm,外被疏短柔毛,冠筒稍外伸,冠檐 2 唇形,上唇 2 浅裂,下唇 3 裂。花白色、粉色、紫色、深蓝色。小坚果卵状近球形,平滑,具 1 油质体。花期 3—5 月和 9—10 月(图 12-11)。

图 12-11　迷迭香

【常见种类和品种】

品种较多,有不同花色、叶色、香气、株形等,如'白花'('Albus'),花白色;'奥利斯'('Aureus'),花叶型,叶布黄斑;'贝兰登之蓝'('Benenden Blue'),叶深绿,窄;'金雨'('Golden Rain'),绿叶,带黄色条纹;'亚伯'('Arp'),叶浅绿,针状,粗糙,有柠檬香味;'蓝色小孩'('Blue Boy'),矮生型,叶小,茎叶浓密,丛生性佳,冬春季开淡蓝色小花,但生长较慢;'金色黄昏'('Gold Dust'),深绿色叶,带黄色条纹(比金雨色强);'海法'('Haifa'),植株低矮,冠幅小,白花;'肯泰勒'

('Ken Taylor'),灌状;'杰斯普女士'('Miss Jessop's Upright'),高帚状,宽叶;'匍匐'('Prostratus'),植株低矮,匍匐状;'塞文海'('Severn Sea'),匍地型,生长缓慢,拱形分枝,花深紫堇色,春、秋季开满枝头;'塔'('Pyramidalis' or 'Erectus'),帚状分枝,花蓝白色;'宽叶'('Rex'),叶面宽,有光泽,生长迅速。

【生态习性】

喜凉爽而干燥的气候,忌高温高湿环境,耐干旱,排水不良及雨季时常生长不良。喜阳光充足和良好通风条件,在土壤pH 4.5~8.7的土壤中都能生长,以在中性或微碱性的沙质土壤上生长尤佳。抗虫能力强。

【繁殖特点】

播种繁殖时发芽缓慢且发芽率低,发芽时间长达3~4周,发芽率30%左右。生产中常选取半木质化的枝条进行扦插,生根容易,1个月后可定植露地。匍匐类型的,也可选贴近地面的枝条进行压条繁殖,约1个月切离,另行栽植。

【栽培管理特点】

迷迭香常在春季进行露地定植,不可过密,以保证通风良好,定植后浇透水。视天气和土壤进行灌溉,不可过多。生长季节注意中耕除草和排水防涝,2—3月施一次复合肥。种植数年后,植株的株形会变得偏斜,下部叶片脱落,根部萎缩,所以应在10—11月或2—3月时从根茎部进行更新修剪。迷迭香生长缓慢,不耐修剪,平时每次修剪时不要剪超过枝条长度的一半。

【园林适用范围】

迷迭香为著名的芳香植物,生长缓慢,故常用作矮中篱或作造型绿雕,也可盆栽。匍匐品种是良好的地被覆盖。我国华东、华中、华南、西南地区常见栽植。

12.2.12　龙船花

【科属】茜草科,龙船花属

【学名】*Ixora chinensis*

【俗名】英丹花

【原产地】产我国福建、广东、广西,东南亚地区

也有分布

【基本形态】

常绿灌木,高达0.8~2 m。小枝初时深褐色,有光泽,老时呈灰色,具线条。单叶对生,通常倒卵状长椭圆形,长6~13 cm,全缘;托叶生于叶柄间。伞房聚伞花序顶生,形似绣球;总花梗长5~15 mm,与分枝均呈红色;花冠红色或红黄色,高脚碟状,花冠筒细长,裂片4,长5~7 mm,先端浑圆;雄蕊与花冠裂片同数,着生于花冠筒喉部。浆果近球形,双生,初为红色,熟时黑红色。种子长4~4.5 mm,上面凸,下面凹。几乎全年开花,集中在5—7月(图12-12)。

图12-12　龙船花

【常见种类和品种】

在国内,龙船花几乎还是半野生状态,品种少。龙船花有'白花'('Alba');'黄花'('Lutea');'日出'('Sunset'),亮橙色花;'迪克西雅纳'('Dixiana')暗橙花等品种。

在广州等地栽培的同属植物还有白龙船花(*I. henryi*),花白色或淡粉红色,花冠裂片披针形,先端尖,叶基部楔形;花期3—4(8—12)月;产广东西南、海南、广西和云南。橙红龙船花(*I. coccinea*),花红色或橙红色,花冠裂片短,先端尖,叶基部圆形或近心形;夏秋开花;产印度、缅甸等国家;缅甸国花。黄龙船花(*I. coccinea* var. *lutea*),花冠金黄色,裂片长卵形;春末至秋季开花;原产印度。

【生态习性】

喜高温高湿,能耐短期0 ℃低温,不耐霜冻。较

喜光,疏林下也能生长良好。对土壤要求不严,黏性土或沙土,均能生长,以排水良好、富含有机质、疏松、湿润、酸性的沙壤土为好。土壤 pH 升高,会造成叶片发黄。耐旱,也耐水湿。

【繁殖特点】

生产上多用扦插繁殖,选用粗壮嫩枝,剪去大部分叶片,每 2～3 节剪成一段作插穗,春季插入沙床,40～50 d 可生根。也可夏季进行半木质化嫩枝扦插,20 d 左右生根。

播种繁殖多在春季进行,发芽适温 22～24 ℃,10 d 左右发芽,3～4 对真叶时移栽。播种苗第 2 年可开花。

【栽培管理特点】

种植于庭院或花坛内的,一般初植时放足基肥,以后可任其自然生长。当花序形成后,生长显著减慢。由于较能耐旱,生长又缓慢,可节省浇水修剪等工作,极易管理。寿命长,实生苗 40 年生开花尚繁茂,扦插苗可繁花 30～40 年。

具体管理工作中,可视情况,夏季增加浇水次数,保持土壤湿润,注意不要积水导致烂根,冬季控制浇水量。早春施用氮、磷、钾比例为 4∶8∶8 的酸性复合肥,夏季和秋季再各施肥一次。为培养良好的树形,可进行修剪。

盆栽时,龙船花冬季室内必须保持 15 ℃以上,可继续生长,若温度过低,会引起落叶现象。

【园林适用范围】

龙船花几乎四季红满枝头,观赏时间之久,为各类花木所不及,很适合庭园栽植,也可盆栽观赏。

12.2.13　长隔木(希茉莉)

【科属】茜草科,长隔木属

【学名】*Hamelia patens*

【俗名】红茉莉、醉娇花、希美丽

【原产地】原产于美洲的热带、亚热带地区

【基本形态】

灌木,高 1.5～4 m,植株幼嫩部位均被毛。枝条近圆柱状,常红色。单叶通常 3 枚轮生,轮生叶有时多达 7 枚,全缘,略带红色,椭圆状卵形、长圆形至倒披针形,长 7～20 cm;叶基楔形或急尖,叶先端短尖、急尖或微渐尖。聚伞花序生枝顶,近蝎尾状;花冠狭圆筒状,橙红色,先端 5 裂,冠管光滑或略 5 肋外凸,长 1.8～2.3 cm;雄蕊稍伸出。浆果卵状,直径 0.6～1 cm,暗红色,成熟时黑紫色。花果常同在。种子褐色或黄褐色。花期 5—10 月(图 12-13)。

图 12-13　长隔木(希茉莉)

【常见种类和品种】

长隔木(希茉莉)下有两变种,var. *patens*,原变种,有毛型,叶通常 3 枚轮生,花橙红色,嫩部均被毛。var. *glabra*,无毛型,叶通常 4 枚轮生,花黄色,略带橙红或花筒外部有,叶片光滑无毛。

各变种内及变种间杂交品种很多,现在多流行以无毛型杂交种为主的品种。主要品种有'非洲'('African'),株形紧凑、球状,高达 3.5 m,叶小、略带紫色或红色;'卡鲁萨'('Calusa'),花亮橙红色,枝叶稠密,生长一致,叶绿色带深红色晕;'密生'('Compacta'),株形紧凑,花叶均小,花亮红橙色,叶绿色;'飞火'('Firefly'),高 1.5～3 m,叶小、长而狭,其余特点与'Compacta'相似;'大花'('Macrantha'),叶略大而更光滑(与'Compacta' and 'Firefly'比较),叶缘波状,向上卷生,株高 3.5 m,适合做高篱;'金辉'('Grelmsiz'),为斑叶品种,叶片黄色,沿中脉分布不规则绿色斑块,花橙红色,株高 1.5 m。

同属的钟花长隔木 *H. cuprea*,近年多有栽培。其特征为株高达 6 m;叶绿色或铜紫色,椭圆状;花钟状,初开时黄色,逐渐变橙红;花筒先端常 6 裂,裂

片反卷,外有 6 条带状红色线条。

【生态习性】

喜温暖,耐干旱,耐热,不择土壤但喜排水良好的微酸性土壤。全光照开花繁茂,半阴条件下生长良好,但半阴条件下茎叶常徒长少花。抗风能力弱。

【繁殖特点】

播种或扦插繁殖。常行秋播,成苗慢。扦插繁殖用半木质化的枝条在生长季扦插,生根迅速,成苗快,几个月后即可开花。也可高空压条法繁殖。

【栽培管理特点】

长隔木(希茉莉)生长迅速,移栽后成活良好,经 6—12 月后可完全成形。在全光照条件下,株形紧凑、开花繁茂。雨季注意排水以防止烂根,平时也不可过分灌溉。过分灌溉和土壤碱性大均会导致叶片黄化或失绿,可通过减少灌溉次数、追施有机肥、补充铁等微量元素来防治。偶尔进行修剪,就可保证持续不断地开花。等果实干后,采收种子。

【园林适用范围】

长隔木(希茉莉)花叶均美,盛花期,满地红色,其果实初为绿色,后变黄变红最后变黑,花果吸引昆虫和鸟类。可作为背景材料。也可作为花坛主材料,花境、花篱等处也常应用。另外,带状栽植、丛植均适合,也是容器栽植的良好材料。在我国华南、西南大量栽培,温带地区可做一年生应用。

12.2.14 栀子

【科属】茜草科,栀子属

【学名】*Gardenia jasminoides*

【俗名】栀子花、黄栀子、山栀子、水栀子、水横枝等

【原产地】产中国、东亚、东南亚

【基本形态】

常绿灌木,高达 3 m。枝圆柱形,灰色。叶对生,多为革质,少为 3 枚轮生,叶形多样,常为倒卵状长椭圆形,长 3～25 cm,上面亮绿,下面较暗;叶脉在叶背明显凸出。花芳香,常单生枝顶;萼管宿存;花冠白色或乳黄色,高脚碟状,冠管狭圆筒形,长 3～5 cm,顶部 5～8 裂,常 6 裂,裂片倒卵状长圆形,长1.5～4 cm。浆果卵形、近球形或长圆形,黄色或橙红色,长 1.5～7 cm,有翅状纵棱 5～9 条,宿存萼片长达 4 cm。种子多数,近球形稍有棱角,长约 3.5 mm。花期 3—7 月,果期 5 月至翌年 2 月(图 12-14)。

图 12-14　栀子

【常见种类和品种】

栀子是有名的香花观赏树种。果可入药。常见有下列变种、变型及栽培变种:

大花栀子(f. *grandiflora*),花较大,径达 7～10 cm,单瓣;叶也较大。'玉荷花'(重瓣栀子、白蟾)('Fortuneana'),花较大,重瓣,径达 7～8 cm,花后不实,华南等地庭园栽培较普遍,1884 年,罗伯特·福琼将本种运到英国。'雀舌'栀子(雀舌花、水栀子)('Radicans'),植株矮小,枝常平展匍地,高度为 15～45 cm,冠幅可达 1 m;叶较小,倒披针形,长 4～8 cm;花也小,重瓣;宜作地被材料,也常盆栽观赏;花可熏茶,称雀舌茶。'神话'('Mystery'),高 1.6～1.8 m,植株高大,直立型,做绿篱的良好材料。'艾米'('Aimee'),春季开花,早花型。'黄魔术'('Golden Magic'),初开始白花,后变为金黄色,株高 1.5 m,冠幅 1 m。

国外也有一些抗寒性强的品种,如'流星'('Shooting Star')、'查克海耶斯'('Chuck Hayes')、'夏雪'('Summer Snow')、'冠石'('Crown Jewel')。

【生态习性】

喜温暖湿润气候，耐热也稍耐寒（−3 ℃）。原为疏林下植物，故喜明亮的散射光，也耐半阴，在庇荫条件下叶色浓绿，但开花稍差。对土壤要求不严，喜肥沃、排水良好的轻黏壤土，也耐干旱瘠薄，但植株易衰老。栀子为典型的酸性土植物，要求 pH 5～6.5，若土壤偏碱，则叶片变黄，严重时枯死。较耐水湿，短期积水不影响生长。抗二氧化硫能力较强。

【繁殖特点】

生产中多用扦插法育苗，可在春季剪取 1～2 年生壮枝，去叶，剪成 10～15 cm 的插条，插于沙床或其他基质中，约 30 d 可生根发叶，期间注意喷雾保湿；也有在夏季选择半木质化枝条扦插的，3 周左右生根。也可用播种和分株法进行繁殖，都在春季进行。

用作盆栽，1 年生苗即可出圃；园林中应用，需培育 2～3 年生的大苗。

【栽培管理特点】

栀子主干宜少不宜多，因萌芽力强，需适时修剪以减少枝条重叠，保持枝条舒朗，促使叶大花肥。蕾期控制肥水，增强光照以保蕾，花后及时去除残花，促进新梢生长，新梢长至 2、3 节时，第 1 次摘心，并适当抹芽；8 月进行第 2 次摘心，培养树冠，以使树形优美。园林中也多修剪成圆球形，提高观赏价值。

北方盆栽时，1 kg 培养土加 0.5 g 硫黄粉。每周浇 0.2%硫酸亚铁溶液 1 次。

【园林适用范围】

栀子叶色亮绿，花期长，极芳香，盛开时枝头如雪，长江流域及其以南地区多于庭园栽培，依种类不同，作花篱、花带，或在庭园、水畔、假山等处种植，剪取待开花蕾用作瓶插也相宜，也可用于街道和厂矿绿化。华北等地则常做盆栽。

12.2.15　扶桑

【科属】锦葵科，木槿属

【学名】*Hibiscus rosa-sinensis*

【俗名】朱槿、佛桑、大红花等

【原产地】原产中国

【基本形态】

常绿灌木，高 1～3 m。多分枝，小枝圆柱形，疏

被星状柔毛。叶广卵形或长卵形，长 4～9 cm，宽 2～5 cm，先端渐尖，基部圆形或楔形，边缘具粗齿或缺刻，两面除背面沿脉上有少许疏毛外均无毛。花单生于上部叶腋间，常下垂；花梗长达 3～7 cm，无毛；花冠漏斗形，直径 6～10 cm，玫瑰红色或淡红、淡黄等色；雄蕊柱长 4～8 cm，超出花冠外，平滑无毛；花柱枝 5。全年开花（图 12-15）。

图 12-15　扶桑

【常见种类和品种】

重瓣朱槿（*H. rosa-sinensis* var. *rubro-plenus*），花重瓣，红色、淡红、橙黄等色。栽培于广东、广西、云南、四川、北京等地。

栽培品种较多，花色有白、黄、粉、红等，登记品种有 3 000 以上。常见栽培的有'锦叶'扶桑（'Cooperii'）：株形紧凑，绿叶狭长而有白、黄、粉红等色彩，花红色，单瓣。'白花'扶桑（'Alba'），花白色，单瓣。'橙黄'扶桑（'Aurantiacus'），花瓣橙黄，喉部紫红色，单瓣。

夏威夷扶桑（Hawaiian Hibiscus），为多源种间杂交品种群，种类极其繁多，花色花型丰富。

【生态习性】

扶桑喜暖热湿润气候，生长适温 18～25 ℃，不耐寒霜，长江流域也需温室越冬。对土壤要求不严，但以在肥沃、疏松、肥力中等以上的微酸性土壤中生长为宜，肥沃地花更艳丽。在阳光充足、通风的场所生长良好。较能耐干旱和水湿。

【繁殖特点】

可采用扦插、播种和嫁接等方法进行繁殖，以

扦插为主。

扦插一年四季均可进行,但多在春季进行,基质采用粗砂或泥炭和蛭石的混合基质,18～25 ℃条件下,3 周左右生根,45 d 后可进行定植。

播种前,由于种皮较硬,先行刻伤。25 ℃条件下,2～3 d 即可发芽。

扦插困难或生根较慢的扶桑品种,尤其是扦插成活率低的重瓣品种,一般进行嫁接法,砧木选用生长健壮的单瓣品种。新品种引进,也常用此法。嫁接苗当年就可抽枝开花。

【栽培管理特点】

扶桑一般春季定植,定植后生长迅速。成株后,不需要特殊管理就可花繁叶茂。生长季(4—9月)及时摘除顶芽,促进侧枝生长和花芽的形成,又能控制植株的高度;同时,每月施 1 次复合肥,对生长和开花均有利;一次浇足,减少浇水次数。扶桑萌芽力强,极耐修剪,每年春季剪去老枝的 1/3,适当培土施肥,利于更新复壮;作自然式栽培时,可隔数年修剪 1 次。

盆栽时,可按腐叶土 4 份、菜园土 4 份、腐熟豆粕 1 份和河沙 1 份混合培养土,生长季每半月追施复合肥,冬季移入室内,温度不宜低于 12 ℃。

【园林适用范围】

扶桑长年开花,花色多彩,观赏效果好,在华南城市绿化美化中广泛采用,孤植、丛植、群植均适合,池畔、亭前、路旁常见,也可作为花篱应用,还用于住宅或其他建筑物周围做基础栽植。华中、华北等地区,盆栽观赏。

12.2.16　九里香

【科属】芸香科,九里香属

【学名】*Murraya exotica*

【俗名】石桂树、千里香

【原产地】中国、亚洲热带

【基本形态】

灌木或小乔木。多分枝,小枝圆柱形,无毛。单数羽状复叶互生,叶轴不具翅;小叶 3～5(7),互生,卵形或倒卵形至近菱形,两侧常不对称,长 2～8 cm,全缘,表面深绿有光泽。聚伞花序腋生或顶生;花大,径达 4 cm,白色,极芳香;萼片 5,宿存。浆果朱红色,纺锤形或榄形,大小变化很大。花期 7—11 月。花可提芳香油;全株药用(图 12-16)。

图 12-16　九里香

【生态习性】

九里香喜温暖,不耐寒。对土壤要求不严,以含腐殖质丰富、疏松、肥沃的沙质土壤为宜。耐干旱。喜光稍耐半阴,在半阴处生长不如向阳处健壮,花的香味也淡,过于荫蔽则枝细软、叶色浅、花少或无花。

【繁殖特点】

九里香常用播种繁殖,也可扦插、压条等方法繁殖。

春、秋均可播种,多采用春播,播种时间为 3—4(5)月,气温 16～22 ℃条件下,播后 25～35 d 发芽。春播苗高 15～20 cm 时定植。秋播者翌年定植。

扦插宜在春季或 7—8 月雨季进行,宜剪取组织充实、中等成熟、表皮灰绿色的 1 年生以上的枝条做插条。

压条繁殖一般在雨季进行,将半老化枝条经环剥或割伤处理后,埋入土中,待其生根发芽,于晚秋或翌年春季削离后即可定植。

【栽培管理特点】

九里香定植前,施足基肥。定植后,在第 1 个生长季要加强肥水管理,以利于根系系统及早建立和枝叶迅速生长,但应注意浇水过多则易烂根。成株以后,灌水以保持土壤中等湿润为宜,但注意两次灌水之间不允许土壤干透。九里香枝条萌生性强,为保持一定树形,要定期抹芽、疏枝、短截等修剪。

【园林适用范围】

九里香花期长,花芬芳馥郁,红果诱人,一段时间内花果同在,是良好的观花观果树种。南方常孤植、丛植或群植于庭园观赏,也用于自然式或规则式植篱,也可作为背景材料。九里香还是盆栽和制作盆景的良好材料。

12.2.17　米兰

【科属】楝科,米仔兰属

【学名】*Aglaia odorata*

【俗名】米仔兰、树兰、鱼子兰、兰花米、碎米兰等

【原产地】中国

【基本形态】

常绿灌木或小乔木,高 2～4(7) m。茎多小枝,幼枝顶部被星状锈色鳞片。羽状复叶互生,叶长5～12(16) cm,叶轴和叶柄具狭翅,小叶 3～5,对生,长 2～7(12) cm,宽 1～3.5(5) cm,全缘;顶端 1片最大,下部的远较顶端的为小。圆锥花序腋生,长 5～10 cm,稍疏散无毛;花小而多,甜香,直径约2 mm;雄花和两性花均有;花瓣 5,黄色;雄蕊合生成筒状。浆果,卵形或近球形,长 10～12 mm。花期 5—12 月,果期 7 月至翌年 3 月(图 12-17)。

图 12-17　米兰

【常见种类和品种】

常见栽培的种和品种有:

小叶米仔兰(*A. odorata* var. *microphyllina*),

叶通常具小叶 5～7 枚,间有 9 枚,狭长椭圆形或狭倒披针状长椭圆形,长在 4 cm 以下,宽 8～15 mm。产海南。我国南方各省区有栽培。

'斑叶'米仔兰(*A. odorata* 'Variegata'),叶有淡色斑纹。

四季米兰(*A. duperreana*),灌木至小乔木,高4～7 m。枝圆柱形,灰色,嫩枝略扁,具棱。奇数羽状复叶长 4～9 cm;小叶 5～7,近革质,倒卵形至倒披针形,长 2～5.5 cm。总状花序长 3.5～6 cm,有时花序基部有 2～3 个具 2～3(5)朵花的短分枝;花小,球形,花瓣黄色。原产越南南部,枝叶茂密,花极香,花期长。我国南方普遍栽培观赏,在广州几乎全年开花,故有四季米兰之称。

【生态习性】

性喜温暖、湿润、阳光充足的环境,稍耐半阴,畏寒怕冷。土壤以疏松、透水、通风、微酸性为宜。

【繁殖特点】

生产上常行扦插进行繁殖,在生长季,常于 6—8 月进行,选用半木质化的嫩枝,在高温高湿的条件下进行扦插,2 个月后开始生根。

高压繁殖在 5—9 月均可进行,但常在梅雨季节。选用一年生木质化枝条,于基部 20 cm 处作环剥,宽 1.5～3 cm,用水苔等敷于环剥部位,再用薄膜上下扎紧,保持膜内基质湿润,2～3 个月可以生根,4 个月后切离另行栽植。

【栽培管理特点】

温暖地区露地栽培容易,定植时应施入充足的有机肥作基肥,夏季管理时加大肥水供应,增施磷钾肥,则植株生长健壮,开花繁茂。开花期浇水量要适当减少,以免引起落蕾。及时进行适当修剪,以保持树形美观。

盆栽时,经常喷施 0.5% 硫酸亚铁溶液可以有效防止失绿症。温室越冬期间,夜温保持 10 ℃以上,同时减少浇水次数和浇水量。

栽培期间主要害虫为蚜虫、红蜘蛛和介壳虫、白粉虱等,用 800～1 000 倍阿维菌素或其他杀虫剂喷杀。

【园林适用范围】

米兰是著名的香花树种,四季常青,花香馥郁,

花期长。华南和西南地区庭园及园林绿地中常有栽培,长江流域及以北地区常盆栽。花可以熏茶和提炼香精。

12.2.18　醉鱼草

【科属】醉鱼草科(或马钱科),醉鱼草属

【学名】*Buddleja lindleyana*

【俗名】闭鱼花、鱼泡草、毒鱼草、痒见消、鱼尾草

【原产地】中国

【基本形态】

落叶灌木,高1～3 m。茎皮褐色;小枝4棱形,略有翅;嫩枝、叶背及花序均密被星状短绒毛。叶对生,萌芽枝条上的叶为互生或近轮生,卵形、椭圆形至长圆状披针形,长3～11 cm,宽1～5 cm,全缘或疏生波状齿。穗状聚伞花序顶生,长4～40 cm,宽2～4 cm,扭向一侧;花紫色,芳香,花冠长13～20 mm。蒴果长圆状或椭球状,长5～6 mm,直径1.5～2 mm,无毛,常有宿存花萼;种子淡褐色,小,无翅。花期4—10月,果期8月至翌年4月(图12-18)。

图12-18　醉鱼草

【常见种类和品种】

醉鱼草属植物约100种,分布于美洲、非洲和亚洲的热带至温带地区。我国产29种,4变种,除东北地区及新疆外,几乎全国各省区均有。常见栽培的种和品种有:

大叶醉鱼草(*B. davidii*),小枝略呈四棱形;侧脉下面凸起;花小,花冠管直径1～1.5 mm。枝条柔软多姿,花美丽而芳香,是优良的庭园观赏植物。产陕西和甘肃南部经长江流域至华南、西南地区。下有多个变种,广泛栽培。

密蒙花(*B. officinalis*),叶片狭椭圆形、长卵形或长圆状披针形,被星状短绒毛,下面更密;侧脉每边8～14条;叶柄长达2 cm;花冠紫堇色,后变白色或黄白色。我国主要产于中南部和西南部地区,华东、华南、西北也有分布。

互叶醉鱼草(*B. alternifolia*),叶互生,狭披针形。花密集簇生于上一年枝条,花冠鲜紫红色或蓝紫色,芳香。产我国西北部。耐寒,极耐干旱。花美丽,各地园林常见栽培。

【生态习性】

醉鱼草类适应性强,抗逆性强,但不耐水湿。一般均耐土壤瘠薄,对土壤要求不严,在光照充足、土壤通透性较好的各类土质上均生长良好。依种类不同,抗寒性不同,如互叶醉鱼草能耐—30 ℃的低温。

【繁殖特点】

生产上常进行扦插繁殖,在生长季,选取半木质化枝条剪成10～15 cm的段,每段留芽2～3个。剪掉插穗下部叶片,上部的留2～3片叶并剪去2/3。上剪口距芽1 cm平剪,下剪口在芽背面斜剪成马蹄形,2～3周开始生根。生根后应控水,注意通风,炼苗1周后移栽或定植于露地。

也可播种繁殖,种子细小,设置高床进行播种。

【栽培管理特点】

醉鱼草类管理粗放,在定植前施腐熟的基肥即可,2年左右施1次基肥,极少追肥。因其耐旱,一年进行3～4次灌水即可。发枝力强,耐修剪,因花多着生于上一年枝条上,故宜在花后进行修剪,通过合理修剪,去除萌蘖并进行疏枝和造型。

【园林适用范围】

醉鱼草类叶茂花繁,花芳香而美丽,为公园等绿地中常见优良观赏植物。可采用孤植、篱植、带植、片植等方式。街边绿地、角隅、草坪边缘、公路两侧等地均是良好的栽植地,但花叶有毒,故不宜栽植在鱼池边。有些种类还是良好的瓶插材料。

12.2.19　紫叶槿

【科属】锦葵科,木槿属

【学名】*Hibiscus acetosella*

【俗名】红叶槿、立葵

【原产地】非洲刚果(金)的南部、安哥拉、赞比亚等地区

【基本形态】

亚灌木,高 0.7～2 m,全株无毛。叶褐红色,单叶互生,掌状 3～5 裂,上部叶常不裂,叶缘具疏锯齿,叶长、宽均 10 cm 左右,叶脉颜色较叶片的深;叶柄线形,长约 1.5 cm。花单生枝顶,花梗长约 1 cm,花漏斗状,玫粉色,有深色脉纹,喉部暗紫红。雄蕊多数,长约 2 cm。蒴果肾形,有毛,大小为 3 mm×2.5 mm。常秋末开花(图 12-19)。

图 12-19　紫叶槿

【常见种类和品种】

本种是 *H. asper* 和刺芙蓉(*H. surattensis*)的天然或人工杂交种。

栽培品种有'红盾'('Red Shield'),绚丽的红褐色叶,茎亦红褐色,深红色花,株高 0.9～1.2 m,冠幅 1.2～1.8 m。'巴拿马红'('Panama Red'),

叶深紫红色,偶开红花,株高 1.2 m,冠幅 1.2～1.8 m,特别适合湿热地区种植。'领导者'('Garden Leader Gro Big Red'),叶深红色,花暗红色,株高 1.5 m,冠幅 1.5～1.8 m。

【生态习性】

紫叶槿喜温暖,不耐寒,不择土壤,但在微酸性(pH 6.1～6.5)的壤土或沙质壤土生长旺盛。耐干旱但喜肥喜水。全光照至半阴条件下,生长良好。其趋向于在日照时数较短的条件下开花。

【繁殖特点】

播种繁殖,种子 3～4 d 萌发,不需光,发芽适温 22～25 ℃。为保持品种特性,常在夏季进行扦插,选取半木质化的枝条,扦插于河沙、泥炭等基质中,2～4 周生根。分株全年都可进行,以春季和秋季为好。

【栽培管理特点】

紫叶槿生长迅速,喜土壤潮湿、排水良好的土壤,维护性低。在阳光充足处栽培,叶色鲜艳。夏季特别注意保持充足的水分供应以保证土壤湿润,盆栽则每天需要进行浇水。生长季每 1～2 个月施一次复合肥,忌过量施肥,以防止生长过旺。尽管是直立灌木,但成年植株的枝条常下垂或倒伏,通过修剪有助于控制株高和保持灌丛形状。每年冬季应进行整枝 1 次,自离地面 15～20 cm 处重剪,并施用有机肥,如此春季能萌发更多新枝叶,并能维护株形美观。盆花冬季在温室越冬。

【园林适用范围】

紫叶槿叶和花均美,但常作为观叶植物。国内外热带亚热带地区栽培普遍,我国华南、华东、西南等部分地区常见。紫叶槿也是良好的花境材料,也可作为基础栽植。丛植时,可作为视觉焦点植物。紫叶槿还是良好的盆栽观叶花卉,小型品种尤佳。

第 13 章

室内观叶植物

13.1 概述

13.1.1 室内观叶植物定义

在室内条件之下,经过精心养护,能长时间或较长时间正常生长发育,用于室内装饰与造景的植物,称为室内观叶花卉(Indoor foliage plants)。室内观叶花卉以阴生植物(shade foliage plants)为主,也包括部分既观叶又观花、观果或观茎的植物。

13.1.2 室内观叶植物分类

根据对光照、温度、湿度等的要求分为3大类。

13.1.2.1 按光照要求分

1)极耐阴室内观叶花卉

是室内观叶花卉中最耐阴的种类,如蜘蛛抱蛋、蕨类、白网纹草、虎皮兰、八角金盘、虎耳草等。在室内极弱的光线下也能供较长时间观赏,适宜放置在离窗台较远的区域摆放,一般可在室内摆放2～3个月。

2)耐半阴室内观叶植物

是室内观叶花卉中耐阴性较强的种类,如千年木、竹芋类、喜林芋、绿萝、凤梨类、巴西木、常春藤、发财树、橡皮树、苏铁、朱蕉、吊兰、文竹、花叶万年青、粗肋草、冷水花、白鹤芋、豆瓣绿、龟背竹、合果芋等。适宜放置在北向窗台或离有直射光的窗户较远的区域摆放。

3)中性室内观叶花卉

要求室内光线明亮,每天有部分直射光线,是较喜光的种类,如彩叶草、花叶芋、蒲葵、龙舌兰、鱼尾葵、散尾葵、鹅掌柴、榕树、棕竹、长寿花、叶子花、一品红、天门冬、仙人掌类、鸭跖草类等。适宜放置在向有光照射的区域摆放。

4)阳性室内观叶花卉

要求室内光线充足,如变叶木、月季、菊花、短穗鱼尾葵、沙漠玫瑰、虎刺梅、蒲包花、大丽花等。在室内短期摆放。

13.1.2.2 按温度要求分

1)耐寒室内观叶花卉

能耐冬季夜间室内3～10 ℃的室内观叶植物,如八仙花、芦荟、八角金盘、报春、海桐、酒瓶兰、沿阶草、仙客来、加拿利海枣、朱砂根、吊兰、薜荔、常春藤、波斯顿蕨、罗汉松、虎尾兰、虎耳草等。

2)半耐寒室内观叶花卉

能耐冬季夜间室内10～16 ℃的室内观叶植物:蟹爪兰、君子兰、水仙、倒挂金钟、杜鹃、天竺葵、棕竹、蜘蛛抱蛋、冷水花、龙舌兰、南洋杉、文竹、鱼尾葵、鹅掌柴、喜林芋、白粉藤、朱蕉、旱伞草、莲花掌、风信子、球根秋海棠。

3)不耐寒室内观叶花卉

室内16～20 ℃才能正常生长的室内观叶植物,如蝴蝶兰、富贵竹、变叶木、一品红、扶桑、叶子花、凤梨类、合果芋、豆瓣绿、竹芋类、火鹤花、彩叶草、袖珍椰子、铁线蕨、观叶海棠、吊金钱、小叶金鱼藤、

千年木、万年青、白网纹草、金脉爵床、白鹤芋等。

13.1.2.3 按湿度要求分

1)耐旱室内观叶花卉

叶片或茎干肉质肥厚，叶面有较厚的蜡质层或角质层，能够抵抗干旱环境的，如金琥、龙舌兰、芦荟、景天、莲花掌、生石花等。北方干旱、多风或冬季取暖的季节，室内空气湿度很低时栽植效果较好。

2)半耐旱室内观叶花卉

肉质根或叶片呈革质或蜡质状，叶片呈针状，蒸腾作用较小，短时间的干旱不会导致叶片萎蔫，如人参榕、苏铁、五针松、吊兰、文竹、天门冬等。

3)中性室内观叶花卉

生长季节需充足的水分，干旱会造成叶片萎蔫，严重时叶片凋萎、脱落，土壤含水量 60% 左右。如巴西铁、蒲葵、棕竹、散尾葵等。

4)耐湿室内观叶植物

根系耐湿性强，稍缺水植物就会枯死，需要高空气湿度，如花叶万年青、粗肋草、花叶芋、虎耳草等。

需要高空气湿度的室内观叶植物，如兰花、白网纹草、竹芋类、鸟巢蕨、铁线蕨、白鹤芋、薜荔需要通过喷雾、组合群栽来增加空气湿度。

适合水培的观叶植物，如绿巨人、富贵竹、绿萝、常春藤、万年青、一叶兰、南洋杉、鹅掌柴、红鹤芋、袖珍椰子；合果芋、喜林芋、旱伞草、龟背竹等。

13.1.3 室内观叶植物特点

大多原产于热带森林的下层，故喜充足的散射光，畏惧直射光；喜温暖至高温的气候和高湿度的环境。观赏期长，种类繁多，但科、属很集中，主要隶属于天南星科、龙舌兰科、竹芋科、棕榈科、凤梨科等。

13.2 常见观叶植物

13.2.1 凤梨科

凤梨科(Bromeliaceae)属单子叶植物纲姜亚纲，该科植物多为短茎附生草本，有 44～46 属，2 000 余种。本科植物种类繁多，有生长在海拔 4 200 m 以上区域的，有生长在热带雨林中的，也有生长在沙漠地区的。而且叶和花的颜色鲜艳各异。凤梨(Ananas comosus)果可食，是本科主要的经济植物。有些属种花和叶颜色鲜艳，供室内栽培观赏，如附生凤梨属(Aechmea)、红苞凤梨属(Billbergia)、无柄凤梨属(Cryptanthus)、狄克属(Dyckia)、果子曼属(Guzmania)、沙生凤梨属(Hechtia)、芦状凤梨属(Neoglaziovia)、杂色叶凤梨属(Neoregelia)、鸟巢凤梨属(Nidularium)、粗茎凤梨属(Puya)、铁兰属(Tillandsia)、花叶兰属(Vriesea)等。

附生凤梨属、凤梨属、芦状凤梨属、粗茎凤梨属、模式凤梨属(Bromelia)一些种的叶含纤维，可制绳索、网以及其他纤维制品。鳞蕊凤梨属(Androlepis)等属常置于温室供观赏。

13.2.1.1 铁兰

【科属】凤梨科，铁兰属

【学名】*Tillandsia cyanea*

【俗名】紫花凤梨、紫花铁兰、球拍铁兰、长苞凤梨、紫花木柄凤梨

【原产地】原产于厄瓜多尔、危地马拉

【基本形态】

为多年生草本植物，株高约 30 cm。莲座状叶丛，中部下凹，先斜出后横生，弓状。淡绿色至绿色，基部酱褐色，叶背绿褐色。叶窄线形，长 20～30 cm，宽 1～1.5 cm。花序梗自叶丛中抽生，长约 20 cm，顶端 12～15 cm 处扁平，总苞呈扇状形，花径约 3 cm，粉红色，自下而上开紫红色花；青紫色小花由苞片内开出，约 20 朵，花瓣卵形，3 片；冠径约 3 cm，形似蝴蝶。苞片观赏期可达 4 个月(图 13-1)。

图 13-1 铁兰

【常见种类和品种】

常见变种及同属相似花卉有：银边紫花铁兰（var. *variegata*），又称斑叶紫花铁兰，叶片边缘有银白色镶边。多穗铁兰（*T. flabellata*），又称岐花铁兰、扇状铁兰、扇花铁兰、扁花铁兰、多花小红剑、迷你花剑，中型种，叶质薄而硬，剑状，叶背红色。由8～10个小穗组成复穗花序，花穗由2列排列的深红色花苞片组成；小花深紫色，开放时伸于花苞外。'林登'铁兰（'Tlhidenii'），又称林登氏铁兰、长苞铁兰、长苞紫花铁兰、球柏铁兰，小型种，叶簇生，有叶约40枚，叶宽线形，深绿色，叶梢部红褐色。穗状花序，由2列密生的粉红色苞片组成，小花紫红色。

【生态习性】

喜高温高湿的环境，不耐低温与干燥。生长环境宜光线充足，土壤要求疏松、排水好的腐叶土或泥炭土，冬季温度不低于10 ℃。

【繁殖特点】

常以分株繁殖。春季花后进行分株，切下母株长出带根的子株，可直接盆栽，放半阴处养护。一般2～3年分株1次。也可用播种繁殖，5—6月播种，播种后15～20 d发芽，播种苗3年开花。

【栽培管理特点】

栽培基质可用泥炭、蛭石、珍珠岩、河沙，或用树蕨根、泥炭土、河沙等材料配制。根系不发达，无主根，故用小盆、浅盆栽植。冬季可以全日照，春秋早晚应有光照，夏季不要阳光直射。越冬温度以不低于10 ℃为宜，高于20 ℃以上，不利于植株休眠，会影响来年生长和开花。从春末至秋季的生长期，可适当增加浇水量。在5—9月，每周施氮肥一次，花前适当增施磷、钾肥，以促花大色艳。开花时，不要浇水，存放在避日光处，能延长花期。花后进入休眠期，须将花梗剪除，以减少养分的消耗。

【园林适用范围】

铁兰株形小巧玲珑，整个花序如红色的麦穗，十分美丽亮艳，而且花期从秋至春长开不败，观赏期达数月之久，是凤梨科中著名的观花种。紫花铁兰为景天酸代谢（CAM）植物，适宜点缀卧室、书房等处，可使室内夜间保持空气清新。

13.2.1.2 空气凤梨

【科属】凤梨科，铁兰属

【学名】*Tillandsia aeranthos*

【俗名】空气花、空气草、木柄凤梨、空气铁兰

【原产地】中、南美洲高原

【基本形态】

多年生气生或附生草本植物，植株呈莲座状、筒状、线状或辐射状，叶片有披针形、线形，直立、弯曲或先端卷曲。叶色除绿色外，还有灰白、蓝灰等色，有些品种的叶片在阳光充足的条件下，叶色还会呈美丽的红色。叶片表面密布白色鳞片，但植株中央没有"蓄水水槽"。穗状或复穗状花序从叶丛中央抽出，花穗有生长密集而且色彩艳丽的花苞片或绿色至银白色，小花生于苞片之内，有绿、紫、红、白、黄、蓝等颜色，花瓣3片，花期主要集中在8月至翌年的4月。蒴果成熟后自动裂开，散出带羽状冠毛的种子，随风飘荡，四处传播（图13-2）。

图 13-2　空气凤梨

【常见种类和品种】

空气凤梨种类很多，常见的有：红花瓣（*T. albertiana*），单株迷你型，花朵大红色。阿比达（*T. albida*），花朵淡黄色，喜欢明亮的光。阿朱伊（*T. araujei*），叶片较绿，形态优美，须强光，主要在冬春季开花。贝吉（*T. bergeri*），绿色叶，易群生，花如小型的鸢尾花。贝可利（*T. brachycaulos*），开花

时,叶子颜色变红,颜色因温度而变化,低温时,植株全株变红色。小蝴蝶(*T. bulbosa*),多丛生,忌烈日暴晒。虎斑(*T. butzii*),属于高地植物,对湿度的要求相对较大,需要光照。美杜莎(女王头,章鱼)(*T. caputmedusae*),需充足的光线,对空气的湿度要求较大。

【生态习性】

空气凤梨生长所需水分和养料完全由叶面吸收,适应逆境能力较强,最适生长条件仍是温暖湿润、阳光充足、空气流通的环境。能耐 5 ℃低温,适宜生长温度为 15~25 ℃,高于 25 ℃时要加强通风和提高湿度。

【繁殖特点】

通常用分株和扦插繁殖,分株通常在 4 月结合翻盆时进行。将子株从基部剥下,分别上小盆,放阴湿处养护一段时间。6~9 月气温较高时,取茎的上部一段插于沙或珍珠岩中,2 周就能生根。

【栽培管理特点】

可黏附于枯木、岩石上,或放置于贝壳或盆器内,不需土壤,但根部不可积水。空气凤梨以叶子吸收水分,可使用液态肥料混水喷叶面,数月一次。光线要充足,当天气很热时,需遮阳及通风。室内栽培以靠近窗户或有人工照明较强的位置最佳,室外以树荫下环境最好。空气凤梨每周浇水一次,以叶子勿太干而呈卷曲皱皮即可。如忘记浇水而太干的植株,将之放入水中浸泡 0.5 h,以根部不积水为准。

【园林适用范围】

空气凤梨品种繁多,形态各异,可赏叶、观花,具有装饰效果好、适应性强等特点,可粘在古树桩、假山石、墙壁上,或放在竹篮里、贝壳上。也可以将其吊挂起来,点缀室内环境,时尚清新,富有自然野趣。

13.2.1.3 姬凤梨

【科属】凤梨科,姬凤梨属

【学名】*Cryptanthus acaulis*

【俗名】紫锦凤梨、海星花、绒叶小凤梨

【原产地】热带美洲

【基本形态】

多年生常绿草本植物。地下部分具有块状根茎,地上部分几乎无茎。叶丛在根茎上密集丛生,每簇有数片叶子,水平伸展呈莲座状,叶片坚硬,边缘呈波状,且具有软刺,叶片呈条带形,先端渐尖,叶背有白色鳞状物,叶肉肥厚革质,表面绿褐色。花两性,白色,雌雄同株,花葶自叶丛中抽出,呈短柱状,花序莲座状,4 枚总苞片三角形,白色,革质(图 13-3)。

图 13-3 姬凤梨

【常见种类和品种】

常见种类和栽培品种有纵缟姬凤梨(*C. bivittatus*),又称斑纹凤梨,叶片上有 2 条红色或粉红色的彩带,叶缘呈波状。三色姬凤梨(*C. bromelioides var. tricolor*),叶片有乳白色和绿色的纵条纹,边缘粉红色。环带姬凤梨(*C. zonatus*),植株较大,冠幅可达 40 cm,叶片上有绿、白、褐色相间的横向斑条纹,叶背面有银白色斑。'玫瑰红'叶姬凤梨'Roseus',叶片玫瑰红色。'红叶'姬凤梨'Ruber',植株较原种大,冠幅可至 15 cm,叶片红色。

【生态习性】

性喜高温、高湿、半阴的环境,怕阳光直射、怕积水、不耐旱,要求疏松、肥沃、腐殖质丰富、通气良好的沙性土壤。

【繁殖特点】

繁殖方法有播种法、扦插法和分株法繁殖。播种法:人工授粉获得的种子可室内盆播,用水苔覆盖保湿,25 ℃下 1~2 周发芽,3 年后成株。扦插法:将母株旁生的叶轴自基部剪下,保留先端 3 枚小叶插入沙床中,遮阳养护,保持较高的湿度,30 ℃左右的温度下,3 周左右即可生根。分株法:植株开花后,从基部发出子株,待子株生长大小与母株接近时,掰下直接栽入沙中,在 25 ℃左右,12～14 d 可生根。

【栽培管理特点】

盆栽土以排水良好的腐叶土或泥炭土加少量河沙配制,也可用苔藓、蕨根等材料盆栽。用较小的浅盆栽植或作瓶景种植在瓶中,也可栽植在假山或多孔的花盆中。避免强光直射,生长期间应保持盆土湿润,同时要向叶片上喷水,增加空气湿度,否则叶片则卷曲枯萎;浇水过多,导致烂根死亡。最适生长温度 20～25 ℃。冬季温度低,叶色会变黯,最低温度不应低于 15 ℃。生长期每半月施 1 次氮素肥料,冬季移入室内,放阳光充足处,并停止施肥,浇水。姬凤梨叶簇寿命较短,一般生长 2～3 年后开始枯萎,但根茎寿命较长,可不断抽生新叶,因此 3 年生的植株应剪掉老叶簇,促使其重新萌发新叶簇,保持其优美的叶姿。

【园林适用范围】

姬凤梨株形规则,色彩绚丽,适宜作桌面、窗台等处的装饰,是优良的室内观叶植物。也可作为旱生盆景、瓶栽植物的一部分。亦可在室内作吊挂植物栽培或栽植于室外架上、假山石上等,是较好的绿化美化材料。

13.2.1.4　果子蔓

【科属】凤梨科,果子蔓属

【学名】*Guzmania atilla*

【俗名】擎天凤梨、西洋凤梨、红杯凤梨

【原产地】热带美洲

【基本形态】

为多年生草本。株高 30 cm 左右,冠幅 80 cm。其植株莲座状或漏斗状,中央有一蓄水的水槽;叶宽带状,绿色或红色,边缘无齿而光滑;穗状花序从叶筒中央抽出,花梗全部被绿色或红色的苞片包裹,在顶端形成一个由多片红色、黄色或白色的花苞片组成产生的星形或锥形的花穗,小花黄色、白色或紫色,生于花苞片之内,开放时才伸出其外;春季开花,保持时间甚长,观赏期可达 2 个月左右。果

为蒴果,内有粒状种子(图 13-4)。

图 13-4　果子蔓

【常见种类和品种】

同属观赏种有离花果子蔓(*G. dissitiflora*),穗状花序红色,小花白色。黄苞果子蔓(*G. musaica*),苞片金黄色,有玫瑰红条纹,小花白色。红叶果子蔓(*G. sanguinea*),基层叶鲜绿色,中层叶深红色,上层叶黄色,小花黄色。垂苞果子蔓(*G. wittmackii*),苞片鲜红色,小花白色。

常见品种有'红珍珠'('Red Pearl'),苞片红色。'红星'('Red Star'),苞片鲜红色。'莫拉多'('Morado'),苞片红色,呈分叉状,顶端黄色。'大陆'('Continental'),苞片鲜红色。'帕克斯'('Pax'),苞片黄绿色。'桑巴'('Samba'),苞片橙色。'火炬'('Torch'),锥形状,鲜红色,顶端黄色。

【生态习性】

喜高温高湿和阳光充足环境。不耐寒,怕干旱,耐半阴。土壤需肥沃、疏松和排水良好的腐叶土或泥炭土。

【繁殖特点】

果子蔓常用分株、播种和组培繁殖。分株繁殖常在春季进行,早春当基部或叶片之间抽出的蘖芽

长达8~10 cm时割下栽植;播种繁殖应在采种后立即播种。商用生产常用组培繁殖。

【栽培管理特点】

盆栽常采用12~15 cm盆,用泥炭、苔藓、蕨根和树皮块的混合基质作盆栽。生长期间每半个月施淡液肥一次,由于果子蔓的叶槽内叶片的基部生有能吸收水分和养分的微小组织(吸收鳞片),所以还可施于叶梢内或喷在叶面上。对水分的要求较高,除盆土保持湿润外,同时莲座叶丛中不可缺水,生长期需经常喷水和换水,冬季应减少浇水。要求阳光充足,但忌夏季强光直射。为了促进开花,诱导花芽分化,果子蔓可用0.03%~0.08%乙烯利,每株灌心20~30 mL或喷洒心叶,可使花期一致。

【园林适用范围】

果子蔓叶片翠绿,光亮,深红色管状苞片,色彩艳丽持久,是目前世界花卉市场十分流行的盆栽花卉之一。果子蔓为花叶兼用之室内盆栽,还可作切花用。既可观叶又可观花,适用于窗台、阳台和客厅点缀,还可装饰小庭院和入口处,果子蔓常用于大型插花和花展的装饰材料。

13.2.1.5　火炬凤梨

【科属】凤梨科,丽穗凤梨属

【学名】*Vriesea poelmannii*

【俗名】大剑凤梨、彩苞凤梨、大鹦哥凤梨

【原产地】中南美洲及西印度群岛

【基本形态】

多年生常绿草本,中型种,叶丛紧密抱成漏斗状,株高20~30 cm,叶宽3~4 cm,较薄,亮绿色,具光泽,叶缘光滑无刺。花茎从叶丛中心抽出,复穗状花序,具多个分枝,花茎长约30 cm,苞叶鲜红色,小花黄色。火炬凤梨叶片宽线形,亮绿色,叶丛中央抽出直立的花茎,整个花序似熊熊燃烧的火炬,深红色的花茎和亮绿色的叶丛相映生辉,异常珍奇漂亮,花期可达3个月(图13-5)。

【常见种类和品种】

同属的栽培种有虎纹凤梨(*V. splendens*),又名红剑,叶片布有明显的紫褐色横向条纹。花葶自叶丛中抽生,直立,上部苞片绯红色,重叠扁平,呈剑形。莺歌凤梨(*V. carinata*),叶带状、下垂、鲜绿

图13-5　火距凤梨

色,穗状花序有分枝,苞片扁平、鲜红色、先端黄色,小花黄色。斑叶莺歌凤梨(*V. carinata*),叶具纵向白色条斑。红羽凤梨(*V. erecta*),穗状花序不分枝、扁平、椭圆形,苞片密生、鲜红色、先端分离,小花黄色。鹤蕉凤梨(*V. heliconoides*),穗状花序不分枝,苞片大、船形、鲜红色、顶端黄色、形似鹤蕉,小花米色。

【生态习性】

喜温暖湿润和阳光充足环境,不耐寒,较耐阴,怕强光直射,土壤以肥沃、疏松、排水好的腐叶土为好,冬季温度不低于12 ℃。喜温暖湿润及明亮的光照,生长适宜温度20~27 ℃,宜栽植于疏松透气而富含腐殖质的介质。

【繁殖特点】

用分株法繁殖,母株开花调萎后,会丛基部萌生小的植株,长至5~8 cm时用利刀割下扦插于苔藓或河沙中,在20~28 ℃高湿条件下,经1个月可生根分栽。成年的火炬凤梨根部会不断发出小芽来,等小芽长出5~6片叶片时,可以切下小芽用扦插的方法繁殖。

【栽培管理特点】

盆土选用疏松的泥炭土、腐殖土。冬季全天日照,春秋两季早晚时间有光照即可;夏季天气炎热,则需适当遮阳。但如果长时间地置放于没有直射

光的阴处,叶片没有色泽。做到薄肥多施,以防根系腐烂而引起病变。要注意保持盆土的湿润,并向叶面喷水。冬季,要求盆土稍干些,以助顺利越冬。叶座中央杯状部位可注满清水。开花时水槽内不要再灌水,这样可以起到延长花期的作用。花落后,火炬凤梨就进入休眠期,此时可以剪去花梗,以减少养分消耗。

【园林适用范围】

火炬凤梨苞片鲜红,开黄色小花,盆栽适合家庭、宾馆和办公楼装饰布置。火炬凤梨为观苞片的观赏植物,特别是亭亭玉立的花穗十分艳丽,花很小,在苞片中间,是布置客厅、书房等的植物材料。

13.2.2 蕨类植物

蕨类植物门(Pteridophyta)是植物中主要的一类,是高等植物中比较低级的一门,也是最原始的维管植物。大都为草本,少数为木本。蕨类植物孢子体发达,有根、茎、叶之分,不具花,孢子繁殖,世代交替明显,无性世代占优势。通常可分为水韭、松叶蕨、石松、木贼和真蕨五纲,大多分布于长江以南各省区。

13.2.2.1 鸟巢蕨

【科属】铁角蕨科,巢蕨属

【学名】*Neottopteris nidus*

【俗名】山苏花、巢蕨、王冠蕨

【原产地】亚洲热带

【基本形态】

植株高100～120 cm。根状茎短,顶部密生鳞片,鳞片条形,顶部纤维状分枝并卷曲。叶辐射状丛生于根状茎顶部,中空如鸟巢,叶柄近圆棒形,淡禾秆色,两侧无翅,基部有鳞片,向上光滑;叶片阔披针形,革质,长95～115 cm,两面滑润,锐尖头或渐尖头,向基部渐狭而长下延,全缘,有软骨质的边,干后略反卷。孢子囊群狭条形,叶片下部不育;囊群盖条形,厚膜质,全缘,向上开(图13-6)。

【常见种类和品种】

常见的种与品种有:皱叶鸟巢蕨(var. *plicatum*),比原种略矮,整个叶片呈波状皱褶。圆叶鸟巢蕨(*N. nidus*),为中型附生蕨,株形呈漏斗状或鸟

图13-6 鸟巢蕨

巢状。根状茎短而直立,柄粗壮而密生大团海绵状须根,能吸收大量水分。叶簇生,辐射状排列于根状茎顶部,中空如巢形结构,能收集落叶及鸟粪。狭基鸟巢蕨(*N. phyllidids*),叶片狭到披针形,中部以下明显变窄,顶端锐尖。萝卜蕨(*N. daucifolium*),根状茎短而直立,植株直立而壮实。叶片绿色,边缘裂刻较多,叶柄短而弯曲。

【生态习性】

性喜温暖、潮湿和较强散射光的半阴条件,在高温、多湿条件下终年可生长。生长适宜温度为20～22 ℃,冬季越冬温度为5 ℃。

【繁殖特点】

鸟巢蕨可用分株或孢子繁殖,春夏均可进行。家庭栽培一般用分株繁殖。植株生长较大时,往往会出现小的分枝,可用利刀将其切成半圆茎另植于盆上。

【栽培管理特点】

鸟巢蕨栽培一般用蕨根、树皮块、苔藓、碎砖块拌碎木屑、椰子糠等作培养土。春夏季生长盛期应经常向叶面喷水。生长期每月浇施腐熟液肥1次,施肥时也可向心部浇施稀薄腐熟液肥。鸟巢蕨喜高温、湿润,冬季严寒时叶片会变黑并出现焦状,严重时可导致死亡。在夏季高温季节要注意遮阳,并经常向植株及其周围喷水,同时保持良好的通风条件,以降温保湿,创造良好的生长环境。

【园林适用范围】

鸟巢蕨株形丰满匀称,叶色青翠光亮,潇洒大

方,野味浓郁,盆栽的小型植株用于布置明亮的客厅及书房、卧室,显得小巧玲珑。

13.2.2.2　肾蕨

【科属】肾蕨科,肾蕨属

【学名】*Nephrolepis auriculata*

【俗名】蜈蚣草、山鸡蛋、羊齿

【原产地】热带和亚热带地区

【基本形态】

根附生或地生。根状茎直立,被蓬松的淡棕色鳞片,下部有粗铁丝状的匍匐茎向四方横展,匍匐茎棕褐色。叶簇生,暗褐色,略有光泽,叶片线状披针形或狭披针形,一回羽状,羽状多数,互生,常密集而呈覆瓦状排列。叶脉明显。孢子囊群成 1 行位于主脉两侧,肾形,生于每组侧脉的上侧小脉顶端;囊群盖肾形,褐棕色(图 13-7)。

图 13-7　肾蕨

【常见种类和品种】

长叶蜈蚣草(*N. exaltata*)为同属常见种,植株健壮而直立叶片长达 150 cm,宽 15 cm;小羽片长 8 cm,全缘或具浅锯齿。常见的栽培的品种和变种有碎叶肾蕨(var. *scottii*),叶多而短,深绿色;2 回羽状复叶,羽片互生,密集,内旋或外曲,叶柄坚硬,褐色。细叶肾蕨(var. *marshallii*),回羽状复叶,呈短三角形,叶细而分裂,黄绿色。'波斯顿'蕨('Bustoniensis'),叶片较大,细长有光泽,叶色浓绿色,羽状复叶,裂片较深,叶片开展后向下弯曲。

【生态习性】

肾蕨喜温暖潮湿的环境,生长适温为 16～25 ℃,冬季不得低于 10 ℃。自然萌发力强,喜半阴,忌强光直射,对土壤要求不严,以疏松、肥沃、透气、富含腐殖质的中性或微酸性沙壤土生长最为良好。

【繁殖特点】

肾蕨可用分株与孢子、块茎、匍匐茎繁殖。分株繁殖最为常用,每年春季 4—5 月结合换盆,将根状茎纵切为数份,2～3 节为一丛,带上根、叶,分别栽植即可。块茎繁殖即切取带有一部分匍匐茎的块茎,移栽于疏松透水的土壤中,或直接播种块茎,不久均能长出新植株。匍匐茎繁殖则可用铁丝将匍匐茎固定在土表,待长出新株后切离母株即可。人工播种孢子,以泥炭和砖屑配制成的混合基质作为播种基质。剪取有成熟孢子的叶片,将孢子集中于白纸上,并用喷粉囊袋将孢子均匀喷布于浅盆中,不覆土,盖上玻璃,定时从盆底浸水,保持盆内湿润,室温维持 20～25 ℃,约 1 个月发芽。培养 2～3 个月后,由原叶体长出真叶,即孢子体。

【栽培管理特点】

盆土一般用腐叶土或泥炭土加少量园土混合,亦可加入细沙和蛭石以增加透水性。作吊盆栽培时可用腐叶土和蛭石等量混合作培养土,重量较轻,适宜悬垂。家庭盆栽时,为了保持土壤的湿润,可向培养土中混入一些水苔、泥炭藓等。肾蕨不耐严寒,保持温度在 5 ℃ 以上;气温 30～35 ℃ 时还能够正常生长。肾蕨比较耐阴,但需要一定散射光。施肥以氮肥为主,在春、秋季生长旺盛期,每半月至 1 个月施 1 次稀薄饼肥水,或以氮为主的有机液肥或无机复合液肥,肥料一定要稀薄,否则极易造成肥害。

【园林适用范围】

肾蕨是良好的地被植物,株形美观且适应性强、可用于林下地被,风景林下层、背面山坡树林的理想地被植物,也可配置于高架桥下、建筑物背阴处和庭院水池边等;肾蕨以其幽雅的形态,可被用于茶几、案头的盆栽摆设。可用于园林绿化中的花坛、花台、花境、行车道隔离带、绿地植物配置,或可植于树干、岩石、墙垣等处,用于点缀山石、岩壁、建筑物,使之刚柔相济,为景增添色泽。也是优良的插花材料,常作为衬叶,可与多种观花花材搭配,制作成各种花束、花篮、胸花等插花艺术品。也可将肾蕨加工成干叶,用于各种花艺制作。

13.2.2.3　鹿角蕨

【科属】鹿角蕨科，鹿角蕨属

【学名】*Platycerium wallichii*

【俗名】鹿角羊齿、鹿角槲、麋角蕨

【原产地】马达加斯加、澳大利亚、热带美洲

【基本形态】

附生植物。根状茎肉质，密被鳞片。叶2列，基生不育叶（腐殖叶）宿存，厚革质，无柄，贴生于树干上，主脉两面隆起，叶脉不明显。正常能育叶常成对生长，下垂，灰绿色，分裂成不等大的3枚主裂片，近无柄，内侧裂片最大，多次分叉成狭裂片，中裂片较小，两者都能育，外侧裂片最小，不育，裂片全缘，通体被灰白色星状毛，叶脉粗而突出。孢子囊散生于主裂片第一次分叉的凹缺处以下，初时绿色，后变黄色；隔丝灰白色，星状毛。孢子绿色（图13-8）。

图13-8　鹿角蕨

【常见种类和品种】

鹿角蕨全世界自然分布有16种之多，主要有圆盾鹿角蕨（*P. alcicorne*），其营养叶近圆形，上方无齿裂，无上扬且包覆着植材，分叉3～4次，有如麋鹿的角。美洲鹿角蕨（*P. andinum*），营养叶分叉上扬，孢子叶可长至1.8 m左右，全株密生短毛。二叉鹿角蕨（*P. bifurcatum*），又名二歧鹿角蕨、普通鹿角蕨，其营养叶浅裂，于春夏间褐化，孢子叶向上成长，尖端分叉，易生侧芽。大叶鹿角蕨（*P. grande*），又名壮丽鹿角蕨，营养叶高大，上缘有深裂，孢子叶宽大、对称，各具孢子囊斑。

【生态习性】

喜温暖阴湿环境，怕强光直射，以散射光为好，冬季温度不低于5 ℃，土壤以疏松的腐叶土为宜，有一定的耐旱力。

【繁殖特点】

主要繁殖方法有分株繁殖、孢子繁殖。生长成熟的鹿角蕨在基部会长出许多小的萌蘖，待其长至6～10 cm时，可将之从母株剥离，培养成单独的植株。成熟的可育叶会散出孢子，可在孢子成熟后未散发前剪下孢子叶，用毛刷刷下毛绒，获得孢子。播种于3:1细泥炭与珍珠岩混合基质的育苗盘中，盖上干净的玻璃板，置于荫蔽处18～30 ℃的环境下，60～70 d长出绿色的原叶体。

【栽培管理特点】

盆栽基质可用泥炭与珍珠岩以3:1的比例混合作为基质，基质表面盖上苔藓，喷水保湿，放在温暖、半阴并且通风的地方。浇水要充足，尤其在夏季生长旺期，要经常用湿雾喷洒叶面。每月1～2次喷施稀释饼肥水或氮钾混合化肥。在冬季休眠期，放室内养护，控制浇水量，保持盆土湿润即可。鹿角蕨在稍干燥状态下更能安全越冬。生长适温为20～25 ℃，冬季最好不低于5 ℃。要避免强光照射和干热风吹袭，以免叶片黄化、灼伤，影响鹿角蕨的观赏价值。

【园林适用范围】

鹿角蕨株形奇特，叶片苍绿下垂，是著名的观赏蕨类。若将鹿角蕨贴于古老枯树或吊盆，点缀书房、客厅和窗台，别具热带风情，是室内立体绿化的好材料。在欧美的公园、植物园、商店、居室、窗台等地方的装饰和布置十分流行。

13.2.2.4　铁线蕨

【科属】铁线蕨科,铁线蕨属

【学名】*Adiantum capillus-veneris*

【俗名】铁丝草、铁线草

【原产地】热带美洲和亚热带地区

【基本形态】

植株高 15～40 cm。根状茎横走,有淡棕色披针形鳞片。叶近生,薄草质,无毛;叶柄栗黑色,仅基部有鳞片;叶片卵状三角形,长 10～25 cm,宽 8～16 cm,中部以下二回羽状,小羽片斜扇形或斜方形,外缘浅裂至深裂,裂片狭,不育裂片顶端钝圆并有细锯齿。叶脉扇状分叉。孢子囊群生于由变态裂片顶部反折的囊群盖下面;囊群盖圆肾形至矩圆形,全缘(图 13-9)。

图 13-9　铁线蕨

【常见种类和品种】

铁线蕨属有大约 40 种,同属常见观叶种类有扇叶铁线蕨(*A. flabellulatum*),叶片扇形至不整齐的阔卵形,2～3 回掌状分枝至鸟足状二叉分枝;中央羽片最大,小羽片有短柄。鞭叶铁线蕨(*A. caudatum*),又称刚毛铁线蕨,叶线状披针形,长 10～25 cm,顶端常延长成鞭状,着地生根。叶剑长方形,一回羽状或二回撕裂,上缘和外缘常深裂成窄的裂片,下缘直而全缘。楔叶铁线蕨(*A. raddianum*),叶宽三角形,2～4 回羽状分裂,裂片菱形或

长圆形。荷叶铁线蕨(*A. reniforme* var. *sinense*),叶椭圆肾形,上面深绿色,下面疏被棕色的长柔毛,叶缘具圆锯齿,长孢子叶的叶片边缘反卷成假囊群盖,中国特有变种,国家二级保护濒危种。

【生态习性】

喜温暖而潮湿的气候,空气湿度应保持 60% 以上。耐半阴,怕阳光直射,同时忌风吹,否则叶片将会焦枯。生长适温 18～25 ℃,冬季保持 10 ℃ 以上的温度。喜中性或微酸性富含钙素的肥沃壤土,为钙质土指示植物,海拔 100～2 800 m 均可生长。

【繁殖特点】

以分株繁殖为主,亦可孢子繁殖。结合换盆时进行分株,将横生的地下茎分段切割,每段须带有一定数量的叶丛,最少也要保留一个芽点,栽于小盆内。孢子繁殖可取成熟的孢子播于经过消毒的富含腐殖质的较松土壤中,20 ℃ 以上即可长出孢子体的真叶。在温室内栽培时,孢子成熟后落在花架下的潮湿土壤上,能自发繁衍育成新株,可取掘出上盆培养。

【栽培管理特点】

栽培用土以泥炭土与园土混合,并施少量过磷酸钙化肥与少量蛋壳屑。铁线蕨喜湿润的环境,生长旺季要充分浇水,除保持盆土湿润外,还要注意有较高的空气湿度,空气干燥时向植株周围洒水。特别是夏季,每天要浇 1～2 次水,如果缺水,就会引起叶片萎缩。浇水忌盆土时干时湿,易使叶片变黄。每月施 2～3 次稀薄液肥,施肥时不要沾污叶面,以免引起烂叶,出于铁线蕨的喜钙习性,盆土宜加适量石灰和碎蛋壳,经常施钙质肥料效果则会更好。冬季要减少浇水,停止施肥。

【园林适用范围】

铁线蕨淡绿色薄质叶片搭配着乌黑光亮的叶柄,显得格外优雅飘逸。适合室内常年盆栽观赏。作为小型盆栽喜阴观叶植物,在许多方面优于文竹。小盆栽可置于案头、茶几上;较大盆栽可用以布置背阴房间的窗台、过道或客厅,能够较长期供人欣赏。铁线蕨叶片还是良好的切叶材料及干花材料。

13.2.2.5　凤尾蕨

【科属】凤尾蕨科,凤尾蕨属

【学名】*Pteris cretica*

【俗名】井栏草、小叶凤尾草

【原产地】欧洲、南非、亚洲、澳大利亚和新西兰

【基本形态】

植株高 50～70 cm。根状茎短而直立或斜升,粗约 1 cm,先端被黑褐色鳞片。叶边仅有矮小锯齿,顶生三叉羽片的基部常下延于叶轴,其下一对也多少下延。叶干后纸质,绿色或灰绿色,无毛;叶轴禾秆色,表面平滑(图 13-10)。

图 13-10　凤尾蕨

【常见种类和品种】

常见栽培种有西南凤尾蕨(*P. wallichiana*),又称开三叉凤尾蕨。株高可达 1.5 m,叶丛生。斜羽凤尾蕨(*P. oshimensis*),株高 50～80 cm,2 回羽状复叶。三色凤尾蕨(*P. arspericaulis* var. *tricolor*),羽片沿羽轴两侧有白色或玫瑰色的宽带。大叶凤尾蕨(*P. cretica*),叶革质,椭圆形,以叶片众向为轴,羽片状开列。银叶凤尾蕨,是大叶凤尾蕨的一个变种。沿羽片中脉有两条白色的条纹,直达叶尖。长叶舒筋草(*P. vittata*),又名蜈蚣草。株高 30～150 cm。叶丛生,羽片无柄,条状披针形。凤尾草(*P. multifida*),又名井栏边草。株高 30～45 cm。叶密集丛生,不育叶卵状长圆形,可育叶叶柄较长,狭线形,仅不育部分有锯齿。

【生态习性】

生于竹林边、河谷、墙壁、井边、石缝和山林湿地、海拔 400～3 200 m 处。性喜温暖、湿润、阴暗的环境,忌涝,要求荫蔽、空气湿润、土壤透水良好。较耐寒,生长适温为 10～26 ℃,越冬温度可低至0～5 ℃。

【繁殖特点】

孢子繁殖和分株繁殖。孢子繁殖应在孢子成熟后,用信封收集起来,然后撒在由腐叶土和碎砖混合的基质上,放阴湿处,不久即可萌发,待苗长至一定程度时分栽上盆。分株繁殖简单易行,但是繁殖成活率低,一般在繁殖量不大时采用,不适于大规模生产。通常在 4—5 月分株,分株时,用利器把植株分为 3～4 丛,再分栽在小盆中。

【栽培管理特点】

栽培时宜用排水、保水性好的基质,可用园土、泥炭和碎砖各 1 份配制。生长期要保持盆土湿润,并经常喷水使其周围环境有较高的湿度,保持青翠外观。新换盆的,半年内可以不必施肥,以后每月施 2 次有机液肥。养殖环境以不见阳光的背阴湿润处为好,多受直射光照容易干燥枯瘪,叶尖易出现枯黄。

【园林适用范围】

凤尾蕨株形优美,格调清新,极富观赏性,是线条美的典范,景观湿地林下可以配置,盆栽可点缀书桌、茶几、窗台和阳台,也适用于客厅、书房、卧室做悬挂式或镶挂式布置。在园林中也做阴性地被植物或布置在墙角、假山和水池边。也是插花不可少的衬托叶。

13.2.3　竹芋类

竹芋科(Marantaceae)是单子叶植物姜目的一科,主产于美洲热带雨林及其边缘地区,世界许多地区广为栽培,已成为热带观叶植物珍品,其叶片斑纹艳丽多彩,有的还有金属光泽,极为美丽,很适于室内摆置,美化环境。这一科植物种类繁多,全世界约有 31 属 500 余种,目前作为观赏栽培的主要有肖竹芋属、栉花芋属、竹芋属以及卧花竹芋属等。

13.2.3.1　花叶竹芋

【科属】竹芋科,竹芋属

【学名】*Maranta bicolor*

【俗名】二色竹芋、孔雀草、花叶葛郁金

【原产地】巴西

【基本形态】

多年生草本,植株矮小,高 25～40 cm。叶互生,叶片小圆形、椭圆形至卵形,先端圆而具小尖头,基部圆或心形,边缘多少波浪形,叶面绿色,中脉两侧有暗褐色的斑块,背面粉绿色、淡紫色。总状花序单生,苞片 2～4,披针形;每一苞片内有 3 对花,花梗约与苞片等长;花冠白色,裂片披针形;外轮的 2 枚退化雄蕊较大,花瓣状,倒卵形,先端微凹,白色而有青紫色的斑点和线条;内轮的退化雄蕊很小。花期夏、秋季(图 13-11)。

图 13-11　花叶竹芋

【常见种类和品种】

本属有 20 多种植物,主要有竹芋(*M. arundinacea*),根茎粗大肉质白色,末端纺锤形,具宽三角状鳞片。地上茎细而分枝,丛生。叶具叶柄较长,叶表面有光泽,背面颜色暗淡,总状花序顶生,花白色。园艺品种很多。

【生态习性】

喜高温多湿环境,不耐寒,养殖生长适温为 20～30 ℃,超过 35 ℃或低于－7 ℃均生长不良,喜半阴。宜疏松、肥沃、排水良好、富含腐殖质的微酸性沙质壤土。

【繁殖特点】

常用分株、扦插繁殖。分株一般多于春末夏初气温 20 ℃左右时结合换盆进行。用利刀将带有茎叶或叶芽的根块切开,直接置于基质中,用薄膜覆盖;保持温度为 20～28 ℃,湿度 80％以上。扦插繁殖一般用顶尖嫩梢,插穗长 10～15 cm,视叶片大小,保留叶片 1/3 或 1/2,插穗处理后插于苗床,管理方法同分株繁殖一样,插穗 30～50 d 生根;但扦插成活率不如分株繁殖高;一般在 50％左右。

【栽培管理特点】

盆栽一般用腐叶土 3 份、泥炭或锯末 1 份、沙 1 份混合配制,并加少许豆饼作基肥,盆底垫上 3 cm 厚的粗沙更佳。生长期每 20 d 施稀薄液肥一次,氮、磷、钾比例应为 2:1:1。平时每隔 10 d 用 0.2％液肥直接喷洒叶面,冬季和夏季停止施肥。生长期要给予充足的水分,经常保持盆土湿润,秋末后应控制水分,以利抗寒越冬。高温干燥时须经常向叶面喷水,以降温保湿,冬季保持稍干燥的环境;每月用温水清洗叶面一次,以保持叶片的色泽。

【园林适用范围】

花叶竹芋比较耐阴,叶色美丽,可直接种植于宾馆、商场、大型会场等公众场所的边角地段作永久布置。也多用于室内盆栽观赏,是世界上最著名的室内观叶植物之一。大型品种可用于装饰宾馆、商场的厅堂,小型品种能点缀居室的阳台、客厅、卧室等。由于叶色斑斓,具有醒目的斑纹,是高档的切叶材料,可直接作插花或用作插花的衬材。

13.2.3.2　彩虹竹芋

【科属】竹芋科,肖竹芋属

【学名】*Calathea roseopicta*

【俗名】彩虹肖竹芋、玫瑰竹芋、粉红肖竹芋

【原产地】巴西

【基本形态】

多年生草本,株高 30～60 cm。叶椭圆形或卵圆形,叶面,叶脉青绿色,近叶缘处有一圈玫瑰色或银白色环形斑纹,如同一条彩虹,故名彩虹竹芋。花序头状或球果状,小苞片膜质;萼片近相等;花冠

管与萼片硬革质,子房 3 室。蒴果开裂为 3 瓣,果瓣与中轴脱离;种子 3 颗,三角形,背凸起,有 2 裂的假种皮(图 13-12)。

图 13-12 彩虹竹芋

【常见种类和品种】

同属观赏种统称肖竹芋,包括丽叶斑竹芋(C. bella),叶披针形,银灰色,中肋两侧具黄绿色羽状斑条。箭羽竹芋(C. insignis),叶椭圆形,叶缘凹凸波状,黄绿色,沿侧脉整齐排列卵形墨绿色斑块。孔雀竹芋(C. makoyana),叶卵状椭圆形,叶柄紫红色,沿主脉两侧分布着羽状暗绿色长椭圆形斑块,叶背紫色。红羽竹芋(C. ornate),叶长椭圆形,墨绿色,具平行桃红色线状斑纹。青苹果竹芋(C. orbifolia),叶柄为浅褐紫色,叶片圆形或近圆形,中肋银灰色,花序穗状。

【生态习性】

喜温暖,湿润和半阴环境,怕低温和干风,耐寒力较差,最适生长温度为 20~25 ℃。喜排水良好、肥沃、疏松、富含腐殖质的酸性或微酸性土壤。

【繁殖特点】

彩虹竹芋常用分株繁殖。春季结合换盆将过密的植株托出,将株丛扒开,每盆至少栽植 4~5 丛叶片为宜。盆栽植株每 2 年分株 1 次。

【栽培管理特点】

盆土宜用观叶植物培养土,或酸性花卉培养土。生长期内每周施薄肥一次,可用氮、磷、钾复合肥或经腐熟的稀释饼肥水。须充分浇水,保持盆土湿润,但不宜过湿,冬季盆栽植株应控制肥水,保持稍干燥;忌阳光暴晒,夏秋季要遮阳,放在室内散射光充足处为佳,冬季应给予充足阳光照射。冬季温

度要求不低于 15 ℃,10 ℃以下地上部分会逐渐死亡。彩虹竹芋生长较快,应每年换盆 1 次,换盆时注意剪去部分老根和所有的黄叶,以促进新叶生长。

【园林适用范围】

该种叶色丰富多彩,观赏性极强,具有较强的耐阴性,适应性较强,可种植在庭院、公园的林荫下或路旁。种植方法可采用片植、丛植或与其他植物搭配布置。可直接种植于宾馆、商场、大型会场等公众场所的边角地段作永久布置。大型品种可用于装饰宾馆、商场的厅堂,小型品种能点缀居室的阳台、客厅、卧室等。由于叶色斑斓,具有醒目的斑纹,是高档的切叶材料,可直接作插花或用作插花的衬材。

13.2.4 豆瓣绿

【科属】胡椒科,草胡椒属

【学名】*Peperomia tetraphylla*

【俗名】碧玉、豆瓣绿椒草、碧玉椒草、碧玉花、圆叶椒草

【原产地】美洲、大洋洲、非洲及亚洲热带

【基本形态】

簇生草本。茎肉质,多分枝,基部伏地,下部数节常生不定根,节间有粗纵条纹。叶 3~4 片,轮生,肉质,有透明腺点,干时有皱纹,椭圆形或近圆形,形如豆瓣;叶柄短,有毛。穗状花序单生,腋生和顶生,总花梗稍较花序轴短细,两者均有毛;苞片近圆形,中央有短柄,盾状;花小,两性,无花被,与苞片同生于花序轴凹陷处;雄蕊 2,花丝短;柱头头状,有微柔毛。浆果,矩圆形(图 13-13)。

【常见种类和品种】

常见的种类有无茎豆瓣绿(P. sandersii),没有明显的茎,叶柄较长,为暗红色。金光豆瓣绿(P. metallica),茎细,叶小呈披针形,带有金属般的光泽。卵叶豆瓣绿(P. obtusifolia),叶坚硬,卵状心脏形,花穗长,带红色。斑叶豆瓣绿(P. tithymaloides),茎直立,叶片上有白色斑点,叶柄有红褐色的斑点。皱叶豆瓣绿(P. caperata),叶丛生,叶面凹凸不平,有皱褶,整片叶呈波浪状。蔓生豆瓣

图 13-13　豆瓣绿

绿,茎匍匐生长,成熟叶片绿色,其上有白色斑纹,或叶边缘为白色。

【生态习性】

豆瓣绿性喜温暖,怕高温,不耐寒冷,豆瓣绿的养殖生长适温为 20～25 ℃,越冬温度不得低于 10 ℃。喜湿润及半阴环境,忌强光直射和暴晒。要求土壤肥沃、疏松、排水良好。

【繁殖特点】

豆瓣绿多用扦插法繁殖,于 5—6 月进行叶插,在 20～25 ℃ 条件下 15 d 即可生根。也可于春、秋季进行分株繁殖。

【栽培管理特点】

盆土可采用 4 份泥炭土或腐叶土、2 份锯木屑、1 份珍珠岩或河沙、3 份园土混合配制。在 5—9 月间,每 2～3 周可施用一次肥料,温度过高或过低时停止施肥。有较强的抗旱能力,浇水宁少勿多,但要经常保持盆土湿润。高温干燥时要经常向地面和叶面喷水,可保持叶面翠绿。盆栽要置于半阴处,冬季可放于阳光充足处。为了使其生长良好,一般每 2～3 年换盆或更新一次,植株高约 10 cm 时,可适当摘心,促发侧枝,保持株形丰满。

【园林适用范围】

小型盆栽。置于茶几、装饰柜、博古架、办公桌上,十分美丽。或任枝条蔓延垂下,悬吊于室内窗前或浴室处。能吸收尼古丁、二氧化硫,过滤浊气,

增加室内负离子数量。

13.2.5　吊竹梅

【科属】鸭跖草科,紫露草属

【学名】*Tradescantia zebrina*

【俗名】吊竹兰、斑叶鸭跖草、花叶竹夹菜

【原产地】墨西哥

【基本形态】

宿根花卉。茎细弱,绿色,下垂,多分枝,茎上有粗毛,茎略肉质。节上生根。叶半肉质,无叶柄,长圆形,互生,基部鞘状,端尖,全缘,叶面银白色,中部及边缘为紫色,叶背紫色。花小,紫红色,苞片叶状,紫红色,小花数朵聚生在苞片内(图 13-14)。

图 13-14　吊竹梅

【常见种类和品种】

四色吊竹梅(var. *quadricolor*),叶表暗绿色,具红色、粉红色及白色的条纹,叶背紫色。异色吊竹梅(var. *discolor*),叶面绿色,有两条明显的银白色条纹。小吊竹梅(var. *minima*),叶细小,植株比原种矮小。

【生态习性】

喜温暖,生长适温为 15～25 ℃,冬季室温保持在 5 ℃ 以上即能安全越冬。耐阴,忌烈日直晒。喜湿润环境,对土壤要求不严,以肥沃、疏松的腐殖质土为佳。

【繁殖特点】

常用扦插繁殖。于春秋季摘取壮茎数节插于湿沙中,成活容易。为了使株形美观,上盆时 5～6 株合栽。

【栽培管理特点】

培养土宜选用中性培养土。春、夏、秋三季每 15～20 d 施一次稀薄液肥或复合化肥,温度低时停止施肥。浇水要见干见湿,生长期间保持盆土湿润,冬季要控制浇水。吊竹梅要求较高的空气湿度,生长季节应注意经常向茎叶上喷水,以保持空气湿度。春、秋季节宜放在室内靠近南面窗户附近的地方培养,夏季宜放在室内通风良好且具有明亮的散射光处。为保持其枝叶丰满,茎长到 20～30 cm 时,应进行摘心以促使分枝,否则枝条长得细长,影响观赏效果。栽植两年后应将老蔓剪去,春季翻盆 1 次,促使萌生新蔓。

【园林适用范围】

吊竹梅常作室内盆栽,点缀茶几、书桌等处;也可吊盆欣赏,置于高几架、柜顶端,任其自然下垂;或布置于窗台上方,使其下垂,形成绿帘,别具情趣。

13.2.6　吊兰

【科属】百合科,吊兰属

【学名】*Chlorophytum comosum*

【俗名】垂盆草、挂兰、钓兰、兰草、折鹤兰

【原产地】非洲南部

【基本形态】

草本,具簇生的圆柱状肥大须根和短的根状茎。叶条形至条状披针形,顶端长渐尖,基部抱茎,较坚硬,有时具黄色纵条纹或边为黄色。花草连同花序长 30～60 cm,弯垂;总状花序单一或分枝,有时还在花序上部的节上簇生长 2～8 cm 的条形叶丛;花白色,数朵一簇在花序轴上极疏离地散生;花梗近与花被等长,中部以上具关节;花被片 6,外轮的倒披针形,内轮的长矩圆形,具 3～5 条疏离的脉;蒴果三圆棱状扁球形(图 13-15)。

【常见种类和品种】

吊兰的种类繁多,形态各有不同,也各有特点。常见的有吊兰、紫吊兰、花吊兰、'金叶'吊兰、'银

图 13-15　吊兰

边'吊兰。

【生态习性】

吊兰性喜温暖湿润、半阴的环境。它适应性强,较耐旱,不甚耐寒。不择土壤,在排水良好、疏松肥沃的沙质土壤中生长较佳。对光线的要求不严,一般适宜在中等光线条件下生长,亦耐弱光。生长适温为 15～25 ℃。

【繁殖特点】

吊兰主要采用分株繁殖。一般在 3—4 月,结合换盆进行分株,也可用垂茎上抽生的小株丛栽入盆中即可生根。这种方法不受季节限制,冬季温室内也可以种植。播种繁殖发芽率低,很少使用。

【栽培管理特点】

上盆栽植宜用透气性好的园土 3 份、草木灰 2 份、腐熟厩肥 3 份配制成培养土。移栽时除去部分老根,新株放在荫蔽处培养 1 周后逐渐移栽。夏季炎热时,吊兰应悬挂或放在荫棚下养护。一般情况下见干见湿,气温低时应减少浇水量。在生长旺季每周施一次淡肥水,以氮为主,可使叶片鲜嫩有光泽。一般每隔 1～2 年换盆一次。冬季移入室内越冬,保持温度在 5 ℃以上安全越冬。冬季室温短期的 0 ℃左右无多大影响。通风不良容易遭介壳虫为害。

【园林适用范围】

吊兰是最为传统的居室垂挂植物之一。它叶

片细长柔软,从叶腋中抽生的匍匐茎长有小植株,由盆沿向下垂,舒展散垂,似花朵,四季常绿,构成了独特的悬挂景观和立体美感,可起到别致的点缀效果。吊兰可在室内栽植供观赏、装饰用,也可以悬吊于窗前、墙上。

13.2.7　龟背竹

【科属】天南星科,龟背竹属

【学名】*Monstera deliciosa*

【俗名】蓬莱蕉、电线草、团龙竹

【原产地】墨西哥、美洲热带

【基本形态】

多年生常绿大型木质藤本。茎粗壮,长达 7～8 m,节明显,其上具细柱状的褐色气生根,形如电线,故俗称电线草。叶片大,椭圆形,长可达 60～80 cm,宽 40～60 cm,厚革质,表面发亮。叶片幼时全缘无裂口,成熟叶片边缘羽状深裂,叶脉间有椭圆形的穿孔,孔裂纹如龟背图案。花序柄长 15～30 cm,佛焰苞厚革质,宽卵形,舟状,淡黄色,肉穗花序近圆柱形,花期 8—9 月。浆果球形,成熟后甜香扑鼻,味如香蕉,可食,果期 10 月(图 13-16)。

图 13-16　龟背竹

【常见种类和品种】

有斑叶变种,由日本培育。叶片为不规则黄白色斑纹,异常美丽。

【生态习性】

喜温暖湿润和荫蔽环境,不耐寒。夏季气温高于 35 ℃进入休眠,冬季温度要保持 13～18 ℃,夜间温度不可低于 5 ℃。忌干旱,忌强光直射,光照时间越长,叶片越大,叶片周边裂口越多且深;较耐阴,

夏日适宜在半阴下栽培。适宜疏松肥沃沙质壤土。

【繁殖特点】

扦插或播种繁殖。扦插时,切取 2～3 节茎段,去除气生根,带叶或去叶插于沙土中,保持 25～30 ℃,20～30 d 即可生根,待长出新芽时,可上盆。种子粒大,播种前用 40 ℃温水浸种 10～12 h,点播后保持 25～30 ℃,20～30 d 发芽;但实生叶片多不分裂和穿孔,观赏效果较差。

【栽培管理特点】

盆栽龟背竹盛夏生长快,应置于半阴处,经常喷水于叶面;生长过程中应架设立竿或吊绳,绑扎扶持;或者及时截茎,让母株重新萌发新茎叶。室内栽培若通风不良,易发生介壳虫危害;环境过于荫蔽及湿润,易发生斑叶病,尤其在冬季低温时,应置于光照充足处,通风换气,以保证植株健壮生长。

【园林适用范围】

龟背竹为优良的盆栽室内观叶植物,也可做室内大型垂直绿化材料。

13.2.8　春羽

【科属】天南星科,喜林芋属

【学名】*Philodendron selloum*

【俗名】羽裂喜林芋、羽裂蔓绿绒

【原产地】巴西

【基本形态】

多年生常绿草本观叶植物。植株高大,可达 1.5 m 以上。茎极短,直立性,呈木质化,有较多气生根。叶柄坚挺而细长,可达 1 m。叶为簇生型,聚生于茎顶端。幼叶三角形,不裂或浅裂;成熟叶心形,基部楔形,全叶羽状深裂,裂片有不规则缺刻,基部羽片较大,缺刻较多。叶片长达 60 cm,宽 40 cm,革质,深绿而有光泽。叶片排列紧密而整齐,水平伸展,呈丛状。佛焰苞花序腋生,不明显(图 13-17)。

【生态习性】

春羽喜高温高湿的半阴环境,畏严寒,越冬温度不可低于 5 ℃;气温达到 10 ℃后开始生长,生长适温为 18～30 ℃;不耐土壤及空气干燥;忌强光直射,极耐阴。生长缓慢,喜富含腐殖质、疏松肥沃的沙质壤土。

图 13-17　春羽

【繁殖特点】

以扦插繁殖为主。扦插时,切取 2～4 节茎段,去除气生根,插入湿润沙土中或下部用水苔包裹,保持高温高湿,则容易生根。也可分株繁殖,生长季节剥离植株基部已生根的萌蘖部分,另行栽植即可。

【栽培管理特点】

生长期保持盆土湿润,尤其夏季需要增施水肥,还需进行叶面喷水,气温高于 25 ℃时,空气湿度需提高至 70%左右;水肥不足,植株生长瘦弱,下部叶片会变黄脱落。入冬生长缓慢,应减少浇水,并置于室内明亮处养护,保持室内较高的温度,低温干燥容易造成下部叶片褪色脱落。春羽株形整齐,管理得好栽培多年后下部叶片仍不会脱落,整体观赏效果好。

【园林适用范围】

春羽株形端庄优雅,叶大而美丽,是室内优良的盆栽观叶植物。

13.2.9　广东万年青

【科属】天南星科,广东万年青属

【学名】*Aglaonema modestum*

【俗名】亮丝草、粗肋草、粤万年青、竹节万年青

【原产地】中国、菲律宾

【基本形态】

多年生常绿宿根草本。茎直立,无分枝,绿色,高可达 1 m;节间明显,节部有凸起的环痕,状似竹节。叶卵圆形至卵状披针形,尾部渐尖;侧脉 4～5 对,表面下凹明显,背面隆起,故称粗肋草;叶柄长,基部鞘状抱茎。花序柄纤细,长 7～10 cm;佛焰苞长 5～7 cm,绿色;肉穗花序长为佛焰苞的 2/3,具长 1 cm 的梗,圆柱形,细长渐尖,雌花序在下,雄花序在上,雄蕊花丝明亮,得名亮丝草;花期 5 月。浆果长圆形,长 2 cm,粗 8 mm,冠以宿存柱头;10—11 月成熟,鲜红色(图 13-18)。

图 13-18　广东万年青

【常见种类和品种】

有品种'花叶'广东万年青('Variegatum'),叶片上有白色斑纹。

【生态习性】

喜高温多湿环境,15 ℃以上开始生长,生长适温度 25～30 ℃,越冬室内温度应在 13 ℃以上。相对湿度以 70%～90%为宜。耐阴,忌阳光直射。栽培土壤以疏松肥沃的微酸性土壤为宜。耐室内环境,可长时间摆放,植株生长强健,抗性强,病虫害少。

【繁殖特点】

常用扦插和分株繁殖。扦插一般在 4 月进行,剪取 10 cm 长的茎段为插穗,插于沙床,或切口包以水苔盆栽,在气温 25～30 ℃、相对湿度 80%的条件下,约 1 个月可生根。分株多于春季换盆时进行,把

茎基部分枝切开,涂以草木灰以防腐烂,分别上盆。

【栽培管理特点】

广东万年青夏天宜在荫棚下栽培,冬季可正常光照。生长旺盛季节对肥料和水分管理要求高,每半月追施液肥 1 次,保持土壤充足水分,同时需增加叶面喷水,以保持空气湿度;冬季在温室内需着光稍多。多年老株观赏效果欠佳,宜扦插更新。另外,广东万年青汁液有毒,剪取插穗时需小心谨慎。

【园林适用范围】

株形紧密端庄,是良好的室内观叶植物;在室内玻璃器皿茎插,可观根;叶片还可做切叶。

13.2.10 海芋

【科属】天南星科,海芋属

【学名】*Alocasia macrorrhiza*

【俗名】滴水观音、广东狼毒、野芋头

【原产地】中国、印度和东南亚

【基本形态】

大型多年生常绿草本。具匍匐根茎。地上茎直立,茎有的高达 3~5 m,基部生不定芽。叶多数,箭状卵形,长 50~90 cm,边缘波状;叶柄绿色,螺旋状排列,长达 1.5 m。花序梗圆柱形,长 12~60 cm,绿色;佛焰苞管部绿色,卵形或短椭圆形,长 3~5 cm,檐部黄绿色舟状,长圆形,长 10~30 cm,先端喙状;肉穗花序芳香。浆果红色,卵状,长 0.8~1 cm。花期四季,但在荫蔽的密林下常不开花。在空气温暖潮湿、土壤水分充足的条件下,便会从叶尖端或叶边缘向下滴水,因开的花像观音,故称之为滴水观音。其叶片汁液、根茎有毒(图 13-19)。

【生态习性】

喜温暖湿润的半阴环境。不耐寒,冬季温度不可低于 8 ℃。忌强光直射和土壤干燥,要求土壤湿润和 70%~80% 的空气湿度,对土壤要求不高,但在排水良好、含有机质的沙质壤土或腐殖质壤土中生长最好。

【繁殖特点】

播种、分株或扦插繁殖。种子秋后随采随播。可结合翻盆换土进行分株。多年生的老株可结合更新,从距离地面 5 cm 处截干,截取的老茎干可切

图 13-19 海芋

成长度约 15 cm 的茎段,置阴处晾半天,插入沙壤土中培植。顶端正在生长的一段,剪除所有成形叶片后直接上盆,扦插与培植同步进行,两个月后即可生根,正常生长。

【栽培管理特点】

初上盆小苗应适当控制水分,待恢复生长后再正常管理。生长期需高湿度,散射光条件,常叶面喷水,清洗叶面并保持较高的空气湿度。冬季要有光照,保持盆土偏干,过湿根茎易腐烂,造成植株倒伏。老株应保持株形,及时修剪。由于叶片大,数量少,注意保护勿损伤。在室内摆放时间不宜过长。

【园林适用范围】

海芋为优良的观叶植物。可盆栽观叶,还可做切花。

13.2.11 铁十字秋海棠

【科属】秋海棠科,秋海棠属

【学名】*Begonia masoniana*

【俗名】刺毛秋海棠

【原产地】墨西哥

【基本形态】

多年生根茎类草本。根茎粗,肉质,横卧,簇生型植物,株高 30 cm。叶片基生,具柄,上有绒毛;叶

阔,歪斜不对称,基部心形,叶端锐尖,掌状 5～7 出脉;叶面皱,密生刺毛,在黄绿色叶面中部,沿叶脉中心嵌有近"十"字形的不规则紫褐色斑纹,显著,十分秀丽;叶缘有浅锯齿。花小,黄绿色,不显著(图 13-20)。

图 13-20　铁十字秋海棠

【生态习性】

喜温暖、多湿,不耐寒。喜散射光及阴凉,忌强光直射。冬季保持 15 ℃以上可生长,越冬温度 7 ℃以上。

【繁殖特点】

常用分株、扦插和播种繁殖。分株在春季换盆时进行,将根状茎掰开,选择具顶芽的根茎 2～3 段分栽;刚分栽植株浇水不宜过多,置半阴处养护。扦插以叶插为主,常在 5—7 月进行;选择健壮成熟叶片,插入沙床,叶柄向下,叶片一半露出基质,保持温度 20～22 ℃;插后 20～25 d 生根,插后 3 个月长出 2 片小叶后即可上盆。

【栽培管理特点】

夏季生长旺盛期需遮阳,给予散射光;每半月施肥 1 次,充分浇水,并进行叶面喷水保持较高空气湿度;使用液肥时忌玷污叶面,施肥后最好用清水冲洗叶面,以免引起腐烂。冬季叶片需多见阳光,减少浇水,暂停施肥。盆栽 3～4 年后需更新。

【园林适用范围】

铁十字秋海棠是秋海棠中较为名贵的种类,外形独特,适合中、小型盆栽,室内观赏。

13.2.12　银星秋海棠

【科属】秋海棠科,秋海棠属

【学名】*Begonia argenteo-guttata*

【俗名】斑叶秋海棠、麻叶秋海棠

【原产地】巴西

【基本形态】

多年生草本植物,茎半木质化。株高 60～120 cm,全株光滑无毛。须根性。茎红褐色,直立,多分枝。叶斜卵形,先端锐尖,边缘具齿,叶面绿色微皱,嵌有稠密的银白色斑点,叶背微带红色。花小,白色至粉红色,腋生于短梗,花期 7—8 月(图 13-21)。

图 13-21　银星秋海棠

【生态习性】

喜高温、湿润、半阴,稍耐寒,为秋海棠类较耐寒种。生长适温 25 ℃,夏季怕强光直射,宜稍加遮阳;冬季需充足阳光,应严格控制水分,不宜过湿,以免遭受冻害。喜肥沃、排水良好的土壤。

【繁殖特点】

扦插繁殖,四季皆可,易成活,但以春末效果最好。扦插可采用叶插、茎插和根茎插。叶插繁殖以夏、秋季效果最好;室温栽培,冬季也可进行,但生根缓慢。茎插在室温条件下,全年皆可进行,但 4—5 月生根快,成活率高,常选取健壮的茎部顶端做插穗,长 10～15 cm,带 2～3 个芽,最好不带花芽。根茎插适用于根茎密集者,春、秋季将根茎剪成每节

3~5 cm,保持温度 20~22 ℃和较高的湿度,一般插后 15~20 d 长出不定根,30~40 d 萌发出不定芽,待形成几片小叶时即可上盆。

【栽培管理特点】

中国各地均温室栽培。夏季生长适温 25 ℃左右,不能超过 30 ℃,置于有散射光、通风良好的条件下培养,忌阳光直射,需采取遮阳、喷水等降温增湿措施;冬季生长适温 15 ℃,不能低于 10 ℃,应适当控制水分,保证阳光充足。丛生性不强,为了增加分枝,需进行摘心。花后可以修剪,植株过高也可重剪或短截。1~2 年换一次盆,并进行修剪。

【园林适用范围】

盆栽、花境。

第14章

仙人掌科及多浆植物

14.1 仙人掌科和多浆植物的概念

1836 年英国植物学者林德利(J. Lindley)首次在植物分类系统中设立仙人掌科(Cactaceae)这一单位。仙人掌科植物指茎部肉质,具有刺座,刺座上着生刺或毛的一类植物。一般认为全科可分为 130 属左右,共 1 800 余种(不包括其他栽培品种及变种)。刺座是区分仙人掌科植物和其他多浆植物的基本特征,刺座不仅着生刺和毛,花朵、子球和分枝也从刺座上长出。

多浆植物又称为多肉植物(succulents),是瑞士植物学家琼·鲍汉(Jean Bauhin)于 1619 年首先提出。词义来源于拉丁词 succus(多浆汁液)。多浆植物指茎、叶或根特别粗大或肥厚,含水量高的一类植物,分为狭义和广义概念。狭义的多浆植物,包括景天科、番杏科、大戟科、萝摩科、百合科、龙舌兰科、马齿苋科、菊科、鸭跖草科、凤梨科等 54 个科。广义的多浆植物指仙人掌科植物和其他多浆植物的总称。本章所提到的多浆类花卉是指狭义的多浆植物范畴中的植株的整株或是某一个器官或组织表现出显著观赏价值的多浆植物。

14.2 仙人掌科和多浆植物的分类

仙人掌科植物分类 200 年来一直有多个学派,多种分类方法,恩格勒植物分类系统采纳德国学者贝格尔(A. berger)在 1929 年提出的分类系统,将

仙人掌科植物分为 3 亚科,2 族,41 属,哈钦松植物分类系统采纳英国学者亨特(D. R. Hunt)1967 年提出的分类系统,将仙人掌科植物分为 84 属。现今的参考书中,仙人掌科植物的分类渐渐趋于一致,英、美学者一般将仙人掌科分为 3 亚科 120～130 个属,德国学者分为 3 亚科 130～140 个属,所以一般认为仙人掌科植物分为 130 属左右,1 800 多种。

多浆植物的分类以德国著名学者雅各布森(H. Jacobson)1955 年出版的《多肉植物手册》和后来出版的《多肉植物词典》为经典。依据形态特点,业界普遍认为多浆植物分为三类:

1)茎多肉植物

植株的茎部肉质化,主要为萝摩科、大戟科的多浆植物。

2)叶多肉植物

植株的叶肉质化,主要有景天科、百合科、龙舌兰科、番杏科等的多浆植物。

3)茎干状多肉植物

植株的茎基部膨大肉质化,表现为茎基部膨大。如葫芦科、薯蓣科的多浆植物等。

14.3 仙人掌科及多浆植物的形态特点和生理特点

14.3.1 仙人掌科和多浆植物的形态特点

仙人掌科和多浆植物科属众多,形态可谓是千

姿百态。株形大的高达几十米,小的仅有几厘米;茎肉质呈柱状、饼状、球状或是其他形状;叶退化或肉质呈心形、匙型、剑型、三角形、镰刀形、圆筒形、菱形、棍棒状等各种形状;花茎从几十厘米(大花犀角花径达 35 cm)到几毫米(巴氏回欢草花径只 1 mm),花型有菊花形、梅花形、钟形、蝶形、星形、杯形等,花色五彩缤纷、色泽艳丽,特别仙人掌科植物以花大色艳著称,有的花瓣有耀眼的金属光泽,让人见之难忘;仙人掌科植物和一些多浆植物着生着刺、毛、棱、疣状突起、纤维丝等附属物,附属物不仅有功能性,还为植物增添了独特的质感。

14.3.2 仙人掌科和多浆植物的生理特点

1)代谢方式

仙人掌科植物和多浆植物中有相当一部分的代谢方式为景天酸代谢(crassulacean acid metabolism 简称 CAM),在晚上凉爽潮湿时气孔打开,吸收二氧化碳,在 PEP 羧化酶催化下,形成草酰乙酸,再还原成苹果酸并贮于液泡中;白天气孔关闭,苹果酸从液泡释放出来,进行脱羧释放二氧化碳进行光合作用。正因为这种代谢方式,仙人掌和多浆植物有"空气滤清器"的美称,放置室内栽培对人体健康有益无害。

2)其他生理特点

(1)表皮角质层厚,气孔少且凹陷,有效地阻止了水分散失。

(2)体内物质浓度较高,有伤口时会有白色乳汁或无色黏液流出。这是一种多糖物质,能有效地促进伤口愈合,不让水分过多散失。

(3)根部渗透压较低。意味着这类植物不耐浓度较高的肥。

14.4 仙人掌科及多浆植物的生长环境条件和栽培管理

原产于沙漠、半沙漠、草原等干热地区的仙人掌和多浆植物原产地土壤多由沙与石砾组成,这类植物喜透气排水良好的土壤,对肥力要求不高,耐贫瘠;对光照和温度要求较高,喜强光照射,耐旱、

不耐寒,生长温度不能低于 18 ℃,25～35 ℃生长较好,冬季低温休眠,冬季温度不低于 5 ℃;生长季需充足浇水但不能积水,定期追稀薄液肥,休眠期控制浇水。栽培中保持空气流通。

原产于热带雨林的附生仙人掌和多浆植物不需强光照射,不耐寒,冬季无休眠期;喜湿润环境但不耐水淹,春夏秋季充分浇水,保持盆土湿润不积水,冬季需保持室内温度不低于 12 ℃,适当减少浇水,并给予充足光照。

原产美洲和亚洲温带或高海拔地区的仙人掌和多浆植物喜光,不耐高温,稍耐寒,春秋季生长,夏季休眠。生长期充分浇水,定期追施稀薄液肥,夏季避免强光照射,遮阳、控水。冬季原产北美高海拔地区的仙人掌保持土壤干燥可耐轻微霜冻,原产亚洲山地的景天科植物耐冻能力较强。

14.5 仙人掌科和多浆植物的繁殖

仙人掌科植物和多浆植物的繁殖方法有播种、扦插、分株、嫁接。嫁接在仙人掌科植物中较多应用。

14.5.1 播种繁殖

播种繁殖可获得大量种苗,获得变异品种和杂交品种。播种繁殖多用于种子易获取或是茎干膨大的种类。景天科、仙人掌科、番杏科种子细小,播种繁殖需精细管理。

1)播种时间

仙人掌科植物和多浆植物大部分种子可即采即播或放置干燥阴凉处保存来年春天播种。种子发芽适宜温度白天 25～30 ℃,夜晚 15～20 ℃,昼夜温差大有利于种子萌发。根据研究,晚春至仲秋播种较为合适,播种后萝藦科的国章属出苗最快 2 d 发芽。一般播种后 5～25 d 出苗。

2)播种管理

播种前种子和基质都要消毒,播种基质要求低肥力,透气佳。可用泥炭、细沙、蛭石加适当石灰、钙镁磷肥混合配置。播种后覆盖薄膜保温保湿,定期浸盆。仙人掌科,景天科种子、番杏科种

子不用覆盖,撒播到基质表面即可。也可掺适量细沙撒播。齐苗后揭去薄膜,40～50 d可施稀薄液肥。

分苗移栽:播种出苗后150～180 d进行分苗移栽,移栽前10 d停止浇水,移栽时适量修根,然后将小苗根系植入约1 cm,按实土壤。对于生长较快的种类,出苗几周后就可移栽。

14.5.2　扦插繁殖

扦插繁殖是多浆植物繁殖的一种主要方法。多浆植物可用于繁殖的营养器官较多,可以叶插、茎插、根插。

1)叶插

景天科植物最常用。春、秋、冬季均可进行,掰取叶片时要完整。百合科十二卷属、龙舌兰科虎尾兰属的植物也可叶插。

2)茎插

仙人掌科植物最常用,景天科、西番莲科、大戟科、百合科等大部分科属可用茎插。茎插剪取插条后要做好伤口处理,如涂硫黄粉并晾干插条,晚春至仲秋均可扦插。

3)根插

十二卷属的玉扇、万象根系粗壮、发达,可用于根插。插条用成熟的肉质根。具有块根的大戟科、葫芦科多肉植物也可用。

14.5.3　分生繁殖

分生繁殖在仙人掌科和多浆类花卉中是最简便、成活率最高的一种繁殖方式,常用于百合科、龙舌兰科、凤梨科、大戟科、萝藦科等多浆植物。常用的分生繁殖方法有分小植株,分吸芽、珠芽,分走茎、鳞茎、块茎。

14.5.4　嫁接繁殖

嫁接繁殖在仙人掌科植物、大戟科、萝藦科、夹竹桃科的多肉植物常用,如仙人掌科'绯牡丹',嫁接到量天尺上,大戟科'春峰锦'、'玉麒麟'、'贵青玉'嫁接到霸王鞭上,萝藦科'紫龙角'嫁接到大花犀角上。

1)砧木的选择

砧木需和接穗亲和力好,形态适应。砧木不能选择木质化太老的,最好选择上部生长发育充实尚且幼嫩的部位。砧木最好选择繁殖迅速,植株健壮抗性强的种类。量天尺做砧木亲和力好,但耐寒力差,适用于我国南方地区。北方常用短毛丸做砧木。此外,天轮柱属的秘鲁天轮柱、卧龙柱、阿根廷毛花柱、龙神柱、仙人掌、仙人球也是很好的砧木。阿根廷毛花柱耐寒,繁殖力强,在欧洲被称为"万能砧木"。

2)嫁接时间

嫁接的最适时期是3月中旬后到10月中旬,气温20～30 ℃。

3)嫁接方法

(1)平接　最常用的方法。选择适当的砧木、接穗,用利刀将砧木顶端和接穗基部切平,对准髓心,绑扎或加压。

(2)劈接　珊瑚冠、蟹爪兰、假昙花等茎节扁平的种或品种适用此法。先将盆栽砧木削平顶部,然后从正中部劈开深度1～1.5 cm的缝,将接穗削成楔形后插入劈口,用刺或针状物固定后,用尼龙绳绑扎牢实。

(3)斜接　用于白檀、山吹等细长的种或品种。将砧木和接穗削成30°～45°斜面,髓心对齐后固定。

4)嫁接苗管理

接好后置阴凉处养护1个月,盆土干后可浇一次水,不能追施任何肥料。1个月后若接穗长势很好,即可解绑,然后转入常规管理。

14.6　常见仙人掌科和多浆植物

14.6.1　仙人掌

【科属】仙人掌科,仙人掌属
【学名】*Opuntia dillenii*
【俗名】霸王树、神仙掌
【原产地】美洲、西印度群岛
【基本形态】

仙人掌为丛生肉质灌木,多分枝。茎粗大肥厚,肉质多浆,茎节倒卵状椭圆形或近圆形,绿色或灰绿色,长 20～25 cm,宽 10～20 cm,代替叶进行光合作用。茎上着生刺座,刺座上着生刺或钩毛,钩毛黄色或浅褐色,刺或钩毛至多 10 枚。叶退化,或短期存在。花碗状,黄色、花大明艳,花托倒卵形,花期夏季。浆果倒卵球。种子多数扁圆形,边缘稍不规则,无毛,淡黄褐色(图 14-1)。

图 14-1　仙人掌

【常见种类和品种】

仙人掌属种类较多,约有 200 个种,常见的栽培种还有黄毛掌(*O. microdasys*)刺座白色,着生细小黄色钩毛,通常无刺。白毛掌(*O. microdasys* var. *albispina*)刺座白色,钩毛白色。

【生态习性】

仙人掌喜温暖、干燥、阳光充足、通风良好的环境。耐干旱,不耐寒,生长适宜温度 20～30 ℃,越冬温度应不低于 7 ℃,少数品种可耐 0 ℃ 以下低温。宜肥沃、疏松、排水良好的沙壤土。在生长期间,生长点幼嫩部分常见小叶,随茎节成熟自然脱落。

【繁殖特点】

仙人掌繁殖多用播种和扦插繁殖。

种子繁殖:晚春、秋季播种,发芽温度最高 21～25 ℃,最低 10 ℃,昼夜温差要求 10 ℃ 以上。播种出苗后 150～180 d 移栽,移栽前一周控制浇水,移植后遮阳 10 d 左右。

扦插繁殖:生长季剪取生长充实的茎节,晾干切口,插入沙床。插后,喷水保持盆土潮湿。扦插 7 d 后浇一次透水,大约 30 d 可生根,生根后及时移栽。

【栽培管理特点】

仙人掌春季栽培或换盆土,夏季注意通风,冬季南方地区可露地越冬,盆栽要放在室内有阳光直射的地方。地栽要求排水良好肥沃的沙壤土,盆土可用园土、腐叶土、粗沙、碎砖、石粒按一定比例配制。生长期适度浇水,浇水原则为见干见湿,冬季温度低时停止浇水。仙人掌较喜肥,生长季每月施肥 1 次。

【园林适用范围】

仙人掌茎、花、刺、毛、棱、疣极具观赏价值,可盆栽摆放于窗下、书房,活泼有趣。园林中多用于岩石园、温室专类园,南方可露地栽培,如厦门植物园露地栽培仙人掌科植物 24 个属 50 余种。

14.6.2　金琥

【科属】仙人掌科,金琥属

【学名】*Echinocactus grusonnii*

【俗名】象牙球、无极球

【原产地】墨西哥中部

【基本形态】

金琥植株单生,茎圆球形,绿色。株高 60～100 cm,株幅 80～100 cm。刺棱明显,棱直、刺座大,密生硬刺。刺座上生辐射刺 8～10 枚,中刺 3～5 枚,刺金黄色。花钟型,黄色,长 4～6 cm,着生于球顶部黄色绵毛丛中,花筒被尖鳞片。花期 6—9 月,昼开夜闭。果被鳞片及绵毛,基部孔裂。种子黑色,光滑(图 14-2)。

图 14-2　金琥

【常见种类和品种】

金琥的变种、品种和变形约有 10 个。常栽培的有无刺金琥（*E. grusonnii* var. *inermis*），肉质坚硬，刺极短，被掩在刺座的绒毛中。狂刺金琥（*E. grusonnii* var. *inertertextus*），刺座上的辐射刺和短刺稍宽，并弯曲。短刺金琥（*E. grusonnii* 'Tansi Kinshachi'），刺座上密生米黄色短刺，球顶部刺座密生米黄色绒毛。金琥缀化（*E. grusonnii* f. *cristata*），茎扁化成不规则鸡冠状，刺座上密生金黄色硬刺。

【生态习性】

喜温暖、干燥、阳光充足的环境。耐半阴，不耐寒，生长适宜温度 13～24 ℃，越冬温度不低于 10 ℃，宜肥沃、疏松并含石灰质的沙壤土。

【繁殖特点】

多用种子或嫁接繁殖。

种子繁殖：晚春，秋季播种，发芽温度最高 21～25 ℃，最低 10 ℃，昼夜温差要求 10 ℃以上。播种出苗后 150～180 d 移栽，移栽前一周控制浇水，移植后遮阳 10 d 左右。

嫁接繁殖：可在早春切除球顶端生长点，促进产生子球，子球长到 1 cm 左右即可切下嫁接，砧木可用仙人球或生长充实的量天尺一年生茎段，用平接法嫁接。

【栽培管理特点】

栽培基质可用园土、腐叶土、粗沙 1:1:1 混合，加入石灰质材料和基肥。金琥喜光，每天需阳光照射 6 h 以上，但夏季需适当遮阳；越冬温度不低于 10 ℃并保持盆土干燥。生长期每 1～2 周浇一次水，每月施肥一次，冬季减少或停止浇水，空气太干燥时可向空气中喷水。盆栽金琥需每年换土，换土时适当修根。

【园林适用范围】

金琥球体浑圆，刺色金黄，为强刺球类品种中的代表种，盆栽大型标本球可点缀台阶、门厅、客厅，显得金碧辉煌。小球盆栽摆放于窗下、书房，活泼有趣。园林中可地栽，景观配置常作群植，多用于专类园，表现气势恢宏。其他的品种、变种、变形，各有特色，较为珍奇，多用作盆栽观赏。

14.6.3 蟹爪兰

【科属】仙人掌科，蟹爪兰属

【学名】*Zygocactus truncactus*

【俗名】蟹爪、圣诞仙人掌

【原产地】巴西

【基本形态】

多年生肉质小灌木，附生于灌木或岩石上。植株多分枝，分枝常铺散下垂。茎节扁平，先端截形，肉质、绿色，长 4～6 cm，宽 1.5～2.5 cm，两端及边缘有 4～8 个锯齿状缺刻，似螃蟹的爪子。刺座上有短刺毛 1～3。花着生于叶状茎顶端，花瓣张开反卷，6～8 cm 长，花色有粉红、红、橙黄、白色等，单花开放可持续 1 周左右，花期 11 月至翌年 2 月。果梨形，光滑，暗红色（图 14-3）。

图 14-3 蟹爪兰

【常见种类和品种】

蟹爪兰品种很多，花色丰富，如白花蟹爪兰（*Z. truncata* 'Delicatus'），紫花蟹爪兰（*Z. truncata* 'Crenatus'）。

【生态习性】

蟹爪兰喜温暖、半阴、湿润的环境，不耐寒，怕强光和雨淋，喜疏松肥沃的沙壤土。短日照下花芽分化。蟹爪兰的生长期适温为 18～23 ℃，冬季保持室温 10～15 ℃，如降至 10 ℃以下会落蕾。

【繁殖特点】

多用扦插、嫁接繁殖，也可用种子繁殖。

扦插繁殖四季均可，春秋成活率最高。选择 1 年以上成熟、健壮、肥厚的茎节，切下后，放阴凉处 2～3 d，待切口稍干燥后再插入苗床，基质为比例

4∶1 的泥炭和沙,插床温度为 15～20 ℃。插床湿度不宜过大,以免切口过湿腐烂,插后 2～3 周开始生根,4 周后可盆栽。

嫁接砧木常用仙人掌、量天尺、三菱箭。接穗选择生长组织充实的 3～5 节茎节为宜,茎节多的成型快。嫁接繁殖成活后冠幅大,开花多,观赏价值高。

蟹爪兰在原产地由鸟类授粉,室内栽培时需人工授粉才能正常结实。发芽适温 22～24 ℃,播种基质用泥炭、腐叶土、粗沙的混合土壤,播前高温消毒。蟹爪兰种子播后,覆盖保持盆土湿度。播后 5～9 d 发芽。

【栽培管理特点】

蟹爪兰的栽培环境要求半阴、湿润。土壤一般需肥沃的腐叶土、泥炭、粗沙的混合土壤,pH 为 5.5～6.5。夏季栽培要遮阳,避雨,以防强光灼伤茎节或暴雨后烂茎掉节。冬季要求温暖和光照充足。春秋生长季浇水方式为见干见湿,10 d 左右施一次肥。夏冬季减少浇水次数,夏季休眠后,冬季温度低于 10 ℃ 断水。秋季对过密的茎节进行疏剪、短截,去掉过多的弱小花蕾。

蟹爪兰为典型的短日照花卉,要促成开花采取短日照处理,延迟开花采用长日照处理。

短日照处理:如南方城市需国庆供花,可 8 月初进行处理,每日光照 8～9 h,处理前 1 个月停止施肥,处理中控制浇水,经行处理 20 d 后开始着蕾,着蕾后 40～50 d 开花。

长日照处理:如春节供花,从 9 月初开始长日处理,处理采用暗中断法,停止处理后 80～90 d 可开花。

【园林适用范围】

多做盆花栽培。因花期在晚秋、冬季,花形奇特、花色艳丽,花期持久,具有很高的观赏价值,又耐半阴,为冬春室内主要的盆花。可放置于居室,厅堂等地,装点居室,深受人们喜爱。经促成栽培或抑制栽培后,能满足国庆、中秋、元旦、春节的供花需求。

14.6.4　昙花

【科属】仙人掌科,昙花属

【学名】*Epiphyllum oxypetalum*

【俗名】月下美人、琼花

【原产地】墨西哥及南美热带

【基本形态】

多年生植物,附生型仙人掌,植株分枝多,呈灌木状。茎肉质基部圆而木质化,上部扁平叶状。叶状茎边缘波浪状,幼枝有毛状刺,老枝无刺。花着生于叶状茎边缘,花大,白色,喇叭形,有香味。花被管长而柔弱,开花时花筒部下垂。果实红色,有浅棱脊,成熟时开裂。种子黑色(图 14-4)。

图 14-4　昙花

【生态习性】

喜温暖、湿润、半阴的环境,不耐寒。生长适宜温度 21～24 ℃,越冬温度不低于 10 ℃,宜肥沃、疏松、排水良好,富含腐殖质的沙壤土。花夏季夜晚开放,3～4 h 后凋谢,因花期极短,固有昙花一现之说。

【繁殖特点】

常用扦插繁殖。春季或夏季花后扦插。从成年植株上选取生长充实且稍老的叶状茎作插穗,每个插穗长度剪取 15 cm 左右,剪取后放置在阴凉处 3～4 d。扦插基质要求透气,不积水,常用河沙,或是河沙、蛭石混合基质,插前基质浇水。扦插时插穗插入基质 1/3～1/2,插入后不浇水,20 d 左右生根,生根后恢复浇水。

【栽培管理特点】

栽培基质可用园土、腐叶土、沙 1∶1∶1 混合,基肥为腐熟的有机肥,每年春季结合换盆更换培养

土。放置在半阴、温暖的环境,夏季要遮阳,冬季需放到室内养护,温度保持在10~13℃为宜。春秋为昙花的生长旺季,要充分浇水。夏季适当控制浇水,冬季气温低于10℃停止浇水。昙花喜肥,生长季1个月追一次液态肥。昙花叶状茎柔弱,栽培中应及时立支柱。

昙花在夜晚开放,花期又短,观赏不便,要改变昙花这种生态习性,可用昼夜颠倒法处理。

【园林适用范围】

多做盆栽,用于点缀客厅、阳台及庭院。夏季开花,花朵繁茂,香气四溢,极具观赏价值,是深受广大人民喜爱的名贵花卉。

14.6.5 库拉索芦荟

【科属】百合科,芦荟属

【学名】*Aloe vera*

【俗名】龙角、油葱、狼牙掌

【原产地】南非、阿拉伯半岛、马达加斯加

【基本形态】

常绿多年生草本,茎较短,直立。基叶簇生,呈莲座状、螺旋状散开式排列。叶狭披针形。长15~30 cm,宽3~5 cm,叶端渐尖。叶缘疏生软刺、蓝绿色,被白粉,叶软多汁。总状花序,花葶自叶丛中抽生,小花密集,花冠筒状,橙黄色带有红色斑点。花瓣6片,雌蕊6枚,花被基部多连合成筒状,花期7—8月。蒴果三角形,种子多数(图14-5)。

图14-5 库拉索芦荟

【常见种类和品种】

芦荟属约有300种,原产南非的有250多种。常见栽培的有中华芦荟(*A. vera* var. *chinesis*),是库拉索芦荟在我国南方栽培的变种。元江芦荟(*A. vera* var. *afficinalis*)是库拉索芦荟在云南元江栽培的变种。棒花芦荟(*A. claviflora*),原产南非,叶线状披针形,正面蓝色,背面圆凸,叶缘有短刺。好望角芦荟(*A. ferox*),原产南非,叶披针形,叶正面较光滑,叶背面具刺,叶缘具红色粗刺。

【生态习性】

喜温暖、干燥、阳光充足的环境,耐干旱和半阴,不耐寒,生长适宜温度为20~30℃,越冬温度不低于3℃。喜排水良好、肥沃疏松的沙壤土;对土壤酸碱度要求不严,耐干旱和盐碱。忌潮湿积水,在荫蔽环境下多不开花。

【繁殖特点】

主要分生繁殖也可扦插繁殖和种子繁殖。分生繁殖宜春秋季进行,可分吸芽和小植株,分下的植株带数条新根。扦插繁殖插穗采用不带根芦荟主茎和侧枝,扦插温度21~25℃,扦插后20~25 d可生根。种子繁殖要即采即播,发芽温度21℃。

【栽培管理特点】

基质需疏松、透气、排水良好。可用泥炭或腐叶土加河沙加基肥配制。光照充足能使芦荟叶片饱满,花朵繁茂。栽培中春、夏、秋为生长季,浇水适度,保持土壤湿润但不积水,夏季温度超过30℃时可适当遮阳,减少浇水。冬季休眠期控制浇水,生长期每半月施肥一次,冬季停止施肥。

【园林适用范围】

库拉索芦荟叶形奇特,四季常青,可用作室内盆栽观赏。由于它适应性强,分蘖多,生长快,株形大,在园林中可用作地被栽培,也可配置岩石园,专类园。库拉索芦荟又是集医疗、美容、保健于一身的植物,素有"多备良药、天然美容、植物医生"等美称。

14.6.6 生石花

【科属】番杏科,生石花属

【学名】*Lithops* spp.

【俗名】石头花、石头玉

【原产地】南非和纳米比亚东南部

【基本形态】

植株矮小，高度肉质化单生或群生。有一对相连的肉质叶，叶部较平，有深浅不一的花纹或斑点。叶顶部中央有裂缝，更新"蜕皮"的小苗和花从中长出，花单生，雏菊状，黄色或白色，花径 3～5 cm。花期秋季（图 14-6）。

图 14-6　生石花

【常见种类和品种】

南非植物学家科尔夫妇 1988 年在《*Lithops Foweirng stones*》一书中将生石花属的植物分为种、亚种、变种三级序列，而将不够资格列入这个序列的一些生态类型和栽培品种，也给予一个固定号码，这就是"科尔编号"。现在种子供应商使用的科尔编号有 400 多个。

2001—2003 年多位多肉植物权威专家参编的《新世纪多肉植物百科全书》中科尔夫妇编撰的生石花属有 38 个种，15 个亚种，26 个变种，2 个栽培品种。

【生态习性】

生石花喜温暖、干燥、阳光充足的环境。不耐高温酷热，不耐寒，不耐积水。越冬温度不低于 10 ℃。冷凉季节生长，夏季高温休眠。在原生地，植株常被风沙掩盖，仅露出上半部的叶面，混生于碎石地上，叶面的花纹和斑点让植株与周围环境相似，又被称为"拟态植物"。

【繁殖特点】

主要用播种繁殖。秋季播种，播种基质用细沙、泥炭、蛭石混合消毒后将种子播在基质表面，不用覆盖。发芽温度 19～24 ℃。生石花自交不亲和，授粉要在同一品种的不同植株间进行。

秋季结合换盆进行分株繁殖，将群生的生石花分开，伤口处涂上草木灰或木炭粉，晾 1 周后栽种。

【栽培管理特点】

温室盆栽，不宜露地栽培，室内需放在光照充足、通风透气的地方。栽培基质要求疏松透气、排水良好、有较粗的颗粒。秋季换盆，换盆时剪除干枯的老根和腐烂的根系，尽量不伤及毛细根。秋季为生石花生长季，浇水需干透浇透，20 d 左右施一次稀薄液肥。冬季控制浇水，温度低于 5 ℃时停止浇水。春季是生石花的"蜕皮"期，要停止施肥，控制浇水。

【园林适用范围】

生石花株形奇特，开花美丽，是广受大众喜爱的室内盆栽观赏植物。

14.6.7　长寿花

【科属】景天科，伽蓝菜属

【学名】*Kalanchoe blossfeldiana*

【俗名】寿星花、矮生伽蓝菜

【原产地】马达加斯加

【基本形态】

多年生肉质草本，株高 10～30 cm。茎直立。单叶对生，椭圆形，缘具钝齿，叶深绿色。聚伞花序花序长 7～10 cm，花色丰富，小花橙红色、粉红色、绯红色、黄色，花小，高脚碟状，花瓣 4 片，有单瓣和重瓣，花期 1—5 月。雄蕊 8，子房上位。蓇葖果，种子多数。栽培种多为重瓣，不结实（图 14-7）。

【常见种类和品种】

伽蓝菜属多浆植物很多种叶上有不定芽，可以长出小植株。本属中多个种的花、叶具有很高观赏价值，如唐印（*K. thyrsifolia*），叶在阳光照射后呈鲜艳的朱红色。雀扇（*K. rhombopilosa*），叶上有灰褐色的斑点等。宫灯长寿花（*K. manginii*），新生分枝柔软常下垂，花淡红色，近年成为西南地区花

图 14-7 长寿花

卉市场的新宠。

【生态习性】

喜温暖、干燥、光照充足的环境,不耐积水,不耐寒,耐半阴。短日照植物,在室内散射光条件下也能良好生长。生长适宜温度为 15~25 ℃,越冬温度不低于 5 ℃。夏、秋两季为生长季。

【繁殖特点】

以扦插繁殖为主,茎插、叶插均可。扦插以 5—7 月为好,扦插后保持盆土湿润,20~30 ℃ 条件下 10~15 d 即可生根。温室可全年进行育苗。

【栽培管理特点】

栽培基质选用疏松透气、排水良好的沙壤土。光照要求不严,全日照、半日照、散射光都能生长。春秋生长季浇水不宜过多,遵循见干见湿、浇则浇透的原则。生长季和花后每月施 1~2 次富含磷的稀薄液肥。夏季炎热时要注意通风、遮阳,冬季需放入温室或室内向阳处。短日照花卉,可用短日处理调控花期。

【园林适用范围】

长寿花株形紧凑,开花繁茂,色彩丰富,管理简单,花期在元旦、春节前后,主要用于室内盆栽观赏,是十分受欢迎的室内盆栽花卉。也可用作露地花坛布置。

14.6.8 虎刺梅

【科属】大戟科,大戟属

【学名】*Euphorbia milii*

【俗名】铁海棠、麒麟刺

【原产地】非洲马达加斯加西部

【基本形态】

肉质灌木,高可达 1 m。多分枝,茎富含白色乳汁,茎褐色,茎和枝有棱,棱沟较浅,密生硬刺。叶着生于新枝顶端,倒卵形,长 4~5 cm,宽 2 cm,叶面光滑,亮绿,全缘。二歧聚伞花序具长柄,小花有 2 片红色苞片,花期全年。蒴果三菱状卵形(图 14-8)。

图 14-8 虎刺梅

【常见种类和品种】

大戟属是大戟科多肉植物种类最多的属,有 350 余种。虎刺梅具有诸多园艺栽培类型,常栽培的有红花虎刺梅(*E. milii* 'Splendens')和大花虎刺梅(*E. milii* 'Grain christ Thorn')。浅黄虎刺梅(*E. milii* 'Tananarivae'),苞叶黄白色,较为少见。

【生态习性】

喜温暖、湿润、阳光充足的环境。耐旱、耐高温,不耐寒,不耐积水。在 16~28 ℃ 温度范围生长良好,越冬温度不低于 10 ℃。光照充足,温度适合能全年开花。虎刺梅生长旺盛期枝条尖端会长出很多绿色叶片,随气温降低,这些叶片会干枯脱落,这种变化可以判断虎刺梅处于生长旺盛期还是休眠期。

【繁殖特点】

虎刺梅主要用扦插繁殖。整个生长期都能扦插,但以 5—6 月进行最好。插穗选生长充实的枝条,剪成 10 cm 左右的插穗,擦干切口处流出的白浆,涂以草木灰,在阴凉处晾干 2~3 d,使伤口处干燥后再插入素沙之中,浇透水,以后保持基质湿润,经过 30 d 左右即能生根。

【栽培管理特点】

栽培基质需疏松透气,排水良好。栽培环境要求光照充足,夏季高温时适当遮阳。冬季放置在温室或室内向阳处养护。生长季浇水遵循见干见湿的原则,定植时施适量基肥,每月 2 次追施含磷钾的稀薄液肥。休眠期减少浇水次数,停止施肥。为形成优美的株形,可按需要搭支架,在植株长到 10 cm 左右时摘心,然后将虎刺梅的侧枝固定到支架上生长。虎刺梅在栽培中易受茎腐病、白粉虱、介壳虫等病虫害侵袭,要注意防治。

【园林适用范围】

虎刺梅叶片光亮,开花期长,红色苞片鲜艳夺目,十分惹人喜爱。栽培繁殖容易,盆花可室内、阳台。茎、枝柔软,枝易萌发,易于造型,可用景观配置中修剪成各种造型。

14.6.9 露草

【科属】番杏科,露草属

【学名】*Apenia cordifolia*

【俗名】露花、花蔓草

【原产地】南非

【基本形态】

多年生肉质草本,植株匍匐状。茎蔓生,多分枝。叶对生,心状卵型,先端渐尖,全缘,亮绿色,肉质。花单生,紫红色,顶生或侧生,花径 1~1.5 cm,花期夏秋季(图 14-9)。

【生态习性】

喜温暖、阳光充足环境,不耐寒,16~30 ℃ 条件下生长较好,越冬温度不低于 5 ℃,不耐高温高湿环境。春秋为旺盛生长期。喜疏松透气、排水良好的沙壤土。

图 14-9 露草

【繁殖特点】

多用茎插繁殖,3—6 月扦插成活率高。温室扦插可周年进行。也可播种繁殖,早春播种,发芽温度 20~25 ℃。

【栽培管理特点】

扦插苗萌生新叶后进行定植。栽培基质可用腐叶土、粗沙、园土按 0.5:2:1.5 配制,盆底部放上基肥。定植 1~2 d 后浇水,再遮阳 1~2 d 可接受正常日光照射。露草喜光,全日照生长较好,环境荫蔽植株易徒长,开花少。春秋生长季需充足水分,但要避免积水,冬季保持土壤干燥。除基肥外,生长期每月需追施 2 次富含磷钾的液肥。每年春季翻盆。露草栽培管理得当不易患病,也很少受有害动物侵袭。

【园林适用范围】

露草枝条繁茂,叶色艳丽,夏季开花,花似繁星点缀于叶间,可盆栽吊养装点室内。南方地区可用作园林地被植物,也可用作垂直绿化。

14.6.10 树马齿苋

【科属】马齿苋科,马齿苋属

【学名】*Portulacaria afra*

【俗名】马齿苋树、银公孙树

【原产地】南非、摩洛哥

【基本形态】

常绿小灌木,植株多分枝,茎干肉质,茎节明显,茎多分枝。单叶对生,倒卵形,叶长 1~2 cm,全

缘,叶面光滑,肉质。花小星形,淡粉色,花期5—7月。果实具翼,浆果状(图14-10)。

图14-10 树马齿苋

【常见种类和品种】

本属常见栽培的还有雅乐之舞(*P. afra* 'Variegata')、摩洛哥马齿苋(*P. molokimiensis*)。

【生态习性】

树马齿苋性喜温暖的气候和阳光充足的环境。耐半阴,耐干旱,怕积水,不耐寒,喜疏松、排水良好的沙壤土。

【繁殖特点】

树马齿苋采用扦插繁殖,生长期均可进行,5—6月扦插成活率最高。插条选取一年生健壮茎枝,剪成3～5 cm长。扦插前需晾干伤口。扦插基质可用细沙、珍珠岩或是泥炭、细沙、珍珠岩混合基质。

【栽培管理特点】

春季栽植或换盆土。栽培基质可用腐叶土、粗沙、谷壳碳2:2:1混合配制。每1～2年换盆,栽植或换盆前剪去枯根、烂根、过密的根,修剪后晾伤口栽植。上盆或换盆后放置阴处2～3 d浇水,1周后放到阳光充足环境或室内光照充足的地方正常生长。春秋为生长旺盛期,充分浇水,但盆土不能积水。夏季温度过高冬季温度过低都要控制浇水,保持盆土适当干燥。生长期每月施2～3次稀薄液肥。

【园林适用范围】

树马齿苋株形低矮、紧凑,叶片密生、肥厚光滑,鲜绿亮丽,雅致美观,适合做室内盆栽或制作树桩盆景观赏。

14.6.11 龙舌兰

【科属】龙舌兰科,龙舌兰属

【学名】*Agave americana*

【俗名】番麻世纪树

【原产地】墨西哥

【基本形态】

大型多年生草本植物,叶片肉质,长短不一,旋叠于茎基。成熟叶片长可达2 m,底部叶子部分较软,匍匐在地,较大的叶子经常向后反折,叶顶端有1枚硬刺,长2～5 cm,叶缘具向下弯曲的疏刺。大型圆锥花序高4.5～8 m,上部多分枝;花簇生于顶部,有浓烈的臭味;花漏斗状,筒短,黄绿色,雄蕊长约为花被的2倍。蒴果长圆形,长约5 cm,种子黑色(图14-11)。

图14-11 龙舌兰

【常见种类和品种】

龙舌兰属是龙舌兰科中最具观赏价值的一属,

龙舌兰常见栽培的有金边龙舌兰（A. americana 'Variegata'），叶边缘黄色，带黄色锐刺。银边龙舌兰（A. angustifolia 'Marginata'），叶边缘白色。白心龙舌兰（A. americana var. medio-albe 'Alba'），又名华岩，叶中央为白色纵条纹。

【生态习性】

龙舌兰性喜温暖、干燥、阳光充足的环境。耐半阴、耐干旱，怕积水，不耐寒，喜疏松、肥沃、排水良好的沙壤土。龙舌兰在 18～30 ℃生长较好，越冬温度不低于 5 ℃，可短期耐 0 ℃低温。5～10 年生植株可开花，开花结实后逐渐枯死。

【繁殖特点】

播种、分株繁殖。春季播种，发芽温度 21 ℃。春、秋季在母株旁侧发出小植株，可用于分株繁殖；在植株开花结实枯死前，花序上会萌生许多"珠芽"，可分珠芽繁殖。

【栽培管理特点】

夏季定植或上盆，基质可用腐叶土、粗沙、园土混合，加入基肥。定植后浇透水。上盆后给植株喷水保湿，放置荫蔽处 2～3 d 后浇透水。春夏秋季为龙舌兰生长旺盛期，浇水采用见干见湿，保持盆土湿润，冬季减少浇水，保持盆土干燥，气温低于 5 ℃停止浇水。龙舌兰较喜肥，生长期每隔 2～3 周追肥一次，入秋停止施肥。栽培时保证充足的日照能获得最佳观赏效果。龙舌兰不宜患病，但会受到有害动物的侵袭，如褐软蚧，黄片盾蚧等，栽培中注意防治，可人工刮除或药物喷洒。

【园林适用范围】

龙舌兰属植物叶形挺拔坚硬，株形紧凑奇特，四季常青，多有色彩明亮艳丽的变种或品种，富有热带荒漠气息和异国情调。适用于配置岩石园和沙漠植物专类园中的造景。可孤植、对植、列植或丛植；也可以与其他肉质植物或山石、园林小品相搭配造景。但在设计时应注意，因其叶片多坚挺带刺，为免植株间相互伤害，丛植时应为每一株预留足够的生长空间。同时尽量远离人的密集活动区域。也可做盆花观赏，放置窗台、茶几、花架上。

第15章

兰科花卉

15.1 概论

15.1.1 概况

广义的兰花是兰科植物的统称,狭义的兰花常指兰属植物及部分具有较高观赏价值的类型。兰花是世界名花和中国家喻户晓的传统名花,也是云南八大名花之一。兰科植物(Orchidaceae),是一个十分庞大的家族,在被子植物中仅次于菊科植物。全世界的兰科植物 800 多属,计 2.5 万余种,可供栽培的约有 2 000 种,其中兰属植物有 50 种左右,多数分布于热带和亚热带地区。据 1999 年出版的《中国植物志》记载,我国有兰科植物 171 属 1 247 种,兰属植物有 30 余种,还有大量的变种、品种等,产于云南、四川、广东、广西、海南、台湾、湖南、贵州、江西、福建、河南、陕西、甘肃、安徽等省(自治区)。主要分布于秦岭和长江流域以南。其地理分布和栽培中心有三个,即江浙一带以春兰、蕙兰为主;福建、广东以建兰、墨兰为主;以四川为中心的西南地区,分布和栽培的主要种类有春兰、春剑、蕙兰、寒兰、虎头兰、台兰等。据《云南植物志》记载,云南兰科植物有 135 属 764 种 16 个变种,在西双版纳热带地区有 39 属 400 余种,石斛属植物有 40 余种。

15.1.2 基本形态

根无节,近等粗;根毛不发达,具有菌根,起根毛的作用,也成兰菌,是一种真菌。种类不同,茎的类型不同,主要有直立茎、根状茎和假球茎(假鳞茎)。直立茎同正常植物,一般短缩;根状茎较细,呈索状;假球茎为变态茎,生长于地下或半露于地上。种类不同,形态、质地、颜色变化多样。中国兰一般为线形、带形或剑形;叶姿有直立、半直立、弯垂、扭曲等形状。热带兰的叶片多肥厚、革质,带状或长椭圆形。花萼 3 枚,瓣化;花瓣 3 枚,其中 1 枚为唇瓣;具一枚蕊柱。果实俗称"兰荪",属于裂蒴果,多为长圆形,老熟为黑褐色。种子很微细且数量十分多,每个蒴果往往有种子数万至几百万粒,但种子内胚多为不成熟或发育不全。

15.1.3 分类

1)根据兰花的生活习性分类

(1)地生兰 根生于土中,通常有块茎或根茎,部分有假鳞茎。最为常见,与其他普通植物一样生长在地面上,靠根系从土壤中吸收水分,温带和亚热带地区的兰花一般也属这一类。

(2)附生兰 附着生长于树干或石上,广布于热带地区,具肥厚且带根被的气生根,根系多裸露于空气中,以从空气中吸收水分。石斛属,贝母兰属及万代兰属等为比较常见的附生兰。

(3)腐生兰 生长在已经死亡并且腐烂的植物体上,从这些残体上吸取营养物质,不能进行光合作用,因而为非绿色植物,长有块茎或粗短的根茎,叶退化为鳞片状,如天麻。

2)按东西方地域差别分类

(1)中国兰 中国兰又称国兰,是指兰科兰属的地生兰,包括春兰、蕙兰、建兰、寒兰、墨兰、连瓣兰6个原生种,在中国古代有数千年栽培鉴赏的历史。主要产于温带,一般花朵数较少,但芳香。花和叶都有观赏价值,主要为盆栽观赏。

(2)洋兰 洋兰泛指除了国兰外的兰花,并非全部原产西洋,主要是热带兰,常见的有卡特兰、虎头兰、蝴蝶兰、兜兰、文心兰、万代兰、石斛等,一般花大、色艳,但大多数没有香味。一般原产热带和半热带,多为附生,栽培需较高的温度和湿度,是当今世界上最流行的花卉。可以盆栽观赏,也是优良的切花材料。

15.1.4 生态习性

兰花种类繁多,分布广泛,生态习性差异较大。

1)温度

兰花喜温暖气候,忌闷热与湿冷。热带兰依原产地不同有很大差异,生长期对温度的要求较高,原产热带的种类,冬季白天要保持在 25～30 ℃,夜间 18～21 ℃;原产亚热带的种类,白天保持在 18～20 ℃,夜间 12～15 ℃;原产亚热带和温暖地区的地生兰,白天保持在 10～15 ℃,夜间 5～10 ℃。中国兰要求比较低的温度,生长期白天保持在 20 ℃左右,越冬温度夜间 5～10 ℃。地生兰不能耐 30 ℃以上高温,要在兰棚中越夏。

2)光照

兰花因种类不同、生长季节不同,对光照的要求不同。夏季要遮阳,冬季需要充足的光照。中国兰要求遮阳 50%～60%,墨兰最耐阴,建兰、寒兰次之,春兰、蕙兰需较多光照。热带兰种类不同,差异较大,有的喜光,有的要求半阴。

3)水分

兰花喜湿,不耐涝,有一定的耐旱性。要求一定的空气湿度,生长期要求空气湿度在 60%～70%,冬季休眠期要求空气湿度为 50%。过干或过湿都易引发兰病。热带兰对空气湿度的要求更高,因种类而定。

4)土壤

兰花的根部一般与真菌共生,真菌穿过兰花根部,最后自身组织被兰花根部吸收作为养料。但真菌供给的养分是不充分的,仍需从基质中补充养分。地生兰要求土质疏松、通气、排水良好、富含腐殖质的中性或微酸性(pH 5.5～7.0)土壤。热带兰对基质的通气性要求极高,常用水苔、蕨根做栽培基质。

5)空气

兰花所在自然环境大都是四面通风的,温室内的兰花要注意通风,对于气生兰类通风更重要。

15.1.5 繁殖方法

1)播种繁殖

兰科花卉用种子繁殖可以获得大量的幼苗,同时也是杂交培养新品种的主要手段。在自然条件下种子发芽率极低,多用组培技术与设备在试管或玻璃瓶内无菌的条件下进行,其方法和一般组培繁殖大体一致。

2)分株繁殖

分株繁殖又称分盆,即将过密的一盆兰花分栽成两盆至数盆。凡具有假鳞茎和丛生的种类均可用此法。兰花分株应避开生长旺盛季节,选在兰花相对休眠期内、芽未出之前实施分株最好。不同种类有不同方法。

3)扦插繁殖

原产于热带或亚热带的种类一般选气温较高的 4—10 月进行;原产于温带的种类可提早在 3 月进行。基质多用透气性强、排水良好的苔藓、河沙、珍珠岩、椰糠和泥炭土等,单独或混合使用均可。插穗的生根与母株的营养条件有很大的关系。要选择充分成熟而不太老化的茎段作插穗,较易发芽、长叶、生根。每个茎段一般有 2～3 个节眼较好。扦插繁殖依插穗的来源性质不同,可以分为顶枝扦插、分蘖扦插、假鳞茎扦插和花茎扦插。

4)组织培养繁殖

兰花组培繁殖的外植体均取自分生组织,可用茎尖、侧芽、幼叶尖、休眠芽或花序,但最常用的是

茎尖。外植体可在不加琼脂的 Vacin 及 Went 液体培养基中振荡培养，直至形成原球茎，原球茎是最初形成的小假鳞茎，形态结构与一般假鳞茎相似。原球茎被移入不含糖的 Vacin 及 Went 培养基中继续培养，便能不断增殖。然后，原球茎分化形成小植株，最后可将小植株再转移到 Vacin 及 Went 培养基上使其生根，生根良好后可移栽成苗。另外，兰花通过组织培养，可以对病毒感染的品种进行脱毒；也可以在组织培养的过程中对培养物加入诱变剂，促使幼苗产生变异，以达到培育新品种的目的。

15.1.6　栽培技术

1）基质

基质是盆栽兰花的首要条件，它的组成在很大程度上影响了根部的水、气的平衡。基质应具备的首要特性是排水、通气良好，一般不考虑肥力，以迅速排除多余的水分，使根部有足够的空隙透气，又能保持中度水分含量为最好。目前，常用的兰花栽培基质有树皮、火山岩、水苔、木炭、珍珠岩、草炭土、浮石、椰子壳纤维和碎砖屑等。

2）上盆

盆栽兰花一般用透气性较好的瓦盆或专用的兰花盆，也可用 2 cm 细木条钉成各式的木框、木篮种植附生性兰花。盆栽要点为：

（1）花盆的大小严格遵照小苗小盆、大苗大盆的原则。

（2）盆底垫一层瓦片、骨片、粗块木炭或碎砖块，保证排水良好。

（3）浅栽茎或假鳞茎需露出土面。

（4）操作要细心不伤根和叶，小苗更为重要。

（5）幼苗移栽后可喷一次杀菌剂。

（6）上盆后不宜浇水过多，宜放在无直射日光及直接雨淋处一段时间。

3）浇水

浇水是兰花栽培管理上一项经常性的重要工作，浇水过多是兰花死亡的第一原因。浇水要点为：

（1）种类、基质、容器、植株大小等不同的条件下，浇水的次数、多少和方法均不一致。一般而言，大盆比小盆、塑料盆比瓦盆、大株比小株、具假鳞茎的比不具假鳞茎的、夏季比冬季浇水的间隔要长。

（2）水质对兰花生长很重要。雨水是浇灌兰花的最佳水源。浇兰应用软水，以不含或少含石灰为宜。

（3）浇水时间原则上同其他花卉，基质表面变干时浇。

（4）浇水宜用喷壶，小苗宜喷雾，忌大水冲淋。每次连叶带根喷匀喷透。

4）施肥

栽培兰花与其他花卉一样，也需要完全肥料，以氮、磷、钾为主，适当补充微量元素。多数兰花的需肥量较普通植物少，平均而言，大致相当于一般用量的一半。施肥的主要方式是根部施肥，但近年来叶面施肥越来越普及。施肥的要点：

（1）肥宜稀不宜浓，盐分总浓度不高于 500 mg/L 最好。

（2）夏季为生长旺季，一般浓度肥料可 10～15 d 施一次，低浓度肥料 5 d 一次或每次浇水时在叶面喷洒。

（3）缓效性肥与速效性肥配合使用，化肥和有机肥交替使用，比单一施用效果好。

5）温度

温度是限制兰花自然分布及室外栽培的最重要条件。各类兰花对温度的要求不同，栽培兰花依种类不同，需控制好生长期和休眠期的温度。温度不适宜，兰花虽然也能生活，但生长不良甚至不开花。昼夜温差太小或夜间温度高，都不利于兰花的生长。但在自然或栽培环境中，温度、光照和降雨既相互联系，又相互影响，在兰花栽培中必须使三者协调平衡才能取得良好效果。

6）光照

光照强度是兰花栽培的重要条件之一，光照过强会使叶片变黄或造成灼伤，甚至死亡。光照不足又会导致生长缓慢、不开花、茎细长而不挺立及新苗或假鳞茎细弱。热带或亚热带常有较充足光照，通常夏季均用遮阳来防止过度强烈阳光的伤害。不同属、种对光照的要求不一。

15.2　常见兰科花卉

15.2.1　兰属

【学名】*Cymbidium*

【原产地】亚洲热带、亚热带地区和大洋洲、非洲

【基本形态】

常绿,合轴分枝。根状茎粗大,分枝少,有共生菌根。茎短,常膨大为假鳞茎,假鳞茎生叶 2～10 余片,叶片较薄,多条形或带形。花序自顶生一年生假鳞茎基部抽出,有花 1～50 朵,花序直立。花具花萼和花瓣各 3 片,花瓣中 1 枚特化为唇瓣,雌雄蕊合生为蕊柱。花芳香馥郁,色泽多样,有白、粉、黄、绿、黄绿、深红及复色。果实为开裂的蒴果,长卵圆形。种子极小,数目众多。

【生态习性】

附生或地生。生长期喜半阴,冬季要求阳光充足。喜湿润、腐殖质丰富的微酸性土壤。原产地不同,对温度和光照的要求不同,春兰和蕙兰耐寒力强,长江南北都有分布;寒兰耐寒力稍弱,分布偏南;建兰和墨兰不耐寒,自然分布仅在福建、广东、广西、云南和台湾。

【常见种类和品种】

兰属约 40 种,我国的种类最多,有 20 余种,主要分布在中国东南和西南地区。我国以往栽培的兰属花卉绝大多数都是从野生种中选择、培育和繁殖而来的自然种,近年来做了一些种间杂交工作,取得了一些进展。

15.2.1.1　春兰

【学名】*Cymbidium goeringii*

【俗名】山兰、草兰、朴地兰和朵朵香

【原产地】中国、日本与朝鲜半岛

【基本形态】

根肉质白色,假鳞茎呈球形,较小。叶 4～6 片集生,狭带形,长 20～60 cm,宽 0.5～1.0 cm,叶缘有细锯齿,叶脉明显。花葶直立,高 10～25 cm,有鞘 4～5 片。花单生,偶 2 朵并生,变种有多达 7 朵者;花通常淡黄绿色或带红色,1—3 月开放,浓香。

蒴果呈长圆形,种子多而细小,无胚乳(图 15-1)。

图 15-1　春兰

【常见品种】

春兰按瓣型分,只能分成为三个类型:梅瓣、水仙瓣、荷瓣,春兰品种现存约 150 个,传统名品不足 100 个。

春兰梅瓣型:梅瓣春兰萼片短圆,有时先端有一小尖,基部细收,端稍向内弯,似梅花之花瓣但花瓣短。本类型春兰在我国传统园艺上占有重要地位。主要品种有:①'宋梅''Song mei'为梅瓣的典型代表。相传系清乾隆时浙江绍兴人宋锦璇发现,流传至今。②'西神梅''Xi shen mei'。③'万字''Wan zi'。④'逸品''Yi pin'。⑤'集圆''Ji yuan'。⑥'玉梅''Yu mei'。⑦'天章梅''Tian zhang mei'。⑧'天兴梅''Tian xing mei'等,共约 50 个品种。

春兰水仙瓣型:萼片稍长,中部宽,端渐尖,基部狭窄,略呈三角形,似水仙花之花瓣。唇瓣大而下垂或稍向后卷,红点清晰可见。本型流传的品种不多,不到 20 个。主要品种有:①'龙字''Long zi'又称'姚一色',花葶略高于叶面,花大,直径达 7 cm,据载为清嘉庆年间在浙江余姚高山庙发现。②'汪字''Wang zi'。③'翠一品''Cui yi pin'。④'春一品''Chun yi pin'等。

春兰荷瓣型:萼片宽大,质厚,端圆,基部稍窄,形似荷花之花瓣。花瓣稍向内弯,但不起兜,形如

蚌壳;唇瓣阔而大,下垂反卷,本型品种不多,以'大富贵'为代表。在园艺上,有很多素心,稍有点像荷瓣的都列在本型之内。主要品种有:①'大富贵''Da fu gui'又名'郑同荷',花莛矮,常低于叶面,高8~12 cm,鞘及苞片上有红色筋纹,花大,萼片宽厚,唇瓣大而短,有马蹄形红斑,常开一莛双花。②'绿云''Lv yun'、③'翠盖荷''Cui gai he'等。

春兰蝶瓣型:有些畸形春兰,可认为是蝶瓣或异瓣型,传统的有一些,近数十年发现的也有,如'四喜蝶'、'和合蝶'、'蕊蝶'、'素蝶'、'梁溪蕊蝶'、'迎春蝶'、'十字'、'并蒂'春兰等。在近几十年西南一带发现不少优良品种,如'白凤'、'瑞露滴'、'双飞燕'、'文山'春兰等数十种。

【生态习性】

喜温暖,稍耐寒,忌酷热,生长适温为 15~25 ℃,冬季能耐−8~−5 ℃低温,甚至短期 0 ℃低温也可正常生长。花芽在冬季有显著的休眠期,从10月至翌年2月需低温 10 ℃以下刺激才能开花。要求空气湿润,生长期要求湿度 70%左右,休眠期为 50%左右。对光线的要求不高,冬季要求阳光充足,其他生长季节适度遮阳。土壤以富含腐殖质、疏松透气、保水、排水良好、潮湿而不过湿的微酸性(pH 5.5~6.5)为好。

【繁殖方法】

春兰繁殖方法包括分株繁殖、播种繁殖和组织培养。分株繁殖常在春季 3 月中旬至 4 月底和秋季10—11月上旬进行。春兰种子极细,发芽率低,盆播很难发芽,可采用培养基繁殖,采种后应立即进行播种。组织培养将外植体接种在培养基上,置弱光培养室中培养,当形成原球体时,移入光培养室。

【栽培管理特点】

春不出(避寒霜、冷风、干燥),夏不日(忌烈日炎蒸),秋不干(宜多浇水施肥),冬不湿(处于相对休眠期,贮室内少浇水)。

【园林适用范围】

春兰可盆栽观赏或配植于假山石,逢其花时,可插于长颈小口的瓷瓶中,置于书桌、几案上,可增添雅趣。

15.2.1.2 墨兰

【学名】*Cymbidium sinense*

【俗名】入岁兰、报岁兰。

【原产地】中国、越南、缅甸和日本

【基本形态】

根长而粗壮。假鳞茎大而显著。叶 4~5 枚丛生,剑形,光滑,端尖,全缘。花茎直立,高出叶面,着花 7~20 朵或更多,花序中部的苞片小,花序轴在苞片下方有蜜腺,花色由浅绿褐色至深褐色,芳香。花期 9 月至翌年 3 月(图 15-2)。

图 15-2　墨兰

【常见品种】

墨兰在我国栽培历史悠久,变异也很多。

墨兰原变种 var. *sinense* 包括墨兰彩心、素心,秋天和冬季开花的品种:'秋榜'、'秋香'、'小墨'、'徽州墨'、'江南企剑'、'立叶十八开'、'云锦'等。

彩边墨兰(变种)var. *margicoloratum*,叶片边缘有黄色或白色条纹,实为叶艺之一。有:①'金边墨'、②'银边大贡'等。

【生态习性】

墨兰喜阴而忌强光,生长适温为 25~28 ℃,不耐低温,2 ℃以下的低温会产生冻害。原产于雨水充沛的南方林野,喜湿而忌燥。

【繁殖方法】

墨兰以分株繁殖和组织培养为主。分株繁殖最好选在休眠期进行,即新芽未出土,新根未生长之前,或花后的休眠期。分开的兰株要进行整理植株外观、剪去烂根、枯叶。墨兰组培的繁殖就是采用先进设备,利用现代科学技术繁殖墨兰的一种先进方法。经组织培养的墨兰抗性强,病虫害少,成活率高,可以批量生产。

【栽培管理特点】

墨兰栽培地点应通风良好且具遮阳设备。墨兰浇水最佳时间为:冬春两季在日出前后浇水,夏秋两季在日落前后浇水。生长季节每周施肥 1 次,秋冬季应少施肥,每 20 d 施 1 次,施肥后喷少量的清水,施肥需在晴天傍晚进行,阴天施肥有烂根的危险。

【园林适用范围】

墨兰现已成为中国较为热门的国兰之一。用它可装点室内环境和作为馈赠亲朋的主要礼仪盆花。花枝也用于插花观赏,若以墨兰为主材,配上杜鹃、麻叶绣球、紫珠、八仙花、糠稷,能展示出一幅充满活力的画面。

15.2.1.3　蕙兰

【学名】*Cymbidium faberi*

【俗名】九子兰、夏兰、九节兰

【原产地】中国、尼泊尔、印度

【基本形态】

根粗而长,肉质,淡黄色,假鳞茎不明显。叶线形,直立性强,比春兰叶直立而宽长,5～7 枚,幼时对折,中下部横切面呈"V"形,叶缘粗糙。花茎直立,总状花序,着花 5～13 朵或更多,花淡黄绿色,香气较春兰稍淡。花期 4—5 月(图 15-3)。

图 15-3　蕙兰('素牡丹')

【常见品种】

蕙兰原变种 var. *faberi* 为传统品种,在 20 世纪 50 年代还有 60 多个,但在 80 年代已不足 30 个了。主要有:①'大一品''Da yi pin',花莛粗壮,高 4～50 cm,属荷形绿壳类,7～9 朵或更多。清初由嘉善人胡少梅选出,被列为蕙兰传统"老八种"之首位。②'金呙素''Jin ao su'。③'荡字''Dang zi'。④'上海梅''Shang hai mei'等。

【生态习性】

蕙兰喜温暖湿润和半阴环境,耐寒力较强,喜微酸性土壤,生长适温为 15～20 ℃。

【繁殖方法】

常用分株繁殖法。

【栽培管理特点】

蕙兰培养场地宜偏阳,不宜分盆。上盆填土时应注意下粗上细,边填土边轻轻震动,让兰根与培养土充分接触充实。土以盖住假鳞茎为宜,盆口留 2 cm 左右,以利于浇水。浇水以不干不浇,浇则浇透为原则。每年春秋季浇一次稀释腐熟有机肥。生长季节每 10 d 喷一次兰菌王。

【园林适用范围】

蕙兰不仅是栽在盆里的佳品,而且可以陈列或置于林间观赏。

15.2.1.4　建兰

【学名】*Cymbidium ensifolium*

【俗名】四季兰、雄兰、骏河兰、剑蕙和秋兰

【原产地】中国及东南亚、印度

【基本形态】

假鳞茎椭圆形,较小。叶 2～6 枚丛生,阔线形,叶缘光滑。花莛直立,总状花序,着花 6～12 朵,花浅黄绿色,有香气。花期 7—9 月(图 15-4)。

【生态习性】

建兰喜温暖湿润和半阴环境,生于疏林下、灌丛中、山谷旁或草丛中,海拔 600～1 800 m;耐寒性差,越冬温度不低于 3 ℃;怕强光直射,不耐水涝和干旱;宜疏松肥沃和排水良好的腐叶土。

【常见品种】

建兰为我国传统喜爱的兰花之一,栽培历史悠久,品种很多。

图 15-4　建兰（来源于 PPBC）

建兰原变种 var. *ensifolium*，建兰品种很多，包括'叶艺'的有 50～60 个，下面仅列其名：'大叶白'、'银边'建兰、'青梗四季'、'龙须马耳'、'温州'建兰等。

【繁殖方法】

建兰一般用分株的方式繁殖，在春秋两季均可进行，一般每隔 3 年分株一次。凡植株生长健壮，假球茎密集的都可分株，分株后每丛至少要保存 5 个连接在一起的假球茎。分株前要减少灌水，分株后上盆时先以碎瓦片覆在盆底孔上，再铺上粗石子，占盆深度 1/5～1/4，再放粗粒土及少量细土，然后用富含腐殖质的沙质壤土栽植。栽植深度以将假球茎刚刚埋入土中为度，盆边缘留 2 cm 沿口，上铺翠云草或细石子，最后浇透水，置阴处 10～15 d，保持土壤潮湿，逐渐减少浇水，进行正常养护。

【栽培管理特点】

建兰宜在春季栽种。翻栽，也可在秋季进行。盆具的选择以质地粗糙、无上轴、边底多孔、有盆脚的兰盆栽兰较好。植料应选择质地疏松团粒结构好，有机质丰富，透气性好，排水性能强，有利于好气性微生物活动。

【园林适用范围】

建兰叶片宽厚，直立如剑，花葶长而挺拔，花多而芳香，多以盆栽供室内陈设为主。耐寒性较春兰要差，在多雨的南方也可在湿润疏朗的小庭院内布置。

15.2.1.5　寒兰

【学名】*Cymbidium kanran*

【俗名】雪兰

【原产地】中国、日本和朝鲜

【基本形态】

假鳞茎不显著。叶 3～7 枚丛生，狭长，直立性强。花茎直立，与叶面等高或高于叶面；花疏生，10余朵，花有黄绿色、淡褐色等，有香气；花期 11 月至翌年 1 月（图 15-5）。

图 15-5　寒兰（'朱砂兰'）

【常见品种】

许多品种，多以花色来分，如：'青紫寒兰'、'青寒兰'、'紫寒兰'、'红寒兰'、'灿月'、'素丰'、'不老白'、'响白龙'等。

【生态习性】

寒兰忌热，又怕冷，多生长在陡坡茂密的阔叶林下，光照少，根基浅，根部覆盖一层薄薄的腐殖土，透水性较好。

【繁殖方法】

寒兰多用分株繁殖法（方法同建兰）。

【栽培管理特点】

严格控制浇水，平时尽量做到盆土潮润而不湿，微干而不干燥。严防污染，寒兰叶片长薄，气孔多，与空气接触面积大，所以需要清新的空气，无污染的生长环境。

【园林适用范围】

寒兰株形修长健美,叶姿优雅俊秀,花色艳丽多变,香味清醇久远,凌霜冒寒吐芳,实为可贵,是我国广泛栽培的一种盆栽兰科花卉。

15.2.1.6 连瓣兰

【学名】*Cymbidium tortisepalum*

【俗名】小雪兰、菅草兰

【原产地】中国

【基本形态】

2003 年,陈心启等对兰属中若干分类群进行了订正,将原来作为春兰变种的菅草兰和原来作为蕙兰变种的峨眉春蕙升为独立的种,将连瓣兰从春兰的变种中分离出来,才使"连瓣兰"这一物种及其拉丁名"*Cymbidium tortisepalum*"得到学术界公认。因其花萼呈三角披针形,花瓣短而宽并向内曲,犹似荷花的花瓣形,故以花喻花,称之为"连瓣兰"。根白色,粗壮,径 0.5～0.8 cm,长 20～30 cm,有的可达 50 cm 以上;假鳞茎较小,呈圆球形;叶 6～7 片集生,线形,长 40～50 cm,宽 0.4～0.8 cm(宽叶连瓣兰叶宽可达 1.4 cm),绿色,无光泽,端渐尖,叶缘有细锯齿,中脉及两侧平行脉明显,基部常抱合对折,横切面呈"V"形,无叶柄痕("关节"),叶质较硬;花直立,高出叶面或与叶面等高,苞片大,比子房连梗长,每个花葶着花 2～4 朵,偶有 5 朵,生长不良时仅开 1 朵。花色有红、紫红、粉红、白、黄、绿等色,香气清纯,花期 1—3 月(图 15-6)。

【生态习性】

生长于海拔 1 500～2 500 m 的山坡上,松树、栎树及灌木林下。喜湿润阳光,但忌强光;喜温暖,较耐寒,畏高温;生长的适宜温度 12～20 ℃,注意夏季遮阳降温,冬季保温防冻;土壤以富含腐殖质、疏松透气、保水、排水良好、潮湿而不过湿的微酸性(pH 5.8～6.5)为好。

【繁殖方法】

分株繁殖是连瓣兰花的主要繁殖方法。适宜时期为春季和秋季,植株处于营养生长时期为最佳;同时应避开高温或严寒的气候环境。

图 15-6 连瓣兰('粉荷')

【栽培管理特点】

春不出(避寒霜、冷风、干燥),夏不日(忌烈日炎蒸),秋不干(宜多浇水施肥),冬不湿(处于相对休眠期、贮室内少浇水)。

【园林适用范围】

春节前后盛开,色彩斑斓绮丽,姿容典雅秀美,香气幽远宜人。由于连瓣兰稀有、奇特的品系特点,使之拥有为数众多的爱好者,适宜做盆花。

15.2.2 万代兰属

【学名】*Vanda*

【原产地】亚洲、大洋洲、澳大利亚

【基本形态】

地下根粗壮。茎单轴型,无假鳞茎,植株高大,50～200 cm。具多数叶,叶扁平,近带状 2 裂,较密集,先端具不整齐的缺刻或齿,基部对折而呈现出"V"形,具关节,茎木质。总状花序从叶腋发出,直立,疏生少数至多数花,花大或中大,艳丽,常稍肉质。花期 12 月至翌年 5 月(图 15-7)。

图 15-7 万代兰（来源于百度）

【生态习性】

喜高温、湿润，不耐寒。低于 5 ℃ 冻死，白天不高于 30～35 ℃，夜间不低于 20 ℃，喜光。不耐旱。要求通风好。要求栽培基质排水好，常用水苔栽植。

【繁殖方法】

万代兰的商品生产大量采用组织培养试管苗，杂交育种采用人工培养基无菌播种，盆栽可分株。

【栽培管理特点】

万代兰不宜经常换盆，至少 3 年才能换盆一次；万代兰属是典型的热带气生植物，日常管理中必须保证充足的水分和空气湿度。需要较强的光线，在高温季节需使用 40%～50% 的遮光网遮光，冬季不需要遮光。生长期水分要充足，在雨季靠自然条件即可保持旺盛的长势。干季必须使空气湿度保持在 80% 左右。保持通风良好，每周施一次薄肥。

【园林适用范围】

万代兰是兰花中的高大种类，开花繁茂，花期长，是重要的盆花，可盆栽悬吊观赏。在东南亚，万代兰是重要的商品花卉，不仅盆花生产和园林绿地应用十分普遍，而且作为切花栽培大量出口。

【常见种类和品种】

本属植物有 70 余种，我国处于万代兰属的分布区域内，有原种约 10 个，分布于华南和西南诸省，主要生长在北纬 20° 以南的海南和云南南部，野生种

类观赏价值低，未开发利用。

15.2.2.1 小蓝万代兰

【学名】*Vanda coerulescens*

【原产地】中国、印度、缅甸、泰国

【基本形态】

茎长可达 8 cm 或更长，叶多少肉质，带状斜立，花序近直立，柄粗壮，疏生许多花；花苞卵状三角形，萼片和花瓣淡蓝色或白色带淡蓝色晕；唇瓣深蓝色，蕊柱蓝色，药帽淡黄色。3—4 月开花。生于海拔 700～1 600 m 的疏林中树干上。

15.2.2.2 雅美万代兰

【学名】*Vanda lamellate*

【原产地】中国、日本、菲律宾

【基本形态】

茎粗壮，长可达 30 cm，叶厚革质，花序直立或近直立，不分枝，花质地厚，具香气，颜色多变，花瓣匙形，唇瓣白色带黄，花期 4 月。

15.2.2.3 大花万代兰

【学名】*Vanda coerulea*

【原产地】中国、印度、缅甸、泰国

【基本形态】

茎粗壮，长可达 33 cm 或更长，叶厚革质，带状，花序近直立，不分枝；疏生数朵花；花大，质地薄，天蓝色；侧裂片白色，药帽白色。10—11 月开花。

15.2.2.4 垂头万代兰

【学名】*Vanda alpine*

【原产地】中国、锡金和印度

【基本形态】

茎直立，长约 5 cm，叶稍肉质或厚革质，花序 2～3 个，花苞片膜质，卵形，花梗和子房黄绿色，萼片和花瓣黄绿色，质厚，药帽白色，近半球形，6 月开花。

15.2.2.5 矮万代兰

【学名】*Vanda pumila*

【原产地】亚洲热带和亚热带

【基本形态】

茎短或伸长，叶稍肉质或厚革质，花苞片膜质，花向外伸展，具香气，萼片和花瓣奶黄色，唇瓣厚肉质，蕊柱奶黄色，3—5 月开花。

15.2.2.6　鸡冠万代兰

【学名】*Vanda cristata*

【原产地】中国、锡金、尼泊尔和印度

【基本形态】

茎直立,长达 6 cm;叶厚革质,二列,带状,长可达 12 cm,宽约 1.3 cm,先端有 3 个不等的细尖齿;花序腋生,有花 1～2 朵,花瓣厚,浅黄色,唇瓣白色有多条深红色条纹,尖端开叉;花期春夏季。

15.2.2.7　纯色万代兰

【学名】*Vanda subconcolor*

【原产地】中国

【基本形态】

茎粗壮,长可达 18 cm,叶稍肉质,花序不分枝,疏生;花苞卵形,花梗、子房、萼片和花瓣在背面白色,唇瓣白色,2—3 月开花。

15.2.2.8　琴唇万代兰

【学名】*Vanda concolor*

【原产地】中国

【基本形态】

茎长可达 13 cm 或更长,叶革质,带状,花序不分枝,通常疏生,花苞片卵形,花梗白色,纤细,花瓣近匙形,蕊柱白色,药帽黄色。4—5 月开花。

15.2.2.9　白柱万代兰

【学名】*Vanda brunnea*

【原产地】中国、缅甸、泰国

【基本形态】

茎长可达 15 cm,叶带状,花序出自叶腋,不分枝,疏生朵花;花梗连同子房白色,质地厚,萼片近等大,倒卵形,中裂片除基部白色和基部两侧具 2 条褐红色条纹外,其余黄绿色或浅褐色,提琴形,3 月开花。

15.2.2.10　棒叶万代兰

【学名】*Vanda teres*

【原产地】中国、印度、缅甸

【基本形态】

茎攀缘状,叶肉质,圆柱状,绿色,花大,径达 7 cm 以上,紫红色。花期夏季。

15.2.3　蝴蝶兰属

【学名】*Phalaenopsis*

【原产地】亚洲热带和亚热带

【基本形态】

常绿或落叶宿根花卉,常见栽培种为常绿宿根,附生。具肉质根和气生根。叶基生,宽椭圆形,肥厚扁平,革质;花茎从叶丛中抽出,稍弯曲而分枝,总状花序,蝶形小花数朵至数十朵,花色艳丽,有白花、红花、黄花、条纹花和斑点花。蝶兰属的花期较长,有的长达 3～4 个月。果为蒴果,内含种子数十万粒,种子无胚乳(图 15-8)。

图 15-8　蝴蝶兰

【生态习性】

喜高温、高湿,不耐寒;喜通风及半阴;要求富含腐殖质、排水好、疏松的基质。

【繁殖方法】

蝴蝶兰分生能力差,大量繁育种苗以组织培养法最为常用。花后切取花梗基部数个梗节为外植体,一个梗节可长出众多芽叶,扩繁培养后,继而长出气生根,试管苗 1.5～2 年可开花。少量繁殖可采用人工辅助催芽法,花后选取一枝壮实的花梗,从基部第三节处剪去残花,其余花枝全部从基部剪除以集中养分。剥去节上的苞衣,在节上芽眼位置涂抹催芽激素,30～40 d 后可见新芽萌出,待气生根长出后可切取上盆。

【栽培管理特点】

蝴蝶兰常见的栽培基质主要以水草、苔藓为主;选择适宜大小的花盆,用大盆后,水草不易干燥,而蝴蝶兰喜通气,气通则舒畅;光照不宜过强,特别是夏季要遮阳。秋春少浇水,冬季保持盆土湿润即可;蝴蝶兰要全年施肥,除非低温持续很久,否则不应停肥。

【园林适用范围】

花形奇特,色彩艳丽,如彩蝶飞舞,深受人们喜欢。是珍贵的盆栽观赏花卉,可悬吊式种植。也是国际上流行的名贵切花花卉。蝴蝶兰是新娘捧花的主要花材,尽显雍容华贵;也可作胸花。盆栽蝴蝶兰盛花时节正值春节,为节日添加喜庆,是馈赠亲友的佳品。

【常见种类和品种】

原种40多种,现代栽培的蝴蝶兰多为原生种的属内、属间杂交种,世界各地均有栽培。

15.2.3.1 蝴蝶兰

【学名】_Phalaenopsis aphrodite_

【原产地】亚热带雨林地区

【基本形态】

茎很短,常被叶鞘所包。叶片稍肉质,常3～4枚或更多,上面绿色,背面紫色,椭圆形、长圆形或镰刀状长圆形,长10～20 cm,宽3～6 cm;总状花序,有花5～10朵或更多,花白色,唇瓣尖端二叉状,基部有黄色斑纹。花春夏季开放。

15.2.3.2 扁梗蝴蝶兰

【学名】_Phalaenopsis fasciata_

【原产地】菲律宾

【基本形态】

茎短,有叶3～5片,叶卵形至长卵形,长14～20 cm,宽6～8 cm,叶尖圆钝;花序斜出,花梗扁圆形,有花3～8朵,花黄色密布红色横纹,唇瓣白色,中部黄色,舌端尖锐;花期夏季。

15.2.3.3 巴氏蝴蝶兰

【学名】_Phalaenopsis bstianii_

【原产地】菲律宾

【基本形态】

气根肉质,极多;茎短,叶2～10片,叶长卵形,长15～23 cm,宽5～7 cm,叶脉凸起;总状花序,有花2～7朵,花黄绿色有褐红色斑纹,唇瓣紫色,肉质。花期夏季。

15.2.3.4 巨型蝴蝶兰

【学名】_Phalaenopsis gigantea_

【原产地】印度尼西亚和马来西亚

【基本形态】

根粗壮,肉质;茎短,有叶5～6片,叶大,卵形,长达50 cm,宽20 cm,薄革质;总状花序,长可达40 cm,下垂,有花20～40朵,花白色有许多棕红色大斑点,唇瓣紫红色或白色,唇盘中央凸起;花期夏季。

15.2.3.5 绿斑蝴蝶兰

【学名】_Phalaenopsis viridis_

【原产地】印度尼西亚的苏门答腊岛

【基本形态】

气根肉质,极长;茎短,有叶3～4片,亮绿色,卵形,长约30 cm,宽约8 cm,革质;圆锥花序,长可达40 cm。有花3～8朵,花瓣棕褐色有绿斑纹,唇瓣绿白色有几条棕色条纹;花期夏季。

15.2.3.6 匙唇蝴蝶兰

【学名】_Phalaenopsis cochlearis_

【原产地】马来西亚

【基本形态】

气根扁圆形,肉质;茎短,有叶2～4片,质薄,卵形至宽卵形,长约22 cm,宽约8 cm,叶面有多条稍凸起的叶脉;圆锥花序斜出,长约50 cm,有花3～5朵,花黄色,唇瓣深黄色有数条褐色条纹;花期秋季。

15.2.3.7 豹斑蝴蝶兰

【学名】_Phalaenopsis pantherina_

【原产地】印度尼西亚和马来西亚

【基本形态】

气根肉质,极长;茎短,有叶4～5片,叶卵形或长卵形,长12～22 cm,宽2～4 cm,肉质。总状花序斜出,有花3～5朵,花绿黄色有褐色斑纹,唇瓣浅黄色;花期夏季。

15.2.3.8 角状蝴蝶兰

【学名】_Phalaenopsis cornu-cervi_

【原产地】马来西亚、菲律宾、印度尼西亚、缅甸和泰国

【基本形态】

植株丛生,茎短,叶3～4片,长卵形,叶尖二裂;花序直立,花苞片排成角状,有花3～8朵,小花黄褐

色有紫红色斑纹,唇瓣浅黄色。花期秋季。

15.2.3.9 柏氏蝴蝶兰

【学名】*Phalaenopsis parishii*

【原产地】缅甸

【基本形态】

根簇生,扁圆形;茎短,叶 2～4 片,卵形,顶端尖锐;花序斜出或下垂,有小花 3～5 朵,花白色,唇瓣暗红色,基部和舌尖白色。花期秋季。

15.2.3.10 罗比蝴蝶兰

【学名】*Phalaenopsis lobbii*

【原产地】不丹、锡金、印度和缅甸

【基本形态】

根众多,簇生,扁圆形,茎短,有叶 1～4 片,卵形,长约 12 cm,宽约 5 cm,叶尖偏斜;花序斜出,有花 3～6 朵,花瓣白色,唇瓣阔三角状,红褐色,两边及中间有 3 条白色纵带。花期春季。

15.2.3.11 华西蝴蝶兰

【学名】*Phalaenopsis wilsonii*

【原产地】中国

【基本形态】

气生根长而弯曲,茎很短,叶稍肉质,长圆形或近椭圆形,花序柄暗紫色,花苞片膜质,萼片和花瓣白色带淡粉红色的中肋或全体淡粉红色;中萼片长圆状椭圆形,侧萼片与中萼片相似而等大,花瓣匙形或椭圆状倒卵形,蕊柱淡紫色,蒴果狭长,4—7 月开花,8—9 月结果。

15.2.3.12 桃红蝴蝶兰

【学名】*Phalaenopsis equestsis*

【原产地】菲律宾和中国台湾

【基本形态】

茎短,有叶 2～4 片,叶稍肉质,长约 20 cm,宽约 6 cm,卵圆形,先端钝或有不等 2 裂;花序斜立,有花 10 余朵,桃红色;唇瓣颜色较深,三角状,肉质;花期春季。

15.2.3.13 苏拉威西蝴蝶兰

【学名】*Phalaenopsis celebensis*

【原产地】印度尼西亚苏拉威西岛

【基本形态】

茎短,有叶 2～5 片,长卵形,叶面绿色间以灰绿色,长约 17 cm,宽约 6 cm;总状花序长可达 40 cm,有花 10 余朵,白色有黄点和红斑,唇瓣顶端圆钝;花期夏秋季。

15.2.3.14 菲律宾蝴蝶兰

【学名】*Phalaenopsis philipionensis*

【原产地】菲律宾

【基本形态】

茎短,有叶 3～7 片,卵形,叶面绿色,背面紫红色,长 10～30 cm,宽 3～8 cm。肉质;花序有花可达 100 朵,花瓣白色,唇瓣基部黄色,喉部有红色斑点;花期春季。

15.2.3.15 台湾蝴蝶兰

【学名】*Phalaenopsis aphrodite*

【原产地】菲律宾和中国台湾

【基本形态】

茎短,叶 3～4 片或更多,上面绿色,背面常紫色,长卵圆形,肉质;花序侧生于茎基部,花 5～10 朵或更多,花白色,唇瓣尖端开叉,喉部有许多红色斑点。花期 4—6 月。

15.2.4 兜兰属

【学名】*Paphiopedilum*

【原产地】印度、缅甸、泰国、越南、马来西亚、印度尼西亚至大洋洲的巴布亚新几内亚

【基本形态】

根状块茎不明显或少有具细长横走的根状茎,无假鳞茎,有稍肉质的根,茎短,包藏于 2 列的叶基内,新生苗仅靠老茎基部,或根状茎末端。叶基生,多枚,狭矩圆形或近带状,2 列对折,两面绿色或叶背淡紫红色,叶面淡绿色。花葶从叶丛中长出,长或短,具单朵花或少有数朵花,花瓣较狭,性状多样,常水平伸展或下长垂,唇瓣大,兜状(图 15-9)。

【生态习性】

喜温暖、高湿环境。耐寒、耐热,在 10～30 ℃正常生长,5 ℃不受冻。喜半阴,冬季可不遮光。宜疏松、排水好的土壤。

【繁殖方法】

兜兰属采用分株繁殖,花后结合换盆进行分

图 15-9　兜兰

株,一般两年进行一次,先将植株从盆中倒出,轻轻除去根部附着的植料,用消过毒的利刀从根茎处分开,2~3苗一丛,切口用药剂涂抹处理,稍晾后分别上盆。商业栽培需要大量种苗时,采用组织培养法。培育新品种时用播种法,用培养基在无菌条件下进行胚培,播种苗于4~5年开花。

【栽培管理特点】

基质应疏松肥沃,选择树皮、苔藓、腐叶土、泥炭土、椰糠等2~3种混合,各成分比例随种的不同加以调整。高温时少施肥,低温时少浇水。生长期保证水分供应,但忌积水。夏季遮阳70%~80%,春秋遮阳50%,冬季可全日照。

【园林适用范围】

花型奇特,优雅高洁,可作高档盆花。

【常见种类和品种】

该属原种70余种。

15.2.4.1　硬叶兜兰

【学名】*Paphiopedilum micranthum*

【原产地】中国、越南

【基本形态】

斑叶种,叶上面有网状云斑,背面密布紫点;花单朵,白色,有淡粉红色网纹,唇瓣兜部前伸,宽椭圆状卵形,长达6 cm。花期3—4月。

15.2.4.2　菲律宾兜兰

【学名】*Paphiopedilum philippinense*

【原产地】菲律宾

【基本形态】

植株丛生,高可达50 cm;叶5~10片,长带状,长约35 cm,宽约4 cm,绿色;花序长达50 cm,有花3~5朵,花大,背萼白色有紫红色脉纹,花瓣下垂,长而扭曲状,紫褐色,唇兜浅黄绿色有暗紫色脉纹,退化雄蕊盔状,绿黄色。春夏季开花。

15.2.4.3　苏氏兜兰

【学名】*Paphiopedilum sukhakulii*

【原产地】泰国

【基本形态】

植株丛生,高约30 cm;叶3~5片,狭矩形,长约13 cm,宽约5 cm,叶面有深浅绿色相同的网状脉纹,叶背有紫色斑点;花单朵,背萼白色有绿色脉纹,花瓣黄绿色有许多疣状紫斑和脉纹,唇兜盔状,褐绿色有深紫红色网状脉纹,退化雄蕊半月形,白色有褐色网斑。花期冬季。

15.2.4.4　韩氏兜兰

【学名】*Paphiopedilum hangianum*

【原产地】越南

【基本形态】

植株丛生;叶3~5片,革质,宽带形,叶面深绿色,叶背浅绿色;花单朵,花瓣白色,花期春季。韩氏兜兰的花是现今所发现有香味的兜兰中最香的,是香花兜兰育种的极佳种质。

15.2.4.5　虎斑兜兰

【学名】*Paphiopedilum markianum*

【原产地】中国

【基本形态】

绿叶种,狭长披针形,叶基部龙骨状突起,叶反面基部有细紫点;花单朵,花梗有紫毛;背萼及萼片上有红褐色线状粗条纹。花期秋季。

15.2.4.6　麻栗坡兜兰

【学名】*Paphiopedilum malipoense*

【原产地】中国

【基本形态】

斑叶种,叶上面有网格状纹斑,叶背密布紫点;花淡黄色,有紫红色斑点和条纹,花葶直立有毛,花1~2朵。12月至次年3月开花。

15.2.4.7　海南兜兰

【学名】*Paphiopedilum hainanensis*

【原产地】中国

【基本形态】

斑叶种,叶上面有较大的方格状斑纹,叶背面绿色,基部有紫点;花葶直立,花单朵,紫色,背萼片黄绿色,花瓣淡紫色,外侧有 10 余个黑色点,内侧有 5~6 个黑色细点。花期 3—4 月。

15.2.4.8　同色兜兰

【学名】*Paphiopedilum concolor*

【原产地】中国、缅甸、越南、老挝、柬埔寨和泰国

【基本形态】

具粗短的根状茎和少数稍肉质而被毛的纤维根。叶基生,二列,4~6 枚;叶片狭椭圆形至椭圆状长圆形,长 7~18 cm,宽 3.5~4.5 cm,先端钝并略有不对称,上面有深浅绿色(或有时略带灰色)相间的网格斑,背面具极密集的紫点或几乎完全紫色。花葶直立,长 5~12 cm,紫褐色,被白色短柔毛,顶端通常具 1~2 花,罕有 3 花。花期 5—6 月。

15.2.4.9　杏黄兜兰

【学名】*Paphiopedilum armeniacum*

【原产地】中国

【基本形态】

斑叶种,叶长条状,上面有网格状云斑,背面密布紫点;花单朵,杏黄色,唇瓣为椭圆状卵形的兜。花期 4—5 月。

15.2.5　石斛属

【学名】*Dendrobium*

【原产地】亚洲至大洋洲的热带、亚热带地区

【基本形态】

茎丛生,直立或下垂,圆柱形,不分枝或少数分枝,具多节,有时 1 至数个节间膨大成多种形状(假鳞茎),肉质,具少数至多数叶。叶互生,扁平,圆柱状或两侧压扁,基部有关节和抱茎的鞘。总状花序直立或下垂,生于茎的上部节。具少数至多数花,少有单朵的花;花较大而艳丽,直径 8 cm,萼片近相似,离生(图 15-10 和图 15-11)。

图 15-10　铁皮石斛

图 15-11　华丽石斛

【生态习性】

喜温暖、湿润、喜光,夏季需要遮光。栽培基质多为粗泥炭、松树皮、蛭石、珍珠岩、木炭屑等配制而成,疏松、透水、透气。有一定耐旱力。

【繁殖方法】

石斛属繁殖容易,扦插或分株繁殖,大量育苗用组织培养法。

【栽培管理特点】

春石斛多盆栽,基质宜疏松肥沃,可用腐叶土、沙、木炭、粗泥炭、苔藓、树皮等混合。生长适温 18~26 ℃,冬季不低于 5 ℃,有利翌春开花。秋季

入室不宜早,应保持 10 ℃左右一段时间促进花芽分化。春石斛忌强光直射,夏季应半遮阳,春秋稍遮阳。秋石斛类生长要求高温,适宜生长温度 25～30 ℃,高于 35 ℃或低于 15 ℃生长停滞,低于 5 ℃将对植株产生严重伤害。除夏季需遮阳外,其他季节可全日照促进开花。石斛属均喜湿润,生长期应及时浇水,经常向叶面空气中喷雾,可使茎叶旺长。石斛兰株丛大,生长迅速,需肥量较大,叶面肥与根肥同样重要。

【园林适用范围】

春石斛开花繁茂而美丽,有的有甜香味,花期长,是高档盆花。秋石斛花枝长,花数多,多作为切花栽培。石斛兰除做切花、盆花栽培外,也可作室内垂吊植物悬挂装饰。

【常见种类和品种】

石斛属是兰科植物的大属,原种 1 600 种,我国产 70 多种,分布于秦岭以南各省,云南的西双版纳地区种类尤多。

15.2.5.1 羊角石斛

【学名】*Dendrobium stratiotes*

【原产地】巴布亚新几内亚

【基本形态】

茎丛生,长棒状,长可达 2 m;叶革质,互生,卵形,长约 8 cm,宽约 2 cm。花大型,直径达 9 cm,花瓣绿白色,线状,直立向上扭曲,状似羚羊角,花白色,较宽阔,唇瓣黄绿色有紫红色脉纹;花期秋季。由于它植株高大,花形优美,是大型秋石斛的优良育种亲本。

15.2.5.2 美丽石斛

【学名】*Dendrobium speciosum*

【原产地】澳大利亚

【基本形态】

植株粗壮,丛生;假鳞茎长可达 1 m,棒状,基部隆起;叶硬革质,卵形,长 4～25 cm,宽 2～8 cm,顶端钝;花序生于茎端叶腋,斜出或近直立,长达 60 cm,花多达 50 朵,小花密生,花瓣黄绿色,唇瓣黄绿色有红色斑点;花期秋冬季。

15.2.5.3 毛药石斛

【学名】*Dendrobium lasianthera*

【原产地】巴布亚新几内亚

【基本形态】

植株粗壮高大,可高达 2 m;叶长矩形,长可达 14 cm,宽 2～3 cm,革质,互生;花序直立或斜出,长可达 30 cm,有花 20～30 朵,花瓣暗红褐色,扭曲,唇瓣暗红褐色,唇端尖锐,反折;花期秋季。本种是高大型秋石斛的育种种质,其杂种后代均有高大粗壮的体态。

15.2.5.4 囊距石斛

【学名】*Dendrobium bigibbum*

【原产地】澳大利亚

【基本形态】

茎丛生,斜出,圆柱状,稍肉质;叶二裂互生,卵状披针形,长 5～15 cm,宽 1～3.5 cm,先端尖锐,叶面常有红色条纹;花序每条老茎 1～4 个,水平伸出或斜出,有花可达 20 朵,花瓣白色,粉红色或紫色,唇瓣色泽同花瓣,近基部有深色条纹。花期秋季。

15.2.5.5 蝴蝶石斛

【学名】*Dendrobium phalaenopsis*

【原产地】澳大利亚、新西兰和巴布亚新几内亚

【基本形态】

茎粗壮,直立,有纵沟,叶互生,矩圆形至披针形,顶端尖锐,叶长 20 cm 左右,宽约 25 cm,革质,绿色,可维持数年不脱落。总状花序,有花 5～8 朵,花大,紫色、淡紫色或白色。花期秋季。

15.2.5.6 束花石斛

【学名】*Dendrobium chrysanthum*

【原产地】亚洲热带

【基本形态】

茎粗厚,肉质,下垂或弯垂,圆柱形,不分枝,具多节。叶二列,互生于整个茎上,纸质,长圆状披针形。伞状花序近无花序柄,每 2～6 花为一束,侧生于茎上部;花黄色,质地厚,花瓣稍凹的倒卵形,长 16～22 mm,宽 11～14 mm,先端圆形,全缘或有时具细啮蚀状,具 7 条脉;唇瓣凹的,不裂,肾形或横长圆形;蒴果长圆柱形。花期 9—10 月。

15.2.5.7 报春石斛

【学名】*Dendrobium primulinum*

【原产地】亚洲热带

【基本形态】

茎下垂,厚肉质,圆柱形,不分枝,具多数节,节间长 2～2.5 cm。叶纸质,二列,互生于整个茎上,披针形或卵状披针形,基部具纸质或膜质的叶鞘。总状花序具 1～3 朵花,通常从落了叶的老茎上部节上发出;花开展,下垂,萼片和花瓣淡玫瑰色;花瓣狭长圆形,长 3 cm,宽 7～9 cm,先端钝,具 3～5 条脉,全缘;唇瓣淡黄色带淡玫瑰色先端,宽倒卵形,两面密布短柔毛,边缘具不整齐的细齿,唇盘具紫红色的脉纹。花期 3—4 月。

15.2.5.8　鼓槌石斛

【学名】*Dendrobium chrysotoxum*

【原产地】亚洲热带

【基本形态】

茎直立,肉质,纺锤形,具 2～5 节间,具多数圆钝的条棱,近顶端具 2～5 枚叶。叶革质,长圆形。总状花序近茎顶端发出,斜出或稍下垂,长达 20 cm;花质地厚,金黄色,稍带香气;花瓣倒卵形,等长于中萼片,宽约为萼片的 2 倍,先端近圆形,具约 10 条脉;唇瓣的颜色比萼片和花瓣深,近肾状圆形。花期 3—5 月。

图 15-12　鼓槌石斛

15.2.5.9　流苏石斛

【学名】*Dendrobium fimbriatum*

【原产地】亚洲热带

【基本形态】

茎粗壮,斜立或下垂,质地硬,圆柱形或有时基部上方稍呈纺锤形,不分枝,具多数节。叶二列,革质,长圆形或长圆状披针形。总状花序长 5～15 cm,疏生 6～12 朵花;花金黄色,质地薄,开展,稍具香气;花瓣长圆状椭圆形,长 1.2～1.9 cm,宽 7～10 mm,先端钝,边缘微啮蚀状,具 5 条脉;唇瓣比萼片和花瓣的颜色深,近圆形,长 15～20 mm,基部两侧具紫红色条纹并且收狭为长约 3 mm 的爪,边缘具复流苏。花期 4—6 月。

15.2.5.10　兜唇石斛

【学名】*Dendrobium moschatum*

【原产地】亚洲热带

【基本形态】

茎下垂,肉质,细圆柱形,不分枝,具多数节。叶纸质,二列互生于整个茎上,披针形或卵状披针形。总状花序几乎无花序轴,每 1～3 朵花为一束,从落了叶或具叶的老茎上发出;花开展,下垂;萼片和花瓣白色带淡紫红色或浅紫红色的上部或有时全体淡紫红色;花瓣椭圆形,长 2.3 cm,宽 9～10 mm,先端钝,全缘,具 5 条脉;唇瓣宽倒卵形或近圆形。蒴果狭倒卵形,具长 1～1.5 cm 的柄。花期 3—4 月,果期 6—7 月。

15.2.5.11　肿节石斛

【学名】*Dendrobium pendulum*

【原产地】亚洲热带

【基本形态】

茎斜立或下垂,肉质状肥厚,圆柱形,不分枝,具多节,节肿大呈算盘珠子样。叶纸质,长圆形,先端急尖,基部具抱茎的鞘;叶鞘薄革质。总状花序通常出自落了叶的老茎上部,具 1～3 朵花;花大,白色,上部紫红色,开展,具香气,干后蜡质状;花瓣阔长圆形,长 3 cm,宽 1.5 cm,先端钝,基部近楔形收狭,边缘具细齿,具 6 条脉和多数支脉;唇瓣白色,中部以下金黄色,上部紫红色,近圆形。花期 3—4 月。

15.2.5.12　美花石斛

【学名】*Dendrobium loddigesii*

【原产地】中国、老挝、越南

【基本形态】

茎柔弱,常下垂,细圆柱形,有时分枝,具多节;节间长 1.5～2 cm,干后金黄色。叶纸质,二列,互

图 15-13 肿节石斛

生于整个茎上,舌形,长圆状披针形或稍斜长圆形。花白色或紫红色,每束 1~2 朵侧生于具叶的老茎上部;花瓣椭圆形,与中萼片等长,宽 8~9 mm,先端稍钝,全缘,具 3~5 条脉;唇瓣近圆形,直径 1.7~2 cm,上面中央金黄色,周边淡紫红色,稍凹的,边缘具短流苏,两面密布短柔毛。花期 4—5 月。

15.2.5.13 樱石斛

【学名】*Dendrobium linawianum*

【原产地】中国

【基本形态】

植株较小,丛生;茎稍扁,圆柱形,肉质;叶互生,长圆形。花序从无叶老茎节间长出,有花 2~4 朵,花大,花瓣白色,尖端紫红色,唇瓣尖端和喉部紫红色,其余为白色。花期春季。

15.2.5.14 细茎石斛

【学名】*Dendrobium moniliforme*

【原产地】中国、印度、朝鲜半岛、日本

【基本形态】

茎直立,细圆柱形,具多节。叶数枚,二列,常互生于茎的中部以上,披针形或长圆形。总状花序 2 至数个,生于茎中部以上具叶和落了叶的老茎上,通常具 1~3 花;花黄绿色、白色或白色带淡紫红色,有时芳香;萼片和花瓣相似,卵状长圆形或卵状披针形,具 5 条脉;花瓣通常比萼片稍宽;唇瓣白色、淡

黄绿色或绿白色,带淡褐色或紫红色至浅黄色斑块,整体轮廓卵状披针形,比萼片稍短,基部楔形,3 裂。花期通常 3~5 月。

15.2.5.15 石斛

【学名】*Dendrobium nobile*

【原产地】中国

【基本形态】

植株高大,丛生;茎较粗壮,肉质;叶互生,长圆形,长 6~11 cm,宽 1~3 cm,先端钝或有不等二裂;总状花序从具叶或已落叶的老茎节间长出,有花 1~4 朵,花大,花瓣基部白色,尖端部分紫色,唇瓣中央有一紫色大斑块,边缘白色,唇尖紫红色。花期春季。

15.2.6 卡特兰属

【学名】*Cattleya*

【原产地】中南美洲

【基本形态】

多年生常绿草本,茎合轴型,假鳞茎粗大,顶生叶 1~2 枚,分为单叶种和双叶种。叶厚革质,长椭圆形,长 20~40 cm,宽 2~3.5 cm。花梗从叶基抽生,顶生花,单生或数个,有波状褶皱(图 15-14)。

图 15-14 卡特兰

【生态习性】

喜温暖、湿润、半阴的环境。喜养分适中的土壤。生长适温 27~32 ℃。

【繁殖方法】

常用分株法繁殖,结合换盆进行,3~4 年分 1 次。茎端有新芽出现或休眠前进行分株。分株时

将植株从盆中倒出,用消毒的剪刀分切地下根茎,2～3 节一段,即地上 2～3 株一盆,伤口涂抹药剂,适当去掉老根后栽植。

【栽培管理特点】

栽培基质应疏松透气。耐直射光,但夏季遮阳 40%～50%。夏季旺盛生长季节注意通风、透气。在春秋生长季节要求充足的水分和空气湿度。薄肥勤施有利于卡特兰开花。

【园林适用范围】

卡特兰是名贵兰科植物,是高档盆花和切花材料。

【常见种类和品种】

该属约有 65 个种。

15.2.6.1 中型卡特兰

【学名】*Cattleya intermedia*

【原产地】巴西

【基本形态】

植株丛生;假鳞茎圆柱状,长 25～40 cm,稍肉质;叶两片,卵形,长 7～15 cm;花序有花 3～5 朵,长达 25 cm,花中等大,直径约 10 cm,淡紫色或浅红色,唇瓣舌状,深红色。花期夏秋季。

15.2.6.2 瓦氏卡特兰

【学名】*Cattleya warneri*

【原产地】哥伦比亚

【基本形态】

假鳞茎棍棒状,长约 25 cm;叶革质,与假鳞茎等长,椭圆形;花序有花 2～5 朵,花大,直径达 15 cm,浅紫色,唇瓣有红褐色斑块,边缘强烈皱曲。花期夏季。

15.2.6.3 硕花卡特兰

【学名】*Cattleya gigas*

【原产地】哥伦比亚

【基本形态】

植株高大,假鳞茎纺锤状;叶长椭圆形,革质,长约 25 cm;花序有花 2～3 朵,花大,花瓣白色,唇瓣红色,喉部浅黄色,边缘有白色镶边。花期夏季。

15.2.6.4 秀丽卡特兰

【学名】*Cattleya dowiana*

【原产地】哥斯达黎加和哥伦比亚

【基本形态】

假鳞茎纺锤状;顶生叶厚革质;花 2～6 朵,花大,花瓣黄色,唇瓣黄色,满布红色条纹,边缘强烈褶皱。花期夏季。

15.2.6.5 卡特兰

【学名】*Cattleya labiata*

【原产地】巴西

【基本形态】

假鳞茎扁平,棍棒状,长 15～25 cm;叶与假鳞茎等长,长椭圆形,厚革质;花序具短梗,有花 2～5 朵,花白色或淡红色,唇瓣白色,中间有一个红色大斑块,边缘强烈褶皱。花期秋季。

第16章

观赏草

16.1 概述

16.1.1 观赏草的定义

观赏草(ornamental grasses),顾名思义为具有观赏价值的草,一类茎秆姿态优美,叶色丰富多彩,花絮五彩缤纷的草本观赏植物的统称。以禾本科植物为主,也包括莎草科、灯心草科、香蒲科、百合科、鸢尾科部分植物。虽然草坪草也符合观赏草的定义,由于草坪很早就在园林中广泛应用,已形成一个独立的体系,而且其生产和养护也与其他观赏草不同,因而通常将其另列为一类。

观赏草类植物是个相当庞大的族群,它的观赏性通常表现在形态、颜色、质地等许多方面。因其具有生态适应性强、应用范围广、观赏价值高、养护成本低等优点,已经被广泛应用于公园、公共绿地等园林景观绿化中。

16.1.2 观赏草的分类

1)依据对温度的适应性

(1)暖季型观赏草 喜热量充足,春季萌芽迟,夏季生长旺盛,夏秋季开花,冬季地上部枯死,地下根系宿存土壤中,翌年春季重新萌芽生长。常见的有芦竹属、蒲苇属、芒属、狼尾草属、大油芒属、黍属、柳枝稷属。

(2)冷季型观赏草 适宜冷凉气候,春季萌芽早,5月前后开花,春秋季生长旺盛,夏季处于休眠或半休眠状态。常见的有燕麦草属、发草属、羊茅属、针茅属、苔草属、䅟草属、凌风草属、箱根草属。

2)依据对光照适应性

(1)阳生 大部分观赏草,尤其是高大类型,都属于阳生植物,喜光,具有一定的耐阴性,如芒属、蒲苇属、狼尾草属、须芒草属、针茅属等。

(2)中生 遮阳和全光照下都能正常生长,如苔草属、野青茅、大油芒等。

(3)阴生 适度遮阳环境下才能生长良好,种类较少,如山麦冬属、沿阶草属、箱根草等。

3)依据对水分适应性

(1)旱生 具有较强的耐旱性,如狼尾草、芨芨草、野古草、芒、柳枝稷、须芒草、羊草等。

(2)湿生 适宜在滨水或湿地应用,如灯心草属、荻、䅟草、玉带草、芦竹属、蒲苇、芦苇、溪水苔草、鸭绿苔草等。

(3)水生 主要有香蒲、水葱、旱伞草等。

4)依据植株大小

(1)高大型 株高多达2 m以上,如芒、荻、芦竹、芦苇、蒲苇等。

(2)中型 株高1～2 m,此类观赏草种类众多,如狼尾草属、矮蒲苇、拂子茅属、须芒草、野古草、柳枝稷、花叶芒、晨光芒等。

(3)地被型 株高低于1 m,如苔草属、针茅属、画眉草属、蓝羊毛、银边草、发草、玉带草等。

16.1.3　观赏草的园林应用特点

（1）适应性广，管护成本低　观赏草植物性强健，抗旱、耐寒、耐贫瘠、很少发生病虫害。种植成活后，只需在初冬或早春平茬一次，几乎不需要其他的养护管理。

（2）丰富、独特的美感　观赏草类给园林增添的不仅是视觉美，还有独特的韵律美和动感美。观赏草随风起舞的动感之美，随季节变化的季相之美，以及有别于大部分双子叶植物的线型结构之美，给人提供了丰富、独特的美感。

（3）极富自然野趣　看惯了绿树繁花的都市人渴望回归自然，观赏草质朴自然的气质恰好满足了人们的这一心理需求。

16.2　常见观赏草

16.2.1　蒲苇

【科属】禾本科，蒲苇属

【学名】*Cortaderia selloana*

【原产地】美洲

【基本形态】

多年生草本。秆高大粗壮，丛生，高 2～3 m。叶舌为一圈密生柔毛，毛长 2～4 mm；叶片质硬，狭窄，簇生于秆基，长 1～3 m，边缘具锯齿状粗糙。圆锥花序庞大稠密，长 50～100 cm，银白或粉红色。雌雄异株。花期 8—10 月（图 16-1）。

图 16-1　蒲苇

【常见种类与品种】

园林中应用的品种还有‘矮’蒲苇‘Pumila’、‘花叶’蒲苇‘Silver Comet’、‘玫红’蒲苇‘Rosea’。

【生态习性】

性强健，喜温暖湿润、阳光充足气候，喜肥，耐湿亦耐旱。

【繁殖特点】

分株繁殖在春季进行，秋季分株易死亡。

【栽培管理特点】

园林应用种植密度为 4 株/m²。对土壤要求不严，易栽培，管理粗放，可露地越冬。冬季叶片部分枯萎，一般在新芽萌发之前把地上部分全部剪掉，促进植株复壮。

【园林适用范围】

蒲苇花穗长而美丽，庭院栽培壮观而雅致，也可用作干花或花境、观赏草专类园，具有优良的生态适应性和观赏价值。

16.2.2　狼尾草

【科属】禾本科，狼尾草属

【学名】*Pennisetuma lopecuroides*

【原产地】中国

【基本形态】

多年生草本。株高 50～160 cm，丛生，秆直立。叶片扁平，线形，弧形弯曲。圆锥花序紧缩呈穗状，刚毛初为淡绿色，盛开时紫色至白色。花果期 7—10 月（图 16-2）。

【常见种类与品种】

本属约 140 种，常见栽培种及品种有‘小兔子’狼尾草（*P. alopecuroides* ‘Little Bunny’）、‘海默’狼尾草（*P. alopecuroides* ‘Hameln’）、东方狼尾草（*P. orientale*）、紫叶狼尾草（*P. setaceum* ‘Rubrum’）、紫御谷（*P. glaucum* ‘Purple majesty’）、绒毛狼尾草（*P. villosum*）、‘王子’狼尾草（*P. purpureum* ‘Prince’）。

【生态习性】

暖季型。喜光，耐旱，耐短暂淹水，耐盐碱，耐贫瘠。

图 16-2　狼尾草

【繁殖特点】

分株繁殖。春秋均可进行,将草带根挖起,切成数丛。种子有自播习性,但实生苗性状有变异,可在种子成熟前剪除果序。

【栽培管理特点】

种植密度 6～9 株/m²。春季萌芽前剪除枯死茎叶,种植成活后一般不需其他养护。

【园林适用范围】

狼尾草属植物适应性强,应用广泛。花序繁密整齐、高于叶丛,成片种植盛花期时颇为壮观。也适合配置花境,或盆栽观赏,也可用于基础栽植作为地被材料,可栽植于岩石园、海岸边,植于花园、草地、林缘等地。还是良好的水土保持植物,花序可用作切花。

16.2.3　细茎针茅

【科属】禾本科,针茅属

【学名】*Stipa tenuissima*

【俗名】墨西哥羽毛草、细茎针芒、利坚草

【原产地】美洲

【基本形态】

多年生常绿草本,植株密集丛生,茎秆直立,细弱柔软。叶片黄绿色,细长如丝状,株高30～50 cm。圆

锥花序银白色,柔软下垂,初为浅绿,后变黄褐色,干枯后不收缩。花期6—9月(图16-3)。

图 16-3　细茎针茅

【常见种类与品种】

园林中常见其他栽培种有针茅(*S. capillata*)、细叶针茅(*S. lessingiana*)、线叶针茅(*S. barbata*)。

【生态习性】

冷季型。喜冷凉气候,夏季高温时休眠。耐旱性强,喜光,也耐半阴。喜排水良好的土壤。

【繁殖特点】

播种或分株繁殖。宜春秋季进行。

【栽培管理特点】

种植密度 15～25 株/m²。栽培管理简单,一般不需施肥,夏季注意排水防涝。冬末或早春将枯萎的地上部剪除,有利于植株更新和美观。

【园林适用范围】

细茎针茅形态柔美细腻,微风吹拂,分外妖娆,即使在冬季变成黄色时仍具观赏性。丛植、片植、盆栽观赏均可。可与岩石配置,也可种于路旁、小径,具有野趣。亦可用作花坛、花境镶边。

16.2.4　蓝羊茅

【科属】禾本科,羊茅属

【学名】*Festuca glauca*

【原产地】欧洲南部

【基本形态】

多年生常绿草本。植株丛生,株高 15～20 cm。叶片强内卷几成针状或毛发状,蓝绿色,具银白霜。

春、秋季节为蓝色。圆锥花序,长 5～10 cm,花期 5—6 月(图 16-4)。

图 16-4 蓝羊茅

【常见种类与品种】

常见栽培品种有'埃丽'('ElijahBlue'),颜色最蓝。'迷你'('Minima'),高仅 10 cm。'铜之蓝'('Azurit'),偏于蓝色,银色较少。'哈尔茨'('Harz'),深暗的蓝色。'米尔布'('Meerblau'),叶片蓝绿色,长势强健。

【生态习性】

冷季型。喜光,耐寒,耐旱,耐贫瘠。中性或弱酸性疏松土壤长势最好,稍耐盐碱。全日照或部分荫蔽长势良好,忌低洼积水。夏季高温期休眠。

【繁殖特点】

主要以分株繁殖。

【栽培管理特点】

种植密度 15～25 株/m²。四季均可种植,以春季最佳。种植前将土壤稍加疏松,施入少量基肥,生育期不需较多养护。随着年限增长,植株逐渐向外扩张,中心部位会形成空洞。因此种植 2～3 年后,需分株重新栽植,以更新复壮。

【园林适用范围】

适合作花坛、花境、道路镶边用,其突出的蓝颜色可以和花坛、花境形成鲜明的对比。

16.2.5 芒

【科属】禾本科,芒属

【学名】*Miscanthus sinensis*

【原产地】亚洲

【基本形态】

多年生高大草本。株高 1～2 m,丛生,秆粗壮,中空。叶片扁平宽大,白色中脉明显。顶生圆锥花序大型,开展,稠密,由多数总状花序沿一延伸的主轴排列而成。花序初期淡红色,干枯时银白色。花期 8—10 月(图 16-5)。

图 16-5 芒

【常见种类与品种】

芒的品种有 80 余个,园林中常见栽培品种有:'银边'芒('Variegatus'),又称花叶芒,原产欧洲地中海地区。株高 1.5～2.0 m,开展度与株高相同,叶片呈拱形向地面弯曲,最后呈喷泉状。叶片浅绿色,有奶白色条纹,条纹与叶片等长。圆锥花序,花深粉色。花期 9—10 月。'细叶'芒('Gracillimu'),叶直立、纤细,顶端呈弓形,花色由最初的粉红色渐变为红色,秋季转为银白色。花期 9—10 月。'斑叶'芒('Zebrinus'),株高达 2.4 m。叶片上不规则分布黄色斑纹,下面疏生柔毛并被白粉。圆锥花序扇形,秋季形成白色大花序。'晨光'芒('Morning Light'),株高 1.5 m,株形紧密圆整。叶片极细,有不易为人察觉的白色叶缘,整体给人感觉是灰色。

另外常见的还有'银箭'芒('Silver Arrow')、'劲'芒('Strictus')、'金酒吧'芒('Gold Bar')、'悍'芒('Malepartus')等。

【生态习性】

暖季型。喜光,耐半阴、耐寒、耐旱、耐涝,全日照至轻度荫蔽条件下生长良好,适应性强,不择土壤。

【繁殖特点】

春季播种或分株繁殖,也可秋季扦插繁殖。

【栽培管理特点】

种植密度 4～6 株/m²。侵占力强,能迅速形成大面积草地。冬季宜剪除地上部枯萎植株,以提高景观效果。在温暖湿润气候下易自播繁殖,具有生物入侵风险。

【园林适用范围】

园林中应用广泛,孤植、丛植、列植均可,适于配置花境、观赏草专类园,也可种植于路旁、林缘。

16.2.6　荻

【科属】禾本科,荻属

【学名】*Triarrhena sacchariflora*

【俗名】荻草、荻子、霸土剑

【原产地】中国、日本、朝鲜、西伯利亚

【基本形态】

多年生高大草本。具发达匍匐根状茎,秆直立,高可达 1.5～3 m,节生柔毛。叶片扁平,宽线形,中脉白色,边缘锯齿状粗糙,基部常收缩成柄,粗壮。圆锥花序疏展成伞房状,银白色,主轴无毛,腋间生柔毛。花期 8—10 月(图 16-6)。

图 16-6　荻

【生态习性】

暖季型。为水陆两生植物,适应性很强,对生长环境要求不严格。

【繁殖特点】

繁殖能力强,可用扦插、分根和播种繁殖。

【栽培管理特点】

种植密度 30～40 芽/m²。春季栽植,定植时稍施基肥,幼苗期保持土壤湿润,成苗后基本不需要养护管理。

【园林适用范围】

可浅水区生长,为良好的滨水植物,也可种植于路旁、林缘等。

16.2.7　粉黛乱子草

【科属】禾本科,乱子草属

【学名】*Muhlenbergia capillaris*

【俗名】毛芒乱子草

【原产地】北美洲

【基本形态】

多年生草本,株高可达 1 m。植株丛生,具匍匐根茎。叶片基生,深绿色,光亮。圆锥花序开展,花穗云雾状,初绽时粉红色,干枯时淡米色。花期 9—11 月(图 16-7)。

图 16-7　粉黛乱子草(来源于 PPBC)

【生态习性】

暖季型。适应性强,耐水湿、耐干旱、耐盐碱,对土壤要求不严格。喜光照,耐半阴。不耐寒,国内可在北京以南地区生长,上海为半常绿,广州以南为常绿。

【繁殖特点】

主要以分株、分根繁殖。

【栽培管理特点】

一般春季定植,以 9～16 株/m² 为宜。

【园林适用范围】

适于片植,开花时,绿叶为底,粉色花穗如发丝从基部长出,远看如红色云雾,仿佛是棉花糖一样轻盈曼妙,其浪漫氛围丝毫不输薰衣草。

16.2.8　花叶芦竹

【科属】禾本科,芦竹属

【学名】*Arundo donax* var. *versicolor*

【俗名】斑叶芦竹、彩叶芦竹

【原产地】亚洲、非洲和大洋洲热带地区

【基本形态】

多年生草本,具发达根状茎。秆直立,高 2～3 m,坚韧,具多数节,常生分枝。叶片扁平,上面与边缘微粗糙,具白色纵长条纹,基部抱茎。圆锥花序极大型,分枝稠密,斜升。花果期 8—11 月(图 16-8)。

图 16-8　花叶芦竹

【生态习性】

常生于河旁、池沼、湖边,喜光、喜温暖、耐水湿,也较耐寒,不耐干旱和强光。

【繁殖特点】

可用播种、分株、扦插繁殖,以分株繁殖为主。

【栽培管理特点】

种植密度 20～30 芽/m²。栽培管理非常粗放,无需特殊养护。

【园林适用范围】

适于成片种植在水边,作为水景材料,也可点缀于桥、亭、榭四周,还可盆栽用于庭院观赏。

16.2.9　血草

【科属】禾本科,白茅属

【学名】*Imperata cylindrical* 'Rubra'

【俗名】日本血草、红叶白茅

【原产地】日本

【基本形态】

多年生草本,株高 30～80 cm。具根状茎,叶丛生,直立向上,剑形。新生叶片基部绿色,顶部红色,后逐渐全叶变为红色。圆锥花序紧密狭窄,小穗银白色,花期夏末(图 16-9)。

图 16-9　血草

【生态习性】

适应性强,喜光、耐热,喜湿润而排水良好的土壤。耐旱、耐贫瘠。

【繁殖特点】

以分株繁殖为主。

【栽培管理特点】

宜选择阳光充足的地方栽植。养护管理简单,很少有病虫害。冬季将地上部剪掉,有利于翌年的植株美观。成片种植时应注意隔离,避免造成环境入侵。

【园林适用范围】

血草叶色鲜艳,可作观叶地被,或片植于林缘,或配置花境。

16.2.10　玉带草

【科属】禾本科,䔞草属

【学名】*Phalaris arundinacea* var. *picta*

【俗名】花草、花茅毛、五色带、银边草

【原产地】地中海一带

【基本形态】

多年生宿根草本。具根状茎,秆通常单生或少数丛生,高 60～140 cm。叶片扁平,绿色而有白色条纹间于其中,柔软似玉带。圆锥花序紧密狭窄,长 8～15 cm,分枝直向上举,密生小穗。花期 6—8 月(图 16-10)。

图 16-10 玉带草

【生态习性】

冷季型。喜温暖,喜光,适宜生长温度 15～28 ℃。既抗旱,又耐涝,较耐寒。对土壤要求不严格。

【繁殖特点】

主要以分株繁殖。

【栽培管理特点】

种植密度 50～60 芽/m²。生长期间需保持土壤湿润。夏季需要修剪一次,留茬 10 cm 左右。

【园林适用范围】

适于成片种植于水边,也可用于花坛镶边或布置花境,或作盆栽。

16.2.11 硬叶苔草

【科属】莎草科,苔草属

【学名】*Carex buchanaii*

【原产地】新西兰

【基本形态】

多年生宿根草本,植株丛生,株高 40～50 cm。

叶片直立向上,宽 4～8 mm,质地粗糙坚硬。植株呈现棕黄色,在光照充足时成呈现棕铜色。

【生态习性】

冷季型。喜光,部分遮阳也能正常生长;要求湿润并排水良好的土壤,耐寒性强。

【繁殖栽培特点】

春季播种或分株繁殖。

【园林适用范围】

主要观赏部位为全株有颜色的叶片。一般与那些在色彩上同硬叶苔草有对比的观赏植物搭配,如绿色草丛中丛植,与浅色的花卉搭配配置花境。

16.2.12 银边草

【科属】禾本科,燕麦草属

【学名】*Arrhenatherum elatius* 'Variegatum'

【原产地】欧洲

【基本形态】

多年生宿根草本,植株丛生,株高 30 cm 左右,冠幅 40 cm,基部具有明显的球茎,既能贮藏水分和养分,还能繁殖小球茎。叶片上具有平行于中脉直抵叶缘的纵向银白色条带,叶片长 10～20 cm,宽 5 mm。圆锥花序,长 10 cm。花期 5—6 月(图 16-11)。

图 16-11 银边草(来源于 PPBC)

【生态习性】

冷季型。喜干燥冷凉气候,适宜中性或弱酸性疏松土壤,稍耐盐碱。耐阴性强,不耐高温,盛夏高

温时休眠,秋季恢复生长。

【繁殖栽培特点】

春季或秋季分株繁殖。冷凉地区从早春到初冬长势旺盛,观赏期长。但是在高温高湿条件下,叶片易枯黄萎蔫,遮阳条件下可以提高其生长势,75%的庇荫条件下,仍能健康生长。

【园林适用范围】

银边草株丛清新亮丽,成片种植或花坛镶边效果非常突出;或者与其他花卉组成花境;因耐阴性强,也可以室内盆栽,装饰室内环境。

16.2.13　发草

【科属】禾本科,发草属

【学名】*Deschampsia caespitosa*

【原产地】欧亚大陆及美洲

【基本形态】

多年生宿根草本,密簇丛生。株高 30～50 cm。叶片基生狭细,深绿色。圆锥花序松散开展,不脱落。初期绿色,后变为黄色。花期 5—6 月(图 16-12)。

图 16-12　发草(来源于 PPBC)

【生态习性】

冷季型。喜冷凉潮湿环境,适宜中性或弱酸性土壤,稍耐盐碱。耐霜冻,不耐涝,全日照或轻度荫蔽长势最好。

【繁殖栽培特点】

常用分株繁殖。夏季高温时需要足够水分才能保证健康生长。

【园林适用范围】

观赏部位为花序和叶片。株丛圆整鲜绿,叶片挺直,花序轻盈,是优美的观赏草种。成片种植或花坛镶边效果最佳。冬季可以盆栽室内观赏。

16.2.14　朝鲜拂子茅

【科属】禾本科,拂子茅属

【学名】*Calamagrostis brachytricha*

【原产地】东亚

【基本形态】

多年生宿根草本,具有根状茎,株高 80～120 cm。叶片开展,长 30～50 cm,宽 8～12 mm,拱曲,早春叶片绿色或淡青铜色。圆锥花序,长 15～30 cm,初花期小穗淡粉色,而后变为淡紫色,花序可以一直开放到冬天,干枯后也不脱落,花期 8—10 月。

【生态习性】

暖季型。喜光,部分遮阳也能正常生长;对土壤适应性广,但是在湿润排水良好的土壤中生长旺盛。能耐长时间炎热。

【繁殖栽培特点】

春季播种或分株繁殖。植株冬季枯黄,在越冬前需剪掉地上部植株。

【园林适用范围】

主要观赏部位为花序。花序美观且观赏期长。适于孤植、片植或盆栽种植,均有很好的效果,尤其秋冬季节效果非常突出。

第3部分　花卉应用

第17章

花卉应用基础

17.1 花卉应用设计的基本原则

花卉是有生命的植物材料,因此园林花卉的应用,同其他园林植物应用一样,必须在满足植物生态习性的基础上,结合造园实际情况,因地制宜,最大限度地发挥园林花卉的环境效益和美学效益,以满足人们的生活需求和精神需求。因此,花卉应用设计,必须遵循科学、美观(艺术)和经济的原则。

17.1.1 科学原则

遵循科学原则,首先必须了解花卉的生物学特性,其次必须了解环境与花卉之间相互关系的规律,才能适地适花地合理搭配种植,以达到预期设计效果。

1) 花卉的生物学特性

(1)生命周期 因花卉生命周期不同,花卉有一、二年生花卉、多年生花卉(包括宿根花卉和球根花卉)和木本花卉等。因此,在花卉应用过程中,若为方便管理和体现自然美的花境、花丛多选用多年生花卉,而有整齐图案的花坛、花带则多用一、二年生花卉。

(2)生长发育周期与繁殖特点 花卉因年生长发育周期不同而在一年中不同季节表现出不同观赏特点。因此在选择花卉时,应根据设计需要选择相应观赏时期的花卉种类。虽可通过花期调控技术,让花卉实现周年供应,但从经济环保角度出发,

只有掌握了花卉的生长发育规律,才能低成本开发利用,或选择应季花卉进行园林花卉配置。例如"五一"花坛用花多采用三色堇、矮牵牛、鸡冠花等;而"十一"花坛用花多采用一品红、菊花、彩叶草等。不同花卉的繁殖特点也不尽相同,有的能够通过种子大量繁殖,有的则需要扦插、压条繁殖,甚至为了达到独特的观赏效果还需要嫁接繁殖。例如波斯菊,种子自播能力很强,因此适宜直播且用作花丛或片植,既节约成本又能形成自然野趣之美。

(3)观赏特性 同类型、不同种类的花卉因形态不同而形成不同的观赏特征,包括形态特征不同、观赏部位不同、观赏时期不同和观赏价值不同。例如花卉中有匍匐矮生的,有直立竖线条的,还有蔓生或攀缘的花卉,在搭配种植时必须根据视景线与最佳观赏视角进行高低合理配置,才能形成最佳观赏效果。花卉因种类不同而观花、观叶、观果各异,在搭配种植时,应根据其观赏特点,使不同花卉各得其所,充分发挥各自优势,不仅花开次第,而且四季景观各具特色,创造出优美的花卉景观。

2) 环境与花卉相互关系

环境与花卉生长发育关系密切,缺乏适宜的环境条件,无论是个体还是群体都无法获得良好的生长,更谈不上美观效果。因此,必须掌握环境与花卉之间的相互作用规律,把握"适地适花,适花适地"的基本原则。环境对花卉的影响主要包括温度、光照、水分、空气成分和土壤。花卉不是被动地受环境的影响,而是有自己的环境适应调节机制,

形成了不同的生态型,即花卉的生态学特性。

(1)温度与花卉的相互关系 温度,尤其是花卉对温度三基点的要求,影响花卉在地球上的分布,使不同的区域形成特定的花卉生态景观。在四季分明的地区,自然界温度的周期性变化(温周期)造成花卉景观的季相变化。适应于不同的温度条件,不同种类和不同品种花卉耐寒力不同,可分为耐寒、半耐寒和不耐寒花卉;同类花卉在不同生长发育阶段对温度的需求也有差异。因此,在选择花卉时,一是必须保证花卉能在设计场地的温度条件下存活,二是必须考虑花卉的季相特征,以合理安排花卉轮替计划,保证景观的可持续性。

(2)光照与花卉的相互关系 光照通过光照强度、光照长度和光质对花卉生长发育产生影响。主要影响花卉的生长与休眠、开花时间、开花数量、株高及花色。适应光照强度,花卉形成了喜光、喜阴和耐半阴的不同生态型;适应光周期,花卉形成了长日照、短日照和日中性等不同的生态型。因此,在花卉应用过程中应根据设计场地光照条件进行合理选择。例如,地上部分的乔木、灌木、草本或地被植物构成地上成层现象(stratification)。但不同层的环境条件有差异,尤其是光照条件,下层光照明显不足。在自然群落中增添花卉应用,能增添植物群落层次。但需要注意,在林下需要选择喜阴或耐半阴的花卉;在林缘则可以选择喜光花卉;在林中甚至可选用攀缘或附生花卉,以充分利用环境空间与环境资源。又如,建筑南面采光较好,选用喜阳花卉;建筑北面选用喜阴或耐半阴花卉,以使花卉生长状态最佳,实现其美观价值与生态效益。此外,还可利用花卉对光周期的响应,调控花期,保证节假日花卉的供应。

(3)水分与花卉的相互关系 花卉的水分来源主要包括土壤水分和空气湿度,水的多少和水质与花卉的分布、花卉生长发育密切相关。不同花卉对水分需求量不同,可分为旱生花卉、中生花卉、湿生花卉和水生花卉。同种花卉不同生长发育阶段需水量也不相同。因此,在年降雨量不同的地区应用花卉时,应选择不同类型的花卉,在花卉不同的生长期掌握好浇水原则。

(4)空气成分与花卉的相互关系 空气中的二氧化碳和氧气为花卉植物生长发育所必须,而空气中的其他成分有些则对花卉生长发育有害。花卉对空气成分的适应,形成了不仅能抵抗大气的污染,还能净化空气的抗性花卉。但抗性等级和所能抵抗的污染物不同,因此在花卉应用过程中,应根据空气成分种类选择相应的抗性花卉。

(5)土壤与花卉的相互关系 土壤对花卉的影响包括土壤的物理性质、化学性质和土壤微生物。其中土壤物理性质包括土壤的质地、结构、水分和氧气以及土壤温度;土壤化学性质包括土壤的酸碱度(pH)、矿质元素含量和土壤肥力(有机质含量)。大多数花卉喜欢疏松、肥沃、富含有机质、排水良好、pH为6~7的土壤。不同花卉因耐旱性和耐贫瘠性不同,对土壤物理性质要求不同。不同花卉对土壤酸碱度适应性也不相同,可分为酸性花卉、中性花卉和耐碱性花卉。露地花卉和盆栽花卉对土壤条件要求也各不相同,因此,在室外花卉应用过程中,应根据土壤的性质选择相应的花卉,例如现代居住小区土壤多为回填土,土壤紧实和贫瘠,因此应选择抗性较强、无毒无害的耐瘠薄花卉;而在室内盆栽应用时,可根据花卉生长需要调整土壤质地。

17.1.2 艺术原则

花卉应用的主要目的是满足人的精神需要。如果说科学原则是保证花卉能成活并能长势良好,呈现出最佳生长状态;那么艺术原则才是实现花卉满足人们审美需求的基本保障。花卉应用遵循一定艺术原则,就是要通过合理搭配色彩和线条来展现花卉的形式美。

1)颜色配比

色彩是物体在光源下反射或透射出来的颜色。色彩的三要素包括色相、明度和纯度。色相是指色彩的相貌,即我们日常生活中常称呼各种颜色的名称,如三原色中的红色、黄色和蓝色;又如由三原色两两混合形成的间色,橙色(红色+黄色)、绿色(黄色+蓝色)和紫色(红色+蓝色)。明度是指颜色的明暗程度,如白色、黄色明度较高;黑色、紫色明度较低。利用不同明度的色彩搭配可以增强作品的

立体感。色彩的明度变化往往会影响到纯度，如红色加入黑色以后明度降低了，同时纯度也降低了。纯度也叫色相饱和度，是指色彩的鲜艳度。花卉色彩的配比，首先必须适应游人的心理，例如在园林中的文娱活动场地、喜庆节日、儿童活动区宜多用暖色，以烘托欢乐、活跃、轻松、明快的气氛；而在安静休息场地、纪念性场所，花卉色彩的选择不能影响宁静和肃穆的气氛。在寒冷地区或寒冷季节宜采用暖色花卉为主；在炎热地区或炎热的夏季，宜用冷色、中性色花卉处理渲染气氛。其次，色彩配比时，既要追求变化多样，但也不能缺乏统一感。

（1）统一配色　为让花卉应用有整体感而不是杂乱无章，可采用单色、近似色配置来形成统一，以创造出温馨、宁静的艺术效果。单色配置是指利用某一颜色的不同纯度或明度（渐变色）进行搭配，可形成统一感。在实际应用中，可用一种花卉的不同色彩品种，如雏菊的深红色、朱红色和浅粉色品种搭配，或矮牵牛的紫红色、鲜红色、桃红色品种，或石竹的鲜红色、紫红色、粉红色品种搭配等。也可以用不同种类但色相相同纯度不同的花卉搭配而成，如一串红（红色）、鸡冠花（紫红色）和杜鹃（粉色）等。近似色配置是指用色相环中距离相近的颜色进行配色。如一串红（红色）、孔雀草（橙色）、金盏花（黄色或橙黄色）、万寿菊（黄色）搭配。相比单色配置，近似色在统一中又有变化，更生动活泼。但运用时注意要有主色调和配色之分，避免多个颜色平均搭配。

（2）对比配色　为使园林表现得更加丰富，一般可采用对比配色来形成变化，给人以生动、活泼之感。对比配色包括色相的对比，明度对比、纯度对比以及色彩感觉对比等。在花卉应用中，常用的为色相对比和色彩感觉对比。

①色相对比。色相对比的强烈程度取决于色彩在色相环上相距位置，距离越远，对比越强烈。距离相差180°的颜色对比最为强烈，也被称为互补色。如红色与绿色，黄色与紫色，橙色与蓝色等。花卉配置时，在某一主体其周围适当使用对比色，可明显起到突出主体的作用。尤其是在表现花坛图案美时，为使图案清晰可见，采用对比色效果较好，例如紫色三色堇与黄色三色堇组合。

②色彩感觉对比。不同的色彩会给人轻重、距离和冷暖等不同的感觉，运用色彩感觉的对比，能形成较生动的景观效果。在花卉应用设计时，为加强景深感，可用明度低的、冷色系花卉作背景；在立体造型设计时，下部用深色花卉、上部用浅色花卉以求得稳定感和立体感。

（3）多色配置　园林花卉色彩丰富，多种色相配置在一起较难处理，把握不好容易导致色彩杂乱无章。因此在配置过程中，要做到主次分明，根据环境、季节及其他造园要素综合考虑，确定好基调、主调、配调和重点色，以便在变化中求得统一。同时，注意中性色的运用，在色彩较多的构图中，利用银叶菊或香雪球这类白色花卉可起到较好的调和作用。

2）线条配比

花卉应用中线条配比包括水平结构线条和垂直结构线条。花卉应用的水平结构主要表现为镶嵌性，要求构图合理，形式和谐统一；垂直结构主要表现为植株高低搭配。在规则式园林中，花卉应用的边缘轮廓线应为规整的几何图形；植株高度整齐统一。而在自然式园林中，花卉应用的边缘多为自然曲线，与绿地无明显硬质边界，过渡自然；植株高度高低错落。例如绿地或广场边缘为圆弧形，花坛亦可采用圆弧形边缘，甚至花坛内部图案也可用圆弧形，以求得图形线条的统一之感；植物高度整齐统一，以突显图案之美。而在自然式群落中，则考虑花期相遇与更替，合理搭配不同色彩花卉形成不规则的斑块镶嵌，且高低错落以体现自然野趣之美。

17.1.3　经济原则

经济基础决定花卉应用的质量。同一个设计方案，由于选用不同的花卉种类、不同规格花卉、不同施工标准，其所需要的资金各不相同，建成后的效果自然也有较大差异。因此，花卉应用设计与施工中，必须考虑一定的经济条件，充分利用有限的投资，创造出最适宜的作品。考虑经济原则，首先，选择适宜的花卉材料，就要求必须了解花卉生物学特性，一方面保证花卉能健康生长展现出最佳生长状态；另一方面，选择时令花卉，减少花卉生产成本。此外，花卉观赏具有时效性，应选择观赏期较长的花卉以减少花卉轮替成本。其次,分区设置不同形式花卉应用模式。在重点区域,采用即可体现色彩美又能彰显图案美的立体造型花坛或混合式花坛,并且做好轮替计划;在非重点区域,宜采用自然式群落为主,选择生长抗性强、管理粗放的多年生花卉或有自播繁殖能力的花卉形成花境或花丛,以减少管理成本。

17.2　花卉种植设计的构图形式

17.2.1　平面构图

花卉种植设计平面构图主要是指花卉的水平镶嵌性,常见的平面构图形式有规则式、自然式和混合式。规则式构图主要包括花坛、花台、花带等,这类花卉应用,不仅外部轮廓多为几何线条,内部图案纹样也多规则对称,主要展现花卉的组合图案美;在园林中组合配置时也多是对称式布置,有明显的轴线。自然式构图主要包括花丛、垂直绿化等,无论是内部花卉组合还是外部轮廓,都以自然曲线为主,无明显的轮廓线。混合式构图主要指花境,是规则式与自然式过渡的一种应用形式。其边缘有明显的轮廓线,内部植物高低错落,十分自然。

17.2.2　立面构图

花卉种植设计立面构图主要指花卉群落的垂直结构,即不同形态与株高的花卉构成的竖向效果。例如,植株形态有匍匐于地面的矮牵牛、垂盆草、佛甲草,有低矮圆润的香雪球、丛生福禄考、酢浆草,有亭亭玉立之飞燕草、金鱼草、羽扇豆、香彩雀,有悬垂生长的吊兰、吊竹梅、紫竹梅,有攀缘藤蔓状的蔷薇、叶子花等。花序有圆润的八仙花,有直立的火炬花,有轻如烟霭的丝石竹,有粗犷厚重的大丽花,有下垂的大花曼陀罗、悬铃花、倒挂金钟等。这些姿态万千,变化多端的不同形态的花卉给人以不同的审美体验。因此,遵循形式美的规律,将不同形态与株高的花卉进行搭配种植,创造出高低错落的自然群落景观,是实现园林立面构图形式美的重要手段。

17.2.3　空间造型

花卉种植设计空间造型是指通过人工修剪、绑扎、嫁接或搭设骨架等方式创造出的植物雕塑或艺栽,以体现花卉的色彩美、图案美与立体造型美。这种类型能使要表达的设计主题更加直观和生动形象。如用叶子花等藤本花卉做成的花瓶、花篮、花门等,用嫁接和绑扎技术栽培出的塔菊、悬崖菊等艺栽,以及模仿动物、构筑物或人物,用立体骨架为基础,结合低矮花卉(如五色草、四季秋海棠)形成的各种立体造型的花坛、花球、花塔、花柱等。

第 **18** 章
花丛的应用设计与施工

18.1 概念及特点

花丛(flower clumps):根据植株高矮及冠幅的不同,将数目不等的植株组合成丛配植于阶旁、墙下、路旁、林下、草地、岩隙、水畔的自然式花卉种植形式。花丛重在表现植物开花时华丽的色彩、美丽的叶色或飘曳的叶形。

花丛是自然式花卉配置最基本的单位。花丛可大可小,大小组合,彰显自然之野趣。常布置自然式园林环境,可做建筑的基础种植或广场周边或角落,对于生硬的线条和规整的人工环境起到软化作用。

18.2 花丛植物材料的选择

花丛的植物材料以适应性强,栽培管理简单,能露地越冬的宿根和球根花卉为主,如芍药、玉簪、萱草、鸢尾、水鬼蕉、紫娇花、葱兰和韭兰等比较常见,一、二年生花卉或野生花卉也可以用作花丛。近年观赏草已经成为花丛的流行植物材料,常见有'细叶'芒、'斑叶'芒、玉带草、细茎针茅、蓝羊茅、蒲苇等。有时花丛也用小型彩叶花灌木作材料,如日本绣线菊、八仙花等。

18.3 设计原则

花丛的平面轮廓及立面表现都是自然的构图形式,不用植物镶边,常呈现一种自然的状态。园林中根据环境尺度和周围景观,既可以单种花卉构成大小不等、聚散有致的花丛,也可以两种或两种以上花卉组合成丛。花丛内的花卉种类要有主有次,不同种类要高矮错落,疏密有致,层次丰富,达到既有变化又有统一。通常情况下,如果花丛大小一致,且等距排列,显得缺乏自然的野趣;若花丛植物种类太多,易造成杂乱之感。

18.4 花丛设计施工

花丛图案设计比较简单,根据现场画出花丛的定植平面图(施工图),可以是黑白图,也可以是彩色图,图纸比例可根据实际环境设定。花丛的施工相对容易,施工前需要进行简单的现场踏查,定点放线,确定定植点。通常在种植花卉前应对土壤进行深翻和去杂,再施肥改良。一、二年生草花及草坪需要至少 20~25 cm 厚,多年生花卉及灌木需 40~50 cm。土壤需排水良好,深翻后施足基肥。可用石灰、锯木屑或干沙按照设计图纸进行放线,确定种植点。根据花丛植物的根系性质,开挖相应深度的定植穴。最好选择阴天或傍晚定植,定植后浇一次透水以保证花丛植物成活。如遇到炎热的夏天施工,除每天浇水外,还应该在定植花卉上架设遮阳网,待花卉完全缓苗后撤下。

第19章

花台的应用设计与施工

19.1 概念及特点

花台(flower-stand)是在高型的植床内栽花植树、盛水置石的一种景观形式,是植物的"建筑"形式,起到点缀、烘托、装饰园林景观的作用。基座常用砖、石头等砌成,造型一般采取六角形、八角形或梅花形等,坛内栽植高低参差、错落有致的观赏植物。

花台或依墙而筑,或正位建中,常在庭前、廊前或栏杆前布置。通常供人平视,着重欣赏植物的姿态、线条、色彩和香气的综合。

19.2 花台的类型

花台按形式可分为规则式与自然式两种类型。规则式花台一般布置在规则式的园林环境中(图19-1)。自然式花台常见于中国传统的自然式园林,形式灵活多样。常在漏窗前、粉墙下或角隅之处,以山石砌筑自然式花台,通过植物配置,组成一幅生动的立体画面。

19.3 花台对植物材料的选择

规则式及组合式花台常种植一些花色鲜艳、株高整齐、花期一致的草本花卉,也可种植低矮、花期长的灌木,如矮牵牛、美女樱和多花报春等一、二年

图 19-1　规则式花台

生花卉,秋海棠属植物、芍药和萱草等宿根花卉,葱兰、韭兰等球根花卉,日本绣线菊和黄杨等木本花卉。

自然式花台多采用不规则配置形式,植物种类的选择更为灵活,花灌木和宿根花卉最为常用。在配置上既有单种栽植的如牡丹台、芍药台,也有不同植物种类高低错落、疏密有致,如常见有芭蕉、南天竺和沿阶草搭配等。

19.4 花台的设计与施工

19.4.1 花台的设计

花台的设计形式灵活多样,现代园林常见规则式花台。规则式花台设计要求有1:500总平面图纸,画出花台建筑物、道路(或台阶)及花台的外形

轮廓图;1∶(20～50)平面图、立面图和效果图,图纸中要标明使用外装饰的材料和颜色等。

19.4.2　花台的施工

规则式花台的建筑部分属于零星砌体,要符合土建定额的相关规定。由于花台通常有建筑部分严密围合,因此植物种植施工时首先要在花台底部做好排水施工,可在建筑隐蔽处预留排水孔或在花台内的基部铺设 10～20 cm 的碎石。通常在花台内填入改良好的土壤,一、二年生草花至少 20～25 cm 厚,多年生花卉及灌木需 40～50 cm。选择阴天或傍晚,花蕾露色时移栽。栽前 2 d 应灌透水一次,以便起苗时带土坨,栽好后充分灌水一次。

第20章

花坛的应用设计与施工

20.1 概念及特点

花坛(flower bed)在具有几何轮廓的种植床内种植各种不同色彩的花卉,运用花卉的群体效果来体现图案纹样,或观赏盛花时绚丽景观的一种花卉应用形式。它以突出鲜艳的色彩或精美华丽的纹样来体现其装饰效果。对于花坛也有其他的定义解释,如《简明大不列颠百科全书》将花坛定义成"组成装饰图形的花圃";《中国农业百科全书观赏园艺卷》将花坛描绘成"按照设计意图在一定形体范围内栽植观赏植物以表现群体美的设施"。

花坛是表现花卉群体美的一种布置方式,而花坛的造型设计则属于艺术创作的范畴,因此它具有艺术和科学双重属性。通常花坛具有几何形的栽植床,属于规则式种植设计,多以时令花卉为主要材料,因而需随季节更换材料,保证最佳的景观效果。花坛表现花卉组成的图案纹样或华丽的色彩美。

20.2 花坛的功能

(1)美化和装饰功能 花坛通过其生动形象、绚丽多姿的造型图案可以成为城市一道又一道亮丽的风景线。在经过园艺师精心设计栽培后,配合上水、光、声、电等技术,一座座精妙的花坛宛如一件件珍贵的艺术品,供人们停驻观赏。在城市和风景区都可以看到这样的花坛,这些花坛不仅丰富了植物的表现力,也为城市增添了光彩,以及弥补园林中季节性景色欠佳。市民在观赏花坛而获得美的享受和心情愉悦的同时,也提高了自己的审美趣味。所以花坛在城市和园林建设中具有独特的美化装饰作用。

(2)节日装饰作用 花坛可以增加节庆欢乐气氛。各种各样的花坛是装饰盛大节日和喜庆场面所不可缺少的工具,在人流量较大的公共场所,可以起到烘托节日气氛、美化周边环境的作用。特别是在节日期间增设的花坛,能使城市面貌焕然一新,增加节日气氛。比如每年的国庆节,天安门广场上都会布置大型的花坛,烘托出浓浓的节日气氛,成为一个新的节日景点,吸引了众多游客。

(3)教育宣传功能 通过将宣传标语植入花坛的形式,将文明建设、社会公德等各个方面的精神以一种新颖的方式传递给人们,从而也使人们更加乐于接受,取得更好的宣传效果。传统的横幅标语宣传既浪费材料,又受到时间的制约,不能长期保存,而花坛为基础的标语宣传,既能够更加生动化、多样化、缤纷化地展示出宣传标语,又能够克服时间障碍,便于长期保存,使人们在享受花坛带来的美的欣赏和提高自身艺术鉴赏能力的同时,也接受到了时代精神和民族精神的熏陶。因此,花坛的教育宣传功能也是十分重要的。

(4)分隔空间和组织交通 用花坛分隔空间和组织交通的形式越来越普遍,交通路口的安全岛、

分车带、宽阔的道路两旁设置花坛，可收到似隔非隔的效果，分流车辆和行人。由于花卉色彩鲜艳，亦可提高驾驶员的注意力，对交通安全起到一定的作用，有的花坛还能作为回车的标志。在较开阔的广场、草坪及宽阔的道路两旁均可设置花坛，有充实空间、分隔道路和组织行人路线的作用。

20.3　花坛的类型

　　花坛按花材使用可分为盛花花坛（花丛花坛或鲜花花坛）、模纹花坛和混合花坛。

　　盛花花坛主要表现和欣赏观花草本植物花朵盛开时花卉本身群体的绚丽色彩，以及不同花色组合搭配所表现出的华丽图案和优美外貌。盛花花坛以其占地面积较小、便于更换、图案变化多样、色彩丰富等优点，在校园景观中应用最为广泛（图20-1）。

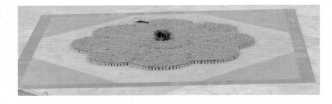

图 20-1　盛花花坛

　　模纹花坛是根据花卉植物的颜色、姿态差异组成不同的外部形态或者栽植出不同的纹路、文字和图案，以达到美化城市环境，减缓城市人口精神压力的目的。由低矮的观叶植物或花和叶兼美的植物组成，表现群体组成的精美图案或装饰纹样的花坛。

　　模纹花坛根据图案表面特征可以分为毛毡花坛和浮雕花坛两种。毛毡花坛指由各种植物组成精美图案，并且将植物修剪成同一高度，使其表面整齐，如同华丽的地毯一般（图20-2）。而浮雕花坛则是指通过修剪使植物表面凹凸不平，从而形成一些立体的图案，如同生动的浮雕一般（图20-3）。当今更多的模纹花坛是与盛花花坛相结合，既能表现一定的主题思想，又可具有绚丽的色彩景观。

图 20-2　毛毡花坛

图 20-3　浮雕花坛

　　模纹花坛根据外观又可以将其分为文字式、图案式和立体式。文字式指花坛通过植物的搭配形成文字符号，传达一定的意义，从而产生一定的宣传作用（图20-4）。图案式指通过各类植物的相互搭配形成一组平面图案，起着装饰美化的作用。立体式即立体花坛和模纹花坛的结合，指将草本植物或矮灌木种植在二维或三维构架上，形成艺术作品的一种植物造景技术，作品具有形象生动具体、传递丰富信息表现鲜明主题的特点，综合展示园艺技术和园艺艺术。

　　混合花坛是不同类型的花坛如花丛与模纹花坛结合、平面花坛与立体造型花坛的结合，以及花坛与水景、雕塑等的结合而形成的综合花坛（图20-5）。

图 20-4 文字式花坛

图 20-5 混合花坛

20.4 花坛植物材料的选择

盛花花坛在选择植物材料时要求株丛紧密整齐，开花繁茂，花朵鲜艳明丽，开花时见花不见叶，高矮一致，花期一致的花朵。同时，花坛用花多为时令花卉，选择花材时要考虑不同季节的气候特点选择合适的种类。比如，中国西南地区夏秋季常用花卉有矮牵牛、万寿菊、一串红、百日草、千日红、鸡冠花、夏堇、彩叶草、天竺葵等；冬春季常用花卉有三色堇、羽衣甘蓝、金盏菊、多花报春、四季报春、雏菊等。考虑到相同季节不同纬度不同海拔的气候有所差别，选择花材时要因地制宜。

模纹花坛常用的植物材料有五色草、彩叶草、

香雪球、四季秋海棠等，偶尔有用低矮的小灌木，如红花檵木、金叶女贞等。五色草是多年生草本植物，是苋科莲子草属的黑草、绿草、大叶红、小叶红和景天科的白草的总称。通常模纹花坛主要植物材料由五色草构成，五色草具有植株低矮、分枝繁茂、色彩丰富、极耐修剪等特点，其通过相互颜色的搭配形成各种不同的图案与景观。

模纹花坛的配置植物选择要根据设计的图案和所处的气候带来确定。在具体的植物材料选择中，常常更加偏向于新型优质的花材。因为新型优质的花材具有抗寒抗旱、耐湿热、颜色鲜艳醒目、开花量大且繁密茂盛、易修剪、观赏期长等特点，在模纹花坛应用中，无论观叶、观花或者观型，都具有极好的观赏性。比较典型的新优植物品种有金叶过路黄、地毯草、银叶菊、银边垂盆草（白草）等。模纹花坛植物材料选择应该参照以下几个标准：植株低矮，分枝能力强，株形结构紧密，一般不超过 10 cm为宜。花朵繁密，花色艳丽，开花量大，花朵整齐，高度一致且残花败花不宿存于植株上。适应性强，特别是具有较强的抗旱、耐瘠能力，耐湿热环境，且生长健壮，根系生长迅速。

20.5 花坛的设计

20.5.1 花坛与环境的关系

花坛形式多种多样，在选择采用何种形式的花坛时，要考虑到花坛与环境的关系。花坛的风格和装饰纹样应与周围建筑风格相一致，同时立地环境开阔与否、背景的明暗、原有植被生长状况也影响着花坛的选择。花坛的体量大小也与环境相关，一般来说，花坛面积占广场面积的 1/5～1/3，且外部轮廓要与建筑边线、道路走向、广场形状协调一致。要充分考虑到花坛组织交通分隔空间等功能，如交通环岛花坛、道路分车带花坛、出入口广场花坛等。必须考虑车行及人流量，不能造成遮挡视线、影响分流、阻塞交通等问题。

20.5.2 花坛的图案设计

花坛的图案纹样应该主次分明，简洁美观，且

注意纹样轮廓要清晰。一般都是平面图案，离地面不宜太高。可以用不同颜色，不同高度的植物丰富花坛的层次，但要注意内高外低。通常花坛的装饰纹样都富有民族风格，如中国常用云卷类、花瓣类、星角类等。设计花坛时应本着尽量降低养护管理费用的原则，宜繁则繁，该简则简。

花坛大小要适度，在平面上过大则在视觉上易引起变形，一般观赏轴线以 8～10 m 为度，图案简单粗放的花坛直径可达 15～20 m。具体图案应根据具体环境要求来确定所要设计的图案。比如在美术馆前，设计的图案要华丽而流畅，体现美的感觉；在体育馆前，设计的图案要富有动感，有前进的感觉；在政府机关前，设计的图案要庄重。总之要根据不同的场合采用不同的图案纹样，追求与其所在环境的协调。单体花坛主体高度不宜超过人的视平线，花坛中央拱起，保持 4%～10% 的排水坡度。

20.5.3　花坛的色彩设计

花坛的色彩设计，应遵循一定的艺术规律，要注意色彩的调和、对比、动感的应用。不同的色彩搭配，给人带来不同的心理感受。同色或近似色的花卉种在一起，给人柔和愉快的感觉；对比色相配，给人跳跃活泼的感觉，但注意在同一花坛中不宜多用对比色；白色可以起到衬托、调和的作用；冷色系的花给人深远的感觉。除此之外，不同的环境氛围不同，选择的花坛颜色基调也有所不同。节庆假日，宜选用色彩艳丽的花卉，烘托热闹、喜庆的节日气氛；图书馆花坛色彩不宜太跳跃，应选淡色，使人感觉安静幽雅；公园、剧院等应选暖色，使人感觉鲜明活跃。花坛一般应有一个主调色彩，其他颜色的花卉则起着勾画图案线条轮廓的作用。一般除选用 1～3 种主要花卉外，其他种花卉则为衬托，使得花坛色彩主次分明。忌在一个花坛或一个花坛群中花色繁多，没有主次，即使立意和构图再好，但因色彩变化太多而显杂乱无章，也会失去应有的效果。

由于模纹花坛的主要材料只有五色草，也就是说模纹花坛的主体部分主要由五种颜色构成，因此对于模纹花坛的色彩设计就显得尤为重要。首先应选取一种草做底色，然后再根据需要取用其他草

色在底色上做画，用多种色彩相互映衬从而达到更好的观赏效果。另外也可以通过相应色彩的配置植物，增加模纹花坛的色彩丰富性和表现力。但文字类模纹花坛不可过分艳丽，以免喧宾夺主，掩盖了其文字的教育宣传功能。模纹花坛纹样应该丰富和精致，但外形轮廓应简单。由五色草类组成的花坛纹样最细不可窄于 5 cm，其他花卉组成的纹样最细不少于 10 cm，常绿灌木组成的纹样最细在 20 cm 以上。

20.5.4　花坛的设计图

1）平面花坛

（1）总平面图　通常根据设置花坛空间的大小及花坛的大小，以 1:(500～1 000) 图纸画出花坛周围建筑物边界、道路分布、广场平面轮廓及花坛的外形轮廓图。

（2）花坛平面图　较大的盛花花坛通常以 1:50 比例，精细模纹花坛以 1:(2～30) 比例画出花坛的平面布置图，包括内部纹样的精细设计（图20-6）。

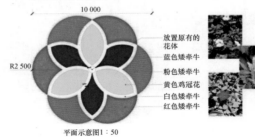

图 20-6　花坛设计平面图

（3）说明书　对花坛的环境状况、立地条件、设计意图及相关问题进行说明。

（4）植物材料统计表　植物的品种名称（普通名称和学名）、花色、规格（株高及冠幅）以及不同品种的用量等，在季节性花坛设计中，还须标明花坛在不同季节的轮替花卉的品种、花色、规格及用量。

2）立体花坛

立体花坛比平面花坛结构复杂，包括承载体、固定结构、介质、介质固定材料和植物材料等。立体花坛结构设计还要充分考虑到骨架的重心，关系到造型的稳定与安全，一般造型与配重比例为 1:3，

可将造型与配重巧妙地结合起来。因此,立体花坛设计图除了包括上述平面花坛的设计图外,还有其他具体要求,主要是外观形象设计(正立面、侧立面和平面图)、骨架结构设计、灌溉系统设计。其中,外观形象设计主要就是确定立体花坛的主要形态,要求线条自然流畅,画面美观整洁,善于变化而又不过于复杂,以免后期种植困难,效果凌乱。单面观、规则式圆形或几个方向图案对称的花坛只需画出主立面图即可。如果为非对称式图案,需有不同立面的设计图。骨架结构设计主要是对立体花坛的植物载体和承重支撑体的设计,为以后立体花坛的精准施工提供数据支持。应事先估算所承受重物的总重量,然后选择参数和尺寸合适的用料,应杜绝由于骨架的强度不够而导致的立体花坛变形或者其他情况的发生,以免造成人身伤害。目前,立体花坛基本上采用的是钢架结构,设计时根据骨架特点设计出骨架施工图。灌溉设计主要就是对立体花坛地面、立面浇水灌溉系统的设计,主要绘制管道布置图和喷头布置图,要求管道布置合理,水压平衡,能保证立体花坛每一处都能正常灌溉浇水。

20.6 花坛施工

20.6.1 盛花花坛施工

盛花花坛大概可以分为两类施工类型,一类是以自然土壤为种植床,其上栽培时令花卉而形成的传统花坛;另外一类是在硬质铺装上摆放盆花而形成的现代花坛。

20.6.1.1 传统盛花花坛施工

1)种植床土壤准备

花坛土壤具有良好的理化性质和营养状况;通常在种植花卉前应对花坛土壤进行深翻和施肥改良。一、二年生草花需要至少20~25 cm厚,多年生花卉及灌木需40~50 cm。土壤需排水良好,深翻后施足基肥。适当的排水坡度。

2)施工放线

整好苗床后,可用石灰、锯木屑或干沙按照图纸进行放线;用皮尺、绳子、木桩、铁锹等工具,复杂

细致的图案或文字,先用硬纸板镂空或用铁丝围成图案或文字形状,铺在种植床相应的位置上,撒上沙子或石灰绘制图形。

3)砌边

按照花坛外形轮廓和设计边缘的材料、质地、高低、宽窄进行花坛砌边。

4)栽植

选择阴天或傍晚,花蕾露色时移栽。栽前2 d应灌透水一次,以便起苗时带土。选择苗的色泽、高度、大小一致。栽植顺序一般应从中心向外依次退栽;一面坡式花坛,应由上向下退栽;高矮不同的花苗混栽时,应先栽高的,后栽矮的;宿根、球根花卉与一、二年生花苗混栽时,应先栽宿根花卉,后栽一、二年生草花。苗的高度不一致时,高的深栽,矮的浅栽,株行距以花株冠幅相接,不露出地面为准。栽好后充分灌水一次。

20.6.1.2 现代盛花花坛施工

现代盛花花坛施工比较简单,通常直接用石灰按照图纸在硬质铺装上进行放线,摆盆花即可(图20-7)。如果是大型的盛花花坛,一般要在中间高,四周低的钢制骨架(坡度5%~10%)上铺木板,在木板上放线,再摆盆花形成大型的花坛。如国庆期间天安门广场的主花坛。在花坛隐蔽处安装灌溉系统。

图20-7 现代盛花花坛放线施工

20.6.2　模纹花坛施工

模纹花坛大概可以分为两类施工类型,一类是平面图案或文字花坛;另一类是立体造型花坛。

20.6.2.1　平面花坛施工

平面模纹花坛施工中有两类情况,一类是在种植床中施工,其施工过程与传统盛花花坛施工基本一致,只是栽植顺序应先栽图案的各条轮廓线,然后再栽里面的填充部分;另一类是将若干苗盘直接摆放在斜面的金属架上,表现文字或图案。这类花坛施工主要是按着设计图纸的文字或图案在苗盘中放线(每个苗盘相当于网格放线中的一个网格),栽植后按常规养护,之后摆拼成形即可。

20.6.2.2　立体花坛施工

立体花坛的施工流程主要有技术准备、骨架制作、骨架安装、灌溉系统安装、填充物及绑扎技术、立面植物栽植、地面植物栽植、验收和后期管理等步骤。

1)技术准备

入场后组织各专业技术人员认真研究设计图纸,领会设计意图,做好图纸会审;编制施工组织设计,编制分部、分项工程施工技术措施,做好技术交底,指导工程施工;认真做好工程测量方案的编制,做好测量仪器的校验工作,认真做好原有控制桩的交接核验工作;编制施工预算,提出主要材料用量计划。

2)骨架制作

骨架的功能是对立体花坛进行支撑,所以要结合具体的花坛造型设计出合理而又坚固的骨架。传统制作的立体花坛一般选用木制、钢筋或砖木等结构作为造型骨架,现在较多采用钢材作为骨架的主要材料,以保证骨架有足够强度。骨架制作是立体花坛成败的关键,骨架材料要求轻盈、易弯曲、能形象地反映出图案的形状等优点,通常选用轻质钢材。先用钢筋条搭建构架,之后用细钢筋条焊接来"编织"细节部位,形成网状结构焊接的间距以15~18 cm较为合理,并在构架上安装用来提升它的吊钩,以方便组装和运输。构架采取可拆卸的形式,便于搬运、安装;构架的基础一定要结实;构架还要经过防锈、防腐处理等。

3)骨架安装

要充分考察安装现场情况,确定安装现场基础(铺装地、草地)和车辆运输距离等条件,制定相应的保护或安装措施。草地上以木桩进行桩点位置标记,硬质铺装地面上以彩喷或粉笔进行标记,以保证立体结构位置、朝向的准确性。构架固定要牢固而简单,要利用力学三角形稳定性原理,固定一般竖直埋设三根角铁(之间用钢筋焊接),尽量避免挖掘地基浇注混凝土的固定方式,要充分考虑构架的可移动性和安全性(包括抗风能力、稳定性、承受荷载等因素),造型复杂的还要考虑构架的组合拼装形式(或焊接或螺栓拼接组装等),以便于搬运、安装。当需要特别固定时,较厚水泥地面可用膨胀螺栓固定,裸土地面可将基部插入土中固定,也可预先埋入专设的基座,布展时把骨架固定在基座上。需要特别注意的是,在制作立体花坛的骨架尺度和尺寸时,要充分考虑基质与五色草的厚度和体量,以免出现比例失调的现象。安装完毕后,利用水平尺等工具进行水平确定,采取木楔等找平措施,以确保整体结构。

由于是在构架上栽种植物材料,成型后轮廓会放大,所以在制作时要充分考虑放大比例后结构造型的视觉尺度,提高作品的整体协调性,应避免造型失真影响观赏效果。因为构架内部要填充培养基质,为防止浇水后培养基质下沉而造成立体花坛下部膨胀变形,因此在构架内部高度每30~50 cm要设置一道防沉降带。防沉降带可用钢筋焊接,间距20 cm×20 cm,上面用麻布片进行隔断固定。

4)灌溉系统安装

灌溉系统现场安装前要确定最近的水源,并完成主管道安装。整个立体花坛的灌溉系统可以采用分层灌溉,以保证水分灌溉均匀,便于后期养护操作。灌溉工艺主要有滴灌、渗灌、微喷3种方式,滴灌是主要应用于卡盆工艺的立体灌溉方式;渗灌主要应用于五色草、穴盘苗等工艺的灌溉方式;微喷配合前2种灌溉工艺,进行花卉表面叶片的增湿降温。

5）填充物及绑扎技术

填充物即介质，可分为营养土、无机固体材料（如矿棉、泥炭土、珍珠岩及其混合物）或传统的加草泥土。绑扎填充物的材料主要有遮阳网、麻布（麻袋）或无纺布（纱布）等。固定绑扎可用铁丝、钳、剪刀等工具。

（1）传统方法　五色草花坛所用的基质是花秸泥，准备花秸泥的过程是将黄土、稻草用水混匀，黄土与稻草的比例以便于挂在骨架上为宜，有些部位还需制作泥辫。稻草剪至约 50 cm，焖 2～3 d，至稻草变软并浸透水为止。将稻草泥按照需要的形状粘在铁架上，把薄的麻袋布用水浸湿，在与泥接触的一面刷上一些泥浆以便于麻袋布与花秸泥更好的贴合，将其包在泥上面，有些部位要提前预留铁丝便于固定，铁丝长度约 15 cm，把铁丝两头弯成钩状，纵横交错把麻袋布固定在泥上面。上泥、包泥后，同样用铁丝进行固定。泥的厚度要不少于 5 cm。用于包裹的麻袋布要用单层，把多余的部分剪去。骨架之上覆盖的泥浆有可能由于干燥而发生开裂，在缠草绑扎时，应该对其搭上荫棚，使其避免太阳暴晒和雨淋。

（2）现代方法

①实体填充法。在做好的骨架结构上蒙上一层铁丝网，在铁丝网的外边用铁丝再绑上无纺布（或纱布或遮阳网），在框架结构造型里面全部填上营养土。在填土时一定要注意捣实，以免以后插上五色草时出现营养土坍塌引起小面积死亡斑秃现象。此方法造型体量大，不易运输，但利于五色草根系生长。在制作过程中，安装用于灌溉的喷灌设施应与填充培养基质同步进行。

②内部中空法。在骨架结构外部绑上两层纱布及铁丝网，填充方式是骨架的内部为空心，中间填一层厚 5～7 cm 的营养土，注意一定要绑扎好，否则模型在搬运时容易变形。

③容器栽植法。五色草类运用穴盘苗工艺较多，提前 2～3 个月进行穴盘苗培养，减少缓苗时间。期间要多次修剪，使得五色草整齐、茂密，摆放时根据设计图案要求摆放在制作好的钢架里，或将卡盆放置在配套的装置内，卡盆四周包裹 1 cm 厚的海绵，具有自吸、自控肥水的能力。容器栽植法优点在于可组合、可重复利用。

6）立面植物栽植

根据设计图纸要求，在造型表面先画出图案轮廓线，在造型表面插出孔洞后再插入五色草。栽植五色草苗的最佳方法是竖向斜栽入基质内，即苗与造型表面呈锐角形式（倾角为 45°～60°），这样栽植浇水不会把五色草冲掉，也利于在土壤中生根。栽植后浇透水放置在遮阳网下缓苗 10 d 以后即可摆放。通常栽植行距为 2～5 cm，按照品字形依次排列。插入植物材料的深度一般为植物材料长度的 1/3～1/2。栽植顺序为自上而下、由内到外有序栽植，可先在造型表面插出图案轮廓线，然后再填满内部，使整个图案更加整齐、美观。

为保持五色草高度一致，促其根、茎、叶的生长，使花坛图案纹理清晰、整洁，插后要立即进行修剪，使图案线条明显、纹理清晰。对于要求达到立体艺术效果的花坛，如文字花坛，通过修剪使文字凸出来，具有立体感，修剪时对图案线条的四周要重剪，衬底间要剪清晰。

20.7　花坛日常管理

根据季节、天气安排花坛的浇水频率。尘土较重的区，每隔 2～3 d 还须喷水清洗，枝叶要及时修剪，个别枯萎的植株要随时更换。经济型花坛中的植株一般不再施肥，永久性和半永久性花坛中的植物可在生长季喷施液肥或结合休眠期管理进行固体追肥。

立体花坛造型复杂，管理难度也较大。刚刚扦插完的立体花坛应该立即喷透水，之后要每天上午、下午各喷水 1 次。保持土壤湿润，喷水过多、过少都影响成活率。由于立体花坛体量普遍偏大、偏高，不管是人工浇水还是喷灌、滴灌和渗灌，都容易造成立体花坛顶部的植物干死，底部的植物淹死的现象。所以浇水时要注意顶部多喷，底部少喷。立体花坛出现五色草的烂根或缺苗现象时，应及时将长势不好的五色草换下、补苗，以维持整体的观赏效果。若立体花坛的摆放时间较长，五色草经过一

段时间的生长后,轮廓变得不明显,此时需要进行二次修剪。立体花坛主要利用叶片表面直接喷肥的方式进行追肥,或者结合滴灌等进行补充营养液的追肥工作,保证栽植基质中含有足够的营养成分,延长立体花坛的观赏期。一般每周施肥1~2次。立体花坛的植物普遍是生命力比较旺盛的植物,大约需要10 d修剪一次。由于水肥比较充足也容易促使杂草丛生,杂草影响着立体花坛植物的生长,影响立体花坛的美观,所以要定期进行人工杂草拔除工作,保证立体花坛完美的景观效果。

花境的应用设计与施工

21.1 概念及特点

花境(flower border)是园林中从规则式构图到自然式构图的一种过渡的半自然式的带状种植形式,表现植物个体的自然美以及它们之间自然组合的群落。它一次设计种植,可多年使用,并能做到四季有景。也有将花境定义为以宿根花卉、花灌木等观花植物为主要材料,以自然带状或斑状的形式,在形态、色彩和季相上达到自然和谐的一种园林造景形式。花境是模拟自然界中林地边缘地带多种野生花卉交错生长状态,运用艺术手法设计的一种花卉应用形式。它起源于欧洲,到19世纪后期,花境在英国非常流行,而且形式多样。花境不但具有优美的景观效果,尚有分隔空间和组织游览路线之功能。

种植床两边的边缘线是连续不断的平行的直线或是有几何轨迹可循的曲线,是沿长轴方向演进的动态连续构图。单面观赏的花境通常以墙、规则式种植绿篱、树墙等作为背景(花境最初的概念)。花境内部的植物是自然式的斑块式混交配置,其基本单位是花丛,每组花丛由5~10种花卉组成,每种花卉集中栽植,平面上不同种类是块状混交,立面上高低错落。花境有季相变化,四季(北方为三季)美观,花境内每季花卉比较均匀的开放,形成季相景观。夏秋季节各色花卉次第开放,大部分植物都呈现出最佳的状态。到了冬季,多数的这些多年生花境凋萎枯黄,但是在大的植物空间结构下,这种枯黄的颜色和质感,也同样丰富着季节的景观感受。让人能观察到植物的生命从生发绽放到逐渐衰败所走过的一生,这是大自然最真实的表现。

花境作为一种花卉应用形式,在城市绿化中随着人们逐渐提高的生态意识及审美情趣,愈来愈为大众所喜爱。花境的特点是种类丰富、季相明显;立面丰富、景观多样化;注重乔灌草配置的理念。不论在公园、休闲广场还是居住小区的绿地配置不同类型的花境,都能极大地丰富视觉效果,满足景观多样性的同时也保证了物种多样性。

21.2 花境的类型

21.2.1 按设计形式分

1)单面观赏花境

为传统的应用设计形式,常以建筑物、矮墙、绿篱或树丛等为背景,前面为低矮的边缘植物,整体上前低后高,单面观赏(图21-1)。

2)双面观赏花境

多设置在道路、广场和草地的中央,植物种植总体上中间高两侧低,可两面观赏(图21-2)。

3)对应式花境

在道路的两侧、广场、建筑周围设置的呈左右二列相对应的两个花境(图21-3)。

图 21-1　单面观赏花境

图 21-2　双面观赏花境

图 21-3　对应式花境

21.2.2　按花境所用植物材料分

1)灌木花境

花境内所用的观赏植物全部为体量较小的灌木,如杜鹃、日本绣线菊、金丝桃、金叶女贞、龟甲冬青等。

2)宿根花卉花境

花境全部由可露地过冬、适应性较强的宿根花卉组成,如鸢尾、芍药、萱草、玉簪、百子莲、墨西哥鼠尾草、山桃草、大吴风草、落新妇、耧斗菜、荷包牡丹等。

3)球根花卉花境

花境内栽植球根花卉。如百合、石蒜、大丽花、水仙、郁金香、葱兰、水鬼蕉、六出花、紫娇花、雄黄兰等。

4)专类花境

一类或一种植物组成的花境,也可以称为专类园。如由叶形、色彩及株形等不同的蕨类植物组成的花境;不同颜色和品种的芍药组成的花境;鸢尾属的不同种类和品种组成的花境;杜鹃花属不同种或品种组成的花境;芳香植物组成的花境等。

5)混合花境

由灌木和草本花卉组成的花境。混合花境与宿根花卉花境是园林中最常见的花境类型。

21.3　花境的设计

花境不是孤立的,而是园林植物大空间中植物景观结构的一个元素。常规的园林空间带给人的是舒适、平静,花境则是对气氛的渲染,是对平静氛围的打破。设计花境时应该因地制宜,整体规划。花境作为绿地的组成部分要融入整个大的植物景观中去,作为植物结构的下层结构进行配置,起到画龙点睛的作用。同时,要考虑园林整体规划构思及花境所处区域,在风格和配置上要与整体构思和谐统一。

21.3.1　花境的位置

花境可应用在公园、风景区、街心绿地、家庭花园及林荫路旁。带状布置方式,适合沿周边设置,可创造出较大的空间或充分利用园林绿地中路边等带状地段。适合布置于园林中建筑、道路、绿篱等人工构筑物与自然环境之间,起到过渡作用。

1)建筑物基础栽植的花境

花境在建筑物前可起到基础种植的作用,软化生硬的线条,缓和强烈对比的直角,使建筑与周围的自然风景和园林风景取得协调。这类花境是以建筑为花境背景的单面观花境,花境的色彩应该与墙面色彩取得有对比的统一。

2)道路旁的花境

道路的一侧、道路的两边或中央设置的花境。

3)与绿篱和树墙相结合的花境

在各种绿篱和树墙基部设置的花境,绿色的背景使花境色彩充分表现,而花境又活化了单调的绿篱或树墙。

4)草坪花境

在宽阔的草坪上、树丛间设置的花境。

5)庭园花境

在家庭花园或其他小花园周边设置的花境。

21.3.2　花境的大小与形状

1)花境长度

花境的长度的选择取决于园林环境的整体空间。一般花境的长轴长度不限,为管理方便及节奏、韵律感,可把过长的种植床分为几段,每段长度不超过 20 m。每段之间可留 1～3 m 的间空地,可设置座椅或其他园林小品。

2)花境宽度

花境应有适当的宽度,过窄不易体现群落的景观,过宽超过视觉鉴赏范围,管理困难。通常单面宿根花卉花境 2～3 m;单面混合花境宽 4～5 m;双面宿根花卉花境 4～6 m。较宽的单面观花境在种植床与背景之间可留出 70～80 cm 的小路,便于管理,通风,也能防止背景植物根系侵扰。

3)花境形状

通常花境为带状,两边平行或近于平行的直线或曲线。单面观花境种植床的后边缘线多采用直线,前边缘直线或曲线。双面观赏花境的边缘基本平行。

4)花境朝向

通常对应式花境长轴南北方向,两个花境光照均匀。其他花境可自由选择方向,根据花境的生境选择植物种类。

5)种植床类型

排水良好地段或种植于草坪边缘的花境常用平床;排水差的土质上,或者阶地挡土墙前的花境常用高床,并做 2‰～4‰ 的排水坡度。

21.3.3　背景设计

背景是花境的组成部分,应根据需要在设计时全面考虑。单面观花境较理想的背景为绿色的树墙或较高的绿篱,装饰性的围墙也是理想的花境背景。建筑物墙基、挡土墙及各种栅栏等也常成为花境的背景。如果背景的颜色或质地不理想,可在其前选种高大的绿色观叶植物或攀缘植物适当遮挡。

21.3.4　边缘设计

花境边缘确定种植范围,对花境植物起保护作用。高床可用自然的石块、砖头、碎瓦等做种植镶边。平床多用低矮植物镶边,如马蔺、酢浆草、麦冬、雪叶菊、亚菊、蔓长春花和匍枝亮叶忍冬等。若要求花境边缘分明、整齐,还可以在花境边缘分界处 40～50 cm 深用金属或塑料板隔离。

21.3.5　花境主体部分种植设计

1)植物选择

在花境植物选择时,要遵循"适地适花"的原则,尽量选择能露地越冬,花期长、花叶美,适应性强、生长强健、管理粗放的多年生植物材料。选择花境植物首先要考虑花色、花期、叶色、叶形等外观美,还应注意植物对光照、土壤及水分等的适应性和种类组合时的种间关系。这样植物种类构成使整个群落的花卉色彩丰富,质地有异,花期连续性和季相变化,形成多年使用的优美花境景观。构成花境的花卉材料大概分为以下 6 个类:

(1)繁花类　品种繁多,色彩缤纷,形态各异,是构成花境的主体材料。如花菱草、五星花、萱草类、薰衣草、墨西哥鼠尾草、紫茉莉等。

(2)高茎类　高茎植物往往担当着视觉焦点的角色。常用种类有蜀葵、醉鱼草、穗花牡荆、羽扇豆、大花飞燕草等。

(3)阔叶类　有高也有低,其宽大的叶片往往具有肉质感,能与其他材料形成对比。如美人蕉

类、一叶兰、玉簪类、红叶甜菜、红脉酸模、老鼠勒等。

(4)低矮匍匐类　常在花境前景中用来封边或弥补空缺。如石菖蒲、金线菖蒲、亚菊、美丽月见草、紫叶酢浆草、火绒草、蔓长春花、红蝉花等。

(5)花灌木类　一般包括常绿及落叶两大类，在花境应用中经常充当背景材料。如大花六道木、杜鹃、山茶、茶梅、龟甲冬青、花叶假连翘、金叶莸、金叶女贞等。

(6)观赏草类　观赏草自然朴实，给花境增添野趣，也是与其他植物形成对比的极好元素。如蒲苇、'细叶'芒、狼尾草、细叶针茅、蓝羊茅、花叶芦竹、苔草类等。

2)色彩设计

花境美妙的色彩可刺激和感染人的视觉和情感，给人们提供丰富的视觉空间。一个色彩设计完美的花境，在某个特定的时期，花色应散布在整个花境中，而不是集中于一处，避免局部配色很好，整体花境观赏效果差。因此，一个花境的成功与否很大一部分取决于色彩，色彩设计是花境设计的核心工作。花境色彩设计可巧妙地利用不同花色或叶色来创造景观效果。如冷色占优势的植物群放在花境后部，有加大花境深度、增加宽度之感；在狭小的环境中用冷色调组成花境，有空间扩大感；夏季应使用冷色调的蓝紫色系花，以给人带来凉意；早春或秋天用暖色的红、橙色系花卉组成花境，可给人暖意。安静休息区花境宜多用冷色调花；为增加热烈气氛，则可多使用暖色调的花。花境色彩设计时根据环境大小选择色彩数量，避免在较小的花境上使用过多的色彩而产生杂乱感。色彩设计中主要有3种基本配色方法：

(1)单色系设计(单色花境)　指用同一色系的花卉植物品种布置花境，在色彩的变化上趋于单一。因此在选择同一色系的植物时，应选择具有明暗变化的植物进行组合，最终的视觉效果应接近于空间构成中的渐变，进而去弱化单色花境给人带去的视觉疲劳之感。在色彩方面，单色花境常常呈现出白色和蓝紫色。白色作为中间色调，不易让人产生疲惫之感。

(2)双色设计(双色花境)　指花境在色彩上主要是由两种颜色组成，给人的感觉通常为轮廓明确、色彩鲜明。可以从对比色和互补色两个角度来阐述双色花境的搭配。

(3)多色设计(多色花境)　多色花境因其在色彩上的丰富变化，是花境中最常见的类型。但在设计时应注意色彩之间的搭配，不能因其品种繁多而给人一种杂乱的感觉。通常多色花境实则偏向于冷色调，使人感受到花境的美与幽静。

色彩设计还应注意，色彩设计不是独立的，必须与周围的环境色彩相协调，与季节相吻合。配置时要使花境内花卉的色调与四周环境相协调，要注意以下几点：一是花境的色彩设计会影响到花境的整体空间，一般较小型的花境及分成不同区段的大型花境的各区段适宜选用单色的花境设计，重点强调种植排列的结构与韵律。二是使用中间色或相似色可用于强调和弱化主色调，适用于花境背景层，形成柔和的花境背景。如蓝绿、蓝紫、紫色这组类似色应用于同一组花境中，可以降低色彩的明度，形成柔和的色彩效果。三是使用对比色、补色可以营造生动的花境景观效果。如在红墙前用蓝色、白色显得鲜明活泼；在白粉墙前用红色或橙色就显得鲜艳。

3)季相设计

花境的季相变化是其主要特征之一。低纬度地区理想的花境应该四季观景，寒冷地区可做到三季有景。季相通过不同季节的开花的代表种类及其花色来体现的。找出该地区各季节或月份的代表植物种类，在平面种植设计时考虑同一季节不同的花色、株形等合理地配置，保证花境各季的观赏效果。

4)平面设计

构成花境的最基本单位是自然式的花丛，每个花丛的大小，取决于株数和单株的冠幅等。平面设计时，以花丛为单位，每斑块为一个单种的花丛。花境平面设计一般以花丛造型组合为主。有三角形、飘带形、半围合形、自由斑块等组合形式，其中前3种造型组合花境已经不多见了，自由斑块组合花境是目前应用最为普遍的一种方式。三角形组合的花境纵向层次较少，组合图案相对清晰，比较

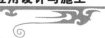

适合选取几种花卉间断性交错布置。三角形组合花境管理养护相对简单,适用于道路及现代感较强的园林环境中,一般可以表现出场景的节奏和韵律感。飘带形组合花境是由狭长飘带形的植物群落组合而成,有较强的流动性,纵向层次丰富。半围合形花境是由大植物团块包围若干小植物团块组成,具有一定的趣味性,大团块一般由较高的植物组成,整体性较强,小团块可重点强调植物色彩和种类的多样化,形成层次丰富的景观效果。自由斑块组合花境是由花卉团块随意组合而成,花境中的各种花卉呈斑状混交,斑块的面积可大可小,但不宜过于零碎和杂乱。

通常,一个设计单元(如 15 m 或 20 m)通常以 5～10 种自然式混交组成,各花丛大小不均匀,一般花后叶丛不美的植物面积宜小些。为使开花植物分布均匀,又不因种类过多而杂乱,可把主要花材植物分为数丛种在花境不同位置,再将配景花卉自然布置。过长的花境,可设计一个演进花境单元进行同式重复演进或 2～3 个演进单元交替重复演进。注意整个花境要有主调、配调和基调,多样统一。

5)立面设计

花境要有较好的立面观赏效果,充分体现群落的美观。在立面上,作为背景层的花境植物高度一般较高,而前面一般安排较矮小的植物,这样可以避免花境前后植物的互相遮挡,并能形成良好的景观层次。花境在立面设计上最好有繁花类、高茎类、阔叶类、低矮匍匐类、花灌木类和观赏草类这 6 类植物的搭配,才可达到较好的立面景观效果。

花境的竖向设计要充分考虑植物的高度、株形、花序和质感,营造高低错落、层次分明、质感和谐的花境景观。花境的高度一般要求前低后高,中间高两边低,且后面的植物颜色较深;花的枝叶花果均匀粗糙和细腻之不同的质感,粗质地的植物显得近,细质地的植物显得远。花境设计中植物搭配时也要考虑质地的协调和对比,质感粗糙植物栽植在花境后方或尽量远离人。设计时要竖线条和水平方向的植物合理搭配,使垂直方向和水平方向都有景可赏。避免前面的花挡住后面的花,竖向直立型和松散开展型在高度满足要求的情况下宜置于

后方,圆球形和下垂形宜向前栽植。整个花境中前后应有适当的高低穿插和掩映,才可形成自然丰富的景观效果。

6)设计图

(1)设计图形式　可用钢笔绘制黑白图,或用水彩、马克笔、彩铅等方式绘制彩图。

(2)总平面图　绘制 1:(100～500)的图,其中标出花境周围环境,如建筑物、道路、草坪及花境所在位置。

(3)花境平面图(种植施工图)　根据环境大小绘制 1:(20～50)的图。图中需绘出花境边缘线、背景和内部种植区域等。以花丛为单位,用流畅的曲线表示出花丛的范围,在每个花丛范围内编号或直接注明植物及构成花丛的特定花卉的株数。需附表列出花境的植物材料,包括植物名称、株高、花期及用量等。

(4)花境立面效果图　绘制 1:(100～200)的主要季节或各季景观效果图。提供花境设计说明书,作者设计意图及简要的管理要求等。

21.4　花境的种植施工

21.4.1　技术准备工作

1)现场踏查

花境施工前需要踏勘现场、熟悉环境,仔细核对现场的建筑、树木、地上设施等的位置和体量等,对一些影响施工的因素进行前期调整和排查。根据实地景观内容和主题,以及地理环境和气候条件,选择相应的品种。

2)苗木准备、细化方案

根据花境设计要求和营造场地特性(大小、重要程度、周边植栽品种),构思方案备苗。施工人员首先必须熟悉图纸,并充分领会设计意图,必要时进行全程跟踪,做好苗木的采购、现场的种植指导,对品种规格株形、健壮程度等方面要严把质量关。种植前必须了解苗木种类、数量、规格、生长情况以及苗源同施工地点的距离、交通运输等情况。一般在植株数量准备上多预留出 10%,以备施工损耗。

在此基础上制定出施工计划和施工进度,做好施工前的各项准备,才能按时施工。

21.4.2　施工程序

花境一般是在园林绿地灌木种植完成后,进行的最后一道植物景观营造,其具体步骤如下:

1)地形整理(种植床准备)

根据实地放样,整理好种植床及其坡度,改良土壤,施足基肥,避免黏重土和低洼地。通常单面赏观花境的种植床,应该适当增加坪床后面的高度,控制花境坡度在 5°～10°;双面观赏花境的种植床中央比两边高出 10 cm 左右,既有利于排水,又能增加花境的前后层次和饱满度。花境的种植床与草坪交界边缘切边须整齐。

2)定点放线

定点放线是指根据设计图纸按比例放样于地面的过程。根据花境的位置图确定种植床的具体位置,若与周边环境有不和谐的地方,可以在现场进行适当调整。根据种植平面图进行放线,先标出花境整体的轮廓线,然后再具体到每个品种斑块的范围和形状。

3)种植

根据植物的成型规格制定合理的种植密度,应充分了解各植物生长习性,根据其生长速度和伸展空间,留足相应间距。栽种小苗,则可适当密些,以后再行疏苗。

一般先栽植高大的背景或构架植物,定好位置后栽植低矮植物。如果花境植物与背景植物相邻,应先种植背景植物,再种植花境植物。对于双面观赏花境或多面观赏花境,则要先栽中心部位,再往外缘栽植。种植床边缘的苗最好采用向外倾斜的栽植方式,既可覆盖坪床切边沟,又可增加花境整体景观效果。对有特殊土壤要求的植物,可在某种植区采用局部换土措施。不耐积水的植物,可在种植区土壤下层添加石砾。某些根横向生长过强,易侵扰其他花卉的植物,可在种植区边界挖沟,埋入砖或石板、瓦砾或金属板、塑料板等进行隔离。

通常栽植在春、秋两季进行,如夏季移栽则需在清晨或阴天时进行。建植初期可以采用一些土壤覆盖物如树皮、鹅卵石、沙砾等覆盖土壤,花境看起来美观整洁,又能起到保墒增加养分的作用。在种植过程中,设计人员要亲临现场,可直接了解苗木的大小、色彩,种植时的深浅,如发生物种(或品种)、规格、种植位置等与图纸不符,可及时对原设计进行调整,以取得花境最佳的观赏效果。

21.5　花境的日常养护管理

21.5.1　浇水与除草

花境定植后应立即进行浇水养护,这是个非常敏感且至关重要的过渡阶段。一般植物栽植后应浇 3 遍透水,栽植后马上浇第 1 次,2～3 d 后浇第 2 次,再过 1 周浇第 3 次。以后根据季节、天气和栽培土壤、花境植物特性等实施浇水。发现杂草及时拔出,尽量不用除草剂,以免产生对花境植物的伤害。

21.5.2　施肥

施肥也是花境养护不可缺少的环节,在整地施工的同时向土壤中施加有机肥,营养生长期可进行 1～2 次追肥,开花后可进行 1 次施肥。

21.5.3　修剪及植株调整

修剪是花卉栽培过程中的一项重要农艺措施。通过修剪,可以控制植株的高度,提高植株的观赏性,同时提高植物的存活率。通过修剪多余的枝条、花叶,可以减少养分的消耗,促进花卉的成长。同时,通过修剪还可以控制花期或使植株二次开花。混合式花境中灌木应及时修剪,保持一定的株形与高度。花境种植后,随时间推移会出现局部生长过密或稀疏的现象,需及时进行植株调整。

第**22**章

植物墙的应用设计与施工

22.1　概念及特点

植物墙(green wall),也称为植物幕墙。指在建筑物或构筑物的立面,部分或全部覆盖绿色植物,是利用新技术、新材料、新工艺和生态学、景观学、园艺学、建筑学、人居环境科学等多学科发展起来的新的垂直绿化形式。植物墙的本质是由支撑系统、照明系统、灌溉系统、蓄排水系统、栽培介质(模块系统或载体系统)、植物系统等共同组成的一个轻质栽培系统。根据植物墙所处的位置可以将其分为室外植物墙和室内植物墙,室外植物墙是指模拟自然界垂直立面植物群落的基础上,在建筑物或构筑物表面的立面或全部覆盖绿色植物。室内植物墙是指将室内墙面全部或部分种植、覆盖绿色植物。通常认为的绿墙是指利用攀缘植物或其他植物装饰垂直面或各种围墙的一种垂直绿化形式。可见,绿墙是广义的垂直绿化应用形式,而植物墙是绿墙的一种特殊类型。但也有人认为,广义的绿墙与广义的植物墙在意义上差别不大。

22.2　植物墙的类型

目前植物墙的类型主要有标准模块式植物墙、袋式植物墙、纤维布式(无土栽培式)植物墙、盒(盆)式植物墙、箱式植物墙、介质式植物墙、板槽式植物墙等很多类型。这里重点介绍3种植物墙。

22.2.1　标准模块式植物墙

通常在人工支架的基础上,安装各种各样的栽培基质模块,模块有卡盘式、箱式、嵌入式、基质板式等不同类型,均是把各种基质放入人工模块内,通过不同的灌溉系统进行灌溉。这种植物墙建造和养护成本适中,在国内外使用广泛(图22-1)。

图 22-1　标准模块式植物墙

22.2.2　袋式植物墙(布袋式植物墙、毛毡袋式植物墙)

袋式植物墙前部设置有植物袋,植物袋上设置开口,袋墙材料具有很强的吸水性,起到渗水保水及施肥作用,所以袋墙需水量少。PVC 发泡板起到隔水固定作用,不损伤墙体,下部的水槽,可排放多余的水。这种植物墙建造和养护成本适中,在国内

使用广泛(图22-2)。

图22-2　袋式植物墙

22.2.3　纤维布式(无土栽培式)植物墙

基质采用吸水保水性能良好的化学纤维或植物纤维,利用其保水透水特性,通过滴灌系统保持水肥供应。其技术含量相对较高,景观效果好,代表植物墙未来发展的方向。但由于这种植物墙的建造和养护成本过高,在国内应用并不广泛。

22.3　植物材料的选择

植物是植物墙的关键成分,植物墙的植物选用,当然要根据它的景观表现和生态功能,而其首要的是它的适生性。理想的植物墙植物应具备的特点是:适应性强,不轻易修剪、养护简单粗放为宜。覆盖力强、根系浅,以须根为主的植物,根系与介质结合快而紧密。观赏性佳,以观叶为主,叶片要求厚重而且紧密,株形低矮整齐,四季观赏效果好。综合抗性强,耐湿热、耐旱、耐强光或耐阴,同时又能耐寒、病虫害少。避免在室内使用释放有害花粉的植物。一般常用的室内植物墙植物有花叶万年青、绿萝、豆瓣绿、吊兰、矾根、袖珍椰子、鸟巢蕨等。室外植物墙植物有鹅掌柴、扶芳藤、红叶石楠、'金森'女贞、常绿六道木、雀舌黄杨及花叶络石等。

22.4　植物墙的设计

植物墙的种植设计要考虑发挥植物最大的效

益,营造出一种相对长期稳定的植物群落景观。设计应该以生态学理论为指导,遵循艺术原则,做到科学性和艺术性的统一。

22.4.1　科学性原则

(1)符合植物习性　根据植物所处的生态环境条件,选择适宜生长的植物。在庇荫处,适宜种植喜阴或耐阴植物,如白鹤芋、秋海棠、一叶兰等。在阳光充足的地方,宜种植较喜阳的植物,如九里香、鹅掌柴等。在植物墙的顶部,宜种植相对耐旱和适应性强的植物种类,如虎尾兰、吊兰等。在植物墙的底部种植喜湿的植物,如蕨类、紫金牛、合果芋等。

(2)符合场地性质和功能　不同的场合有不同的功能,植物墙的应用有不同的要求,应根据绿化装饰的场合特点进行设计。如医院最好设计具有杀菌功能的植物墙,休闲场所宜用芳香植物种类。

22.4.2　艺术性原则

在正确选择构成植物墙的植物材料的前提下,植物墙的设计主要体现在色彩设计。设计要明确主题、合理布局、分清层次,协调植物丰富的色彩美、形体美、线条美和质感美等,使绿化布置与装饰艺术联系在一起。

1)色彩组合

(1)单色组合　植物墙面大面积种植同种颜色植物,主要是形成与周边环境的对比,起到强调作用,形成视觉焦点。

(2)多色组合　植物墙面根据植物色相、明度、叶片质地不同将不同种类的植物模块化种植,运用邻近色彩等注重色彩的调和,在体现色彩多样性的同时尽量形成协调统一。

(3)对比组合　植物墙将对比或互补色植物配置在一起,配置多以差异色起点缀作用,运用于大面积植物墙绿化中,引起视觉冲击,吸引视线,但面积不易过大。目前的植物墙的色彩设计多以绿色为主色调,辅以黄色及蓝紫色等相近色系,保证整体色调的和谐统一。

2)注重整体性

植物墙可应用的植物种类较多,每种植物在形态、色彩、质感等方面都表现出不同的特色,在展示植物个体美的同时,更要符合整体的协调性。配置在一起的各种植物须讲究构图完整,高低错落,植株之间能共生而不能相互排斥。不仅彼此间色彩、姿态、体量、数量等要协调,而且相邻植物间的生长强弱,繁衍速度也应大体相近,以防一种植物被另一种植物遮蔽。

22.5 植物墙的种植施工

22.5.1 支撑系统

支撑框架使用强度高、耐腐蚀、重量轻的不锈钢结构,厚度一般要求为 2～4 mm。墙面可固定的,采用标准网架直接固定在竖直墙体上;墙面不能固定的,须做独立支撑结构,应根据现场切割加工安装。防水层采用 PVC 板,厚度一般可选 10 mm,密度 0.7 g/cm³,PVC 板接缝处须做防水处理,可用玻璃胶粘合。PVC 板除起到防水作用外,还应起到固定、支撑和作为阻根的作用。

22.5.2 栽培介质

标准模块应固定支撑框架上,袋式种植或纤维布式种植,种植袋或基质布用铆钉固定在 PVC 板上。栽培基质通常选用轻质、无毒的单一或混合基质,经过消毒后使用。

22.5.3 灌溉系统

一般采用滴灌系统、微喷系统等方式来定时、定量供给植物必需的水肥。灌溉系统由水箱、水泵、控制器、管路、滴管、肥料配比机、储液桶等组成,灌溉系统应做到供液通畅、适量、均匀、余液不外流等。为方便管理,通常设置循环系统,循环利用水肥。

22.5.4 植物种植

种植密度一般为 30～100 株/m²,以小苗或中苗较为合适,应保持合理生长空间。选用不易失水和易扦插成活的苗木品种,去掉培养基质,清洗根系,注意保护须根。对易失水植物品种,上墙前浸泡 2 h,种植容易成活。用标准模块或袋式种植时,

应先填装基质,浇水润湿。用彩笔在模块或袋体按设计放样,依次种植,注意植株须根应全部埋于基质内(图 22-3)。用纤维布种植时,用刀片划开最外 2 层或 3 层基质布,插上植株,用钉枪钉紧。用马克笔或彩粉在基质布上按设计描绘图案定位,依次种植,注意植株须根应全部埋于基质布内。

22.5.5 辅助系统

(1)集水槽 通常在植物墙底部,收集滴液,通过管道回流至控制室,通过过滤加压循环利用。如无须循环利用,直接排入就近管网。

(2)迷雾装置 在植物墙上增设迷雾装置,既可改善空气湿度,又能增强白天观赏效果。

(3)灯光系统 可增强植物墙在夜晚的观赏效果,也可改善植物的光照条件,促进植物生长。室内植物墙加装日光型荧光灯明显改善植物生长质量,应根据植物的生物学特性来设定光照强度和光照时间。

22.6 植物墙的日常养护管理

植物墙的日常灌溉并非通常的人工浇水,而是运用精准化滴灌系统。辅助的人工养护主要是进行设备检查、监测以及除草、修剪、病虫害防治、植物局部更替与调整等养护工作。

图 22-3 植物墙施工

第 23 章

专类园的应用设计与施工

23.1 专类园概念与特点

23.1.1 专类园的概念

关于专类园的概念,不同研究学者持不同观点。有的认为专类园(specialized garden)是指在一定范围内种植同一类观赏植物供观赏、科研或科学普及的园地(《中国农业百科全书》)。也有提出专类花园(specified flower garden)是指以某一种或某一类观赏植物为主体的花园(《中国大百科全书》)。《花园设计》一书中提到专类花园是以既定的主题为内容的花园,也称专题花园。著名园林专家余树勋在其著作《园林词汇解说》中对专类花园的定义为专类花园简称专类园。本教材的专类园特指花卉专类园,将其定义为在一定范围内种植同一种或同一类花卉,用以表达某一既定主题的,供游人观赏、学习和科学研究的园地。

23.1.2 专类园的特点

从专类园的概念可以看出,与其他园林绿地和植物景观相比,专类园的构成及功能特点不同。

(1)以同一类花卉构成为主 该类专类园是以花卉搜集、展示、观赏为主体的一类园地,而且同其他公园、花园不同之处在于所种植植物具有相同特质类型和相似观赏性。可以由具有观赏价值的同一种类(含品种)的花卉构成,也可由同一属、同一科(亚科)植物构成,形成群体美或某一主题,如牡丹园、月季园等。或由具有相似生态习性的花卉构成以展示某一生境特点,如水生花卉专类园、沙漠花卉专类园。或由具有同一功能用途或特性的花卉构成,如药用花卉专类园、芳香花卉专类园。

(2)兼具一定科学研究价值 专类园多收集了同一类花卉的不同种和品种,可为这一类花卉的分类研究、种质资源引种收集研究、遗传育种研究、生理生化研究、濒危种类的保护及新品种的研发、杂交育种和栽培技术等提供研究场所。因此专类园多具有一定的科学研究价值。

(3)独具特色的园林游览空间 专类园不但具有较强的科学研究价值,而且具有较高的艺术性和观赏性。通常花卉专类园对外开放,同其他园林形式一样,通过地形处理,结合山水、建筑、道路和其他植物为游人提供一个休闲娱乐空间。因此,无论园林空间布局形式,还是道路和建筑小品布局,植物配置都遵循园林美学法则。不同之处在于,专类园以展示同一类群的观赏花卉为主,且兼具科学研究和科普功能,因而专类园在植物景观上独具特色。

(4)具有科普教育功能,传播花文化 专类园可以进行园艺学、植物学、遗传学、花文化等学科的科普教育。观赏花卉之美,除了表现花卉本身形态和色彩所展现出的自然美以外,还包括人们赋予花卉的一种特殊的感情色彩。我国观赏植物种质资源丰富且种植历史悠久,许多观赏植物尤其是传统名花都被人格化,赋予了特殊的含义,如兰花之幽谷雅逸、菊花之操节清逸。因此与植物有关的中国诗词、绘画、文学、雕塑、音乐、戏剧、民俗等植物文化源远流长。专类园可通过配置丰富的观赏花卉及展现花卉背后的文化典故，弘扬中国传统文化。

23.2　专类园类型

随着时代变化，结合传统与现代造园技术，花卉专类园的主题与形式也不断推陈出新。除了展示花卉的观赏特点外，还利用花卉应用价值、生长环境等展示别具风格的园林景观。就目前的专类园来说，分类方法较多，主要包括：

23.2.1　按生物分类学层级进行分类

花卉专类园可根据门、纲、目、科、属、种的生物分类学层级分类，将具有亲缘关系（如同种、同属、同科或亚科等）的观赏花卉集中种植，结合其他园林要素和少量配置其他植物，营造出自然美观的专类园。包括以下类型：

（1）同种花卉的专类园　这一类专类园以突出展示这一种花卉的特色为主，通过大量配置该种植物的不同品种及变种，以及不同的种植形式来营造丰富变化的景观，同时适当地配置一些其他植物和建筑小品烘托主题。一般此类专类园的面积较小，应用较广泛，多隶属于某一大的园林空间或植物专类园之中。这类专类园要求主题花卉在花期往往有较高的观赏价值，多为开花艳丽的传统名花，如月季园、梅园、菊圃、牡丹园、芍药园、荷园和郁金香园等（图 23-1，图 23-2）。

图 23-1　菊圃

（2）同属花卉的专类园　这一类专类园相比同种花卉的专类园花卉种类变化更多，要求该属的多种花卉具有较高的观赏价值，并且有相类似的形态特征、观赏特性等，能形成群体美或延长观赏期。如

图 23-2　牡丹园

牡丹园中可配置一些芍药，可延长其观赏花期。还有莱莉园、丁香园、鸢尾园等。

（3）同科（亚科）花卉的专类园　按生物分类学层级分类的专类园中，同科花卉的专类园在现代生态观光农业和大型主题公园中比较常见。该类专类园，选用花卉范围更大，花卉在形态上也有诸多变化，能很好地丰富园林景观。同时，可收集展示许多人们在日常生活中无法见到的稀有花卉种类，满足游人的猎奇心理。同时，也为珍惜花卉资源保护研究、引种驯化提供了材料和场地，比如蔷薇园、苏铁园、木兰园、兰花圃等。

23.2.2　按花卉的生境进行分类

根据花卉的生活习性和生态因子分类的专类园，表现主体仍是花卉，但表现主题不再是某种花卉，而是某一生境类型。用适合在同一生境下生长的花卉造景，展现此生境的特有花卉景观。根据不同的生态因子，又可将此类专类园作更细分类。如依据水分因子，可分为：旱生花卉园、中生花卉园（因大部分园林花卉多属中生花卉，故很少以此生境作专类园主题）、湿生花卉园、水生花卉专类园。依据土壤因子，专类园可分为：沙生花卉园、岩石园、盐生园、酸土（或碱土）花卉专类园等（图23-3）。依据光照因子，可分为阳生花卉园、中生花卉园、阴生花卉专类园。也可依据花卉原产地进行分类，如高山花卉园、热带花卉园等。这类专类园除了能让人们观赏、了解到各种生境景观，还能通过对一些特殊生境进行改造、美化，使其既能保持原有特色，又能满足人类欣赏的要求，对环境保护也能起到积极作用。在建设时，可以综合多项生态因子形成综合类的专类园，使得景观变化更加丰富。

图23-3　沙生花卉园

23.2.3　按花卉的观赏特点进行分类

除上述以亲缘关系较近的同一科属种的花卉构成的专类园外，还可以将隶属于不同科，但具有相似观赏特点的花卉组合形成特定主题的专类园（theme garden）。观赏主题可以是花卉的形态特征，如叶、花、果实、甚至是根，也可以是花卉给人的感知，如色彩、质感、气味、触觉、声音等。观赏主题可以以一种观赏特点为主，也可以综合多种观赏特点，但注意统一以免杂乱无章。常见的该类型的花卉专类园有创意盆栽园、彩叶园、四季花园（也可单做春景园、夏景园、秋景园或冬景园）、百果园和观赏草园（图23-4）等，此外还可以考虑建设芳香园

（包括香花、香草花卉专类园）、触摸园、夜香园等专类园。如夜香园，可选择傍晚或夜间开花，有香味的花卉，如月见草、晚香玉、紫茉莉（夜来香）、夜香紫罗兰等形成以夜景和芳香为主题专类园。

图23-4　观赏草园

23.2.4　按花卉特殊用途和功能进行分类

这类专类园要求选择有相同用途的花卉形成特殊主题的专类园或服务特殊对象。花卉之间并不一定具有亲缘关系，只要是符合花卉专类园所确定的主题即可。如根据花卉的特殊用途分为药用花卉专类园、食用花卉专类园、香料花卉专类园等。或根据其特殊的服务对象分为儿童花园、爱情花园等。也可根据文化的积淀形成特殊的专类园，如诗经花卉专类园、红楼花卉专类园等。

23.3　专类园的设计

23.3.1　设计理念

花卉专类园的设计，有法可寻，但法无定式。花卉专类园建设目的与树木类专类园不同，主要以观赏游览为主，兼具资源收集保护与科研目的。所以，如何运用各种艺术的造园手法营建一个舒适优美的园林空间，展示花卉魅力是花卉专类园建设的核心理念。但同时也要注意用科学理论作指导，以体现出花卉专类园区别于普通公园的不同功能和特色。最终形成一个符合大众审美要求的观赏游憩空间；一个富有科学性的艺术空间；一个可发挥科研、科普教育的功能空间。

23.3.2　设计原则

（1）突出花卉主题　花卉专类园的核心即为展示特定主题的花卉，充分利用主题花卉的生态习性、观赏特点及文化内涵，围绕主题花卉运用园林艺术手法形成特色景观。其他花卉植物只能少量应用作配景。如荷兰库肯霍夫（Keukenhof）公园是一个典型的以郁金香为主题的花园。园内收集了许多郁金香的品种，其数量、质量以及布置手法堪称世界之最。园内也配置有水仙花、风信子，以及各类的球茎花，但核心主题仍为郁金香，构成一幅色彩绚丽的画卷。

（2）满足功能需求　花卉专类园主要功能为展示花卉，兼具科研、科普教育等多项功能。因此，在建设过程中，无论是功能分区、道路设计，还是建筑小品、植物配置都应该"以人为本"，符合游人心理需求，满足其功能需求。

（3）突出自身特色　随着人们生活水平提高，人们不仅满足于物质生活，还追求精神享受。因此，旅游业得以快速发展，花卉专类园的类型与数量也随之增加。从心理学上来讲，游人都有猎奇心理，对新奇特趣的东西尤感兴趣，往往也能留下深刻印象。因此，花卉专类园要吸引游人必须突出自身特色，形成与其他专类园不同的主题，或者风格及形式。可综合利用地方特色、地形地貌、乡土植物等形成无法模拟与复制的特色花卉专类园。如日本芝樱公园，利用原有地形地貌，结合土壤条件，种植大面积的丛生福禄考，在色彩上及数量上取胜的同时，配以卡丁车娱乐项目，让游人在浪漫的花海中体验不一样的竞技娱乐，是一个非常成功地塑造自身特色的花卉专类园。

（4）体现花卉文化内涵　花卉专类园建设与其他园林景观一样，缺乏文化内涵是经不起推敲的。原因在于文化是灵魂，具有民族性、地域性和时代性，融入文化的景观更具特色和深层次含义。不同之处在于花卉专类园的文化内涵更多的是花文化，是一个地方、一个民族、一个时代的花卉文化。花卉专类园中利用我国传统花文化来营造诗情画意耐人寻味的景观，能更加凸显花卉专类园的特色，

也往往能称为一个对外宣传的名片。同时，也赋予了花卉专类园文化传播、科普教育之功能。

23.3.3　设计方法

1）选择园址

在实践工作中，可根据园址因地制宜的建设花卉专类园（此种类型居多），也可拟定花卉专类园建设目标之后进行园址的选择。若为前者，只需对园址的自然环境条件，如气候、水文、地形地貌、土壤植被等综合进行评价，选择适宜的花卉种类，确定专类园建设主题。如园址中有许多岩石，可建设岩石园。若为后者，则选择园址必须围绕拟建花卉专类园的目的展开，并对现场进行踏查，以选择能满足花卉生长与造景需要的园址。不同的造园目的在选址上有所差异，如水生花卉专类园宜选择雨量充沛、地形凹陷、水源丰富的地方进行建设。总的来说，园址选择总的原则为阳光充足，土质和排水良好，大小适宜，无污染和交通、水源方便。

2）确定主题

确定花卉专类园的主题是一个以意驭术的过程，亦是融情入境，寄托设计者思想感情的过程。主题的确定为后续各个环节赋予中心主旨，大到专类园的风格形式和空间布局，小到专类园的各构成要素，如植物、山水、建筑小品、道路都要在主题的引导下统一协调安排。主题让所有造园要素形成一个有机的整体，各要素又通过自身变化强化主题氛围，彰显花卉专类园主题特色。

3）总体方案设计

（1）区位分析　根据所确定园址位置，结合地图完成花卉专类园的区位分析。区位分析图也可称为位置图，简洁明了地示意该专类园所处区域位置。

（2）现状分析　根据前期现场踏查结果，以及收集到的相关资料，经分析、整理、归纳后，对现状作综合评述，以便分析公园设计中有利和不利因素，同时也可因地制宜地合理规划布局花卉专类园，如主要出入口的位置确定。现状分析图可以结合现状平面图和实地拍摄照片进行绘制。

（3）功能分区　根据花卉专类园的功能定位及

总体设计的原则,在现状分析的基础上,针对不同游人和花卉专类园的不同功能,以及地形地貌划分出主要功能空间,进而细化出更多的功能区。再结合实际情况及专家论证意见,对专类园的功能区进行适当调整,使不同空间和区域满足不同的功能要求,且功能与形式尽可能统一。分区图可以反映不同空间、分区之间的关系。主要功能区包括生产区、科研示范区、不同花卉种类或品种展示区、花文化展示区、游客体验区等。

(4)总平面设计 根据花卉专类园总体设计原则和目标进行总体平面规划布局。总平面布局可采用自然式、规则式或混合式布局。总体设计方案图应包括以下诸方面内容:第一,专类园与周围环境的关系,涉及专类园主要、次要、专用出口与市政关系,即面临街道的名称、宽度;周围主要单位名称,或居民区等;专类园用地红线。第二,专类园主要、次要、专用出入口的位置、面积、规划形式,主要出入口的内、外广场,停车场、大门等布局。第三,专类园的地形总体规划,道路系统规划。第四,全园建筑物、构筑物等布局情况,建筑物平面要反映总体设计意图。第五,全园植物设计图。图上反映密疏林、树丛、草坪、花坛、专类花园等植物景观。此外,总体平面设计应准确标明指北针、比例尺、图例等内容。

(5)地形设计 地形是花卉专类园全园的骨架,要求能反映出专类园的地形结构。如根据造景需要表达出山体、水系的内在有机联系;根据分区需要进行空间组织。用等高线及高程表示出凸地形、平地形、凹地形变化;标注出水系最高水位、常水位、最低水位线;标注出主要各构筑物标高、广场高程,道路变坡点标高等。

(6)道路规划 首先,明确专类园的主要出入口,次要出入口与专用出入口。其次,注明主要广场的位置及主要环路的位置,以及作为消防的通道。再次,确定主干道、次干道等的位置以及各种路面的宽度、排水纵坡。然后,初步确定主要道路的路面材料、铺装形式等。图纸上用虚线画出等高线,在用不同的粗线、细线表示不同级别的道路及广场,并将主要道路的控制标高注明。

(7)种植设计 种植设计是花卉专类园的重点,是凸显特色的核心内容之一。主题花卉的种类、品种选择应以适生的乡土种类为主,再根据园址环境条件进行选择性引种驯化,增加物种多样性,丰富主题内容。在主题花卉搭配上,应注重花卉的观赏特点的变化与统一。在布局上,坚持科学分类,秉承"物以类聚",可按颜色、品种、高矮进行合理布局。在景观营造方面,利用主题花卉和其他配景植物进行艺术配置。

(8)其他设计 为满足花卉专类园的正常运转,还需要对花卉专类园的给排水、供电照明、建筑小品进行规划设计。同时,为直观表达出设计意图和专类园中各主要景观节点形象,在总平面设计的基础上绘制鸟瞰图或局部效果图。最后,根据总平面设计编制一份文字说明书,全面地介绍设计者的构思、设计要点等内容。

4)局部设计

局部设计是一个将总体设计细化的过程,根据花卉专类园的不同功能分区,进行局部详细设计。包括局部平面图、尺寸标注、纵横剖面、局部种植设计等。

5)施工设计

根据已批准的设计方案进行更深入和具体化设计,并绘制施工设计图、编制预算、撰写施工设计说明书。其中施工设计图主要包括总平面索引图,竖向设计图,道路广场、种植设计、水体、建筑、管线设计图等。要求施工设计图精细准确,施工者能根据图纸完成与设计方案一致的建设工作。

23.3.4 设计要点

花卉专类园设计应注意以下几个问题:首先,应以花卉的生态习性为基础选择主题花卉和配景植物。其次,注重展示主题花卉的个体美与群体美。再次,在花卉选择时,注意花期、品种的搭配;可结合考虑其他具有相似观赏特性的花卉形成四季景观。然后,结合地域历史文化、民俗和花文化,提升专类园的文化内涵。最后,合理运用其他造园要素,如山石、建筑小品、雕塑、水景等营造丰富的艺术景观,为游人提供全方位的观赏空间和必要的游憩服务设施。例如,药用花卉专类园,可采用岩石堆砌镶边,既可增加药草园的观赏性,又可让游人休息观赏,同时可使药草园的地形不趋于单调,凸显药草园的层次感。设计自动喷灌系统,当开启自动喷雾后,使整个药草园雾气弥漫,犹如进入仙境,给人带来一种神秘色彩。

23.4　专类园种植施工

23.4.1　地形整理

整地的质量与花卉生长有重要关系,可以改进土壤物理性质,使水分空气流通良好,根系易于伸展,土壤松软有利于土壤水分的保持,不易干燥,可以促进土壤风化和有益微生物的活动,有利于可溶性养分含量的增加。通过整地可将土壤病菌害虫等翻于表层,暴露于空气中,经日光与严寒的灭杀,预防病虫害的发生。

在原机械平整场地的基础上,在花卉栽植区域进一步用机械粗平,特别是场内倒运土方过度密实的地块应深翻 40～50 cm,同时需施入大量有机肥。

整地应先翻起土壤、细碎土块,清除石块、瓦片、残根、断茎及杂草等所有杂物。基本粗平后,撒施充分腐熟的有机肥不少于 5 kg/m²,然后用旋耕机深翻 30 cm 以上。整地在设计许可的范围内提高排水坡度以利排水防涝。

23.4.2　定点放线

用经纬仪、标杆、测绳、钢尺等仪器和工具参照已施工完毕的园路、广场等设施位置,按设计图纸要求测放出花卉栽植轮廓线。

23.4.3　起苗

起苗应在土壤湿润状态下进行,以使湿润的土壤附在根群上,同时避免掘苗时根系受伤。如天旱土壤干燥,应在起苗前一天或数小时充分灌水。裸根移植的苗,用手铲将苗带土掘起,然后将根群附着的土块轻轻抖落,勿将细根拉断或使受伤,随即进行栽植。栽植前勿使根群长时间暴露于强烈日光下或强风吹击之处,以免细根干缩,影响成活。

带土移植的苗,先用手铲将苗四周铲开,然后从侧下方将苗掘出,保持完整的土球,勿令破碎。有时为保持水分的平衡,在苗起出后,可摘除一部分叶片以减少蒸腾。但若摘除叶片过多,由于减少光合作用面积,会影响新根的生长和幼苗以后的生长。

23.4.4　花卉选择和运输

花卉应选择健壮无病虫害的植株。因花卉抗逆性较差,所以运输距离一定要缩短,同时注意运输途中的保湿、保温、通风等设施。

23.4.5　栽植

栽植时间尽量选择无风的阴天进行,如工期紧张也应在上午 10 时以前,下午 2 时以后进行,避免中午阳光暴晒,并且在移植时应边栽植边喷水,以保持湿润,防止萎蔫。

栽植时应先按设计密度要求计算出株距(如 16 株/m² 一般情况下株距为 25 cm),然后按株距要求栽植出轮廓线,再由外向内依照株行距逐行栽植。裸根栽植时应将根系舒展于穴中,勿使卷曲,然后覆土。为了使根系与土壤密接,必须适当镇压。镇压时压力应均匀向下,不应用力按茎的基部,以免压伤。带土球的苗栽植时,填土于土球四周并镇压之,不可镇压土球,以避免将土球压碎,影响成活和恢复生长。

花卉栽植深度应与原苗圃栽植深度相平或略浅,尤其是在回填土地段,以防止因栽植过深而造成根系积水,影响长势甚至死亡。

栽植完毕后,以细喷壶充分灌水。第 1 次充分灌水后,在新根未生出前,亦不可灌水过多,否则根部易腐烂。小苗组织柔弱,根系较小而地上部分蒸腾量大,移植后数日应遮住强烈日光,以利于恢复生长。

运抵现场后的花卉 12 h 不能栽植完成的须临时假植,采用遮阳、喷水养护等措施。

23.5　栽植后的养护管理

23.5.1　整理修剪

栽后将上年的枯枝败叶修剪清除干净,为防止

病虫害的传播需烧掉或深埋。剪除枯枝、病枝、残枝或过密细弱的枝条,促进通风、透光,节省养分,改善株形。叶片过于茂密,影响开花结果,因此要摘去部分老叶、下脚叶和部分生长过密的叶。摘除某些枝条的顶芽,尤其是幼苗期早行摘心,可促进分枝,使植株成丛状,可增加花的数量,提高观赏价值。除掉过多的腋芽减少不必要的分枝,以及摘除过早发生的花蕾或过多的侧蕾,集中养分,使花朵大而美丽。根据各种花卉的外观形状,除去参差不齐的叶片,保持植株的外形美观。

23.5.2　浇水、排水

浇灌用水以清水为佳,以河水、湖水最为适宜,深井水在夏季时应经过晾晒 1～2 d 方可使用。夏季浇水应避开中午,以早晚为宜,深秋冬季浇水应在晴天上午 10 时左右进行。浇水时尽量以喷洒的方式,不宜直接浇在根部,要浇到根区的四周,以引导根系向外伸展,以免影响正常开花或缩短花期。夏季降雨后应及时排水,以免因积水而造成根部腐烂死亡。

23.5.3　施肥

花卉栽后经过 10～20 d 的缓苗以后,花前、花后各追施肥料一次,种类以经过沤制的饼肥加水稀释后在土壤较为干燥时进行开沟或穴施,施后第二天浇清水,以免"烧根"。全年施肥 5～6 次,要薄肥勤施。注意现蕾切忌施肥,否则会引起落花。在花卉现蕾前或落花后,还可用喷雾器叶面喷施浓度为 0.1％～0.3％磷酸二氢钾、尿素、硫酸亚铁等肥料,以补充钾、铁等元素。

23.5.4　中耕除草

雨后或浇灌后(土壤不能太湿时)应及时中耕,以保证土壤的通气性,提高花卉的长势,深度以不伤根为原则。花卉长势旺盛时节因根系密布且较浅,中耕易浅,以 3～5 cm 为宜,避免过深伤根。除草应在杂草发生之初,尽早进行。因此时杂草根系较浅,入土不深,易于去除,否则日后清除费力;杂草开花结实之前必须除清,否则一次结实后,需多次除草,甚至数年后始终不能清除;多年生杂草必须将其地下部分全部掘出,否则,地上部分不论刈除多少,地下部分仍能萌发,难以全部清除,也可结合中耕进行。

23.5.5　病虫害防治

花卉病虫害的发生较苗木更为严重,尤其像蚜虫、红蜘蛛、白粉病、黑斑病等花卉与苗木之间相互传播,在防治花卉病虫害的同时,也要对树木病虫害进行防治,同时适当增加花卉病虫害防治的次数。选用农药种类时应以高效、低毒、无公害、无味且对花卉无药害为原则,如用菊酯类农药更好,像敌敌畏、氧化乐果等高毒、易产生药害的农药则禁止使用。

参考文献

[1] 包满珠. 花卉学[M]. 北京:中国农业出版社,2009.

[2] 北京林业大学园林系花卉教研组. 花卉学[M]. 北京:中国林业出版社,1990.

[3] 蔡小芳. 百日红栽培管理技术分析[J]. 北京农业,2014(30):135.

[4] 曹轩峰,陈红武. 肾蕨栽培管理技术[J]. 北方园艺,2004,(4):48-49.

[5] 陈建刚. 仙人掌类及多肉植物的扦插与嫁接技术[J]. 西南园艺,2003(4):46-47.

[6] 陈俊愉. 中国花卉品种分类学[M]. 北京:中国林业出版社,2001.

[7] 陈俊愉,程绪珂. 中国花经[M]. 上海:上海文化出版社,1989.

[8] 陈有民. 园林树木学(修订版)[M]. 北京:中国林业出版社,1990.

[9] 陈少萍. 千日红栽培管理与病虫害防治[J]. 中国花卉园艺,2008(14):30-31.

[10] 陈家瑞. 中国植物志(第53(2)卷:小二仙草科)[M]. 北京:科学出版社,2000.

[11] 陈廉. "十二五"期间中国花卉产业取得辉煌成就[N]. 中国绿色时报,2015-12-23.

[12] 陈宇,余超. 立体花坛施工工艺流程及分析[J]. 现代园艺,2016(3):127-129.

[13] 陈逸群. 花境设计·施工和养护管理要点解析[J]. 安徽农业科学,2013,41(19):8226-8228.

[14] 崔秋芳,先旭东,石章锁. 肾蕨的耐荫性及园林应用研究[J]. 现代农业科技,2007(19):24-27.

[15] 董丽. 园林花卉应用设计[M]. 2版. 北京:中国林业出版社,2003.

[16] 董永义. 切花百合栽培及生长模拟研究[M]. 赤峰:内蒙古科学技术出版社,2013.

[17] 董永义,郭园,宫永梅. 北方现代月季的栽培措施[J]. 内蒙古农业科技,2007(5):116-118.

[18] 董永义,宋旭,郭园. 盆栽红掌的养护与管理[J]. 林业实用技术,2007(12):44-46.

[19] 董国兴. 蝴蝶兰[M]. 北京:中国林业出版社,2004.

[20] 冯艳,李姣娥,刘侠,等. 云南建立亚洲花卉研发中心的战略思考[J]. 中国林业经济,2015(6):33-34,41.

[21] 傅玉兰. 花卉学[M]. 北京:中国农业出版社,2001.

[22] 付玉兰. 花卉学[M]. 北京:中国农业出版社,2013.

[23] 方文培,张泽荣.中国植物志(第52(2)卷:千屈菜科)[M].北京:科学出版社,1983.

[24] 高昆谊.云南花卉资源的开发与市场前景[J].资源开发与市场,1998,14(2):54-56,82.

[25] 国际栽培植物命名委员会.国际栽培植物命名法规[M].北京:中国林业出版社,2004.

[26] 郭玉琴,刘王锁.复瓣大花萱草生长特性与栽培技术[J].现代农业科技,2016(3):191-192.

[27] 郭志刚,张志伟.种球花卉[M].北京:中国林业出版社,2000.

[28] 郭世荣.无土栽培学[M].北京:中国农业出版社,2003.

[29] 郭金梁,周月凤.园林花卉对土壤的要求[J].现代化农业,2012(12):19-20.

[30] 郭丽,王军玲.鸡冠花的应用价值[J].现代农业,2015(3):52-54.

[31] 郭学望.园林树木栽植养护学[M].北京:中国林业出版社,2002.

[32] 关克俭.中国植物志(第27卷:睡莲科)[M].北京:科学出版社,1979.

[33] 韩秀娜,岳宪化,高明.百日菊温室栽培[J].中国花卉园艺,2015(8):38-39.

[34] 何育桥,程彦玲,高洋.墨兰炭疽病防治药剂筛选[J].中国园艺文摘,2012(4):20-21.

[35] 黄明校,郭方其.浙江省花卉产业发展现状与对策研究[J].理论探索,2010(8):214-215.

[36] 黄韦庆.鸡冠花生物学特性及栽培管理[J].安徽农学通报,2012,18(18):111-112.

[37] 黄勇 李富成.名贵花卉的繁育与栽培技术[M].济南:山东科学技术出版社,2000.

[38] 胡永红,肖月娥.湿生鸢尾——品种赏析、栽培及应用[M].北京:科学出版社,2012.

[39] 华中农业大学.《花卉学》精品课程[EB/OL]. http://www.icourses.cn/coursestatic/course_
     2736.html.

[40] 蒋桂芝,赵丽芳.红掌细菌性叶疫病防治药剂筛选试验[J].热带农业科技,2004(2):4-6.

[41] 孔祥义,陈绵才.根结线虫病防治研究进展[J].热带农业科学,2006(2):83-88.

[42] 赖尔聪.观赏植物百科[M].北京:中国建筑工业出版社,2016.

[43] 冷平生.园林生态学[M].2版.北京:中国农业出版社,2011.

[44] 雷江丽,徐义炎.红掌生产技术[M].北京:中国农业出版社,2004.

[45] 李式军,郭世荣.设施园艺学[M].北京:中国农业出版社,2011.

[46] 李姣娥,孔庆雯,冯艳,等.云南省花卉产业创新发展对策分析[J].南方农业,2016,10(3):
     153-154.

[47] 李莉.花卉与有害气体[J].农业知识,2004(6):87-87.

[48] 李鸿渐.中国菊花[M].南京:江苏科学技术出版社,1993.

[49] 李光照,李虹.中国南方花卉[M].上海:上海科学技术出版社,2006.

[50] 李彦民,李君,郭文霞.螨类的发生与防治对策[J].中国果菜,2009(3):35.

[51] 李健.园林工程中花坛的种植养护与施工技术[J].绿色科技,2013(10):91-92.

[52] 李文静,邹林海,高荣华,等.江西省野生花卉资源及其多样性[J].井冈山大学学报,1998,36(2):
     90-101.

[53] 李奎,田明华,王敏.中国花卉产业化发展的分析[J].中国林业经济,2010(1):54-58.

[54] 李瑞峰,赵红梅.云南花卉产业中小企业集群化成长与政府政策研究[J].财经理论研究,2013
     (6):69-75.

[55] 骆淑珍.混合花境的施工要点[J].中国园艺文摘,2014(6):100-101.

[56] 罗正荣.普通园艺学[M].北京:高等教育出版社,2005.

[57] 芦建国.花卉学[M].南京:东南大学出版社,2006.

[58] 鲁涤非. 花卉学[M]. 北京:中国农业出版社,2003.

[59] 鲁良. 营养液栽培大全[M]. 北京:中国农业大学出版社,2006.

[60] 林方喜,潘宏. 乡村旅游区山茶花专类园建设与养护技术[J]. 现代农业科技,2013(23):177-177.

[61] 林伯年,堀内昭作,沈德绪. 园艺植物繁育学[M]. 上海:上海科学技术出版社,1994.

[62] 刘天裕. 牡丹叶斑病防治试验[J]. 中国农业信息,2013(5):108.

[63] 刘刚. 植物病毒病防治策略[J]. 山东农药信息,2006(9):28.

[64] 刘燕. 园林花卉学[M]. 2版. 北京:中国林业出版社,2009.

[65] 刘敏. 观赏植物学[M]. 北京:中国农业大学出版社,2016.

[66] 刘红,高立鹏. "2016我国花卉产业走势"述评(二)[N]. 中国绿色时报,2016-1-13.

[67] 马兴堂,杜兴民. 月季的特征特性及栽培技术[J]. 现代农业科技,2014(20):145.

[68] 麻爱美. 基于色彩心理学的城市色彩规划设计[D]. 天津:天津科技大学,2010.

[69] 梅红. 北方地区花境材料与设计施工[J]. 中国城市林业,2013,11(3):57-58.

[70] 曲波,张微,陈旭辉,等. 植物花芽分化研究进展[J]. 中国农学通报,2010,26(24):109-114.

[71] 全文燕,芦建国. 植物墙栽培介质和植物的选择[J]. 北方园艺,2012(11):85-88.

[72] 尚全明. 深圳地区垂直绿化现状及植物墙技术发展探析[J]. 中国园艺文摘,2012(7):43-48.

[73] 沈晓岚,王炜勇,俞信英. 鹿角蕨品种与栽培[J]. 中国花卉园艺,2008(12):29-33.

[74] 苏雪痕. 植物造景[M]. 北京:中国林业出版社,1988.

[75] 孙祥钟. 中国植物志(第8卷:香蒲科)[M]. 北京:科学出版社,1992.

[76] 石绍裘. 月季栽培[M]. 上海:上海科学技术出版社,1981.

[77] 田潇然. 大理市洱海公园山茶属植物专类园景观规划设计研究[D]. 昆明:西南林业大学,2008.

[78] 田桂云. 娇小俏丽的姬凤梨[J]. 园林,2003(2):10.

[79] 汤理,包志毅. 植物专类园的类别和应用[J]. 风景园林,2005(1):61-64.

[80] 唐进,汪发缵. 中国植物志(第11卷:莎草科)[M]. 北京:科学出版社,1961.

[81] 文玲,林华,张丽芹,张崇丽. 东川区露地盆栽仙客来灰霉病防治试验研究[J]. 科技经济导刊,2016(1):135-136.

[82] 万金志,钟英. 中国芦荟研究开发的趋势与关键技术问题[J]. 天然产物研究与开发,2014(26):970-974.

[83] 王其超,张行言. 中国荷花品种图志[M]. 北京:中国林业出版社,2005.

[84] 王庆菊. 园林苗木繁育技术[M]. 北京:中国农业大学出版社,2007.

[85] 王成聪. 仙人掌与多肉植物大全[M]. 武汉:华中科技大学出版社,2011.

[86] 王意成. 700种多肉植物原色图鉴[M]. 南京:江苏科学技术出版社,2013.

[87] 王莲英,秦魁杰. 花卉学[M]. 北京:中国林业出版社,2011.

[88] 王宇欣,段红平. 设施园艺工程与栽培技术[M]. 北京:化学工业出版社出版,2008.

[89] 王丽娟,王学利,范文静. 设施蝴蝶兰栽培基质的研究现状[J]. 园艺与种苗,2011(2):41-44,101.

[90] 王静. 环境因素对花卉生长的影响及调控效应研究[D]. 陕西:西北农林科技大学,2005.

[91] 王爱玲. 荷兰花卉产业的创意开发及对中国的启示[J]. 世界农业,2014(10):164-166.

[92] 王新民,温树峰,王希亮. 五色草花坛的设计与制作施工[J]. 园林科技,2010(1):32-35.

[93] 魏岩. 园林植物栽培与护养[M]. 北京:中国科学技术出版社,2003.

[94] 魏娜. 浅析城市公园五色草立体花坛建造工艺[J]. 河北林业科技,2015(1):60-62.

[95] 韦三立. 多肉花卉[M]. 北京：中国农业出版社,2004.

[96] 吴礼树. 土壤肥料学[M]. 北京：中国农业出版社,2004.

[97] 吴国芳. 中国植物志(第13(3)卷：灯心草科,雨久花科)[M]. 北京：科学出版社,1997.

[98] 武三安. 园林植物病虫害防治[M]. 2版. 北京：中国林业出版社,2007.

[99] 徐民生,谢维荪. 仙人掌类及多肉植物[M]. 北京：中国经济出版社,1991.

[100] 薛超. 浅谈环境因子对园林花卉生长发育的影响[J]. 黑龙江生态工程职业学院学报,2010,(6)：13-15.

[101] 谢维荪,徐民生. 多浆花卉[M]. 北京：中国林业出版社,1999.

[102] 谢维荪. 由科尔编号再谈生石花分类[J]. 中国花卉盆景,2005(4)：16.

[103] 谢学文,柴阿丽,石延霞,等. 西北非耕地设施蔬菜白粉病严重发生原因及防治[J]. 中国蔬菜,2014(8)：60-62.

[104] 夏得壮,刘太国,刘博,等. 不同杀菌剂对小麦叶锈病的防治效果[J]. 植物保护,2016(2)：225-228.

[105] 杨明艳. 云南花卉产业现状与发展对策[J]. 云南林业,2010,31(6)：25-27.

[106] 杨利平. 浅谈花卉产业概况[J]. 农民科技培训,2012(3)：23-24.

[107] 杨运英,廖伟平. 醉蝶花及其在园林上的应用[J]. 西南园艺,2006,34(1)：40-41.

[108] 姚鸿年,陆琰. 生石花品种与科尔编号[J]. 中国花卉盆景,2004(12)：4.

[109] 叶子易,胡永红. 2010年世博主题馆植物墙的设计和核心技术[J]. 中国园林,2012,28(2)：76-79.

[110] 叶子易,胡永红. 城市建筑特殊生境的绿化技术及其模式[J]. 绿色科技,2011(11)：33-36.

[111] 余叔文,汤章城. 植物生理与分子生物学[M]. 北京：科学出版社,1998.

[112] 赵光洲,蓝宇洁,王玉芳,等. 昆明国际花卉拍卖交易中心的现状及发展对策[J]. 现代化农业,2012,11：28-29.

[113] 赵妮. 花卉学教案及讲稿[EB/OL]. http://wenku.baidu.com/view/f7a5c089e53a580216fcfec5.

[114] 章镇,王秀峰. 园艺学总论[M]. 北京：中国农业出版社,2003.

[115] 张金政,龙雅宜. 世界名花郁金香及其栽培技术[M]. 北京：金盾出版社,2003.

[116] 张学宏. 浅析醉蝶花的栽培管理及在园林上的应用[J]. 园林植物资源与应用,2009,11：41-42.

[117] 张宏伟,顾俊杰,石达祺. 东方百合灰霉病防治[J]. 中国花卉园艺,2009(24)：34-35.

[118] 张丽丽,武艳芩,宋利和,等. 园林食叶害虫柳蓝叶甲的发生与防治[J]. 黑龙江农业科学,2013(3)：163-164.

[119] 张颖,刘庆华,刘志科,等. 青岛世界园艺博览会立体花坛的施工与养护[J]. 现代园林,2014,11(7)：12-19.

[120] 张秀敏. 试析花坛的作用及设计施工[J]. 内蒙古林业调查设计,2014,37(3)：84-85.

[121] 张芬,周厚高. 花境色彩设计及植物种类的选择[J]. 广东农业科学,2012(23)：32-36.

[122] 张立群. 花境设计及其后期养护要点[J]. 现代园艺,2015(10)：76.

[123] 张扬,许文超,史洁婷,等. 园林花境的设计要点与植物材料的选择[J]. 生态经济,2015,31(3)：191-195.

[124] 臧德奎. 植物专类园[M]. 北京：中国建筑工业出版社,2010.

[125] 臧德奎,金荷仙,于东明. 我国植物专类园的起源与发展[J]. 中国园林,2007,23(6)：62-65.

[126] 曾宋君. 叶色斑斓的玫瑰竹芋[J]. 园林,2002(12):8-9.

[127] 仲为伟,涂小云,张爱霞,等. 切花郁金香设施栽培技术[J]. 北方园艺,2011(18):65-67.

[128] 中国花卉协会. 云南花卉产业 2014 产销形势分析报告[EB/OL]. http://hhxh. forestry. gov. cn,2015-03-17.

[129] 中国大百科全书编辑委员会. 中国大百科全书——建筑园林城市规划卷[M]. 北京:中国大百科全书出版社,1986.

[130] 朱红涛,师书敏,吕华卿. 花卉生长发育所需要的环境条件[J]. 中国园艺文摘,2010,26(11):101-103.

[131] 周淑荣. 凤仙花栽培技术[J]. 特种经济动植物,2006(5):38.

[132] 周涛,朴永吉,林元雪. 中国野生花卉资源的研究现状及展望[J]. 世界林业研究,2004,17(4):45-48.

[133] 周可,红霞. 荷兰花卉产业价值链研究——经验与启示[J]. 农业经济,2007(12):78-79.

[134] 周恋枚. 四川山茶属植物专类园规划设计研究[D]. 成都:四川农业大学,2014.

[135] 周振东. 植物专类园规划设计研究[D]. 济南:山东建筑大学,2010.

[136] Wang Z Q, Gan D X, Long Y L. Advances in Soilless Culture Research[J]. Agricultural Science & Technology,2013,14(2):269-278,323.

[137] Sandra K, John M N, Nicholas J T, et al. Changes to publication requirements made at the International Botanical Congress in Melbourne What does e-publication mean for you? [J]. Plant Diversity and Resources,2011,33(5):509-517.